古建筑及仿古建筑修缮与施工技术

徐锡玖 编著

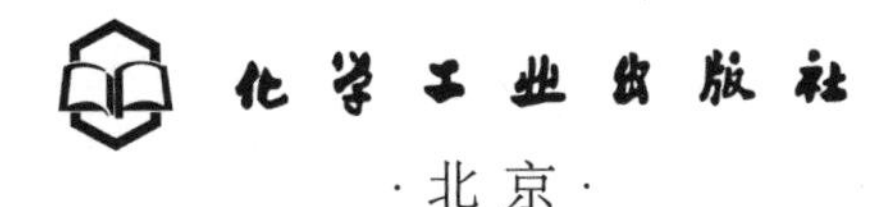

·北京·

内 容 简 介

本书以传统建筑及仿古建筑的修缮与施工为主题，结合现阶段亟待维修和保护的古建筑进行介绍，详细阐述了古建筑的损毁情况及修缮方法。除了传统施工方法外，本书还介绍了现代（仿古）的做法，在部分章节里还列举了实际施工方案、施工组织设计等案例，使广大读者通过实例的示范作为参考和铺垫，能更好地运用到实际工作中。

本书可供古建筑文物管理和工程管理人员、施工人员、设计人员以及古建园林爱好者参考，还可以作为大、中专院校古建筑专业的教学用书。

图书在版编目（CIP）数据

古建筑及仿古建筑修缮与施工技术/徐锡玖编著．—北京：化学工业出版社，2023.11

ISBN 978-7-122-43806-5

Ⅰ.①古…　Ⅱ.①徐…　Ⅲ.①古建筑-修缮加固-工程施工　Ⅳ.①TU746.3

中国国家版本馆 CIP 数据核字（2023）第 129718 号

责任编辑：彭明兰　　文字编辑：冯国庆
责任校对：张茜越　　装帧设计：张　辉

出版发行：化学工业出版社（北京市东城区青年湖南街 13 号　邮政编码 100011）
印　　刷：北京云浩印刷有限责任公司
装　　订：三河市振勇印装有限公司
787mm×1092mm　1/16　印张 26¼　字数 689 千字　2024 年 5 月北京第 1 版第 1 次印刷

购书咨询：010-64518888　　售后服务：010-64518899
网　　址：http://www.cip.com.cn
凡购买本书，如有缺损质量问题，本社销售中心负责调换。

定　　价：99.00 元

序

徐锡玖先生撰写的《古建筑及仿古建筑修缮与施工技术》，对古建筑修缮工作从施工前的准备工作到断代，从施工方案到施工组织设计，从传统做法到现代操作，从官式做法到地方特殊做法都做了详尽的讲述，使得古建筑修缮技术得到了很好的传承。该书以通俗易懂的文字介绍，图文并茂的表现方式，既简明扼要又有重点叙述，介绍了修缮施工的整个过程，适合广大施工人员和管理人员使用，对他们而言，可以作为工具书；对大、中专院校的学生而言，可以作为教科书；对广大古建筑爱好者而言，可以作为了解和认识古建筑修缮工作的“敲门砖”或“引玉砖”，并有一定的收藏价值。

本书不仅对古建筑施工以及文物保护单位的项目施工起到指导作用，而且对于设计人员在设计中一些具体大样的出图也有参考作用，是一本该专业人员的必读之书，是一本该专业学生理想的教科书，是从事古建筑专业人员的学术专著。

徐锡玖先生，高级工程师，全国二级注册建筑师，江苏省房屋建筑和市政基础设施工程专家组成员，曾任中国建筑学会会员、中国文物学会传统建筑园林委员会会员、江苏建筑职业技术学院兼职教授、江苏建筑职业技术学院建筑装饰学院专业教学指导委员会委员，并执教于江苏师范大学和江苏建筑职业技术学院，他的工作经历和教学工作使古建园林专业得到了很好的发展和传承。徐锡玖先生热衷于古建筑事业，把所学古建筑知识结合地方特色传统建筑应用于实践，取得了一定的成绩，他的设计作品——云龙山观景台获得江苏省优秀建筑设计一等奖，出版了《古建筑工程预算》《中国仿古建筑构造与设计》并获奖。 在当地的多处景区规划设计、古建筑设计及施工中，都留有他参与的印迹，如彭园规划、建设、施工；戏马台的建设管理、设计、施工；云龙公园燕子楼景区、艺林（现胡琴园）景区；云龙山景区、观景台等，其中大多是市里的重点工程，给人民大众留下了深刻的印象。

徐锡玖先生是我的老同学，我们共同师从于罗哲文、何俊寿、胥蜀辉、马炳坚、边精一、刘大可等名师。徐先生几十年来一直从事古建筑设计及施工工作，有着丰富的设计与施工经验。

综上所述，我愿意向读者推荐徐锡玖先生撰写的这本书籍，希望这本书能给古建筑专业人员增加更多的知识。借此，也祝此书顺利出版发行。

王树宝

2023 年 10 月

前 言

中国古建筑有着悠久的历史和文化传承，其独特的结构体系、精湛的工艺技术以及优美的造型和深厚的文化内涵，记载着中国历史的沿革，在世界建筑史上谱写了光辉灿烂的不朽篇章。

古建筑的修饰离不开传统的工艺及操作方法，多年来，古建筑由于年代的推移和时代的变迁，亟待修缮和修复，而古建筑施工方面的专业人员较为短缺，多数地方的古建筑的新建和维修都不能够遵循与古建筑有关的法则和则例进行，使得很多仿古建筑实际上已脱离了古建筑的传承，已没有了古建筑的操作工艺，看不出古建筑的烙印。

随着我国改革开放的不断深化，文物古迹、古建筑的保护与维修也日渐被重视。文物古迹的修缮保护需要专业知识，现阶段新工艺、新型建筑材料的出现，在某些方面也能替换原来传统做法及工艺，尤其是隐蔽工程，采用现代工艺及材料在不影响传统外观形式的情况下，也是可以的，在某些程度上还可以提高结构的质量及耐久性，对于仿古建筑更是如此，这就需要古建筑做法与现代做法结合时进行规范化的指导。

古建筑修缮多数都是师徒传承，口传心授，且这方面的书籍和教材较少，致使有些构件的设计、施工、制作等工艺流程都已失传，使得许多想从事古建筑设计与施工的专业人员得不到这方面的知识，加之修缮工作也需要结合现代材料及新技术，为适应当前形势的需要，为利于古建筑的传承和发展，笔者结合多年的古建筑设计与施工经验，特撰此书，以飨读者。

本书以古建筑修缮和仿古建筑施工为主题，对古建筑的构造、设计及施工操作进行剖析，并结合现代建筑材料及工艺，以文字描述、图纸和图片相结合的方式，详细阐述了与古建筑修缮及仿古建筑施工相关的内容。全书共分为八章。第一章主要介绍了古建筑修缮技术概述；第二章讲述了古建筑保养、维护、修缮工程的准备工作；第三章为台基部分；第四章讲述了屋身砖石结构部分；第五章为木构梁架部分；第六章为屋面的保养与维修；第七章为装修的维修；第八章讲述了油漆、彩画的维修。为了使读者更好地掌握仿古建筑设计与做法方面的知识，本书既介绍了传统设计的做法，又给出了在传统工艺指导下的现代做法，有些章节还介绍了施工组织方案等实例，以加深读者对古建筑和仿古建筑施工修缮方面相关知识的掌握。古建筑中的零部件很多，名称叫法也与现代建筑有所区别，不好记忆，给施工人员带来一定难度。为此，撰写本书时采用图文并茂的方式，读者可以直观地理解和掌握。

仿古建筑施工是一项规则性很强的工作，受古建筑法式和法规的制约，稍不注意，就会与古建筑传统不相吻合，因此，广大读者应重点掌握基础知识，在掌握原则的基础上再举一反三，把传统建筑做法和现阶段的新工艺、新材料结合好，才能应用自如。除要熟悉相关的法式、营造则例以外，还要吸取一些施工经验，不懂得施工程序、施工工艺、操作方法是很难做好施工工作的，建议初接触古建筑的读者要多加强学习和实践。

本书由徐锡玖撰写。在本书的撰写过程中，得到曲阜市园林古建筑工程有限公司董事长王树宝先生的大力支持与帮助，完庆建、杨立安先生提供了大量资料，在此深表感谢！对徐州市源景园林设计有限公司总经理蔡枫给予的支持和帮助深表感谢！对原徐州市第三建筑设计院副院长高明的大力支持表示感谢！对正源古建筑研究所所长孙继鼎先生提供的资料表示感谢！对在文字资料、绘图、照片、图片的收集、整理等方面做了一些工作的徐鑫、靳萱璇、徐一飞、徐恺、阮旻、杜菲菲、吕宜兰、居中杰、徐文莉、汪小凡、徐阳、罗传鹏、徐宝光、李海翔、李海毅、高莉、王慧春、成磊、吕娜、张峰、华宇琪、夏妍、王阳、范思思、张旭、姬晓敏、张秀菊、杨柳、徐娇娇、李萌萌、张骞、郝倩、张璐、张姗、田贺、武恒梅、王月芹、赵敏以及江苏建筑职业技术学院在校生梁雨柔、武宇轩、胡紫怡、赵礼帆、王小汇、韩慧泉、卞豪杰、陆幻茹、李颖、王佳欣、盛婉君、任佳怡等表示感谢！

在此还要特别鸣谢中国民族建筑研究会副会长、中国建筑业协会古建筑分会副会长、中国文物学会传统建筑园林委员会会员、中国勘察设计协会传统建筑委员会副会长、北京《古建园林技术编辑部》编委、中国风景园林学会园林工程分会理事、中国民营企业国际合作发展促进会常务理事、曲阜鲁班研究会副会长——王树宝先生为此书撰序。

由于作者水平有限，尽管尽心尽力，反复推敲核实，但难免有疏漏及不妥之处，恳请广大读者批评指正，以便做进一步的修改和完善。

目 录

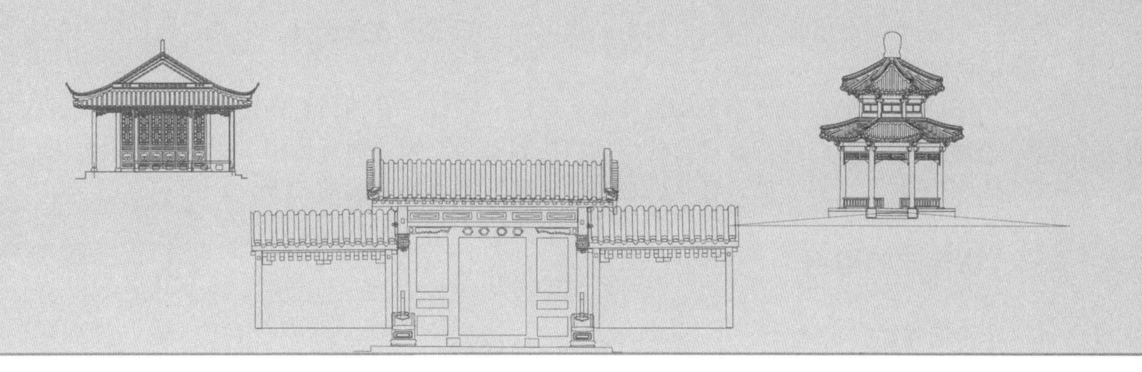

第一章　概述

中国古建筑有着悠久的历史文化传统，也是重要的文物之一。古建筑一般是指古人遗留下来的具有较长历史年代的民居、都城、宫殿、亭台、楼阁、寺庙等建（构）筑物，在它们身上凝聚了古代匠人丰富的理论与实践的经验，能工巧匠们以他们的聪明智慧、辛勤的劳动创造了中国古建筑的独特风格，以其优美的造型、雄伟的气势、完善合理的结构，在世界建筑史上独树一帜，给我们留下了宝贵的精神财富和物质财富。如图 1-1 所示，长城、故宫、天坛、布达拉宫、秦始皇陵等建筑奏响了时代的最强音，它们是中华民族的瑰宝，也是永恒的雕塑。

(a) 长城

(b) 故宫

(c) 天坛

(d) 布达拉宫

(e) 秦始皇陵

图 1-1　部分古建筑图片

中国古建筑是历史文物的一个重要方面，具有重要的历史、艺术、科学研究价值以及重要的纪念和教育意义。因此，古建筑的安全保护，显得尤为重要。

第一节　中国古建筑的构造特点

中国古建筑历史悠久，文化底蕴极为深厚，目前我国保存有相当数量的古建筑，尤其是明清时期的木结构古建筑，无论从官式或地方手法来讲，品类都是十分丰富的。皇家建筑、宫殿、园囿、陵寝等在全国乃至世界都占有十分重要的地位。保护和修缮古建筑究竟要怎么保，怎么修，保什么，不保什么，如何加强修缮的管理工作等问题也就摆在我们面前了，我们应该十分重视它。若要掌握这些保护与修缮的知识，有必要剖析古建筑的组成构架，再重温中国古建筑的构造特点。

中国古建筑在世界建筑体系中，是独树一帜的，具有源远流长的独立发展的历史，其风格优雅，外观雄伟壮观、大气，结构合理，尤其在抗震方面更显现出其“墙倒屋不塌”的显著结构特点。

中国古建筑的发展经历了原始社会、商周、秦汉、三国两晋南北朝、隋唐五代、宋辽金元、明清阶段，始终保持着自己独特的结构和布局原则，而且传播、影响到其他国家，无论在世界哪个角落，只要见到有斗栱之类的建筑，那就是中国的传承。

一、古建筑的构造

（一）平面布局

1. 建筑组群平面布局

古建筑在组群即规划布局中，其原则是内向含蓄、多层次，力求均衡对称。建筑群、单座建筑与院落在组群时，三者之间存在一种呼应关系。随着建筑规模的扩大，单座建筑的尺度也随之变大，院落空间关系更加复杂。而单座建筑尺度大小的变化也影响着相应的院落空间，在建筑组群内部形成富于变化的空间组合关系，达到丰富建筑空间的效果。

院落是建筑组群的基本组织。单座建筑是标准化的，“基本”不做多元合一的考虑。院落空间的变化是无限的，所以说院落空间的组织是传统建筑的重要组成部分，与单体建筑的设计是对等的。古建筑的组合也表现出了“虚实相间，主从有序”的空间关系和组织原则。主从关系反映出专制政体下的封建等级制，以儒家思想为基础的思想礼仪，以血缘为纽带的宗法家族观念。虚实关系反映出室内空间和院落空间。院落空间不仅是空间的过渡，而且是一种日常生活行为的需要。

常见的平面组织方法在于单座建筑在总体布局中位置的确认，讲究“次序”，体现“主次”。平面布局时，存在着轴线关系，有主轴线、纵向轴线、次轴线，控制着各个单体建筑之间的关系。院落布局的规律是，主庭院注重方正、对称、封闭，面积大，位于主要建筑外；次庭院的位置较偏，面积小，可不完全封闭。

每一个建筑组群少则有一个庭院，多则有几个或几十个庭院，组合多样，层次丰富，弥补了单体建筑定型化的不足。平面布局示例如图 1-2 所示。平面布局取左右对称的原则，房屋在四周，中心为庭院。组合形式均根据中轴线发展。唯有园林的平面布局常采用自由变化的原则。

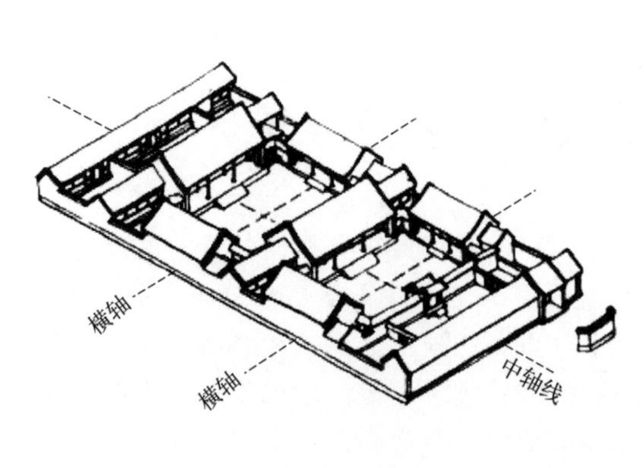

(a) 四合院布局(二进院)

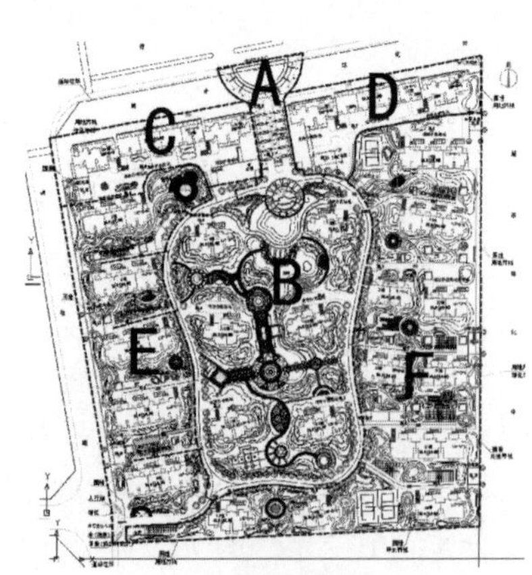

(b) 园林平面布局

图 1-2　平面布局示例

2. 灵活安排空间布局

中国古建筑文化十分重视建筑物与自然环境、人文环境的群体组合，从而使建筑变得丰富多彩，它的空间布局不仅表现在建筑单体向高空发展，而且表现在它在群体组合上，在地面上向四面进行横、竖向有序的铺开，在群体组合中做出回旋与往复。室内布局更是如此，采用格栅、门、罩、屏等作为间隔，还便于安装、拆卸，能任意划分区间，随时改变。庭院是与室内空间相互为统一体，依据环境、人文地理和主人公的地位创造的小自然环境，可栽培树木花卉，可叠山辟池，可搭凉棚花架，有的还建有走廊，作为室内和室外空间的过渡，以增添生活情趣。

3. 单体建筑的平面形式

单体建筑的平面通常都是长方形，在有特殊用途的情况下，也可采取方形、八角形、圆形等。如图 1-3 所示是单体建筑平面形式的整体效果。而园林中观赏用的建筑，则可以采取扇形、十字形、套环形等平面，见图 1-4。单体建筑内部因各朝各代不同，各有各的传承，详见后面章节的介绍。

(a) 长方形

(b) 方形

(c) 八角形

(d) 圆形

图 1-3 单体建筑平面形式的整体效果

(a) 十字形

(b) 套环亭

(c) 扇形亭

图 1-4 园林建筑平面形式效果

(二) 建筑形式

中国古代的宫殿、寺庙、住宅等，往往是由若干单体建筑结合配置成组群，由正殿、配殿、倒座、门楼等单体建筑组成四合院，由若干个四合院组成建筑群体的古建一条街，古建筑村落、部落及街市等形式。无论单体建筑规模大小，其外观轮廓均由台基、屋身、屋顶 3 部分组成，见图 1-5。

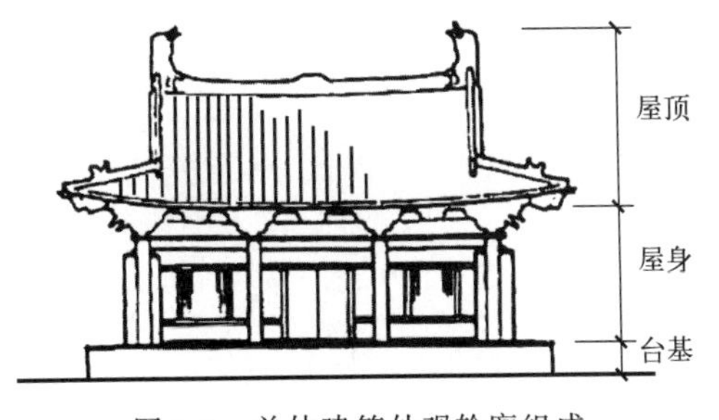

图 1-5 单体建筑外观轮廓组成

中国古代建筑从建筑形式上看，可分为：硬山顶、悬山顶、歇山顶、庑殿顶、卷棚顶、攒尖顶等形式，每种形式又有单檐、重檐之分，进而又可组合成更多的形式。

1. 硬山顶

屋面仅有前后两坡，左右两侧山墙与屋面相交，并将檩木梁全部封砌在山墙内的建筑叫硬山顶建筑。硬山顶建筑是古建筑中最普通的形式，住宅、园林、寺庙中都有大量的这类建筑。

硬山顶（图 1-6）以小式为最普遍，清工部《工程做法则例》中列举了七檩小式、六檩小式、五檩小式几种小式硬山顶的例子，这几种也是硬山顶常见的形式。七檩前后廊式建筑是小式民居中体量最大、地位最显赫的建筑，常将它用作主房，有时也用作过厅。六檩前出廊式用作带廊子的厢房、配房，也可以用作前廊后无廊式的正房或后罩房。五檩无廊式建筑多用作无廊厢房、后罩房、倒座房等。

图 1-6　硬山顶

硬山顶也有不少大式的实例，如宫殿、寺庙中的附属用房或配房多取硬山形式。大式硬山顶有带斗栱和无斗栱两种做法，带斗栱硬山顶实例较少，一般只施一斗三升或一斗二升交麻叶不出踩斗。无斗栱大式硬山顶较多，它与小式硬山顶的区别主要在建筑尺度（如面宽、柱高、进深均大于一般的小式建筑）、屋面做法（如屋面多施青筒瓦、置脊饰吻兽或使用琉璃瓦）、建筑装饰（如梁枋多施油彩画，不似小式建筑装饰简单素雅）等方面。

2. 悬山顶

屋面有前后两坡，而且两山屋面悬于山墙或山面屋架之外的建筑，称为悬山（亦称挑山）式建筑。悬山顶梢间的檩木不是包砌在山墙之内，而是挑出山墙之外，挑出的部分称为“出梢”，这是它区别于硬山顶的主要之处。

以建筑外形及屋面做法分，悬山顶（图 1-7）可分为大屋脊悬山顶和卷棚悬山顶两种。大屋脊悬山顶前后屋面相交处有一条正脊，将屋面截然分为两坡，常见的有五檩悬山顶、七檩悬山顶以及五檩中柱式悬山顶、七檩中柱式悬山顶（后两种多用作门庑）。卷棚悬山顶脊部置双檩，屋面无正脊，前后两坡屋面在脊部形成过垄脊。常见的有四檩卷棚、六檩卷棚、八檩卷棚等。还有一种将两种悬山顶结合起来，勾连搭接，称为一殿一卷，这种形式常用于垂花门。

图 1-7　悬山顶

3. 歇山顶

在形式多样的古建筑中，歇山顶建筑是其中最基本、最常见的一种建筑形式，分单檐歇山顶建筑和重檐歇山顶建筑等。

歇山顶屋面峻拔陡峭，四角轻盈翘起，玲珑精巧，气势非凡，它既有庑殿建筑雄浑的气势，又有攒尖建筑俏丽的风格。无论是帝王宫阙、王公府邸、城垣敌楼、坛庙、古典园林，还是商埠铺面等各类建筑，都大量采用歇山顶这种建筑形式，就连古今很多有名的复合式建筑，诸如黄鹤楼、滕王阁、故宫角楼等，也都是以歇山顶为主要形式组合而成的，足见歇山顶在中国古建筑中的重要地位。

从外部形象看，歇山顶（图 1-8）是庑殿（或四角攒尖）顶与悬山顶（或硬山顶）的有机结合，仿佛一座悬山顶（或硬山顶）歇栖在一座庑殿顶上。因之，它兼有悬山顶（或硬山顶）和庑殿顶的某些特征。如果以建筑物的下金檩为界将屋面分为上下两段，那么上段具有悬山顶（或硬山顶）的形象和特征，如屋面分为前后两坡，梢间檩子向山面挑出，檩木外端安装博风板等；下段则有庑殿顶的形象和特征。无论单檐歇山顶、重檐歇山顶、三滴水（即三重檐）歇山顶，还是大屋脊歇山顶、卷棚歇山顶，都具有这些基本特征。

(a) 单檐歇山

(b) 重檐歇山

(c) 歇山山面

图 1-8 歇山顶

尽管歇山顶都具有一定的形象特征，但对构成这种外形的内部构架却有许多特殊的处理方法，因而形成了多种构造形式。这些不同的构造与建筑物自身的柱网分布有直接关系，也与建筑的功能要求及檩架分配有一定的关系。

4. 庑殿顶

庑殿顶（图 1-9）屋面有四大坡，前后坡屋面相交形成一条正脊，两山屋面与前后屋面相交形成四条垂脊，故庑殿又称四阿殿、五脊殿。庑殿顶分单檐庑殿顶和重檐庑殿顶。

庑殿顶建筑是中国古建筑中的最高形制。在等级森严的封建社会，这种建筑形式常用于宫殿、坛庙一类皇家建筑，是中轴线上主要建筑最常采取的形式。如故宫午门、太和殿、乾清宫，太庙戟门、享殿及其后殿，景山寿皇殿、寿皇门等，都采用庑殿顶。在封建社会，庑殿顶建筑实际上已经成为除皇家建筑之外，其他官府、衙属、商埠、民宅等绝不允许采用的建筑形式。庑殿顶的这种特殊政治地位决定了它用材硕大、体量雄伟、装饰华贵富丽，具有

(a) 单檐庑殿顶

(b) 重檐庑殿顶

图 1-9 庑殿顶

较高的文物价值和艺术价值。

5. 卷棚顶

卷棚顶建筑是古建筑中的一种形式，其屋面双坡，没有明显的正脊，即前后坡相接处不用脊而砌成弧形曲面。卷棚顶（图 1-10）由于没有正脊，因此没有吻兽。两山处一般设有垂脊，前后两坡瓦垄贯通，又称“过垄脊”。

图 1-10 卷棚顶

6. 攒尖顶

建筑物的屋面在顶部交会为一点，形成尖顶，这种建筑叫攒尖建筑。攒尖顶（图 1-11）在古建筑中大量存在。古典园林中各种不同形式的亭子，如三角、四角、五角、六角、八角、圆亭等都属于攒尖顶。在宫殿、坛庙中也有大量的攒尖顶，如北京故宫的中和殿、交泰殿，北京国子监的辟雍，北海小西天的观音殿，都是四角攒尖顶宫殿式建筑。而天坛祈年殿、皇穹宇则是典型的圆形攒尖顶坛庙建筑。在全国其他地方的坛庙园林中，也有大量攒尖顶建筑。

7. 盝顶

盝顶是古代中国建筑的屋顶样式之一，其特征是没有正脊，各垂脊交会于屋顶正中，即宝顶。在这一点上，盝顶和攒尖顶相同，所不同的是，盝顶的斜坡和垂脊上半部向外凸，下半部向内凹，断面如弓，呈头盔状。盝顶多用于碑、亭等礼仪性建筑。

盝顶建筑把中国古建筑屋面的曲线美发挥到了极致，体现了中国古代劳动人民的聪明才智以及高超的技艺。此类屋面在中国古建筑中也不多见，现存最大的最出名的盝顶建筑，要数江南三大名楼之一的岳阳楼（图 1-12）。

图 1-11 攒尖顶

图 1-12 岳阳楼（盝顶）

8. 勾连搭

勾连搭是指两栋或多栋房屋的屋面沿进深方向前后相连接，在连接处做一个水平天沟向两边排水的屋面做法，其目的是扩大建筑室内的空间，常见于大型宅第及寺庙大殿等建筑中。

勾连搭有两种最为典型的形式。

（1）一殿一卷式（图 1-13） 由两个屋顶勾连搭形成的屋面，而其中一个为带正脊的硬山悬山类屋面，另一个为不带正脊的卷棚类屋面，这样的勾连搭建在一起的屋顶称为一殿一卷式，垂花门常用这类屋顶。

（2）带抱厦式（图 1-13） 勾连搭屋顶中，相勾连的屋顶大多是大小和高低相同，但有的勾连搭的两个屋面却是一大一小、有主有次、高低不同、前后有别，这一类屋面称为带抱厦式勾连搭屋面。实例如：北京通州马驹桥清真寺礼拜殿、河南省开封朱仙镇清真寺礼拜殿、西安化觉巷清真寺礼拜殿、山西太原普光寺大殿。

(a) 勾连搭

(b) 一殿一卷式

(c) 带抱厦式

图 1-13 勾连搭及其形式

9. 盝顶

盝顶（图 1-14）是一种较特别的屋顶，顶部有四个正脊围成平顶，下部为四面坡或多面坡。在古代大型宫殿建筑中极为少见，其代表有明代故宫的钦安殿、清代瀛台的翔鸾阁。

(a) 盝顶形式

(b) 钦安殿盝顶

图 1-14 盝顶

10. 十字脊

十字脊（图 1-15）是中国古代建筑屋顶形式的一种。十字脊由两个屋顶以 90°垂直相交而成，可以是悬山式，也可以是歇山式。

图 1-15 十字脊

《清明上河图》中就有很多民居采用十字脊顶，其山面多采用悬山顶。后来宋代的《金明池争标图》就出现了歇山式的十字脊顶，即四个山面都是歇山式，故又称“四面歇山顶”。

十字脊顶建筑的典型代表有北京角楼、阅江楼、光岳楼、金陵大学钟楼（今南京大学北大楼）、南京农业大学教学楼等。

（三）建筑结构

中国古代建筑从构造角度看，主体受力结构大都以木构架组成，称其为大木作。因为大木作在古建筑构造中是主要的组成部分，结构由立柱、梁、枋、檩等组成受力构件，各个构件之间均以榫卯相吻合，构成富有弹性的节点，这些节点与骨架形成整体构架结构，搭造成既有实际使用功能要求，又有观赏价值；既宏伟又优美的建筑形体并形成相应的建筑风格。

构架形式主要有抬梁、穿斗、井干三种不同的结构形式，这些独特的木结构形式是由古代匠人创造出来的（图 1-16）。

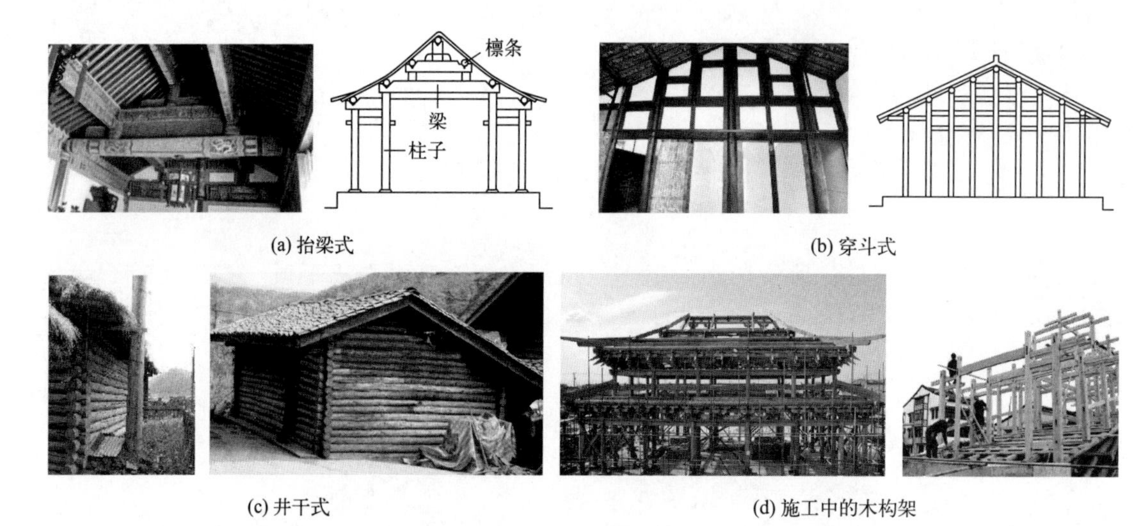

(a) 抬梁式　(b) 穿斗式　(c) 井干式　(d) 施工中的木构架

图 1-16　木构架

古建筑以立柱和纵横梁、枋相组合而成的各种形式的梁架，使建筑物上部荷载经由梁架、立柱传递至基础。墙壁只起围护、分隔的作用，不承受荷载，使得使用空间具有很强的灵活性和便利性。

（四）建筑装饰装修

中国古代建筑主要以木结构为主，所以装饰、装修就显得格外重要，它除具有分隔室内外、通风、采光、防护、分隔空间的功能作用外，还显现出它的艺术和美学效果，装修种类包罗万象，基本涵盖了除大木构架外所有的室内外木作，分为外檐装修、内檐装修和油漆彩画。

1. 外檐装修

按照这种分法，凡处在室外或分隔室内外的门、窗、户、牖，包括大门、屏门、格栅、帘架、风门、槛窗、支摘窗、栏杆、楣子、牖窗、什锦窗等，均属外檐装修。外檐装修位于室外，易受风吹日晒，雨水侵蚀，在用材断面、雕镂、花饰、做工等方面，都要考虑到这些因素。

2. 内檐装修

内檐装修则是用于室内的装修，碧纱橱、栏杆罩、落地罩、几腿罩、花罩、炕罩、太师壁、博古架、壁板、护墙板以及天花、藻井等，都属于内檐装修。

一般情况下，门窗的槛、框、边梃、抹头等较大构件由木工制作；格栅门窗的菱花、格心，藻井的雕龙、天宫楼阁等需由雕刻工人制作。

3. 油漆彩画

运用色彩装饰是古建筑的一大特色。木结构建筑的梁柱框架，需要在木材表面施加油漆等防腐措施，由此发展成中国特有的建筑油饰、彩画。常用青、绿、朱等矿物颜料绘成色彩绚丽的图案，增加建筑物的美感。古建筑表面大胆地使用大红大绿作为主要色调，这是世界上很多画家都难以掌握的配色，而在中国古代匠人的操作下，用在柱、梁、枋、门、窗等部位，并用彩色绘画图案来装饰木构架的上部结构，彰显了中国匠人的艺术特色，在世界上是独一无二的。还有，屋面使用的材料，如使用有色琉璃瓦，与中间内外装饰的色彩达到完美的统一和协调，具有锦上添花的效果。木上刻花、石面上做浮雕、砖面也加以雕刻——这些都是中国古代建筑体系的特征。这些元素使建筑绚烂多彩、金碧辉煌。

装饰装修的具体操作详见第七章介绍。

二、古建筑的功能

中国古代建筑按用途和功能大致分为居住建筑、城市公共建筑、宫殿建筑、礼制与祠祀建筑、陵墓建筑、佛教建筑和园林式古建筑等。

(一) 居住建筑

居住建筑是人类最早创造的建筑，包括民居、大院、村、寨、古镇等类型。无论是哪一个文化区域的居住建筑都受到当地的历史文化和地理环境特色的影响而表现出不同的建筑形式。从色彩上来讲，江南居住建筑讲究白墙灰瓦的山水宁静之美，北方的居住建筑讲究红墙金瓦的庄严大气之美。

在居住建筑的各个类型中，民居根据区域文化的不同又可细分为：徽州明代民居、北京四合院、巴蜀民居、江浙民居、福建客家土楼、云南民居、傣族竹楼等。大院多指多户居民聚居的院子，为全封闭城堡式的建筑群。村，多指大的聚落或多个聚落形成的群体，为众多居住房屋构成的集合或人口集中分布的区域。村的古建筑形式多以民居为主，与周边的村落环境完美融合；寨的古建筑体现着悠久丰富的聚落文化，其布局特点是以外围环绕的墙体为主要特征，更通过所处的地理形式特点，表现出迥然的风貌。

综上所述，民居建筑自古以来的发展，逐渐形成居住群，形成以院落为单元的建筑群体，以合院的形式出现，陕西岐山县凤雏村建筑遗址是所知最早的完整四合院。在我国保存最好、最多且最有代表性的合院首称北京，在北京老城区中轴线东西两侧保留有大量平房，最典型的四合院多集中在这里。三合院和四合院的基本形式见图 1-17。

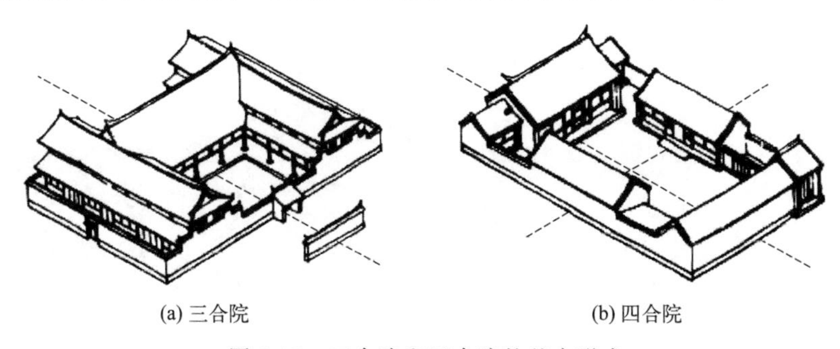

(a) 三合院　　(b) 四合院

图 1-17　三合院和四合院的基本形式

（二）城市公共建筑

在中国古代城市中最主要的是民居。此外，还有公共建筑，如城墙、城楼、城门、庙宇（城隍庙、关帝庙、泰山庙、孔庙、土地庙）以及观音寺等，还有钟楼、鼓楼、戏楼、佛寺、塔、牌坊、皇宫、社稷坛、衙门、园林等。

1. 城墙

城墙起源于新石器时代，材料以夯土为主。三国至南北朝出现了在夯土城外包砌砖壁的做法。明代，重要城池大多用砖石包砌。城门是重点防御部位。门道深一般在 20m 左右，最深可达 80m。

2. 城楼与瓮城

城楼指城墙上的门楼，是“城”的标志，其雄伟壮丽的外观显示着城池的威严和民族的风采。城楼是我国古代城市的一种防御建筑，城楼之间以城墙相连，既有军事防御作用，又有城市防洪功能，形成古城的一道坚固的屏障。城楼多形成于明代。在古代或近代的战争中，砖木结构的城楼是瞭望所，是守城将领的指挥部，又是极其重要的射击据点。到了现代的守卫战中，其功能就大大减弱了。

瓮城，为古代城市的主要防御设施之一，可加强城堡或关隘的防守，而在城门外（亦有在城门内侧的特例）修建的半圆形或方形的护门小城，属于中国古代城市城墙的一部分。

瓮城两侧与城墙连在一起建立，设有箭楼、门闸、雉堞等防御设施。瓮城城门通常与所保护的城门不在同一条直线上，以防攻城槌等武器的进攻。

唐代边城中出现瓮城，明代在瓮城上创建箭楼，北京内城正阳门城楼及箭楼、城东南角楼是明代的优秀作品。城楼、瓮城和角楼，如图 1-18 所示。

(a) 正阳门城楼

(b) 嘉峪关城楼

(c) 平遥古城(瓮城)

(d) 故宫角楼

图 1-18　城楼、瓮城和箭楼

3. 钟楼和鼓楼

钟楼和鼓楼是古代城市中专司报时的公共建筑。宋代有专建高楼安置钟、鼓的记载。明代在北京城中轴线北端建鼓楼和钟楼，河南开封在大相国寺里设立了钟楼和鼓楼（图 1-19），其下部是砖砌的墩台，上为木构或砖石的层楼。钟楼和鼓楼相对设置，“东钟西鼓”或“左钟右鼓”。

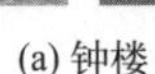
(a) 钟楼

(b) 鼓楼

图 1-19　钟楼和鼓楼

（三）宫殿建筑

宫殿建筑亦称皇家建筑，专指帝王举行仪式、办理政务与居住之所。宫殿建筑集当时国内的财力和物力，以最高的技术水平建造而成。已知最早的宫殿遗址，发现于河南偃师二里头村。明清北京故宫（图 1-20）是中国最后的，也是最成熟的典型宫殿建筑。城平面为矩形，东西宽 753m，南北深 961m，墙开四门，建门楼，四隅建角楼。它将各种建筑艺术手法发挥得淋漓尽致，调动一切建筑语言来表达主题思想，取得了难以超越的成就。

（四）礼制与祠祀建筑

礼制与祠祀建筑起源于祭祀，凡是人们举行祭祀、纪念活动，所使用的建筑物、构筑物等，由“礼制”要求产生，并被纳入官方举行祀典的建筑，都称为礼制建筑。凡是民间的、主要以人为祭祀对象的建筑，都称为祠祀建筑。礼制与祠祀建筑如图 1-21 所示。

图 1-20　故宫

(a) 礼制建筑

(b) 祠祀建筑

图 1-21　礼制与祠祀建筑

礼制建筑根据建筑形制不同分为四类。

1. 坛、庙建筑

坛、庙建筑是用来祭祀天地神灵、山川社稷、日月星辰、祖宗英烈、圣哲先贤的礼制建筑的统称，主要包括太庙、社稷坛、孔庙等建筑。

2. 庙、祠建筑

从君王到士庶崇奉祖先或祭祠神佛的地方为庙、祠。《礼记·曲礼》记载：“君子将营宫室，宗庙为先，厩库为次，居室为后”，可见古时就能看出庙、祠建筑居于重要的地位了。庙、祠一般可分为古代帝王皇族的家庙（太庙）（图 1-22）、古代诸侯的祖庙（宗庙）与黎民百姓祭祀祖先的场所宗祠，现在基本将宗庙与宗祠合称为宗庙祭祀。

3. 明堂、辟雍

明堂、辟雍（图 1-23）是举办行礼乐、宣教化的特殊政教文化仪式的地方。它包含两种建筑名称的含义，它是中国古代最高等级的皇家礼制建筑之一。明堂是古代帝王颁布政令，接受朝觐和祭祀天地诸神以及祖先的场所。辟雍即明堂外面环绕的圆形水沟，环水为雍（意为圆满无缺），圆形像辟（辟即璧，皇帝专用的玉制礼器），象征王道教化圆满不绝。

图 1-22　北京太庙

图 1-23　明堂、辟雍

4. 专庙、专祠

为特定的人或神设立的祠宇，旧以有大功德于民者，得敕封神号的人才会专立庙祠，为统治阶级所推崇，为人民所纪念的名人专庙、专祠。北京天坛（图 1-24）是古代坛庙建筑中最重要的遗存，始建于明永乐十八年（公元 1420 年）。

图 1-24 北京天坛

（五）陵墓建筑

陵墓建筑（图 1-25）是中国古代建筑的重要组成部分，是专供安葬并祭祀死者而使用的建筑，是中国古代建筑中最宏伟、最庞大的建筑群之一。通观陵墓建筑，一般都是利用自然地形，靠山而建，建造在平原上的较少。中国古人基于人死而灵魂不灭的观念，普遍重视丧葬，因此，无论任何阶层对陵墓皆精心构筑。在漫长的历史进程中，中国陵墓建筑得到了长足的发展，产生了举世罕见的、庞大的古代帝、后墓群，且在历史演变过程中，陵墓建筑逐步与绘画、书法、雕刻等诸艺术门派融为一体，成为反映多种艺术成就的综合体。陵墓建筑由地下和地上两大部分组成。地下部分用以安葬死者及其遗物、代用品、殉葬品。地上部分专供生人举行祭祀和安放死者神主之用。大致说，汉代以后，帝王墓葬称陵，臣庶称墓。陕西西安市临潼区秦始皇陵，是中国第一座帝陵。北京明十三陵是一个规划完整、气魄宏大的陵墓群。

图 1-25 陵墓建筑

（六）佛教建筑

佛教建筑（图 1-26）是与佛教活动相关的建筑。按类型分为寺院、塔和石窟三大类型。佛教在两汉之际传入中国，其建筑发展在南北朝至隋唐的四五百年间达到高峰。宋、辽、金时期有所衰落。元代以后，尤其明、清时期石窟寺及塔已较少营建，寺庙方面主要是藏传佛教寺庙建筑有较多发展。

图 1-26 佛教建筑

佛教建筑最初的寺院是廊院式布局，其中心建塔，或建佛殿，或塔、殿并建。佛塔按结构材料可分为石塔、砖塔、木塔、铁塔、陶塔等，按结构造型可分为楼阁式塔、密檐塔、单层塔。石窟是在河畔山崖上开凿的佛寺，渊源于印度，约在公元3世纪传到中国，其形制大致有塔庙窟、佛殿窟、僧房窟和大像窟四大类。中国石窟的重要遗存，有甘肃敦煌莫高窟、山西大同云冈石窟、河南洛阳龙门石窟等（图1-27）。

(a) 敦煌莫高窟　(b) 大同云冈石窟　(c) 洛阳龙门石窟

图1-27　石窟

（七）园林式古建筑

园林式古建筑简称园林建筑，是建造在园林和城市绿化地段内供人们游憩或观赏用的建筑物，常见的有亭、榭、廊、阁、轩、楼、台、舫、堂等建筑物（图1-28）。通过建造这些主要起到园林里造景，为游览者提供观景的视点和场所，以及提供休憩及活动的空间等作用。

(a) 亭　(b) 榭　(c) 游廊　(d) 爬山廊　(e) 阁　(f) 轩　(g) 楼　(h) 台　(i) 舫　(j) 堂

图1-28　园林古建筑

中国传统建筑的功能类型，除上述介绍的以外，还有军事建筑、商业建筑以及桥梁等公共交通设施，坊表等建筑小品。河北赵县安济桥（赵州桥）建于7世纪初的隋代，是世界上第一座敞肩单拱石桥，比西方同类结构要早出现700年左右。所有这些，都反映了中国古代建筑的卓越成就。

第二节　保护、修缮的内容

我国虽古迹众多，但由于种种原因，多数文化古迹遭到了破坏，或无人问津，或不被重视，急需修缮。同时，一些专业人才尤其是古建筑专业人员缺乏，行将断代，非物质文化遗产、特殊技艺濒临失传，理论与实践、学术与技术相脱离的情况相当严重。遗产要保护，传统要继承和弘扬，关键要有理论指导与可供操作的技术经验。保护和修缮古代建筑的目的，主要是保存古代劳动人民的建筑成果、工程的施工技术以及传统工艺操作等方面的技能。古建筑的不可再生性决定了对待文物古建筑必须始终把保护放在第一位。然而现状是，现代城市的发展冲击着文物古迹并与古建筑保护发生矛盾，这就需要我们从发展的角度来保护古代建筑，做到既让古代文化保存于世，又能让部分古代文化遗产产生利用价值，使人们从被保护的古建筑中汲取中国文化的营养和智慧，了解中国历史发展的轨迹，传承古建筑几千年的经验技术，发挥非物质文化遗产特有的作用，让中国传统文化得以继承和发扬光大。

通过对古建筑现况的考察、调研以及了解，我国古建筑现存的危机是很多古建筑迫切需要保护和修缮。现阶段，古建筑的保护、修缮与施工技术应从以下几个方面理解。

一、保护

主要是针对传统古建筑，且属于《中华人民共和国文物保护法》中列为全国重点文物保护单位，省级文物保护单位，市、县级文物保护单位的保养维护。古建筑在它的保存过程中，尤其是木结构建筑物，经历了几百年，甚至千年以上的漫长岁月，经受着各种各样的破坏，影响它的“健康”和“长寿”。这些破坏因素主要有几种：一是人为的破坏；二是自然力的破坏；三是保护性破坏。

（一）人为的破坏

人为的破坏使得中国古代许多优秀的建筑物遭到毁灭，历史上这样的记载举不胜举。例如圆明园于1860年遭英法联军焚毁，文物被掠夺的数量粗略统计约有150万件，上至先秦时代的青铜礼器，下至唐、宋、元、明、清历代的名人书画和各种奇珍异宝。1900年八国联军侵占北京，西郊皇家园林再遭劫难。遭焚毁后的圆明园遗址在新中国成立后开始被保护起来，1956年北京市园林局开始采取植树保护措施，1976年正式成立圆明园管理处。1988年6月29日，圆明园遗址向社会开放。圆明园遗址见图1-29。

近代的如山西省应县木塔（图1-30），1926年，在旧中国的军阀混战中，木塔曾中弹二百余发，大受创伤，致使部分梁柱劈裂、歪闪。这种人为的破坏因素，直至新中国成立以后，人民政府公布了一系列的文物保护法令，相继成立了保管机构，才基本杜绝，但还是有相当一部分文物流散未归。

图 1-29　圆明园遗址

图 1-30　应县木塔

（二）自然力的破坏

自然力的破坏包括物质自然的老化作用，以及风、雨、雷、火、地震、白蚁等对木结构建筑的危害，受破坏的建筑见图 1-31。当人为的破坏基本杜绝之后，自然力的破坏就成了保护工作中经常遇到的“敌人”。在保护木结构建筑物的工作中，如何防止自然力的破坏和破坏后如何进行维修，就成为我们急需要研究的课题之一。保护又分为五种类型：保养工程、抢救工程、修理工程、修复工程、迁建工程（具体做法见后面章节介绍）。

(a) 损毁　(b) 开裂　(c) 歪闪

(d) 墙体坍塌　(e) 倾斜　(f) 糟朽

图 1-31　受破坏的建筑

（三）保护性破坏

保护性破坏不仅是文物本身外观遭到破坏，其结构也同样受到影响，对文物所处的空间环境和历史文化氛围也是一种损害，由于这些损害是在文物保护或修缮过程中发生的，操作者自认为是在保护，因而意识不到其所作所为，等到公众发现时往往为时已晚，或许因为操作细致导致永远也不会有人看出来，但造成的破坏已经难以恢复。造成这种破坏的原因多样，保护理念的偏差、技术使用的不当、管理环节的失控都容易引发此类问题，因此对文物保护必须提出更高的要求。

二、修缮

修缮是指既针对文物保护单位也包括不属于文物保护单位的传统古建筑及仿古建筑的保养。修缮工作是保护古建筑的重要措施之一，如果没有一定的原则作为指导，不仅不能达到保护的目的，有时还会造成不应有的浪费，甚至还可能将古建筑改得面目全非，造成不应有的破坏。因此，我们的维修工作要遵照《中华人民共和国文物保护法》中相关规定，在对古建筑进行修缮、保养时必须遵守不改变文物原状的原则，通常我们在古建筑修缮、保护的设计和施工中经常提到要整旧如旧、保存原状（原结构、原材料、原工艺）与不改变文物原状的设计方案和施工方案。

（一）整旧如旧

整旧如旧，通常也称为修旧如旧，这是梁思成先生首先提出的。他认为“把一座古文物建筑修整焕然一新，犹如把一些周鼎汉镜用擦铜油擦得油光晶亮一样，将严重损害到它的历史、艺术价值”。“古代建筑从来没有被看作金石书画那样的艺术品，人们并不像尊重殷周铜器上的一片绿锈或者唐宋书画上的苍黯的斑渍那样去欣赏大自然在一些殿阁楼台上留下的烙印”，同时梁先生也提出“红花绿叶”的问题，也就是环境保护的观点（见《梁思成文集》）。目前仍有人对科学的文物保护原则未能准确理解，有些人（包括一些文物保护工作者）把“整旧如旧”理解为“以假乱真”，对文物原状的认定纠缠在初始状况与历史沿革状况之争，甚至把近现代因无力整修或某些其他因素而采取一些临时应急措施，也误认为应保护的原状等，其实质就是对文物真实含义与定义，以及其真实的价值和存在的特性没有真正了解。

（二）保存原状与不改变文物原状

保存原状与不改变文物原状，严格地说，是有区别的。所谓原状，是指一座建筑物或一组建筑物原来兴建时候的面貌。现状，是指目前存在的面貌，如南禅寺大殿（图 1-32），重建于唐建中三年（公元 782 年），其梁架、斗栱等主体结构都是原状，前檐墙、瓦顶的瓦件、彩画等附属部分都经过后代修理，已改变了原貌，但对古建筑木结构而言，修缮古建筑木结构，恢复原状是最高的要求，保存现状是最低的要求。往往木结构的现状大多数都因为长久失修及外来因素的影响出现糟朽、歪闪，对结构安全性有一定的影响，木结构建筑的这种“现状”是不利于长期保存的，虽然这样，但这种古建筑木结构的现存状况，往往是恢复其原状有利的基础条件。而修缮砖、石结构建筑物时，如石像、石碑、经幢以及建筑物中的附属艺术如壁画、早期的彩画等（石构件和壁画见图 1-33），常常是以保存现状作为修理工作的最高要求。因为这一类的古代遗物，恢复原状的可能性是极小的，绝大多数都是不可能恢复原状的。保存现状或恢复原状这两种修缮原则，要求虽然不同，但目的都是为了更好地保护这些历史文物。

图 1-32　南禅寺大殿

展现在我们面前的准备修缮的古建筑，不一定就是建筑物最早的原始建筑，大多数情况是已经经过历朝历代修缮过的，且留有修缮时那个年代印迹的原状建筑，有时会同时具备两个或几个朝代的样式，我们所见到的古建筑是现存建筑物的建筑时代。例如北

(a) 石像

(b) 石碑

(c) 经幢

(d) 壁画

图 1-33 石构件和壁画

京故宫的太和殿，最早建成于明代永乐十八年（公元 1420 年），后经几次修建、重修，现存建筑物是清康熙三十四年（公元 1695 年）重建的，重修后的太和殿见图 1-34。和明代初建时相比，太和殿的尺寸、式样、间数都有所不同，因而要说太和殿的原状，应该是指清康熙三十四年的原状，而不是指明永乐十八年的原状。恢复原状时，往往由于资料、技术等条件的限制，这种愿望和要求有时不可能完全达到。因而常对其主体结构，如梁架、斗栱等予以复原，对其附属结构如装修、瓦件以及一些装饰构件等，在没有充分的科学依据时，仍应保持现状。总体建筑风格则应尽可能地接近原来的面貌。

图 1-34 重修后的太和殿

建筑组群的恢复原状是更为复杂的问题。一个建筑组群中往往包括若干时代的单体建筑物。总体布局常常是各个时期的综合产物，要恢复原来建筑时代的面貌是非常困难的，有时是不可能的。因而绝大多数情况下，都是严格地保持现存的面貌，不再增加任何建筑物。由于特殊的原因，需要对某个建筑组群恢复原状时，通常采用两种方案：较大的古代建筑组群，如有可能，最好是恢复其历史上最兴盛时期存在的面貌；一般较小的建筑组群，可以恢复到它原来建筑时期的面貌，或是最后完成时期的面貌。在 20 世纪 90 年代实施的《古建筑木结构维护与加固技术规范》中对这一原则进一步做了诠释："原状多指古代建筑个体或群体中一切有历史意义的遗存现状。"保存原状，实际就是尊重古建筑现有状况，结合其重要程度和研究论证需要，除必要的安全措施外，不改变外立面及结构目前状态，以展示其历史价值并对其进行研讨。所谓不改变文物原状，是指有些级别比较高的文物保护单位，因其所处位置与环境重要性的不同所采用的修缮方法：其一，要求用原材料和原工艺，使其不改变原貌和历史价值；其二，在不影响文物古建筑外貌的情况下，并不排除利用科学的新方法，比如使用新材料（其中木材、石材不存在原始材料与现代材料之分，只是要注意尽量使用与原始材料相同的材质），使用先进的新工艺和新设备，把它们用在隐蔽工程内，但其表面形式保持原状，这样，既能以科学的方法防止其损毁，又延长其寿命，还节约了能源，在保质保量的前提下，加快了修缮的进度，最大限度地保存其历史、科学、艺术价值。历史总是在发展的，巧妙地利用新技术、新材料、新设备、高科技还是很有必要的。"不改变文物原状的原则"，经过若干年实践的检验证明是正确且行之有效的原则。如是恢复原状，则应在调研、断代的基础上还原至原有朝代时的建筑体制，这是有一定难度的，因为历代修缮过程中或多或少都会留下修缮年代的烙印。

第二章　古建筑保养、维护、修缮工程的准备工作

古建筑保养、维护与修缮是指以保护古建筑为目的，在保持古建筑现状的基础上，为恢复古建筑原状而进行的一系列修整和维护的活动，不仅关系到人类社会物质文明的发展，而且与人类文化遗产的延续息息相关，是我国物质文化传承的有效手段之一。

保护古建筑，还有一层意义，就是合理使用、继承和研讨，也是为了对古建筑进行更好的保护。"有效保护，合理利用，加强管理""保护为主，抢救第一"是文物保护工作的方针和原则之一。正确处理好保护与利用的辩证关系，实是不易之事。研究建筑历史与文物建筑保护工作结合，这是顺理成章的事情。毫无疑问，要把保护文物建筑与修缮破旧房屋区别开来的主要办法，就是要加强对保护对象的深入了解，离开建筑史的研究是不行的。

古建筑的保养、维护及修缮工作，由各地区主管部门及规划部门结合整体规划进行统一部署、统一指挥、统一调度，具体项目要经立项、审批、可行性研究、专家论证、方案审查、筹措资金、勘察设计、图纸审查、组织施工及验收等，最后还要有经济效益、社会效益的反馈、验证。办理相关的一切手续在这里省略不讲，本书主要介绍技术问题。

每一项古建筑的保养、修缮等的施工工作，都必须引起我们的重视，尤其对文物保护单位的工程项目，要以建筑法、文物保护法为基准，结合各地区传统古建筑的法式、法规以及操作工艺进行修缮的方案设计与施工，所以，我们要有一系列的工作方法与步骤，对项目进行分析、分类，还要把握住需要修缮保护的古建筑的年代特征、损毁程度，提出切实可行的方案。

第一节　工程分类

古建筑工程可分为新建工程和修缮工程两大类。新建工程可分为传统古建筑新建工程（含迁建）和仿古建筑的新建工程。修缮可分为保护性修缮及保养、加固以及维修（包括复原工程）施工。

一、新建工程

新建工程是指按照传统做法施工的古建筑，目前由于大规模的城市发展和建设，常常与古建筑的保存发生矛盾。如果古建筑有使用功能的需要、文物价值的需要、政策法规的需要、经济效益或社会效益的需要，根据目前城市规划，原来的古建筑就需要给高速发展的城市建设让路，处理方案基本上都是古建筑搬家。这种为了解决与现有规划矛盾而进行古建筑迁地重建的工程，称为迁建工程。此项工作无论残毁程度如何，都需要全部拆卸后搬到新选地址，然后依原样并用原有构件重新建造。在重建过程中根据需要与可能，可以保存现状，也可以恢复原状。

现阶段有些在现代建筑的基础上增加附属的古建筑内容（如门楼、亭廊）也属于新建。

二、保护性修缮及保养工程

保护性修缮及保养工程是指不改动古建筑现有的结构、色彩、原状而进行的小型维修。保养工程应该是经常性的，如进行屋面清理、除草、修漏，检查整理避雷、防火设备等。其工程量不一定很大，但需经常进行。有了经常的保养维修，对于一些古建筑残毁不是十分严重的情况，就可能避免残毁情况扩大，尽量保持原有面貌，延长建筑物的寿命。

经常性的保养与维修，实际就是防与治的问题。加强日常的保养工作，就会减轻或延缓维修任务，俗语说防患于未然就是这个道理，因此提倡“保养为主，维修为辅”的方法，可以使古建筑较长时期保留现状。屋面清理保养见图 2-1。

(a) 屋面渗漏隐患

(b) 清理保养

(c) 保养后

图 2-1 屋面清理保养

三、加固工程

古建筑物发生严重危险时，由于技术、经济、物资等条件的限制，不能及时进行彻底修理，采取临时性的加固措施，称为加固工程（也称抢救加固工程），如梁、柱遇巨震突然歪闪下沉时用戗柱支顶。此种工程的目的在于保固延年，但不能妨碍以后的彻底修理，因此一切技术措施都要做到既要安装方便，又要比较容易拆除。临时性加固如图 2-2 所示。

图 2-2 临时性加固

四、修缮工程

修缮工程，分为两类。

其一，现有古建筑状态下的修缮，这种建筑由于历史原因，历朝历代都有维修修缮的处理，都会留下当时修缮技术的烙印，甚至与原有面貌和结构形式差别很大。修缮这类建筑时，不需要完全恢复到初始年代的做法，重点是结构加固、归安等保固性的处理，以保持现状为主或局部地恢复原状。如徐州戏马台的恢复修缮工作即是如此（图 2-3）。工程范围一般包括按照历史资料、传说以及历史典故，做一些平面布局的重新规划、揭瓦顶、局部或全部拆卸木构架、更换或拨正歪闪构架、油饰彩画等工作。

(a) 正在修缮

(b) 修缮后

图 2-3　改变面貌的古建筑

其二，复原工程（又称修复工程），因其地位、档次、历史重要性等因素需要复原的工程，是一种最为彻底的维修工程，不仅要恢复残毁结构的原来式样，而且要将历代修理中被歪曲、变形、增添或者去除部分予以复原，恢复到它原来建筑时期的面貌。工作中不仅要对残毁部分如何修理进行研究，而且要对原状进行科学细致的分析，因而此种工程是技术复杂、要求标准很高的一种维修工程。徐州户部山顶的重檐六角亭（风云阁）就是实例（图 2-4），亭内立有明代莫与齐所书的“戏马台”字迹。

(a) 修缮前

(b) 修缮中

(c) 修缮后

(d) 碑记

图 2-4　复原的古建筑

第二节 确定古建筑年代

古建筑年代的鉴定实质上是为古建筑的保护和修缮做基础准备工作，这种鉴定要经过科学的勘测。古建筑的勘测，是一项专业性、科学性很强且涉及知识面相当广泛的综合性技术工作，包含测绘、记录和摄影等内容。它既要求有熟练的测量绘图能力，又要求具备古建筑的基本理论及知识，拍摄建筑物内外结构的技术，还应对古代汉语、中国历史、古典文学、绘画及宗教等学科有一定的修养，同时应该具备吃苦耐劳的精神。全面、准确地记录下古代建筑的现状及相关资料，为正确制定保护方案做好前期准备工作，通过精密测绘，充分而准确地掌握建筑物的资料数据，进而探索其建筑结构的设计规律，提高其科学性、可信性，避免片面性、随意性，具有极重要的现实意义。中国古建筑泰斗梁思成先生开创了我国用科学的方法测量研究古代建筑的先河，在极其艰苦的条件下完成佛光寺东大殿的实测，用精确的数据模数，论述了唐代木结构古建筑，为我们做出了榜样。

鉴定工作的好与不好，直接影响着古建筑项目的修缮质量好坏，必须充分了解和掌握各时期建筑、结构、装修、瓦面、油漆彩画的概况特征以及操作工艺。

我们在进行古建筑的修缮项目时，尤其是文物保护单位的项目，要依据文物保护法，对要修缮的古建筑进行调研，首先要判断它有没有历史文物价值，对比较重要的建筑要对其进行年代的鉴定工作。只有确定了它的年代，才能放在一定的历史时期去研究，制定可行的设计与施工方案，要以其在建筑发展史中的地位，判断它的历史文物价值，这一点很重要。鉴定年代不是研究古代建筑的最终目的，也不能只根据年代来决定其价值，鉴定年代最直接的做法就是断代，断代是进一步研究和确定其价值的必不可少的基本条件。我们要根据现存的、准备要修缮的建筑实物进行研讨，总结它们本身所具有的时代特征，按年代特征、构件的特征、结构层次、相互关系，进行细致的考察。考察中，要注意每座古建筑自创建以后，都会有经过后代修缮、改建的经历，必须分辨出来。现在多采用结合以往的资料及经验介绍来确定古建筑年代的方法。

断定一个古建筑的年代，第一，要从对古建筑进行勘察和查看着手；第二，依据各年代传统建筑的建筑形式及工艺进行比对；第三，参照各个朝代建筑的特征；第四，再以它们为依据来断代，以确定修缮方案。即是两看、两比、七参再判定。

一、对建筑物进行查看

（一）查看建筑物的现有结构情况

中国古建筑主体结构以木材、砖瓦为主要建筑材料，以木构架为主。古建筑与其他文物不同，其体形硕大，结构复杂，一般建筑物所占空间体积最少也要几立方米，且由几十、几百个构件或者成千上万个构件组成。如要查看得比较仔细，就必须不辞劳苦地进行实地调查。

1. 查看建筑的外部形式及整体结构现状

（1）外部形式　外部形式包括建筑形式，参看前面章节的介绍，如屋顶有硬山顶、悬山顶、歇山顶、庑殿顶、攒尖顶、盝顶、十字脊屋顶、重檐歇山顶、重檐庑殿顶等形式。查看时要注意平、立面尺寸和布局，看是否为外廊式、周围廊式、全包围式或为减柱造等（图 2-5）。

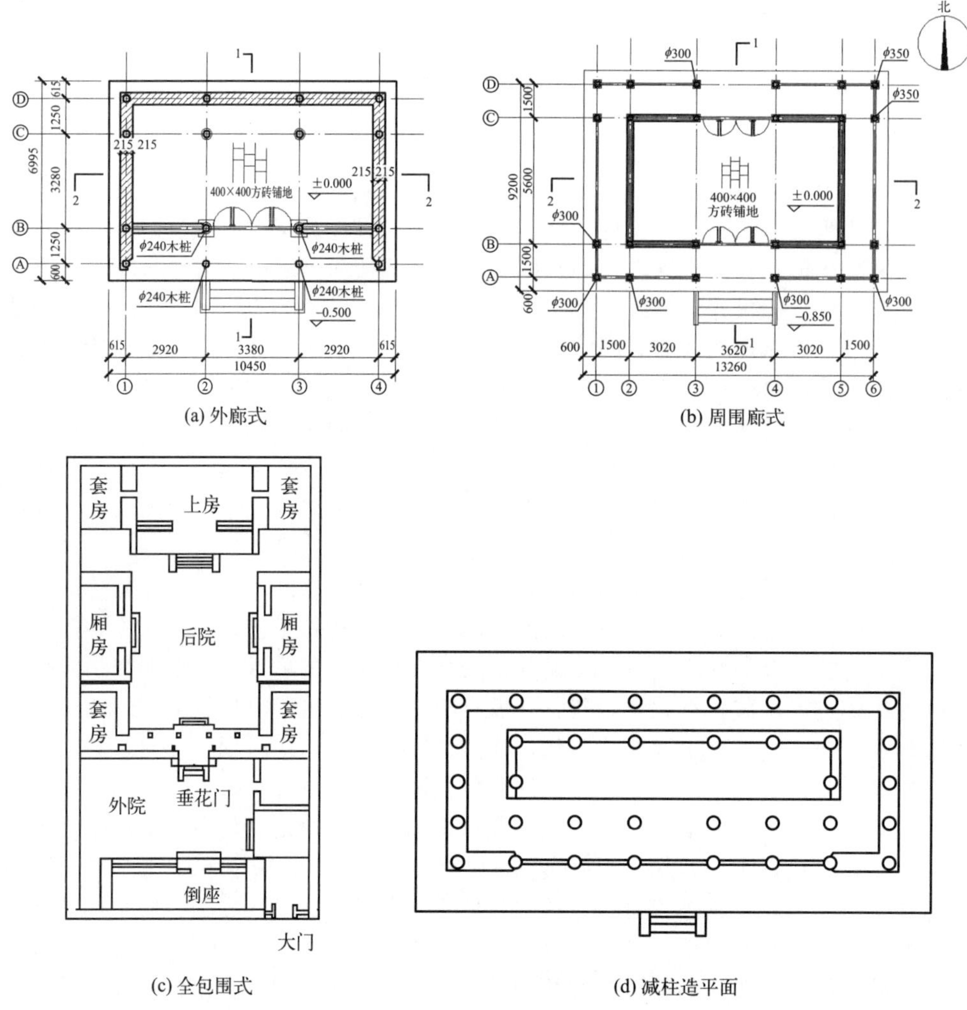

(a) 外廊式

(b) 周围廊式

(c) 全包围式

(d) 减柱造平面

图 2-5　平面布局形式

查看时还应以它的整体结构形式（包括雕刻、垒砌方法、用料规格等）为主要依据和线索，分类勘察。对于砖石结构建筑物，查看时首先应注意其整体外形，如塔的轮廓线、桥拱的式样，然后仔细勘查它的细部雕刻、结构方法及材料规格等（图 2-6）。

(a) 虎丘塔

(b) 雕刻

(c) 荆山桥

(d) 衡水老桥

图 2-6　塔的轮廓线、桥拱的式样及细部雕刻

提醒大家要善于从残破暴露出来的地方去观察，一时看不到的地方，有必要在施工前期拆开时注意观察（图 2-7）。

还要注意属于装修部分的门窗、栏杆，质地脆弱、易损坏的构件，以及屋面瓦件等的具体情况（图 2-8）。

图 2-7 残损构件

(a) 门窗损坏情况

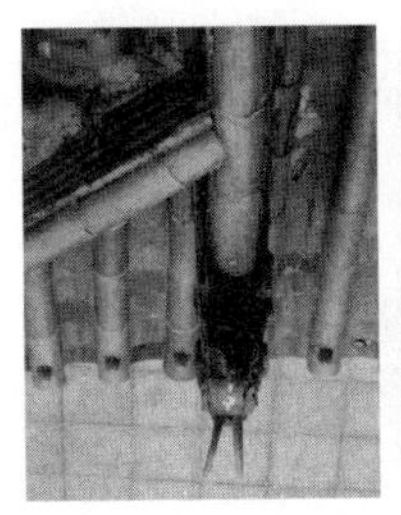

(b) 屋面损坏情况

图 2-8 构件及屋面瓦件等的具体情况

还有些建筑是全体被毁掉，后来重新建造的，著名的黄鹤楼、岳阳楼等都是这种情况（图 2-9）。

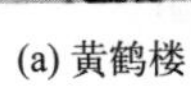

(a) 黄鹤楼　　(b) 岳阳楼

图 2-9 重建后的黄鹤楼、岳阳楼

但在砖石建筑中，体形较小的如经幢、小型砖石塔（图 2-10），也有未曾更换过构件就保存下来的，实际上越是保存比较好的，越有可能是经过修缮的，越是原始没动过的文物建筑，越说明其没被重视，或处于偏远地区，或档次相对较低。

图 2-10　经幢、小型砖石塔

（2）整体结构现状　考察和查看时应注意以下几点。第一，应该以一座建筑物现存的主体结构为主要依据，并且要以一定的文献资料作旁证，绝不能以个别构件或附属艺术品为主要依据。具体地说，对于木结构，应以现存整体梁架结构为主要依据。第二，梁架结构是组成建筑物的主体，是年代鉴定中的主要依据，应详细调查并做出记录（文字和图纸）。记录的重点有平面柱子的排列方式，梁、枋断面的比例。第三，要注意一些隐蔽工程部分，譬如嵌入墙里的柱子，构件的榫卯结构、搭接方式，有没有糟朽、拔榫、歪闪、虫害以及其他损毁情况（图 2-11）。第四，斗栱结构是木结构建筑中变化最明显的一部分，要注意查看内外檐斗栱应用的情况。往往在同一时代的早、中、晚各期也不相同，因而这是进行年代鉴定时应当特别重视的。斗栱由若干小件构成，特别是外檐斗栱，处于檐下，最容易被破坏和更换，因此调查时不能因为它太多了就只看一点，应该全面地观察。要注意其式样，比例大小，分布情况，用材大小，以及其栱、昂、耍头等细部的制作方法，还要仔细观察它的承载稳定性能等。

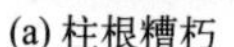

(a) 柱根糟朽

(b) 歪闪

(c) 拔榫

(d) 虫害

图 2-11　损毁情况

从所见的木结构建筑来看，没有经过后代修理的实例是不多的。每次修理都不可避免地要扔掉一些残毁构件，换上一些新的构件。这些更换的构件，不可能与原来的完全一致，总带有当时当地工匠们的制作手法和痕迹。因而修理的次数越多，结构的外观也就越复杂。

此外，对其附属结构、附属艺术装饰，如装修、瓦件、彩画、塑像、家具等作为辅助依据，也应一并记录。不能因为见到有后代更换的构件就不加理睬。因为即使是后配的，也有相当的价值，有时对于原状的研究很有用处。

这样一来，仅凭照片或图纸是不容易判别其建筑年代的。文字资料固然重要，但单纯靠书本记载，不一定靠得住。因为有些建筑历经几次修缮，文字资料有可能断续，所以我们在进行实地调查时，还要对建筑物的构件及特征进行进一步的观察和了解。

2. 查看装修部分

古建筑装修可分为大木作外檐装修（外装修）与小木作内檐装修（内装修）、油漆彩画以及陈设布置。

（1）查看外檐装修　查看外檐装修时要注意，外檐装修构件饱受风雨雷电及人为的干扰，常常受到各种因素的破坏（图 2-12）。外檐装修的构件主要有门窗、槛框、槛窗、支摘窗、夹门窗、照壁门、撒带门、棋盘门（攒边门）、实榻门、木栏杆等。查看时要看准构件的形式及各构件的尺寸、损毁程度以及修缮的可能性和稳固性，在选材时要与原材料进行对比，使其材质和软硬度相吻合。

(a) 门窗、槛框等

(b) 支摘窗

(c) 木栏杆

(d) 门框损毁

(e) 门槛损毁

图 2-12　部分门窗及部分构件损毁情况

（2）查看内檐装修　内檐装修即小木作。内檐装修也称为室内装修，包括木板墙隔断、天花吊顶以及各种罩、橱、博古架等。这种装修在用材上是比较讲究的，一般采用红木、黄花梨、楠木、楸木等材料制作。查看小木作装修时，要了解内檐装修的形式构造与外檐装修有所不同，内装修不受外界的气候限制，但因为其结构构件相对于大木作构件要小许多，而构件精小细致，极易损坏，如式样繁多的壁纱橱、几腿罩、落地罩、栏杆罩、炕面罩、书格架、博古架等（后续章节有具体介绍），就极易拔榫或折断。部分小木作损毁情况见图 2-13。

(a) 木隔断(格栅)

(b) 木屏风

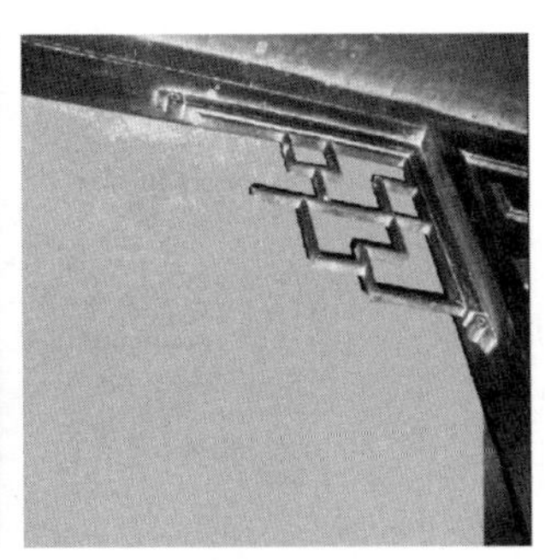
(c) 花伢子

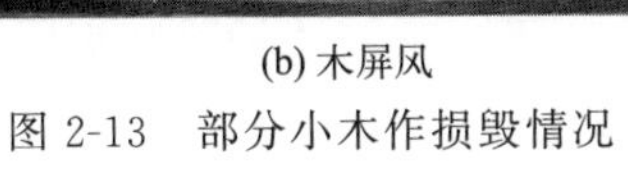
图 2-13　部分小木作损毁情况

（3）查看油漆彩画　古建筑壁画与彩画，早在两千年前《史记·秦始皇本纪》中，在营造咸阳宫时就有“木衣绨绣，土被朱紫”的记载。而后，经历两晋、南北朝，至隋唐时期，对建筑直接提出了“雕梁画栋”。

油漆彩画是装饰工程的一个重要环节，除了起到保护基层的作用外，还相当于给建筑“穿衣戴帽”。人靠衣装马靠鞍，一座建筑完成后，只能体现出雄伟壮观、气势磅礴的单一效果，如加上油饰及各种纹饰组合的彩画图案，就会彰显出古朴、典雅、丰富多彩的效果，会给观者一个完美的舒适感。这就是油漆彩画起到的装饰作用。

由于油漆彩画部分是暴露在空间中的，长期风吹雨淋加之保养不便，尤其外檐彩画，除了严重积尘、失色，已经失去对木构件的保护作用之外，也失去了自身的装饰效果（图 2-14）。内檐彩画因受环境扰动较小，损坏的程度相应要小一些。在勘察时要细心观察，应注意以下几个方面的问题。第一，看清楚油饰彩画的样式及内容，以便区别年代，比如，宋代时，据《营造法式》记载，根据不同功能档次、结构造型，划分为碾玉装、五彩遍装、解绿结华装等。明代时，在宋元彩画的基础上改革了旋子彩画及宫殿式云龙彩画。清代时，在元明两代的基础上，除继承改革明代旋子彩画外，又创造了宫廷式“和玺彩画”与园林民居式“苏式彩画”等。第二，通过查看，掌握建筑的建造年代，寻找有关当时年代匠人的相关资讯与绘画特质，如画家惯用的材料、色彩、笔触、创作风格、创作理念与美学观点等。这种调查，可以让我们加深认识，在进行修复时才能尽量达到原始面貌。第三，油漆彩画，尤其是壁画易受多种自然因素的破坏，如风化、污染及潮湿空气的侵蚀，要注意打底物如地仗或沥粉等有无分离、浮起、龟裂、剥落或微生物等侵害现象；了解绘画层，对其分析颜料使用的黏着剂；所涂绘画层的厚与薄、色调、用色技法，绘画层是否有龟裂，是局部龟裂还是全面龟裂，裂纹的深浅如何，是否开始产生剥落现象以及颜色层表面是否出现水泡等；了解保护层，辨别是否有保护层，是全面或局部，涂抹保护层的次数、厚薄，是否有霉变或微生物的侵害，并对这些因素的程度进行评估和分析。

(a) 脱漆

(b) 褪色

(c) 起皮、脱落

图 2-14　油漆彩画损毁

（4）查看陈设布置　因为陈设是可移动物质，此处不多作解说。

3. 对比资料

以上查看过程要注意修复之前与修复之后的资料整理，在修复之前一定要先拍现场照片，竣工后还要拍照且尽量在修复前拍照的位置及高度即同一视点拍摄，日后比对时可作为比较直观的见证，图 2-15(a)、(b) 为角度不吻合的对比，图 2-15(c)、(d) 为角度吻合的对比。此外，在修复的过程中时常需要作品照片的原貌作为辅助，来制定新的修缮方案。通过实地勘察和照片资料可以较容易地掌握整体建筑的色彩、构图等关键。拍照的重点包括作品完整的正面、侧面、背面、内景、外景以及局部节点和损毁大样的特写拍照。同时，还要做好与照片相对应、协调的文字资料，以便备案。查看时如单体建筑中遇有不同时代、不同风格的构件、工艺做法，要注意分别记录，判断损毁程度及修复的可能性，以制定修缮方案。最后写出调查后的初步总结。

(a) 修复前(不同角度拍摄)

(b) 修复后(不同角度拍摄)

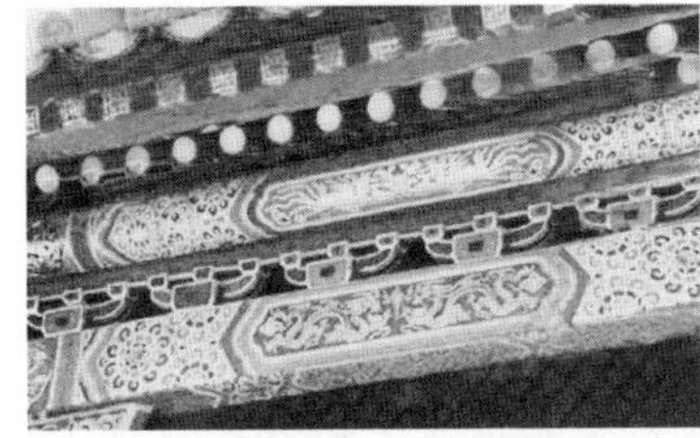
(c) 修复前(同一角度拍摄)

(d) 修复后(同一角度拍摄)

图 2-15　修缮前后对比

(二) 查看收集文字记录资料

收集古建筑的文字记录资料是一项细致的工作，一般情况下可从三个路径查找：第一，金石文字（也称金石文献）；第二，题记；第三，古代文献记载。古代文献记载可以在事先查好。金石文字及题记等则必须在实地调查中收集。

1. 金石文字

在我国古典文献学史上，金石常常并称成为一个名词，是指以青铜器和石块为文献的载体，也是钟鼎和碑石的总称，金石文字大体上是指铸在金属器物或雕刻在砖石上的文字，最常见的做法是在石碑、经幢和供器等上面的刻字（图 2-16）。

(a) 砖石瓦当与经幢

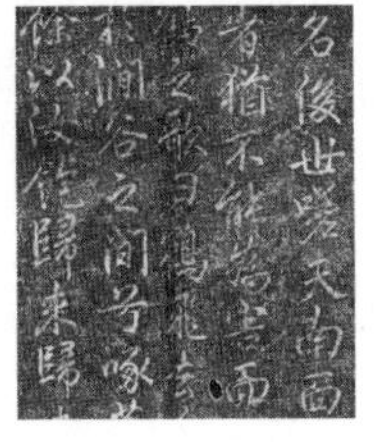

(b) 放鹤亭碑记

图 2-16　金石文字

修建宫殿要写记录，修建庙宇、桥梁要立碑。这些碑刻上记载了修理过程和年月，我们可以借此查到建造的时期和修理过程的有关记录。

查看、调查金石文献时，尽量录制全部碑文，或重点摘录。在做记录时应注意以下两点。

(1) 了解　某一建筑组群及其各个单体建筑的历史沿革、正确名称及历代兴废的变化情况。

(2) 查找　要重点深入查找，例如历次修理的情况，不能只看某年某月“残者补之，朽者新之”的官样文章，重要的是找它的修缮范围、程度、工期长短、用款多少以及主持修理的人员等。这些不一定都记在碑的正文中，有时要看碑的背面，有时还要和实物去对证。看碑时也不要只注意大碑，有时仅是因为主持人比较有名就立一块大碑，所记内容则不一定很有用，这类碑文往往夸张失实，如不注意就容易误判。

2. 古建筑中的题记

在对古建筑进行的修缮过程中，经常会发现一些僧官和匠师们在修缮时及游人观览时留下的文字题记，这些对鉴定、研究和修缮古建筑提供了可靠而有价值的文字资料。这些题记有三种情况。

(1) 直接书写　这些题记有的书写或刻划在墙壁上、砖瓦上，有的写在木板上或梁枋上，修建时直接写在梁、柱、檩上的文字，这类题记一般很少造假。有时就成为确定建筑或修饰时的具体年代的依据。

(2) 间接书写　这些题记常写在木牌上，然后钉于梁或檩上，可靠性不大，因为木牌可以随时取下来再钉到新换的构件上，有的建筑物中就有十几个木牌。

(3) 游人题记　一般来说游人题记是鉴定年代比较可靠的材料，冒充古人的总是极个别的。现在我们反对在文物建筑上题字，是因为现代已有科学工作者的记录可查，但是古建筑没有科学记录，早期留下来的游人题记，就成为鉴定年代的珍贵参考材料。

3. 古代文献

常用的是各种志书，如全国性的《大清一统志》，各省的省志、县志、寺志等。此外还有些笔记、游记等 [图 2-17(a)]。其中不少的记录是真实可靠的，但也有许多是玩弄笔墨，与事实不相符。

二、对建筑物进行比对

经过上述的查看后取得了全面资料，就可以进行“比对”了。

(一) 将现存结构与已知年代的建筑或“法式”进行比对

将现存结构与已知年代的建筑或“法式”比对的工作，经验丰富的研究者，多数在调查现存结构时就已经进行了。而对初学或是经验不多的人则还是单独作为一个工序比较妥当。因为有经验的研究者，在他脑子里装着许多各时期重要建筑的形象和各时代的建筑特征，当他一接触到某一座建筑物时，往往就联想起那些已知的建筑和一些“法式”的规定，这样他在调查时就一边记录其结构式样及特征，一边和其他建筑的相同部分进行比较，工作速度就相对快一些。

经验不多的人就要在详细记录后，再一项一项地进行比对。在现场不能带去很多参考资料，也可以回来后查对图纸和照片，这样何者同，何者异，自然分明。即便是经验比较丰富的研究者，回来也要核对资料，以证明其正确性。进行比对时也要先从大处入手：先整体风格，再主体结构，然后是细部特征。

如果一上来就从细部特征上去下功夫，容易趋于烦琐，抓不住要领，还容易产生错觉。比对以后，一项一项地分开记录，哪一部分属于哪一时代的结构，其中哪些是后配的，是什么时期的，都要尽量记录清楚。

在与已知建筑或“法式”对比时，也不能以点代面。例如在唐代建筑中，柱头的阑额到角柱，是插入柱内不出头的。这种做法在唐代以后确实少见，因而有人一见这种做法就认定是唐代建筑。实际上，实物中也有清代建筑中阑额不出头的。又如斗栱中的斜栱，一般都认为是辽、金、元这一时期的特征，但是在清代有许多地方仍沿袭使用，一见到斜栱就说是金、元建筑，也会发生差错。也就是说，前辈不可能仿效后人的经验，而后人可以借鉴和沿袭前人的做法。

(二) 将现存结构与文献资料对比

这里有工作方法问题，也有思想认识问题。有人总觉得断得越古越好，尽量地找一些最早的始建记录和现存结构去套，结果往往弄得结构与文献彼此脱节，使得进一步研究失去了科学的根据。另外也不能看见一些后代修理时更换的构件，就套上后代修理过的文献记录而否定一座建筑比较早的年代。一座建筑年代的早与晚和它的价值有关系，但决定古代建筑价值的，年代绝不是唯一的标准。

科学的态度应该是实事求是，不提前也不推后。利用文献资料核对现存结构，弄清楚它的现状以便于今后的研究与保护。具体工作中要分清哪些是结构与文献一致的，哪些是不一致的，原建或重建时代的主体结构存在多少，完整程度如何，绝不能因主观偏爱任意取舍。许多古代的民居完全缺乏文献资料，就要更多地找一些间接资料，工作也就要更复杂一些。

三、参照各个朝代建筑的特征

中国古建筑，在长期发展过程中，各地区、各民族、各时代，由于生产水平、地理条件、气候、建筑材料的生产、生活习惯、宗教信仰、美学观点等的差异，形成了各自的建筑特征。首先要注意在实践中，各地区、各民族也都各自积累了丰富的建筑经验。中原地区，历来是汉族人民聚居的地方，也是历代封建统治的中心区。历代朝廷也会制定出一些建筑法规性质的文件，如宋代的《营造法式》与清代的清工部《工程做法则例》等，见图 2-17(b)。

这些文件的内容主要是当时政治中心地区建筑经验的总结。因为是官府颁布执行的技术规定，习惯称为“官式手法”。还有一种情况是各个地方的匠师们，根据自己的实践所总结出来的一套建筑经验。这些经验往往是师徒相传，口授身教，也有著录成书的，如《鲁班经》等［图 2-17(c)］。这些经验总结，也是技术规定，但不以法令强制执行，而是匠师们自愿遵守的，习惯称为“地方手法”。但是在实践中，许多实例都证明，两种手法往往互相混用。因而我们要全面了解各时代的建筑特征，对这两种手法都要深入地进行研究。就目前的情况来看，我们对各地区、各民族的“地方手法”还了解得很少，本书是仅就通行地区较广的“官式手法”来加以分析研究。如果以此来衡量全国各个地区的建筑特征，肯定是不够完备的。其次要注意建筑结构式样、施工技术以及建筑艺术等都是逐步发展、逐步改进的，不能完全用历史的分期来割断。本书所提出的各时代建筑特征，大都不能认为是绝对的、一成不变的；只能认为是比较普遍的、一般的情况。此外还应考虑各地区的经验交流和建筑技术、艺术发展的不平衡。中原地区的一些建筑经验，传到边远地区的时间，在古代很大程度上要受交通条件等的限制。时代越早，同一建筑手法出现的时间相差就越多。一般情况早期

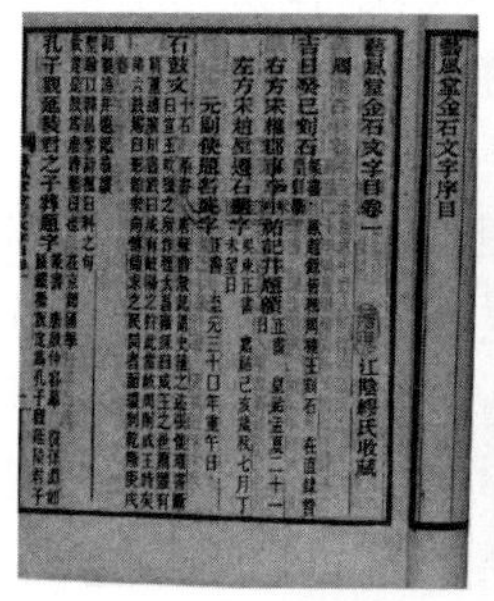

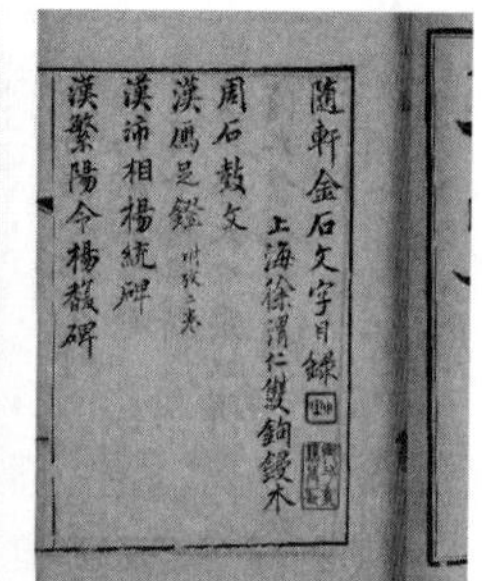

(a) 部分古代文献

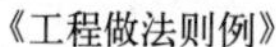
《工程做法则例》

《营造法式》

(b) 法规性文献

(c)《鲁班经》

图 2-17 文献资料

的要差 1～2 个世纪，明清时期也要差几十年甚至 1 个世纪左右。个别地区相差要更多一些。边远地区的建筑手法用到中原地区建筑上的时间也与上述情况相同。

中国古建筑的特点是以木结构为主的结构体系，而木结构保存最完好的古建筑是在唐代，下面就从唐代及以后建筑构造来分析各个朝代建筑的特征。

(一) 建筑整体形式

1. 唐

中国封建社会经济文化发展达到了一个新的阶段。木结构建筑已达到相当成熟的程度。佛教建筑增多，出现了伊斯兰教建筑。单体建筑的屋顶坡度平缓，出檐深远，斗栱比例较大，柱子较粗壮，多用板门和直棂窗，整体建筑风格庄重朴实。

2. 宋

宋朝的城市中商业建筑增多，出现了临街的店铺，改变了前代封闭式的里闾，建筑物的类型也增多，屋顶坡度稍有增高，斗栱用真昂，重要建筑物的门窗多采用菱花格栅，建筑风格渐渐趋向于柔和绚丽。宋代建筑活动中，最突出的是颁布了《营造法式》。这是宋代及宋代以前我国建筑的经验总结，确立了建筑设计的“模数”制，以“材”作为建筑构件的标准，成为当时世界上最完备的一部建筑技术书籍。它是以官府的命令颁布的，对各地的建筑起着一定的约束作用。从现存实物中可以看出，这一时期建筑中用“材”不一致的情况就不多见了。

3. 辽

建筑接近唐代风格，为扩大室内使用面积，在一些建筑平面中创造出“减柱”的方法，梁架结构也随之发生了一些变化，斗栱中出现了“斜栱”。

4. 金

金代建筑比宋代建筑更趋华丽，在屋顶的样式上多以九脊歇山顶为主，也有少部分采用庑殿顶或悬山顶。另外，在宫殿周围和宫殿之间还会设计较多的回廊，在金代宫殿中这一特点体现得十分明显。在屋面使用的琉璃顶中，多采用黄、绿、蓝、灰等颜色，而且屋面瓦的颜色也多以两色剪边和两边镶嵌式为主。斗栱体量较大、较雄壮，斜栱也更加复杂，平面中大部分采用减柱法和移柱法，内部喜用断面巨大的内额，横跨二间或三间（图 2-18），这是金代的首创。金代还有一个与众不同的平面布置方法，平面采用坐西朝东布局，这种布局体现了契丹、女真等北方民族尚东的习俗，如北京戒台寺、大觉寺、金上京（阿城）的皇帝寨、宝胜寺等都是坐西朝东的格局（图 2-18）。

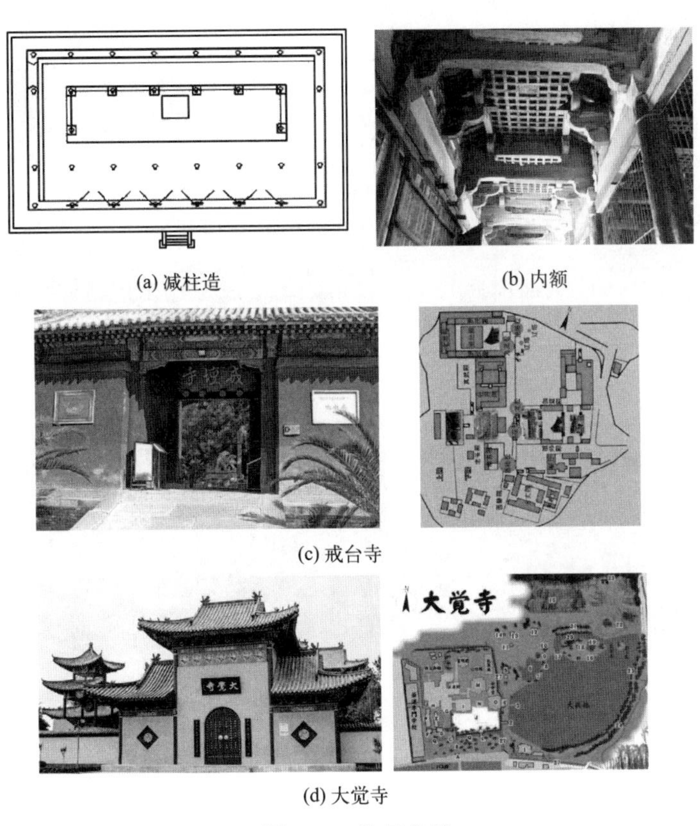

(a) 减柱造　(b) 内额

(c) 戒台寺

(d) 大觉寺

图 2-18　格局布置

5. 元

元代建筑承金代建筑，建筑特点是粗放不羁，在金代盛用移柱、减柱的基础上，更大胆地减省木构架结构。元代木构多用原木作梁，因此外观粗放。因为蒙古人喜好白色，元代建筑多用白色琉璃瓦，为这一时代特色。但这一时期中国经济、文化发展缓慢，建筑发展也基本处于凋敝状态，大部分建筑简单粗糙。

元代的都城大都（今北京北部）规模宏大且形制得以延续，留存至今的元代太液池万岁山（今北京北海琼岛）也是元代时期的作品［图 2-19(a)］。

由于元朝统治者崇信宗教，尤其是藏传佛教，这一时期的宗教建筑异常兴盛。北京的妙应寺白塔就是一座由尼泊尔工匠设计建造的喇嘛塔［图 2-19(b)］。

阳和楼，在河北正定城中央，下为重台，上建屋七间，砖台下开两券门如城门［图 2-19

(c)]。楼屋平面广七间，深三间，比例狭长。其柱头间阑额刻作假月梁形，为罕见之例。其角柱上普柏枋出头角上刻一入瓣，为元代最常见作风。角柱生起尤为显著。内部梁架当心间、次间、梢间三缝各不同，颇为巧妙，两际结构更条理井然。斗栱双下昂单栱计心，其柱头铺作实际上为昂嘴华栱两跳。梁栿外端出为蚂蚱头，其补间铺作第一跳亦为假昂，但第二层昂斜上，后尾挑起，仍保持其杠杆作用。至于华栱后尾施横栱，宋代仅见于《营造法式》，但实物则金元以后始见盛行。楼准确年代无考，元至正十七年曾经重修，推测应为金末元初（公元 1250～1290 年间）所建。

(a) 北海琼岛

(b) 妙应寺白塔

(c) 阳和楼

图 2-19　元代宗教建筑

永乐宫修建于元代，施工期前后共 110 多年，才建成了这个规格宏大的道教宫殿式建筑群。特别是宫殿内部的墙壁上，布满了精心绘制的壁画，其艺术价值之高、数量之多，实属世上罕见（图 2-20）。

(a) 永乐宫

(b) 永乐宫壁画

图 2-20　永乐宫及其壁画

永乐宫是典型的元代建筑风格，粗大的斗栱层层叠叠地交错着，四周的雕饰不多，比起明、清两代的建筑，显得较为简洁、明朗。几个殿以南、北为中轴线，依次排列。

元代时期藏传佛教建筑传入内地，随着城市的发展，城市建筑中突出了钟楼、鼓楼、市楼等公共建筑物（图 2-21）；舞台艺术的发展也使庙宇中增加了酬神演戏的舞台；平面中减柱的方法似已成为大小建筑的共同特点，梁架结构创造出一种称为“斜梁”的构件。许多大

(a) 钟楼

(b) 鼓楼

(c) 市楼

(d) 古戏台

图 2-21　元代公共建筑

构件多用自然弯材稍加砍凿而成，这一现象成为当时建筑结构上的主要特征。元代建筑中也还有一部分，基本上是沿袭宋代法式的做法，但是构件中的弯材、斗栱中出现了假昂、比例显著缩小等变化，仍是和宋代建筑有所区别的。

6. 明

明代建筑与前代的变化较大，平面中的减柱方法，除了一些小型建筑以外，重要建筑中已不采用。金、元以来盛行的大内额、斜梁等几乎绝迹。出檐较浅，斗栱比例缩小，比较普遍地采用假昂。重要建筑的屋顶全部覆盖琉璃瓦，与前代多用灰瓦顶、琉璃镶边的情况不同。明代建筑的整体结构可以说是规矩谨严。在这一时期，私家园林显著增加，平面布局、结构等力求变化，与宫殿、衙署、庙宇、住宅形成鲜明的对比。

7. 清

清代建筑的外形与明代建筑相比，总体来看变化不大。但比较注意装饰，晚期则有些过于烦琐。这一时期出现了汉、藏民族建筑式样相结合的新型建筑，在中国古代建筑史上放出了异彩。清初颁布了清工部《工程做法则例》，模数制更加谨严，不仅各种构件都以“斗口”来计算，连平面中的开间尺寸也都受着约束。这种设计方法对各地影响较大，成为分辨明清建筑的重要依据之一。明清代表性建筑见图 2-22。

图 2-22　明清代表性建筑

(二) 平面

建筑的平面，一般分为总体平面与单体平面。各时期都有一些不同的变化。总体平面至少在汉代已形成了今天常见的四合院式的布局，一直沿袭到清代，总体变化不大。

1. 唐、宋

唐、宋时期，比较大型的建筑平面中，多设一条中轴线，使两边的平面以中轴线对称布置，柱子排列都是围绕着中轴线纵横成行，排列规整，呈两侧或四周回廊式布局，如唐代建筑的佛光寺东大殿就是如此，典型的唐代建筑平面见图 2-23。但在许多小型建筑中有只用檐柱不用内柱的情况，自唐到清都有实物可寻。这种完全规整的现象也不是绝对的。

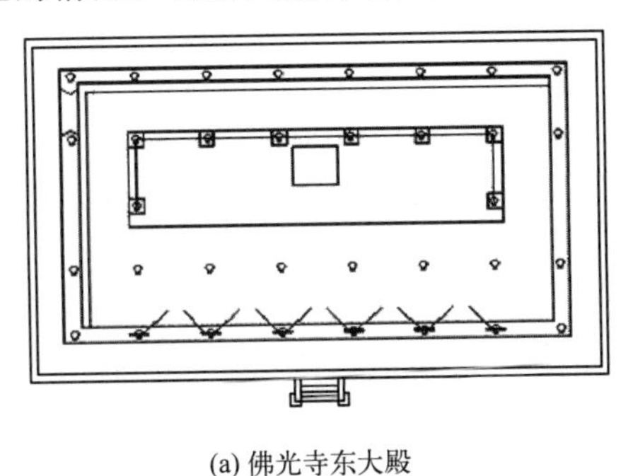

(a) 佛光寺东大殿

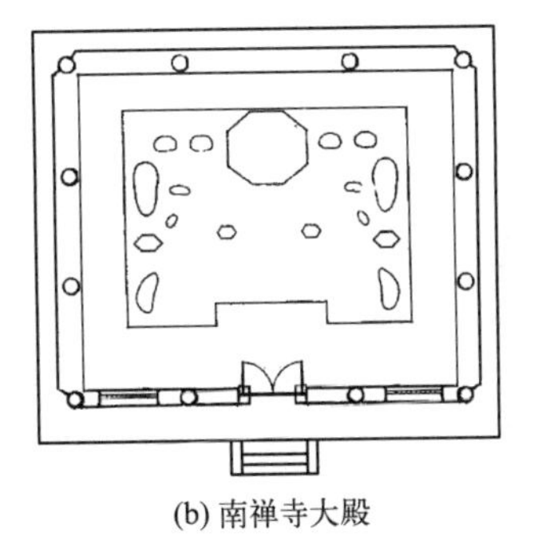

(b) 南禅寺大殿

图 2-23　典型的唐代建筑平面

2. 辽

除柱子排列与唐、宋代相同，都是纵横成行、排列规整外，随着使用的要求，辽中叶以后出现了减柱的做法，平面中减去前金柱或后金柱，建筑学上称为“减柱造”。辽代建筑平面见图 2-24。

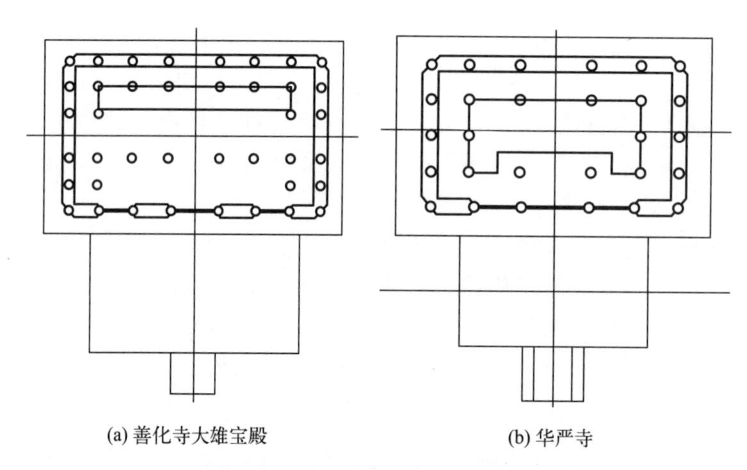

(a) 善化寺大雄宝殿　　(b) 华严寺

图 2-24　辽代建筑平面

3. 金、元

金、元时期用“减柱造”这种做法比较普遍，成为这一时期建筑中的主要特征之一。山西五台山佛光寺的文殊殿，面阔七间，进深四间，建于金天会十五年（公元 1137 年）。平面中仅用四根金柱，前后各二，是“减柱造”建筑物的典型作品。金代建筑平面见图 2-25。

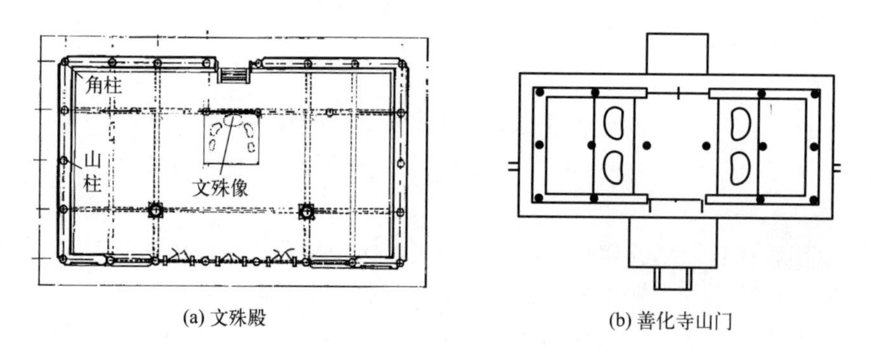

(a) 文殊殿　　(b) 善化寺山门

图 2-25　金代建筑平面

4. 明、清

“减柱造”在明、清时期建筑物的平面中，尤其在大型建筑里已不见采用，柱子排列又与唐、宋代一样的规整。但在一些中、小型的建筑中却常常省去正中的前金柱。此种做法可称得上是“减柱造”的遗迹。明、清建筑平面如图 2-26 所示。

现存实物中，总体平面变动较大，在漫长的历史时期，古代的建筑群，往往由于改建、增建，或缩小、或扩大，保存多不完整。年代越早的，情况越是杂乱。单体平面由于它的用途和在总体中所处的位置等问题，其形状是长、是方，还是圆形、八角形、六角形，都随当时的使用要求而定。各种式样至少自唐到清都变化不大。

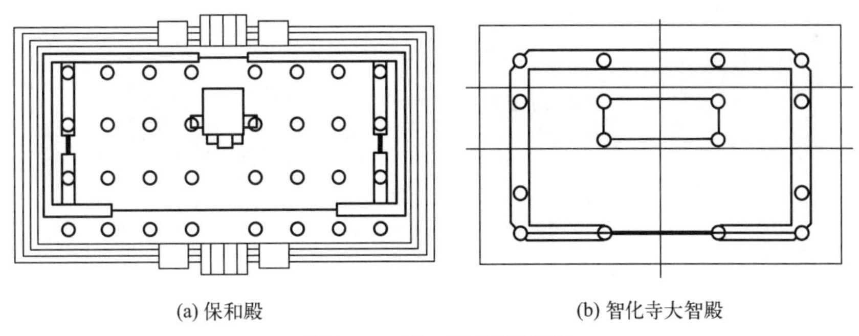

(a) 保和殿　　(b) 智化寺大智殿

图 2-26　明、清建筑平面

(三) 柱的式样

柱本身的式样，按其所用材料分为木柱与石柱，按断面形状分，有圆柱（又分直柱与棱柱两种）、八角柱（又分为小八角柱与正八角柱）、方柱（包括梅花柱）、雕龙柱等。在各个时期里，上述式样几乎都有例证可寻。柱子种类见图 2-27。

(a) 木桩　(b) 石柱　(c) 圆柱　(d) 棱柱　(e) 八角柱　(f) 梅花柱　(g) 雕龙柱

图 2-27　柱子种类

1. 各时期柱的断面形式分析

(1) 隋　发现棱柱，在隋以后已不多见。

(2) 唐　唐建中三年建造的南禅寺大殿是我国已知最早的木结构建筑，在那里我们发现现存最早的方柱，以后朝代中几乎见不到了。

(3) 宋　宋以前发现有小八角柱，在以后的朝代中也很少见到，北宋已有在木柱上雕制蟠龙的例证（山西晋祠圣母殿）。

(4) 明、清　明、清用方形擎檐柱较多，四角内凹称为梅花柱，明、清沿袭北宋，在柱子上雕刻蟠龙，但大多数用石料雕成（山东曲阜孔庙大成殿）。

各时期柱的断面形式分析见图 2-28。

(a) 隋代棱柱　(b) 南禅寺　(c) 圣母殿　(d) 孔庙大成殿

图 2-28　各时期柱的断面形式分析

2. 各时期柱高分析

各时期柱形制变化较大的为柱径与柱高的比例及内柱高与檐柱高的比例。

(1) 唐　柱径与柱高比为 (1∶8)～(1∶9)，使柱显得比较粗壮、敦实，内外檐柱高基本相等。

(2) 宋、辽、金　柱径与柱高比仍保持为 (1∶8)～(1∶9) 比较粗壮的比例，但内柱则较细长，为 (1∶11)～(1∶14)。从宋代开始内柱逐渐加高，在单层建筑中，内柱为檐柱柱高的 1.4～1.8 倍。

(3) 元、明　元、明时期柱径与柱高的比例为 (1∶9)～(1∶11)。明代以前柱头的式样多为覆盆式。明代多在柱头正面最顶部抹成斜面，这些式样到了清代几乎完全不用了。

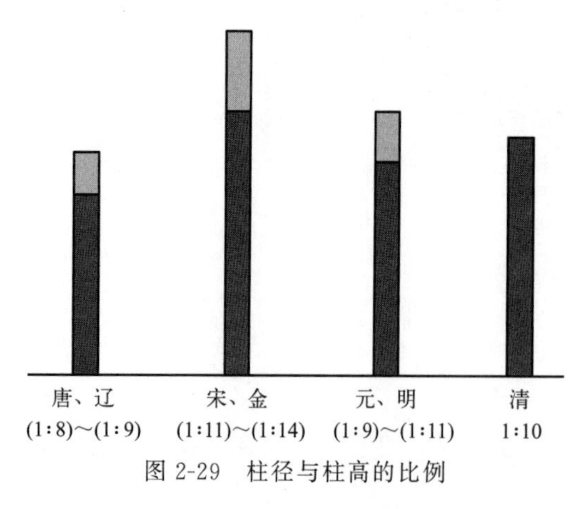

图 2-29　柱径与柱高的比例

(4) 清　柱径与柱高的比例规定为 1∶10。从外观上看，柱子的形制显然是由粗向细逐渐变化着。明、清所用方形擎檐柱，四角内凹，称为梅花柱。柱径与柱高的比例见图 2-29。

3. 柱侧脚与柱生起

我国古建筑中的柱子有些都不是垂直于地面或等高的。柱子上端微向内倾斜的，称之为柱侧脚。宋代《营造法式》也有记载，曰："凡立柱，并令柱首微收向内，柱脚微出向外，谓之侧脚。每屋正面，随柱之长，每一尺即侧脚一分。若侧面，每一尺侧脚八厘。至角柱，其柱首相向各依本法。"

侧脚用在角柱、檐柱、山柱三种柱子上。按照《营造法式》的规定，檐柱向内倾斜千分之十，山柱向内倾斜千分之八，角柱向建筑中心的两个方向倾斜。但是，元代以前的建筑大多超过了上述尺度。为了防止柱子站立不稳，《营造法式》还规定："截柱脚柱首，各令平正”。侧脚的做法增强了建筑的稳定感，提高了木构架的抗震性能和建筑材料的结构刚度。侧脚的做法在南北朝时期就已经存在，明、清时期仍在使用，但不十分明显（图 2-30）。

所谓生起，即有两个部位的生起，其一是檐头和正脊生起，由于生头木的支垫作用，使翼角檐口和正脊两端呈曲缓上升之势，称为生起。其二是柱生起，柱子的高度由明间开始向两侧（即次间、梢间）逐渐升高，平身科柱最低，角柱最高，这种做法称为柱生起。由此可见，平柱与角柱不在一条水平线上，从明间、次间、梢间，平柱至角柱逐渐增高，形成缓缓上升的弧线。

生起的使用，使得建筑外形圆和优美，增强了构件间的结构强度，使建筑更加稳定。

生起流行于唐、宋、辽、金、元各代，明、清以后，柱子生起在北方建筑中消失，在南方民居中仍较盛行（图 2-30）。

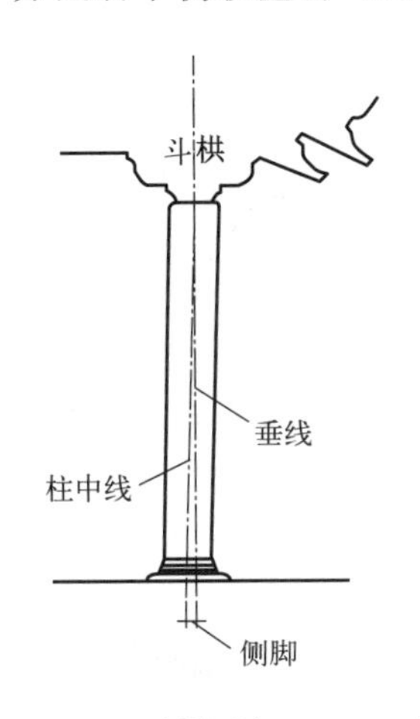

(a) 侧脚示意

(b) 五台县广济寺大殿柱向侧脚(元)

(c) 山西平顺大云院大佛殿侧脚与生起

图 2-30 侧脚和生起

（1）唐 实物中的测量结果发现，大多数柱子正面柱侧脚都超过柱高的 1%，侧面的柱侧脚为柱高的 0.8%，角柱向两方都有侧脚的规定，有的达到柱高的 2.9% [永乐宫龙虎殿，见图 2-31(a)]。

柱生起在宋代《营造法式》中有具体规定：“若十三间殿堂，则角柱比平柱升高一尺二寸，十一间升高一尺，九间升高八寸，七间升高六寸，五间升高四寸，三间升高二寸。”注：这里所述的寸为营造尺尺寸，1 尺＝10 寸＝32cm，下同。

（2）宋 正面的柱侧脚为柱高的 1%，侧面的柱侧脚为柱高的 0.8%，角柱则向两方都有侧脚。柱生起同唐代。

(a) 永乐宫龙虎殿

(b) 开善寺大殿

图 2-31 唐代建筑

（3）辽、金　柱侧脚中的檐柱不仅向内侧，同时向明间中轴线倾斜，即所有柱子除明间外都向两个方向有侧脚［如辽代开善寺大殿，见图 2-31(b)］。柱生起同唐代。

（4）元　元代建筑中尚留有柱侧脚这种做法的痕迹。柱生起同唐代。

（5）明、清　建筑中的柱侧脚很小，已不易察觉。柱生起的方法自明初开始已不多见。

4. 柱础石与柱櫍

（1）柱础石　柱础石，是中国古建筑石构件的一种，俗称磉盘或柱础，就是柱子下面所安放的基石，是承受屋柱压力的基石。柱础的历史沿革大致经历三个发展阶段：第一，在柱下铺垫卵石，不露明；第二，让础石上升到地面来，成为整个立柱的外观形象部分，但没有装饰；第三，在础石上再安装柱座，础石周围加以精雕细刻进行装饰。

先秦时期大多用卵石做柱础。秦代已有方达 1.4m 的整石巨柱础。到了汉代柱础有类似覆盆式，也有覆斗式（也称为翻斗式），但样式极为简朴，至六朝覆盆式已普遍，又有了人物、狮兽、莲瓣样式的柱础。距今还发现有鼓形、瓜形、花瓶形、宫灯形、六锤形、须弥座形等多种式样。据宋代《营造法式》第三卷记载："柱础，其名有六，一曰础，二曰礩，三曰舄，四曰踬，五曰碱，六曰磉，今谓之石碇。"在柱脚上垫一块石墩，使柱脚与地坪隔离，传递柱子的负荷，并因加大了底面积从而提高了柱基的承压力。柱础对防止建筑物塌陷有着不可替代的作用，另外，还能够起到防潮湿的作用。凡木架结构的房屋，一般都使用该构件。因此，古代对础石的使用十分重视，柱础造型的演变，从另一个侧面反映中国古建筑装饰艺术发展的一个缩影，是中国几千年建筑艺术中一个不可或缺的闪光点。柱础石的出现要比柱晚大约五千年。著名古建筑学家梁思成先生认为安阳出土的殷商时期房屋遗址发掘的天然卵石"当系我国最古础石之遗例"。安阳殷商房屋遗址距今也不过三千年左右的历史。

从大同出土的北魏太和八年司马金龙墓中的柱础看，当时石雕工艺已达到很高的水平。其雕刻手法一改秦汉粗犷的风格，显现的是精美细致、玲珑清新的风格。唐代的柱础多为覆盆式，雕有宝莲瓣，当时很流行。到宋、辽、金时期，柱础也为覆盆式，雕有各种花纹。至元代，柱础还延续为覆盆式，但多为素覆盆式，不加雕饰。墙内不露明的柱础则为不规整的石块，或素平柱础。传到明、清时期，官式手法则为"鼓镜式"，不露明者用素平础石或与露明柱础相同。地方手法中，特别是黄河以南的广大地区多用磉墩，式样变化繁多，大体上可以分为单层、双层与三层等数种。单层的多为鼓形；双层的下层为方形，或八角形，或用覆莲；上层多为鼓形；三层的上下层多与双层的类似，仅在中层加用方形或八角形的石墩。各层都雕刻各种纹样。柱础形式见图 2-32(a)。

（2）柱櫍　中国宋代柱础存在一种特殊构件，称作"柱櫍"或柱珠。以往在不安装柱础的情况下，会安装柱櫍，安装"櫍"的原因是防止地下水分顺着柱子竖向的木纹上升而影响结构的耐久性，而"櫍"的纹理为横向平置，可有效防止水分顺纹上升，起到保护柱身的作用。柱櫍的应用最早见于殷周时期的遗址中，当时为铜板，宋代《营造法式》规定易铜为木，但元代以前的建筑中尚缺乏实物例证，以后历代均有使用，有些明、清建筑中还有"櫍"的遗迹。柱櫍以后演变成柱子与柱础之间的隔垫，见图 2-32(b)。

（四）梁架结构

梁架结构本身是以木材为主的结构方式，从而创造了与这种结构方式相适应的各种平面和外观。木构架主要有抬梁式、穿斗式、井干式三种不同的结构方式，抬梁式使用范围较广，在三者中居于首位。梁架具体尺度、结构样式以及布局在各个朝代是不同的，各朝代由于使用的要求以及建筑技术的进步，也随之发展变化。

覆盆式

覆斗式　　鼓式

复合型(二层)

复合型(三层)　　狮兽

四角形　　六角形　　八角形

(a) 柱础形式

柱櫍部位及样式　　櫍形础　　櫍形+覆盆式础

(b) 柱櫍

图 2-32　柱础与柱櫍

隋、唐时期，每缝梁架由于平面中柱子排列规整，梁架式样是前后基本对称。宋代《营造法式》附图中有殿堂构架三种，进深10～14椽；厅堂构架十八种，进深4～10椽。殿堂构架如图2-33所示。

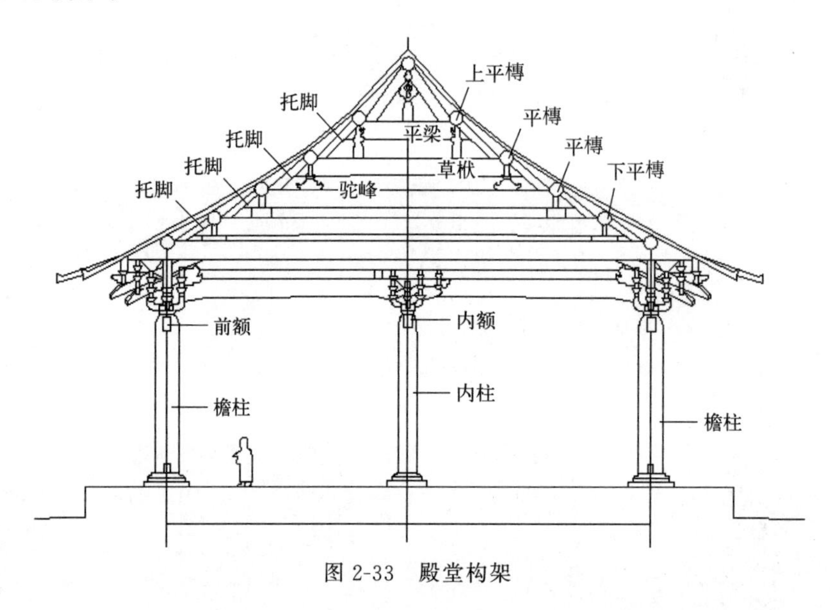

图2-33　殿堂构架

楼阁、廊屋等在宋代《营造法式》中虽无具体图样，但在卷四平座条内说明楼阁建筑梁架立木的方法有叉（插）柱造、缠柱造及永定柱造三种（图2-34）。

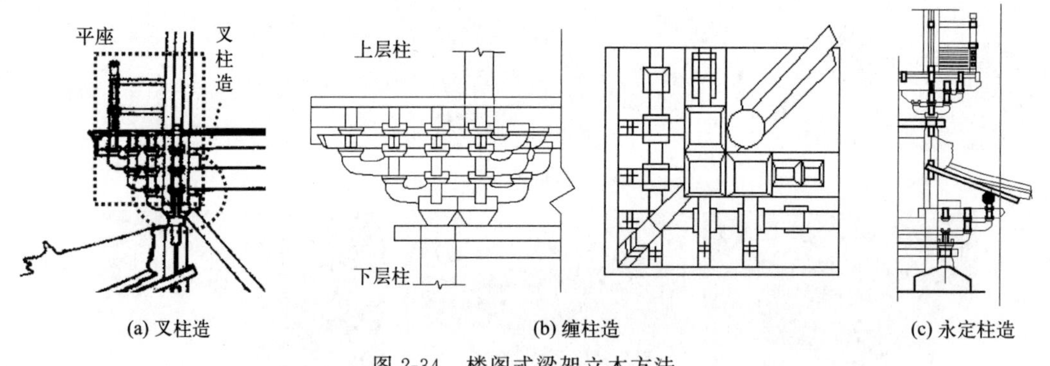

(a) 叉柱造　(b) 缠柱造　(c) 永定柱造

图2-34　楼阁式梁架立木方法

实物中所见多为叉柱造（辽代的独乐寺、观音阁，宋代的隆兴寺转轮藏殿，金代的善化寺普贤阁），个别用永定柱造（宋代的隆兴寺慈氏阁），尚未见缠柱造的实例。明代已开始多用通柱，如曲阜孔庙奎文阁[图2-35(a)]，但不彻底。清代全用自地面到顶的通柱[承德普宁寺大乘之阁，见图2-35(b)]。清工部《工程做法则例》规定有二十七种标准结构式样，实物中已知的尚不止于此。

1. 草栿与明栿（图2-36）

栿就是梁，对于一根梁，宋代时上面有几架椽子就叫几椽栿（二椽栿也被称为平梁或乳栿），清代时上面有几根檩就叫几架梁，所以宋代四椽栿等于清代五架梁。

（1）草栿　唐、宋时期，建筑内凡有天花板的，被天花板遮挡而看不到的梁就叫草栿，因为草栿看不到，其上部梁枋构件的表面加工就很粗糙。

（2）明栿　有天花板（称平棊或者平闇）的，那么天花板之下，人在室内能直接看到的

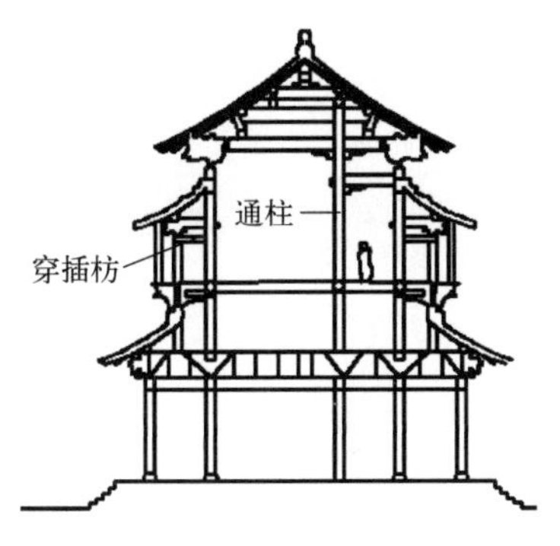

(a) 山东曲阜孔庙奎文阁

(b) 河北承德普宁寺大乘之阁

图 2-35　楼阁式梁架实物

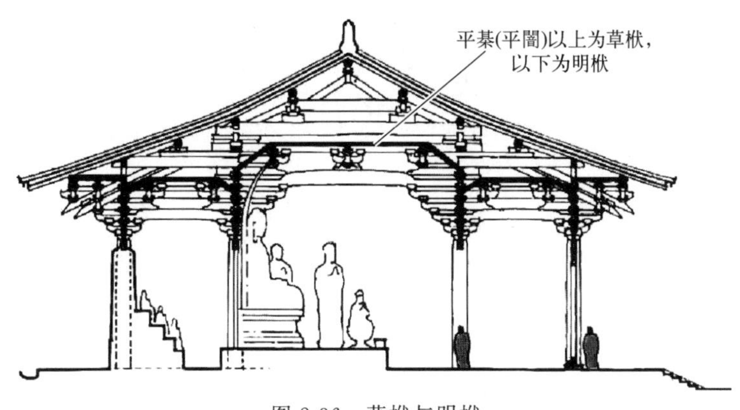

图 2-36　草栿与明栿

梁就叫明栿，梁枋构件的表面加工则要求细致。

（3）彻上明造　宋代建筑室内不用天花板，人在里面能直接看到所有梁枋，就叫彻上明造，全部用明栿。

元代建筑中的彻上明造也多用草栿，明、清代则与元代恰恰相反，无论有没有天花板，表面都加工较细，可以说全是明栿的做法。

2. 节点处理

自唐代到清代重要建筑（清代称为殿式建筑）的梁柱交接全用斗栱，梁与梁的节点或梁与檩的交接点，元代以前彻上明造时除平梁正中用蜀柱外，其余各节点都用驼峰、斗栱承托。有天花板时，平梁上仍用蜀柱，其余各点则用“矮木”支撑，不做艺术加工处理。隋、唐代建筑在平梁上有时不用蜀柱，仅用两根大叉手，五台山佛光寺东大殿都是如此。元代建筑梁架中各节点用蜀柱的地方渐多。明、清代则全用蜀柱（瓜柱），梁架节点上很少用驼峰，重要建筑为彻上明造时常用“樀架科”，主要作为装饰性的构件。形制、功能与早期建筑完全不同。如图 2-37 所示为梁架节点处理。

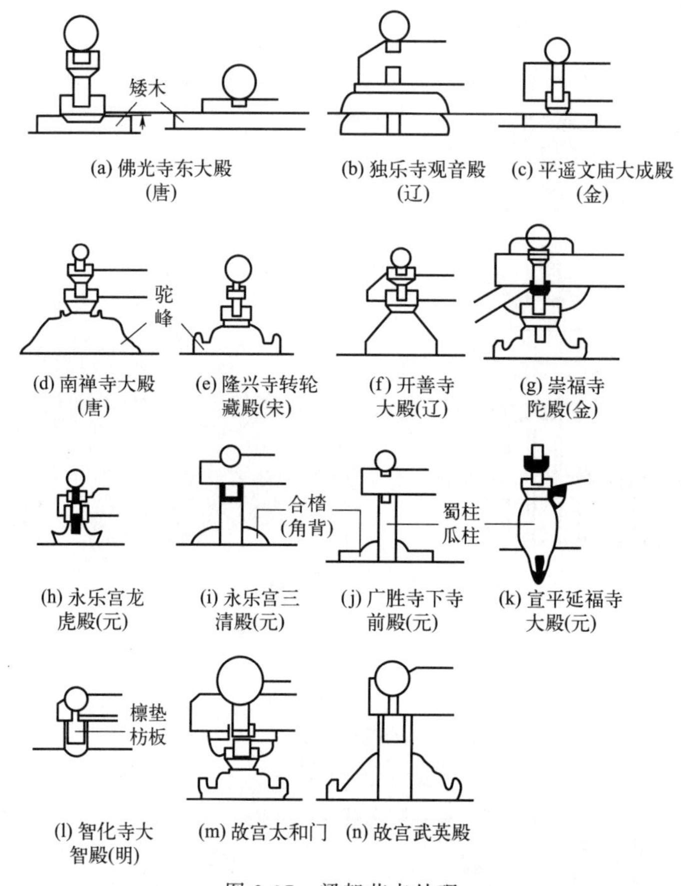

图 2-37　梁架节点处理

3. 柱梁枋用材

一般情况下梁枋断面是由“瘦”向“肥”发展的。唐代梁的断面高宽比多为 2∶1，宋代规定为 3∶2，金、元代建筑中的大内额、斜栿，其断面多接近圆形（图 2-38），清代规定为 10∶8 或 12∶10。

图 2-38　金、元代建筑梁架

古代柱、梁、枋一般都为整料，有时因为进深步架较大，木材的断面偏小时，就产生了合柱和拼梁的做法。宋代《营造法式》图样中关于合柱的做法有介绍，分两段合、三段合及四段合三种。有关拼梁的介绍是“月梁狭，即上加缴背，下贴两颊，不得刻剜梁面”。宁波市保国寺大殿就是最早的实例，在北宋真宗大中祥符六年（公元 1013 年）重建，是浙江地区现存最古木建筑。20 世纪 50 年代被发现，1961 年国务院公布为全国重点文物保护单位。殿面阔 3 间，长 11.91m，进深 3 间，宽 13.35m，单檐歇山屋顶。柱子由四根拼合而成（图 2-39），作八瓣瓜棱状，宋代称为“八觚”或“八混”。柱上重叠多层柱头枋，殿前檐及山面南侧一间的阑额为月梁形，其余各间用上下两层阑额。这种做法似为拼梁，目前实物考察只见过有“上架缴背”，还没发现“下贴两颊”的情况。元代有些断面较大的梁用两块等长的梁相垒拼成。清代出现了“包镶法”，于细柱外面拼装一层厚板以增大柱径。或将断面较小的梁四面钉厚板成为大断面的梁。这种包镶的柱和梁外面都用铁箍钉牢。

图 2-39　保国寺大殿柱、梁

4. 举折和举架

古建筑屋架上的梁架高低都是以举折（图 2-40）来衡量的，举指屋架的高度。所谓举架是指，木构架相邻两檩中的垂直距离除以对应步架长度所得的系数，如五举、七举、九举等。其作用是可使屋面呈一条凹形优美的曲线，越往上越陡，有利于排水，屋檐处举架一般

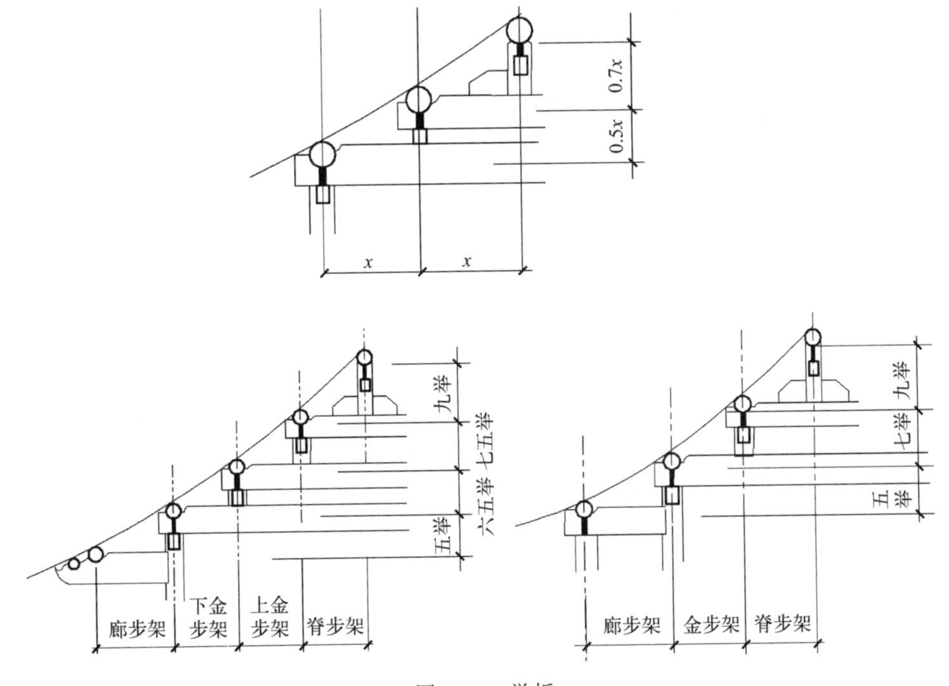

图 2-40　举折

采用三五举（三五拿头），有利于采光，还有助于屋面排水时加速且排得远些。

早期建筑屋顶举折平缓，以后逐渐增高，如唐代南禅寺大殿梁架中举高与前后橑檐转中距的比约为1∶5.15，佛光寺大殿为1∶4.77，宋、辽、金、元各代建筑多为（1∶4）～（1∶3），清代规定约为1∶3。但实物中有些还是超过了此规定，如清初建造的山东曲阜孔庙大成殿已高达1∶2.5。

5. 推山与收山

（1）推山　庑殿顶的结构，有一种特殊的艺术处理，就是“推山”。主要方法是将正脊加长，因而四条戗脊的顶端向两侧移动，使戗脊成为一条柔和的弧线。最早见于辽代开善寺大殿，宋代《营造法式》中已有规定“如八椽五间至十椽七间，并两头增出脊转各三尺”。实物中到明代还未普遍应用，例如山西元代建筑的永乐宫内两座庑殿顶的建筑，就是一座有推山、一座不用推山。明代十三陵长陵的祾恩殿未用推山。清代推山已成为庑殿顶建筑中的固定法则（图2-41）。

（2）收山　是歇山顶两侧山花，自山面檐柱中线向内收进的方法（图2-42）。宋代规定自最外一缝梁架向外一步架，清代规定自山面檐柱中向内收进一檩径。两者的计算方法不同，但从外观上可以明显地看出：从早期到晚期收山的尺度是由大变小的。相应的是正脊的尺度由短变长。

例如，唐代南禅寺大殿歇山自山面檐柱中向内收进131cm；宋代隆兴寺转轮藏殿为89cm；元代永乐宫纯阳殿为39.5cm；明代智化寺大智殿为42cm（与元代接近）；清代则为一檩径，约30cm。

（3）山面的做法　明代以前多为透空，并有悬鱼、惹草等装饰构件。明代多用砖垒砌山花并施砖或琉璃博风。清代则多用木板，称为山花板，雕绶带。但在许多地方直到清末仍是山面透空，施悬鱼、惹草，式样繁多，各不相同。山花构件见图2-43。

6. 梁架结构中若干分件的变迁

（1）阑额和普柏枋　就已发现的几座唐代建筑来看，都是只用阑额，断面长方形，至角柱不出头，不用普柏枋。宋代《营造法式》中仅规定在平座施普柏枋，辽代建筑上开始出现普柏枋，断面薄而宽，与阑额呈“丁”字形，至角柱出头垂直截去。金代的普柏枋已增厚，阑额出头开始采用一些简单的曲线，元代普柏枋至角柱出头多刻海棠线。明代建筑中普柏枋的宽度还稍宽或等于阑额的厚度。阑额至角柱出头已类似霸王拳。清代阑额多为霸王拳。普柏枋的宽度反而比阑额更狭窄一些。明、清代建筑于阑额下面又多加一根小额枋。普柏枋的发展是从无到有、从宽到狭。各时代阑额和普柏枋比较见图2-44。

（2）叉手及托脚　元代以前的叉手用材较大，宋代《营造法式》规定“造叉手之制，若殿阁广一材一契，余屋广随材或加二分至三分，厚取广三分之一”。元代叉手断面有的已经变小，明、清代多不用。但在某些地区的明、清代建筑中虽仍保留此形制，但用材显著缩小，已不能起到在早期建筑中负担荷载的作用。

托脚的作用与叉手一样，也是支撑上一步架中槫的载重，只是地位不同，都是置于平梁以下的各个梁的两端。宋、金代建筑中常有斜跨二步架的大托脚，如河北正定隆兴寺的转轮藏殿的梁架就是应用此种构件，成为这一时期的结构精品。元代建筑中托脚的使用还较普遍，明、清代已很少见此种构件。叉手与托脚见图2-45。

（3）驼峰、合楷与蜀柱　这几个小构件都是梁架节点的支承构件。驼峰与合楷在梁架中所处的位置虽同，但功能各异。驼峰能够适当地分散节点的荷载并使其均布于梁上。合楷仅对蜀柱起到扶持的作用。驼峰的式样，元代以前大体上有鹰嘴驼峰（又分为三瓣、二瓣）、掐瓣驼峰、毡笠驼峰、梯形驼峰等数种。明、清代多为云卷式或荷叶墩式。早期的合楷形如

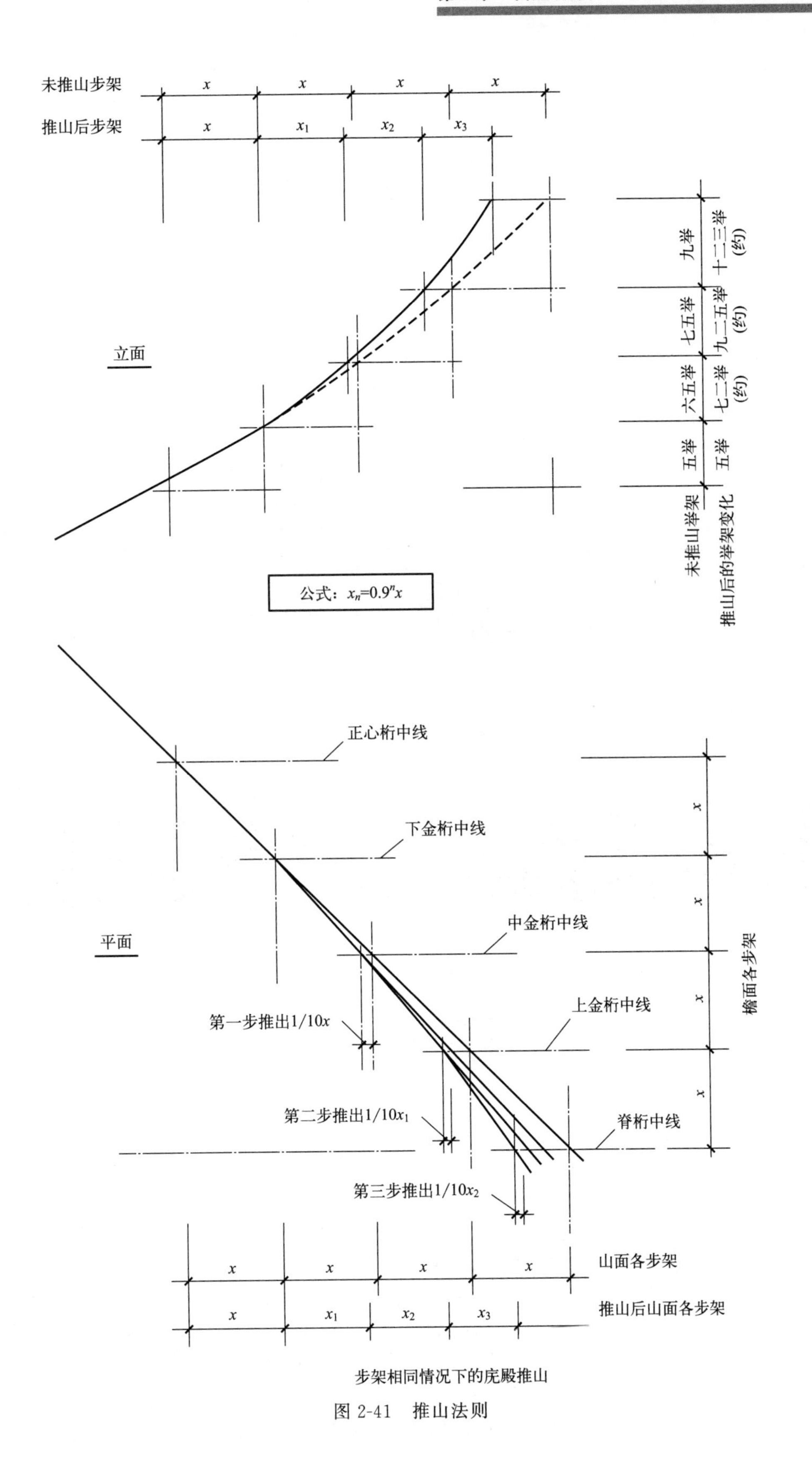

步架相同情况下的庑殿推山

图 2-41 推山法则

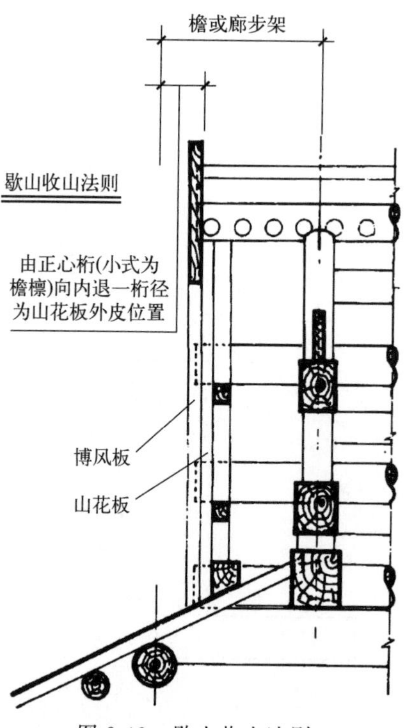

图 2-42　歇山收山法则

(a) 山花处理

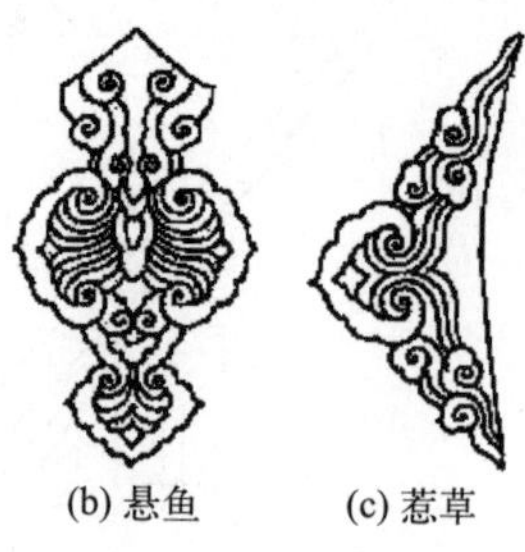

(b) 悬鱼　　(c) 惹草

图 2-43　山花构件

角替倒置，明、清代较低，仅抹去上角，极为简略。元代以前的蜀柱多用小八角形、八角形及圆形，柱头都有卷杀。元代以后全为圆形。驼峰、合楂与蜀柱见图 2-46。

（4）襻间　由唐到元代的建筑中，各梁架上部横向联系的基本构件为檩与枋两根构件，檩、枋间用斗栱支撑，分为两材襻间、单材襻间、捧节令栱、实拍襻间等数种。有时明间用两材、次间用单材，称为隔间相闪。明代多不用斗栱，檩与枋之间用垫板填充，称为“檩、垫、枋”三件。到清代已为定例。襻间构造见图 2-47。

（5）穿插枋（图 2-48）　这是一根从无到有的构件。它的位置在金柱与檐柱柱头之间，

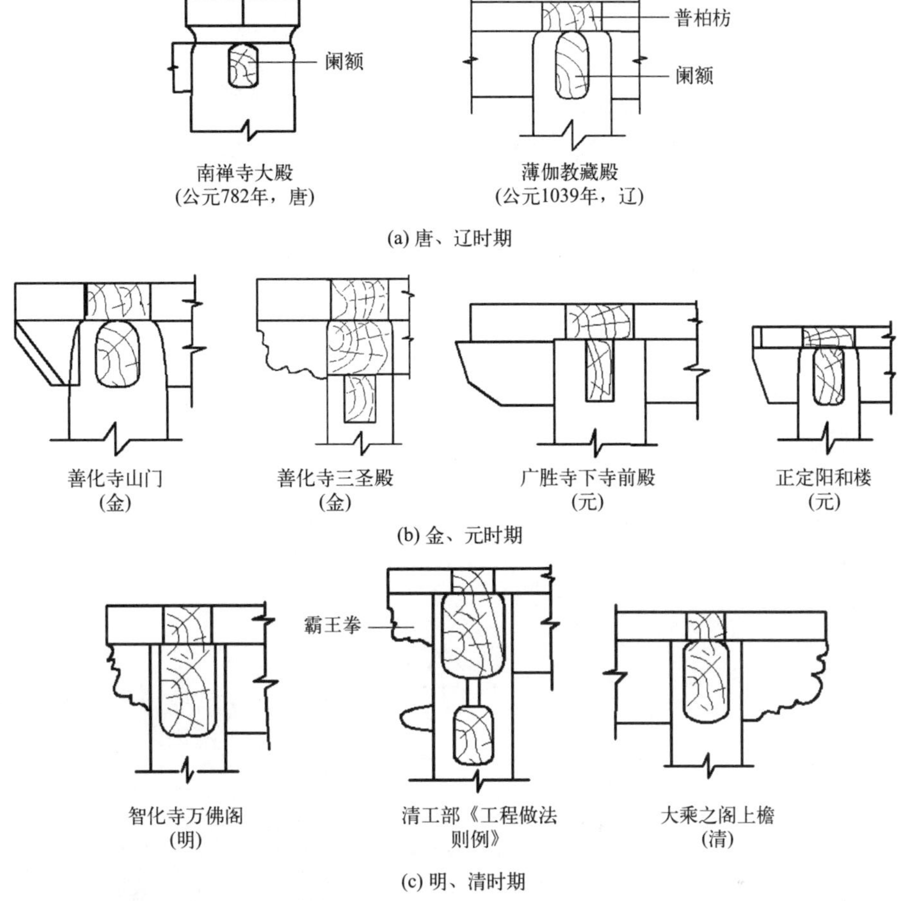

图 2-44 各时代阑额和普柏枋比较

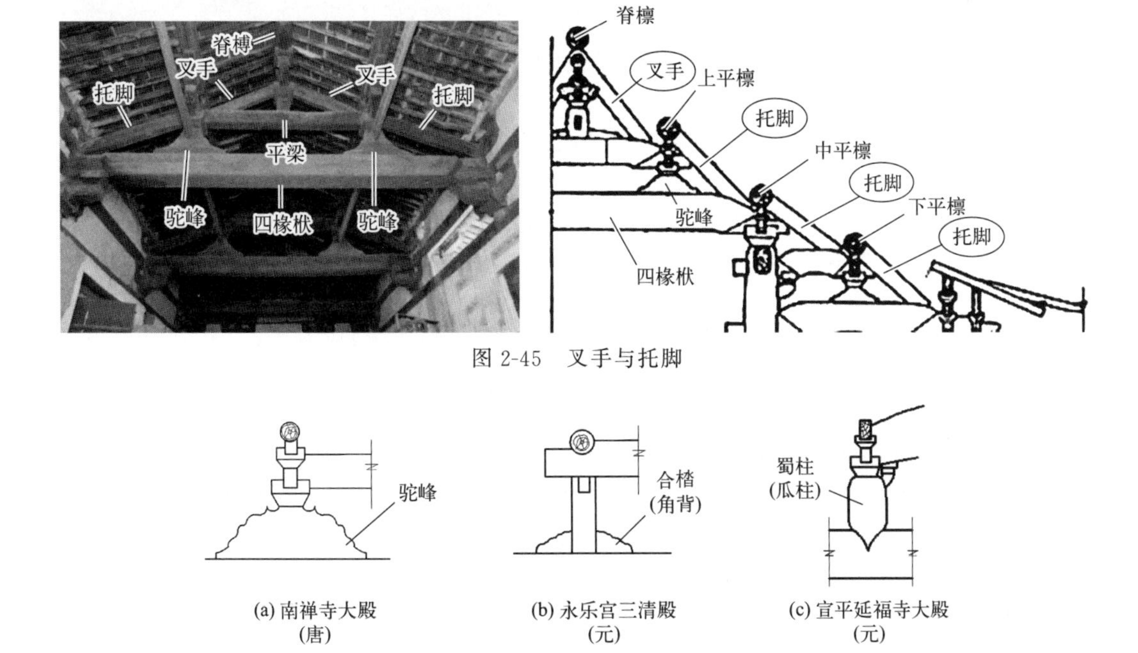

图 2-45 叉手与托脚

图 2-46 驼峰、合楷与蜀柱

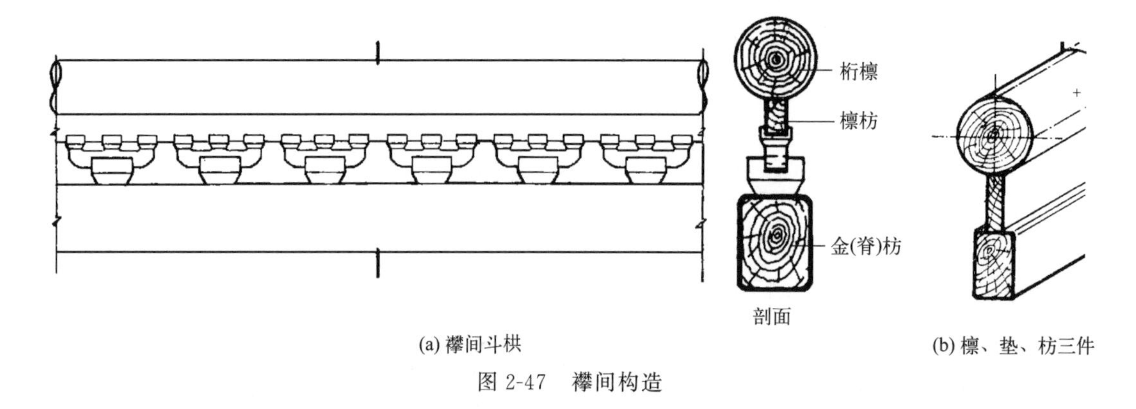

(a) 襻间斗栱　(b) 檩、垫、枋三件

图 2-47　襻间构造

加强两柱间的联系。唐、宋代建筑中不用穿插枋，檐柱与金柱之间的联系全靠架在斗栱上的梁栿来解决。结构尚不够稳定，是早期建筑中的缺点之一。金代已开始注意这一问题，将檐柱的柱头斗栱后尾的下层，即华栱伸展到金柱柱头，做一根拉扯构件。元代才出现前端交在檐柱柱头、后端插入金柱内的穿插枋。在结构上是进步的表现，在年代上的确是晚期的特征。

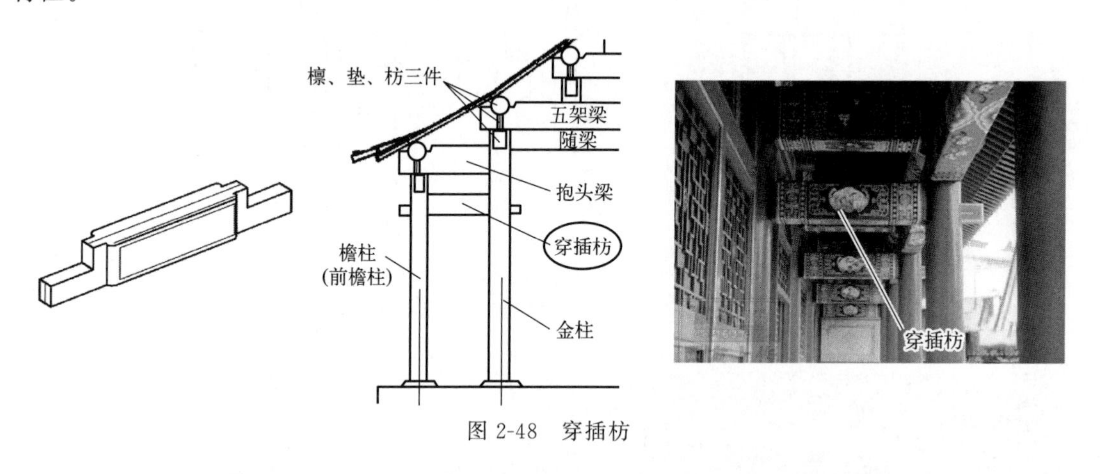

图 2-48　穿插枋

（6）雀替　雀替是中国古建筑的特色构件之一。此构件可能由栱形替木演变而来。宋代称为“角替”，清代称为“雀替”，又称为“插角”或“托木”。通常被置于建筑的梁或阑额与柱交接处，为增加梁头剪力或减少梁枋跨距而施用雀替。雀替的作用是缩短梁枋的净跨度，从而增强梁枋的承载力，减少梁与柱相接处的向下剪力，防止横竖构件间的角度倾斜。北魏云冈石窟浮雕柱头栌斗上的雀替是用于外檐的最早实例，但是元代以前现存建筑中都用于内檐。如辽代新城开善寺大殿、北宋的隆兴寺转轮藏殿，雀替的形象都尚未脱离栱形。宋、辽、金、元时期盛行两种式样：一种是楷头绰幕（宋代称雀替为绰幕），尽端刻 2～3 瓣；另一种是蝉肚绰幕，尽端刻曲线如鸟翼飞展。

明、清代建筑中的外檐，普遍在阑额下使用雀替，长度与面阔的比约为 1∶4，最大不超过 1∶3。梢、尽间距离太小的时候，两雀替连成一个整体，称为“骑马雀替”，明代尚保留蝉肚绰幕的遗痕，卷瓣均匀，每瓣卷杀都是前紧后缓。清代的卷瓣圜合，清末的雀替最外端突然下垂。明、清代的雀替在靠近柱头处有时施三幅云及栱头承托，住宅及园林中常见的花伢子雀替则是纯装饰性的构件。

明代以前的雀替仅施彩画，不加雕刻。明代起多雕刻卷草式云纹。清中叶以后许多地方建筑中更多雕刻各种飞禽、龙头等。

雀替、花伢子、替木、绰幕如图 2-49 所示。

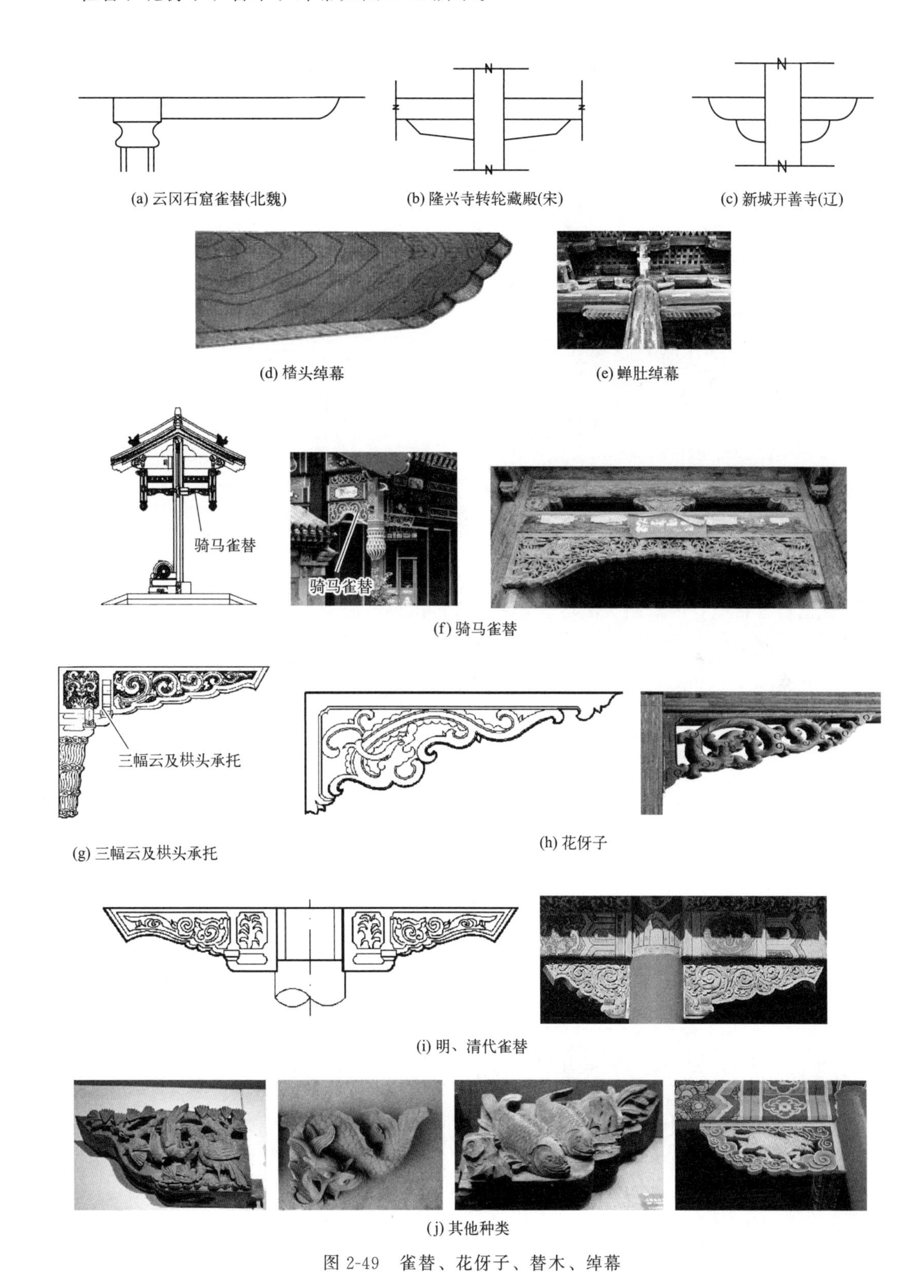

(a) 云冈石窟雀替(北魏)　(b) 隆兴寺转轮藏殿(宋)　(c) 新城开善寺(辽)

(d) 楂头绰幕　(e) 蝉肚绰幕

(f) 骑马雀替

(g) 三幅云及栱头承托　(h) 花伢子

(i) 明、清代雀替

(j) 其他种类

图 2-49　雀替、花伢子、替木、绰幕

（五）斗栱式样

斗栱是古建筑的标志性构件之一。尤其在传统的大式建筑体系中，斗栱起到了一定的建筑装饰效果，结构上也起到了一定的作用，现阶段，在仿古建筑中也较好地起到了装饰效果。斗栱在古建筑木构架体系中，是一个相对独立的门类，其种类很多。

1. 隋、唐时期

隋、唐时期各种斗栱式样已经定型，见图 2-50。

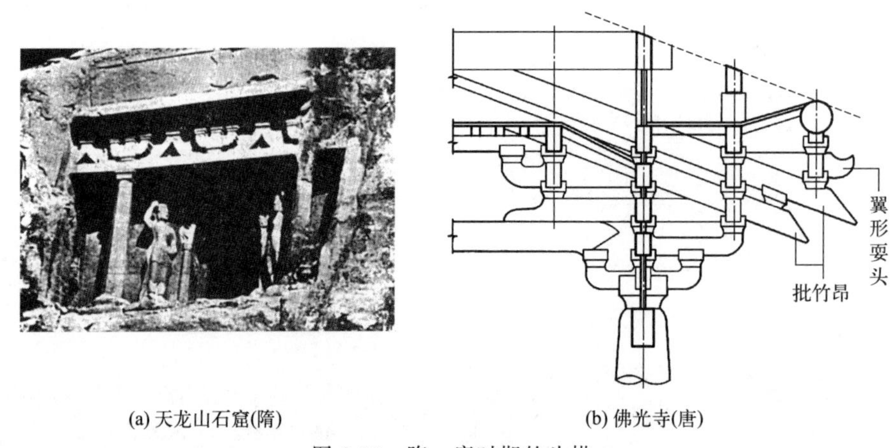

(a) 天龙山石窟(隋)　　(b) 佛光寺(唐)

图 2-50　隋、唐时期的斗栱

2. 宋代

宋代已有了很完备的规制，出跳达五跳之多。出跳多的则在跳上减少一些构件，这种称为偷心造；不减的称为计心造。宋代的斗栱见图 2-51。

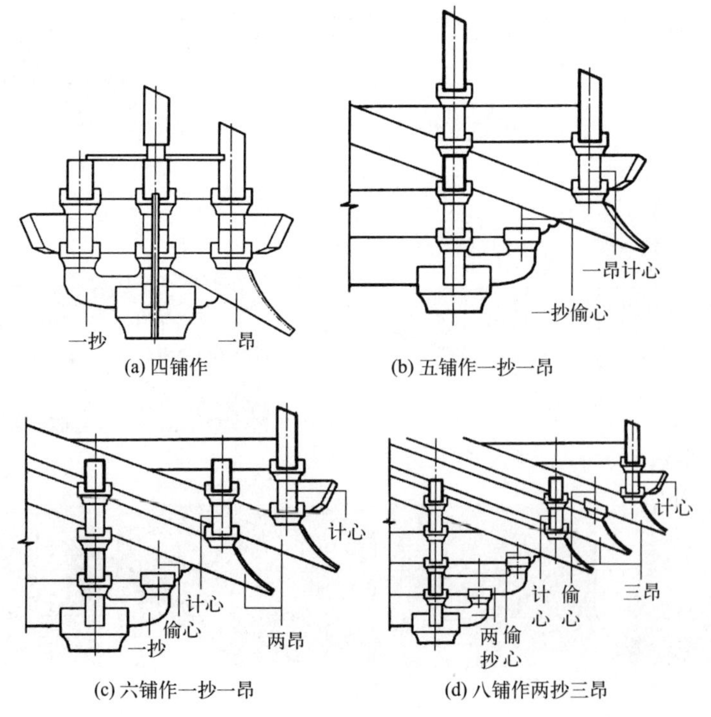

(a) 四铺作　　(b) 五铺作一抄一昂

(c) 六铺作一抄一昂　　(d) 八铺作两抄三昂

图 2-51　宋代的斗栱

3. 元代

元代以后差不多全为计心造。斗栱中各跳仅用一层栱的称单栱造，各跳用两层栱的称重栱造。个别地区于正心用三层栱是为特殊情况。元代以前除四铺作出一跳的用插昂以外，凡两跳以上的大多是在第一跳用华栱，到元代假昂出现后才有在第一跳用昂的实例，见图 2-52。

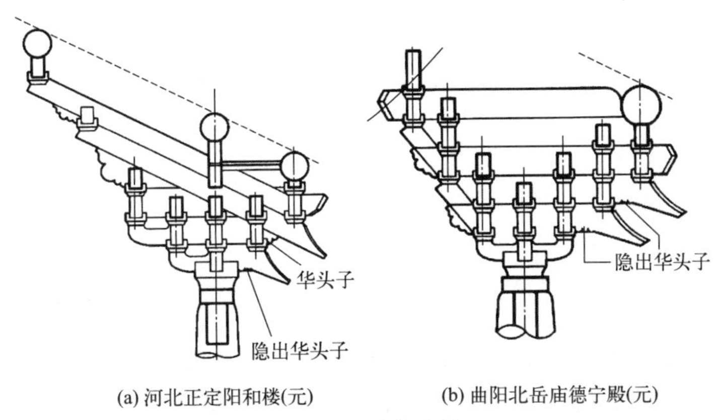

(a) 河北正定阳和楼(元)　　(b) 曲阳北岳庙德宁殿(元)

图 2-52　元代斗栱

4. 辽、金时期

提到辽、金时期，不得不说说斜栱（图 2-53），斜栱是中国古代斗栱发展史上的创新。它创世、发展于辽代，盛行于金代，衰亡于元、明、清代。斜栱应用已知最早的实例是天津蓟州区独乐寺山门和观音阁。建于辽代统和二年（公元 984 年），它们都是在转角斗栱中使用与角梁成垂直方向的斜，即抹角栱。此后除转角斗栱使用 45°斜外，补间斗栱中使用 45°斜的实例最早见于大同下华严寺薄加教藏殿北壁上檐明间补间斗栱。山西省应县佛宫寺释迦塔（辽清宁二年，公元 1056 年）是使用斜栱较多的辽代建筑。除第五层内外都不使用斜栱外，一至四层各层都或多或少地使用斜栱。其中，二层明间补间出现了 60°斜栱，这是木构建筑中已知使用 60°斜栱的最早实例例证。此外，辽代砖塔中也有许多使用斜栱的实例。

(a) 人字栱

(b) 角华栱

图 2-53　斜栱

辽代建筑中半数以上都在斗栱中使用斜栱，早期较少，而且仅在转角斗栱中使用抹角栱。11 世纪初，补间斗栱中出现了 45°斜栱，差不多同时或稍晚又出现了 60°的斜栱，数量上较 45°少一些。可以看出，辽代出现的斜栱，形式上还不稳定。

金代木构建筑中使用斜栱的有大同上华严寺大殿、大同善化寺三圣殿、朔州崇福寺弥陀殿、五台佛光寺文殊殿等处。斜栱的形式较辽代渐趋复杂，其中朔州崇福寺弥陀殿开创了柱头铺作使用斜栱的先例，并与真昂结合，是又一首创。

元代斜栱逐渐向多样性发展，出现了各式斜栱，但没有突破 45°和 60°的角度界限，如万荣东岳庙午门分心槽上的明、次间斜栱，并与抹角梁结合出现了内斜外正的斗栱，如牛王庙戏台，外檐抹角梁端头处和内藻井中的斜栱。

明、清两代斜栱，逐渐不再具有结构作用，多只在明间补间布一攒，起装饰作用。清代牌坊上出现多跳数的斜栱，外观繁杂，只起装饰作用。

有关斜栱的论述，其中最具代表性的是，1979 年祁英涛在一篇称为《摩尼殿新发现题记的研究》的文章中有这么几句话：“斜栱的应用，已知最早的实例，是天津蓟州区独乐寺内两座辽代统和二年（公元 984 年）建筑的山门和观音阁，这两座建筑都是在转角斗栱中使用与角梁成垂直方向的斜栱，即 45°斜栱，习惯称为抹角栱。”这段话中表达的观点实际上早就形成了，早在 1933 年梁思成和刘敦桢看到正定隆兴寺摩尼殿上的斜栱时，差不多就一致认为：摩尼殿“斜栱大而敦实，虽然每间只用补间一攒，但有辽代惯用的斜栱”。所以，祁英涛这段话虽然成文较晚，但是其观点很有典型代表性。此后有关“斜栱”的基本认识几乎全都来自这里。

最早出现在补间铺作中的实例是大同华严寺的“天宫楼阁”（辽重熙七年，公元 1038 年）；最早出现在柱头铺作中的实例是正定隆兴寺摩尼殿（宋皇祐四年，公元 1052 年）。

斜栱实例如图 2-54 所示。这三处斜栱实例，至今没被推翻。其中，斜栱出现的最早时间是辽代，而宋代的隆兴寺虽然时代稍晚，但是实际上它在转角、柱头和补间铺作中全部出现了斜栱，因此代表性极强。

(a) 隆兴寺摩尼殿

(b) 独乐寺

(c) 天宫阁

图 2-54　斜栱实例

基于这个归纳总结，在实际考察和判断中，久而久之形成了“（宋）辽金斜栱”的印象，同时，由于至今没有发现更早的实例，我们基本认为“辽代以前没有斜栱”。辽、金代斜栱参见图 2-55。

(a) 独乐寺 · 山门转角(辽)

(b) 应县木塔 · 补间铺作(辽)

(c) 河北平山万寿寺 · 塔林地宫补间斜栱(宋)

(d) 崇福寺 · 弥陀殿转角铺作(金)

(e) 沁县洪教院 · 柱头铺作(金)

图 2-55　辽、金代斜栱

从上面的叙述知道，最早的“斜栱”出自辽代木结构转角铺作上，而这种最早的辽代斜栱也被称为“抹角栱”，它的基本特征是：位于转角铺作外跳。所以只从外观一看抹角栱，就知道它确是一条“斜栱”，很明显，这条“斜栱”的主要作用，是在转角铺作中和正、侧面的橑檐枋形成一个稳定性极强的三角架，以加强外檐铺作的稳固。

早期仅在转角斗栱中用抹角栱。稍后出现了45°斜栱，约同时或稍后又出现了60°斜栱。金代出现了45°及60°斜栱并用于一攒斗栱中的例证。元代与金代相似，只有明代建筑中用斜栱较少，个别用斜昂（假昂）。清代许多地方建筑中又多喜用斜栱或斜昂，但雕饰增多，与明代以前的式样极易区别。明代中叶出现了一种“如意斗栱”，最早见于广西容县经略台的真武阁，清初牌楼上更加普遍。

5. 明、清时期

清工部《工程做法则例》用十三卷的篇幅开列各种斗栱的尺寸、构造、做法、用工及用料，共罗列出单昂三踩柱头科、平身科、角科，重昂五踩、单翘单昂五踩、单翘重昂七踩以及平台品字斗栱等近30种不同形式的斗栱，部分明、清斗栱如图2-56所示。

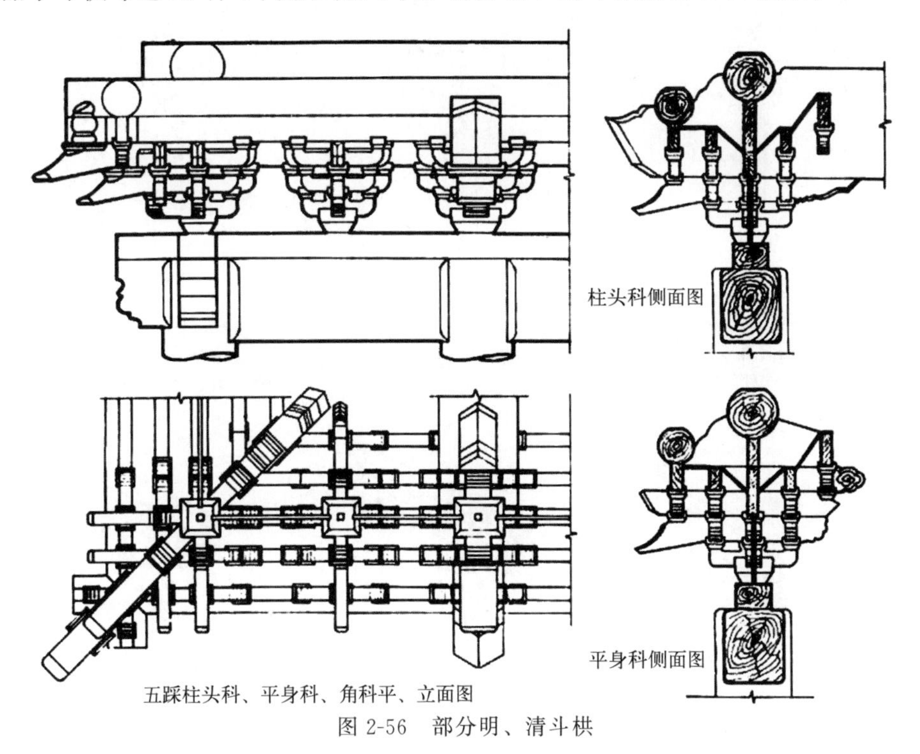

图2-56　部分明、清斗栱

6. 历代斗栱变化特点

历代斗栱式样变化最明显的有以下几点。

（1）斗栱用“材”　唐代以前的相当一段时期内，在中国古建筑的各种构件当中，已经形成了某种比例关系。衡量的单位就是斗栱中一个栱子的高度称为一材。栱高又称材高，栱宽称材宽，两层栱子相垒时其中间空当的高度称为契高，材高加契高称为足材。宋代《营造法式》规定以材高为计算斗栱、梁枋各种构件尺度的单位。清工部《工程做法则例》规定衡量构件的单位更简化为“斗口”，即用材宽（栱子的宽度）为计算单位。不仅斗栱梁枋用斗口来计算，平面中开间也用“斗口”来计算，设计更趋简化。宋代用材的高宽比为15∶10，足材高21分（1斗口＝10分），清代为14∶10，足材高为20分。宋、清两代用材的比例相差虽不多，但用材的实际尺寸大小则不同。面阔七间的唐代佛光寺东大殿用材为30cm×

21cm。宋、辽、金各代的建筑用材多接近24cm×16cm，与宋代《营造法式》中的规定基本符合。元代永乐宫重阳殿用材为18cm×12.5cm，明代智化寺万佛阁用材则为11.5cm×7.5cm。清代最大的建筑，面宽十一间的太和殿用材仅为12.6cm×9cm。从以上诸例可以明显地看出斗栱用材的实际尺寸是由大变小的。栔高的变化，宋代和清代规定都是6分，但实际测量中发现唐、辽、金、元各代的栔高多大于此规定。明、清代多与规定相符。

（2）斗栱的大小　斗栱的发展从实物观察确实是由大变小。所谓大小，不是绝对的，而是相对的，最明显看出的是斗栱的立面高度（自栌斗底皮至橑檐枋下皮的垂直高度）与柱高的比例。唐及辽代初多为40%～50%，辽代中叶以后及宋、金时期约为30%，元代阳和楼已减为25%，明代逐渐减为20%，清代北京故宫太和殿斗栱立面高度约为柱高的20%，因此用斗栱的大小来鉴定建筑物的年代，也是很常用的依据之一（图2-57）。

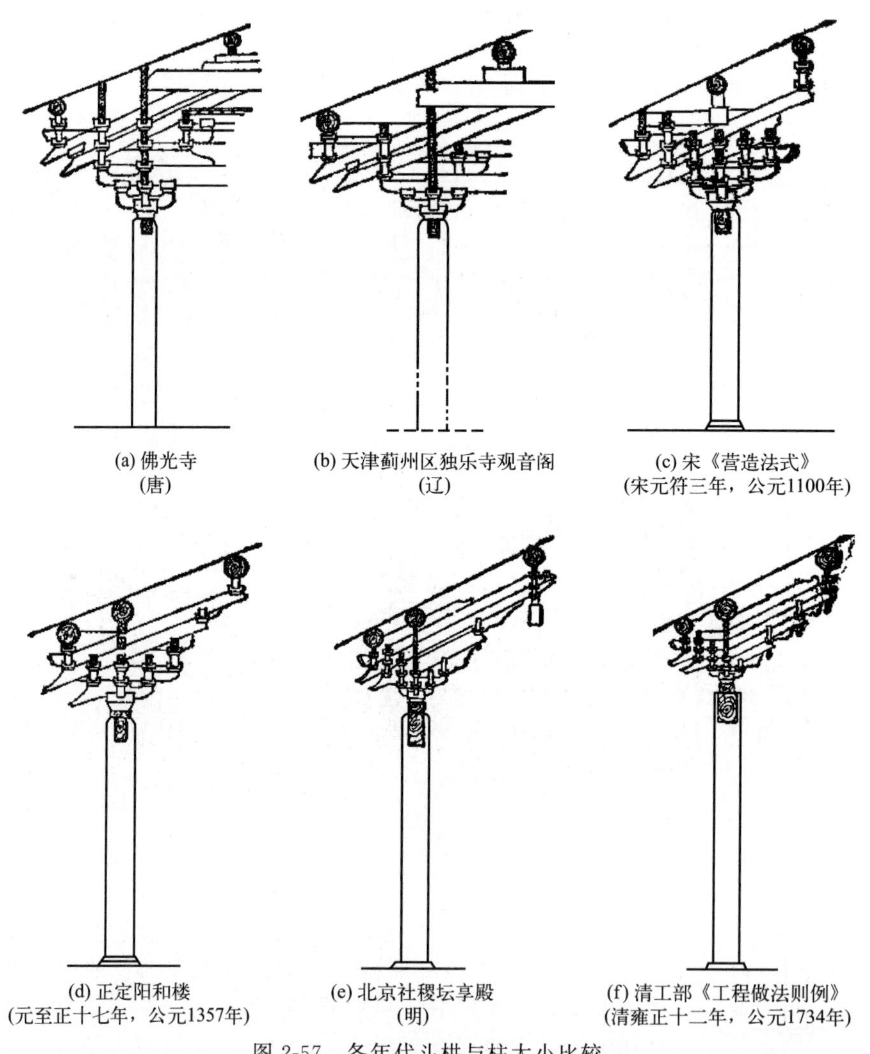
(a) 佛光寺（唐）　(b) 天津蓟州区独乐寺观音阁（辽）　(c) 宋《营造法式》（宋元符三年，公元1100年）
(d) 正定阳和楼（元至正十七年，公元1357年）　(e) 北京社稷坛享殿（明）　(f) 清工部《工程做法则例》（清雍正十二年，公元1734年）

图2-57　各年代斗栱与柱大小比较

（3）斗栱的布置　斗栱分布有内外檐两部分，内檐斗栱自唐代以后逐渐减少，明代只剩一小部分，清代除最重要的建筑以外，内檐多不施斗栱。外檐斗栱分布的变化，主要是补间铺作的式样与数量。唐代补间铺作的式样多不与柱头铺作一致，而且也不是所有建筑都是每间施用补间铺作，最多的每间也不超过一攒。南北朝时期的人字栱，到隋、唐时期仍沿用。

出跳时也比柱头铺作较少，如佛光寺东大殿柱头为七铺作双抄双昂，补间铺作仅为双抄（图 2-58）。辽代尚有此例，宋代以后一般式样多与柱头一致。每间 1 攒，有明间 2 攒，直到元代仍遵此制，元代用假昂的建筑中常常是补间用真昂，柱头用假昂。明代补间的数目逐渐增加到 4～6 攒，清代最多的达到 8 攒。由于补间铺作排列的疏密不同，使我们有了一项鉴别明、清两代建筑的重要依据。清初以前各个时期的建筑物都是先定面阔进深的尺寸，然后于每间内再安置补间铺作，同一间内各攒之间的距离虽然相等，但各间斗栱的距离则不一致。唐、宋、元各代因为补间数少，这种情况极易看出。明代由于补间增多已不十分显著，经过实测证明与前期情况一致，如山东曲阜孔庙的奎文阁，各攒补间的中距，明间为 1.19m，次间为 1.43m。清工部《工程做法则例》则严格规定，各攒斗栱中距一律为十一斗口，称为“蹧当”，面阔进深的尺寸都以蹧当来计算，证以实物也都大致符合。所以各间补间铺作中距是否相等就成为分辨明、清两代建筑的有力证据之一。

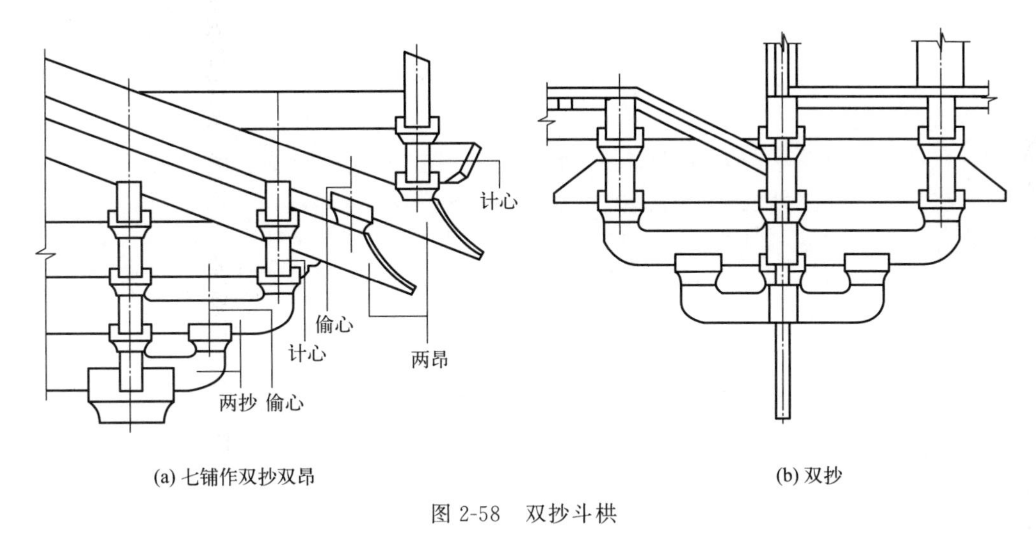

(a) 七铺作双抄双昂　　(b) 双抄

图 2-58　双抄斗栱

（4）斗栱中若干分件的变迁　斗栱主要由斗、栱、昂、枋、耍头等构件组成。

① 斗（图 2-59）。依其位置分为栌斗、散斗、交互斗、齐心斗等，斗的形状基本上呈方

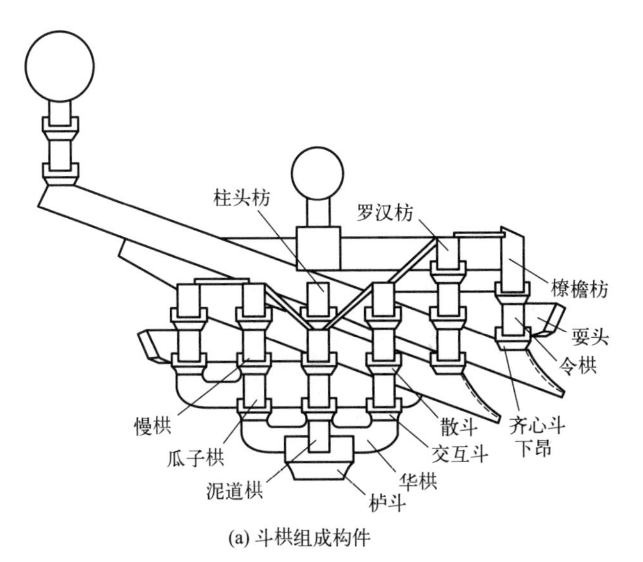

(a) 斗栱组成构件　　(b) 栌斗、散斗、交互斗、齐心斗相对位置

图 2-59

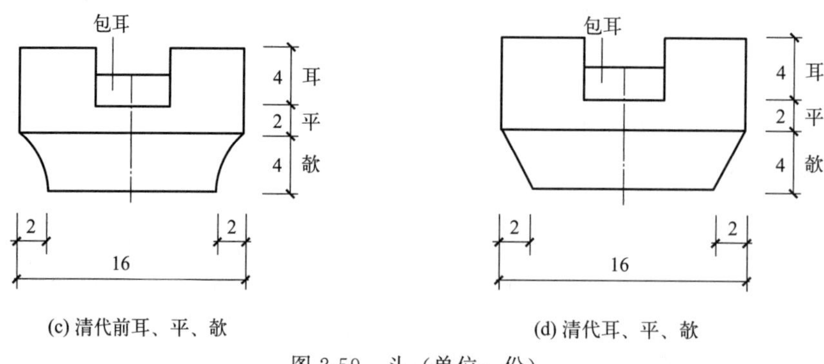

(c) 清代前耳、平、欹　　(d) 清代耳、平、欹

图 2-59　斗（单位：份）

形，斜栱上为多角形，宋代《营造法式》中还有圆栌斗、讹角斗等，实物虽有，但流传不广。每个斗都分为耳、平、欹三个部分，三者高度的比例为 4∶2∶4。由唐代到清代多遵此制，唯辽、金时期建筑的欹较高一些。元代以前斗欹都砍出凹度，明代稍存此形，清代中叶以后即为直线。

元代以前在令栱正中与耍头相交处，皆置齐心斗。元代有时将耍头增高，遂不用齐心斗。明初以后齐心斗逐渐消失。清代已完全不用。栌斗下的皿板，唐代以后尚未发现实例，可能为南北朝到唐代这一时期特有的构件。

② 栱（图 2-60）。唐代栱的式样都是直栱，元代以前正心栱多隐刻，明、清时期已不多见。早期的"翼形栱"，明、清时期已发展成为形式固定的"三幅云"。清代许多地方建筑中常喜用雕花栱，有的更是剔透玲珑。栱头的分瓣，唐代仍有内凹的实例。宋代《营造法式》规定除令栱为五瓣外，其余各栱一律为四瓣。清代则规定"瓜四、万三、厢五"，即瓜子栱、泥道栱为四瓣，慢栱为三瓣，令栱仍为五瓣。元代以前转角铺作中常用鸳鸯交首栱，明代尚

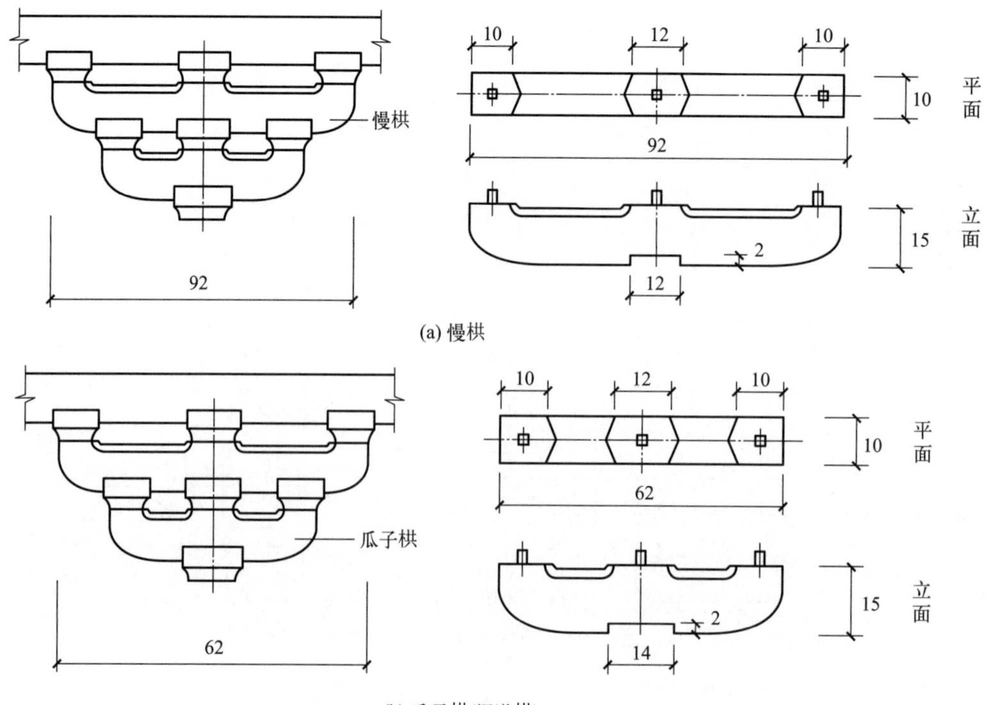

(b) 瓜子栱(泥道栱)

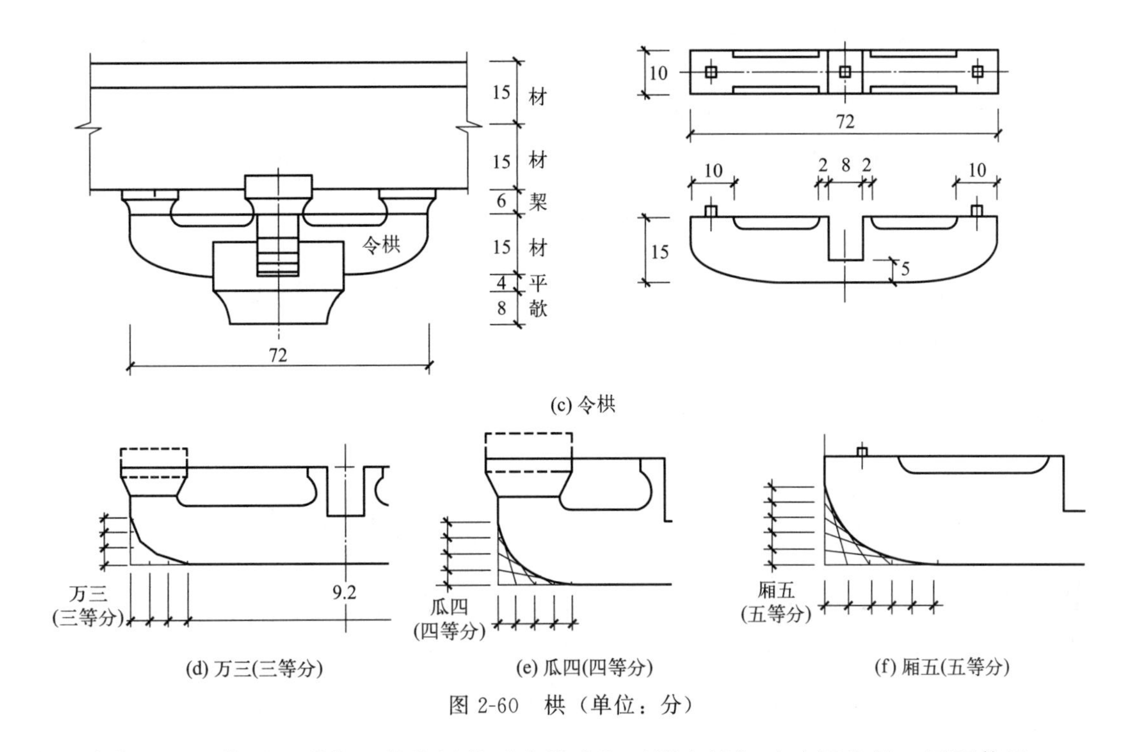

图 2-60 栱（单位：分）

有，清代已不见使用。明代以前常用的“小栱头”于明末清初已改用为昂，不再使用。

栱的长度，按宋、清两代的规定都是一样，泥道栱与瓜子栱等长为 62 分，令栱长 72 分，慢栱最长为 92 分。辽、金代建筑多不遵此制。辽代建筑中一般是泥道栱比瓜子栱稍长，令栱与瓜子栱相近。金代更出现了三者等长的例子。金代晚期始与宋代《营造法式》中的规定一致。

③ 昂（图 2-61）。昂分两种：真昂与假昂。唐、宋、辽、金各代的斗栱中绝大多数都采用真昂，昂头的做法大致分为批竹昂、琴面昂两大类。元代建筑中开始出现了假昂（北宋时期的建筑如山西晋祠圣母殿，柱头昂平出，实为栱头加长，与这里所称假昂是有区别的），平出的华栱外端斜下砍成昂形，已不能起到真昂的挑杆作用。元代建筑中多是真、假昂同时使用。有些于假昂斗栱中，在要头后尾挑起斜杆与真昂尾相似。明代使用较广，清代已全部用假昂，有一种“溜金斗栱”，后尾斜杆挑至下金檩，并有三幅云、菊花头等装饰性构件，与真昂的意味完全不同。真昂中又分上昂与下昂，上述真昂皆属下昂，上昂最早见于南宋建

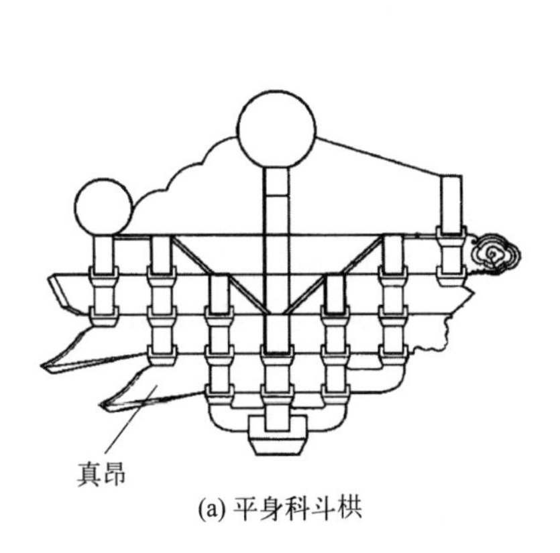

(a) 平身科斗栱

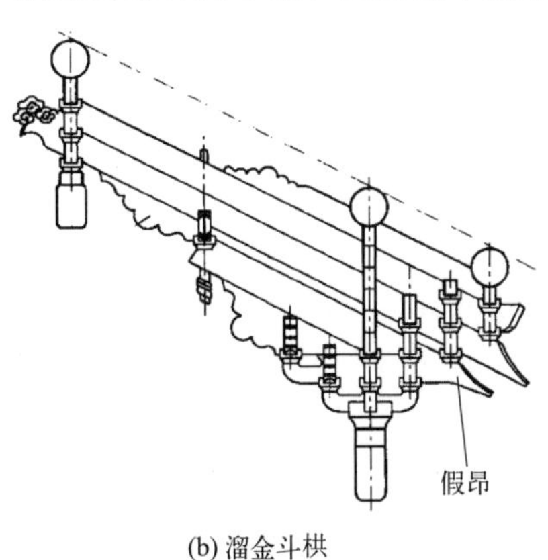

(b) 溜金斗栱

图 2-61 昂

筑中的苏州玄妙观三清殿，其他地方尚少发现，明、清代斗栱后尾尚留有上昂的遗痕，有的仅是从彩画上才能看出。

昂嘴的砍制，各时代也各有不同。唐、宋代的真昂斜出后，面上部斜砍光平的为批竹昂，昂嘴呈“口”形，琴面昂嘴呈“ ”形或“ ”形。金代斗栱中昂的底边尚为直线，元代则稍稍上翘，昂嘴扁而瘦。明代稍稍增厚，清中叶以后昂嘴两边有“拔鳃”，呈“ ”形。真昂下边垫华头子。假昂则刻出华头子，习称“假华头子”。清初仍如此，清中叶以后昂平出缩小，仅为 0.2 斗口，清初又盛行将昂嘴雕成龙头、象鼻子等形状以示华丽。昂和昂嘴的比较见图 2-62。

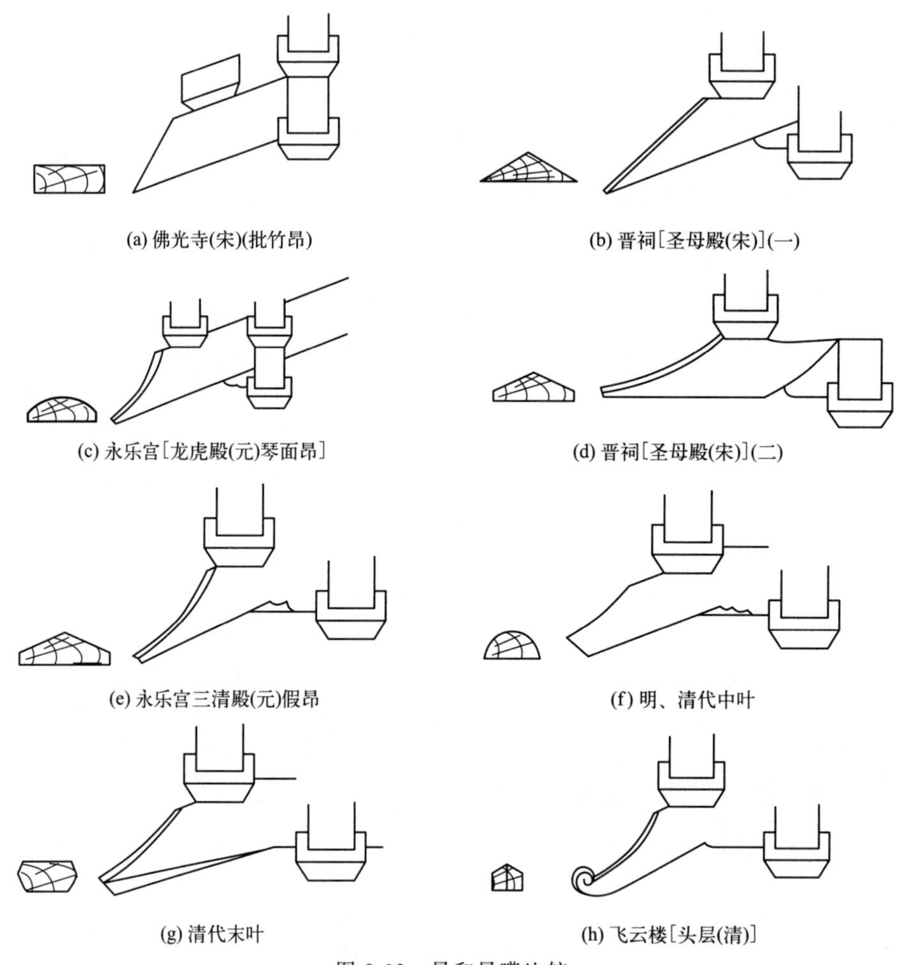

(a) 佛光寺(宋)(批竹昂)　(b) 晋祠［圣母殿(宋)］(一)

(c) 永乐宫［龙虎殿(元)琴面昂］　(d) 晋祠［圣母殿(宋)］(二)

(e) 永乐宫三清殿(元)假昂　(f) 明、清代中叶

(g) 清代末叶　(h) 飞云楼［头层(清)］

图 2-62　昂和昂嘴比较

④ 枋（图 2-63）。此处所言的枋，是各攒斗栱的联系构件（不同于梁架之间的枋）。斗栱中正心枋，元代及以前多用单材，最上一层枋多用足材，中间垫以散斗，明、清时期多用足材，跳上各枋一律为单材，最外跳令栱上，宋代规定用橑檐枋，但实物中用榑或用枋的都有，而且逐渐都用榑不用枋。柱头铺作的令栱上，早期建筑中多以替木承托两间橑檐榑或橑檐枋的搭交处，替木逐渐加长。元代起已经改为通长的构件，习称檐枋，居于橑檐榑之下。宋代《营造法式》所画的压槽枋是在斗栱的正心枋之上的，实物中如永乐宫三清殿所见，压在后一跳之上，比法式图样更为合理。明代以后即不见此种构件。

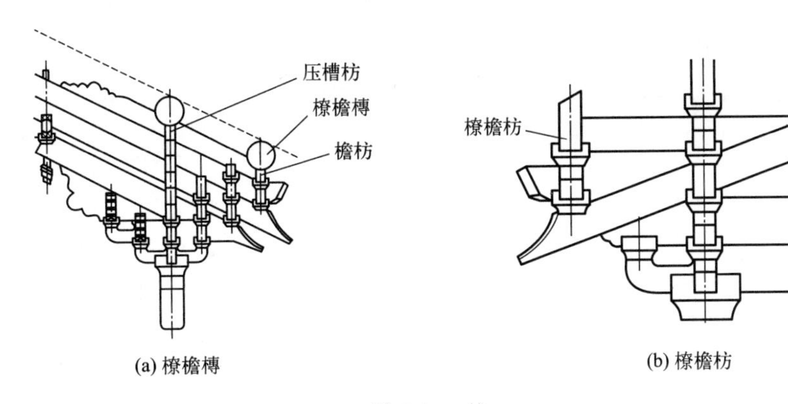

(a) 橑檐榑　(b) 橑檐枋

图 2-63　枋

⑤ 耍头（图 2-64）。南北朝时期尚无耍头的实例，隋、唐时期起斗栱出现耍头，其式样大致分为四种。第一种是垂直截去不加雕饰，如辽代蓟县（现天津市蓟州区）观音阁。第二种是砍为批竹昂，唐代佛光寺东大殿为平出，金代朔县（现山西省朔州市）崇福寺弥陀殿为斜出，这种斜出的还极易错认为昂，是应该注意的。以上两种在唐、宋、辽、金各代都常见，元代以后即不多用。第三种为变体，唐到元代多刻卷瓣，形式与翼形栱相似，清代雕刻繁复，如龙头、象鼻子等。第四种是标准式样，宋、清代都有规定，式样也相似，称为“蚂蚱头”，唯用材不同，宋代称为单材，清代称为足材。

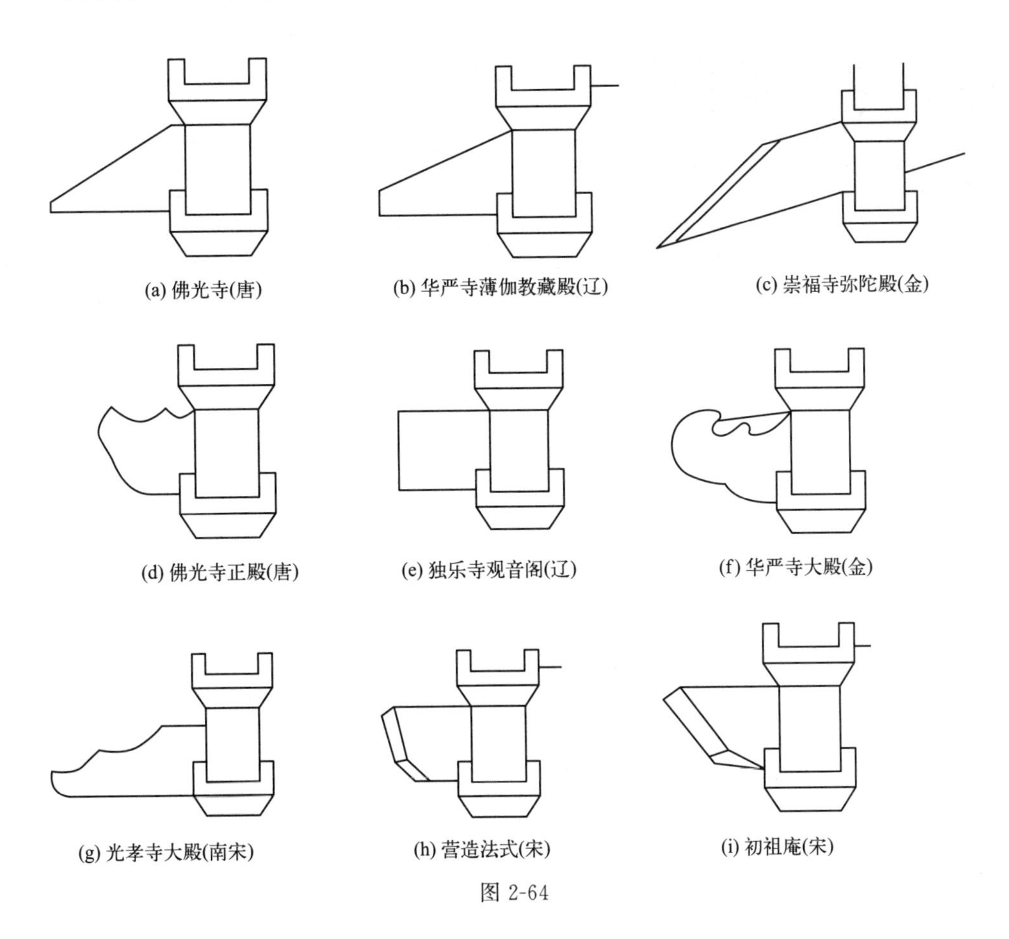
(a) 佛光寺(唐)　(b) 华严寺薄伽教藏殿(辽)　(c) 崇福寺弥陀殿(金)
(d) 佛光寺正殿(唐)　(e) 独乐寺观音阁(辽)　(f) 华严寺大殿(金)
(g) 光孝寺大殿(南宋)　(h) 营造法式(宋)　(i) 初祖庵(宋)

图 2-64

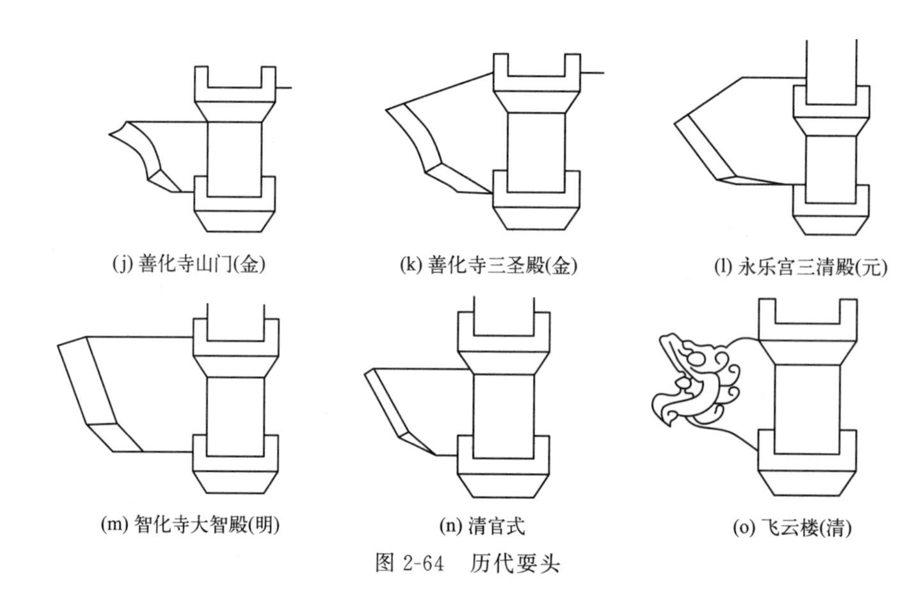

图 2-64　历代耍头

（六）装修、瓦顶的发展概况

1. 门与窗

装修是建筑上门、窗、栏杆等小木作的总称。门的式样，常见的有板门、格栅门。

（1）板门（图 2-65）　宋代《营造法式》图样还有乌头门、软门等。已发现的唐代建筑全用板门，宋代许多重要建筑仍沿用，元代以后则多用于建筑组群入口的大门，但广大农村住宅直到现在仍有许多地方在住室的入口使用板门。板门的形制变化主要是门簪、门钉、铺首等。汉代已使用门簪，两至三枚，多方形，唐到元代仍多为两至三枚，有方形、菱形和长方形数种。门簪正面多施雕刻，有四瓣、柿蒂等式样，所用纹样都不相同，明、清代多用四枚，一般民居用两枚，通用的形式为八角形或六角形，各瓣浑圆出线，正面刻图案花纹。门钉的记载在魏时已有，此后历代建筑的板门、砖石塔的浮雕绝大多数都用门钉，但到明代仍无定制。门钉一般都是纵横三至七路，每路三至七枚。清代则按建筑物的等级有一套严格的规定，最高级的建筑物上用纵横各九路，其次是纵九横七，最少的纵横各五路。

图 2-65　板门

（2）格栅门及窗　格栅门是安装于建筑的金柱或檐柱间带格心的门，也称格扇门或隔扇门。作为古代建筑最常用的门扇形式，唐代这种门已经出现，宋代以后大量采用，一般用于民间装修。整排使用，通常为四扇、六扇和八扇。格栅主要由格心、绦环板、裙板三部分组成。

现存最早的格栅门为涞源县的辽代建筑阁院寺文殊殿［图 2-66(a)］。东汉时创建，唐代重修，是全国年代较早、规模较大、保存最为完好的木结构建筑，其外檐横陂有毬纹格心。

现存最完整的格栅门为金代建筑崇福寺弥陀殿［图 2-66(b)］，每间四扇，每扇中间用抹头隔开，上面格心式样有十多种，下面裙板（障水板）用牙头护缝。宋代《营造法式》规定格栅都有腰华板，习称“四抹格栅”。格心与裙板高度的比例约为 2∶1。

元、明代有的已有五抹格栅，格心如《园冶》（明计成著）中所述“古之户槅棂版，分

(a) 阁院寺文殊殿

(b) 崇福寺弥陀殿

图 2-66　最早和最完整的格栅门

位定于四六者，观之不亮。依时制，或棂之七八版之二三之间，谅槅之大小约桌几之平高，再高四五寸为最也”。“棂”指棂空，即格心，“版”指平板即裙板。格栅仍为四抹，格心的式样，绘有各种图样，如柳条式、井字式等四十多种。清代都是六抹格栅，格心与裙板高度的比例约为 6∶4，但实际也多有出入，不完全与规制符合。格心式样更喜用三交六椀。裙板的花纹，宋、辽、金代都较朴素，仅装素板，或加牙头护缝，元代则雕简单的如意头。明、清代较复杂，除通用的四合如意云以外，常见的还有夔龙、团龙、套环、寿字等纹样。格心棂条的做法，辽、金代仅用平板刻线道互相搭交。门及槛窗格栅整体式样如图 2-67 所示。元、明代以后则用细木条雕成各种花纹并装成整体图案。边框的线道，宋代《营造法式》规定有六种：四混中心出双线、破瓣双混平地出双线（或单混出单线）、通混出双线（或单线）、通混压边线、素通混、方直破瓣。清代则较简化，多用“皮条线”。

2. 瓦兽件

周代已经发明了制瓦的技术，出现了烧制很好的筒瓦和板瓦。一般尺寸较大，同时也发现一些小瓦，证明不仅大型建筑上用瓦，许多较次要的建筑上亦为瓦顶。南北朝以前都用灰瓦，北魏时烧造琉璃的技术飞跃进步。瓦顶上重要构件如鸱尾、勾头、滴水等瓦兽件已部分采用琉璃烧制。唐、宋代重要建筑多用琉璃剪边。明代才出现全部用琉璃瓦的瓦顶。历代瓦顶上各种瓦兽件的变迁分述如下。

（1）勾头瓦　即屋顶檐头每垄瓦的第一块筒瓦，最前端瓦当多模印花纹。战国时期皆为半圆瓦当，纹样有兽面、双龙、双虎及文字纹样等，瓦身上还刻划花纹。秦、汉时期大多数为圆形瓦当，部分仍为半圆形，纹样又增多，如四神、蕨纹，“上林甘泉”及“长乐未央”等地名和吉祥语。南北朝时期半圆瓦当已渐绝迹。此后，全为圆形。纹样以莲花纹为主，莲瓣尖而长，周边稍宽。隋、唐时期的莲花纹，花瓣丰满，周边广且低。另有兽面瓦当也很普遍。宋、元代以后又用宝相花。明、清代宫殿建筑多用龙纹，庙宇多用兽面及花卉纹，早期的几何纹图案已经很少见到。

（2）滴水瓦　即檐头第一块板瓦。元以前瓦头为圆形，上面模印花纹，多为几何纹，如绳纹、连珠纹、锯齿纹等，亦称“重唇板瓦”。明、清代多为花卉或龙纹。

（3）脊　宋代《营造法式》规定瓦顶的各种脊都用瓦条垒砌，隋、唐时期实物已用此制。元代出现了脊筒子，最初的脊筒子仍刻出瓦条相垒的式样。另有雕花脊筒子，明、清时

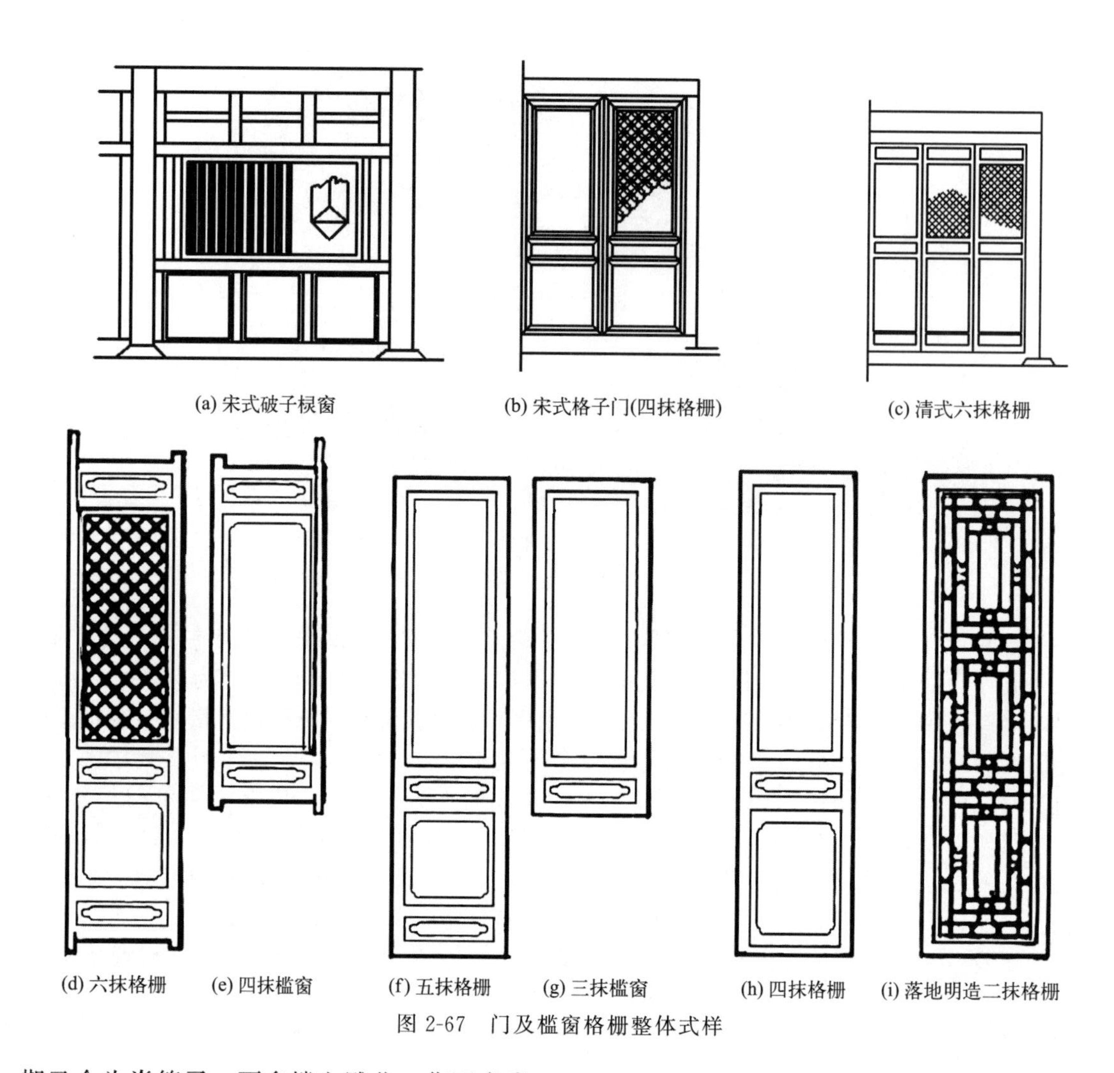

图 2-67　门及槛窗格栅整体式样

期已全为脊筒子，更多镂空雕花，华丽多彩。

（4）吻兽　正脊两端的脊饰，汉代就有数种，最简单的用三至五块筒瓦垒起。最迟从晋代开始，在重要建筑的正脊两端已经使用鸱尾，整体似鱼尾，卷曲向正脊中央，隋、唐时期仍多用此种式样，大约自中唐，最迟到晚唐又出现了“鸱吻”，即鸱尾的前端与正脊相接处，变为张口吞脊，整体为一兽头带有粗短的尾巴，宋、辽、金代普遍采用此种式样。宋代《营造法式》中记载有“龙尾”的名称，实例中最早见于金代建筑的朔县（现山西省朔州市）崇福寺弥陀殿中，外形似鸱尾，身内完全被一条盘屈上弯的龙所占据，实在应为“龙吻”。元代以后多改为此种式样。习惯上称大吻或吻兽。元代龙尾的尾部已逐渐向外卷曲，明、清时期已完全向外卷曲，形制与元代以前完全不一样了。明代雕刻较细，背上剑把已改为象征形式，卷瓣斜向前方，正视前方。清代剑把上卷瓣多直立正卷，两目多侧视，兽身上雕龙飞舞突出。垂兽、戗兽已完全定型。民居中在正脊两端多用“鼻子”及卷草式脊饰，或称为“鳌尖”。历代鸱尾（吻兽）如图 2-68 所示。

（七）砖石建筑的特征

我国古代建筑虽然以木结构为主，但在砖石建筑方面也有很高的成就，与木结构一样创造了独特的结构与造型。汉代的石阙、石室，北魏嵩岳寺砖塔，隋代赵县安济桥，宋代定县（现河北省定州市）开元寺料敌塔，元代北京妙应寺白塔及明代万里长城和无梁殿等，都充

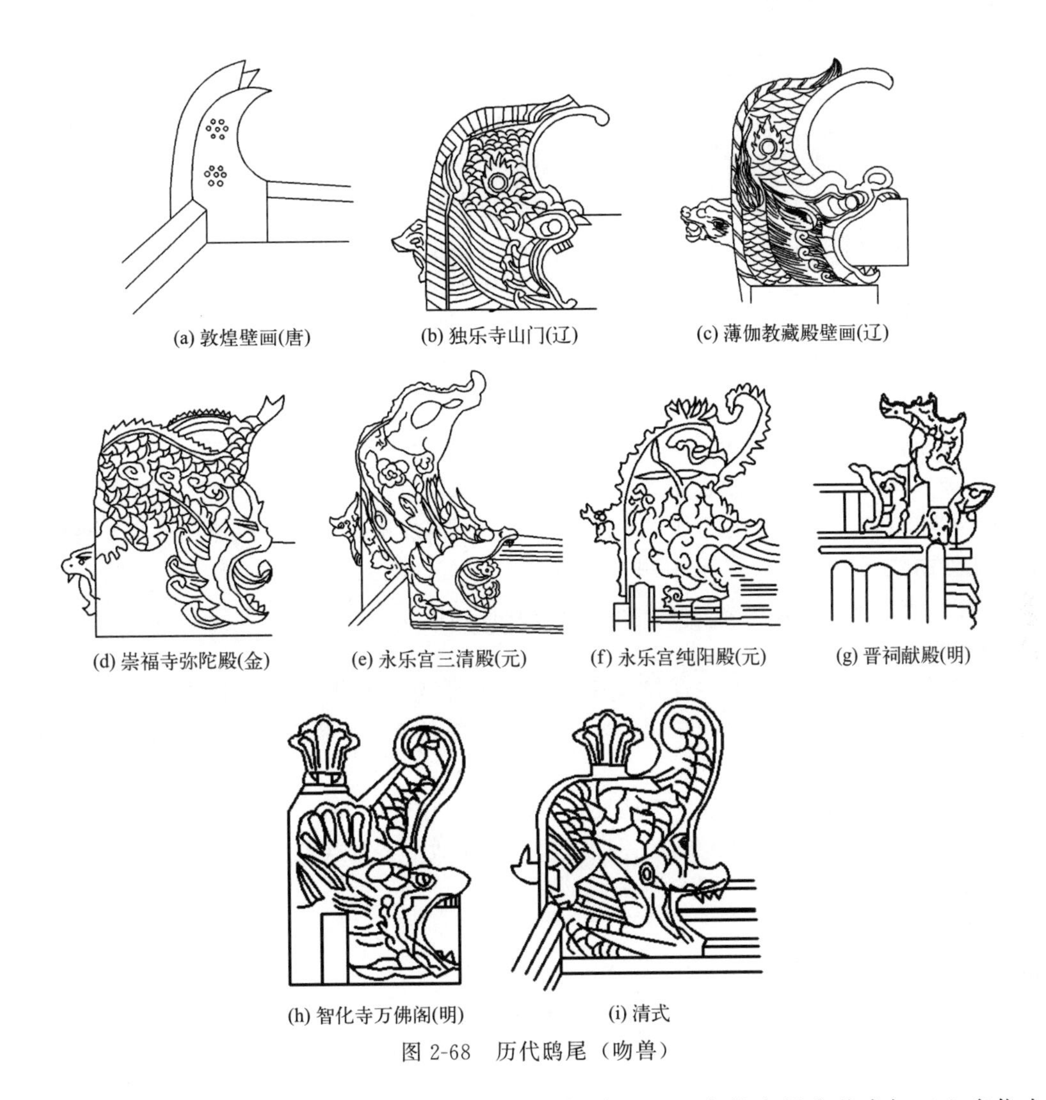

(a) 敦煌壁画(唐) (b) 独乐寺山门(辽) (c) 薄伽教藏殿壁画(辽)

(d) 崇福寺弥陀殿(金) (e) 永乐宫三清殿(元) (f) 永乐宫纯阳殿(元) (g) 晋祠献殿(明)

(h) 智化寺万佛阁(明) (i) 清式

图 2-68 历代鸱尾（吻兽）

分显示了我国砖石建筑方面的高度成就。我国砖石建筑的最大特点是在艺术加工上多仿木结构的处理手法，因而当我们熟悉了木结构建筑的特征以后，对于了解砖石建筑的时代特征就有许多方便之处。这里，仅就砖石建筑的结构及整体造型进行简单的介绍。

1. 砖墙

我国古代建筑中墙身的做法，一种是薄的编壁，从原始社会到唐、辽代都用，但形制各异；另一种是墙身较厚的墙，可以分为夯土墙、土坯墙、砖墙、石墙等。就实体墙的发展过程而言，夯土墙出现较早。在奴隶社会的初期，筑打夯土墙的技术已相当成熟。郑州商代城址中就有板筑夯土墙的遗迹。另外出现的是土坯墙，最早的土坯墙见于西安汉代遗址中。夯土墙和土坯墙直到今天仍盛行于广大农村建筑中。砖的制造，依据制造过程似应与土坯的制造有关，故砖墙的出现应在土坯墙之后。周代虽有砖的记载，但尚缺乏实物例证。战国时有了“空心砖”，完全为砌筑墓室使用。汉代有了条砖、方砖、楔形砖及带榫的券砖。最早发现的是砖墓四壁的砖墙。地面上的建筑在汉代仍以夯土墙为主，个别使用土坯墙。此后重要建筑多采用土坯墙，有的还在砌土坯时内部增加“木骨”。明代起地面上建筑才比较广泛地都用条砖垒砌砖墙。唐、宋时期绘画上所表现的砖砌城台或建筑物的砖台基，这些都是内为夯土，外包砖皮，与独立的砖墙不同。垒砌砖墙的技术，进展是相当缓慢的。汉代砖墙垒砌的式样多仿土坯墙的“三平一竖”或“一平一竖”，直到宋、元砖墓内仍是如此。但同一时期的砖塔、城台及土坯墙的砖下肩则全为平砌。多为三、五层顺砖再砌一层丁砖，除装饰构件以外很少用竖砖（又称陡砌）。明代砖墙已全为平砌，每层多用“一顺一丁”的砌法，并且特别注意“砖缝岔分”的规则。清代用“三顺一丁”的砌法。砌墙的胶黏物，汉代多用黄土泥浆，东汉末已使用黡灰泥，但直到唐代仍广泛使用黄土泥浆，宋代使用白灰浆的逐渐增多。明代起重要建筑物已经完全使用白灰浆，有时还加入糯米浆。汉代的地面砖已有磨光的例证。唐代砖塔有的表面已砍磨得相当平整，明代著名的天坛回音壁，不仅由于其平面的设计成功，很大程度在于其表面磨光的精致，才能起到回音的作用。清代砖墙砌法，分为糙砌、淌白撕缝、糙淌白、干摆等数种。园林中的花墙也应是砖墙的一种变体。

石墙：我国很早就用石块砌墙。内蒙古自治区赤峰市东八家遗址中的石城，是原始氏族社会建造的。它用天然石块砌成，断面呈阶梯形，上部宽 1.2m，现存高 1.5m。汉代长城有的断面为三角形，仍为天然石块垒砌，东汉墓中的四壁、券顶都有规整的石块砌墙或发券。当时在石室、石墓、石阙的加工上已很精细，石料加工技术逐渐成熟。在南北朝时期已有非常成熟的技巧，但重要建筑中用石砌墙并不多见。广大农村中一直用片石垒砌“乱石墙”，又称“虎皮墙”。明、清代园林中或用于下肩，利用石料的天然色泽，更增加了墙身整体的美观性。

我国古代砌墙时，常喜用“收分”，使墙身上窄下宽，可能是受夯土墙式样的影响。宋代《营造法式》规定墙厚为墙高的 1/3，顶厚为底厚的 1/2。依此计算墙收分约为墙高的 20%。明、清代以后墙收分逐渐减少。

墙与下肩的比例，早期的下肩多低矮，占墙高的 1/5～1/4，清代则规定为墙高的 1/3。下肩的砌法，元代以前多为叠涩砌，逐层上收，做出收分。元代已有平砌不做收分的手法出现。明、清代似已成为定制，都无收分。

2. 拱券

汉代砖石墓室出现了拱券（图 2-69）结构。平面长方形时多是筒券。发券的方法有两种，即并列券与纵联券。这两种券大约同时出现，历代都是并存的，汉代常常在同一墓室内两种方法并用。东汉时期，有些墓室还是砖石混用。汉以后并列券多见于桥梁中，墓室、砖塔及其他砖石建筑多采用纵联券。拱券的形制自汉代到清代虽然变化不大，但砖的制作、灰浆、艺术加工等具有不同的时代特征，仍可辨别时代的不同。

并列券多砌一层条砖或石块。汉代的条砖多不加砍磨，底面平直，因而各道券的底边都

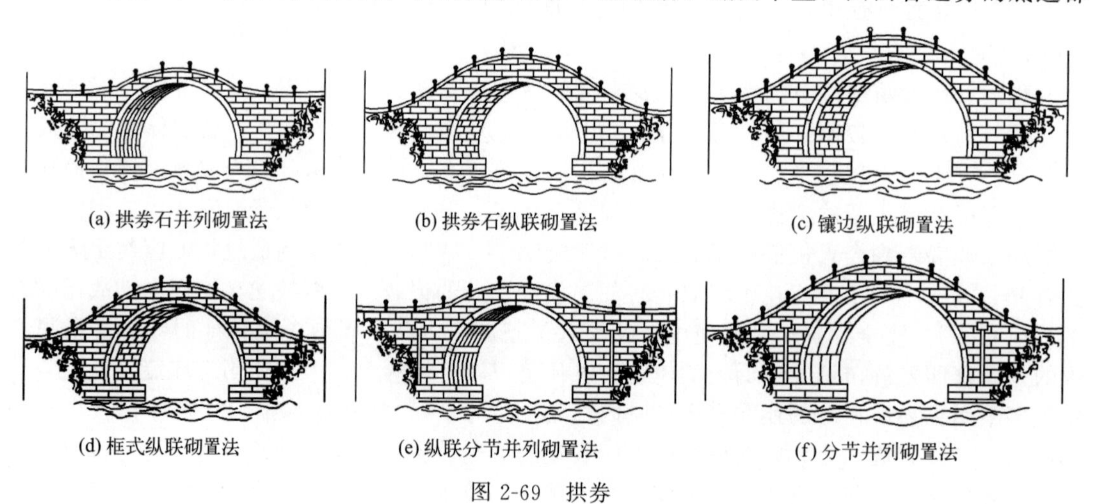

(a) 拱券石并列砌置法　(b) 拱券石纵联砌置法　(c) 镶边纵联砌置法

(d) 框式纵联砌置法　(e) 纵联分节并列砌置法　(f) 分节并列砌置法

图 2-69　拱券

是折线。东汉时逐渐出现了砖底砍磨成弧线的拱券。隋代已在券面上又加伏石。汉代常见带榫的券砖，汉以后已不多见。此后明、清代出现了分节并列式的砌置方法。

纵联券在汉代亦仅用一至二层条砖垒砌，多不用伏砖。个别处用一券一伏（四川德阳黄许镇汉墓），一券一伏相间使用的发券方法直到明代才完全成为定则。明、清时期纵联券又出现了镶边纵联与框式纵联的式样。更有一种两者相结合的称为纵联分节并列券。

平面方形，或近似正方形、六角形、八角形的砖墓室顶部多采用穹窿顶。汉代大型石墓室多采用“藻井式”，用巨石逐层抹角垒起，形似覆斗。砖墓多自四面向中心叠涩垒砌，底边呈弧线，实为四瓣复合的券顶。形状类似近代的“薄壳顶”。汉代以后直到宋、元时期都是与垒砌砖墙一样平砌，逐层叠涩收进，无论平面为方形、圆形还是多角形，一律都收成圆形。宋、金墓顶高起，呈抛物线状。

拱券的式样，汉代多用半圆形，穹窿顶多为弧形，间用两圆心的券。以后的发展似以半圆形为主，明代尚多为两圆心券，清代差不多已全是半圆形。

3. 砖塔与石塔

造塔是和佛教传入我国分不开的。汉代虽然已有建塔的记载，但现存的塔最早见于南北朝时期。目前已知的塔最少为 2000 座，其中绝大部分是砖石结构，而且多半建于唐、宋、辽、金、元时期。明代以后逐渐减少。依其类型来分，有楼阁式、密檐式、单层塔及藏传佛教式塔四种。

（1）楼阁式　楼阁式塔如图 2-70 所示。此种形式的塔，最初应为木结构、砖石结构和完全仿木结构形式。最早的楼阁式塔见于南北朝石窟的雕刻中。每层辟门窗可以登临。各层面阔与高度，自下而上逐层缩小。整体轮廓为角锥形。楼阁式塔的平面，唐代为方形，宋、辽、金代为八角形，宋代还出现了六角形。明、清代仍多用八角形和六角形平面。最早的为十三层，个别塔为十五层，一般为七层和九层。

塔的结构，唐代为单层塔壁，中空，内部呈筒状，设木楼梯和楼板。宋、辽、金各代都在塔正心砌“砖柱”。柱与塔壁之间为登塔的楼梯间或塔内走廊。底部施简单台基，宋代以前多不用基座，宋代以后逐渐增设基座。塔身每层都砌出柱、额、门、窗。唐代用方柱或八角柱，柱间仅施阑额。辽、宋代多用圆柱，阑额之上用普柏枋。各层檐下都是砖或石制斗栱，式样与当时的木结构相似。木结构楼阁各层都施平座及栏杆，但砖石楼阁式塔，南北朝到唐代多不用平座，宋、辽、金代始用平座。这种塔各层门都用半圆券门，凡设窗的大多为假窗。

各种类型的塔刹大体上都相似。塔刹底部多为方形或八角形须弥座，或用两层花瓣。其上置覆钵，再上为相轮，砖砌或铁制。上部有三种式样，最简单的是砖和石制的宝珠；另一种是内置刹柱，露出部分置宝珠一串五至七枚；最复杂的式样是刹柱露出部分于相轮上置宝盖、圆光、仰月、宝珠等，这些构件多用铁或铜制成。塔刹结构见图 2-71。

（2）密檐式　这种塔都是第一层特别高，以上各层骤变低矮，高度和面阔都是逐渐缩小，越上收缩越急，各层檐紧密相接，故称密檐塔，整体轮廓呈炮弹形。现存最早的实例为河南嵩山嵩岳寺塔，建于北魏正光年间（公元 520～525 年），平面十二角，密檐十五层，内部空心，第一层四正面设券门，其他各面留窗洞。八角形倚柱，柱头施莲瓣，各层檐皆叠涩挑出。此塔的结构形式对唐代密檐塔的影响很深。但它的平面却是一个孤例。此种塔依其平面和结构都明显地表现出地区性，分为两大类型。

第一类型是平面方形，单层塔壁，中空。外形轮廓呈梭形。多建于唐代，分布较广，以黄河中游较多。塔的台基低矮方正。第一层设门，壁面素平无饰，多不施基座。各层檐叠涩挑出，很少施瓦。第二层以上或开小窗，有些塔内部置木架可以攀登。唐代以后这种类型的

(a) 云冈西九洞木塔浮雕(北宋)　(b) 河北易县千佛塔(辽)　(c) 陕西长安慈恩寺大雁塔(唐)

(d) 广州赤岗塔(明)　(e) 山西太原奉圣寺塔(清)

(f) 大雁塔(唐)　(g) 云岩寺塔(五代)

(h) 圣兴教寺塔(北宋)　(i) 六和塔(南宋)

图 2-70　楼阁式塔

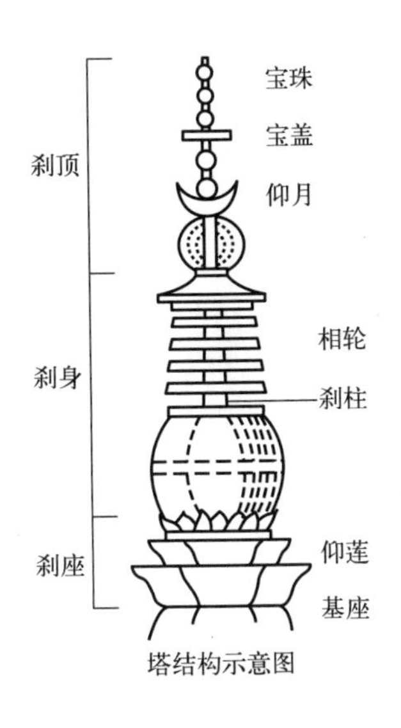

图 2-71　塔刹结构

塔已很少见。金代建筑的河南沁阳市天宁寺三圣塔，外形虽似唐塔，但檐下增加许多装饰，内部全为砖砌，留出迂回曲折的踏道可以登到塔的中部，结构显然受楼阁式的影响，但与唐代中空的方塔完全不同。明、清代的许多墓塔，皆为实心，外形多呈角锥形，与早期的形式也极易区别。

第二类型是平面八角形（个别有方形或六角形），塔的结构全为实心砌体。有些塔仅第一层有券洞，置佛像。表面装饰华丽而且集中表现在基座与第一层塔身，这是这种塔的最大特点。整体轮廓线较直。绝大多数分布于历史上的辽、金地区，即辽宁、河北、山西及内蒙古自治区等处。

塔最下部为台基，上置基座。小型塔在基座上施蓬瓣一至三层。大型塔在蕊层须弥座之上施平座，砖雕斗栱及栏杆，其上再施莲瓣。须弥座的壶门内置狮兽或佛像，更是这一类型塔中不可缺少的一部分。雕刻细部金代较辽代更加繁复华丽。

典型的密檐塔之一的慈寿寺塔位于北京市海淀区八里庄，名永安万寿塔，俗称慈寿寺塔，亦称八里庄塔。各类密檐式塔见图 2-72。

慈寿寺及塔是明神宗圣母慈圣皇太后于万历四年（公元 1576 年）所建，基址为明正德太监谷大用墓地。清光绪年间寺废，仅有孤塔幸存。塔为八角 13 层密檐式实心砖塔，高约 50m，仿天宁寺辽塔建造。塔基为双层须弥座，上面有 40 个小龛，刻有 200 多个人物，体态形式各异。上面是 3 层仰莲花瓣烘托塔身，塔身东西南北四面有砖雕券门，南面券门额书“永安万寿塔”，其余四面为券窗，门窗两侧原有泥塑金刚力士神像，现已残破。密檐上每根檐椽都挂有铁制风铃，共 3000 多个；每层檐下均有 24 个佛龛，内供铜佛。塔刹为铜质溜金宝瓶，为明代密檐式塔的代表作。塔的两侧立有石碑，左刻紫竹观音像，右刻鱼篮观音像及关圣帝像并赞。塔前不远处，还有两株古银杏树。

第一层塔身，河北省地区大多数于四正面雕假门置佛像，外雕力士，券门上雕飞天、伞盖等。此种塔第一层塔身都依木结构建造砌出柱、额、斗栱等。辽代多施圆柱、八角柱，金代更喜用塔柱。各层檐绝大多数都施瓦顶，有的用条砖砌出瓦顶形式。檐下砖砌斗栱，式样及特征与木构塔相似，下层较繁复，越上越简单。此种塔各层檐的角梁多为木制，以便在梁头悬挂风铎。

塔身结构全为砖砌实体，放置舍利的位置有两种，一种是置于塔身之下，如庆寿寺双

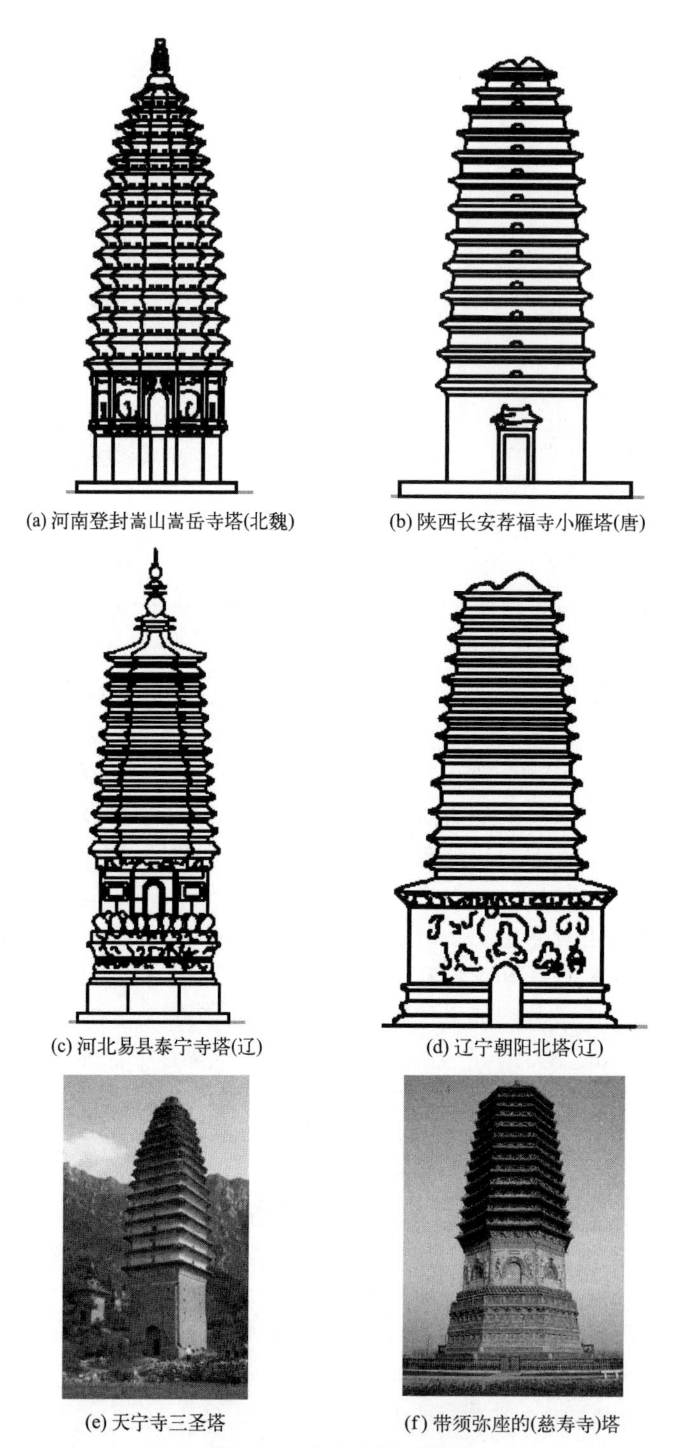
(a) 河南登封嵩山嵩岳寺塔(北魏)　(b) 陕西长安荐福寺小雁塔(唐)
(c) 河北易县泰宁寺塔(辽)　(d) 辽宁朝阳北塔(辽)
(e) 天宁寺三圣塔　(f) 带须弥座的(慈寿寺)塔

图 2-72　各类密檐式塔

塔，原庆寿寺西侧。一塔 9 级，称“天光普照佛日圆明海云佑圣国师之塔”，一塔 7 级，称“佛日圆照大禅师可庵之灵塔”。1954 年，庆寿寺双塔因扩建西长安街而被拆除。另一种是置于塔身内，在塔的上部砌出空室，放置舍利。塔身全用条砖，斗栱、雕花、椽等大多数用方砖制成。此种塔在辽、金代以后已不多见。在元、明时期虽有，但多为小型塔。

（3）单层塔　最早见于南北朝石窟中，实例应以山东神通寺四门塔为最早，石造方形。一般所见多为墓塔，砖造或石造。塔的平面在唐代仍多方形，但已出现了八角形、六角形或圆形砖塔。塔最底层设低矮台基。北魏多不施基座，唐代及以后多施基座，常见式样为两层须弥座，束腰处用砖雕壶门。唐代须弥座用条砖叠涩砌。五代以后宋、金时期多用枭混砖，其上或雕仰覆莲，有的更复杂一些。明代以后多减为一层须弥座，底边用圭角，砖塔塔檐皆叠涩挑出，上置砖石塔刹，式样与前述类型相似，石塔塔檐多用石板挑出。唐代塔身多中空，内部为穹窿顶，外部砌出柱、额、斗栱。唐代以后多为实心砌体，正面雕假门，檐下或施斗栱。明、清代都较简单。塔及塔刹如图 2-73 所示。

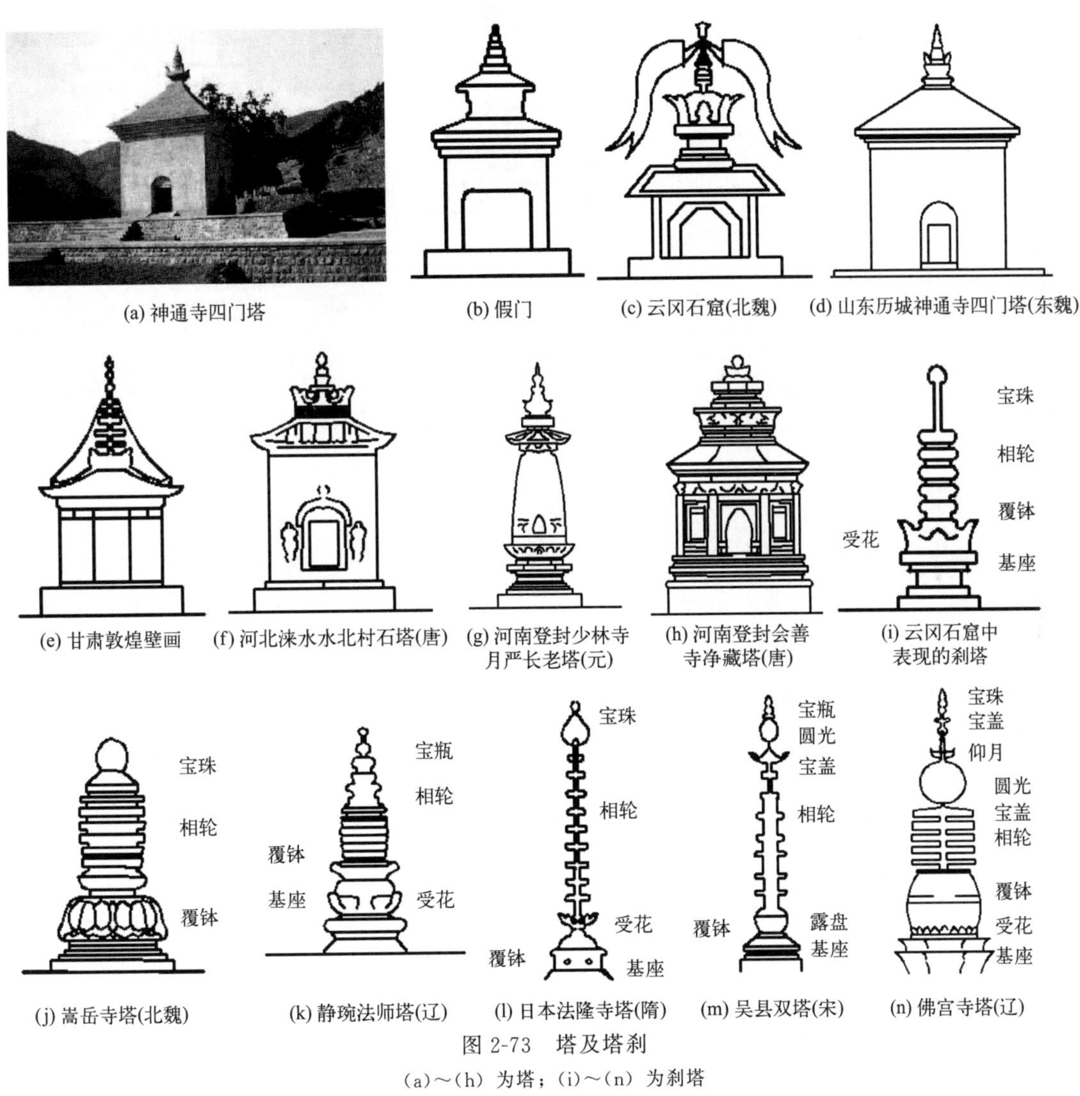

图 2-73　塔及塔刹

（a）～（h）为塔；（i）～（n）为刹塔

（4）藏传佛教式塔　最早的实例为元代建造的北京妙应寺舍利塔。明、清代逐渐增多，大多数都是墓塔。全塔可分为基座、塔身、塔顶三部分。基座平面为方形或十字形。元代都是两层须弥座。明代仍为两层，但比例增高。清代多数仅用一层须弥座。元、明代比例肥短，清代则较瘦高。正面增设“眼光门”，内置佛像。塔身与基座之间，元代多施莲瓣一层，其上为小线道数层，线道内或夹以莲珠。明代仍沿此制。清初则改为金刚圈三层，不用莲瓣。塔顶最下层为塔脖子。元、明代较粗壮，清代较细。其上为十三天，应是相轮的变体，一般为十三层。元、明代比例肥短，清代则细若铎柄。再上为圆盘，元、明代铜盘垂流苏。清代更为两层天地盘。最上为宝珠或小铜塔。清代更多用日、月火焰。外层多通抹白灰，刷白浆，故俗称白塔（图 2-74）。

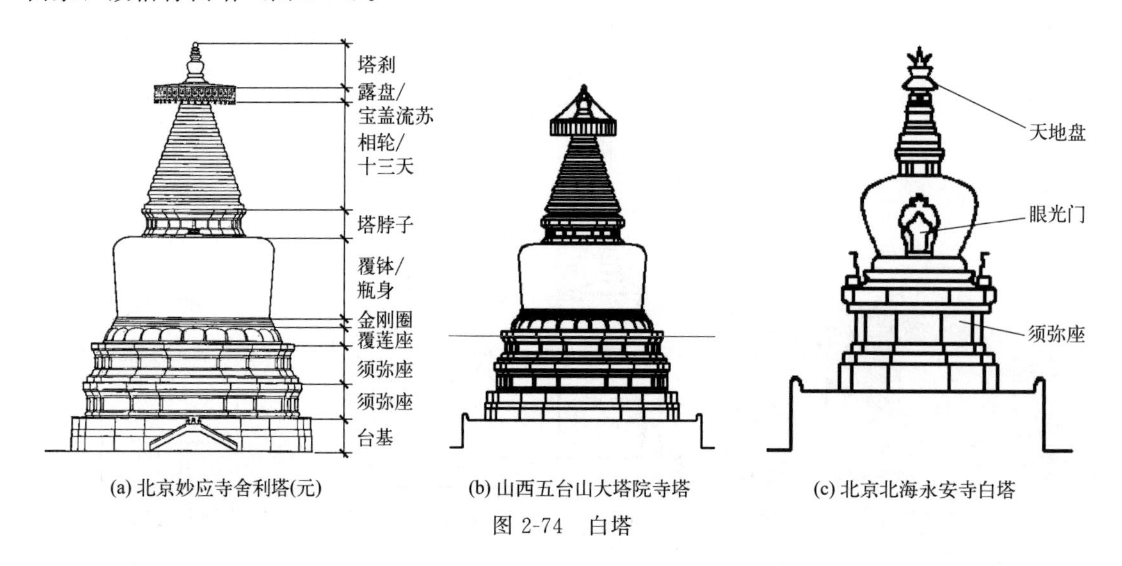

图 2-74　白塔

除上述各类型的砖石塔以外，还有许多特种形式的塔，如山东唐代的九塔寺，河北正定县的金代华塔，北京西郊明代的五塔寺、金刚宝座塔等都是砖石结构的优秀建筑。

四、年代的确定

经过上述的“查看”和“比对”之后，一座建筑物的时代或具体年代，多数都能够大体确定，但也有不好确定，难下结论的情况。总结起来，传统建筑断代的问题，经查看对比后，有以下五种情况。

（一）主体完全吻合

主体结构与文献完全吻合。经现场查看，现存整体结构，包括平面、梁架、斗栱、装修、瓦顶等各部分的时代完全一致或基本一致，并且与文献资料完全符合。这种情况是最容易确定其年代的。明、清代建筑虽有这样的例子，但数量不多。明代以前就更为少见。

（二）主体结构吻合

主体结构与文献吻合，但附属结构不吻合。经查看主体结构即木结构建筑的梁架、斗栱，砖石结构建筑的主要砌体等，都是原来建造（创建或重建）时候的遗物，附属部分虽经后代修缮改动、改换，仍应定为原建时代的建筑。

例如我国现存最早的木结构建筑，山西五台南禅寺大殿建于唐建中三年（公元 782 年），其梁架、斗栱等主体结构都是原建，前檐墙、瓦顶的瓦件、彩画等附属部分都经过后代修理，已改变了原貌，但仍可认为它是唐代建筑（图 2-75）。

（三）主体结构部分吻合

主体结构中有部分与文献不符。经查看，主体结构有部分改变了原貌，其余部分仍为原建时的遗物。这种情况最为复杂，也难下结论。确定其年代的关键在于保留主体结构的程度如何。

河北正定隆兴寺转轮藏殿是北宋时期的建筑，经过元代和清代两次大修，都曾更换了一些小的构件，个别斗栱、枋子也改变了原貌，但其最主要的梁、柱结构未变，故仍定为北宋

(a) 20世纪50年代以前旧貌　(b) 现状　(c) 彩画　(d) 外檐及斗栱

(e) 原梁架　(f) 现梁架　(g) 屋面鸱吻

(h) 转角斗栱　(i) 斗栱梁头　(j) 雕像

图 2-75　主体结构吻合的唐代建筑（南禅寺大殿）

建筑［图 2-76(a)］。

又如山西稷山县的大佛寺，原为金代建筑，清代修理时只保留了金代的几攒斗栱，这种情况就只能定为清代建筑［图 2-76(b)］。

(a) 正定隆兴寺转轮藏殿　(b) 稷山县的大佛寺

图 2-76　主体结构部分吻合

(四) 主体不吻合

建筑结构已经完全脱离其创建时代的式样，应按现存结构情况来确定年代。例如广西容县经略台上的真武阁，文献记载为唐代创建，但现存建筑的主体结构实际都是明代式样，而与明代重修记录相符合，因而这座建筑物虽然创建于唐代，清代也曾修理过，我们仍然确定它为明代建筑（图 2-77）。

(五) 没有文献记载

经查看这种建筑只有主体，没有具体文献可查的，只能完全依靠现存主体结构的时代特

图 2-77 主体不吻合（真武阁）

征来确定。这种情况也不少，对这类建筑物，一般只能称为属于某一时代的建筑，或者称为具有某一时代的特征。确定古代建筑的具体建筑时代或是年代，要有文字记载的对证才准确，要说明它建于哪一年，更要靠文献记载来判定。没有文献记载，单凭结构式样有时就会发生差错。前代的建筑，后人总会模仿的。

例如山西大同善化寺的普贤阁，按其结构式样和手法应属于辽代建筑系统。但在 1952 年修理时发现了“真元二年一行造”的题记，证明它是金代建筑（图 2-78）。

(a) 善化寺

(b) 普贤阁

图 2-78 没有文献记载的建筑

鉴定古建筑年代时，要根据各地区不同情况分析处理，且每座建筑物损毁的具体情况也不尽相同，所以也就不能用固定的办法硬用，要灵活运用。

总之，鉴定要有科学的态度，严谨的工作作风，吃苦耐劳的精神，而最主要的就是从实际出发，具体情况，具体分析，才能得出比较科学正确的结论。

第三节 修缮前古建筑物观测

古建筑因其年代久远，维修不及时或遭遇天灾人祸，都会遭到不同程度的损坏，在修缮之前，必须对其进行观测，以便拿出科学可行的方案。残毁情况的勘查工作依其性质可分为两类，即法式勘查与残毁情况的勘查。法式勘查在修理前，绝大多数已由确定文物保护单位的当时的工作人员提出了书面报告，修理前应进行学习并在现场进行校对，以明确修理中应特别注意的该建筑物的法式特征。残毁情况的勘查，必须由负责修理的人员进行全面的检查，记录出哪些是正常的，哪些是不正常的。根据精确的勘查记录，对于不正常部分也就是残毁部分，进行分析研究并确定修理的技术措施。忠实地、负责地全面勘查，是每个勘查工作者必须有的工作态度。残毁情况的勘查方法及注意事项介绍如下。

一、初步查看

（一）检测外观

首先要对建筑整体外观实施观察，必要时通过仪器进行细致测查。检测时，注意查看建筑的整体有没有歪闪、倾斜、沉降、开裂，墙面有没有空鼓、裂缝，砖表面有没有损毁，屋面及屋脊有没有塌陷，瓦、兽件有没有残破、缺损及脱落，地面的平整度及其他情况，门窗破损情况等（图 2-79）。

(a) 歪闪　(b) 地面破损　(c) 墙面损毁

(d) 檐口及门窗损毁　(e) 屋面损毁

图 2-79　外观残损

（二）检测结构

古建筑主体结构是以木结构为框架，木结构又具有不可逆性、原真性等特点，现实中常因保护不当和使用年限过长而产生一定的残损，且其耐久性比其他材料构件相比差一些，所以，对木结构的观察就显得尤为重要。

1. 勘查建筑物的主体结构

即梁架的完整情况。要注意各个梁、枋、柱子等是否歪闪、拔榫、劈裂、糟朽、折断、虫蛀等。

2. 敲击检查

可配以简单工具进行敲击，通过敲击回弹声音及手感进行判断，通过外观情况，借助经验初步判定整体建筑结构残损度。

应详细注明现状，如向某方向歪闪多少厘米，糟朽、劈裂也要同样注明损坏处的准确部位、范围、深度，必要时应另画详细大样图表示现存情况。若条件许可应辅以照片作为确定技术措施的参考。数量多、尺寸小的一些构件，如椽子、斗栱、瓦件等也可以利用一些表格记录下来。

3. 含水率检测

梁柱等木结构的含水率单凭肉眼及经验无法判定其情况，需使用含水率仪进行含水率的测定。木材含水率过高表明该木构件发生糟朽或虫害率高，一般檐柱经常暴露在外侧，受到雨水斜向干预和光线直接照射，比金柱含水率高。含水率高低对木结构有直接影响，要么干裂，要么变形，具体含水率多少为宜，与当地空气常年湿度有关，要根据各地区的情况而定。

4. 构件细部检测

由于有些建筑构配件从表面很难看出内部损坏情况，所以要借助仪器进行进一步的勘查，常用的无损检测技术有超声检测、射线检测、电磁检测、微波检测、声发射检测以及应力波无损检测等。

无损检测（NDT）是运用应力波检测仪通过传感器对声波速度和振动波谱的方法来进行监测。它可以不损坏被测物原有状态、化学性质，不影响其使用性能的方式，对其缺陷、几何特征、力学性能及组织结构进行检测，下面以木材为例介绍如下。

应力波无损检测用于木材检测已经有 40 多年的历史，是木材无损检测中的主流技术。木材的弹性模量 E 与应力波波速 c 以及木材密度 ρ 之间满足关系式：$E=c^2\rho$。因此木材的弹性模量可以通过测量应力波波速来确定。通过分析传感器接收到的冲击应力波的时程信息和频域信息，亦可获取木材的腐朽、缺陷等情况。使用多个传感器按一定的阵列进行分布，在多个不同的点施加冲击力，由此可获得多条应力波传播的波速值，可以进行木材内部缺陷的断层成像。遇到裂纹、空洞等不连续的界面时，就会传播大量的缺陷信息，据此可以检测物体的物理特性以及各种缺陷。

根据现场检测物体实际的大小不同设置传感器，传感器设置越多，检测数值越精确。检测截面的高度选取以现场木构件的高度、木结构外观的残损及检测周边环境难易程度来确定。检测结果可以较直观地反映为断层和多层图像显示，绿色表示健康，其次为黄色、红色、蓝色。通过应力波的检测，可以看出木材的具体健康情况，是糟朽、劈裂还是虫蛀（图 2-80）。

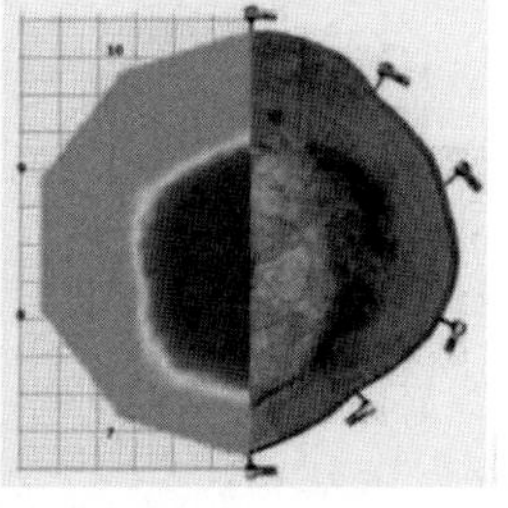

图 2-80　应力波无损检测

二、细部观测

古建筑在修缮前，除要对其进行初步勘查外，必要时，还要进行细致的观测。修缮时要这样做，修缮后，有些文保单位的工程人员还要跟踪检测，以达到文物保护的目的。所以，对修缮前后的建筑物，还要进行经常性、定期的科学观测，寻求其残坏部分和要注意观察的重点保护部位，根据其发展的具体规律和变化，依据一定时期的观测结果，分析研究其可能发生的危险程度，计算其保护期限。

对于残毁和需要修缮的古建筑，观测是非常有意义的工作，根据得出的结论，能比较清楚地了解建筑物的损毁及危险程度。实际情况当中常常有些看来是不乐观的，但经过观测得出结论并不那么严重。同时这个工作更为我们有计划、有步骤地进行古代建筑维修工作提供科学依据，从而科学、合理地制定修缮方案和保护措施。

(一) 观测方法

观测建筑物的损毁和危险程度，首先须将现在的情况了解清楚，然后观测残毁处结构情况，寻找一个相对位置，找到一个合理的参考点。参考点不同，效果也不同，因而无论用任何方法观测，每一观测处都要设两个标点，一个称为“定点”，一个称为“动点”。观测重点不同时，也可采取两个都是“动点”的做法，两点之间的水平距离或垂直距离尺度的变化，说明结构危险情况的“动态”。“动点”永远应置于危险构件变化最快的一端，“定点”不能置于容易活动的构件上，最妥当的方法是置于相对固定的物体处，便于查找，不易被破坏。

1. 梁、枋的弯垂观测

梁、枋弯垂时，可以沿梁、枋侧面的底边，用线绳做出一条“基线”，然后依此基线用钢尺（观测工作必须要求使用钢尺）量出弯垂的尺度、距离梁任何一端的距离，同时还需量出梁、枋的长度（中线至中线的距离），便于计算和分析情况，见图 2-81。

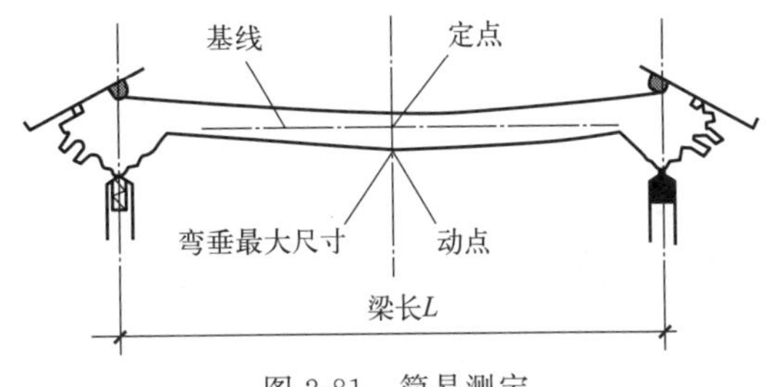

图 2-81 简易测定

木结构建筑梁架局部歪闪时，通常观察柱头的变化情况。柱根不易移动，多将“定点”置于柱础和柱根的中线上，“动点”置于柱头中线的最顶端，然后用垂球自“动点”垂下，量出垂球距“定点”的尺寸，减去柱根、柱头的直径差，有侧脚时也应减除，求出柱歪闪的具体尺寸。

2. 高大建筑仪器观测

柱及墙体歪闪时，尤其对于高大建筑的测查，如砖、石塔歪闪，由于体积大，通常都使用经纬仪进行观测。虽用仪器但方法却很简单，观测时先用肉眼观察，初步找出歪闪的方向。首先在地面上找出塔底平面的纵横中线，依据塔高和空地的情况在中线上各选观察点一处，也就是支放经纬仪的地方，距离塔中心 30～50m（图 2-82）。每个观察点必须装置牢固

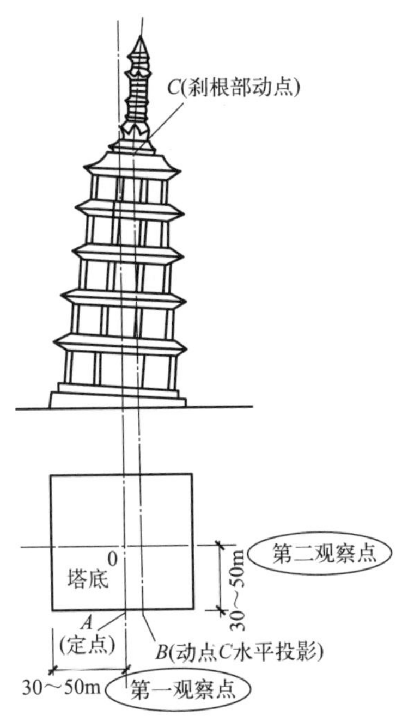

图 2-82 仪器观察

的标记，有条件时最好埋石柱，以后的观测都应在此固定的观测点进行，不能随意挪移。布置妥当后开始逐点进行观察，每次每个点的观测步骤简述如下。

（1）找定点　用经纬仪的望远镜对准塔底边中线，即为观测中的“定点”，应做出明显的标记。再将望远镜沿垂直度盘转动，照准塔顶，此处即为“定点”在塔顶的水平投影。塔身如不歪闪，此点应与塔顶中线相重合。

（2）找动点　将望远镜沿水平度盘转动，对准塔顶歪闪后的中线，此点即为“动点”，其位置通常皆选在塔刹基座中线，或最上层塔檐的中线。一般情况下不能选在塔刹的尖顶上，这样将会出现错误的结果，影响正确的判断。再将望远镜沿垂直度盘转动，照准塔底边，这就是“动点”在“定点”附近的水平投影。

（3）量距　用钢尺量出其水平距离的尺寸，就是该塔向某一方向歪闪的尺寸。

同理，在另一个方向上重复上述方法。自两个方向上的观测点所观测的结果，测绘成图纸，就可以根据几何知识求出歪闪的准确方位和尺度。

3. *砖石结构裂缝观测*

砖石结构出现裂缝可以结合安置观测器进行观测。砖石结构建筑物较细的裂缝，用钢尺直接测量不方便，或位置过高不易攀登时，可以在裂缝处安置若干个观测器。此种工具目前尚需自制，即用两片长度相同的薄铁皮，一般长 8～10cm，宽度各为 3cm 和 1cm，两片相叠，窄片在上，各自有一端固定在结构物上，铁片正中画上中线和“0”点，底片上自“0”点向两边画出尺度。裂缝继续发展时，两铁片自然随之移动（图 2-83）。

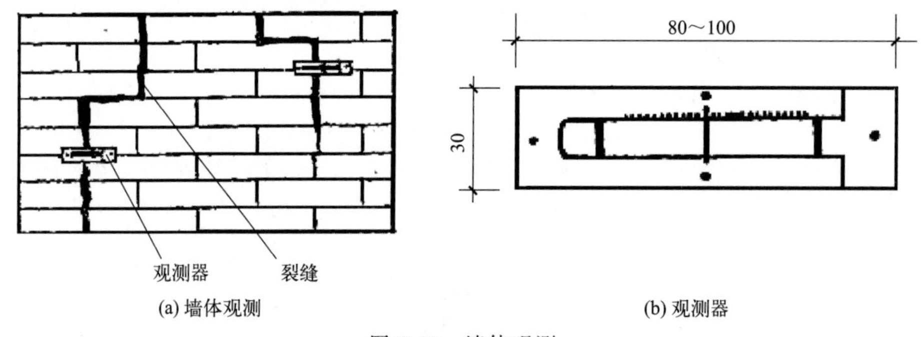

(a) 墙体观测　(b) 观测器

图 2-83　墙体观测

建筑各部件裂缝的宽度可以直接用钢尺读出，深度可借助其他细扁的工具结合钢尺读出。

观测时各种情况、数量必须书写清楚。记录时一般应采取填表的方法，格式可依据具体情况绘制。记录本的最前页一般应详细记录下列几项主要内容：建筑物名称、地址、时代、残毁情况，观测方法、目的、要求，观测期、观测点等（必要时应用图表示）。记录表格应包括观察日期、观测结果、情况分析及观测者等。可以每次用一张表，也可每个观测点用一张表，依需要而定。

（二）观测后的情况分析

1. *梁、枋弯垂观测*（图 2-84）

其危险程度应以弯垂尺寸与梁、枋长度的比例来判定。设梁长为 L，弯垂尺寸为 f。

$f/L=1/200$ 时，可以认为是正常状态。

$f/L=1/100$ 时，已接近危险状态，超过此规定应认为是已达危险状态。梁、枋糟朽超过其断面面积 1/6 时，应认为已达危险状态。

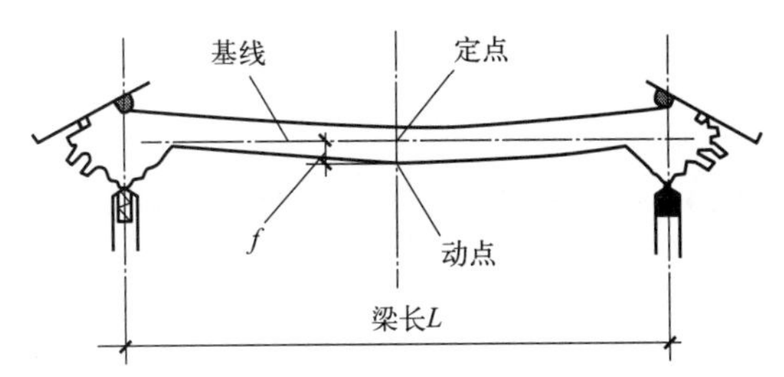

图 2-84 梁、枋弯垂观测

2. 砖、石建筑（塔、幢等）歪闪检测

判定其危险程度，应以砌体现重心线偏出原重心线的距离与砌体底面直径的比例为依据。设底面直径为 d，偏心距为 L。

$L=0.203d$，应是危险状态，超过此限就有倒塌的可能。

$L=(0.055\sim0.17)d$，可以认为是安全状态（0.17 约为底径的 1/6）。如超过此限，应认为处于危险状态。

三、勘查时的注意事项

（一）文字记录与资料对比

勘查残毁现状时，最好同时考虑初步修缮的意见，并清楚地写在记录本上。这样做的好处是，当检查时面对残毁的情况印象最深。这样做可能由于经验不足，也会产生误差或不够全面的地方，但它仅是初步意见。确定修理方案时，还要根据各种资料进行校对研究，这些缺点是可以弥补的。

（二）文字与图片对比

用文字和草图记录的同时最好应辅以照片记录，这种照片和我们常见的照片不同，艺术性要求不高，只要求画面清晰，能说明问题即可。经验不多的工作人员，更应多利用照相记录，以便勘查后向经验较多的人征求意见。经验证明，在说明残毁情况及修理意见时，照片的作用比图纸、文字说明等更为有力一些。此外，这一类照片在修理工作的宣传上，也是新、旧对比的好材料，如图 2-85 所示。

(a) 修复前的徐州鸳鸯楼南立面

(b) 修复后的徐州鸳鸯楼南立面

(c) 修复前的徐州鸳鸯楼北立面

(d) 修复后的徐州鸳鸯楼北立面

图 2-85 修复前后对比

第四节　修缮原则及修缮方案的制定

一、修缮原则

(一) 安全为主的原则

古建筑大多有百年以上的历史，即使是石活构件也不可能完整如初，必定有不同程度的风化或走闪，如果以完全恢复原状为原则，不但会花费大量的人力物力，还可能降低建筑的文物价值。因此，普查定案时应以建筑是否安全作为修缮的原则之一。这里所说的安全包括两个方面：一是对人是否安全，比如，勾栏经多年使用后，虽然没有倒塌，表观也比较完好，但如果推、靠或震动时，就可能倒塌伤人；二是主体结构是否安全，与主体结构关系较大的构件出现问题时应予以重视，如石券发生裂缝、过梁断裂等就应该立即采取措施。与主体结构安全关系较小的构件出现问题可少修或不修。如踏跺石、阶条石的风化、少量位移、断裂，陡板石的少量位移。有些构件即使与主体结构有关，也应权衡利弊，不要轻易下手。如两山条石倾斜，如果要想把它重新放平，必须拆下来重新归位，这样山墙底部就有一部分悬空了，反而会对主体结构造成影响。总之，制定修缮方案时应以安全为主，不应轻易以构件表面的新旧为修缮的主要依据。

(二) 不破坏文物价值的原则

文物建筑的构件本身就有文物价值。将原有构件任意改换新件，虽然会很“新”，但可能使很有价值的文物变成了假古董。只要能保证安全，不影响使用，残旧的建筑或许更有观赏价值。古建筑的修缮应“修旧如旧”已成为法则。这个法则包含着下列原则：能粘补加固的尽量粘补加固；能小修的不大修；尽量使用原有构件；以养护为主。

(三) 风格统一的原则

经修缮的部位应尽量与原有的风格一致。以石活修缮为例，添配的石料应与原有石料的材质相同、规格相同、色泽相仿。补配的纹样图案应尊重原有风格、手法，保持历史风貌。

(四) 排除造成损坏的根源和隐患

在修缮的同时如不排除损坏的根源和隐患，实际只能是“治标未治本”。因此在普查定案时，应仔细观察，认真分析，找出根源。在修缮的同时，排除隐患。如果构件损坏不大或无安全问题，甚至可以只排除隐患而不对构件做什么处理。常见的隐患有：地下水（包括管道）及潮气对砌体的侵蚀；雨水渗入造成的冻融破坏；树根对砌体的损坏；潮湿和漏雨对柱根、柁头糟朽的影响；屋面渗漏对木构架的破坏；墙的顶部漏雨可能造成的倒塌等。

(五) 应以预防性的修缮为主

仅以屋顶修缮为例。屋顶是保护房屋内部构件的主要部分，只要屋顶不漏雨，木架就不容易糟朽。所以修缮应以预防为主，经常对屋顶进行保养和维修，把积患和隐患消灭在萌芽状态之中。

(六) 尽量利用旧料

利用旧料可以节省大量资金。从建筑材料的角度看，有时还能保留原有建筑的时代特征。

在修缮时，人们或许对于旧石料舍不得轻易丢掉，而对于旧砖瓦往往重视不够。其实旧砖瓦是大有用处的，现举例如下。

1. 干揸瓦

合瓦房挑顶后可改做干揸瓦。

2. 仰瓦灰梗

合瓦房或筒瓦房可改做仰瓦灰梗。

3. 改棋盘心

瓦房可改做棋盘心屋面或起脊灰背。

上述三种方法都不用添新瓦，而且还能减轻屋面的重量，为保留原本木构架提供了条件。

4. 裹垄

用旧条头砖代替筒瓦，裹垄后可“以假乱真”。

5. 代替望板

用旧瓦做“瓦芭”，代替望板，经济实用。

6. 重新利用

干摆、丝缝砖经重新砍磨后重新利用。

7. 旧物利用

即使是各种不同规格的旧砖混杂在一起时，仍然可以用来砌墙。尤其是外面抹灰的墙体，更没有必要全部换成新砖。

8. “外整里碎”做法

外皮用新整砖，里皮用不同规格的旧砖。

9. 旧砖“开条”

旧砖纵向分开，成为两块条头砖。这种方法可以使砖的数量增加近一倍。

10. 以砖代木

常见做法为“硬山搁檩”和“硬山搁柁”。把木檩直接放在隔断墙或山墙上，不用梁的做法叫硬山搁檩。把梁直接放在墙或砖垛上，不用柱子的做法叫硬山搁柁。硬山搁檩多用于有顶棚的房屋。硬山搁柁多用于后檐墙，且柱子不露明（俗称“土柱子”）时。

总之，只要用得巧，旧砖旧瓦是很值得利用的。

二、修缮方案的制定及应注意的问题

修缮方案的制定实则是对古建筑及文物单位保护的具体实施，目的就是为了使用、继承、发展、研讨，也是为了更好的保护。“有效保护，合理利用，加强管理”“保护为主，抢救第一”是文物保护工作的方针和原则。修缮方案的制定要以“研究建筑历史与文物建筑保护工作结合，要把保护文物建筑与修缮一般古建遗存区别开来，要做好修缮方案，就是要加强对保护对象的深入了解”，只有按以上章节介绍的方法，方能得出正确且行之有效的科学保护方法和修缮方案。

在取得上述查看、对比、参照及判定后，依据测绘、文献资料，根据原则、规范及综合各方面因素做出切实可行的保护和修缮方案，报主管部门审批。具体叙述如下。

（一）遵循原则

在制定古建筑保护与修缮方案时应遵守《古建筑木结构维护与加固技术规范》的要求。规范的先进性、可行性不容置疑，其中对古建筑维修原则，“残损点”与技术体系的建立，勘查报告与鉴定报告的必要性，古建筑防护体系的建立，结构的维修与加固都有详细的说明。这个规范是我们制定木结构、古建筑保护修缮方案时非常重要的依据。

（二）制定方案

古建筑保护工作中方案的制定是前提。没有一个合理的方案，一切美好的愿望和原则都是纸上谈兵。没有一个合理的方案，古建筑保护修缮质量会大打折扣。所以没有合理的方案之前宁可不修，也不要匆匆上马。关于合理方案的产生，除有必要的基本素质和功力外，责任心、使命感也很重要。所以，在制定方案时，有测绘条件的，要认真进行，如不具备测绘条件，匆匆上马完成，其结果可能会出现基础状况不明，柱根糟朽程度不清，梁架尺寸不准，室内装修彩画不详，屋面现状不清等情况，在这些状况不清楚的情况下，势必影响对残损状况的分析，可能会产生一个不合理的方案。

（三）砖石部分

具体方案根据不同情况分别有：基础、梁架、屋面、装修诸方面。例如基础工程传统做法可以解决问题的就不必变更原做法，有些基础工程（含隐蔽工程）原传统做法已无法解决问题的可采用先进的现代建筑技术，根据建筑的等级、位置、投资等因素决定方法。如墙体，同样是下碱严重风化，处于山墙部位时，可剔凿挖补；处于院墙时，可用局部抹灰的方法。

（四）木结构部分

至于木结构的更换原则是，只要在规范值允许的范围内以不更换为好。超过规范规定，必须更换的就一定要更换，也可以根据实际情况对局部进行修补，也能达到预期效果，要分析造成损毁的原因。修缮措施要有明确的针对性，否则会得不偿失。如果是由于木架倾斜造成的墙体歪闪，则不一定非拆砌不可。应以经常性的保养措施为主，凡能用养护、维修手段解决的，尽量不用大修。无论怎样修缮，都不能因为经济或其他原因而影响古建筑的结构安全及游客的人身安全。

（五）油饰彩画部分

油饰彩画是古代建筑的门面，尤其在等级森严的封建社会末期，任何人也不敢越雷池一步。现今我们在修缮古建筑时对于装修和油饰彩画的处理亦应采取认真慎重的态度。原有彩画能保存的（视其具体情况、价值）应尽量保持，采取保守的方法，效果也是很好的。保守的方法采用现代手法和先进技术进行处理，处理后不易被察觉，既能有效地实施保护，又不能从表面看出痕迹，这就是对古建筑的技术继承与发展、技术进步与应用。在新做油饰彩画时则应采取认真的态度，根据不同时代、不同等级的规定去实施，应有相应的依据，或佐证的依据，不要追求金碧辉煌的效果。至于仿古建筑则另当别论了，官式手法和地方手法也应区别对待，这方面历来是油饰彩画方面的缺欠。保护彩画大致可分为四种方法，即：原状保护，加固整修保护，局部保留保护，全面复原保护。方案制定时需要根据不同的对象加以区分，在制定修缮方案时应予重申说明。

（六）文物保护

如是文物建筑应尽量维持原状，不得不拆砌时，也应尽量不扩大工程量。能小修的不大修，以防漏为主，以保养为主，尽量保留原有砖件与瓦件。

（七）尊重地方做法

古建筑形制、装修式样、油饰彩画等级等基本常识，以及俗话说的砖作、瓦作、沙石作、木作、油作等的做法，除通过查找资料等途径外，还要向当地非遗传承人请教，地方做法也是不容小觑的，否则就失去了要保护的古建筑原来在当地的历史价值，这也是制定出合理方案的最佳途径。

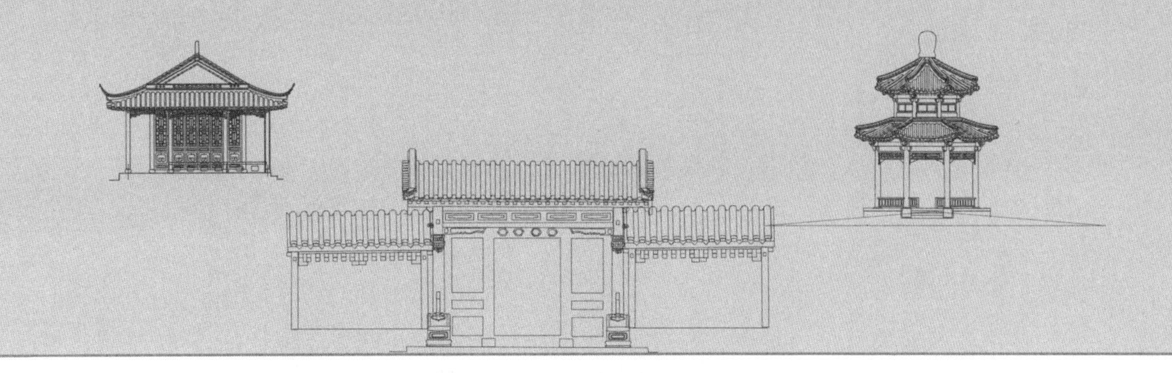

第三章 台基部分

我们了解了古建筑修缮技术的一些概念，并做好了古建筑保养、维护、修缮工程的准备工作以及相关手续后，就可以进行具体的修缮工作了。

在我国众多的文化遗产中，文物古建筑以其代表不同时期建筑文化而成为文物保护的一个重要组成部分，同时也成为世界建筑艺术领域的一朵奇葩。对中国古建筑群落的修缮、复修、返修、重建、新建也越来越受到重视，各种仿古复古建筑不断兴起。

修缮古建筑要以前面讲到的制定的方案为准绳，达到“尊重历史、符合规制、修旧如旧、复建精品”的效果，采用传统的施工工艺与现代施工技术相结合的措施，把控好质量的管理与控制，通过编制既科学又合理经济的施工组织设计，对施工过程采取控制，对各个管理要素进行严格把关，确保工程达到预期目的与艺术美感。

古建筑自下而上可分为台基、屋身、屋顶三段（参见图 1-5），本章开始介绍台基部分的修缮与施工。台基包括地基、台明以及基础部分（包括地面道路部分）。

第一节 古建筑地基的修缮与施工

地基是受建筑物或构筑物影响的那一部分土层或岩石体。地基的结构承载力，直接影响到基础的稳定性。古建筑地基的处理实际上就是对基础下土层进行处理。

一、地基的构成

地基是土层或岩石层（如果基础下面是岩石时，地基就是岩石层），按照受力性质分为持力层和下卧层，持力层是直接承受建筑荷载的土层，持力层下的土层为下卧层（图 3-1）。持力层地基可分为天然地基和人工地基两大类。

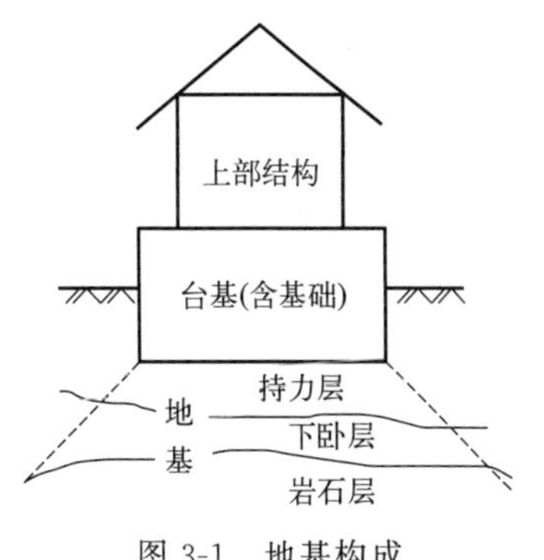

图 3-1 地基构成

（一）天然地基

天然地基是指天然土层具有足够的承载力，不需经人工改善或加固便可直接承受建筑物荷载的地基。岩石、碎石、砂石、黏性土等，一般可视为天然地基。

（二）人工地基

人工地基是指天然土层承载力较弱，缺乏足够的稳定性，不能满足承受上部荷载的要求，必须对其进行人工加固，以提高其承载能力和稳定性的地基，如淤泥、腐殖土、人工填土、建筑垃圾、含水率高的以及勘探结果表明承载力不够的土壤等。

二、常见问题

地基基础最常见的就是由于地基下沉引起的上部结构出现的安全问题，如出现此情况，绝大多数是由于外部环境的改变而造成的，如年久外部水流不畅，长期浸水致使地基松软下沉。临水基础或土质较差的地方，都要打木桩加固。有时由于地下水位升降，致使木桩糟朽，发生基础下沉的现象。由于传统建筑建造时没有勘探技术，只能依靠工匠的经验现场处理。大家都知道，园林古建筑工程规模相对一般工业与民用建筑的规模要小得多，大多建设方与施工方在没有地质勘探资料的情况下就进行设计和施工，总认为工程小，没必要投入资金进行勘察设计，所以，设计人员就闭门造车，凭自己想象给出基础底标高，施工放线，挖槽子。验槽时，加上有些年轻的设计人员对地质又没有多少经验，施工单位为了自己的经济利益（有时施工方因地质问题提出增加工程量，无人理会）按部就班，就会出现基础承载力不够的现象，工程完成后不久就出现局部沉降导致上部建筑歪斜开裂等质量问题。

（一）土层地质情况和水文地质变化

土体中孔隙的存在使土体具有可压缩性，是导致建筑物沉降的内在原因。通常，土壤在干燥和潮湿的时候其耐压效果是有很大差别的，地面的淤水会渗入基础下面，这样对基础的抗压强度与稳定性有很大的影响。园林古建筑相当一部分项目所处的环境是在崎岖不平、地质复杂的场地，如丘陵、山坡、沟壑、河谷附近，基础在小范围内就有可能是土层变化频繁的地质情况，在这种情况下，古建筑地基的不均匀沉降也就很大，且是难免的。地下水作为岩土体的组成部分，直接影响岩土体的性状和行为，同时地下水的赋存状态与渗流特性对古建筑结构基础承载能力、变形性状、稳定性与耐久性都起着不可忽视的作用。多数古建筑基础下水文地质条件复杂，因受地貌、地质、构造及岩性等因素的制约，地下水的贮存条件差异较大，同时由于大气降水的变化，以及古建筑基础向地表水渗透和蒸发排泄条件不同，使得地下水位或滞水位不断发生变化，基础各方向地基土含水量出现差异，使得古建筑产生不同的沉降量。

（二）周围建筑及开挖

周围建筑相邻基础（荷载）的影响，地基中附加应力的向外扩散，使得相邻建筑物的沉降相互影响，造成不均匀沉降。古建筑周围的地基开挖，会使土层的侧压力释放，产生不均匀沉降。当建筑物建成以后，地基周围的土层都承受着一定的侧压力，以达到地基的受力平衡。当基础周围进行开挖时，土层厚度减少，那么原来地基土的侧压力就会扩散，导致基础产生一定的倾斜。如果再修建新的建筑，那么相当于在原来建筑周围的地基上加大荷载，进一步加大了土层侧压力的扩散，同时也会产生不均匀的侧压力，改变原来的应力平衡，原建筑随之会产生不同程度的倾斜。

（三）人工回填和自然回填

1. 建筑垃圾

从拆迁工地运来的建筑垃圾或腐殖物，带有大砖块、大石块、大硬土块、植物及根系；

回填土中挟带块状物，妨碍土颗粒间相互挤紧，达不到整体密实效果；另外块状物支垫碾轮，产生叠砌现象，使块状物周围留下空隙，日后易发生沉陷；有机物的腐烂，会形成土体的空洞；超过压实最佳含水量的过湿土，达不到要求的密实度，这些都会造成基础不均匀沉降。带泥水回填的土层其含水量处于饱和状态，不可能夯实，当地下水位下降，饱和水下渗后，将造成填土下陷，危及古建筑基础的安全。

2. 一般黏土

在原自然土开挖附近回填或异地回填的土壤，也是导致古建筑基础倾斜沉降的一个因素。随着长期的沙尘与灰尘的积累，会出现积土的增多，相对原来的基础标高增高，就形成了相对下沉趋势。此外加之日积月累的雨水或者水流的冲刷，也会导致基础土层厚度发生变化，从而影响到土层应力的变化，进而导致古建筑基础发生不同程度的倾斜。例如某城市边缘建立高架环城路，两旁配套景观规划设计，其中有古建筑配套工程，因高架桥部分由另一个施工企业施工，且已竣工三年之久，景观设计人员没到现场查看情况，凭借施工方现场测量数据为依据，导致部分地基基础建在虽已沉降三年但没达到安息角的地基上，从而发生局部沉降，造成上部建筑主体倾斜。

（四）自然地基土承载力低

常用的建筑地基土，经勘探有略带黏性的砂土、粉土、腐殖土及疏松的种植土、泥炭（淤泥）的一类土（松软土）；潮湿的黏性土和黄土，软的盐土和碱土，含有建筑材料碎屑、碎石、卵石的堆积土和种植土的二类土（普通土）；中等密实的黏性土或黄土，含有碎石、卵石或建筑材料碎屑的潮湿的黏性土或黄土的三类土（坚土）；坚硬密实的黏性土或黄土，含有碎石、砾石（体积在10%～30%、质量在25kg以下石块）的中等密实黏性土或黄土，硬化的重盐土，软泥灰岩的四类土（砂砾坚土）。另外，当设计人员依据地形地貌、投资情况等各方面因素设计地基时，地基基础埋置深度较浅，或已建成的建筑地基基础由于逐年变化，持力层逐渐达不到承载能力，以上几种情况都是造成结构安全的隐患。地基下沉引起上部的台明出现下沉和开裂情况见图3-2。

图3-2 下沉和开裂

三、处理办法

一般常用的地基处理办法很多，下面简单介绍几种。

（一）木桩加固法

木桩加固是中国古代建筑地基加固的重要手段。根据面积与形状，又可分为满堂桩、排式桩与梅花桩，有的还填以碎砖石块，层层夯实，进一步增加了地基与木桩之间的摩擦力，进而提高桩基的整体承载力。木桩及睡木之上往往还有石、木、砖层，以增加基础的整体性与稳定性。木桩加固地基见图3-3。

图3-3 木桩加固地基

对于地基发生松软现象，致使上部结构发生质量问题时，先拆除柱下的柱础及残碎的磉墩灰土，然后在松软处打木桩，对土产生横向挤密作用，在一定挤密作用下，土粒彼此移动，小颗粒进入大颗粒的空隙，颗粒间彼此靠近，空隙减少，使土密实，地基土的强度也随之增强。最后按原做法尺寸重新补砌完整。挤密桩主要应用于处理松软砂类土、素填土、杂填土、湿陷性黄土等，其效果是显著的。

打桩的工艺流程和顺序如下。

流程为：桩机就位→起吊木桩→稳桩→打（压）桩→送桩→中间检查验收→移桩机至下一个桩位。

顺序为：根据基础的设计标高，先深后浅，依桩的规格宜先大后小，先长后短。由于桩的密集程度不同，可自中间向两个轴向对称进行或向四周进行；也可由一侧沿单一方向进行。总之，要根据现场具体情况具体分析。

1. 木桩处理

可用水柏油进行浸透防腐处理以及防霉、防虫、防白蚁处理。

2. 桩机就位

桩机就位时，应对准桩位，保证垂直稳定，在施工中不发生倾斜、移动。

3. 起吊木桩

先拴好吊桩用的钢丝绳或绳索和索具，然后用索具捆住桩上端，距桩上端一般不宜超过30cm，利用三脚架或机器设备起吊木桩，使桩尖垂直对准拟放置木桩的位置，缓缓放下插入土中，再在桩顶扣好桩帽或桩箍，即可除去索具。

4. 稳桩

桩尖插入桩位后，先将桩压入一定深度，再使桩垂直稳定。可目测或用线坠双向校正，有条件的可用经纬仪，这样更精确。桩插入时垂直度偏差不得超过0.5%，桩在压入前，应在桩的侧面或桩架上设置标尺，以便在施工中观测、记录。

5. 打（压）桩

用大锤或反铲挖土机将桩缓缓打（压）入（图3-4）。

图3-4 用反铲挖土机打（压）桩

6. 应变措施

在打（压）桩过程中，遇见下列情况时应暂停：贯入度剧变；桩身突然发生倾斜、位移或有严重回弹现象；桩顶或桩身出现严重裂缝现象。冬期在冻土区打（压）桩有困难时，应先将冻土挖除或解冻后进行，并及时与有关单位研究处理。

7. 检查验收

每根桩打（压）到设计标高要求时，应进行中间验收。无论是端承桩还是摩擦桩都要符合设计要求，填好施工记录。如发现桩位与要求相差较大时，应会同有关单位研究处理。然后移桩机到新桩位。待全部桩打（压）完后，做最后检查验收，并提交技术资料备案。

（二）排水固结法

排水固结法是指对天然地基，或先在地基中设置砂井（袋装砂井或塑料排水带）等竖向排水体，然后根据建筑物本身重量进行加载；或在建筑物建造前在场地上先行加载预压，使土体中的孔隙水排出，逐渐固结，地基发生沉降，同时强度逐步提高的方法。这种方法适用于淤泥、淤泥质土、冲填土等饱和黏土的地基处理。

（三）灰土夯实法

古建筑处理地基基底夯压时，主要是对承重结构下的地基进行处理，以达到所需要的地基承载力。古建筑多以柱承重，柱下是磉墩。磉墩作为主要受力的持力层，它的处理就尤为重要了。

地基土层古时称作灰土层，古建筑灰土层与现代灰土垫层相同，均应分层夯筑，每一层称为一步，有几层就为几步，最后一步称为顶步。随着灰土步数的增加可以延长修缮周期，从而降低工程的总成本。增加灰土步数，实际上可以隔绝地气潮湿上蒸，有防潮的作用，保护上部材料不易酥碱，这对于建筑本身是十分有益的。

明代以前的灰土层，多用黄土与碎瓦渣隔层筑打，用黄土一层，再铺黄土掺碎砖瓦石渣一层，隔层夯筑。在基槽内将虚土夯实后，先铺黄土，每步虚铺 15.6cm，打实 9.3cm。然后铺黄土掺碎砖瓦石渣一层（体积比约为 1∶3），每步虚铺 9.3cm，打实 4.7cm。每步夯打的方法是：先打六杵（两人相对，每窝子内各打三杵），再打四杵（两人相对，每窝子内各打两杵），然后打两杵（两人相对，每窝子内各打一杵）。打平土头后，用杵碎打，碾蹍平整，最后扇扑细碾。

明代以后对灰土做法更加重视，夯筑时，夯的数目（称为“一槽”）一般应在 4 把以上。小夯灰土每槽所用夯数更多，一般可分为 24 把小夯灰土、20 把小夯灰土和 16 把小夯灰土。夯土分为小夯灰土和大夯灰土。

1. 小夯灰土做法之 24 把小夯做法

（1）拍底　用大硪拍底 2～3 遍。

（2）灰土配制　将生石灰用水泼成泼灰后过筛（筛孔宽为 0.5cm）。黄土过筛（筛孔宽不超过 2cm）。将泼灰与黄土拌和均匀，在拌和过程中要随时将滚粘成较大的土块拍碎。灰与土的配合比为 4∶6。

（3）分层厚度　将拌匀的灰土铺在槽内，并用灰耧耙耧平。虚铺的厚度每步为 22.4cm（7 寸）。然后用双脚在灰土上踩 1～2 遍，称为“纳虚”或“纳虚盘踩”。灰土也可分两次下槽，每次虚铺厚度为 11.2cm（3.5 寸），纳虚也应分两次进行。讲究的做法还可在每半步虚土纳虚后打拐眼一次。前半步打“流行拐眼”（不成排成行），后半部虚土上每隔 38.4cm（12 寸）打拐眼一道，以此“分活”，作为夯窝分位的标准。

（4）行头夯　也叫“冲海窝”。每个夯窝（海窝）之间的距离为 9.6cm（3 寸），每个位次夯打 24 下。

（5）行二夯　也叫“筑银锭”，是在海窝之间形似银锭的位置上夯筑，每个位次也是夯打 24 下。冲海窝和筑银锭时，夯可由两人对站同执，两人为一班，两班轮换操作，人歇夯不歇。

（6）行余夯　也叫“充勾”或“跟溜打平”，又叫“剁埂”，是在海窝、银锭之间挤出的土埂上夯筑，每个位次夯打 24 下。

（7）找平　用平锹将灰土找平。

以上为“旱活”，可重复进行 1～3 次。

（8）落水　又叫“漫水活”或“漫汤”，就是将水泼在旱活上，将灰土洇湿，一般都安排在晚上，也叫“落夜水”，这不仅是施工组织的需要，还可使未熟化的生石灰颗粒在最后的夯打以前充分熟化，从而避免在灰土打完后因石灰继续熟化膨胀造成结构的松散。落水时，既要落到位，也应注意水量不宜过大，以能使最底层灰土洇湿为度。检查水是否落到位，除可挖开检查外，也可根据“冬见霜，夏看帮”的经验进行评定，其标准是：冬季以灰土表面结霜为宜，夏季以槽帮洇湿的高度为灰土厚的 2～3 倍为宜。落水时不可操之过急，应先“洒水花”，后“落水片”，并要用灰耙随落随搂，令水散开，避免局部积水。

(9) 撒渣子　也叫压渣子。漫过水活后，虽经晾槽，但夯筑时仍可能出现灰土粘夯的现象，因而需要在灰土上撒一些黏细的砖面。

(10) 起平夯一遍　平夯即打夯时手举至胸部。

(11) 起高夯一遍　高夯即手举过顶。此操作不像打旱活时，夯窝有严格的分位，此种打法叫“乱夯”。

(12) 用铁锹将灰土找平　有些讲究的做法还要加打一次“蹬皮夯”，即夯举起后倾斜下落，将灰土表皮蹬开。

(13) 旋夯　打旋夯 1～3 次，每次都要“一夯三旋”，即打夯时，夯要高高抬起，旋转落下，一般只打一次旋夯，也有打三次的，称为“三回九转”。如打三次旋夯，每次之前都应该再打拐眼、落水和打平夯。

(14) 打拐眼　即用拐子用力旋转下压，使灰土上出现圆坑（称为拐眼），上述打拐眼是先打夯后打拐眼的方法，又叫“使簧”，也有先打拐眼后打夯的做法，如为这种做法，应将灰土夯成与拐眼深度相平。通过打拐眼，可使灰土更加密实，“使簧”可以在上下层之间形成榫卯结构，用于堤坝和高台建筑时，具有一定的抗水平推力的能力；用于基础时，可以增强灰土的承载能力。

(15) 高夯　打高硪两遍，要用 16 人大硪或 24 人大硪（“座山雕”）进行操作。头遍硪要“一硪挨一硪”，二遍硪要“一硪压一硪”。

(16) 槎子的处理　夯筑灰土如不能在一天内完成，应分段进行。“一块玉儿”的做法，每 10.24m^2 为“一槽”，分槽筑打。灰土接槎处称为“扳口”或“碴口”，扳口处要留踏步槎，称为“缩蹬”。接槎时应将扳口处已打好的灰土重新翻起，与下一槽灰土一起夯打。扳口处要特别注意夯筑坚固。如打拐眼应“密打扳口”，以防止扳口处断裂。槽底边角处等铁硪未拍到的部位，要用铁拍子拍实，称为“掖活”。

以上为一步灰土的全部程序，以后每一步都应如此进行。至顶步灰土时，最后要行“串硪”（又叫“揣硪”）一遍。行揣硪时，应将硪斜向拉起距地约 50cm，然后随其自由落下，让硪在地下“颠”着走。铁硪串行，意在将灰土蹭光，以便放线。

2. 小夯灰土做法之 20 把小夯灰土和 16 把小夯灰土做法

20 把小夯灰土和 16 把小夯灰土的操作程序与 24 把小夯灰土的操作程序基本相同，只是每个位次夯打的数目由 24 次改为 20 次和 16 次。从上述程序可以看出，小夯灰土做法非常复杂，唯恐不牢。应该说，只要能达到“虚 7 寸实 5 寸”的要求，某些烦琐的程序完全可以简化。

3. 大式大夯灰土做法

大式大夯灰土每槽用夯 5 把，夯底直径 12.8cm（4 寸），做法如下。

(1) 拍底　大硪拍底 1～2 遍。

(2) 灰土配制　白灰、黄土过筛后，拌匀下槽并纳虚盘踩。灰土配合比为 3∶7。虚铺厚 22.4cm（夯实为 16cm）。

(3) 冲海窝　每个夯窝（海窝）之间的距离为 19.2cm（6 寸），每个位次夯打 8 下。

(4) 筑银锭　每个位次夯打 8 夯头。

（5）余夯　余夯充满剁埂，每个位次夯打 8 夯头。

（6）掖边　高夯斜下，冲打沟槽边角处。

如此反复操作三遍，后两遍每个位次夯打 6 夯头，还要再行三遍夯后将灰土找平、落水、撒渣子，然后用雁别翅或大夯“乱打”，每个位次夯打 4 夯头，最后再打高硪两遍，顶步应串硪一遍。

4. 小式大夯灰土做法

小式大夯灰土每槽用夯 4 把，夯底宽 12.8cm。小式大夯灰土是比较通用的做法。

（1）拍底　用硪或夯将槽底原土拍实。

（2）灰土配制　白灰、黄土过筛后，拌匀，下槽，并用灰耙搂平。灰土配合比为 3∶7。灰土虚铺厚度：第一步 25cm，第二步 22cm，第三步 21cm。夯实后均为 15cm。

（3）踩踏　用双脚在虚土上依次踩踏。

（4）打头夯　每个夯窝之间的距离为 38.4cm（三个夯位）。夯筑分位常用“大活”或“小活”的分位做法。每个夯位至少筑打 3 次（称为“劈夯”），其中至少应有一次手举过头，即应打高夯一次。

（5）打二夯　打法同头夯，但位置不同。

（6）打三、四夯　打法同头夯，但位置不同。

（7）剁埂　将夯窝之间挤出的土埂用夯打平。剁埂时，每个夯位可打 1 次（称为“啃夯”）。

（8）掖边　高夯斜下，冲打沟槽边角处。

用平锹将灰土找平。以上程序重复 2～3 次，还要进行落水，水应落到位，当槽内灰土不再粘鞋时，即可再行夯筑。为防止湿土粘连夯底，应在灰土表面撒上干土或砖面。此次夯筑，打法仍同前，但一般只打一遍，最后再打高硪两遍。两遍高硪的分位同小夯灰土，但应使 8 人硪。最后一步灰土可加一次“颠硪”，即揣硪或串硪。

小式大夯灰土有“三夯两硪一颠”之说。实际操作时要看灰土的实际厚度是否已经达到要求。如未达到，应不断夯筑，直至达到要求为止。小式大夯灰土一般应打两步灰土，栏墙、廊子、散水等可只打一步灰土。

宫廷中最常用的夯打方法，是用 24 把小夯，每一工序都有严格的操作规程，而且每步夯打后，重要的建筑还要在两步灰土之间泼江米汁（或浆）即糯米汁（是将煮好的糯米汁掺水和白矾），增加两层之间的黏合力和强度。

古建筑灰土还有“三合土”之说，所谓“三合”，除了白灰之外，其他“二合”一般有三种解释：一是黄土与黑土；二是生土（黏性较大的土）与熟土（砂性土和渣土）；三是主土（挖槽土）与客土（外运土）。三合土的提法说明古人对土质与灰土质量的关系已有认识，但尚缺乏深入研究。施工中只要保证不用砂性土或无法过筛的黏土，是可以直接使用挖槽余土的。

（四）简易房屋基础素土做法

素土夯实做法是古代建筑基础的简易做法。至清代，仅遗存于极少数次要建筑、部分民居与临时性的构筑物的基础中。素土夯实用于地面垫层，至清代，在大式建筑中虽已不多见，但在小式建筑中还是较常采用的。采用素土夯实做法的土质分类要求虽不如灰土严格，黏性土或砂性土皆可，但比较纯净。土内不宜掺有落房渣土或煤灰炉渣等。具体做法如下。

1. 铺虚土

虚土每步厚 32cm（1 尺），筑实 22.4cm（7 寸）。

2. 纳虚盘踩

在虚土上来回踩踏，使土逐渐密实的一种做法，有童子夯之说（由于孩童脚小，所以童子夯可说是纳虚中的“小夯”做法。为吸引童子们不断前进，常有一人脸涂粉脂，身穿戏装，辫子上系一个铜铃，扮相可笑。此人在槽内嘻唱而行，吸引众童子在后面追逐，以完成童子夯之功。童子夯带有一定的神秘色彩，虽然做法特殊，但对灰土质量似无特殊影响)。

3. 行夯

用大夯冲海窝、筑银锭、冲剁沟。每个夯位均分别筑打 3～4 夯头，循环操作 1～3 遍，找平。

4. 落水

以全部洇湿为度。

5. 撒渣子

夯筑时，虽经晾槽，仍可能出现灰土粘夯的现象，所以需要在灰土上撒一些黏细的砖面。然后，用大夯或雁别翅筑打 1～2 遍，每夯窝筑打 3～4 夯头。

6. 起碱

起高碱 1～2 遍，两步以上素土者，每步均照上述程序操作。至顶步，可揣碱（串碱）一遍。

（五）现代做法

现代地基处理法是根据地质情况即地基承载能力及设计要求来进行的，具体做法如下。

1. 挤密法

中国古建筑的软弱地基，多数是用木桩加固的，现在对于这种地基的处理方法非常多，其中用于桩挤密的材料多采用水泥桩，其原理是一样的，但它比木桩打得更深、更坚固。而水泥桩上面的钢筋混凝土基础，其作用与古代的睡木相似。

2. 压实法

压实法分机械压实和人工夯实两种。

（1）机械压实　通过机械的重量进行压实，以提高土壤的密实度，提高其强度，降低压实后土壤的压缩性。压路机压实分平压和震动：平压压实厚度为 25～30cm，压实 6～8 遍；震动压实厚度为 30～35cm，压实 3～4 遍。机械施工时，震动大，噪声大，对附近建筑物的安全和居民的正常生活有影响。压实机具如图 3-5 所示。

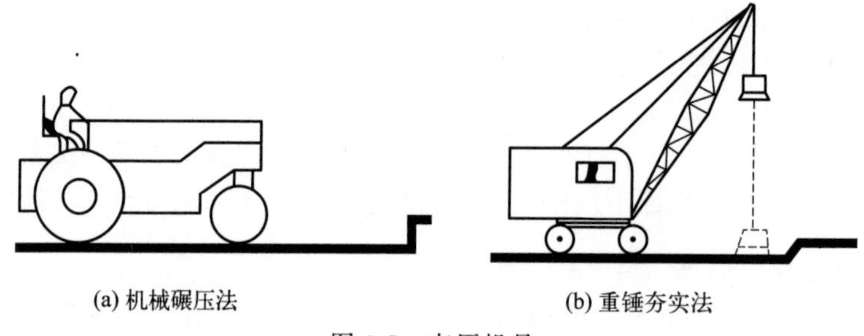

(a) 机械碾压法　　(b) 重锤夯实法

图 3-5　夯压机具

（2）人工夯实　也称为“人工行夯”，如图 3-6 所示。这种方法主要用于小面积的回填土或作业面受到限制的环境下。夯实要注意的是控制土体的含水量，过高或过低都要进行处理，当土体含水量较低时，应提前一天向土中洒水；当土体含水量过大时，要特别注意，哪怕是含水量稍微大一点也要引起注意，若此时夯实，会造成土体液化，失去承载力，起到相反的作用。一般夯实时，要把填土分层，人工夯实厚度为 15～20cm，一般夯实 3～4 遍，打夯机厚度和人工夯实厚度差不多，不超 25cm，一般用于房心回填和管井周围回填。

(a) 人工行夯

(b) 用“硪”行夯

(c) 半机械行夯

(d) 夯实法

图 3-6 人工夯实方法

对于一般小型的古建筑，多以实践积累经验为主，把基础放置在经夯实的老土之上。如基础土层松软需要换层或标高达不到要求需回填土时，要分层夯实，且达到设计要求的夯实系数即可（一般要＞93％）。

3．化学加固法

化学加固法是利用化学溶液，灌入或喷入土中，将土粒胶结起来，使土体固结以加固地基的处理方法。目前采用的化学浆液有水泥浆液、以水玻璃为主的浆液、以丙烯酸铵为主的浆液和以纸浆为主的浆液等。加固的施工方法有灌注法、旋喷法、旋转搅拌法和电渗硅化法等。这也是软弱地基加固处理的一般方法。

（1）水泥浆加固地基　用灌浆机具，用 1～2atm（1atm＝101325Pa）压力将水泥浆或细砂水泥浆灌入松软的地基内。

（2）硅化法加固地基　用水玻璃（建筑上常用的水玻璃是硅酸钠的水溶液，俗称泡花碱，是一种水溶性硅酸盐，其水溶液俗称水玻璃。水玻璃是一种矿黏合剂），在 1atm 下轮流注入松软的地基内，每个注孔分两次注入，形成一个 60～80cm 直径的土壤加固区。每次注入药液，水玻璃与氯化钙溶液的体积比都为 2∶1。每个孔内第二次注入药量，应比第一次减少 1/3 左右。

4．换持力层法

当基础下土层比较软弱，不能满足上部荷载对地基的要求时，可将持力层下原弱土层挖去，换成其他较坚硬的材料（图 3-7），如分层回填强度较高、压缩性较低且无腐蚀性的砂石土、素土、灰土（石灰）、复合土、工业废料等，压实或夯实后可作为地基垫层。还有一种是换填级配碎石，这种做法近年来较常用，级配碎石采用质地坚硬的中砂、砂石，含泥量不大于 5%，有机质含量不大于 5%，不得含有植物残体等杂质，石料最大粒径不宜大于 50mm。

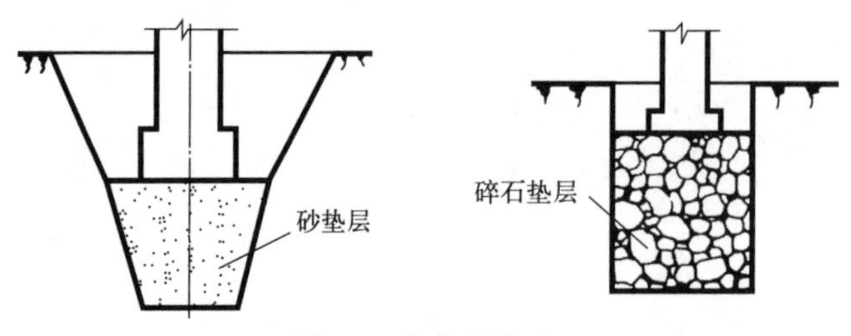

图 3-7　持力层构造

(六) 土作常用工具

1. 夯

夯是土作夯筑的主要工具。根据夯底直径的不同，夯筑方法可分为小夯灰土（又称为小夯碱灰土）和大夯灰土（又称为大夯碱灰土）。夯具分为小夯［夯底宽 9.6cm（3 寸）］、大夯［夯底宽 12.8cm（4 寸）］和雁别翅三种。小夯灰土多用于重要的宫殿基础，大夯灰土又分大式大夯灰土及小式大夯灰土，多用于一般大式建筑及各种小式建筑。制夯的木材一般为榆木。可由一人或两人执夯操作。

2. 硪

硪是土作夯筑的主要工具之一。硪为熟铁制品，也可用石制品。按质量可分为 8 人硪（42kg）、16 人硪（75kg）和 24 人硪（137kg），24 人大硪俗称“座山雕”。

3. 拐子

用于打拐眼。

4. 铁拍子

用于掖边或散水灰土垫层施工中代替铁硪操作。

5. 搂耙

用于虚铺灰土时的找平或落水时将水推散。

6. 其他

如铁锹（平、尖两种）、镐、筛子等。

部分土作工具如图 3-8 所示。

(a) 木夯(一)

(b) 木夯(二)

(c) 石夯(一)

(d) 石夯(二)

(e) 硪(一)

(f) 硪(二)

图 3-8 部分土作工具

四、注意事项、质量检验与控制要求

(一) 注意事项

灰土的夯实是建筑的“根脚”，一旦出现质量事故，不但会使建筑物遭到破坏，而且补救将十分困难。相同的材料质量和配合比，不同的操作方法，灰土的强度会相差很大。为保证灰土能达到最佳强度，除应按照操作程序操作外，还应注意下列几点。

1. 槽底处理

灰土是建筑的基础，而槽底原土可看成是基础的基础，它的强度同样影响着建筑的坚固程度。由于槽底原土没有明确的虚实量差要求，因此容易被忽视。大硪拍底时不应拘泥次数，以拍实为准。另外，大硪拍底还应作为检测手段。通过声音及跳动的感觉异同判断地下情况，必要时应做相应的处理。

2. 废槽回填

废槽（又称肥槽）在古建筑基础中称为“压槽”，废槽回填也应筑打灰土，称为“护牙灰土”。实际上废槽回填的好坏与建筑基础有很大关系，如果回填不实，可能会因渗水而造成地基土软化而加大沉降值，引起结构开裂等不利现象；如果回填质量很好，不但能防止上述现象发生，还可最大限度地提高基础的摩擦系数，对建筑物的坚固程度大有好处。所以回填时要用灰土，并要分步夯筑回填。严禁使用素土冻块回填，也不能以水代夯，一冲了事。

3. 夯实的厚度

按照清工部《工程做法则例》及其他有关文献的规定：每步灰土的厚度为虚铺 22.4cm（7 寸），夯实厚为 16cm（5 寸）。每步素土的虚铺厚度为 32cm（1 尺），夯实厚为 22.4cm（7 寸）。灰土的密实度是决定灰土强度的重要因素，同样的虚铺厚度，夯实后的厚度越小，密实度就越高。因此操作时务必保证将灰土夯至规定的厚度，如未达到标准，应不断夯筑，直至达到标准。

4. 关于漫水活

水的含量直接影响灰土的密实度。在实践中，由于落水要“落夜水”，要经过一段晾槽时间，所以落水一般要“宁多勿少”。落水除可使土更加密实外，还可使部分未熟化的生石灰迅速熟化，加快硅酸钙新物质的生成。

5. 松软地基

有些古建筑常常会建在临水处，此时，基础或地基比较松软，一般都打木桩作为加固的措施，称为打“地丁”，常用不去树皮的柏木做成，各木桩的顶部装铁桩帽，各桩顶间砌片石或碎砖卡牢。

6. 含水率

无论什么地基在夯实时，都必须注意含水率，夯压时，土的含水率要控制好。

$$W_o = W_{op} \pm 3\%$$

式中，W_{op} 为土的最优含水率，%；W_o 为含水率，%。

施工中，往往以“手攥成团，落地开花”为标准，甚至以灰土的颜色来决定配合比，严格地讲，这些标准必然会受到含水率、土的黏度、土的颜色等因素的影响。因此，拌和灰土时还是应该严格把关，按规定配合比拌和。

7. 材料的选用

灰土所用材料仅为白灰和黄土，配合比也很简单，但不同的白灰和黄土，打出的灰土强度却相差甚殊。

（1）白灰的选用　白灰中的活性氧化钙是激发土壤中活性氧化物生成水硬性物质——水化硅酸钙的必要成分。因此，白灰中活性氧化钙的含量与灰土的强度有着十分密切的关系。根据试验得知，相同的配合比，但用活性氧化钙的含量分别为69.5%和82%的白灰制成的两种灰土试样，测得的抗压强度，前者仅为后者的60%。另据试验，当石灰消解熟化暴露于大气中一星期时，活性氧化钙的含量已降至70%左右，28天后，即降至50%左右。12个月后，则仅为0.74%。为能保证灰土的强度，应注意下列几点：第一，生石灰块的块末比应在5∶5以上，即应保证至少有一半的块状生石灰；第二，泼灰宜在1～2天内使用，最迟不超过3～4天，消解熟化的时间超过一个星期的白灰应改作他用；第三，泼灰时不宜泼得太涝，尤其是不能使用被大雨冲刷过的泼灰。此外，灰泼好后应过筛，筛孔不超过0.5cm。如果灰的颗粒过大，会因为施工后的白灰继续消解，而造成结构层的松散和破坏。

（2）黄土的选用　黄土以选用黏性土较好。黏土是一种天然硅酸盐，二氧化硅是其主要化学成分。当白灰和土拌和后，二氧化硅和氧化钙发生物理化学反应，逐渐生成水化硅酸钙，具有一定的水稳定性，对浸水和冻融也有一定的抵抗力。它的早期性能接近柔性垫层，而后期性能则接近刚性垫层。因此，土的黏性越大，颗粒就越细，物理化学反应效果也就越好。当然，当土壤过黏时，难以破碎，施工中如处理不当，反而会影响灰土的质量。因此，选用亚黏土（塑性指数小于20）拌和灰土是比较适当的。或者说，只要能进行破碎，黏的总比不黏的好。亚砂土和砂土应禁止使用。

（3）灰土配合比　配合比多为3∶7（体积比），即泼灰三份，素土七份，散水或回填用灰土也可采用2∶8或1∶9的配合比。大式房屋的灰土配合比以4∶6居多。多年来，随着做法的讲究程度不同，在配合比中加大白灰用量的倾向已凸显出来，白灰含量过少时，白灰与黏土不能充分相互作用，但如果白灰含量过多，由于白灰生成的碳酸钙的强度不如硅酸钙那样高，因此相互作用后剩余的白灰就形成灰土中的薄弱结构。经过多年的经验测试，多种灰土配合比中，以3∶7时的灰性能最好。但在具体施工中，可根据具体情况适当增加白灰含量，尤其是当土壤含砂量较大或白灰质量不好时，但配合比不宜超过4∶6。用于散水地面垫层或房心回填还可选用2∶8或1∶9灰土。基础槽宽应为墙宽的2倍，槽宽为4尺(64cm)。墙宽超过2尺者，均只另加宽2.4尺（76.8cm）。槽宽与墙宽之差，称为“压槽”。“一块玉儿”满堂红灰土的压槽宽度一般为1.28～1.6m（4～5尺），说明古人已经懂得加大灰土面积可以减少对地下压强的做法。

（二）技术要求

古建筑地基工程易出现湿陷性下沉，会导致基础侧倾、台阶出现裂缝、柱基不均匀下沉、台基柱础石移位、墙壁倒塌等质量问题。

为避免出现地基质量问题，除按施工工艺及规范进行施工以外，排水措施尤为重要。

通常，土壤在干燥和潮湿的时候的耐压效果是有很大差别的，地面的淤水会渗入基础下面，这样对基础的耐压强度与稳定性有很大的影响。排水措施在建筑工程中非常有必要，是对建筑基础的一种间接的加固，并能够起到阻止基础变形的作用，能有效地提高建筑基础的耐压强度。工程中常采用的修明沟排水做法便于发现堵塞，检修也比较容易实施。明沟的出水口标高要比附近的河流、湖泊等水源的正常水位要高。明沟的深度大于沟内水流深度，即超出流水面高度 10～12cm。其宽度则按当地暴雨时最大的流量来设计，同时要把生活排出的流水量也考虑在内。另外，建造护坡也是工程建设中的一项重要措施，主要是为了防止复杂地形，例如山崖等对房屋的影响。当建筑物处于高处时，护坡的作用是稳定附近的地基，高地的边缘部分可以减少被雨水冲刷的现象。当建筑物处于低处时，护坡可以预防高处崖壁的崩塌，从而避免因山岩塌落而引起的破坏。护坡的修筑方式可根据土质及山岩构造状态来选择。

古建筑基本都有台基、须弥座的设计，在基础施工中要特别注意各个板块水准点的控制。一旦控制错误，计算误差将造成整体建筑的失衡，建筑物的高低错落、疏密有序的布局将会被打乱；另外正是因为古建筑基本都有台基、须弥座的设计，所以在自然地坪上将大量地借土回填。在质量控制过程中，对于基础土建工程的施工，要时时监控各个板块水平点的标定，跟踪施工人员借土的质量。回填土中严禁夹杂大块干土（直径＞50mm）和建筑垃圾等杂物，并严格按设计要求和施工程序分层夯实，严禁采用水压一次性夯实。

（三）质量检验与控制要求

1. 地基做法

小式建筑和大式建筑，以及宫殿建筑和地下建筑的地基宜采用灰土夯实的做法。

2. 灰土步数

小式建筑的灰土步数宜为 1～2 步，大式建筑的灰土步数宜为 2～3 步，重要建筑的灰土步数可为十几步甚至几十步。

3. 灰土厚度

在普通民房的基础中，灰土宜为虚铺 21～25cm，夯实厚度为 15cm。每步厚度为虚铺 22.4cm，夯实厚为 16cm；每步素土为虚铺 32cm，夯实厚为 22.4cm。

4. 灰土配合比

在小式建筑的基础中，灰土配合比宜为 3∶7，散水或回填用灰土宜采用 2∶8 或 1∶9 的灰土配合比；在大式建筑的基础中，灰土配合比宜为 4∶6；在重要建筑的基础中，灰土配合比不应小于 4∶6。

5. 素土夯实适用范围

清代以前的建筑，以及清代极少数次要建筑、部分民居与临时性的构筑物的基础宜采用素土夯实的做法。

6. 素土的材质要求

素土夯实做法的土质，黏性土或砂性土均可，但应比较纯净，土内不宜掺有落房渣土或煤灰炉渣等。

7. 砂石地基要求

砂和砂石地基质量检验与控制要求应符合《建筑地基基础工程施工质量验收标准》(GB 50202）的有关规定。

8. 复合地基要求

复合地基设计与处理应符合国家现行标准《复合地基技术规范》(GB/T 50783)及《建筑地基处理技术规范》(JGJ 79)的有关规定。

第二节　古建筑基础的修缮与施工

基础是直接承受建筑荷载并通过它传给地基的一种结构形式。

一、基础的形式

古建筑和仿古建筑常用的基础形式有灰土基础(垫层)、磉墩基础、砖石基础等。

(一) 灰土基础(垫层)

灰土基础(图3-9)是由石灰、土和水按比例配合,经分层夯实而成的基础。灰土强度在一定范围内随含灰量的增加而增加。但超过限度后,灰土的强度反而会降低。这是因为消石灰在钙化过程中会析水,增加了消石灰的塑性。灰土基础的石灰与黏土的体积比一般为3∶7或2∶8,也就有了三七灰土的说法,灰土每层均需铺220mm厚,夯实厚度为150mm,此为第一步。三层及三层以下的建筑用二步,三层以上的建筑用三步。如将砖基础下的灰土换成由石灰、砂、骨料(碎砖、碎石或矿渣)组成的三合土,则形成三合土基础。三合土的体积比为1∶3∶6或1∶2∶4,加适量水拌和夯实,每层厚150mm,总厚度$H \geqslant 300$mm,宽度$B \geqslant 600$mm。这种基础适用于四层及四层以下的建筑,基础应埋置在地下水位以上。灰土作为建筑材料,在中国有悠久的历史,南北朝(公元6世纪)时,南京西善桥的南朝大墓封门前地面即是灰土夯成的,北京明代故宫大量应用灰土基础。灰土基础的优点是施工简便,造价较低,就地取材,可以节省水泥、砖石等材料。缺点是它的抗冻、耐水性能差,在地下水位线以下或很潮湿的地基上不宜采用。

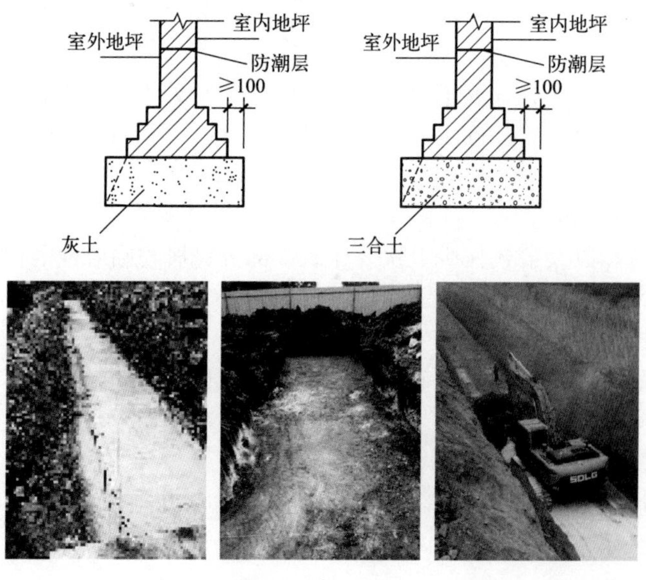

图3-9　灰土基础

（二）磉墩基础

1. 磉墩（图 3-10）

磉墩是支承在柱顶石下的单独的基础砌体，金柱下的称为“金磉墩”，檐柱下的称为“檐磉墩”。如果两个或四个磉墩都相邻很近（如金柱和檐柱下筑磉墩），常连成一体，则称为“连二磉墩”或“连四磉墩”。与连磉墩相区别的是“单磉墩”。大多数磉墩都是采取用砖石垒的，柱下磉墩一般埋得较深，打灰土三至五步，重要建筑可达二三十步，檐墙或槛墙下的基础较浅，一般情况底部仅与柱础石底面齐平，下打灰土一至二步。有少数小式建筑的基础，将磉墩和拦土连在一起，一次砌成，称为“跑马柱顶”式的基础。

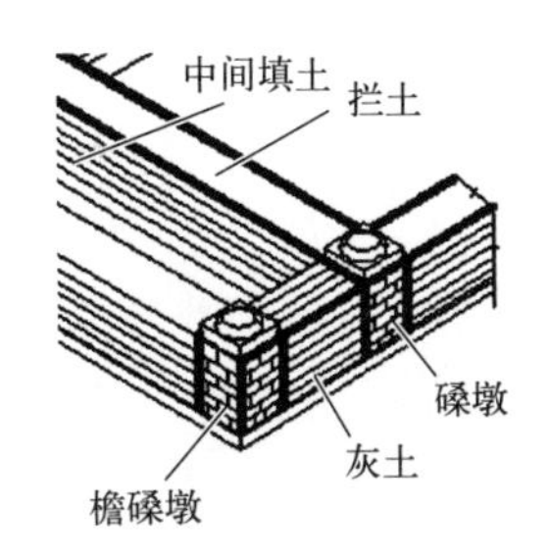

图 3-10 磉墩

2. 拦土（隐蔽结构）

台明面层下面，磉墩之间砌筑的墙体即为“拦土”，拦土的砌筑称为“掐砌拦土”或“卡拦土”。磉墩和拦土的砌筑顺序是先码磉墩后掐拦土。磉墩和拦土各为独立的砌体，以通缝相接，但也有少数小式建筑的基础，将磉墩和拦土连在一起，一次砌成，称为“跑马柱顶”（参看图 3-10）。

（三）砖石基础

用各类黏结材料砌筑的砖、石基础砌体即为砖石基础。从施工和造价方面考虑，一般民用建筑，应优先选用浅基础。基础的埋深最低不能小于 500mm，否则，地基受到压力后可能将四周土挤走，使基础失稳，或受各种侵蚀、雨水冲刷、机械破坏而导致暴露，影响建筑的安全。基础按传力情况分类，分为刚性基础和柔性基础两种。刚性基础一般采用砖石材料的较多。因刚性基础受刚性角的限制（刚性角是基础放宽的引线与墙体垂直线之间的夹角），所以刚性基础的底宽要在这个夹角范围之内，出了这个夹角的范围，就出现受剪切破坏，如图 3-11 所示。

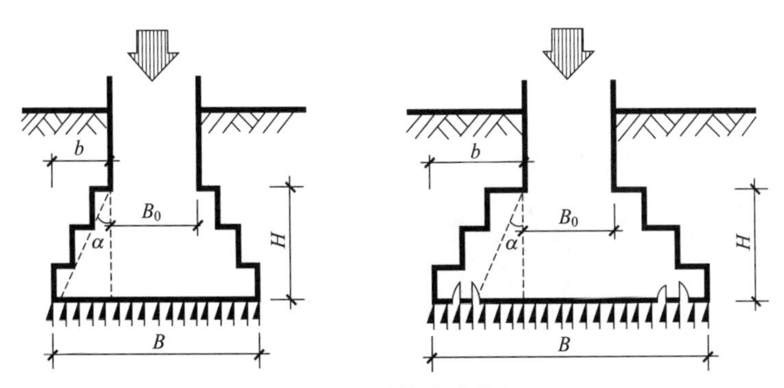

图 3-11 刚性基础分析

b—基础超出墙体宽度；B_0—墙体宽度；B—基础底宽；H—基础高度；α—刚性角

1. 砖基础

砖基础（图 3-12）采用普通烧结砖与水泥砂浆砌成。砖基础砌成的台阶形状称为“大放脚”，有等高式和不等高式两种。

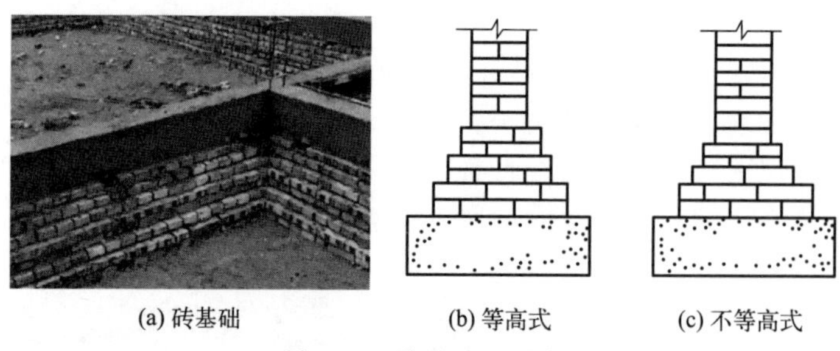

(a) 砖基础　(b) 等高式　(c) 不等高式

图 3-12　砖基础及形式

2. 毛石基础

毛石基础（图 3-13）是指用强度等级不低于 MU30 的毛石和不低于 M5 的砂浆砌筑而形成的基础形式。其剖断面有梯形、矩形和阶梯形三种。

（1）梯形断面　它的剖面是上窄下宽，由下往上逐步收小尺寸。

（2）矩形断面　它的剖面为满槽装毛石，上下一样宽。

（3）阶梯形断面　剖面形似台阶状，采用强度等级不低于 MU30 的毛石和不低于 M5 的砂浆砌筑而形成。毛石具有强度高、抗冻、耐水、经济等优点，故可以用在受地下水和冰冻作用、6 层以下建筑物作为基础，但其整体性欠佳，不宜用在有震动的地方。一般情况下，阶梯形剖面是每砌 300～500mm 高后收退一个台阶，收退几次后，达到基础顶面宽度为止，且顶面标高一般控制在室内地坪以下 50mm，基础最上层宽度不宜小于 400mm，每

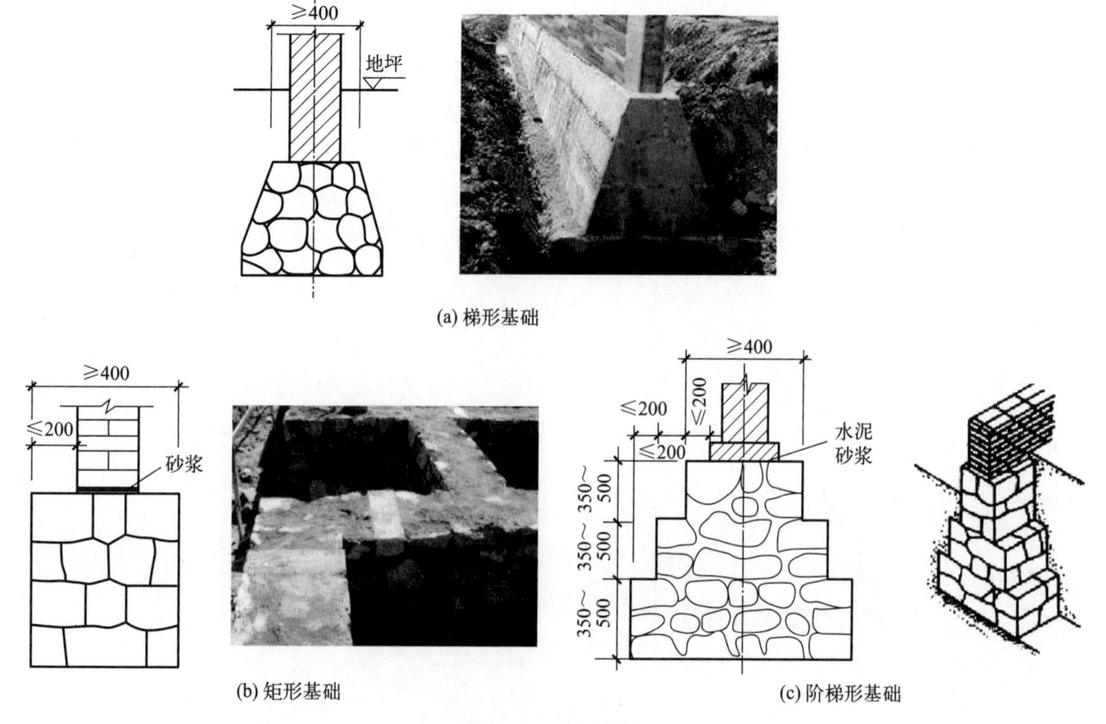

(a) 梯形基础

(b) 矩形基础

(c) 阶梯形基础

图 3-13　毛石基础

阶两边各伸出宽度不宜大于200mm。石块应错缝搭砌，缝内砂浆应饱满，且每步台阶不应少于两皮毛石。毛石顶面砌墙前应先铺一层水泥砂浆。

二、常见问题

基础一旦发生问题，一般通过台明以及墙体开裂反映出来。而基础的整体性及局部性承载力大多是由于地基产生问题后出现削弱，甚至丧失。究其原因主要是由于地基承载力变化、地下水影响、树根生长、地下管线、外力破坏等导致的。

古建筑基础常见的损坏主要是湿陷性下沉，柱基不均匀下沉，柱础石移位，基础断裂、拱起、沉降和倾斜。

三、处理办法

这些情况的发生，究其原因，是基础材料本身的材质问题和来自地基影响导致的基础损毁。主要来自地基的问题，如是材质本身问题，抗剪、抗弯、抗风化以及外力造成基础出现问题，只需更换同材质、同尺寸的材料即可。而来自地基问题导致基础出现问题就要分析产生的原因了。

（一）分析原因

1. 地基下沉引起

当地基有下沉时，就会引起基础下沉，从而导致倾斜、沉降、断缝以及材料断裂。

2. 地基滑动引起

地基滑动有两种情况：一种是下雨、渗水后在坡地建筑物的下部地基产生坡向滑移，引起基础随之滑动而产生裂缝和倾斜；另一种是由邻近地基开挖或地质变化引起的。

3. 地基液化失效

疏松的粉细砂、轻亚黏土地基，地震时容易产生液化，强度剧烈下降，致使基础甚至建筑物倾倒和大幅度震沉。例如，唐山矿冶学院书库为四层楼房，1976年唐山地震时发生震沉，一层楼全部沉入地下。再如，日本新潟公寓建于砂土地基上，1961年6月因新潟发生7.5级地震，地基发生液化而倾倒。

4. 地基浸水湿陷

湿陷性黄土地基以及未夯实的填土地基等，在浸水后承载力下降，基础会产生附加沉降，引起下沉和开裂。

5. 地基软硬不均

在山坡上、池塘边、河沟旁或局部地质变化较大的地段上，往往设计建造的古建筑的基础用相同的基础形式和断面，因地基软硬不均、单位基础底面积上的承载力有差别，从而导致沉降差过大，致使基础开裂、倾斜。

6. 膨胀土、冻胀土地基

膨胀土吸水后膨胀，失水后收缩。因此在膨胀土上的基础就有可能受到地基受冻膨胀的反向顶力，使得基础拱起，从而产生裂缝或断裂。

（二）处理方法

鉴于以上原因，基础的处理先要处理好地基（地基的处理详见本章第一节）。在地基处理好后，或者是地基本身完好的情况下，就可以对基础进行修缮。修缮时应注意基础埋置条件、材质选择以及施工工艺和方法。

基础是建筑物的重要承重构件，又是隐蔽工程，埋于地下，易受潮，且很难观察、维修、加固和更换。所以，在选材和构造做法上尽量使其具备足够的强度和与上部结构相适应的耐久性。尽量选择地基条件好的结构层，选在承载力高且分布均匀的地段，如岩石类、碎石类、砂性土类等地段。地质均匀才能保证均匀沉降。

1. 基础局部损坏

修缮一般采用分段掏修的办法，每段不超过1m且不得超过基础底面积的20%。修缮过程中必须对原结构、墙体进行支撑加固，必要时应进行计算并设计方案，确保施工安全。如超出这个范围，就要制定方案，按整体基础进行修缮。

2. 砖砌刚性基础

基底宽度需在刚性角范围内。古建筑用这种类型的较多，有墙下条形基础和柱下条形基础两类。当地基条件较好、基础埋置深度较浅时，墙承式的建筑多采用带形基础，以便传递连续的条形荷载。条形基础常用砖、石等材料建造。

（1）大放脚　底宽应根据计算确定，各层大放脚的宽度应为半砖宽的整数倍。在大放脚的下面一般做垫层，垫层材料可用3∶7或2∶8的灰土，也可用1∶2∶6碎砖的三合土。

（2）退台　砖基础若不在同一深度，则应先由底往上砌筑，在高低台阶接头处，下面台阶要砌一定长度的实砌体，砌到上面后与上面的砖一起退台。

（3）接槎　砖基础接槎应留成斜槎，如因条件限制留成直槎时，应按规范要求设置拉结筋。

3. 石砌刚性基础

（1）工具准备　砌筑毛石所用工具除需一般瓦工常用的工具外，还需准备大锤、手锤、小撬棍和勾缝抿子等。

（2）备料　根据设计要求选备石料和应该使用的砌筑砂浆。所用的毛石应质地坚实，无风化剥落和裂纹，毛石中部厚度不宜大于150mm，毛石强度等级不低于MU20。砌筑砂浆宜用水泥砂浆或水泥混合砂浆，砂浆强度等级应不低于M5。

（3）清槽　检查基槽尺寸、垫层的厚度和标高；清除基槽内的杂物；基槽内若存有积水应抽干，如无积水且较干燥时要洒水湿润；确定下料口，以便传送石料和砂浆。

（4）挂线　毛石基础砌筑前，要根据标志板上的基础轴线来确定基础边线的位置，具体做法是从标志板向下拉出两条垂直线，再从相对的两条垂直立线上拉出通槽水平线。若为阶梯式毛石基础，其挂线方法是：先按最下面一个台阶的宽度拉通槽水平线，然后按图纸要求的台阶高度，砌到设计标高后适当找平，再将垂直立线收到第二个台阶要求的砌筑宽度，依次收砌至基础顶部止。

（5）施工方法　第一皮石块砌筑时，应先挑选比较方整的较大的石块放在基础的四角（称其为角石），角石砌好后，房屋的位置也就固定下来了，所以角石也称“定位石”。角石要三面方正，大小相差不多，如不合适应加工修凿。以角石作为基准，将水平线拉到角石上，按线砌筑内、外皮石（又称面石），再填中间石块（又称腹石）。第一皮石块应坐浆，即先在基槽垫层上摊铺砂浆，再将石块大面向下砌上，并且要挤紧、稳实。砌完内、外皮面石，填充腹石后，即可灌浆。灌浆时，大的石缝中先填（1/3）～（1/2）深度的砂浆，再用碎石块嵌实，并用手锤轻轻敲实。不准先用小石块塞缝后灌浆，否则容易造成干缝和空洞，从而影响砌体质量。

（三）现代做法

现代做法是指除了传统做法的砖石基础外，采用现代材料和技术手法，增加了混凝土和钢筋混凝土基础做法。

1. 基础的形式

按使用的材料可分为：混凝土基础、钢筋混凝土基础。

按埋置深度可分为：浅基础、深基础。埋置深度不超过 5m 者称为浅基础，大于 5m 者称为深基础；当基础直接做在地表面上时，称不埋基础。

按受力性能可分为：刚性基础和柔性基础。

按构造形式可分为条形基础、独立基础、满堂基础和桩基础。满堂基础又分为筏形基础和箱形基础。

2. 素混凝土条形（带形）基础

素混凝土条形基础（通常称混凝土基础）为连续的带形，也叫带形基础（图 3-14）。对于素混凝土基础，也要考虑刚性角的问题。此种基础坚固、耐久，抗水、抗冻性比砖基础强，且刚性角大，可用于有地下水和冰冻作用的基础。素混凝土基础不仅能做成矩形和阶梯形，当底面宽度大于等于 2000mm 时，还可以做成梯形（锥形）。梯形断面能节省混凝土，减轻基础自重。

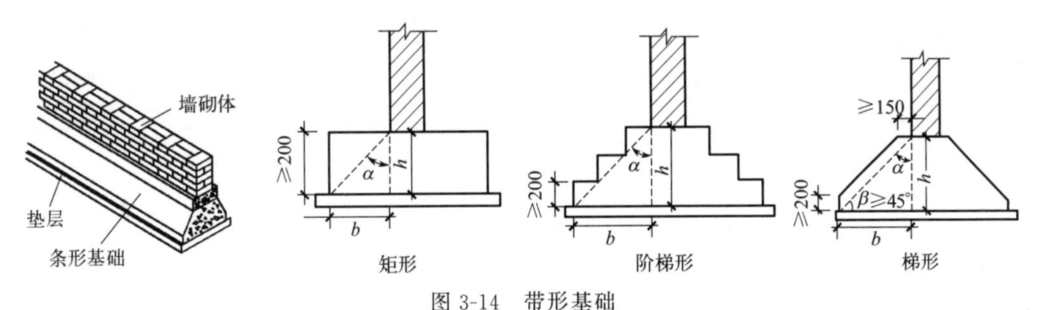

图 3-14 带形基础

b—基础超出墙体宽度；h—基础高度；α—刚性角；β—底角

3. 钢筋混凝土基础

当基础埋置深度较浅，且荷载较大，基础底面积抗压强度不够时，可采用钢筋混凝土基础，钢筋混凝土基础一般为柔性基础。底宽和配筋按设计要求。

钢筋混凝土基础（图 3-15）为柔性基础，当建筑物的荷载较大而地基承载能力较小时，基础底面必须加宽，如果采用刚性材料，基础埋深就要加大，不经济。所以在混凝土基础的底部配以钢筋，使基础的底部能够承受较大的弯矩，这时，基础不再受刚性角的限制。

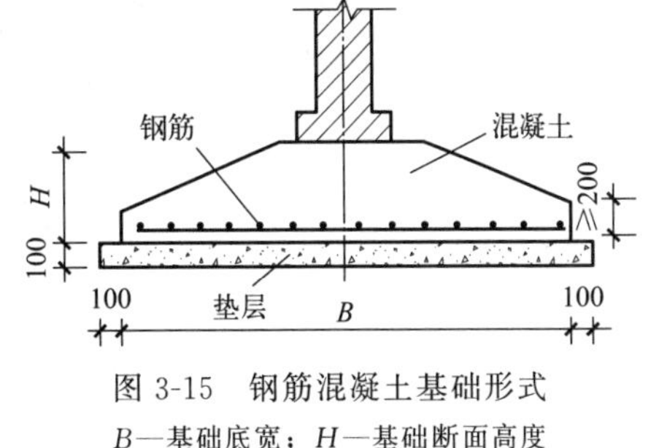

图 3-15 钢筋混凝土基础形式

B—基础底宽；H—基础断面高度

钢筋混凝土柔性基础因其不受刚性角的限制，基础就可做得很宽、很薄，还可尽量浅埋。这种基础相当于一个倒置的悬臂板，钢筋的用量通过计算而定，但直径不宜小于 8mm，间距不宜小于 200mm。混凝土的强度等级也不宜低于 C20。当用等级较低的混凝土作为垫层时，为使基础底面受力均匀，垫层厚度一般为 60～100mm。为保护基础钢筋不受锈蚀，当有垫层时，保护层厚度不宜小于 35mm；不设垫层时，保护层厚度不宜小于 70mm。

4. 独立基础

在基础修缮项目中，只有个别柱下基础需要修缮时，可用独立基础，形式有台阶形、锥形等。独立基础主要用于柱下，在墙承式建筑中，当地基承载力较弱或埋深较大时，为了节约基础材料，减少土石方工程量，加快工程进度，亦可采用独立基础（断面参考条形基础，受力筋为双向布置），其结构配筋按设计要求，用来支承上部墙体，在独立基础上可设梁或拱等连续构件（图 3-16）。

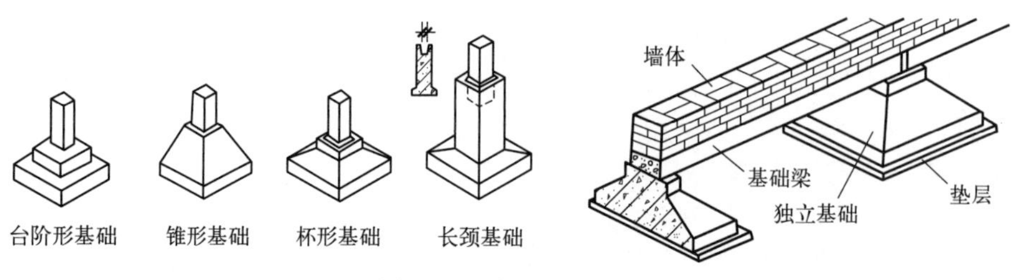

图 3-16　独立基础形式

5. 联合基础

若建筑按规划设置在土质较差的地区（园林景观规划中常见到这种情况，比如小型的管理房、经营房、卫生间、游乐设施基础等，往往根据总体规划放置在这些地方），此时，如是原有地块，即使土层的承载力小，但由于时间长久，土质已稳定，达到安息角的要求，基础设置时就可考虑基础的整体性，设置地下连续、封闭的条形基础或板式基础。如是回填的新土，就要待其安息角稳定后再做基础，此时，可做成联合基础形式，比如桩基础与片筏基础结合，以保证基础受力均匀。

其中桩基础按其受力性能可分为端承桩和摩擦桩两种。端承桩是将建筑物的荷载通过桩端传给坚硬土层，而摩擦桩是通过桩侧表面与周围土壤的摩擦力传给地基。目前采用最多的是钢筋混凝土桩，包括预制桩和灌注桩两大类。

联合基础如图 3-17 所示。

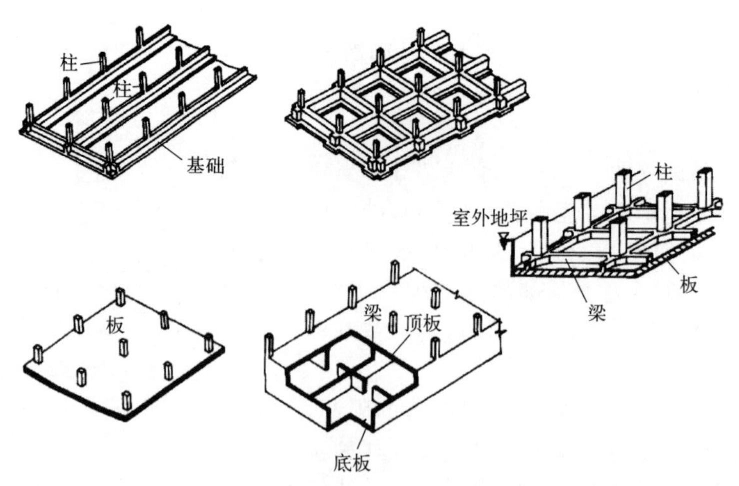

图 3-17　联合基础

6. 有地下水时的处理

如遇地下水位较高时，基础必须埋在地下水位 200mm 以下［图 3-18(a)］，使基础避免因水位变化，而遭受水的浮力的影响。埋在地下水位以下的基础，要选择具有良好耐水性能的材料，如选用石材、混凝土等。当地下水中含有腐蚀性物质时，基础应采取防腐措施。

7. 有冰冻层的处理

处于冰冻线附近的基础，一般应将基础埋置在冰冻线以下 200mm。冰冻线的高度以所在地区的情况定，比如北京为 0.8～1.0m，济南为 0.44m，徐州为 0.3m 等。

8. 有相邻基础的处理

相邻建筑物基础埋置深度为：当新建房屋建筑在原有房屋附近时，一般后建设的建筑基础应小于原有建筑基础深度；当新建建筑的基础必须大于原有建筑时，应使两基础间留出相邻基础底面高差的 1～2 倍距离［图 3-18(b)］，以保证原有建筑的安全。

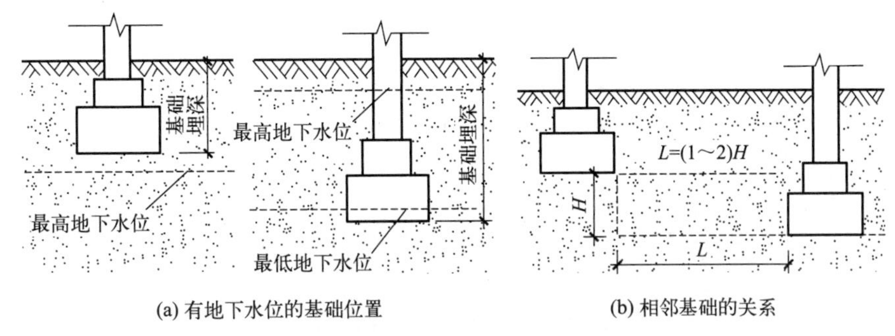

(a) 有地下水位的基础位置　(b) 相邻基础的关系

图 3-18　基础与地下水和相邻基础的关系

9. 基础选材

一般采用普通黏土砖或毛石作为主要材料，用砂浆砌筑而成。砖强度不低于 MU10，砌筑砂浆强度不低于 M5。

10. 特殊地基

当地面上有较多的硫酸、氢氧化钠、硫酸钠等腐蚀性液体作用时，基础埋深度不宜小于 1.5m，必要时，需对基础做防护处理。

11. 防潮层

为了防止土中水分沿砖块中毛细管上升而侵蚀墙身，应在室内地坪以下一皮砖处（60mm）设置防潮层，防潮层一般用 1∶2 水泥防水砂浆，厚 20mm。

四、注意事项、质量检验与控制要求

（一）注意事项

1. 磉墩施工时应注意的问题

（1）砌体　砌体外观不是很重要，但强度一定要保证。

（2）灰浆　灰浆务求饱满，灰缝宁小勿大。

（3）调整　标高要准，必要时可以打砖（称为“剥核子”）或垫瓦片、薄砖等，但绝不允许用增加灰缝厚度的办法进行调整。

2. 色砌台明时的注意事项

包砌台明一般应与台基的施工进度相同。如果阶条石上没有墙体，可局部或全部延至屋顶工程竣工后再包砌台明，这样可以保证台明石活不致因施工而损伤或弄脏。如果包砌台明是随台基同时完成的（多采用这种施工方法），其石活（尤其是阶条）在全部工程即将竣工时，应对表面进行一次剁斧等加工处理，以保证台明的整洁。

（二）控制要求

1. 均匀好土时

地基修复后或原土层都是均匀好土时，基础应尽量浅埋（但不得小于500mm）。

2. 土质交替变化时

地基土层由好土和软土交替构成时：

（1）对于总荷载小的低层轻型建筑，应在对软弱下卧层进行验算合格后埋在好土层内。基底下的好土厚度（持力层）一般≥500mm。

（2）对于总荷载大的建筑，可采用人工地基或将基础埋深到下层好土中，此好土层下如还有软土层，同上要对其进行验算，两方案经技术经济比较后选定。

3. 上层为好土时

地基土层的上层为好土，下层为软土时，应力争将基础埋在好土内，适当提高基底标高，同上要进行验算，基底下的好土厚度（持力层）一般≥500mm。

4. 上层为软土时

地基土层的上层为软土，下层为好土时：

（1）若上层土厚度相对较薄（2m左右），则基础应埋在好土层中，但要综合考虑现场实际情况、地下水位等因素，此时，既经济又可靠；

（2）若上层土厚度较厚，对低层、荷载小的轻型建筑，在加强上部结构整体性的同时，经结构计算并综合考虑地下水位的情况后，可采取加宽基础底面积、换基础垫层等地基处理方法后仍可埋置在软土层内，此种做法，施工工艺比较简单。古建筑的体量相对较小，软土埋深较浅、开挖方量不太大，适用于此种方法。而对层数多、荷载较大的建筑，则应经过结构计算并且符合后，将基础埋在好土上，以保证安全。

第三节　古建筑台明的修缮与施工

从秦汉起台明已成为建筑中不可少的部分。古建筑台明有多种形式，分别是：普通（直方型）台明、须弥座形式的台明、带勾栏的台明、复合型台明。其中，普通台明的式样为长方（或正方）体，是普通房屋建筑台明的通用形式，宋、清代普通台明做法基本相同。

一、台明的构成

露出地面的部分与室外地坪之间的结构部分一般称为“台明”。普通台明的平面应为长方形，高档台明应分为带勾栏和不带勾栏两种形式，多用砖、石和琉璃砖砌成。

台明各部位平面应包括如下内容：台面（阶条石、柱础、铺装地面、地栿石、过槛石、过门石、分心石、槛垫石）、台帮（陡板石、角柱石、须弥座）、垂带踏跺（埋头石、燕窝石、如意石、垂带、象眼石、土衬石、礓礤）等（图3-19）。

（一）台面

台明的上表面叫“台面”，有阶条石、柱础、过门石、分心石、槛垫石（室内地坪铺装见本章第四节）等。

1. 阶条石

台面与台帮相交处放置压栏石，清代称阶条石，又称为阶沿石、压沿石或压面石，沿台基上平面周圈安置（图 3-19）。

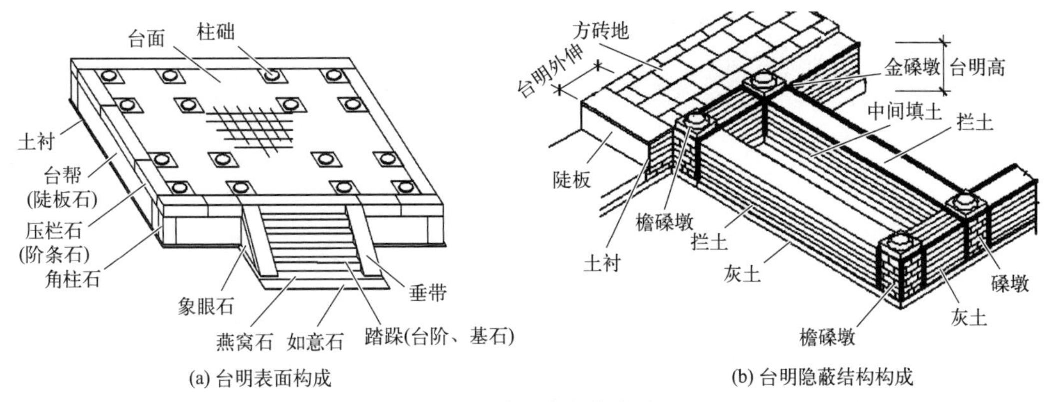

(a) 台明表面构成　(b) 台明隐蔽结构构成

图 3-19　台明各部位名称

2. 柱础

宋称柱础，清称柱顶石，明、清两代的柱础形式基本一致，所处的位置是在檐柱、金柱、中柱、山柱的底端及台基面之上，部分或全部高出地坪的基石，以支承木柱，承担木柱传下来的荷载，又称鼓磴、磉石，一般用青石、花岗石或其他地方石材等加工而成。它的作用主要起承传上部荷载并避免碰坏柱脚，且有效地防止地面湿气上传腐蚀木柱。较常使用的形式为部分在地坪以上和全部在地坪以上两种。《营造法式》中规定柱础的做法有：素平——平面方石，覆盆——方石上雕凸起如覆盆，铺地莲花——雕莲瓣向下的覆盆，仰覆莲花——铺地莲花上再加一层仰莲，共四种形式。因气候条件不同，北方用扁平状的古镜式柱础较多，南方因雨水多，则用较高的鼓状柱础，且形式多样，雕饰花纹丰富，成为重点装饰的部位。

（1）部分在地坪以上的柱础石　如圆鼓镜、方鼓镜（上表面与地坪在同一标高的称为柱質）、高低柱顶（用于嵌入墙内柱）、联瓣柱顶（两个柱础相连）。

（2）全部在地坪以上的柱础石　如鼓蹬、平柱顶等。

常见的柱础石如图 3-20 所示。

3. 过门石

对有些比较讲究的建筑，为显示其豪华富贵，专门在房屋开间正中的门槛下，布置一块顺进深方向的方正石，此称为“过门石”。

4. 分心石

分心石是更豪华的过门石，它比过门石长，设在有前廊地面的正开间中线上，从槛垫石里端穿过走廊直至阶条石，因此，在使用分心石后，不再布置过门石。

5. 槛垫石

对有些要求比较高的房屋，为防止槛框下沉和防潮，常在下槛之下铺设一道衬垫石，称此为“槛垫石”，分为“通槛垫”和“掏当槛垫”两种。

通槛垫是指沿整个下槛长度方向所铺设的槛垫石，即为不设过门石的通长槛垫石。掏当槛垫是指在有些房屋中，使用了过门石，处在过门石外的槛垫石，也就是指被过门石分割的间断槛垫石。

过门石、分心石、槛垫石如图 3-21 所示。

（二）台帮

台帮，台明的侧面压栏石以下的构件，由角柱石、陡板（高级的用须弥座式）等组成。

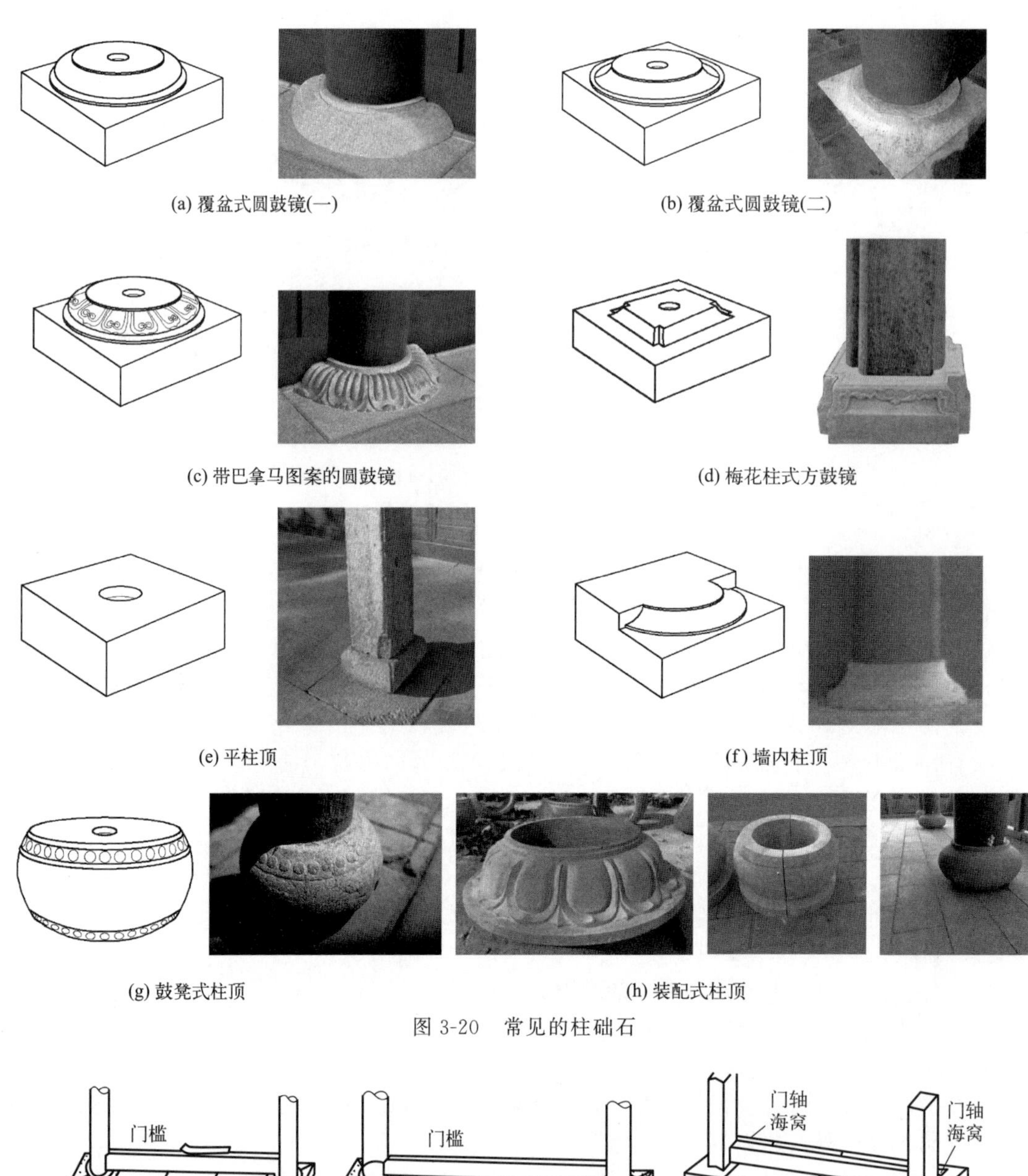

(a) 覆盆式圆鼓镜(一)　(b) 覆盆式圆鼓镜(二)

(c) 带巴拿马图案的圆鼓镜　(d) 梅花柱式方鼓镜

(e) 平柱顶　(f) 墙内柱顶

(g) 鼓凳式柱顶　(h) 装配式柱顶

图 3-20　常见的柱础石

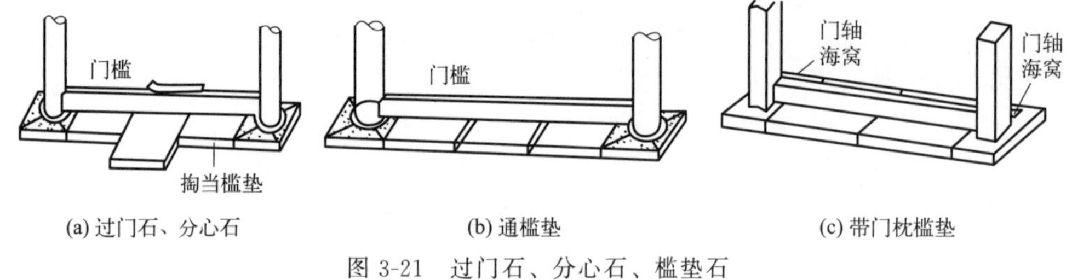

(a) 过门石、分心石　(b) 通槛垫　(c) 带门枕槛垫

图 3-21　过门石、分心石、槛垫石

1. 角柱石（埋深、埋头）

角柱石是台明转角部分立置的石件，位于阶条石之下，是台帮在平面位置转角的交界处的石构件，以其摆放位置不同，有单角柱（也称为单埋头、厢埋头）、混沌角柱（也称为如意埋头、琵琶埋头）等（图 3-22）。

2. 陡板

角柱石与角柱石之间的部分称为陡板，清代有时镶石板，称陡板石。其因组合材料不同有以下几种。

（1）砖砌 全部用砖砌成的称为“砖砌台帮”或“砖砌台明”，砖料可用城砖或条砖。做法可为干摆、丝缝、糙砖墙等多种类型。砖缝的排列形式多为十字缝或三顺一丁。全部用砖砌成的台基见于民居、地方建筑或室内佛座等基座砌体。较高大的砖砌台帮俗称“泊岸”。

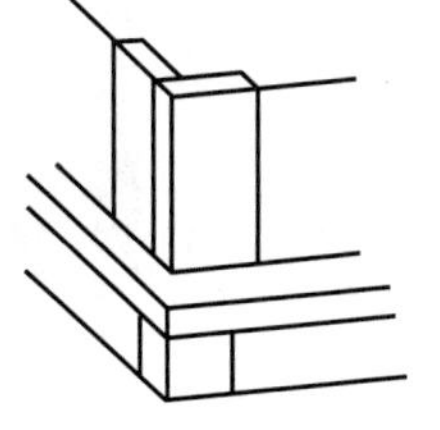

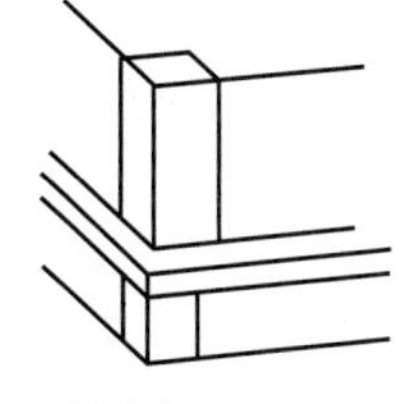

(a) 单角柱(厢埋头) (b) 混沌角柱(琵琶埋头)

图 3-22 角柱石

（2）琉璃 全部用琉璃砖砌成。多用于宫殿建筑群中以台基为主的构筑物，如祭坛等。

（3）石材 如陡板石、方正石或条石砌筑，又如用虎皮石、卵石或碎拼石板砌法。台基的最上面均应安放阶条石，台基的四角一般应放置角柱石。官式建筑的石台基多用陡板石做法。

（4）组合 不同的材料组合砌成的陡板，如阶条、角柱和土衬用石料，其余用砖砌成或阶条、角柱和土衬用石料，其余用琉璃砌成。砖石混合的台基是古建筑台基中非常常见的一种形式。

3. 须弥座（台基）

与台帮位置和功能相似，是更高级的一种，侧面上下凸出，中间凹入的台明，由佛座逐渐演变而来。最早实例见于北魏石窟，形式比较简单，雕饰不多。从隋唐起使用渐多，成为宫殿、寺观等尊贵建筑专用的基座，造型也逐渐复杂华丽，并出现了莲瓣、卷草等花饰和角柱、力士、间柱、壶门等。宋代《营造法式》中规定了须弥座的详细做法，上下逐层外凸部分称为叠涩，中间凹入部分称为束腰，其间隔以莲瓣。从元朝起须弥座束腰变矮，壶门、力士已不常用，莲瓣肥硕，多以花草和几何纹样做装饰。

明、清代成为定式，由土衬、圭角、下枋、下枭、束腰、上枭、上枋等构成。须弥座宜带有栏杆。须弥座还可分为：带雕刻，不带角柱；不带雕刻，不带角柱；带角柱，不带雕刻几种主要形式（图 3-23）。

4. 复合型台明的台帮做法

复合型台明是指将两种或三种台基混合使用的类型，宜用于较重要的宫殿和坛庙建筑（图 3-24）。

5. 普通台明的台帮做法

砌筑形式应符合下列规定（图 3-25）。

（1）整体用青砖砌成 砖料宜用城砖或条砖，适用于民居、地方建筑或室内佛座等基座类砌体。

（2）整体用琉璃砖砌成 适用于宫殿建筑群中以台基为主的构筑物，如祭坛等。

（3）整体用石材砌成 台基的最上面一层均应安放阶条石，台基的四角应放置角柱石。官式建筑的石台基宜用陡板石做法。

（4）使用不同的材料 如阶条、角柱和土衬用石料，其余用砖砌成，或阶条、角柱和土衬用石料，其余用琉璃砌成。

（三）踏跺部位石构件

1. 踏跺

出入、上下台明通道的阶梯形台阶，也称踏步、台阶（宋称阶石），传统建筑中的踏跺形式还有：垂带踏跺、如意踏跺、御路踏跺、单踏跺以及抄手踏跺等（图 3-26）。采用何种形式应根据建筑的大小制式不同而定。

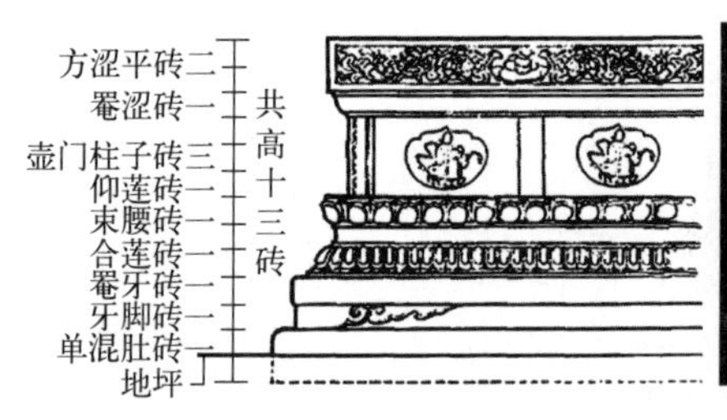

(a) 宋式

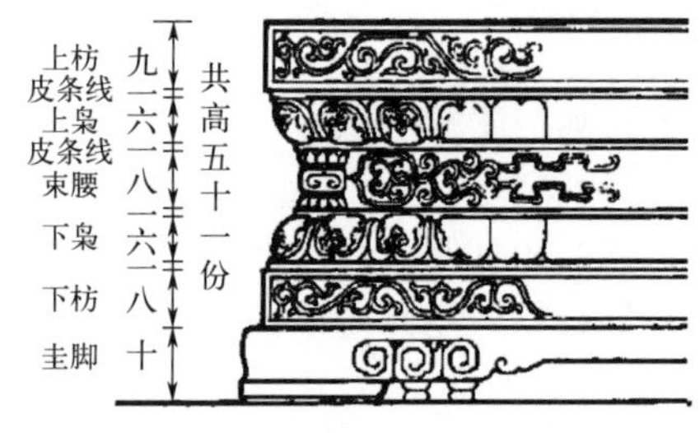

(b) 清式

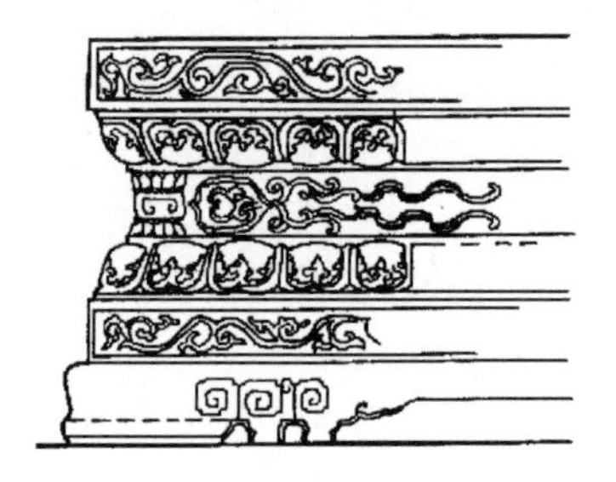

(c) 带雕刻的须弥座

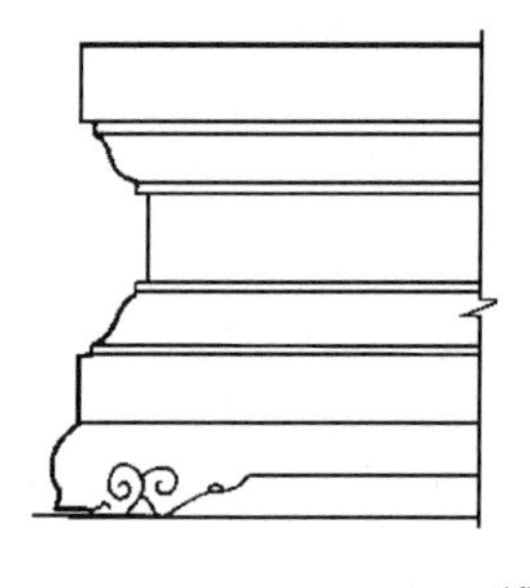

(d) 素面不带角柱的须弥座

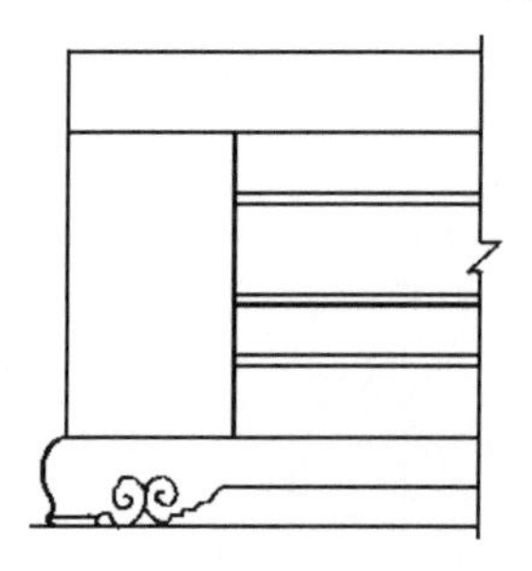

(e) 带角柱的须弥座

图 3-23　须弥座

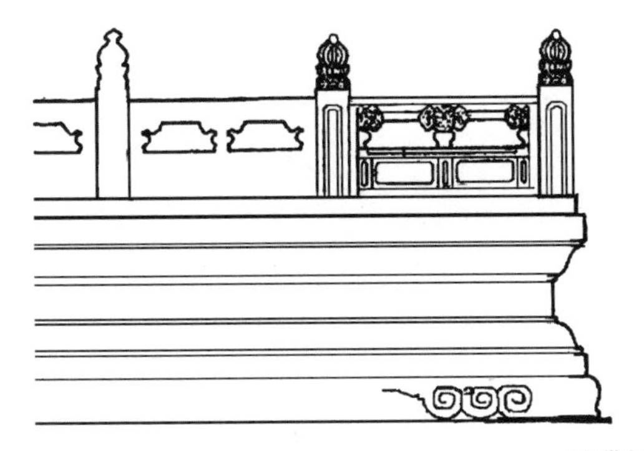

(a) 带勾栏

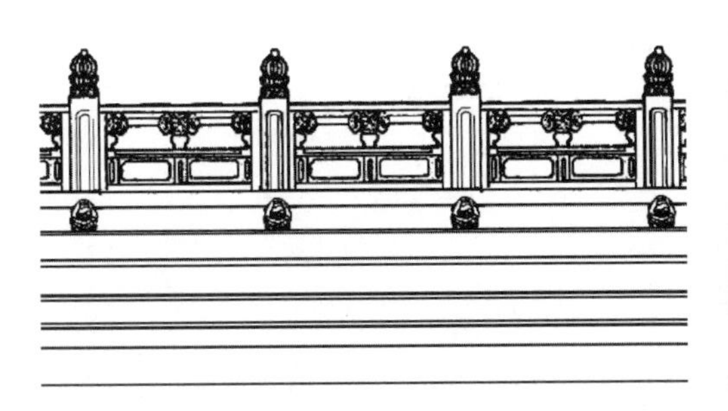

(b) 带勾栏螭首

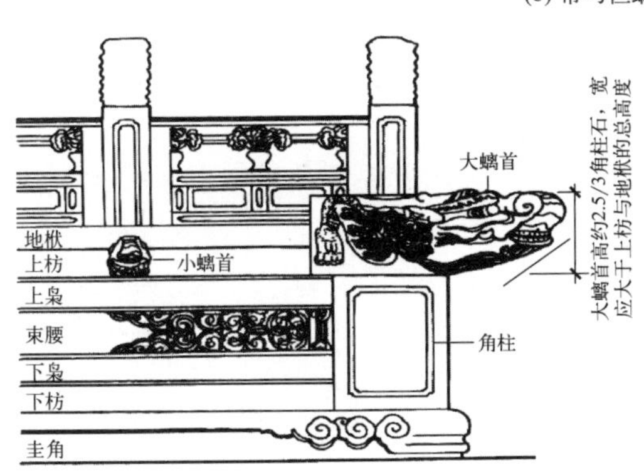

(c) 勾栏角柱复合型

图 3-24　复合型须弥座

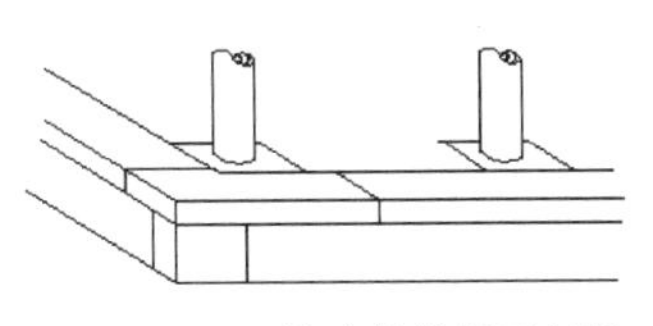

(a) 石砌台帮(陡板石台明)

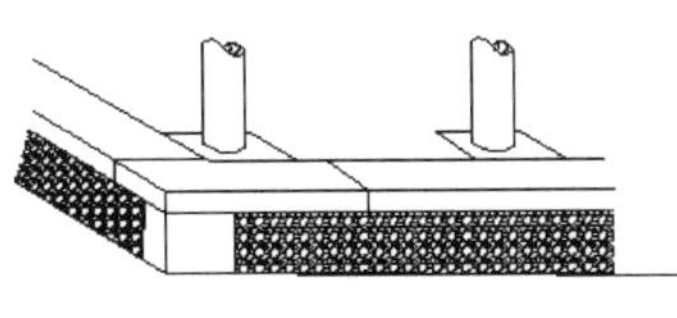

(b) 石砌台帮(卵石台明)

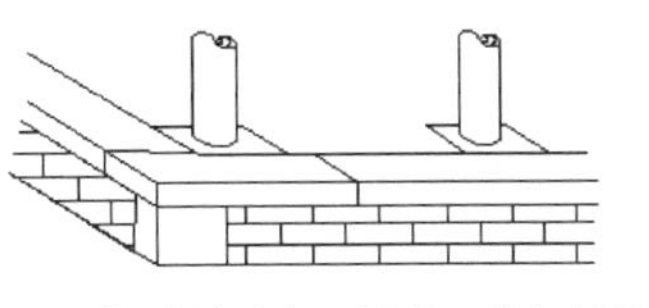

(c) 砖石混合台帮(石角柱，砖砌台明)

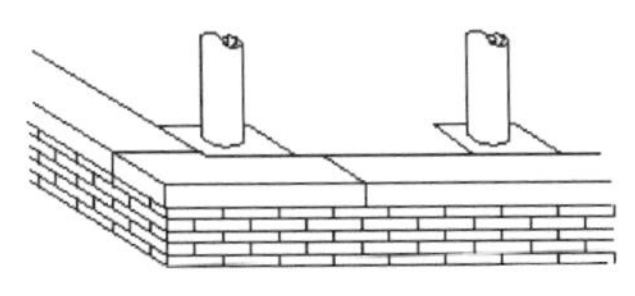

(d) 砖石混合台帮(砖砌台明)

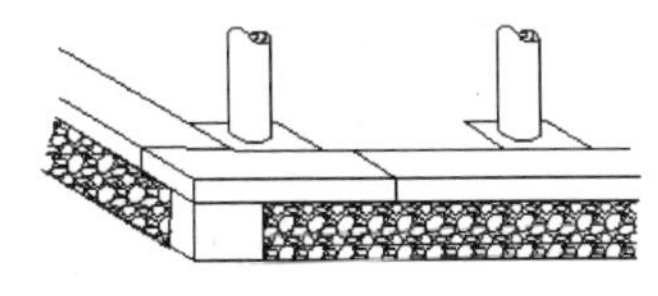

(e) 石砌台帮(虎皮石台明)

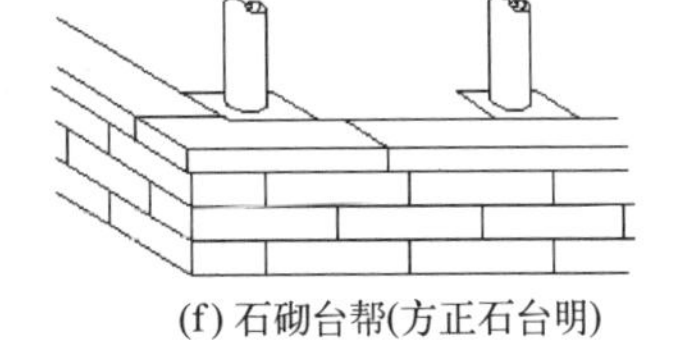

(f) 石砌台帮(方正石台明)

图 3-25　普通台明的台帮砌筑形式

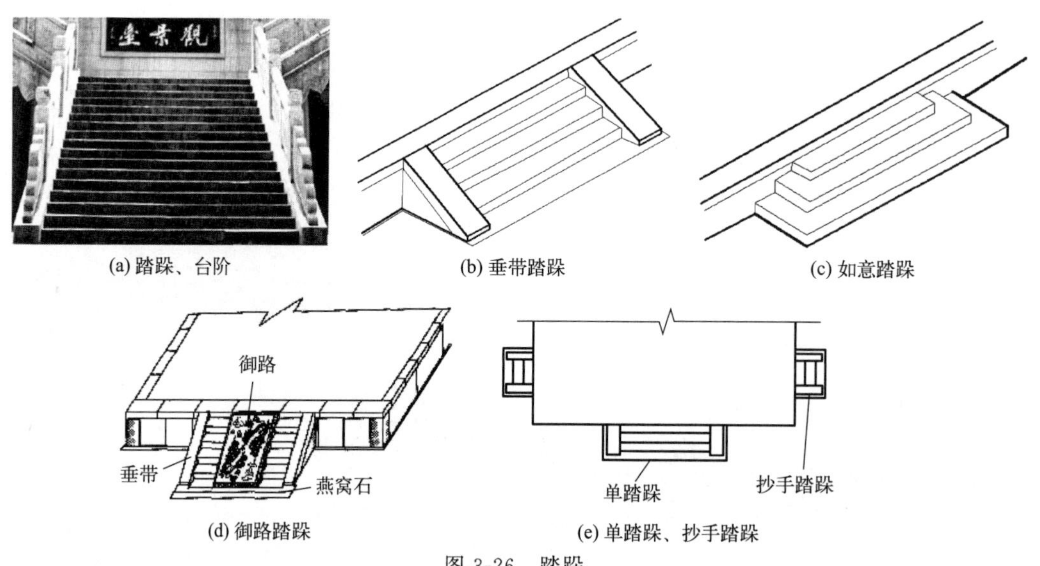

(a) 踏跺、台阶　(b) 垂带踏跺　(c) 如意踏跺

(d) 御路踏跺　(e) 单踏跺、抄手踏跺

图 3-26　踏跺

2. 垂带石

出入、上下台明通道两边斜置的条石，台阶两边的牵边，宋称副子，清称垂带石（图 3-27）。

3. 象眼石

垂带外侧的下面，踏跺两端的三角形垂直面栏墙石材，宋代用条石层层退入砌成，称象眼，清代用一块平石板，称象眼石。《营造法原》中统称为“菱角石”（图 3-27）。

4. 土衬石

在踏跺前方和两侧铺得与地面相平的条石称土衬石，在象眼石和垂带下面的石构件称平头土衬，象眼石下面的平头土衬凸出上面构件约 1 寸（图 3-27）。

5. 燕窝石和如意石

最下一级踏步和垂带之下的石构件为燕窝石，在燕窝石之外，与燕窝石同一标高的石构

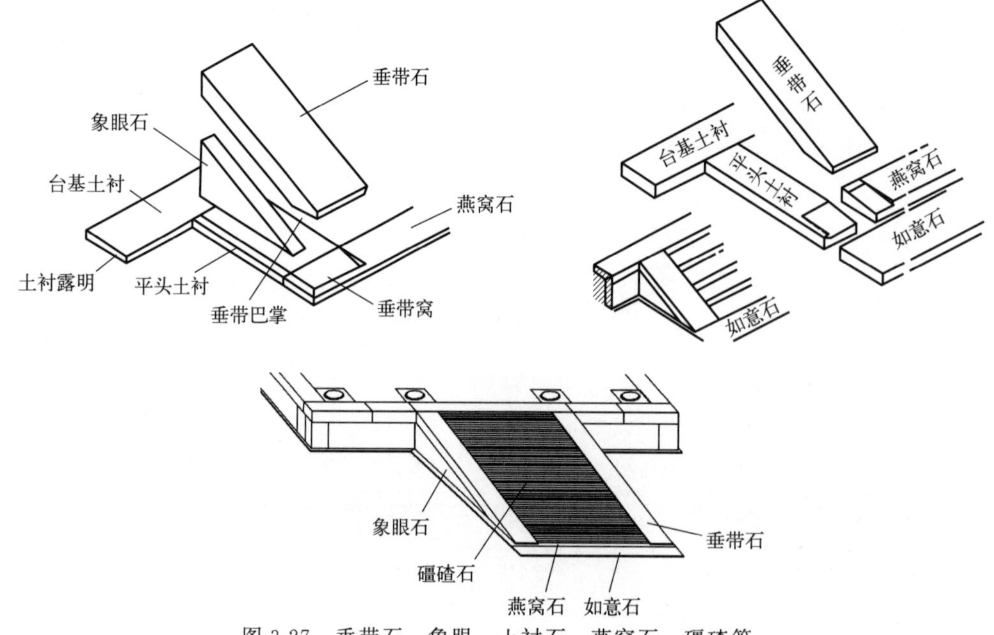

图 3-27　垂带石、象眼、土衬石、燕窝石、礓碴等

件称为如意石（图 3-27）。

6. 礓碴

形式与踏跺相似，变台阶为斜坡道，为了防滑，斜坡道表面铺凿有防滑功能的横向细齿的石条，清代规定坡度为 1∶3（图 3-27）。

7. 栏杆

栏杆由地栿、望柱、栏板等组成（图 3-28）。寻杖栏板石栏杆上方应带有寻杖扶手。

柱头 望柱 柱身 池子 栏板 地栿

图 3-28 石栏板

二、常见问题

古建筑台明长期历经风吹日晒，暴露在自然条件之下，石材缝隙通常用油灰勾缝，年久油性减退，灰条脱落，易流入雨水，或由于选料不慎，或因受力不均及人为接触而造成损毁，常见的损坏情况如下。

(一) 整体损毁

台明组成构件整体残损不堪，出现下沉、塌落、歪闪、鼓闪、空鼓、缺失、阶沿石松动、移位等，需拆除后恢复。

(二) 局部损毁

组成台明的石材构件发生断裂、缺角少棱、表面风化以及酥碱；构件连接部分出现灰缝脱落；侧塘板出现掉落、碎裂、松动鼓出；砖制侧塘板发生酥碱、风化等，这些都是局部损毁现象。

台明常见问题如图 3-29 所示。

(a) 塌落、下沉、歪闪

(b) 断裂

(c) 坍塌

(d) 缺角少棱、风化、酥碱

(e) 酥碱、裂缝

图 3-29 台明常见问题

三、处理办法

台明的处理，有整体台明的修复和台明局部的修缮等。

（一）整体台明的修复

1. 隐蔽结构的修复

整体台明的处理，分为需要整体台明拆除重新恢复和新建台明两种。对于两种施工方式来讲，台明拆除后重新恢复需要进行拆除和整理构件、整理资料等工作，这些可参考前面讲到的有关知识，砌筑时都采用相同的处理办法。台明的施工也称为包砌台明，是在前后檐及两山的拦土和磉墩外侧进行。台明分露明部分和背里部分。在露明部分中，阶条石使用石活，其他如陡板、埋头等或用石活，或用砖砌。背里部分用糙砖砌筑。有时也将拦土和包砌台明的背里部分连成一体，一次砌成，称为“码磉”。大多数磉墩都是采用砖石垒起的，柱下磉墩一般埋得较深，打灰土三至五步，重要建筑可达二三十步，檐墙或槛墙下的基础较浅，一般情况底部仅与柱础石底面齐平，下打灰土一至二步。

2. 露明部分的修复

台明阶会出现沿石松动、移位、下沉、塌落、歪闪以及侧塘板掉落、碎裂、松动鼓出等现象。

压面、台级鼓闪或移位时，用撬棍拨正，用碎石块或熟铁片垫牢后灌浆，勾抿严实（图 3-30）。

(a) 修复前

(b) 修复后

图 3-30　台明构件的修复

若构件出现较大的位移、鼓出，则在勾缝前需对构件进行归安，即重新安装。对于石构件出现破碎、缺失等情况，可采用与原构件纹理、材质一致或相近的石材进行添补。对于新旧之差，一般可采用整体做新或做旧的办法进行处理。

3. 灰缝脱落

将缝内积土或杂草清除干净，用油灰重新勾抿严实，材料质量配比为：白灰∶生桐油∶麻刀＝100∶20∶8。

4. 空鼓

出现这种现象主要是由于施工时砂浆中水分含量较高，在自然干燥过程中，水分渗透到基层，干燥后形成了许多空洞，造成鼓闪空鼓。尤其是面层铺装，其他施工质量以及环境原因也能造成这种后果。修复时，根据石材鼓闪空鼓部位，将石材四边接缝处切开，并将灰缝处理干净，用美纹纸对石材边缝做保护处理，将修复剂尖嘴对准边缝进行挤料，边挤料边用橡胶槌敲打板材，并用小型刮板将板表面的余料刮入板缝中。当灌不进料时（不吃料），用手稍用力压板就会把料挤出，说明已充实，即可结束。

注意，可以在4h后或者第二天，再尝试挤料，直至挤满为止，然后用湿布把石材表面擦干净，如果有粘连物，用布打湿后，再用刀片刮掉。此种做法，在24h后可上人，48h后可以切缝，再补胶，用水打磨，7天可以达到最高强度。

(二) 台明局部的修缮

台明由若干局部构件组成，大多都与石材、石结构关联，所以，若想把整个台明修缮好，就要把局部修缮好；若要把局部维修好，就要掌握石材的特性。古建筑石结构的修缮与施工，首先要对石料有所了解。古建筑所用石料主要有柱础石、阶沿石（压面石）、踏步石、土衬石、栏板石以及石柱石、石墙石、地面石等以及与其配套使用的其他附件，如地栿石、象眼石、埋头石、如意石、陡板石、螭首等。修缮中，从两个方面分析：第一，单块石料，大多数石料可以继续使用或稍加整理修补就可利用，如需增加新石料或新建项目，则需按原尺寸式样或者设计要求进行复制、加工制作；第二，石构件组合体，如台明、踏跺等，详见下述。

1. 相石

在施工前要对石料进行挑选，即相石。首先对已拆除的古建筑石料进行查看，看是否有损伤，如断裂、残损等情况，新建项目的石料品种、规格尺寸必须符合设计要求或古建筑常规做法；看石料的纹理走向是否符合物件的受力需要；然后看石料外观是否有明显缺陷，是否色泽相近，尤其对缺损石料需更换的石材，更要注意石料的选择，尽量用老石料；再查看石料表面是否洁净完整，应无断裂、裂缝、炸纹、缺棱掉角，尤其注意是否为隐残的石料（有残隐的石料其表面有石筋），不注意的话，极易在使用过程中出现问题。

2. 新石料的加工及安装

一般石料加工，依据宋代《营造法式》卷三的记载，分为六个步骤，即打剥——凿掉大的凸出部分；粗搏——凿掉小的凸出部分；细漉——基本凿平；褊棱——边棱凿整齐方正；斫砟——用斧錾平；磨龙——用水砂磨去斫痕。清工部《工程做法则例》简化为三个步骤，即做糙（包括宋代的前四个步骤）、占斧（即斫砟）、扁光（即磨龙）。现在石工操作步骤与清工部规定基本一致，但名称改为砸花锤、剁斧、磨光。

(1) 砸花锤（图3-31）　即做糙，也称粗打丁平，在未加工的石料上先弹“轧线”（又称“荒线”），比规定尺寸大出1cm左右（一般备料时应比实用尺寸大出3～5cm），将轧线以外多余的石料凿掉，周边凿齐，四角找平。

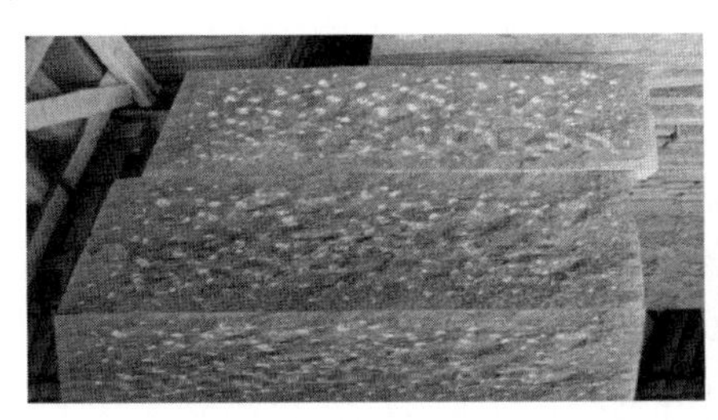

图3-31　砸花锤（粗打丁平）

(2) 剁斧（图3-32）　即占斧，在做完砸花锤的石料上，校核并补画平线，用快斧顺线剁细，靠尺找平。然后按原砧码（即剁斧砧文）的宽度、式样开始剁斧，一般进行三遍，第一遍直剁，第二遍斜、直各剁一次，第三遍按原样直剁或斜剁。要求斧印直顺、均匀，深浅一致，无錾点、錾影及上遍斧印，刮边宽度一致。

图 3-32　剁斧

（3）磨光　一般建筑中的砌墙，或更换压面、台级等石构件，要求表面光平，再进行磨光。在剁斧后的石料上进行剁细斧（做法与剁斧同，只是各砧码挡排列较细，深度较浅），为磨光打好基础。然后用金刚石进行打磨，先粗磨一遍，再细磨一遍，最后用细石水磨一遍见光为止。磨光的石料要求表面平滑光亮，无麻面，表面无砂沟，不露斧印、錾点、錾影。

图 3-33　磨光

考究的石活还要擦酸打蜡，先用干燥白粗布蘸稀酸在磨光石料上涂蹭；然后用白蜡、松香加热搅匀，放冷后用白色粗布沾蜡擦磨，直至光亮为止，现在多用电动磨光机（图 3-33）。

（4）安装　石构件尤其承重构件的安装，如柱础、石础等，常在底部用油灰加面粉灌牢。材料质量配比为：白灰∶生桐油∶面粉＝1∶1∶1。

近代维修多以 1∶（2～3）的水泥砂浆代替白灰、桐油等材料。

3. 石构件表面风化酥碱

构件表面出现风化酥碱时，先将酥碱部分剔除干净。在古代用预先配好的“补石药”加热后进行粘补齐整，再用白布擦拭光亮。补石药所用材料质量配比为：石粉∶白蜡∶黄蜡∶芸香＝100∶5.1∶1.7∶1.7。

现在维修时可用乳胶之类的高分子材料，掺加石粉（最好是经处理过的石材碎末）、色料进行粘补。

4. 石材断裂、缺角少棱

古代用“焊药”粘接石料，将黄蜡、白蜡、芸香三者按质量配比 3∶1∶1 掺和，加热熔化后涂在断裂石构件的断裂面，趁热黏合压紧（粘接面预先清理干净）。配方（质量比）如下：黄蜡∶松香∶白矾＝1.5∶1∶1，掺石粉加热后进行粘接。

民间俗语说：“漆粘石头，鳔粘木”，说明生漆粘石料是一种简易的传统方法。所用材料质量配比为：生漆∶土籽面＝100∶7。

粘接时，将断裂石料两面清理干净后，涂刷生漆对缝粘接。大漆需要一定的温度和湿度才能干燥（一般要求最低温度应在 20～25℃，相对湿度不低于 70%），由于条件限制，在北方地区多于夏季进行，不便常年使用此方法。

缺点是黏合后的石缝颜色较深，影响外观效果，故一般在粘接时，距离表面应留有 0.5～1.0cm 的空隙，待主体粘牢后，再用乳胶或白水泥掺原色石粉补抹齐整，与周围色泽协调一致（图 3-34）。

断裂石构件的修补：修补前应先整修归安就位，然后将断裂处剔凿、打磨成外大里小的坡口，将松动的石碴清除掉，用清水冲洗干净，并覆盖以防尘土，待修补处干燥后，先将深

(a) 裂缝

(b) 粘后

图 3-34　裂缝处理

层缝隙灌注环氧树脂，如缝隙较大可加入适量石碴，并预留适当深度做表层修补处理，深层裂缝灌注的环氧树脂达到一定强度后，再进行表层修补。按配比调制石碴环氧树脂拌和物，将拌和物填充到表层修补裂缝处，进行捣实，堆、抹整形，填充的石碴环氧树脂拌和物要高出石构件表面，以备达到强度后进行剁斧或刷道整形随旧。经养护达到强度后，做剁斧或刷道整修处理。

（三）石踏步修缮

对于石踏步整体下沉、位移的问题，采用提高地基和毛石基础承载力的办法。具体维修做法是，将石踏步和毛石基础拆除后，首先做 200mm 厚 3∶7 灰土垫层；然后用 M7.5 的混合砂浆砌毛石基础（砂浆用于隐蔽部分）；再将原石踏步归安，麻刀青灰勾缝。

对于石踏步石料面大面积开裂、风化的问题，参照前述办法，或采用更换为石质好的新石料和原石料改成小块用在他处两种办法。损毁严重无法使用的应更换新石料，新石料的石质应和其他单体房的石质相同、颜色相近，新石料面的加工做法和原有加工做法一致。最后对石料面进行罩色做旧。

石料面罩色做旧做法：将高锰酸钾溶液涂在新配的石料上，待其颜色与原有石料颜色协调后，用清水将表面的浮色冲净。进而可用黄泥涂抹一遍，最后将浮土扫净。

若石踏步石料整体断成几截，但石料面保存较好，采用拆除后先粘接，后归安的办法。可参照台明中介绍的石材断裂方法处理，或使用环氧树脂粘接，材料配比为环氧树脂∶二乙烯三胺∶二甲苯＝100∶10∶10（质量比）。

对于石踏步整体不存在或局部缺失的问题，采用添配新石料的办法。同样参照前述方法，添配新石料和原始踏步的石质相同、颜色相近，加工做法相同。最后对石料面进行罩色做旧（方法同上）。

以上几种修缮做法应根据各单体房屋石踏步的损坏情况，灵活运用，交叉进行。

（四）现代做法

1. 缺棱少角

残损有脱落的小块，可以参照上述办法处理，残损缺失的可用修补的办法进行处理。

这里的修补指对成品上的砂孔、凹坑或是损坏的边角，用配制好的色泽与成品近似的胶粘补的一种工艺。

修补胶的配制：环氧树脂 100%（601 或 634），乙二胺 8%～10%，适量的色粉，配以适量立德粉、滑石粉等填充料调和而成。还可以用原来石材的边角料磨细作为配料，颜色会更接近，效果会最好。

修补的操作：首先清洁修补处，要保证其无尘、无水和干燥；然后用修补胶挤压填实并刮平，且要防止修补胶流淌；再进行固化，固化时间一般 2～4h（冬天由于气温较低可能要 8～10h），然后铲平即可。实际上也可以用粘接胶加色粉作为修补胶用。

2. 石材裂缝

这里所说的裂缝，是指没有产生实际上的断裂，缝隙很小，可采用渗透的方法处理。渗透是指对还没有破裂分开的板材中的裂缝进行灌注渗透胶，经过一定时间的固化，使板材强度增高的一种工艺（渗透胶的配方：307 不饱和树脂 100%；苯乙烯 60%～100%；过氧化环己酮 4%～5%；萘酸钴 3%～4%）。

（1）制作方法

首先，把 307 不饱和树脂和苯乙烯按上面的比例进行调和均匀；然后，倒入过氧化环己酮搅拌均匀；再倒入萘酸钴搅拌均匀。最好的渗透胶状态是在倒渗透胶时渗透胶能流成线状，这时的黏度最好，渗透效果最好。

（2）渗透的工艺流程

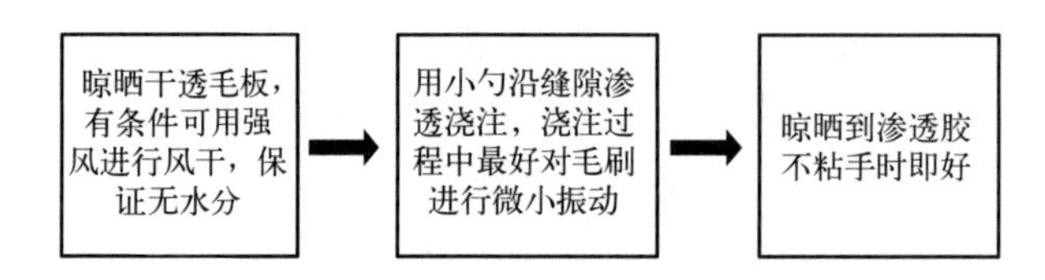

注意事项：不能把 307 不饱和树脂直接与过氧化环己酮及萘酸钴调和，更不能把过氧化环己酮和萘酸钴单独直接混合。应该用多少就配多少，或者边配边用。

3. 石材断开

（1）环氧树脂粘接　采用环氧树脂作为粘接剂，材料配比同木构件加固。

（2）石材粘接剂　用石材粘接剂，粘接胶的配制为：307 不饱和树脂 100%；过氧化环己酮 4%～5%；萘酸钴溶液 3%～4%。配制时先把 307 树脂和过氧化环己酮混合，再加入萘酸钴混合。根据需要，使用多少就配多少，而且使用时间不要超过 10min。

粘接时的操作：第一，清洁粘接面，做到无水、无尘；第二，粘接面上均匀涂上粘接胶，注意不要太厚；第三，涂好胶后立即对接，挤压紧，使粘接胶略有溢出，并根据材料情况选择平粘或竖粘。另外对于小面积的破裂，可用于 502 胶或大力胶粘接。

（3）云石胶粘接　采用云石胶按比例调和后进行粘接，这种办法速度比较快，要注意时间的控制，以确保质量。

以上几种方法（云石胶除外）的共同缺点是，黏合后的石缝颜色较深，影响外观效果，故一般在粘接时，距离表面应留有 5～10mm 的空隙，待主体粘牢后，再用乳胶或白水泥掺原色石粉补抹齐整，与周围色泽协调一致。

4. 柱础

因为柱子多为钢筋混凝土，已不存在柱根防腐的问题，只是为了满足古建筑外形需要，所以柱础多用混凝土或砂浆按照传统做法做出，表面剁斧；还有的将石质柱础石中心挖空，直接将柱子穿下去做成套柱础；另外还有根据尺寸到石材市场，加工大理石或花岗岩的石套。石套如图 3-35 所示。

图 3-35　石套

四、注意事项、质量检验与控制要求

（一）台明修缮施工注意事项

1. 一般要求

修缮的灰缝部位，所用灰浆品种、材料配比必须符合设计要求或古建筑常规做法，保证灰浆饱满，灰缝平直，宽度均匀，勾缝整齐、严实、干净。

2. 截头方正

用方尺套方、尺量端头偏差进行控制。

3. 柱顶石水平程度

用水平尺和楔形塞尺控制。

4. 柱顶石标高、台基标高

用水准仪或尺杆控制。

5. 轴线位移

检查面阔、进深轴线位置，用尺量或经纬仪控制。

6. 高差及平整度

相邻石（包括台阶、阶条、地面）等大面平整度、外棱直顺度、高低差、出进错缝、石活与墙身进出错缝的检查，均用短平尺贴于高出的石料表面，用1m靠尺和楔形塞尺控制和调整。

7. 打道密度

用尺量、取平均值进行控制。

8. 剁斧密度

用尺量、取平均值进行控制。

（二）质量检验与控制

1. 台明的尺度应权衡

进深、面阔、廊深应依据木架梁檩的长度进行确定，但应注意加放掰升尺寸，即柱子垂直竖立时，台明和梁架的进深、面阔和廊深尺寸完全相同，但如果柱子有升（侧脚），不是垂直竖立时，台明上的尺寸应大于梁架尺寸。台明的其他尺寸则与柱高、上檐出（上出）或柱径有关。

台明各部分尺度的确定可参考表3-1。

表3-1　台明各部分尺度的确定

项目		大式	小式	说明
台明高（自土衬上皮算起）	普通台明须弥座	1/5檐柱高 $\left(\frac{1}{5}\sim\frac{1}{4}\right)$檐柱高	$\left(\frac{1}{7}\sim\frac{1}{5}\right)$檐柱高	（1）地势特殊或因功能需要者，可酌情增减 （2）月台、配房，应比正房矮一阶，即为一个阶条的厚度 （3）带斗栱者，柱高算至耍头
台明总长		通面阔加山出	通面阔加山出	（1）台明土衬总长宽应加金边（1寸或2寸） （2）施工放线时应注意加掰升尺寸
台明总宽		通面深加下出檐	通面深加下檐出	
下檐出		$\left(\frac{2}{10}\sim\frac{3}{10}\right)$檐柱高	2/10檐柱高	（1）硬山、悬山以2/3上檐出为宜 （2）歇山、庑殿以3/4上檐出为宜 （3）如经常作为通道，可等于或大于上檐出尺寸 （4）硬山建筑后檐墙为老檐出做法的，后檐下出可适当减少

续表

项目		大式	小式	说明
平台房下出		同上檐出	同上檐出	不宜小于500mm
硬山建筑封后檐下出		1/2柱径加 $\left(\frac{2}{3}\sim\frac{3}{3}\right)$柱径加 金边(2寸)	1/2柱径加 $\left(\frac{2}{3}\sim\frac{3}{3}\right)$柱径加 金边(1寸)	—
山出	硬山	外包金加金边	外包金加金边	柱径不同时按最粗者算，即有山柱(中柱)时按山柱径算，无山柱有金柱时按金柱径算
	悬山	2～2.5倍柱径	2～2.5倍柱径	
	歇山、庑殿	同下沿檐出尺寸		
山墙厚(下碱尺寸)	里包金	1/2柱径加2寸	(1)1/2柱径加1.5寸 (2)1/2柱径加花碱尺寸 (内檐不退花碱者不加)	(1)柱径不同时按最粗者算，即有山柱(中柱)时按山柱径算，无山柱有金柱时按金柱径算 (2)上身厚度按下碱厚度减花碱(一侧或两侧)尺寸算
	外包金	(1.5～1.8)倍山柱径	1.5倍柱径	
墀头宽(下碱尺寸)	咬中	柱子掰升尺寸加花碱(里侧)尺寸	柱子掰升尺寸加花碱(里侧)尺寸，或按1寸算	—
	外包金	同山墙外包金	同山墙外包金	同山墙
墀头小台阶		$\left(\frac{6}{10}\sim\frac{8}{10}\right)$檐柱径	$\left(\frac{3}{10}\sim\frac{6}{10}\right)$檐柱径	(1)最终尺寸可根据墀头稍子天井尺寸折算 (2)做挑檐石者，一般定为8/10柱径
后檐墙厚下碱尺寸)	里包金	1/2檐柱径加2寸	1/2檐柱径加1.5寸 1/2檐柱径加花碱尺寸	—
	外包金	1/2檐柱径加 $\left(\frac{2}{3}\sim\frac{3}{3}\right)$檐柱径	1/2檐柱径加 $\left(\frac{1}{2}\sim\frac{2}{3}\right)$檐柱径	—
槛墙厚	里包金	1/2柱径加1.5寸	1/2柱径加1.5寸， 或按1/2檐柱径	—
	外包金	1/2柱径加1.5寸	1/2柱径加1.5寸， 或按1/2檐柱径	—
金边		$\left(\frac{1}{10}\sim\frac{3}{10}\right)$山柱径	1/10山柱径	大式以1/2小台阶尺寸为宜

2. *台明尺度控制*

小式建筑的台明高度宜为檐柱高度的（1/7）～（1/5），大式建筑的台明高度宜为檐柱高度的（1/5）～（1/4）。露台应设栏杆，且其高度应比台明低一个踏步。台明下出宜为上檐的（3/4）～（4/5）。回水宜为200～400mm。

有些地方做法为：小式建筑的台明下出宜300～400mm（檐柱、廊柱中心线至阶沿石外皮）；大式建筑的台明下出不得小于500mm。

3. *石鼓磴*

顶面的半径，在小式建筑中宜比柱底端半径大0～20mm，在大式建筑中宜比底端半径大30～40mm。石鼓磴高度与其顶面直径之比宜为0.6～0.7。

4. 柱顶石

直径应为 2 倍本柱径，厚应同柱径。檐柱与金柱柱顶石宜同厚。柱顶石的鼓镜高应为本柱径的 20%～30%，鼓镜上皮直径应为 1.4～1.5 倍本柱径。

5. 砖砌柱基

应按独立砖柱基础设计，独立砖柱基础之间宜设置地垄墙，独立砖柱基础与地垄墙须同时设计。

6. 磉石

小式建筑与大式建筑中所有柱的磉石均宜采用整磉石。

7. 垂带

一侧垂带至另一侧垂带的水平距离为垂带踏跺的中距，这个中距应等于明间面阔的长度。垂带石本身的宽度宜按檐柱（指圆柱，梅花柱除外）柱径的 1.5～2 倍确定，最小不应小于 40cm。若方梅花柱为檐柱的垂带台阶，垂带石宜按 40～50cm 确定。垂带石的设计厚度应为 12～15cm。踏跺石的宽度应为 32～37cm（其中叠压 2cm；净漏 30～35cm，宜为 30cm），厚度应为 12～15cm，宜为 12cm。象眼石厚度应同垂带石或阶条石。

8. 垂带踏跺

应由垂带石、象眼石、踏跺石（又称踏跺基石、踏跺心石）、砚窝石、土衬石等组成。垂带踏跺与如意踏跺在归安时，应设计每块踏步，做出适当排水。

9. 如意台阶

如意台阶无垂带、象眼石、燕窝石，各层台阶均应由踏跺基石组装拼装而成。如意台阶踏跺基石厚度尺寸同垂带台阶踏跺，基石亦可使用青砖砌筑（陡砌）。

10. 礓礤

礓礤是一种剖面呈锯齿状、表面如搓衣板状的石构件或砖砌坡道。礓礤石单块规格大小不限，每一级礓礤宽度都应一致。宽度宜为 5～10cm，厚度宜为 10～15cm。礓礤砖砌台阶应用青砖砌成，砖厚即为礓礤厚度。

11. 石栏杆

（1）用途　石栏杆和护身墙主要用于高台临空侧或高差较大的台阶临空侧。栏杆和墙的高度应在 1.1m 左右。

（2）形式

① 寻杖栏板栏杆。

② 罗汉栏杆。

（3）构造

① 寻杖栏板的地栿高宽比宜为 1∶2 左右，高宜为 14～18cm，其中地栿槽深宜为 2～3cm，宽宜为 25～36cm。地栿外皮至须弥座上枋石外皮的尺寸应为 5～7cm。

② 寻杖栏板的望柱由柱身和柱头组成。柱身断面宜为正方形，柱头高度依形式不一而不同，高度不应大于 1/2 柱身高。

③ 寻杖栏板的设计高长比宜为 1∶2 左右，具体尺寸根据实际情况而定。其高度，设计时宜为 3～3.5 倍望柱柱径或 80～90cm。栏板的设计厚度上下应不同，下皮厚度宜约为柱径的 80%，寻杖上口厚应约为柱径的 70%。寻杖断面呈八片花瓣形。栏板下口应安装在地栿上面的望柱槽内。

④ 寻杖栏板的抱鼓石的最高部位高同栏板，厚度宜为望柱柱径的 80%，上下同厚，无收分。抱鼓石的设计长度宜为栏板高度的 1.5～2 倍。

⑤ 寻杖栏板带有石栏杆的台基，地栿与上枋上皮之间间隔适当距离应设计有排水沟眼。

⑥ 罗汉栏板栏杆应是一种不安望柱、只安栏板的栏板栏杆。

⑦ 罗汉栏板栏杆地栿的设计尺寸应基本同寻杖栏板栏杆。形式应为上面只需剔凿栏板槽，不需望柱槽。

⑧ 罗汉栏板应比寻杖栏板略厚，且栏板上下无须收分。上口边角倒棱或磨成圆棱泥鳅背。其栏板肚的厚度宜为地栿宽度的60%～70%（14～20cm）。栏板肚分两阶凸出，每阶0.5～1cm。使用罗汉栏板者，同一列的栏板数量一定是奇数，用于当中一块者最高，其他各块依顺序递减，每级宜为5～10cm，且当中一块的设计高度宜为70～90cm。栏板的长度也应以当中一块最长。

⑨ 罗汉栏板栏杆抱鼓石的高度应与最末一块栏杆高度同高或略低。厚应同其他栏板（不含栏板肚厚度）。

（4）石活补配维修质量要求

① 文物建筑中的石构件维修必须保护原物，对局部残损的石构件，除特殊承重者外，应保留原物并用与原材质、色泽基本相同的石料补配。

② 补配的石料必须保留原石料构件的色泽和工艺特点，不得有砂轮痕迹和明显的錾印。

③ 补配的石料需用高分子化学材料粘接时，粘接剂的配方须在试验室取得科学依据后方可在原构件上使用。粘接石料时，粘接剂必须饱满严实，厚度适当，不得脏污石料表面。石件对头缝压胶必须足实。

④ 文物建筑中的石构件如必须更换承重构件时，新石料的纹理走向应符合受力要求，石料质地、色泽均应与原构件相同，加工技术也应反映原石件的工艺水平。

⑤ 补配的石料，其质地、色泽应与原石料相同。粘接缝不明显，表面光洁、平整、细腻、无流痕。

⑥ 新补配的石料按设计尺寸制作，其外观应与原石料规格相同，花纹图案接茬自然，无脏污痕迹，工艺细腻，接近原石料加工的时代特点。

第四节　地面与道路的维修

任何时期的地面与道路都与人们生活息息相关，无论是室内地面还是室外地面及道路，它都是最直接受到人为损毁的设施。

一、地面及道路构成

古建筑地面可分为室内铺装与室外铺装，也称铺墁、墁地。室内外地面铺装以材质而论，主要是木、砖、石几大类，以砖石类居多。以地面所处的不同位置而论，又有相应的名称，如甬路、散水，海墁等。甬路是庭院的道路，重要宫殿前的主要甬路用大块石料铺墁的称为“御路”。散水用于房屋台明周围及甬路两旁。海墁是指室外除了甬路和散水之外的所有空地全部用砖铺墁的做法。四合院中，被十字甬路分开的四块海墁地面俗称“天井”。

（一）室内铺装构成

1. 泥沙面层

有由原始沉降密实的黏土自然形成的地面，也有用黏土与砂石或白灰组成并压实的人工地面，早在原始社会，就有用烧烤地面使其硬化的方式以隔潮湿。周朝初也有在地面抹一层由泥、沙、石灰组成的面层，其表层形成了板结的硬壳，具有一定的强度和隔水性。此种面层在以往民居中或室外道路中常见。目前在室内几乎见不到了。

2. 砖铺地坪

西周晚期时已出现铺地砖，东汉墓中已出现了磨砖对缝的地砖，室内铺地多用方砖平铺，很少侧放，一般采用对缝或错缝的方式。条砖有用席纹或四块砖相并横直间放的，还有金砖铺地。所谓金砖，实际上与金子无关，从明朝初期时起，这种由特殊工艺制作成的金砖一直是紫禁城的专用品，在故宫的重要宫殿中都铺设有这样的砖。

室内砖铺地面分细墁地面、淌白地面、金砖地面、糙墁地面以及木地板。

（1）细墁地面　细墁地面的做法特点是，砖料应经过砍磨加工，加工后的砖规格统一准确，棱角完整挺直、表面平整光洁。地面砖的灰缝很细，表面经桐油浸泡，地面平整、细致，洁净、美观，坚固耐用。

细墁地面多用于大式或小式建筑的室内，做法讲究的宅院或宫殿建筑的室外地面也可用细墁做法，但一般限于甬路、散水等主要部位，极讲究时才全部采用细墁做法。

室内细墁地面一般都使用方砖。按照规格的不同，有“尺二细地”“尺四细地”等不同做法。小式建筑的室外细墁地面多使用方砖，大式建筑的室外细墁地面除方砖外，还常使用城砖。

细墁地面所用的砖料一般应达到“盒子面”的要求。

（2）淌白地面　可视为细墁做法中的简易做法。淌白地面的主要特点是，墁地所用的砖料仅要求达到“干过肋”，不磨面（详见本节“三、处理办法”的内容）。也有人认为，砖料只磨面但不过肋，用这种砖墁成的地面叫淌白地面。总之，淌白地面的砖料的砍工程度不如细墁地面用料那么精细，墁地的操作程序可与细墁地做法相同，也可稍微简化一些（如不揭趟）。墁好后的外观效果与细墁地面相似。

（3）金砖地面　金砖地面可视为细墁做法中的高级做法。其砖料应使用金砖，做法也更加讲究，多用于重要宫殿建筑的室内。

（4）糙墁地面　糙墁地面的做法特点是：砖料不需砍磨加工，地面砖的接缝较宽，砖与砖相邻处的高低差和地面的平整度都不如细墁地面那样讲究，相比之下，显得粗糙一些。

大式建筑中，多用城砖或方砖糙墁，小式建筑多用方砖糙墁。普通民宅可用四丁砖、开条砖等条砖糙墁。糙墁地面多用于一般建筑的室外。在做法简单的建筑及地方建筑中，糙墁做法也用于室内地面。

（5）木地板　在已处理过的基层上铺设木材面作为地坪，此种做法室内外均有，室内一般在二层及以上使用，室外近期使用较多，在景观园林中尤甚。在室内使用，从某种方面提高了建筑及室内装修的档次，具有良好的使用性、舒适性和观赏性。室内墁地种类见图 3-36。

（二）室外地坪及道路的铺设构成

室外广场、道路及游园路的面层通常都根据功能、使用及观赏需要进行铺装。铺装时大多使用砖石材料，构图也多种多样。从档次、色调、材质、实用、观赏以及经济等方面都能在路面及广场上看出来。室外地面构成除有些与室内相同外，还有石墁御路、石材铺墁、方砖铺墁、条砖铺墁、卵石铺墁等，室外墁地种类见图 3-37。

地面砖的排列形式较多，其铺设样式如图 3-38 所示。

(a) 方砖铺地(细墁地面)

(b) 条砖铺地(糙墁地面)

(c) 金砖地面

(d) 木地板

图 3-36 室内墁地种类

(a) 御路

(b) 方正石铺墁

(c) 碎石路面

(d) 方砖铺墁

(e) 条砖平铺

(f) 条砖立铺

(g) 黏土及三合土路面

图 3-37

(h) 汀步路面

(i) 冰纹路面

(j) 碎拼路面

(k) 卵石路面

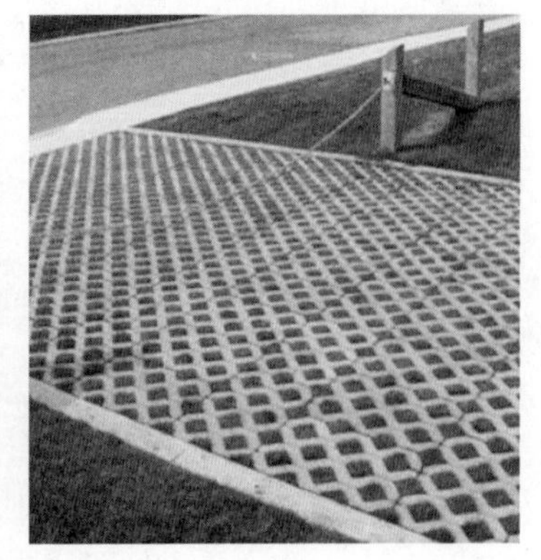

(l) 植草砖铺装

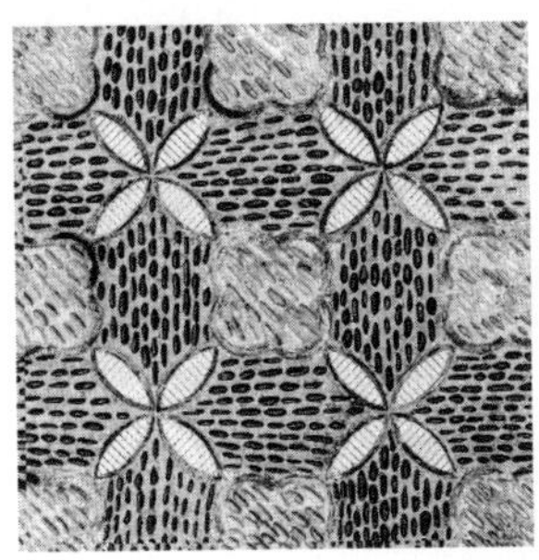
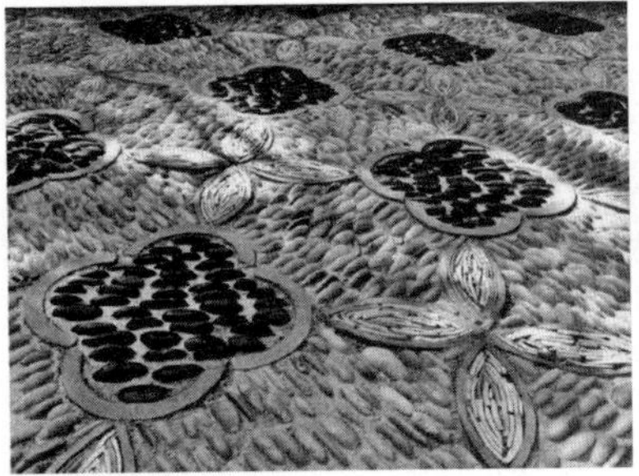
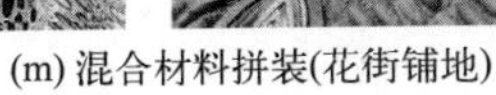

(m) 混合材料拼装(花街铺地)

(n) 海绵城市透水路面

(o) 木板铺装

图 3-37　室外墁地种类

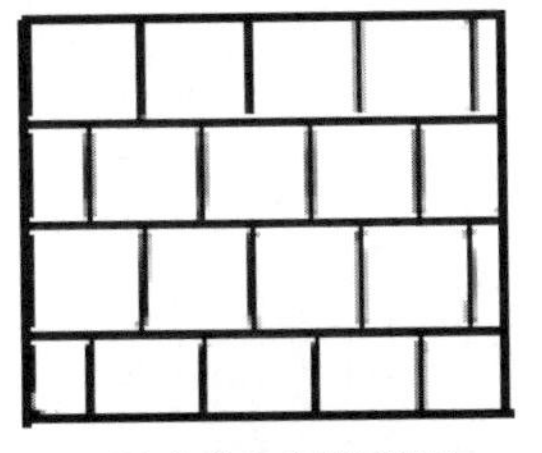

(a) 方砖十字缝(常用)

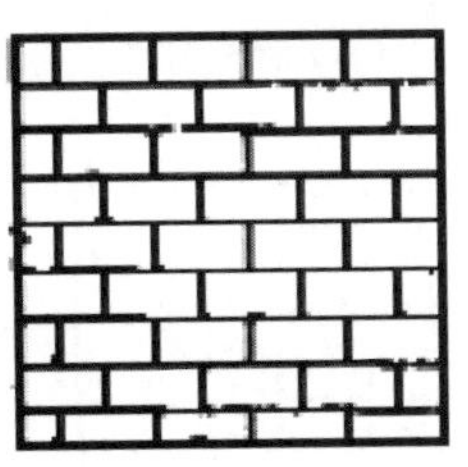

(b) 条砖十字缝(小式建筑)

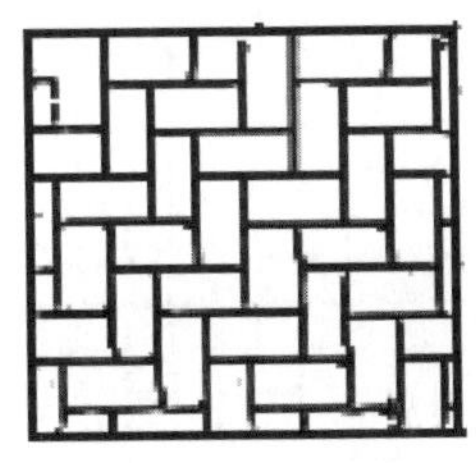

(c) 拐子锦(小式建筑)

(d) 条砖斜墁(小式建筑)

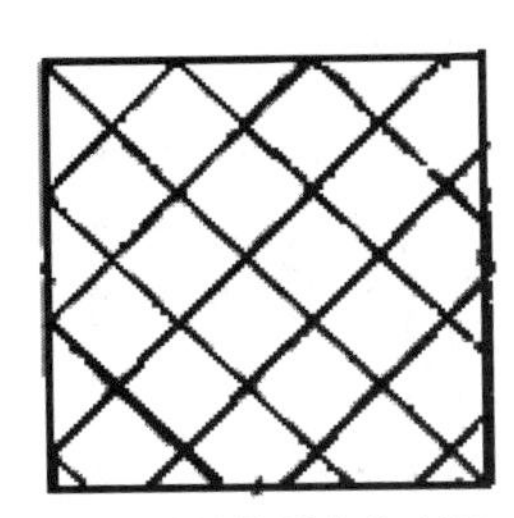

(e) 方砖斜墁(讲究的建筑)

(f) 城砖陡板十字缝(宫殿)

(g) 城砖斜柳叶(宫殿室外)

(h) 城砖直柳叶(宫殿室外)

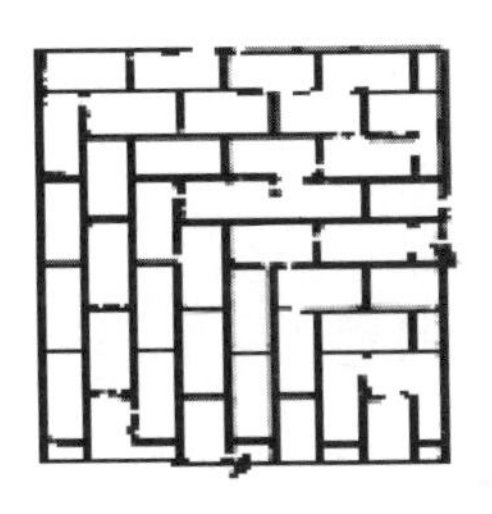

(i) 席纹(民居、园林)

图 3-38

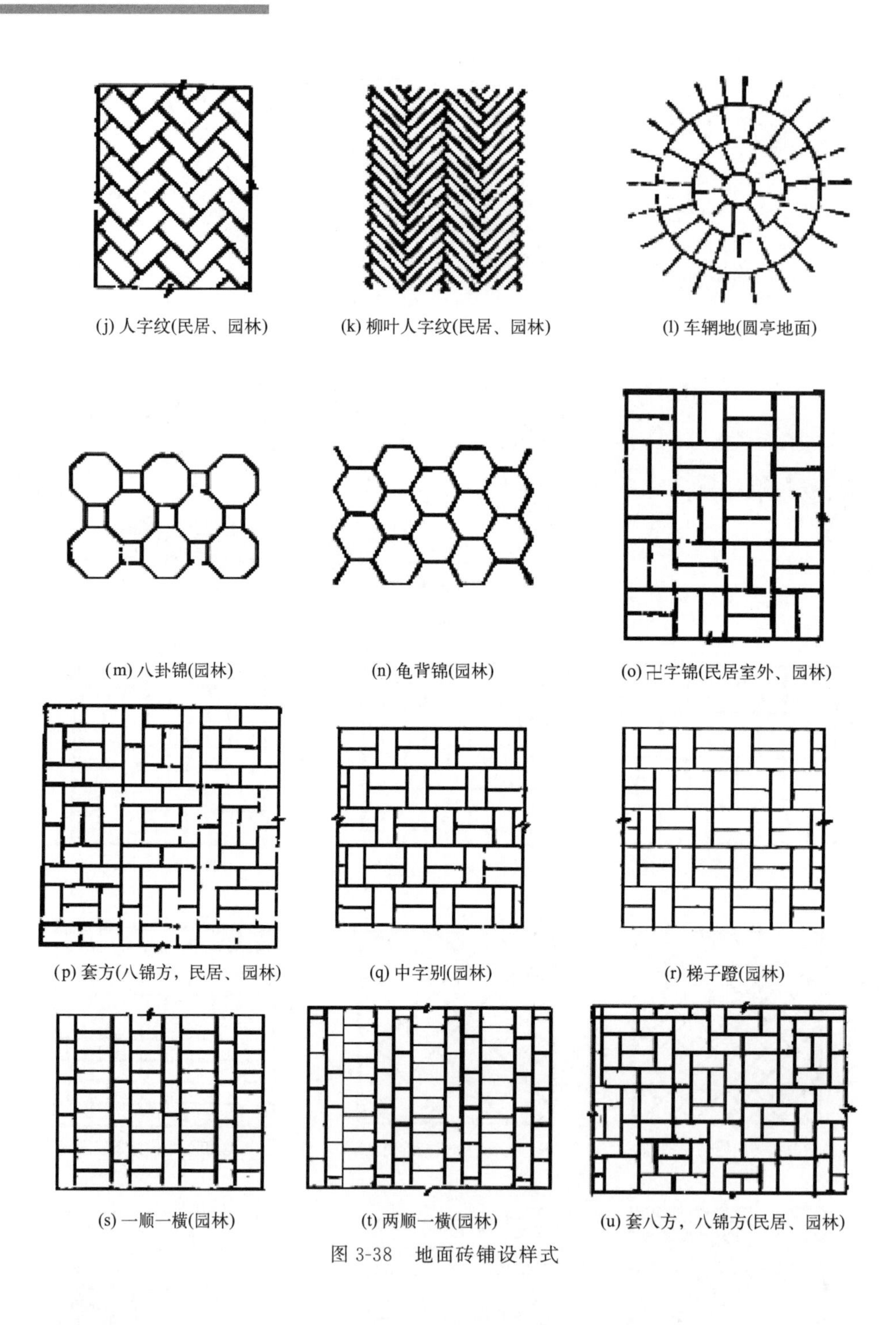

图 3-38　地面砖铺设样式

二、常见问题

(一) 室内地面

古建筑室内地面常见问题如下。

1. 砖地面

地面砖翘曲、不平整、断裂等。

2. 木地面

木地板有起皮、落色、劈裂、露钉等。

室内地面常见问题见图 3-39。

(a) 块料地面

(b) 木地面

图 3-39 室内地面常见问题

(二) 室外地坪

1. 砖地面

由于室外地坪直接接触外界环境，所以除以上室内问题外，还有碎裂、残损、脱壳、缺失、凹陷、崎岖不平。

2. 木地面

木地坪出现磨损严重、脱漆、糟朽、断裂、露钉等现象。

室外地面常见问题如图 3-40 所示。

(a) 残损、缺失、凹陷、崎岖不平

(b) 断裂

(c) 塌陷

(d) 脱漆、糟朽、露钉

图 3-40 室外地面常见问题

三、处理办法

(一) 室内地面修缮

1. 室内砖地面

对于碎裂、残缺，面积小时可以局部揭除重墁，面积大时需全部揭除重墁。残毁地面揭除重墁时，首先做好原样记录，然后逐行逐块用撬棍轻轻揭除。依规格或残毁程度分类码放，查清数量。在铺墁前应清除砖上和木板上的残渣灰迹。残损木地板拆除可参照砖地坪做法。进行室内地面修缮时，在拆除残损旧面层后，再清理找补旧垫层，找补残毁的旧垫层需按原制补做。或重新做垫层，普通砖墁地可用素土或灰土夯实作为垫层。素土夯平或打三七灰土1～2步，先铺底灰厚1～2cm，细墁所用底灰，古代常用纯白灰浆掺灰泥。近代常用1∶3白灰砂浆或1∶2白灰细焦渣。泥浆的配合比（体积比）为白灰∶黄土＝3∶7，泥宜稠不宜稀。大式建筑的垫层比较讲究，至少要用几步灰土作为垫层。重要的宫殿建筑常以墁砖的方式作为垫层。

垫层一定要夯实，垫层的夯实程度关系到上面铺砖的整齐性和稳固性，并能延长其使用寿命。因地面的垫砖经过长期踩踏会导致变形，所以垫层的夯实度是质量控制需注重的一点。

做垫层时根据设计标高或原有地坪的垫层标高做好贴饼，控制好整体垫层的高度，垫层做好后，即可按设计要求或原样挂线进行铺墁（图3-41）。

(a) 拆除旧地坪

(b) 铺墁前

(c) 铺墁后

图3-41　室内地面修缮

室内用方砖或条砖铺墁分为糙墁和细墁，室内一般做细墁较多，一般程序如下。

（1）砖加工　古建筑墁砖细墁所用方砖或条砖，必须经过砍磨加工。严格控制方砖的平整度、方正度及包灰、转头肋的尺度。如是条砖，首先用磨石或两砖面相对，将砖正面磨平（现在多用电动砂轮磨平），再将四个侧面，用平尺、方尺找直校正，按要求尺寸画线，再把多余的砖边砍掉，用磨石磨平，底面斜收，砍后砖块呈面大底小的斗形。此种做法砍磨砖块的五个面，故称“五剥皮”。砖加工名称如图3-42所示。

如是方砖或仿古建筑用的水泥仿方砖，具有地面整洁美观，颜色均匀，棱角完整，表面无灰浆、泥点等不洁现象，接缝均匀，宽度一致，油灰饱满严实等优点。水泥仿方砖效果如图3-43所示。

（2）设置控制线　核对标高，按设计标高抄平。室内地面可距铺装完成面一定高度弹水平闭合线（墨线），标注在四面墙上，标高应以柱顶盘为准（图3-44）。现代建筑一般设置50cm线，以控制标高，再以此控制线按设计标高或原标高在房子两侧和正中拴线作为铺设标志，此拴线称为“拽线”。廊心地面应向外做出“泛水”。先由室内中间向四面拴两道十字线，使砖缝与轴线平行，破活放在后墙或两山，明间进门中心处应是好活。

（3）冲趟　冲趟是指在靠近拽线处墁一趟砖，作为墁地首样，这时要注意，排砖时，一般中轴线入口门槛处要放置整砖，且室内最好不要错缝铺墁。

（4）样趟　在两道拽线间拴一道卧线，以卧线为标准，用砍磨加工的砖块，逐行按线摆正，依原样试摆铺墁。上棱跟线，用水平尺和拐尺检验砖块是否方正、平整，边棱接缝是否严密平直，不足之处应随时用磨石修好，注意泥不要抹得太平、太足，即应打成“鸡窝泥”。

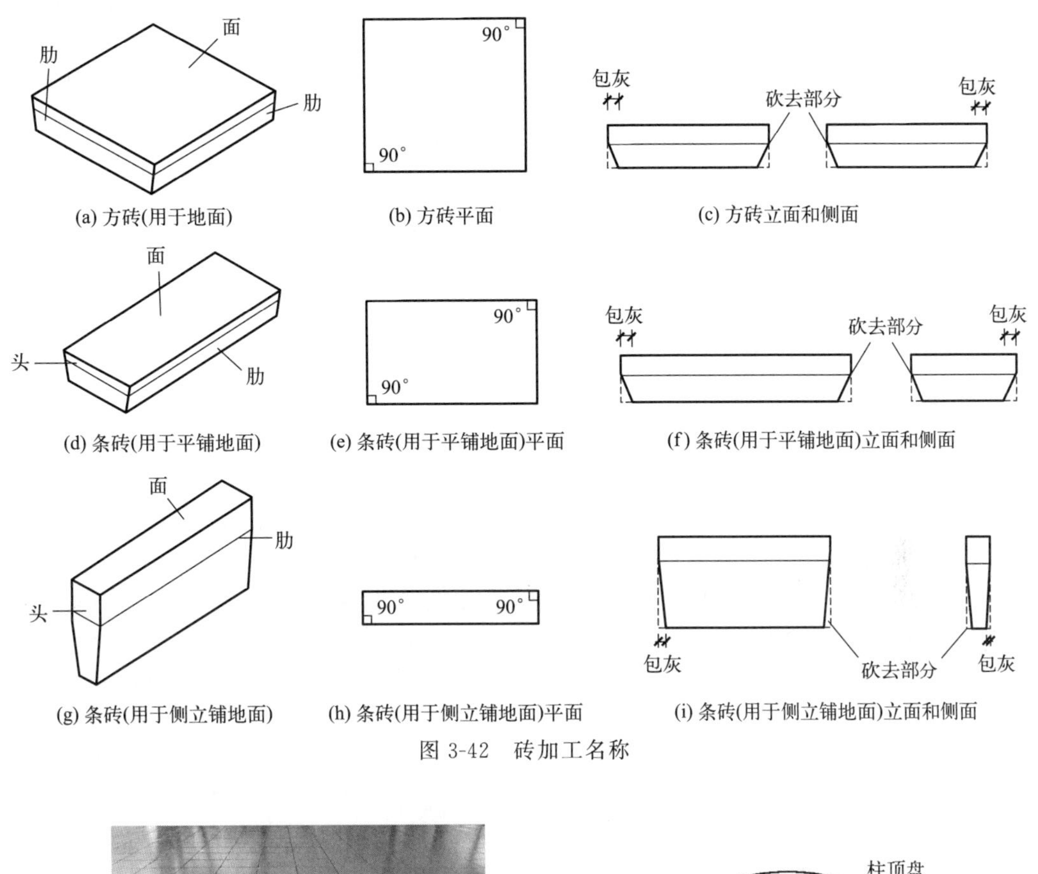

图 3-42　砖加工名称

图 3-43　水泥仿方砖效果

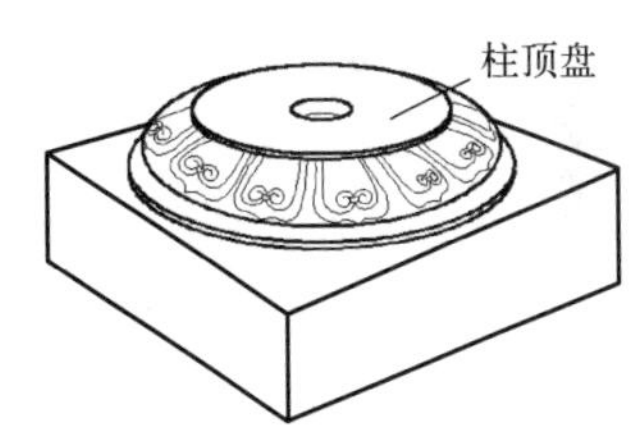

图 3-44　柱顶盘设置位置

（5）揭趟、浇浆　将墁好的砖揭下来，准备正式铺墁。放在一边，保护好棱角。必要时可逐一打号，以便对号入座。泥的低洼之处可做必要的补垫，然后在泥上泼洒白灰浆。浇浆时要从每块砖的右手位置沿对角线向左上方浇，浆要浇足。

（6）上缝　在砖的里口砖棱处抹上油灰（即“挂油灰”），为确保灰能粘住（不“断条”），砖的两肋要用麻刷蘸水刷湿，必要时可用矾水刷棱。但应注意刷水的位置要稍靠下，不要刷到棱上。挂完油灰后即可重新墁砖，同时用木墩槌击震，在砖上连续地戳动前进即为上缝。砖缝要挤严，使四角合缝，砖棱要跟线，砖面要平整。砖棱勾灰时用青白麻刀灰，宫廷中细墁勾缝常用油灰。白灰和生桐油的质量比为 1∶1（或加少许白面），以竹制宝剑形的抹子，尖挂油灰抹在待墁的砖块接缝处。铺墁后油灰挤在缝内，外露油灰擦拭干净。此种做法称为“宝剑油灰”。之后对墁砖地面进修补、冲刷、打扫。

（7）铲齿缝　又叫墁干活，用竹片将表面多余的油灰铲掉，擦净油灰污迹，即“起油灰”，然后用磨头或砍砖工具将砖与砖之间凸起的部分（相邻砖高低差）磨平或铲平。

（8）刹趟　刹趟即以卧线为准，检查砖角和砖棱，不平处或有多出，用磨头磨平。

（9）打点　如发现砖面上有残缺或砂眼，要用砖药抹平，即用砖面灰打点砖表面的蜂窝麻面。

（10）墁水活　打点灰干好后，将地面重新检查一遍，如有凹凸不平，要用磨头蘸水磨平。磨平之后将地面全部蘸水揉磨一遍，最后擦拭干净，以保证地面的平整度。

（11）钻生　宫廷或重要建筑的砖地面，细墁后还要做加固处理，俗称“钻生”，即在室内细墁砖地面干后，打扫干净，钻生桐油（用生桐油浸泡）2～3 道，或使灰钻油：在细墁砖地面上，先刷生桐油 1～2 遍，再涂灰油 1～2 遍，最后刷光油 1～2 遍。使地面光滑耐久而且防水，这是地面工程中最为重要的一点。

（12）泼墨　烟子稀释后与生油勾兑均匀，从内到外进行刷油，到地面不喝油为止。擦净地面，地面不得窝油、挂甲。

2. 室内木地面

木地板修缮安装施工，大多是二层以上居多，通常采用实铺方法施工。如是用拆除的原地板铺装，应尽量按原记录的位置铺装。对于残缺的需更换的部位，尽量用与原材质相近的木材或旧木材，板厚、木纹和色泽应力求与原有的一致。无论是修缮还是新装修，规格尺寸应符合设计要求，板材须经烘干处理。铺钉时应先在楼板上弹出各格栅位置中线，墙体四周弹好 50cm 水平线。铺装木地板的搁栅应使用松木、杉木等不易变形的树种，木搁栅、踢脚板背面均应进行防腐处理。

（1）破损木构件拆除　将损坏及腐朽的木地板、搁栅、木踢脚板等木构件拆除。拆除时应对品质完好的木构件进行妥善保护，不可造成伤害。

（2）修补安装木搁栅（俗称龙骨、木棱）　修缮时按原有木搁栅材质与断面制作更换；新做时，采用梯形截面（断面呈梯形，宽面在下）或矩形截面，可以在基层与木搁栅之间加防水层一道，即干铺油毡一层，与墙身防潮层连接。搁栅的安装固定方法是：先在地面做预埋件（或架于建筑梁、檩上），预埋件为螺栓及铅丝，预埋件间距为 800mm，也可用水泥砂浆固定木搁栅，然后进行铺钉，木搁栅用 50mm×70mm 垫木做成，要做防腐处理，间距一般为 400mm，中间可填一些轻质材料，如干炉渣或其他保温材料，并加以压实，以降低人行走时的空鼓声并改善保温隔热效果。

（3）更换木地板　根据原构件材质、尺寸选料制作更换，新做选用铺装木地板时，根据设计要求，厚度一般为 18～23mm。软质木材：松木、杉木、柏木等有弹性的木材，但耐磨性较差，如干燥不够，易变形开裂。硬质木材：如水曲柳、桦木、核桃木、槐木、海棠木、榉木，具有质地坚硬、纹理细腻、耐磨性好、富有弹性、干燥、洁净、美观等优点。有高级木地板：如樱桃木、龙眼木、香樟、菠萝格等。所有的木地板都应进行检查挑选，有节疤、劈裂、腐朽、弯曲等不合要求的不能使用，其含水率不应超过 12%。

施工时，从墙的一边开始更换木构件，靠墙的一块板应离墙面有 5～10mm 的缝隙，由踢脚板遮盖。以后逐块排紧，用钉从板侧凹角处斜向钉入，钉长为板厚的 2～2.5 倍，钉帽要砸扁，企口条板要钉牢、排紧。板的排紧方法一般可在木搁栅上钉扒钉一个，在扒钉与板之间夹一对硬木楔，打紧硬木楔就可以使板排紧。钉到最后一块企口板时，因无法斜着钉，可用明钉钉牢，钉帽要砸扁，钉入板内。企口板的接头要在搁栅中间，接头要互相错开，板与板之间应排紧，搁栅上临时固定的木拉条，应随企口板的安装随时拆去，铺钉完之后及时清理干净。有时为了结构的整体性，在实铺实木地板面层之下铺基面板（也称毛地板），基面板使用大芯板。

木地板接缝形式见图 3-45。

（4）净面细刨、磨光　地板刨光宜采用地板刨光机（或六面刨），转速在 5000r/min 以

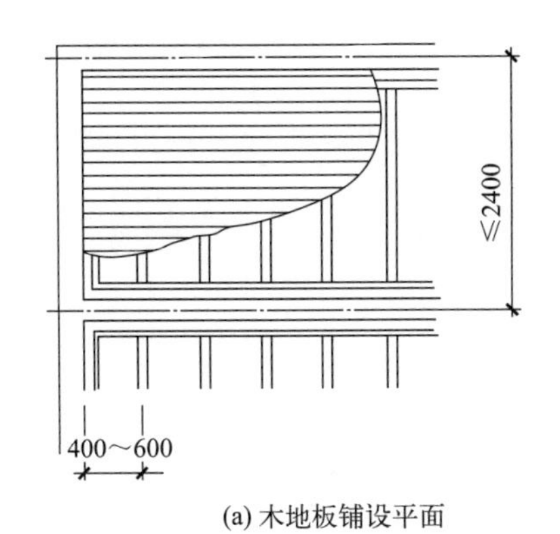

(a) 木地板铺设平面

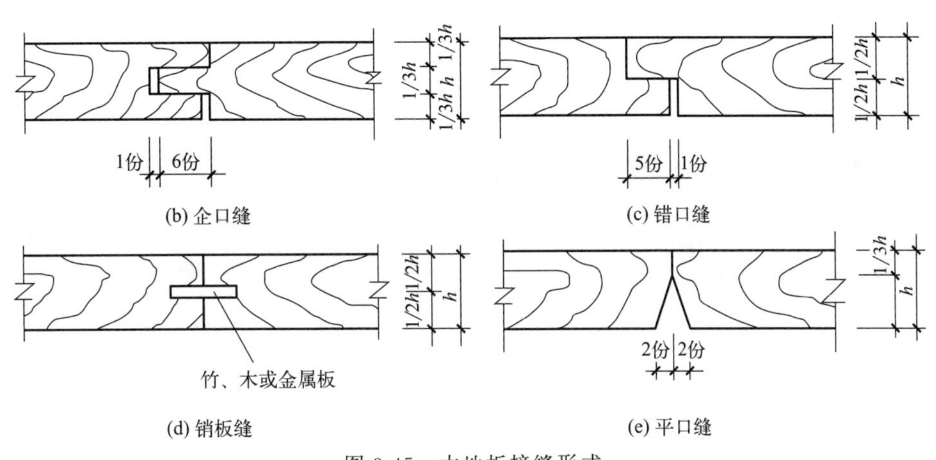

(b) 企口缝 (c) 错口缝

(d) 销板缝 (e) 平口缝

图 3-45 木地板接缝形式

上。先应垂直木纹方向粗刨一遍（根据实际情况可免），再依顺木纹方向细刨一遍。长条地板应顺木纹刨，拼花地板应与地板木纹成 45°斜刨。刨时不宜走得太快，刨口不要过大，要多走几遍，地板机不用时应先将机器提起关闭，防止啃伤地面。机器刨不到的地方要用手刨，并用细刨净面。地板刨平后，应使用地板磨光机磨光，所用砂布应先粗后细，砂布应绷紧绷平，磨光方向及角度与刨光方向相同。

（5）踢脚板安装　施工前应认真清理墙面，提前一天浇水湿润。木踢脚应提前刨光，在靠墙的一面开成凹槽，并每隔 1m 钻直径 6mm 的通风孔，在墙上应每隔 75cm 砌防腐木砖，在防腐木砖外面钉防腐木块，再把踢脚板用明钉钉牢在防腐木块上，钉帽砸扁冲入木板内，踢脚板板面要垂直，上口至水平，在木踢脚板与地板交角处，钉三角木条，以盖住缝隙。木踢脚板阴阳角交角处应切割成 45°角后再进行拼装，踢脚板的接头应固定在防腐木块上。

（6）油漆工程施工要点　油漆修缮施工要进行基层处理，清理打磨旧漆皮，刷清油一道，并将脂斑剔除封固，活节补好。

① 油漆工程施工时，施工环境应当清洁干净，抹灰工程、地面工程、木装修工程、水暖电气工程等全部完工后再进行油漆工程。

② 一般油漆工程施工时的环境温度不宜低于 10℃，相对湿度不宜大于 60%。

③ 油漆涂刷前，物件的表面必须干燥，当为木基层时，表面含水率不宜大于 12%。

④ 油漆工程施工过程中应注意气候条件的变化，当遇有大风、雨、雾等情况时，不可施工（特别是面层油漆，不应施工）。

⑤ 油漆工程施工前，应先做出样板，请建设方签认。

⑥ 每遍油漆施工时，应待前一遍油漆干燥后进行。涂刷最后一遍油漆时，不得随意在油质涂料中加入催干剂。

⑦ 油漆工程施工时的材料稠度，应根据不同材料的性能和环境温度而定，不可过稀、过稠，以防透底和流坠。

（7）油漆工程操作的注意事项

① 底油时，木材表面、门四周均须刷到刷匀，不可遗漏。

② 抹腻子，对于宽缝、深洞要深入压实，抹平刮光。

③ 磨砂纸，要打磨光滑，不可磨损棱角。

④ 涂刷油漆时，均应做到横平竖直、纵横交错、均匀一致。在涂刷顺序上应先上后下，先内后外，先浅色后深色，按木纹方向理平理直。涂刷混色油漆，不少于 3 遍。

现在常用的方法还有：清理旧地板表面，砍净挠白；找补细腻子（尽量不要遮盖原有木纹）；面层刷底油 1 道；刷醇酸调和漆或清漆 2 道；刷罩光油 1 道，颜色同原有构件。木地板修缮前后对比见图 3-46。

(a) 修缮前　　(b) 修缮后

图 3-46　木地板修缮前后对比

（二）室外地面修缮

室外地面（包括广场）分为两种，一种是以砖石等材料为主，一种是木材面。砖石地面主要有甬路、海墁和室外散水等。甬路即通道，海墁又有细墁与糙墁之分，室外台明、月台地面多为方砖细墁；甬道等为条砖糙墁，室外须事先抄平找好散水，钉木桩标明高程。散水是室外工程必须要设置的排水措施。甬路、海墁砖碎裂、残缺、凹凸不平现象较室内严重，损毁面积小时，可以局部揭除重墁，损毁面积大时需考虑全部揭除重墁。如需拆除，要先进行编号、绘图。砍磨添配砖块。揭除细墁，步骤是：拆除旧有砖地及灰土，素土夯实，三七灰土一步，或参照室内做法，若是混凝土基层，则按设计要求去做。若不是混凝土基层，地面垫层素土也可按下述要求去做：先铺虚土，厚度按设计要求，也可根据现场具体情况定，而后，用大夯或雁别翅筑打两遍，每夯窝筑打 3～4 夯头，找平，再进行落水、撒渣子，用大夯或雁别翅筑打一遍等工序，每夯窝筑打 3～4 夯头，顶步素土可加揣硪一遍（图 3-47）。

图 3-47　灰土打夯

重要宫殿建筑的垫层有时用墁砖垫层，层数可达三层以上，立置与平置交替铺垫，期间不铺灰泥，而是灌一次生石灰浆，称为“铺浆做法”。

如有地下隐蔽工程的，一定要注意，原有隐蔽工程要注意防护。新铺装时，要在地下隐蔽工程如各种管线铺设完毕，并做好防护后才能进行。垫层厚度可根据设计要求，一般可比室内垫层稍厚一些。

室外铺装有糙墁和细墁，室外一般做糙墁较多，程序如下［《古建筑修建工程施工与质量验收规范》(JGJ 159—2008)］。

1. 墁砖路面（墁石可参考）

（1）选料　用砖要符合设计要求的规格尺寸及质量要求，有时也有少部分需要经过砍磨加工，做成“五剥皮”，参照室内做法。现代仿古建筑中常采用预制混凝土块料面层（图 3-48），具有基层坚实、平整的优点。

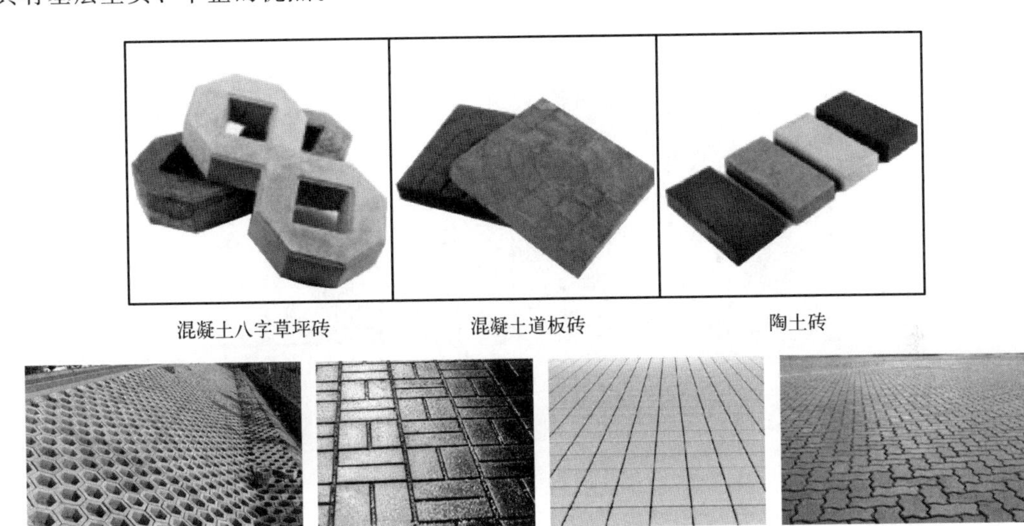

(a) 植草砖路面　(b) 荷兰砖地面　(c) 花岗岩小方地面　(d) 混凝土预制地面

图 3-48　预制混凝土块料

（2）设置控制线　重新铺墁前，按设计或修缮前原有标高抄平放线，并在原周围找几处固定建筑视线比较明显的地方，或周围相对固定的参照物设置标高控制点，以便控制各个结构层的标高。

（3）冲趟　在靠近拽线处墁一趟砖，作为墁地首样（图 3-49）。

(a) 冲趟　(b) 完成

图 3-49　块料铺墁

（4）铺墁　按设计或依原样铺墁，糙墁地面不揭趟，直接铺墁，称为“坐浆墁”。在两道拽线之间拴一道卧线，以卧线为准，跟线用灰泥或掺灰泥［白灰和黄土体积比为 1∶(2～3)］铺底，厚 1～2cm，摊铺（干硬些），按原样墁砖，块料沿甬路以及建筑台明边缘为始点，随墁随用木槌或橡胶槌拍打找平，对缝无误后再揭下砖块，重新铺墁，底撒白灰浆，铺砖时砖缝处抹油灰，用槌重新拍打找平顺缝，用竹片将多余油灰去掉，再用磨石找平。

（5）收缝　墁地完成后及时用扫帚将砂子扫进砖缝内，砖缝应收严实，地面要清理干净。待地面干透后，在地面砖上涂抹生桐油。粗墁砖不砍磨，以白灰砂子扫缝。全砖地面的表面泼黑矾水，用桐油涂刷浸泡，油灰勾缝也可打蜡，也可用聚氨酯涂刷，增加砖的耐磨性。室外地面可用砂子灰粗墁。近代维修常用 1∶3 白灰砂浆垫底和灌缝。施工时随时用 2m 靠尺和楔形塞尺检查表面平整度。拉通线，用尺量控制砖缝直顺度。用短平尺贴于高出的表面，用楔形塞尺控制、消除相邻砖高低差，这样可避免不必要的返工。注意灰泥不要抹得太平、太足，应打成“鸡窝泥”，砖应平顺、缝子大小一致。室外砖石地面修缮前后对比见图 3-50。

(a) 修缮前

(b) 修缮后

图 3-50　室外砖石地面修缮前后对比

2. 细墁地面

细墁地面的做法应按下列操作方法进行。

(1) 垫层处理　普通砖墁地可用素土或灰土夯实作为垫层。大式建筑的垫层比较讲究，至少要用几步灰土作为垫层。重要的宫殿建筑常以墁砖的方式作为垫层。层数可由三层多达十几层，立置与平置交替铺墁。其间不铺灰泥，每铺一层砖，灌一次生石灰浆，称为“铺浆做法”。

(2) 按设计标高抄平　室内地面可按平线在四面墙上弹出墨线，其标高应以柱顶盘为准。廊心地面应向外做出“泛水”。

(3) 冲趟　在两端拴好拽线并各墁一趟砖，即为“冲趟”。室内方砖地面，应在室内正中再冲一趟砖。

(4) 样趟　在两道拽线间拴一道卧线，以卧线为标准铺泥墁砖。注意泥不要抹得太平太足，即应打成“鸡窝泥”。砖应平顺，砖缝应严密。

(5) 揭趟、浇浆　将墁好的砖揭下来，必要时可逐一打号，以便对号入座。泥的低洼之处可做必要的补垫，然后在泥上泼洒白灰浆。浇浆时要从每块砖的右手位置沿对角线向左上方浇。

(6) 上缝　在砖的里口砖棱处抹上油灰。为确保灰能粘住（不“断条”），砖的两肋要用麻刷蘸水刷湿，必要时可用矾水刷棱。但应注意刷水的位置要稍靠下，不要刷到棱上。挂完油灰后把砖重新墁好，然后手执墩锤，木棍朝下，以木棍在砖上连续地戳动前进即为上缝。要将砖“叫”平“叫”实，缝要严，砖棱应跟线。

(7) 铲齿缝　又叫墁干活，用竹片将表面多余的油灰铲掉，然后用磨头或砍砖工具将砖与砖之间凸起的部分（相邻砖高低差）磨平或铲平。

(8) 刹趟　以卧线为标准，检查砖棱，如有多出，要用磨头磨皮。以后每一行都如此操作，全部墁好后，还要做以下工作。

(9) 打点　砖面上如有残缺或砂眼，要用砖药打点齐整。

(10) 墁水活并擦净　将地面重新检查一下，如有凸凹不平，要用磨头蘸水磨平。磨平之后应将地面全部蘸水揉磨一遍，最后擦拭干净。

(11) 钻生（钻生即钻生桐油）　做法应符合下列规定。

① 钻生。在地面完全干透后，在地面上倒桐油，油的厚度可为3cm左右。钻生时要用灰耙来回推搂。钻生的时间因具体情况可长可短，重要的建筑应钻到喝不进去的程度为止，次要建筑可酌情减少浸泡时间。

② 起油。多余的桐油要用厚牛皮等物刮去。

③ 呛生。在生石灰面中掺入青灰面，拌和后的颜色以近似砖色为宜，然后把灰撒在地面上，厚约3cm，2～3天后，即可刮去。

④ 擦净。将地面扫净后，用软布反复擦揉地面。

3. 金砖墁地

金砖墁地的操作方法与细墁地面大致相同。不同之处是金砖墁地不用泥，而用干砂或纯白灰。如砂子或白灰过多时，可用铁丝将砂或灰轻轻勾出；如果用干砂铺墁，每行刹趟后应用灰"抹线"，即用灰把砂层封住，使其不外流；将钻生改为"钻生泼墨"做法。在钻生之前要用黑矾水涂抹地面；钻生后可再烫蜡，即将川蜡熔化在地面上，然后用竹片把蜡铲去，并用软布将地面擦亮。金砖墁地在泼墨之后可以不钻生而直接烫蜡。

4. 糙墁地面

糙墁地面（图3-51）施工的操作要求砖料应按要求进行筛选，可不砍磨加工；不抹油灰，不揭趟、不刹趟、不墁水钻生；应采用砂或白灰将砖缝扫满、扫平。

图3-51　糙墁地面

5. 卵石地面及路面

宅内及内花园路面，常用石子路面或地面，维修时凡需重修堆砌花纹时，应事先测出大样图，然后按原样补配或重墁。石子的形状和色泽应尽量要求与原状一致。铺墁时所用灰浆，古代常用白灰砂浆，近代则以水泥、白灰混合砂浆代替。返水要依据整体环境以及排水管网设置。有些地面与路面结合时，尤其比较长且地形高低复杂的地形，注意道路本身排水功能结合路面起伏与管网集水井的结合，避免积水现象。

卵石铺装，其准备工作类似其他路面，找平层与面层有点区别，卵石路面施工的方法分为两种，即干铺和湿铺。

湿铺是指在欲铺设卵石的地面先铺一层水泥砂浆（颜色根据设计要求），厚30～100mm，视卵石大小决定，保证卵石插入砂浆2/3以上，抹平，随即将卵石插入砂浆，上表面的高度用木板压实，以保证卵石的顶尖在同一标高。虽然卵石给人的印象是凹凸不平，但人走在上面还会有一种与正常平路面不一样的舒适感。铺设完毕后即刻清理表层，保证无污物。湿铺多用于对卵石铺设无图案要求的地方，也可用于墙侧面卵石贴面。

干铺是指将干水泥、干砂（粗）按比例调匀铺在地面，厚度同湿铺，在灰面层画一个底稿，再按底稿图案插入卵石（图3-52），用木板压实，然后均匀洒水淋透，洒水后再度压实。待底层灰浆干燥70%～80%后，可刷一层水泥浆固定。干铺多用于卵石拼花地面（家装也可选用），不带图案和拼花的卵石路面也可用此方法。

铺墁时，要注意尽量将卵石径向较长的方向垂直放置，不然容易脱落，且插入砂浆2/3以上，确保其路面的质量，增加耐久性。铺满后要注意养护。

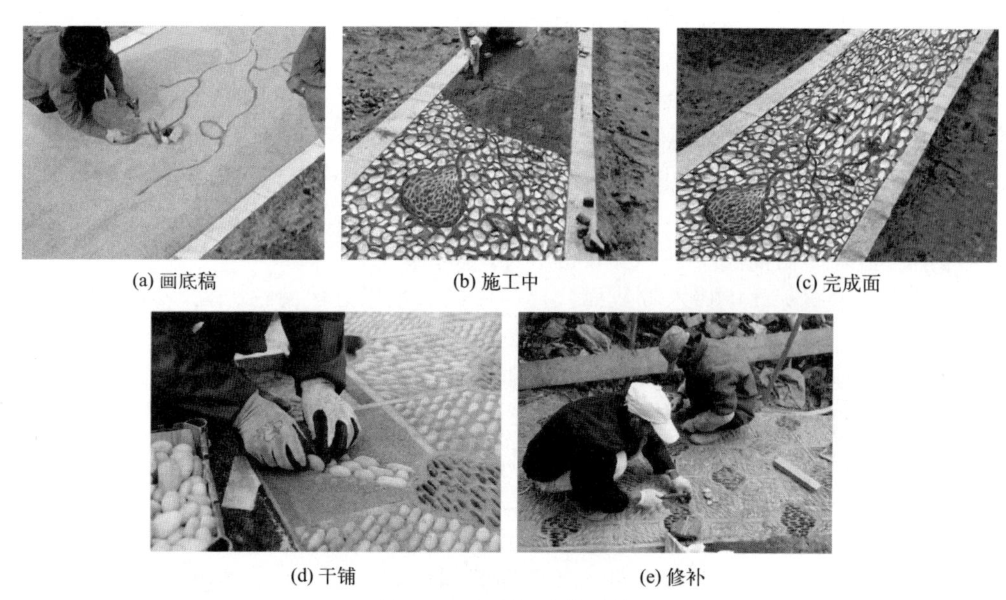

(a) 画底稿　(b) 施工中　(c) 完成面

(d) 干铺　(e) 修补

图 3-52　卵石及花街铺地

6. 冰裂纹与碎拼地面和路面施工

铺装的基层处理参考上述做法，一般采用干铺法较常见（做法前面已述），面层铺装主要应注意的是面层的下料问题，碎拼路面（也称为乱拼路面）的两砖片之间的缝隙不是等宽（图 3-53），施工时则容易些，不要太强求挑拣；而冰裂纹铺装时，由于排列需要对缝，两砖之间的缝隙是等宽的，施工时，两块料的边不等长或不是平行的就要切割，所以，冰裂纹铺装要费料。为了节省起见，推荐下料方案一般进料都是矩形板材，所以，下料时难免有些边角料不能用。参考模板下图，用纸按 1∶1 的比例画出，然后放样到石板上即可。

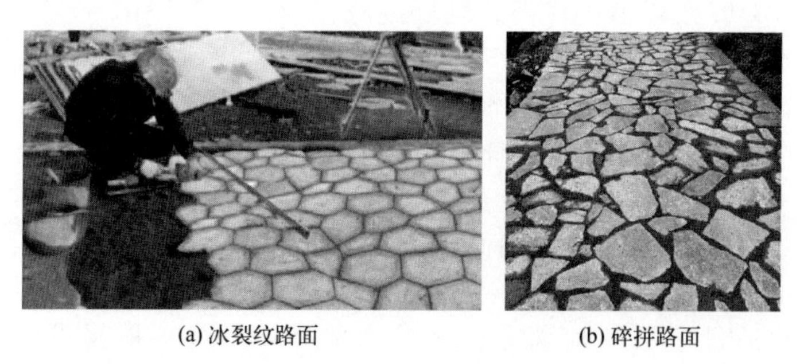

(a) 冰裂纹路面　(b) 碎拼路面

图 3-53　冰纹、碎拼路面

下面推荐两种模板。

（1）第一种　参见图 3-54，图 3-54(a)～(c) 为基本模板，图 3-54(a)、图 3-54(c) 为端模板组，图 3-54(b) 为主模板组，主模板根据实际需铺设的长度可以连续铺装，比如，拼成图 3-54(d)（一组主模板）、图 3-54(e)（三组主模板），如果铺成图 3-54(f)，就可把其中编号为 7.1 和 7.2 以及 10 和 13 两块改换成一块整板，如图 3-54(g) 所示。这样，可以降低视觉复制感。

如图 3-55 所示为更换修边铺装现场。

（2）第二种　参看图 3-56，这种模板简单，就一组样式，但是，在拼装时，如把部分（间隔选取）中间拼缝处的两小块换成整块，也就降低了视觉的复制感，如不用拼色的材料，

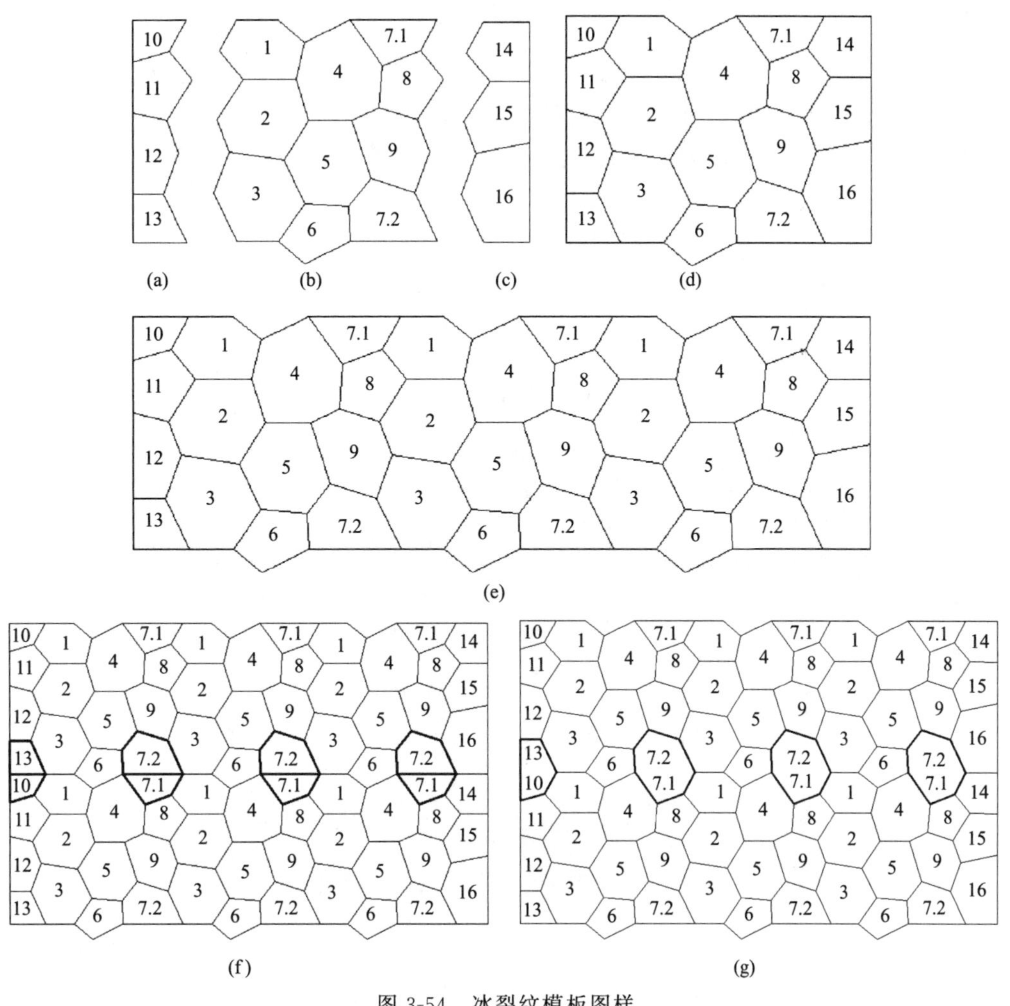

图 3-54 冰裂纹模板图样

(a) 中间部分改换整块的选择

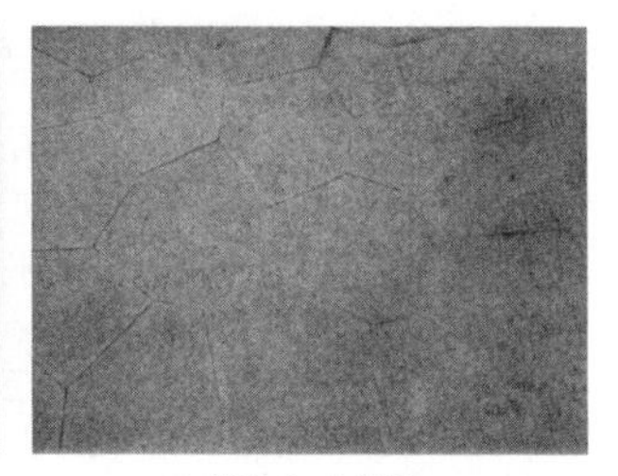

(b) 最终完成效果

图 3-55 更换修边铺装现场

色彩基本一致，施工时，把每组间拼缝做细致点，其他缝正常勾缝且比较明显，那么，组间的缝几乎看不出来了，效果很好。这种模板的最大优点就是特别省料。

7. *石活仿方砖地面*

仿方砖的石板多为青白石，以颜色与质感近似方砖者为宜。石活仿方砖地面的操作方法与细墁地面操作方法相似，但不剁趟、不墁水活，也不钻油。如果石板本身的平整度较差，影响到接缝的平整时，可用磨头将接缝处磨平。石地面修缮前后如图 3-57 所示。

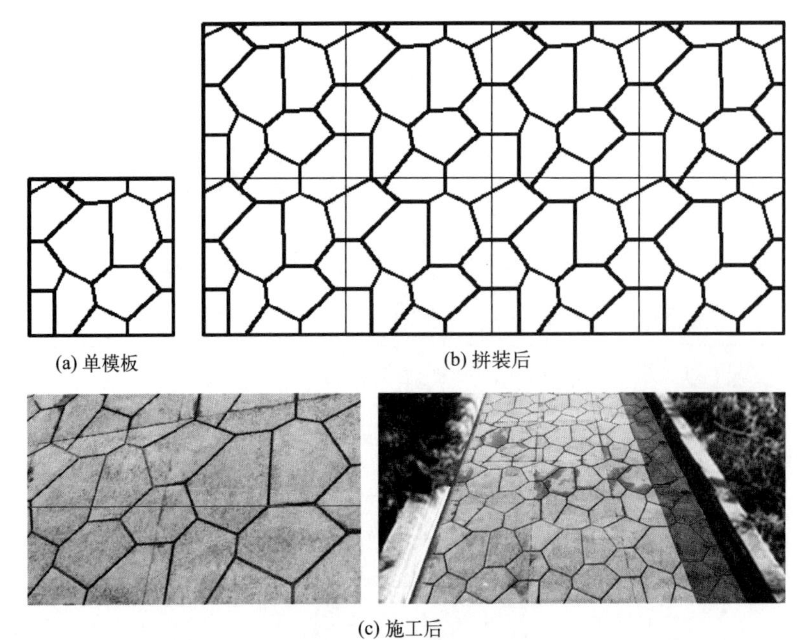

(a) 单模板　(b) 拼装后

(c) 施工后

图 3-56　拼装模板及施工效果

(a) 修缮前　(b) 修缮后

图 3-57　石地面修缮前后

8. 甬路

甬路可分为大式与小式做法。小式建筑中应用小式甬路，大式建筑中一般应用大式甬路，在园林中，也可用小式甬路。甬路排列方式如图 3-58 所示。

(1) 甬路趟数　根据所使用的材料不同可分为砖墁甬路和石墁甬路，趟数应为单数。甬路的宽窄按其所处的位置的重要性决定，最重要的甬路砖的趟数应最多，砖的排列，以路心为中心，呈单数排列，如 3 路、5 路、7 路等。

(2) 甬路断面　路面应呈肩形或鱼脊形，路面应中间高、两边低，以利排水顺畅。

(3) 甬路牙子　大式建筑的甬路，牙子可用石活。

(4) 方砖雕刻法　先设计好图案，然后在每块方砖上分别雕刻，雕刻时可用浅浮雕及平雕手法。雕刻完毕后按设计要求将砖墁好，然后在花饰空白的地方抹上油灰（或水泥砂浆），油灰上码放小石砾，最后用生灰粉将表面的油灰揉扫干净（水泥砂浆要用水刷净）。方砖雕刻用于地面时仅限于局部，不适宜大面积使用。

(5) 瓦条集锦法　将甬路墁好并栽好散水牙子砖以后，在散水位置上抹一层掺灰泥，然后在抹平了的泥地上按设计要求画出图案，将若干个瓦条依照图案中的线条磨好。如果个别细部不宜用瓦条磨出（如鸟的头部等），可用砖雕刻后代替。然后用油灰把瓦条粘在图案线条的位置上，用瓦条集成图案。瓦条之间的空当摆满石砾，下面也用油灰粘好，最后用生灰

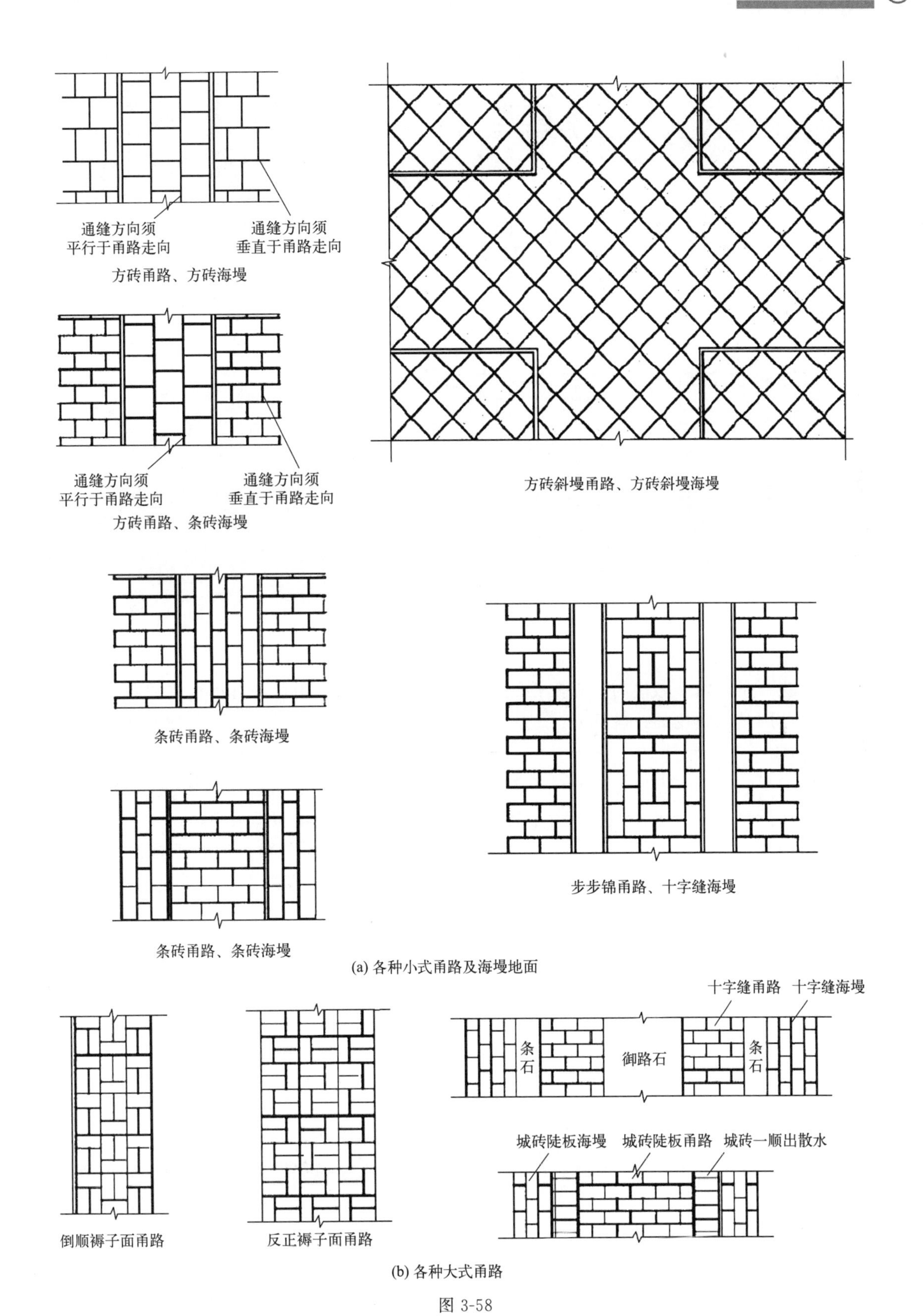

通缝方向须
平行于甬路走向
通缝方向须
垂直于甬路走向
方砖甬路、方砖海墁
方砖斜墁甬路、方砖斜墁海墁
通缝方向须
平行于甬路走向
通缝方向须
垂直于甬路走向
方砖甬路、条砖海墁
条砖甬路、条砖海墁
步步锦甬路、十字缝海墁
条砖甬路、条砖海墁
(a) 各种小式甬路及海墁地面
十字缝甬路
十字缝海墁
条石
御路石
条石
倒顺褥子面甬路
反正褥子面甬路
城砖陡板海墁
城砖陡板甬路
城砖一顺出散水
(b) 各种大式甬路

图 3-58

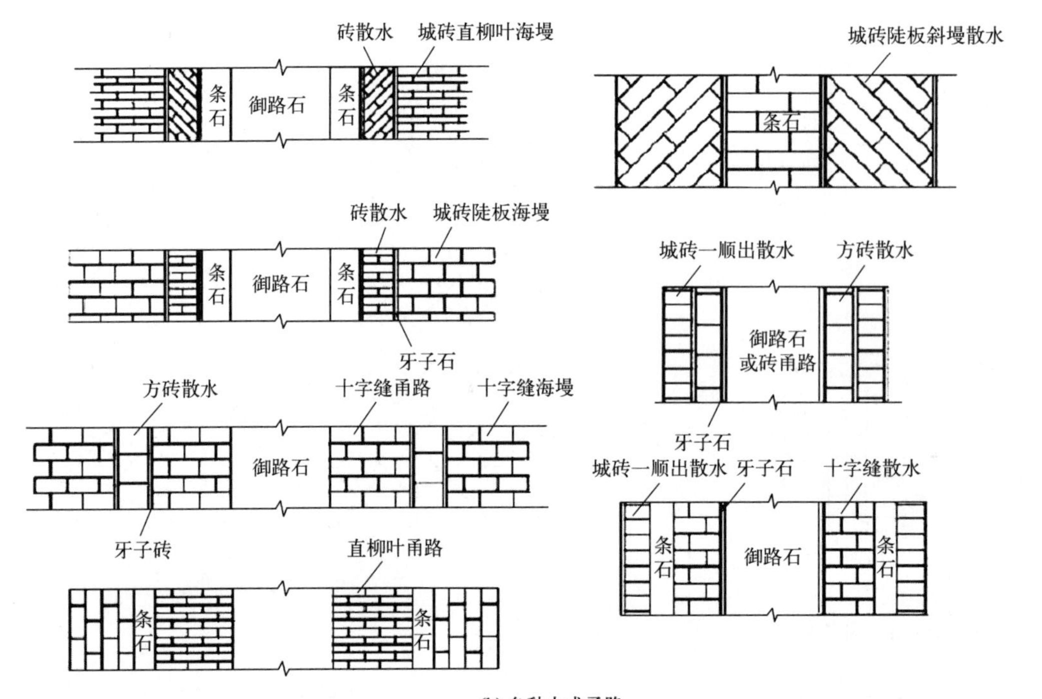

(b) 各种大式甬路

图 3-58 甬路排列方式

面揉擦干净。

（6）花石子甬路 做法与瓦条集锦法大致相同，不同的是用石砾直接摆成图案。图案以外的部分，用其他颜色的石砾码置。

9. 海墁

海墁指将除了甬路和散水以外的全部室外地面铺墁的做法。室外墁地的先后顺序应为：砸散水，冲甬路，最后才做海墁。对于海墁地面，应考虑到全院的排水问题；还要注意甬路砖的通缝一般应与甬路平行（斜墁者除外），而海墁砖的通缝应与甬路互相垂直，方砖甬路尤其如此；再就是排砖，应从甬路开始，如有“破活”，应安排到院内最不显眼的地方。

10. 其他地面做法

（1）焦渣地面的操作方法

焦渣地面的操作方法应符合下列规定。

① 素土或灰土垫层按设计标高找平后夯实。

② 将地面浇湿。

③ 铺底层焦渣灰，厚 8～10cm。铺平后用木拍子反复拍打，直至将焦渣拍打坚实。高出的局部应拍打平整。

④ 随打随抹，不再抹面层，而应在此基础上继续将表面打平，低洼处可做必要的补抹。趁表面浆汁充足时用铁拍子反复揉轧，并顺势将表面轧光。局部糙麻之处可撒一些焦渣浆。此方法适用于室外地面。

⑤ 抹面层应按下述方法操作：抹一层细焦渣灰，厚度以刚能把地面找平为宜，一般不超过 1～2cm。先用木抹子抹一遍，然后用平尺板刮一遍，低洼之处用灰补平。

⑥ 在焦渣灰干至七成时进行赶轧，之后需进行必要的养护。地面要经常洒水，保持湿润。三天之内，人不能在地面上行走，15 天之内不能用硬物磨蹭地面。

（2）灰土地面做法

灰土地面做法应符合下列规定。

① 按设计要求找平夯实。

② 白灰、黄土过筛，拌匀。灰土配合比为3∶7或2∶8。灰土虚铺厚度为21cm，夯实厚度为15cm。

③ 用双脚在虚土上依次踩踏。

④ 打头夯，每个夯窝之间的距离为38.4cm（三个夯位）。

⑤ 打二夯，打法同头夯，但位置不同。

⑥ 打三、四夯，打法同头夯，但位置不同。

⑦ 剁埂，将夯窝之间挤出的土埂用夯打平，剁埂时，每个夯位可打一次。

⑧ 用平锹将灰土找平。以上程序反复1～2次。

⑨ 落水，洒水湿润，注意含水量。

⑩ 夯筑，当灰土不再粘鞋时，可再进行夯筑。打法同前，但只打一遍。

⑪ 行硪2遍。

⑫ 用平锹在此将灰土找平。灰土地面用于室内时，最后要用铁拍子将表面蹭亮。南方部分地区用砺灰（贝壳烧制的石灰）与黏土掺和，做成的灰土地面效果更佳。

（3）素土地面做法

素土地面做法应符合下列规定。

① 按设计要求找平、夯实。

② 虚铺素土，厚约20cm。素土应为较纯净的黄土。

③ 用大夯或雁别翅筑打两遍，每窝筑打3～4夯头。

④ 用平锹找平。

⑤ 落水。

⑥ 当土不粘鞋时，用大夯或雁别翅筑一遍，每窝筑打3～4夯头。

⑦ 行硪2～3遍。

⑧ 再次用平锹找平。

（4）滑秸黄土地面做法

滑秸黄土地面做法应符合下列规定。

① 按设计要求找平、夯实。

② 虚铺滑秸黄土，厚度10～20cm。黄土与麦秆（或稻草）的体积比为3∶1。

③ 用脚将土依次踩实。

④ 用石碾碾压3～4次。

⑤ 落水。

⑥ 用平锹将地面找平。

⑦ 再用石碾碾压2～3次。

（5）散水

散水施工时，要注意以下环节。

① 房屋周围的散水，其宽度应根据出檐的远近或建筑的体量决定，从屋檐流下的水能落在散水上。

② 散水要有泛水。里口应与台明的土衬石找平，外口应按室外海墁地面找平。由于土衬石为水平而室外地面并不水平，因此散水的里、外两条线不在同一个平面内，即散水两端的栽头大小不同。

③ 甬路排列和散水排砖样式如图3-59所示。

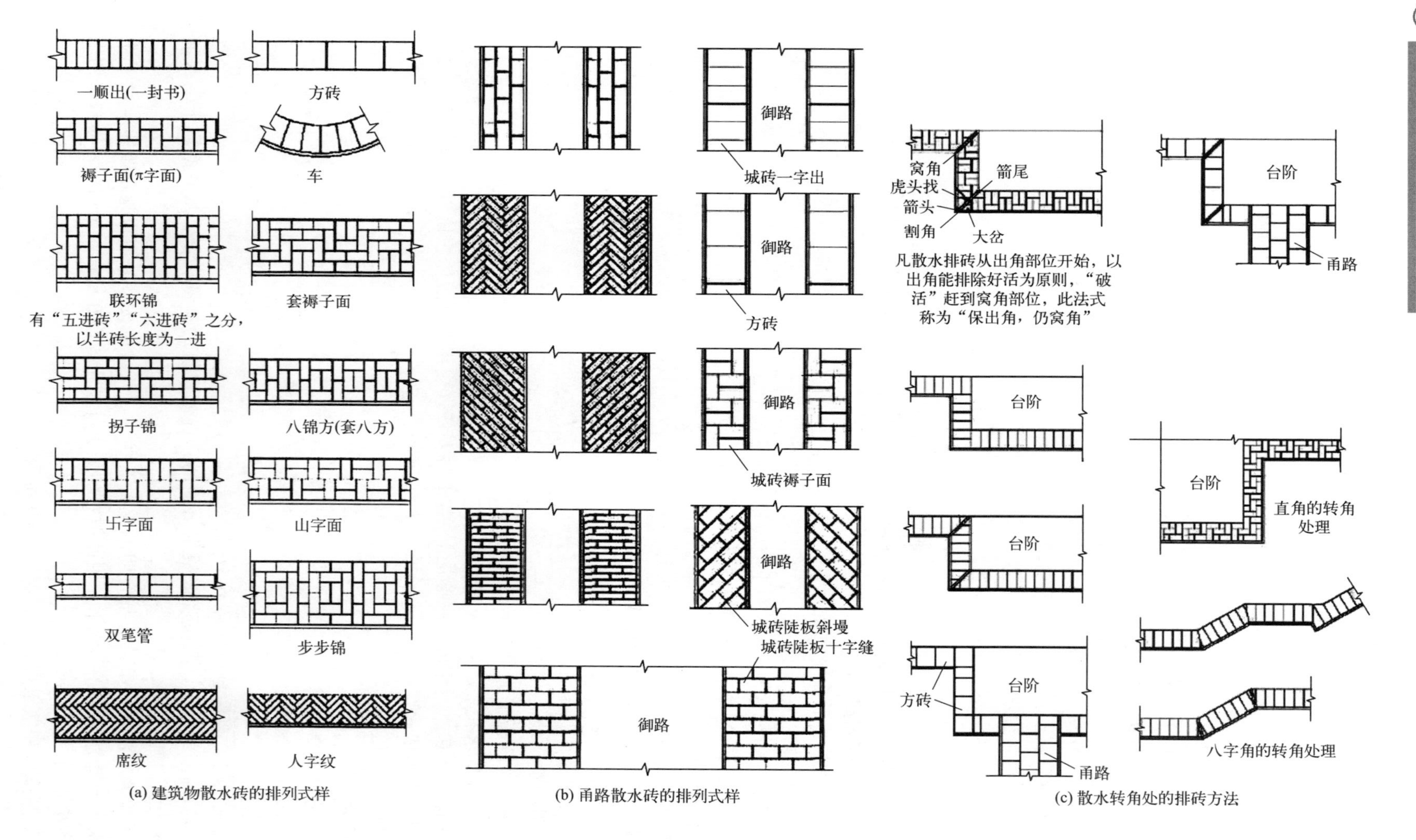

图 3-59　甬路排列和散水排砖样式

11. 室外地面除草

室外地面及甬道的砖缝内或石缝内生草和杂树，通常采用人工拔除的办法。拔时须连根拔除，重新用水泥砂浆［1∶(2～3)］，另加青灰勾抿严实（图 3-60）。宋沈括在《梦溪笔谈》卷四中曾介绍用桂树木屑防止生草的办法："江南后主患清署阁前生草，徐锴令以桂屑布砖缝中，缩草尽死。"现在除草剂种类繁多，要注意有些除草剂只针对某些草产生作用，也就是说，除草剂要针对哪类植物合理选用，以免出现损失。

(a) 修复前

(b) 修复后

图 3-60　除草修复前后对比

12. 木地板

现阶段室外木地板越来越多，尤其是园林景观工程。室外木地板一般均为防腐木地板，通常采用实铺方法施工。它的修缮与安装，与室内木地板相似。

如果采用拆除的原地板铺装，应尽量按原记录的位置铺装。残缺的需更换的木地板，尽量用与原材质相近的木材或旧木材，板厚、木纹和色泽应力求与原有的一致。无论是修缮还是新装修，规格尺寸都应符合设计要求，板材须经烘干处理。铺钉时应先弹出各格栅位置中线，控制好标高。铺装木地板的搁栅应使用松木、杉木等不易变形的树种。

（1）破损木构件拆除　将损坏及腐朽的木地板、搁栅、木踢脚板等木构件拆除。拆除时应对品质完好木构件进行妥善保护，不可造成伤害。

（2）修补安装木搁栅（俗称龙骨、木棱）　修缮时按原有木搁栅材质与断面制作更换，无依据或新做时，采用梯形截面（断面呈梯形，宽面在下）或矩形截面木搁栅。木搁栅规格按设计要求，一般选择 40mm×40mm，人员活动大时用 40mm×60mm 的截面尺寸，间距首先按木地板的模数来确定，但不大于中距 350mm，与地面固定的防腐木砖钉在一起，或用膨胀螺栓等其他连接件与基层固定。安装之前，防腐木搁栅的底、侧面均刷防腐木保养漆 2～3 遍，木搁栅的上平面要刨光，安装完后要整体修整、刨平。防腐木地板选用的木搁栅、毛地板和垫土安装必须牢固、平直，最好涂有防腐剂。

（3）更换木地板　根据原构件材质、尺寸选料制作更换，如无参照，根据设计要求，有软质木材：松木、杉木、柏木等有弹性的木材，但耐磨性较差，如干燥不够，易变形开裂。有硬质木材：如水曲柳、桦木、核桃木、槐木、海棠木、榉木，具有质地坚硬、纹理细腻、耐磨性好、富有弹性、干燥、洁净、美观等优点。有高级木地板：如樱桃木、龙眼木、香樟、菠萝格等。所有木地板都应进行检查挑选，有节疤、劈裂、腐朽、弯曲等不合要求的不能使用，其含水率不应超过 12%。铺装时，逐块铺装、排紧，用钉从板侧凹角处斜向钉入（实木地板可用螺旋钉固定），钉长为板厚的 2～2.5 倍，钉帽要砸扁，企口条板要钉牢、排紧。板的排紧方法一般可在木搁栅上钉扒钉一个，在扒钉与板之间夹一对硬木楔，打紧硬木楔就可以使板排紧。钉到最后一块企口板时，因无法斜着钉，可用明钉钉牢，钉帽要砸扁，钉入板内。企口板的接头都要在搁栅中间，接头要互相错开，板与板之间应排紧，搁栅上临时固定的木拉条，应随企口板的安装随时拆去，铺钉完之后及时清理干净。有时为了结构的整体性，在实铺实木地板面层之下铺基面板（也称毛地板），基面板使用大芯板。防腐木地板接缝严密、不留痕迹，接头位置错开、粘钉牢固，走在上面无松动的感觉，且应无声响。防腐木地板的表面应打磨光滑，无刨痕、无刺、无疤痕，木纹清晰、纹理流畅、色泽均匀一致。室外木地板修缮前后对比如图 3-61 所示。

(a) 修缮前

(b) 修缮后

图 3-61 室外木地板修缮前后对比

（4）净面细刨、磨光　该步操作方法与室内木地面做法中的“（4）净面细刨、磨光”做法一致。

在园林景观中常使用一种架空式木地板形式。架空式木地板是指在地面先砌地垄墙，然后安装木搁栅，依次再做基面板、面层地板。

（5）油漆施工（室内外木地板类）

① 基层处理：清理打磨旧漆皮，刷清油一道，并将脂斑剔除封固，活节补好。

② 油漆工程的施工要点：

a. 油漆工程施工时，施工环境应当清洁干净；

b. 一般油漆工程施工时的环境温度不宜低于 10℃，相对湿度不宜大于 60%；

c. 油漆涂刷前，物件的表面必须干燥，当为木基层时，表面含水率不宜大于 12%；

d. 油漆工程施工过程中应注意气候条件的变化，当遇有大风、雨、雾等情况时，不可施工（特别是面层油漆，不应施工）；

e. 油漆工程施工前，应先做出样板，请建设方签认；

f. 每遍油漆施工时，应待前一遍油漆干燥后进行。涂刷最后一遍油漆时，不得随意在油质涂料中加入催干剂；

g. 油漆工程施工时的材料稠度，应根据不同材料的性能和环境温度而定，不可过稀、过稠，以防透底和流坠。

③ 油漆工程操作的注意事项如下。

a. 底油时，木材表面、门四周均须刷到刷匀，不可遗漏。

b. 抹腻子，对于宽缝、深洞要深入压实，抹平刮光。

c. 磨砂纸、要打磨光滑，不可磨损棱角。

d. 涂刷油漆时，均应做到横平竖直、纵横交错、均匀一致。在涂刷顺序上应先上后下；先内后外，先浅色后深色，按木纹方向理平理直。涂刷混色油漆，不少于 3 遍。

e. 如在混凝土和钢构件的路面或广场上做油漆时，混凝土、抹灰面作为基层时，表面含水率不宜大于 8%；金属基层施工时，表面不可潮湿。

f. 对于损伤较小的木地面，常用的简单方法还有：清理旧地板表面，砍净挠白；找补细腻子（尽量不要遮盖原有木纹）；面层刷底油一道；醇酸调和漆或清漆二道；罩光油一道，颜色同原有构件。或刷环氧树脂等耐久性、防腐性、耐磨性俱佳的保护层。

（三）现代做法

1. *砖地面*

现代铺设砖地面（主要是指室内）做法，铺墁前准备工作与前述相近，主要在铺墁砂浆的材料与做法上与传统做法有点区别，常用的方法为干铺法（图 3-62）。

图 3-62 干铺法

（1）基层处理 将基底素土夯实。

（2）清理 将待铺地面清理干净并洒水湿润，可以防止空鼓，除去浮沙、杂物等。涂刷水灰比为 1：（0.4～0.5）的水泥浆一道。

（3）做灰土垫层 80mm 厚，3：7 灰土垫层。

（4）做混凝土垫层 60mm 厚，C20 的细石混凝土垫层。

（5）防潮处理 20mm 厚，1：2 防水砂浆防潮层。

（6）结合层 摊铺厚度为 30～50mm，这个厚度要略高于控制的标高，以备试铺时会因压实而降低高度，砂浆的干湿度控制，标准是“手握成团，落地开花”。用比例为 1：3 的干性水泥砂浆摊铺。

（7）铺面层 砖料面层，用白石灰膏抿缝（参照原地坪砖料规格）。

2. *石地面*

（1）基层处理 将基底素土夯实。

（2）做灰土垫层 100mm 厚，3：7 灰土垫层。

（3）结合层 摊铺 60mm 厚、1：3 干硬水泥石灰砂浆结合层。

（4）铺面层 铺砌石板地面。

面层铺装时，看看是否平整，然后找平。要先试铺，即把砖放在砂浆上用橡胶槌敲击振实，用直尺校正，直到跟线水平。方向和标高确定后，取下地面砖，在背面挂水泥浆后再正式铺贴，铺贴时还是要用橡胶槌和直尺，跟线进行铺墁，把地面砖放实振平即可。注意留缝的大小，再拉缝，用刮刀从砖缝中划一道，保证砖与砖之间缝隙均匀，最后进行表面遗留的灰及砂浆的清理，有需要勾缝的就勾缝。采用干铺法有效地避免了地面砖在铺装过程中造成的气泡、空鼓等现象的发生。室内地坪修缮前后对比见图 3-63。

(a) 修缮前

(b) 修缮后

图 3-63 室内地坪修缮前后对比

3. *木地板*

参照前述木地板做法。

四、注意事项、质量检验与控制要求

（一）注意事项

1. *砖*

砖的规格、品种、质量及工程做法必须符合设计要求；基层必须坚实，结合层的厚度应符合施工规范或古建传统做法要求；面层和基层必须结合牢固，砖块不得松动；地面砖必须完整，不得缺棱掉角、断裂、破碎；地面分格等艺术形式必须符合设计要求或传统做法；庭院、廊子自然排水的地面，泛水适宜，排水通畅，无积水现象。

2. 木材

木材的材质和铺设时的含水率必须符合《木结构工程施工质量验收规范》(GB 50206—2012)的有关规定；搁栅、基面板（毛地板）和垫木等必须做防腐处理。木搁栅安装必须牢固、平直；各种木质板面层必须铺钉牢固，无松动，黏结牢固，无空鼓；木地板面层刨平磨光，无刨痕、毛刺等现象，清油面层颜色均匀一致；长条木地板面层缝隙严密，接头位置错开，表面洁净；踢脚线表面光滑、接缝严密，高度、出墙厚度一致。

(二) 质量检验与控制要求

1. 室内砖墁地面

室内砖墁地面的施工应符合下列规定。

(1) 定线　在室内正中拴两道互相垂直的十字线（冲趟后撤去）。拴十字线的目的是使砖的走向与房屋轴线保持平行，并将中间的一趟砖安排在室内正中。

(2) 定数　砖的趟数应为单数，如有“破活”必须打砖时，应安排到里面和两端。门口附近必须见整活。

2. 室外砖墁地面

室外砖墁地面的做法及形式应符合设计要求或当地传统做法。

3. 室外散水

室外散水用于房屋台明周围及甬路两旁。要结合整体环境、设计要求以及管网位置，排水方向布设要使整个地面无积水；与收水井交接处严实平顺。注意院落内的道路与铺墁之间的高差处理，正常情况下以东南方向为泄水总方向为宜，修缮方法可参考室外地坪。

4. 木地面

木地面一般用于传统建筑室内二层或二层以上，常用木地板规格、层数、选用树种见表 3-2。

表 3-2　常用木地板规格、层数、选用树种

地板名称	规格/mm			层数	选用树种
	长	宽	厚		
普通木地板	≥800	75、100、125、150	18～23	单层	红松、杉木、樟子松、铁杉、华山松、四川红杉、柏木、落叶松
硬木条地板	≥800	50	18～23	单层 双层	柞木、色木、水曲柳、榆木、核桃木、桦木、黄菠萝、槐木、楸木、青冈栎、麻栎、胡桃楸、花榈木、柳安、橡木
拼花木地板	250、300	30、37.5、42、50	18～23	双层	

注：东北、内蒙古地区所产落叶松粗纹多，易开裂翘曲，不宜用于高温低湿的场合。

5. 砖墁地面的允许偏差和检验方法

砖墁地面的允许偏差和检验方法应符合表 3-3 的规定。

表 3-3　砖墁地面的允许偏差和检验方法

序号	项目	允许偏差/mm			检验方法
		细墁	糙墁		
			室内	室外	
1	每块对角线	1	1.5	2	用尺量检查
2	每块平面尺寸	0.5	1.55	2	用尺量检查

续表

序号	项目		允许偏差/mm			检验方法
			细墁	糙墁		
				室内	室外	
3	缝格平直		3	5	6	拉5m线，不足5m拉通线，用尺量检查
4	表面平整度	方砖(金砖)	2	5	7	用2m靠尺或楔形塞尺检查
		水泥方砖	3			
5	灰缝宽度方砖(金砖)	细墁 1～2mm	≤2	—	—	抽查经观察测定的最大偏差处，用尺量检查
		糙墁 2～4mm	—	≤3	≤4	
6	接缝高低差	方砖(金砖)	0.5	2.0	3.0	用短平尺贴于高出的表面，用楔形塞尺检查相邻处
		水泥方砖	1.0			

6. 石墁地面的允许偏差和检验方法

石墁地面的允许偏差和检验方法应符合表3-4的规定。

表3-4　石墁地面的允许偏差和检验方法

序号	项目	允许偏差/mm			检验方法
		细墁	粗墁	卵石、片石、瓦片	
1	每块料平面尺寸	±2	±3	—	用尺量检查
2	每块料对角线差	2	3	—	
3	表面平整度	3	5	10	用2m靠尺和楔形尺检查
4	接缝宽度	3	5	—	在最大偏差处用尺量检查
5	接缝高低差	2	3	—	用短平尺贴于交接表面，用楔形尺检查相邻处
6	格缝平直度	3	5	—	拉5m线(不足5m拉通线)，用尺量检查

7. 整体和预制仿方砖（金砖）地面允许偏差和检验方法

整体和预制仿方砖（金砖）地面允许偏差和检验方法应符合表3-5的规定。

表3-5　整体和预制仿方砖（金砖）地面允许偏差和检验方法

序号	项目		允许偏差/mm		检验方法
			室内	室外	
1	预制金砖地面	每块平面尺寸	1.5	2.0	用尺量检查
2		每块对角线(方正)	2	2	用2m直尺和楔形塞尺检查
3		铺砌平整度	3	4	用2m直尺和楔形塞尺检查
4		铺砌缝格平直	2	3	拉5m线(不足5m拉通线)用尺量检查
5		油灰缝宽带	2	3	在最大偏差处用尺量检查
6	整体仿金砖地面	方砖分缝宽带	1.5	2.0	
7		整体面层平整度	2	3	用2m直尺和楔形塞尺检查
8		整体面层分块缝格平直	3	4	拉5m线(不足5m拉通线)用尺量检查
9		踢脚线上口平直	4	—	

第五节　案例

【案例摘要与背景】

淄川区沈古村古建筑多为明清古建筑，具有浓郁的地方特色，较强的四合院特征以及连续院落式布局，门门相套，院院相连，小巷曲折悠长，房屋古朴典雅，存留的花窗形式各异，还保留着原始的木棂窗，有冰棂、竖棂以及各种花棂，整个建筑布局自然、结构巧妙、装饰精美，独具特色。

沈古村古建筑院落现有沈氏四合院共7套，以及青方砖房屋82间，玉皇阁门一处、花园一处，有前门大街、后门大街等传统街巷8条，此外还有较多的拴马桩、上马石、石碾、石磨等古迹。本次修缮保护内容包含的古村院落建筑赵守新院落。(本节主要叙述室内地坪及室外踏跺)。

室内地面：室内地面为青方砖地面，现被改造。

室外踏跺：门前料石踏跺基本保存完好，有断裂、位移、污染现象。

【案例实施】

某工程案例节选（由曲阜市园林古建筑工程有限公司提供）。

一、材料的选购选用

项目部技术人员对本工程的施工图纸及各种材料进行了分类汇总；材料采购部根据汇总的数量和质量要求进行分门别类采购；采购回的材料交给技术部鉴定。地面用砖的品种、规格、质量及工程做法必须符合设计要求，细墁地使用的灰浆品种，配合比必须符合设计要求或古建传统做法。细墁地面使用的砖应经过砍磨加工，并且应有出厂合格证明和检测报告，掺灰泥宜使用泼灰与黄土配制，也可以使用生石灰加水调成灰浆与黄土拌和。

二、细墁方砖施工

基层已按地面标高垫土至所需高度，并经夯实。夯实后的基层基本平整且已将瓦砾、杂物等清理干净。预埋在地下的管线已经完成，经砍磨加工的砖可以满足墁地的需要，灰浆已经加工配制完成，细墁地面砖的排列方式已经确定。

（一）施工工序

垫层处理—抄平、弹线—冲趟—样趟—揭淌、浇筑—上缝—铲齿缝—刹趟—打点—墁水活—钻生。

1. 垫层处理

挂通线检查平整度，对局部凹凸处要补上或铲平，垫层应夯实。

2. 抄平、弹线

按设计标高抄平，室内地面可在各面墙上弹出墨线，室外地面应钉木桩，弹出平线，控制地面高低。

3. 冲趟

在两端拴好拽线并各墁一趟砖，即为“冲趟”。室内墁应在室内正中再冲一趟，室外大面积铺砖时可冲数趟。

4. 样趟

在两道拽线之间拴一道卧线，以卧线为准，铺灰泥墁砖。注意铺灰泥不要抹得太平、太足，应打成“鸡窝泥”，砖应平顺，砖缝应严密。

5. 揭趟、浇筑

将已墁好的砖揭下来逐一打号，再墁时对号入座。泥的低洼处可做必要补垫，然后在泥上浇洒白灰浆。浇浆时要从每块砖的右手位置沿对角线向左上方浇洒。

6. 上缝

用“木宝剑”在砖的里口砖棱处抹上油灰，为确保油灰能粘住，砖的两肋要用棕刷蘸水刷湿，必要时可使用矾水刷砖棱。但应注意刷水的位置要稍靠下方，不要刷到棱上。挂完油灰后，把砖重新墁好。然后手执锤子，木柄朝下，以木柄在砖上连续戳动前进的做法称为“上缝”。操作过程中要将砖“叫平”“叫实”，缝要严实，砖棱应跟线。

7. 铲齿缝

又叫墁干活，用竹片将表面多余的油灰铲掉，即“起油灰”。然后用磨头或砍砖工具将砖与砖之间的凸起部分（相邻砖高低差）磨平或铲平。

8. 刹趟

以卧线为标准，检查砖棱，如有凸出，要用磨头磨平，以后每墁一趟砖，都要如此操作。

9. 打点

铺墁完成后要及时打点地面，把砖面上的砂眼、残缺用砖药打点补齐、布平。

10. 墁水活

打点完成后将地面全部查看一遍，如有凹凸不平，要用磨头蘸水磨平，磨平之后应将地面全部蘸水揉磨一遍，最后把表面的灰泥清擦干净。

11. 钻生

地面完全干透后，在地面上倒上生桐油，油的厚度为 30mm 左右。钻生时要用灰来回推搂，钻生的时间因具体情况可长可短，重要的建筑物应钻到喝不进去的程度为止，次要的建筑可酌情减少浸泡时间。当浸泡适宜时要起油，将多余的桐油用厚牛皮等物刮去，然后钻生，在生石灰面中掺入青瓦面，拌和后的颜色以近似砖色为宜，撒在地面上，厚 30mm 左右，停 2～3 天后，即可刮去。钻生后应扫净地面浮灰，并用软布反复揉擦地面。

（二）应注意的问题

砍磨加工的砖，砍磨质量必须符合要求，棱角直顺，大面平整，四边有转头肋。细墁地面的掺灰泥不要铺得太薄，厚度以 40～50mm 为宜。挂油灰刷水时容易把水刷在砖棱上面，使油灰弄脏砖的表面，刷子蘸水后应轻甩一下再刷，可以预防此现象。钻生时地面必须彻底干透，桐油浸泡时间不宜太短，室外墁地要考虑进入冬季前地面应干透，未干时应采取必要的防冻保温措施。地面施工应尽量安排在工程的最后阶段进行。

三、石作工程施工

（一）准备工作

该工程操作要求很细，施工单位要精研图纸，细推工艺，严把技术，采用技术精湛的施工队伍。石作在我国历史悠久，古人对石作的造作次序为打剥、粗搏、细漉、褊棱、斤作和磨盘。雕饰方面，则有剔地起失、压地隐起、减地平和素平等。在认真阅读工程施工图纸后认为，此项石作工程，应按选料、打荒做、割锯、錾斧、扁光、剔凿、花活、对缝安砌、灌浆和摆碴子叫号等施工程序。

1. 选料工作

（1）采购　购料时注意，应先选定设计规格和使用部位，然后确定使用适合的产品。

（2）石活运输　根据设计图纸规定，须进行捆绑，成活的棱角应妥善保护。石活用白棉纸、牛皮纸先捆石一周，再用岩棉塑料布包扎一圈，外用黑色橡胶带，用麻线捆牢。运输时，地面修平，用机动车、吊车，按部就班，轻搬轻放，为防止棱角被碰坏，应用软质材料垫好场地，最好用麻袋片。

2. 石料查验

新开采的石料，检查有无隐线，有无石瑕和石铁，无疑后，放轧线、装线。在石料表面弹上对角线，找出中心点，方形、长方形、圆形，找一个中心点，不规则的多找两个中心点，弹边线、对角线，找出边线平面，切割或錾子刺平，下料成型。质量要求：平面刺点，以刺点平为合格。

通常先鉴定石料的石质好坏。一是“看”，观察岩石被打开的裂面，如果颜色均匀一致，没有明显层次，组织坚实而细致，石质就较好；颜色不均匀，或有几种不同颜色夹杂在一起，有明显层次，破裂面是锯齿形的，石质就较差。总之，以无裂缝、污点及红白线等缺陷的石质为合格。二是“听”：用小锤轻轻敲击石块，如发出“当当”清脆声的，石质就较好；如发声喑哑，即证明有隐残（如斗漏子、干裂、砂眼、石核子等），石质就差。

冬季选用石料时，若裂隙内有结冰，则不能单纯依靠敲打听声音，必须用笤帚将石面打扫干净，仔细进行检查，才能鉴定石质的好坏。

然后进行荒料检尺，检查荒料尺寸是否符合设计规格的要求。棱角应用弯尺测量，以防翘棱过大，致使放线不准确，不能使用。对于尺寸较小的石料，可用真尺和弯尺测量；对于尺寸较大的石料，除须用直尺测量外，还要装线抄平。

3. 石料加工

制作石活石料的品种、质量、加工标准、规格尺寸应符合设计要求，加工表面无裂纹、无缺棱掉角、平整整洁；台明石、阶条石、垂带石、柱顶石表面剁斧斧印基本一致。

石料加工现场工具为电锯、角磨机、切割机、雕刻机、錾子、剁斧、花锤、鹰嘴钳子、大鸭钳子、两用锤、铁簸箕、8磅锤弯尺、尺画签、水平尺、碓子、桩子棍、12磅锤、金刚石、白蜡、松香水、川蜡、细磨石、草酸、套裤、手套、眼镜等。古语说得好：“工欲善其事，必先利其器”“磨刀不误砍柴工”，工具质量好坏能直接影响工艺质量和工程进度，应精细准备，认真研究，精心组织。

石料的纹理走向应符合受力要求，加工前先检查一下石料的纹路是水平的、垂直的，还是斜石纹。以便我们考虑地面石、台阶石、踏跺石、拱石、栏板、条石等构件的使用，以及加工时顺应石纹的条理，不易造成石材的断裂和损伤。

4. 石台阶的安装

（1）放线　以柱为中心线作为台阶放线的标准，上平按室内地平，下平按室外地平。

（2）定位置　根据上下平之间的垂直高度，分出每层台阶的高度。

① 先定出砚窝石的标准位置，稳好第一级。

② 第二级安装时，要稳抬稳放，不要震动已安好的阶石。

③ 从第三级以上，每阶均须按设计加打大底（即找出规格厚度），逐级做好接头，顶层还要打好拼缝。

④ 安象眼石、平头土衬石。

⑤ 灌浆。先用稀浆充灌，再用稠浆灌，使浆充满空隙，捣固，待凝固后砌垂带。

⑥ 台阶与台帮安装时，要注意预留“泛水”，泛水的坡度不得小于1%，例如30cm宽

的台阶，需要有4～5mm泛水。同时还应按设计要求做好“样口”。

⑦ 质量要求。安装好的构件整体要稳，头、缝顺直，大面平整，拼缝整齐，缝宽均匀一致。在石料体积较大或较重，人工搬动不便时，应用吊链吊装，以免因撬动使已安好的石料走动。

⑧ 起吊石料时，需要有足够的安全措施，以防发生意外伤人。

⑨ 当石料稳到本位时，在用砂浆填补后，正式镶铺，先在水泥砂浆结合层上浇一层水灰比为0.5的素水泥浆，用浆壶浇均匀，再铺板块，安放时四角同时往下落，用橡胶槌轻击木垫板，根据控制线铺好，然后依次铺设完毕。

【案例结果】

竣工验收后，得到专家及建设方认可，并给予好评。

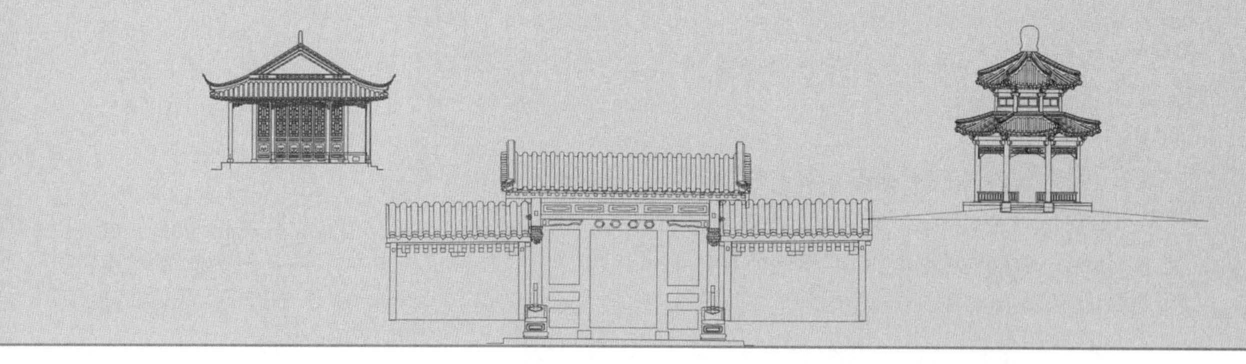

第四章　屋身砖石结构部分

中国古建筑的屋身部分结构，主要有砖石承重与围护结构、木构架受力结构（其他章节另详）、装饰装修结构（其他章节另详）等。多数古建筑的砖石都以维护和分割为主，结构并不承重，只是分隔内外空间和加强建筑的整体性及刚性，围护结构使用的材料以砖墙最多，其他还有土坯墙、石墙等。

砖石结构是一种古老的传统结构，用砖、石块、砌块及土坯等各种块体，以灰浆（砂浆、黏土浆等）砌筑而成的一种组合体称为砌体，由砌体所构成的各种结构称为砌体结构，或称为砖石结构。

第一节　砖墙壁的维修

古建筑屋身处的砖墙结构，有承重墙和非承重墙之分，在整体建筑中起着关键性作用。

一、砖墙的构成

砖墙按其所处位置不同分为：前檐墙、后檐墙、山墙、廊心墙、槛墙、窗间墙、隔墙、院墙、影壁墙、城墙等。按砌筑方法不同分为：干摆、丝缝、淌白、糙砖、碎砖等。按表面艺术形式或平、立面造型特点定名不同分为：看面墙、花墙、云墙、罗汉墙、八字墙、罗圈墙等。按功能不同分为：挡土墙、迎水墙、泊岸、护身墙、夹壁墙、城墙、宇墙、女儿墙、影墙、平水墙、月墙、余塞墙、金刚墙等。

砖墙体由砌筑材料砖与灰浆组成。

（一）古式砖

据记载，我国从秦代开始就有使用砖的记录，在陕西省咸阳宫殿建筑遗址，以及陕西临潼、凤翔等地发现众多的秦代画像砖和铺地青砖，除铺地青砖为素面外，大多数砖面饰有太阳纹、米格纹、小方格纹、平行线纹等。用作踏步或砌于壁面的长方形空心砖，砖面或模印几何形花纹，或阴线刻划龙纹、凤纹，也有狩猎、宴客等场面的。最了不起的是秦代对万里长城的修筑工程，《史记·蒙恬传》载：“始皇二十六年，使蒙恬将三万众，北逐戎狄，收河南，筑长城，因地形，用险制塞，起临洮，至辽东。延袤万余里，于是渡河，据阳山，逶蛇而北。”在高山峻岭的顶端筑起雄伟豪迈、气壮山河的万里长城，其工程之宏大，用砖之多，举世罕见。

传统建筑的砖都是窑制砖。各地烧制的方法各有千秋，但大同小异，比较讲究的烧制，要经过选泥、练泥、制坯、装窑、焙烧、窨水、出窑七道工序，每道工序又有详细分工。城砖就是窑制砖的一种，用于墙体的砌筑和地面的铺墁，在比较重要的工程中使用的砖有时会在上面有烧制的字迹，标明厂家、年代或工程名称等（图 4-1）。古建筑砖料名称及规格见表 4-1。

图 4-1 砖的样式

表 4-1 古建筑砖料名称及规格 单位：mm

名称		用途	清代官窑规格	设计参考尺寸（糙砖规格）	备注
城砖	澄浆城砖	宫殿墙身干摆、丝缝、墁地、檐料、杂料	480×240×112	470×240×120	如需砍磨加工，砍净尺寸按糙砖尺寸扣减 5～30mm 计算
	停泥城砖	大式墙身干摆、丝缝、墁地、檐料、杂料	480×240×128	470×240×120	
	大城砖	小式下碱干摆；大式地面、基础、糙砖墙、檐料、杂料、淌白墙	464×233.6×112	480×240×130	
	二城砖	同大城砖	416×208×86.4	440×220×110	
	沙城砖(随式城砖)	随其他城砖背里	同其他城砖规格	同其他城砖规格	
停泥滚子	大停泥	大、小式墙身干摆、丝缝、檐料、杂料		320×160×80 410×210×80	
	小停泥	小式墙身干摆、丝缝、地面、檐料、杂料	288×144×64	280×140×70 295×145×70	
沙滚子	大沙滚	随其他砖背里、糙砖墙	381.6×144×64 304×150.4×64	320×160×80 410×210×80	
	小沙滚	同大沙滚	240×120×48	280×140×70 295×145×70	

续表

名称		用途	清代官窑规格	设计参考尺寸（糙砖规格）	备注
开条砖	大开条	淌白墙、檐料、杂料	288×160×83	260×130×50 288×144×64	
	小开条	同大开条		245×125×40 256×128×51.2	
斧刃砖		贴砌斧刃陡板墙面、墁地、杂料	320×160×70.4 240×118.4×41.6 304×150.4×57.6	240×120×40	砍净尺寸按糙砖尺寸扣减10mm计算
四丁砖		淌白墙、糙砖墙、墁地、杂料、檐料		240×115×53	四丁砖即兰手工砖，适合砍磨加工，如砌糙砖墙可用兰机砖
地趴砖		室外地面、杂料		420×210×85	砍净尺寸按糙砖尺寸扣减10～30mm计算
方砖	尺二方砖	小式墁地、博风、杂料、檐料	384×384×64 352×352×48 （常行尺二）	400×400×60 360×360×60	
	尺四方砖	大、小式墁地、博风、杂料、檐料	448×448×64 416×416×57.6 （常行尺四）	470×470×60 420×420×55	
	足尺七方砖	大式墁地、博风、杂料、檐料		570×570×60	
	行尺七方砖		544×544×80 （尺七） 512×512×80 （常行尺七）	550×550×60 500×500×60	
	二尺方砖		640×640×96	640×640×96	
	二尺二方砖		704×704×112	704×704×112	
	二尺四方砖		768×768×144	768×768×144	
	金砖（尺七至二尺四）	宫殿室内墁地、宫殿建筑杂料	同尺七至二尺四方砖规格	同尺七至二尺四方砖规格	

（二）灰浆

传统建筑用的灰浆品种较多，据记载有九浆十八灰［九浆：青浆、月白浆、白灰浆、桃花浆、江米浆、烟子浆、砖灰浆、铺浆、红土浆。十八灰：生石灰、青灰、泼灰（面）、泼浆灰、煮浆灰、老浆灰、熬炒灰、滑秸灰、软烧灰、月白灰、麻刀灰、花灰、素灰、油灰、黄米灰、葡萄灰、纸筋灰、砖灰］等。这些传统灰浆大都有着悠久的历史，有些已经由新型材料所替代。

传统建筑常使用的几种灰浆见表4-2。

表 4-2　传统建筑常使用的几种灰浆

名称		主要用途	配合比(体积比)及制作要点	注意事项
浆类	白灰浆	一般砌体灌浆，掺入胶类用于内墙刷浆	将块石灰加水浸泡成浆，搅拌均匀、过滤去渣即成生灰浆；若用泼灰加水，搅拌过滤即成熟灰浆	一般砌体灌浆，掺入胶类后，用于内墙刷浆
	月白浆	砌体灌浆和小式墙面刷浆	将白灰浆和青灰浆混合即成月白浆，10∶1混合为浅色，10∶2.5混合为深色	砌体灌浆和小式墙面刷浆
	桃花浆	砌体灌浆和小式墙面刷浆	将白灰浆和黄土混合即成桃花浆，常按3∶7或4∶6配制	砌体灌浆和小式墙面刷浆
	江米浆	砌体灌浆和灰背	用江米汁和白矾按12∶1可兑成纯江米浆；用江米汁和白矾按33∶1.1加石灰浆可兑成石灰江米浆；用江米汁和白矾以及青灰浆按10∶0.3∶1可兑成青灰江米浆	砌体灌浆和灰背
灰类	纯白灰	砖墙砌筑、内墙抹灰	即白灰膏，用白灰浆沉淀而成	砖墙砌筑、内墙抹灰
	油灰	砖石墙体勾缝	用泼灰∶面粉∶桐油＝1∶1∶1调制而成，加青灰或烟子，可调深浅颜色	砖石砌体勾缝
	江米灰	琉璃构件砌筑和夹垄	月白灰掺入麻刀和江米浆捣制均匀而成，月白灰∶麻刀∶江米浆＝25∶1∶0.3	琉璃构件砌筑和夹垄
	砖面灰	砖砌体补缺(打点刷浆)	在月白灰或老浆灰内，掺入碎砖粉末搅拌均匀而成，灰膏∶砖面＝2.5∶1	砖砌体补缺(打点刷浆)
	掺灰泥	民间砖墙砌体和苫背	将泼灰、黄土拌和均匀后，加清水调制而成，泼灰∶黄土＝(1∶1)～(1∶2.5)	民间砖墙砌体和苫背
	泼灰	制作各种灰浆和原材料	生石灰用水反复均匀地泼洒成粉状后过筛	存放时间：用于灰土，不宜超过3～4d；用于室外抹灰，不宜超过3～6个月
	泼浆灰	制作各种灰浆和原材料	泼灰过细筛后分层用青浆泼洒，闷15d以后即可使用，白灰∶青灰＝100∶13	超过半年后不宜用于室外抹灰
	煮浆灰(灰膏)	制作各种灰浆和原材料	生石灰加水搅成浆，过细筛后发胀而成	一般不宜用于室外露明处，不宜用于苫背
	老浆灰	丝缝墙砌筑、黑活瓦作	青浆、生石灰浆过细筛后发胀而成。青灰∶生灰块＝7∶3或10∶2.5(视颜色需要可调整)	老浆灰即呈深灰色的煮浆灰
	素灰	淌白墙、带刀缝、琉璃砌筑	泼灰、泼浆灰加水或煮浆灰。黄琉璃砌筑用泼灰加红土浆调制	素灰主要指灰内没有麻刀，其颜色可为白色、月白色、红色、黄色等

续表

名称		主要用途	配合比(体积比)及制作要点	注意事项
麻刀灰	大麻刀灰	苫背、小式石活勾缝	泼浆灰加水或青浆调匀后掺麻刀搅匀,灰:麻刀=100:5	
	中麻刀灰	调脊、宽瓦、墙体砌筑、砌体抹馅、堆抹墙帽	各种灰浆调匀后掺入麻刀搅匀,灰:麻刀=100:4	
	小麻刀灰(短麻刀灰)	打点、勾缝	调制方法同大麻刀灰,灰:麻刀=100:3,麻刀经加工后,长度不超过1.5cm	

二、常见问题

因砖墙所处环境因素的影响,常见的残毁情况为歪闪,坍塌,墙身裂缝,下肩酥碱,夯土墙、土坯墙开裂、坍塌等(图 4-2)。

(a) 夯土墙、土坯墙开裂、坍塌

(b) 墙身歪闪或坍塌

(c) 墙身裂缝

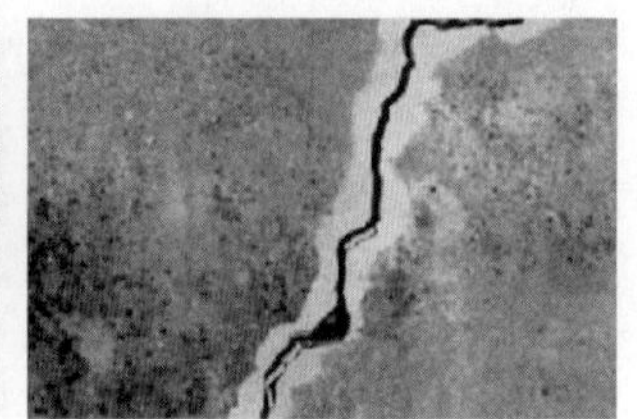

(d) 粉刷墙霉变裂缝

(e) 墙体酥碱　(f) 墙体鼓胀　(g) 墙皮脱落

图 4-2　砖墙常见损毁情况

三、处理办法

维修以前，应先对墙体的构造形制进行详细观察，测量墙体的断面尺寸，砖的尺寸，墙的砌法，砖的排法及缝的厚度，检测砖和灰浆的标号，填写记录表，勾出大样，照相并记录墙内的构造情况。拆砌前还要对古建筑进行严格检查，出现木结构变形、外力施于墙上等现象时要先支顶加固。

砌墙原则是按原制复原，砌时要分中挂线，形制有清水和混水两种。清水墙有满铺满砌、磨砖对缝、淌白丝缝、虎皮墙、花墙等。砖砌墙要求横平竖直，墙面砖缝、砖的摆法及勾缝式样都按原制。

（一）整体处理

1. 双面清水墙

多用于客厅、堂屋、过道房等，双面用青砖七顺一丁或五顺一丁砌法，内部用碎砖石乱摆衬里，上砌丁砖锁口，然后再砌，直至檐口。

2. 外面清水内面混水墙

墙外面砌清水砖，墙内面为混水墙，混水墙可用碎砖或质量差一些的砖，砌法多为七顺一丁，墙里面为碎砖石乱摆衬里。

3. 里生外熟墙

外侧用青砖七顺一丁砌法，内侧用土坯立砌，土坯高度和外侧六皮砖持平，然后用碎砖在土坯上平砌一皮和外侧七皮砖找平，上铺丁头砖锁口。

4. 清门头墙

多用于偏房。采用青砖，分别在门窗两侧砌成和墙体同宽的砖垛至与门窗平，然后安装过木挂砖，其余墙体采用泥挑或土坯砌。

（二）局部处理

1. 砖墙裂缝

细微裂缝（宽度在 0.5cm 以下）可用铁把锔沿墙缝加固，每隔 1m 左右用一个铁把锔。对于古代大片砖墙常常事先加铁拉杆防止鼓闪和裂缝，外表露明处做成仙鹤、蝙蝠等形状。较宽的裂缝（宽度在 0.5cm 以上），每隔相当距离，剔除一层砖块，内加扁铁拉固，补砖后将裂缝用水泥砂浆（1∶1 或 1∶2）调砖灰勾缝。重要建筑在缝内可灌注水泥浆或环氧树脂。以上这些方法，都是保持裂缝现状的加固，以防止裂缝继续扩大（图 4-3）。

2. 墙面酥碱

一般采用剔补的办法，用小铲或凿子将酥碱部分剔除干净，用原尺寸的砖块，砍磨加工后按原位镶嵌，用水泥浆粘贴牢固。局部酥碱处，先剔除干净，用乳胶（聚乙酸乙烯乳液）

(a) 裂缝

(b) 铁把锔

图 4-3 裂缝加固

掺砖灰面补抹平整。过去常用青白麻刀灰补抹，有时还画上砖缝，但效果不佳，现已很少采用。面积较大时，拆除后用原有材料砌筑（图 4-4）。

(a) 墙面修缮前　(b) 墙面修缮后

(c) 粉刷层修缮前　(d) 粉刷层修缮后

图 4-4 墙面修补及嵌补

3. 个别更换

对于个别损坏的砖，可以局部剔凿，处理干净后，补嵌即可（图 4-5）。

(a) 剔除中　(b) 剔补后

图 4-5 墙面补嵌

4. 墙体粉刷层

内墙体粉刷层空鼓、酥碱，墙体本身无结构安全问题，可只对墙体表面进行修缮。先清除粉刷层，然后按照原有材料工艺进行施工，程序为：清理粉刷层、洒水湿润、冲筋、按照原粉刷厚度和砂浆种类或按照设计要求分层进行抹压（图 4-6）。

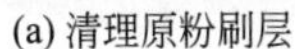
(a) 清理原粉刷层

(b) 重新粉抹

(c) 修缮后

图 4-6　粉刷层修缮

外墙、檐墙、院墙的墙身糙砌时，表面多抹灰保护，宫廷、庙宇多抹红灰，住宅多抹白灰或青灰。灰皮常受风吹雨淋，最易产生裂缝、鼓闪和脱落现象，需经常补抹或全部铲除、重抹。

补抹或重抹时，应先将旧灰皮铲除干净，墙面用水淋湿，然后按原做法分层，按原厚度抹制，赶压坚实（图 4-7）。

(a) 修缮前

(b) 修缮后

图 4-7　墙体粉刷修缮

5. 拱券、过梁

（1）拱券　古建筑拱券结构广泛用在桥梁、城门洞、陵寝、门窗过梁等建筑物上，构造有半圆形、弧形和平拱形等，其破坏情况大多在支座部位上侧开裂、拱中的下部开裂或者是剪断错位以及缺失。对于较简单的开裂可进行灌浆修复，若券砖被挤碎、缺失，但整体还保持原来形状可进行局部抽换（图 4-8）。

（2）钢筋砖过梁　钢筋砖过梁用砖平砌，并在灰缝中加适量钢筋。钢筋砖过梁的跨度不应超过 1.5m，砂浆强度等级不宜低于 M5.0。其做法是在第一皮砖下的砂浆层内放置钢筋，过梁的高度应经计算确定，一般不少于 5 皮砖，同时不小于洞口跨度的 1/5，钢筋的数量为：120mm 墙厚 1～2 根Φ6，240mm 墙厚 2～3 根Φ6，钢筋每边伸入砌体支座内的长度不宜小于 240mm。

为了外观与古建筑砖砌体相协调，对于钢筋砖过梁或预制混凝土过梁，可以在外立面镶贴装饰性面砖（图 4-9）。

6. 夯土墙、土坯墙的维修

夯土墙、土坯墙的外部，多数有抹灰层保护，若灰皮剥落，可局部补抹或全部重抹。下肩酥碱处，可用砖补砌后抹灰，若坍塌、歪闪严重，应按原做法式样重新夯打或垒砌。

对于夯土墙，应先分析研究原夯层的厚度、夯窝尺寸、夯土掺加材料的比例及夯筑方

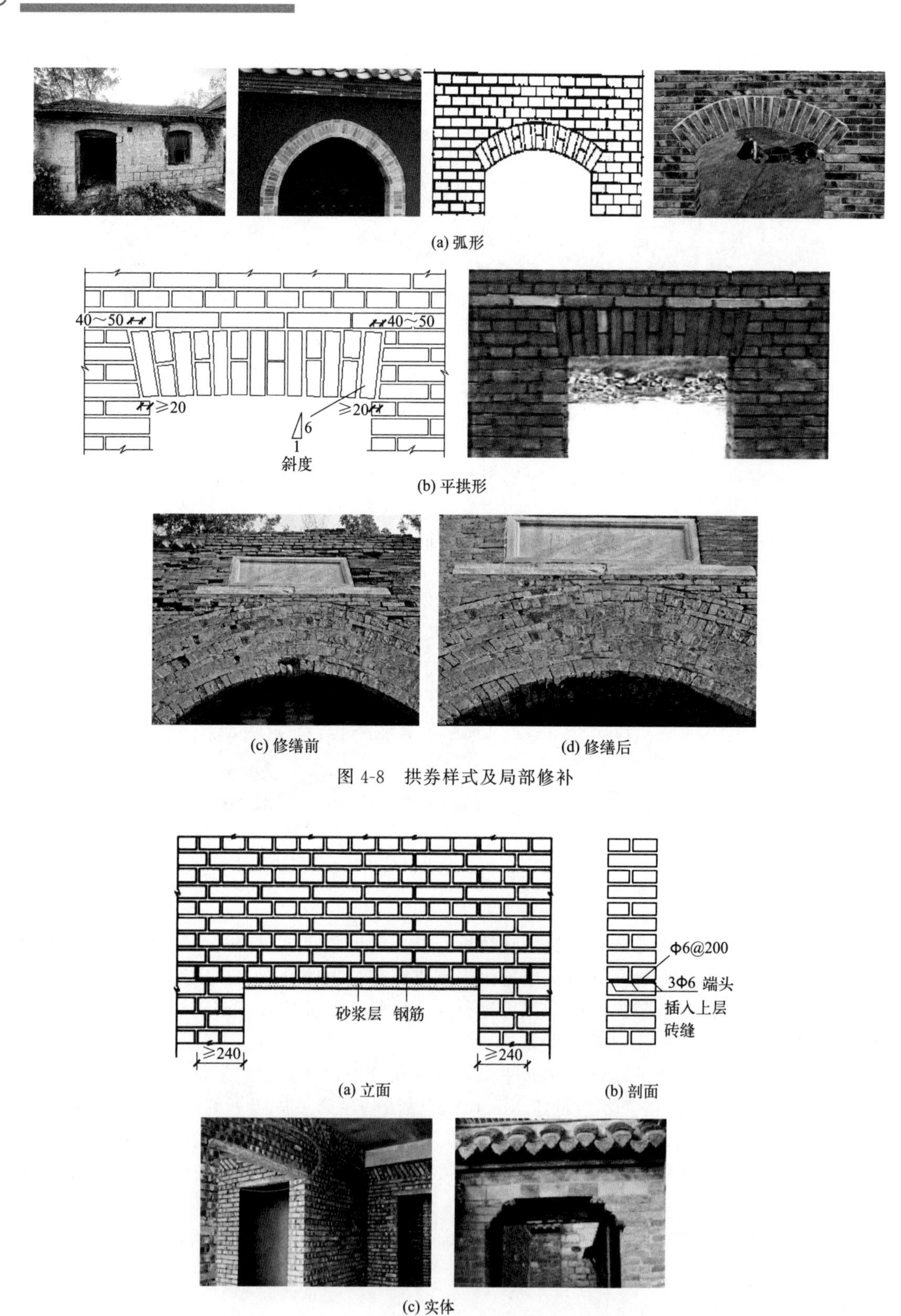

(a) 弧形

(b) 平拱形

(c) 修缮前

(d) 修缮后

图 4-8 拱券样式及局部修补

(a) 立面

(b) 剖面

(c) 实体

图 4-9 钢筋砖过梁

法，然后照原做法复制（图 4-10）。

(a) 土坯墙脱皮、裂缝

(b) 修缮后

图 4-10　土坯墙

(三) 整体拆除重砌

1. 墙身歪闪或坍塌

临时抢救时可用木柱支顶；若为半永久性的，可在墙根部用砖或石块垒砌挡墙（俗称卧牛）；情况严重时应及时拆除重砌（图 4-11）。拆除时注意分别码放，尽量避免磕碰，以保证材料的完整性。

(a) 歪闪危房

(b) 木柱支顶

图 4-11　危墙支撑

2. 鼓胀

墙体发生鼓胀，应拆除重砌，拆除时要按照施工组织设计进行（图 4-12）。

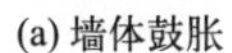

(a) 墙体鼓胀

(b) 修缮后

图 4-12　拆除重砌

3. 糙砌

用完整旧砖或新砖，不加砍磨，以 3∶7 掺灰泥（白灰加黄土）垒砌（图 4-13）。

4. 异形砖、淌白墙

淌白墙用淌白截头砖砌筑，即要用淌白拉面（糙淌白）或淌白截头。砖的外口及底面棱

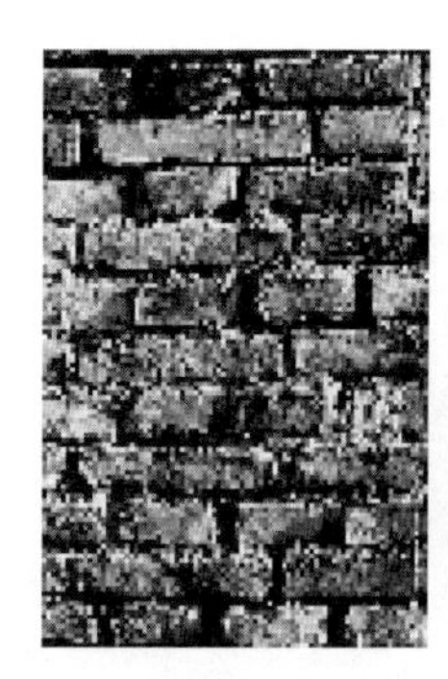  

图 4-13　糙砖墙

口打老浆灰灰条（灰只抹在砖棱上）。缝宽度及灌浆等做法与丝缝墙相近，灰缝控制在 3～4mm。打点墙面时只耕缝扫净，不墁干活、水活，不用水冲。

糙淌白墙，用只砍磨一个看面的淌白拉面砖砌筑，用月白灰打灰条，缝稍宽，为 4～6mm，其他做法与淌白墙相同。每层砌完后要用白灰浆灌浆。砖缝处理时一般采用“打点缝”的方法。如有描缝要求，可先将缝打点好后，用毛笔蘸烟子浆沿平尺贴灰缝描黑，要求宽窄一致，中正平直。面清洁美观，棱角整齐，灰缝横平竖直，深浅均匀一致，接槎无搭痕。

淌白墙打点缝时要用深月白灰或老浆灰，且应使用小麻刀灰，即灰中的麻刀含量应适当减少，并应将麻刀剪短。

打点缝的方法为：用瓦刀、小木棍或钉子等顺砖缝镂划，然后用专用工具“鸭嘴”或小轧子，将小麻刀灰“喂”进砖缝。灰应与砖墙“喂”平，并轧平。然后用短毛刷子蘸少量清水（蘸后甩一下）顺砖缝刷一下，叫“打水茬”。这样既可以使灰附着得更牢，又可使砖棱保持干净。

裂缝的墙体拆除后，用淌白法重新处理的墙面如图 4-14 所示。

5. 丝缝墙

丝缝墙（图 4-15）的墙面有比较细小的灰缝，故又称为细缝墙或撕缝墙，灰缝不可过宽，一般不超过 0.2cm。丝缝墙采用丝缝砖砌筑，丝缝砖的加工也是加工五个面。与干摆砖不同的是砖的上面一个大面不砍包灰，要求磨平并与长身作直角相交，此面称“膀子面”，其他各面加工同干摆砖。

丝缝墙一般用于上身墙，摆砌时上身的丝缝墙要比下肩缩进（退入）6～8mm，即称为“退花肩”（也称退花碱或退花押）。摆砌方式仍可为三七缝、梅花丁或十字缝。摆砌时膀子面朝上，外口挂青浆灰，里口打灰墩（称为爪子灰），摆好砖后用瓦刀挤出灰浆并随手刮去，其他同干摆墙操作。最后不用清水冲洗，而是用竹片耕缝，耕出的缝应横平竖直，深浅一致。

6. 干摆

有些地方称为“磨砖对缝”。从外表看砖缝密接不露灰浆，故称干摆（图 4-16）。砖料要求比淌白墙高一等，一般仅限于使用停泥砖和新旧城砖。砍磨加工需要五扒皮砖。

（1）弹线、样活、垒砌　先将基层清扫干净，然后用墨线弹出墙的厚度、长度及八字的位置、形状等。根据设计要求，按照砖缝的排列形式（如十字缝）进行试摆即“样活”，检查对缝是否严密，棱角是否方正平直，不足处及时磨平修整，此种做法俗称“杀淌”，无误后正式垒砌。

(a) 修缮前

(b) 修缮后

图 4-14　用淌白法重新处理的墙面

图 4-15　丝缝墙

图 4-16　干摆

（2）拴线、衬脚　在两端拴的两道立线，称为“拽线”。拽线之间要拴两道横线，下面的叫“卧线”，上面的叫“罩线”（“打站尺”后拿掉）。砌第一层砖之前要先检查基础是否凹凸不平，如有偏差，应以麻刀灰磨平，称为“衬脚”。衬脚的颜色应与砖的颜色相同。

（3）摆第一层砖、打站尺　在抹好衬脚的台明上进行摆砌，砖的立缝和卧缝都不挂灰，即要“干摆”。遇有柱顶石时，砖要随柱顶古镜的形状砍制。砖的后口要用石卡垫在下面，即“背撒”。背撒时要注意：石片不要长出砖外，即应有“露头撒”。还有砖的接缝即“顶头缝”处一定要背好，即一定要有“别头撒”。再就是不能用两块重叠起来背撒，即不可有“落落撒”。摆完砖后要用平尺板进行“打站尺”，打站尺的方法是，将平尺板的下面与基础上弹出的砖墙外皮墨线贴近，中间与卧线贴近，上面与罩线（又叫站尺线）贴近。然后检查砖的上、下棱是否也贴近平尺板，如未贴近或顶尺，必须纠正。打站尺还可以横向进行，并可以多打几层，以确保有一个好的开端。

（4）背里、填馅　干摆可在里外皮同时进行，也可只在外皮进行。如果只在外皮干摆，里皮要用背里砌筑，称为背里。背里、填馅时应注意下列两点。

① 应该与干摆砖的高度保持一致，如因砖的规格和砌筑方法不同而不能做到每一层都保持一致时，也应在3～5层时与外皮砖找平一次。

② 背里或填馅与干摆不宜紧挨，要留有适当的“浆口”，浆口的宽度应为1.5～2cm。

（5）灌浆、抹线　灌浆应分三次进行，第一次和第三次应较稀，第二次应稍稠。灌浆之前可对墙面进行必要的打点，以防浆液外溢，弄脏墙面。第一次灌浆时一般只灌1/3，称为“半口浆”。第三次叫“点落窝”，即在两次灌浆的基础之上弥补不足的地方。

灌浆既应注意不要有空虚之处，又要注意不要过量，否则会把砖撑开。点完落窝后要用刮灰板将浮在砖上的灰浆刮去，然后用麻刀灰将灌过浆的地方抹住，即“抹线”，又叫“锁口”。抹线可以防止上层灌浆往下窜而撑开下层砖，所以这是一道不可省略的工序。

（6）刹趟　在第一次灌浆后，要用“磨头”将砖的上棱高出的部分磨去，即为刹趟，目的是摆砌下一层砖时能严丝合缝，故应同时注意不要刹成局部低洼。

（7）逐层摆砌　以后每层除了不打站尺外，砌法均应按上述要求。此外，还应注意下列几点：第一，摆砌时应做到“上跟线，下跟棱”；第二，摆砌时，砍磨得比较好的棱应朝下，有缺陷的棱朝上，因为缺陷可在刹趟时去掉；第三，最后一层如需“退花碱”（墙肩），应使用膀子面砖，膀子面朝上；第四，摆砖时如发现明显缺陷，应重新挑选或加工；第五，对于干摆墙，各层之间仅在中间铺白灰浆，然后每层都要灌浆，每隔2～3层加灌白灰浆。所用白灰浆内皆掺江米和白矾，质量配比为：白灰∶江米∶白矾＝100∶1.4∶0.5。

（四）现代做法

古式砖窑的生产现已完成使命，取而代之的是新型制作方法。为解决传统建筑的修缮问题，不可能再用传统制作方法和工艺制作，尤其隐蔽工程的取材，用现代技术替代，仿古建筑更是这样。为适应建筑模数及节能的要求，近年来开发了许多砖型，除了常用的黏土砖（机制砖）外，还有如空心砖、多孔砖等，用于仿古建筑及古建筑的隐蔽工程内。

砖砌体由砖块与砂浆（灰浆）组合而成。

1. 砌筑用砖

砌筑用砖的种类：按所用原材料分，有黏土砖、页岩砖、煤矸石砖、粉煤灰砖、灰砂砖和炉渣砖等；按生产工艺分，有烧结砖和非烧结砖，其中非烧结砖又可分为压制砖、蒸养砖和蒸压砖等；按有无孔洞分，有空心砖、多孔砖和实心砖。

其中古建筑砌筑常用的是普通实心砖和多孔砖。

（1）砖规格　普通实心砖规格为240mm×115mm×53mm；多孔砖规格尺寸为240mm×115mm×90mm。

（2）等级要求　根据《烧结普通砖》（GB/T 5101—2017）公布的标准，砖的抗压强度等级分为五个，质量等级为三个。

抗压强度分为：MU30、MU25、MU20、MU15、MU10。

质量等级分为：优等品（A）、一等品（B）、合格品（C）。

2. 砌体组成形式

（1）实心墙砌体　实心墙是用普通实心砖砌筑的实体墙。常见的砌筑方式有：全顺式、一顺一丁式、多顺一丁式、每皮丁顺相间式及两平一侧式等（图4-17）。

（2）空斗墙砌体

① 空斗墙：用实心砖侧砌，或平砌与侧砌相结合砌成的空体墙。

② 眠砖：平砌的砖。

③ 斗砖：侧砌的砖。

④ 无眠空斗墙：全由斗砖砌筑成的墙。

⑤ 有眠空斗墙：每隔一至三皮斗砖砌一皮眠砖的墙。

不是所有空斗墙的墙体都是空斗，在边角及需加强刚度的部位，要进行加固，即按正常的砌筑方法砌筑，如图4-18所示。

3. 墙体的厚度

除应满足强度、稳定性、保温隔热、隔声及防火等功能方面的要求外，还应与砖的规格尺寸相配合，墙厚与砖规格的关系见图4-19。

4. 墙面饰面

古建筑墙体比较重要的地方多为清水墙，如槛墙，一般用档次较高的干摆、丝缝等，现

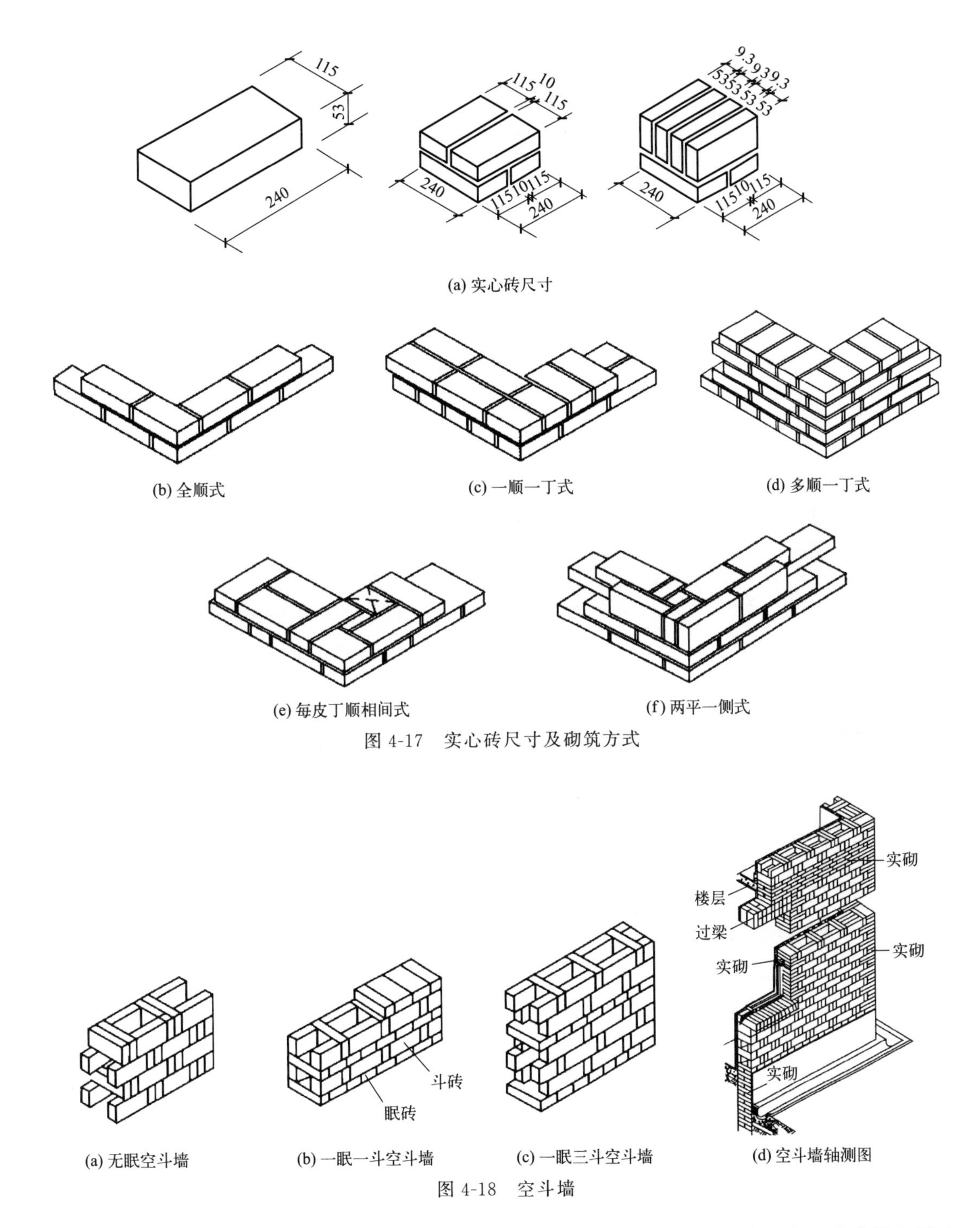

(a) 实心砖尺寸

(b) 全顺式　(c) 一顺一丁式　(d) 多顺一丁式

(e) 每皮丁顺相间式　(f) 两平一侧式

图 4-17　实心砖尺寸及砌筑方式

(a) 无眠空斗墙　(b) 一眠一斗空斗墙　(c) 一眠三斗空斗墙　(d) 空斗墙轴测图

图 4-18　空斗墙

代做法为了保持古建筑的效果，在没有古建筑材料时就在混水墙的基础上贴面砖或做出同古建筑材料规格相同的砖缝。具体做法如下。

（1）贴面做法　材料选用薄面料，如同瓷砖贴面一样，利用现代砌筑方法的砖墙，在上镶贴出古建筑砖各类砖墙的效果，如图 4-20 所示。

（2）画缝做法　画缝是指先用工具在仿古建筑砖墙外观效果的粉刷层上刻勒或切割出来，然后用白、黑色灰浆勾缝，或者把缝清理干净，就像丝缝干摆一样，如图 4-21 所示。

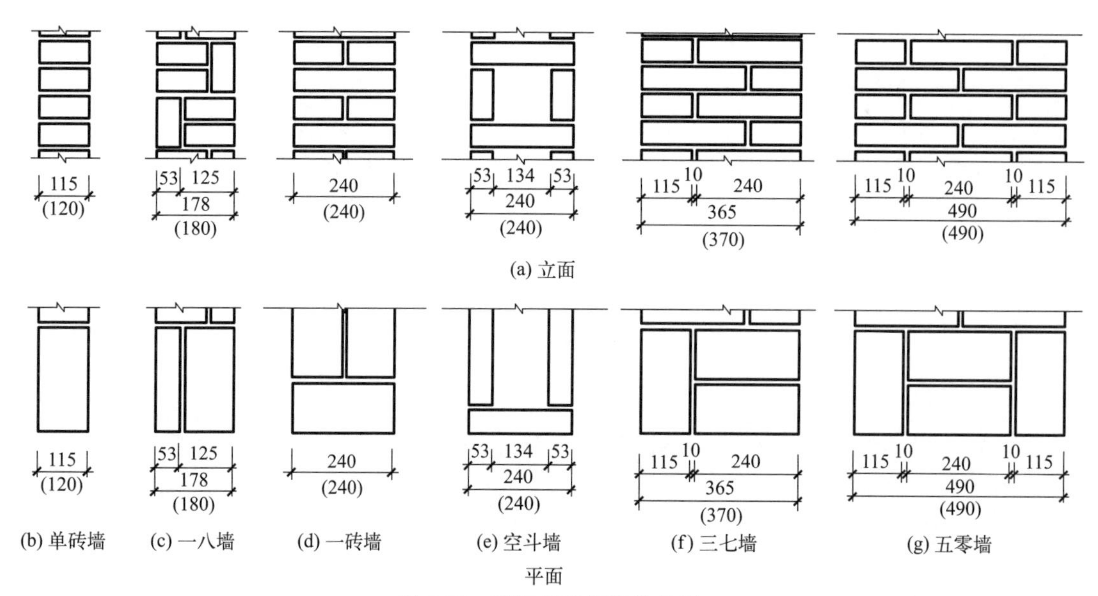

图 4-19 墙厚与砖规格的关系

括号中的数据表示墙厚

图 4-20 贴面做法

图 4-21 画缝墙面

5. 现代灰浆（砂浆）

现代使用的灰浆由胶凝材料（水泥、石灰）和填充料（砂、矿渣、石屑等）混合加水搅拌而成。作用是将砖块黏结成砌体，提高墙体的强度、稳定性及保温、隔热、隔声、防潮等性能。砂浆的品种和强度等级必须符合设计要求。水泥、砂、石灰、水的质量要求，塑化剂、早强剂、缓凝剂、防冻剂的掺量都应按现行国家标准《砌体结构工程施工质量验收规范》（GB 50203—2011）的规定执行。常用的砌筑砂浆有水泥砂浆、混合砂浆、石灰砂浆三种。

（1）水泥砂浆　是指由水泥、细骨料和水，即水泥＋砂＋水，根据需要配成的砂浆。水泥混合砂浆则由水泥、细骨料、石灰和水配制而成。两者是不同的概念，叫法不同，用处也有所不同。

（2）混合砂浆　指的是水泥、砂、石灰按一定比例拌和而成的混合物，一般用于地面以上的砌体。由于混合砂浆中加入了石灰膏，改善了砂浆的和易性，操作起来比较方便，有利于砌体密实度和工效的提高。

（3）石灰砂浆（白灰砂浆）　是指由石灰膏和砂子按一定比例（比如 1∶3）搅拌而成的砂浆，完全靠石灰的气硬性而获得强度。石灰砂浆仅用于强度要求低、干燥的环境，成本比较低。

6. 施工操作

施工时按照砖砌体施工验收规范执行。一般注意砌体的垂直度、水平度；灰缝的饱满度一般不低于80%；对于较长的砌体需要加拉结钢筋；砌体的转角处的搭砌、与构造柱的连接处要有马牙槎（必要时还要有钢筋连接）；控制砌块的水饱和度，不要太干，也不要太湿。

四、注意事项、质量检验与控制要求

（一）砖加工及标准

1. 砖规格

砖的规格尺寸、用砖必须符合设计要求或符合表4-1、表4-3和表4-4的规定，并配有同批次出厂合格证或实验报告。

表4-3 传统建筑墙体用砖

名称	主要用途	设计参考与尺寸/mm	原砖尺寸/mm	说明
大砖	砌墙用	280×190×28	280×185×27	
	砌墙用	500×140×50	495×138×49.5	
城砖	砌墙用	190×95×20	187×94×18	
	砌墙用	280×140×28	275×138×27.5	
单城砖	砌墙用	210×105	209×105	质量为750g
行单城砖	砌墙用	200×100×20	198×99×19	质量为500g
五斤砖	砌墙用	280×140×28	275×137×27	质量为1750g
行五斤砖	砌墙用	260×120 250×120	261×118 248×118	质量为1250g
二斤砖	砌墙用	240×100×20	234×96×19	质量为1000g
黄道砖	铺砖地、天井，砌单壁墙用		170×74×41 168×80×41 160×72×41 160×69×28	
井方黄道砖	铺地、铺砖地、天井，砌单壁墙用		184×90×28	
半黄	砌墙门用		522×272×58	
小半黄	砌墙门用		522×259×55	

表4-4 传统黏土砖尺寸允许偏差和外观质量标准 单位：mm

项目			指标		
			优等品	一等品	合格品
尺寸允许偏差/mm	长度	样本平均偏差	±2.0	±2.5	±3.0
		样本极差	≤6	≤7	≤8
	宽度	样本平均偏差	±1.5	±2.0	±2.5
		样本极差	≤5	≤6	≤7
	高度	样本平均偏差	±1.5	±1.6	±2.0
		样本极差	≤4	≤5	≤6

续表

<table>
<tr><th colspan="3" rowspan="2">项目</th><th colspan="3">指标</th></tr>
<tr><th>优等品</th><th>一等品</th><th>合格品</th></tr>
<tr><td rowspan="7">外观质量/mm</td><td colspan="2">两条面高度差</td><td>≤2</td><td>≤3</td><td>≤4</td></tr>
<tr><td colspan="2">弯曲</td><td>≤2</td><td>≤3</td><td>≤4</td></tr>
<tr><td colspan="2">杂质凸出高度</td><td>≤2</td><td>≤3</td><td>≤4</td></tr>
<tr><td colspan="2">缺棱掉角</td><td>≤5</td><td>≤20</td><td>≤30</td></tr>
<tr><td rowspan="2">裂纹长度</td><td>大面上宽度方向及其延伸至条面的长度</td><td>≤30</td><td>≤60</td><td>≤80</td></tr>
<tr><td>大面上长度方向及其延伸至顶面的长度或条顶面上水平裂纹的长度</td><td>≤50</td><td>≤80</td><td>≤100</td></tr>
<tr><td colspan="2">颜色</td><td>基本一致</td><td>—</td><td>—</td></tr>
</table>

2. 砖加工

砖肋不得有“棒槌肋”，不得有“倒包灰”（“棒槌肋”把转头肋磨成圆弧形）；砖的表面应完整、平直，不得有缺棱掉角和翘曲面；异形砖等砍砖所需的样板外形及规格尺寸必须符合设计要求。设计无要求的应符合古建筑传统做法；砖包灰必须留有适当的转头肋，不得砍成“刀口料”。

3. 砖细的制作

砖细的制作应符合下列规定。

（1）选料　根据设计对砖细的要求，选择质量、色泽、规格等符合的砖料。

（2）做样板砖　未全面展开砖细加工之前，应按设计要求先做样板砖，样板砖检查合格后，以此为样板进行砖细加工。

（3）粗加工　根据加工对象的具体要求进行画线、取平、打直等粗加工。

（4）细加工　根据干摆砖、丝缝砖、金砖、异形砖、淌白砖等，按设计的不同要求进行细加工。

（5）磨配试组　将加工合格、相互联结叠砌的砖细进行磨配试组。对不吻合处应进行加工修理，将表面缺陷和砂眼用砖药修补磨平。

（二）砌体

1. 清水墙

清水墙面砖的看面必须磨平磨光，不得有“花羊皮”（局部糙麻不平）和斧花。

2. 丝缝与干摆的比较

丝缝与干摆的砌筑有许多共同之处（参见干摆墙面），不同之处如下。

（1）灰缝厚度　丝缝墙的砖与砖之间要铺垫老浆灰。灰缝一般厚3～4mm。

（2）面砖加工　丝缝墙可以用“五扒皮”砖，也可以用“膀子面”砖。如用“膀子面”砖，习惯上应将砖的膀子面朝下放置。

3. 注意事项

① 丝缝墙一般不刹趟。

② 如果说干摆砌法的关键在于砍磨得精确，那么丝缝砌法还要注重灰缝的平直、厚度一致以及砖不得“游丁走缝”。

③ 丝缝墙砌好后要“耕缝”。耕缝所用的工具：将前端削成扁平状的竹片或用有一定硬度的细金属丝制成“溜子”（可用自行车上的车条制成）。灰缝如有空虚不齐之处，事先应经

打点补齐。耕缝要安排在墁水活、冲水之后进行。耕缝时要用平尺板对齐灰缝并贴在墙上，然后用溜子顺着平尺板在灰缝上耕压出缝来。耕完卧缝以后再把立缝耕出来。

第二节　石墙壁、柱、石构件的维修与施工

一、石墙的构成

中国古建筑的屋身部分除了上述讲到的砖砌体外，还有石墙、石栏板、石柱等。其中石墙有方正石墙、虎皮石墙、毛石墙、片石墙，古建筑石墙包括石梁枋、石过梁和石拱券等。石墙种类如图 4-22 所示。

(a) 蘑菇石墙　(b) 虎皮石墙　(c) 毛石墙
(d) 片石墙　(e) 方正石墙

图 4-22　石墙种类

二、常见问题

石质结构破坏有以下几种情况：弯曲、剪切、撞击所造成的断裂，冻融破坏、大气污染造成的腐蚀酥碱，以及使用中造成的破坏。

石结构常用油灰勾缝，年久油性减退，灰条脱落，易流入雨水，造成墙缝生草或鼓闪坍塌，有时由于选料不慎，或因受力不均而出现构件断裂。

三、处理办法

（一）石墙修砌

1. *修砌*

如是石墙裂缝，看其结构情况，如不是基础沉降引起的，属于墙体本身因年久失修导致的，如温度裂缝等，可以局部拆除后采用原砌筑砂浆的材料种类及工艺要求或按设计要求重砌（图 4-23）。

如是小面积损毁，可局部换补相同石材。若面积较大或拆除重砌，则按下面步骤操作。

（1）测量放线　根据图纸要求做好测量放线工作，设置水准基点柱和立好皮数杆，有坡

(a) 修缮前　　(b) 修缮后

图 4-23　石墙裂缝处理

度要求的砌体，立好坡度门框。

(2) 标高　基础清扫后按施工图在基础上弹好轴线、边线、门洞口和其他尺寸位置线，并复核标高。

(3) 砌筑毛石墙　应根据基础的中心线放出墙身内外边线，挂线，分皮卧砌，每皮高300～400mm，砌筑方法采用铺浆法。用较大的平毛石，先砌转角处、交接处和门洞处，再向中间砌筑。砌前应先试摆，使石料大小搭配，大面平放朝下，外露表面要平齐，斜口朝内，逐块卧砌坐浆，使砂浆饱满。石块间较大的空隙应采用先填塞小石块后灌浆的做法。灰缝宽度一般控制在20～30mm，铺灰厚度40～50mm。

(4) 错缝　砌筑时石块上下皮应互相错缝，内外交错搭砌，避免出现重缝、平缝、空缝和孔洞，同时应注意合理摆放石块，不应出现刀口型、劈合型、桥型、马槽型、夹心型、对合型、分层型等类型砌石，以免砌体承重后发生错位、劈裂、外鼓等现象。

(5) 规格不齐　如砌筑时毛石的形状和大小不一，难以每皮砌平，亦可采用不分皮砌法，每隔一定高度大体砌平。

(6) 拉结　为增强墙身的横向力，毛石墙每0.7m^2墙面至少应设置一块拉结石，并应均匀分布，相互错开，在同皮内的中距不应大于2m。拉结石长度，如墙厚等于或小于40cm，应等于墙厚；若墙厚大于40cm，可用两块拉结石内外搭接，搭接长度不应小于15cm，且其中一块长度不应小于墙厚的2/3。

(7) 转角处理　在转角及两墙交接处应用较大和较规整的垛石相互搭砌，并同时砌筑，必要时设置钢筋拉结条。如不能同时砌筑，应留阶梯形斜槎，其高度不应超过1.2m，不得留锯齿形直槎。

(8) 施工高度　毛石墙每日砌筑高度不应超过1.2m，正常气温下，停歇4h后可继续垒砌。每砌3～4层应大致找平一次，中途停工时，石块缝隙内应填满砂浆，但该层上表面须待继续砌筑时再铺砂浆。砌至6层高度时，应使用平整的大石块压顶并用水泥砂浆全面找平。

(9) 组砌　在毛石与砖的组合墙中，两者应同时砌筑，并每隔4～5皮砖用顶砖层与毛石砌体搭接砌，搭接长度不少于12cm，搭接处要平稳，两种砌体间的缝隙随砌随用砂浆填满。

(10) 灰缝控制　料石墙的砌筑方法与砖砌体以及混凝土砌块基本相同，砌筑形式有全顺、丁顺叠砌、丁顺组砌等方式，第一皮及最上一皮采用丁砌的形式。组砌前应按石料及灰缝平均厚度计算层数，立皮数杆。砌筑时，上下皮应错缝搭接；砌体转角交接处，石块应相互搭接。料石宜用“铺浆法”砌筑，铺浆厚度为20～30mm，垂直缝填满砂浆并插捣至溢出为止。灰缝厚度为10～20mm。如在墙转角或交接处石块搭砌有困难，则应每隔1.0～1.5m高度设置钢筋网或钢筋拉结条。

2. 石墙勾缝

勾缝时应保持砌合的自然缝，一般采用平缝或凸缝。勾缝前应先剔缝，将灰浆刮深20～30mm，墙面用水湿润，再用1∶(1.5～2.0)的水泥砂浆勾缝（图4-24）。缝条应均匀一致、深浅相同，十字、丁字形搭接处应平整通顺。

图4-24 石墙勾缝

(二) 梁枋等石构件

梁枋如门窗过梁断裂，可用扁铁加固，也可考虑加钢箍（斜缝），灌环氧树脂黏结。其他非受力构件如果破坏体积大，可照原物形状制好后，用锚杆锚固，为防风化、防腐蚀、防酥碱，可用甲基硅树脂涂刷封护。如需更换，应尽量选取与其相似的石材，对于仿古建筑也可更换为钢筋混凝土过梁或砖过梁，外贴相近石材，并应与窗框间预留10mm下沉高度。过梁如图4-25所示。

(a) 石过梁

(b) 过梁断裂

(c) 换件后

(d) 内部混凝土过梁

(e) 外贴石材面砖

图4-25 过梁

(三) 灰缝脱落的维修

将缝内积土或杂草清除干净，用油灰重新勾抹严实（图4-26）。材料配比为白灰∶生桐油∶麻刀=100∶20∶8（体积比）。

(a) 勾缝前　　　　(b) 勾缝后

图 4-26　灰缝脱落的维修

虎皮石墙多用青白麻刀灰勾缝（图 4-27），质量比为白灰∶青灰∶麻刀=100∶8∶8。

古代临水石墙勾缝用 1∶2 白灰砂浆内掺杨桃藤汁、江米汁。据明代《天工开物》记载，用此材料勾石缝，可防止渗水，“轻筑坚固，永不隳坏”。

现在维修时常以 1∶(1～3) 水泥砂浆代替古代的油灰。汉白玉石或艾叶青石勾缝，一般用白水泥或加适当的色料，以求与原石料色泽协调。

(a) 需清理的石墙

(b) 修缮后

图 4-27　虎皮石墙勾缝

(四) 表面风化、酥碱的维修

首先要将风化、酥碱之处剔除干净，再用“补石药”加热后进行粘补。

补石药配比（质量比）为：石粉∶白蜡∶黄蜡∶芸香=100∶5.1∶1.7∶1.7。

现在多用乳胶之类的高分子材料，掺加石粉、色料进行粘补。

(五) 鼓闪、坍塌的维修

石材出现鼓闪、坍塌、墙面明显歪斜和裂缝，一般是因为年久失修、雨雪融化后沿缝隙进入结合层，受热胀冷缩产生裂缝，发生变形。

1. 料石墙

若料石墙发生上述情况，需重新拆砌，应用拆下的旧石重新整理砌筑，不足时用相同品种石料加工后补配。所用石料应六面齐整，合缝平稳，用白灰浆垒砌并灌缝，外用油灰勾缝（图 4-28）。大块料石每层各块之间加铁磕子，或用铁银锭拉固。砌墙材料，用白灰浆内掺江米末白矾末，质量配比为白灰∶江米末∶白矾末=100∶3.5∶1。

2. 虎皮石墙

出现这种情况，同方正石墙一样，利用原石料重新垒砌，先将鼓闪处拆至完好墙身，基底清理干净，挂线按原式样垒砌，石块应大小相间，错缝咬岔，互相紧压，表面基本找平。此种砌法，一般并不完全依靠灰浆的粘接而使它坚实牢固，主要是靠垒石的技术高低。古代园林中垒砌虎皮石墙，尤为明显，多用白灰浆内掺江米末、白矾末灌注墙身，外用油灰麻刀勾缝（比例同前）。

(a) 墙体鼓胀

(b) 修复后

图 4-28 墙体鼓胀修复

3. 毛石墙、片石墙

民居所砌毛石墙与片石墙，参照上述办法修整，然后墙身灌桃花浆（黄土加白灰），外用青白麻刀灰（比例同前）勾缝，并凸出 1～2cm。

（六）栏板、望柱、石柱等

栏板、望柱、石柱等构件损毁严重时，就要更换。

1. 制作

有雕刻花纹的构件在砸花锤后的石料上放线找方、四面齐边。按花纹凹凸情况，预留高度（俗称花胎），四面剁细斧，大面剁糙斧一遍，将原构件花纹描绘在石料上（描花纹应先描稿、过稿，扎谱子等操作，程序同彩画），然后按线雕凿花纹，磨光打蜡。雕刻的内容及形式具有传统风格、比例恰当、形象美观、造型准确，线条清晰流畅、根底清楚，空当处应清底扁光，不露扁子印或錾印。

2. 安装

栏板、望柱、抱鼓等需要竖立安装的构件，先要拉通线，每个构件必须安装牢固平稳、位置正确、物件端正，整体顺直整齐。

安装望柱时，要将地栿上的榫槽清理干净，刷一层素水泥浆，以便安装无缝隙并且牢固。

安装石栏板前应在望柱和地栿上弹出构造中心线和两侧边线，校核标高，挂线，底部垫平，四角置小石块或熟铁块，留出灌浆口，然后进行安装。构件大时（指质量超过 250kg 者），需用倒链等起重设备辅助进行，各绳子需要同时受力，并仔细核对石料的受力位置，然后慢慢就位。构件稳平后，先灌稀浆，再灌稠浆，石料大时可分三次灌浆，每次灌注须待前次灌浆凝固后进行。为保证灌浆饱满，须用铁钎等插捣严实。石栏板安装就位后，仔细与控制线对比校核，如出现位移的应点撬归位，将构件调整至正确位置。石缝缝隙可勾抹油膏或石膏，如设计有要求的按设计要求。经检查，如石料间的缝隙较大，可在接缝处勾抹大理石胶，大理石胶的颜色应根据石材的颜色进行调整，采用白水泥进行调色可以达到一定的效果。安装完毕后，若感觉灰缝与石材有不平等瑕疵，可以进行打磨和剁斧，将石面整平。石栏杆安装见图 4-29。

3. 栏杆缺失

栏杆缺失或更换新的，应优先选用同材质、色彩相近的材料。按原尺寸加工制作，安装时用环氧树脂胶。先清理地栿石的榫槽、榫窝，将栏板、寻杖按位置插入原有望柱，并用木棍固定在相对位置，留有约等于榫头长度的可移动度，固定的木棍要兼备水平移动且不产生上下位移，然后抹胶，同时望柱榫头对准榫窝，抹胶安装，注意在胶凝前校正好垂直度和栏杆的水平度，抹胶前要试安装。栏杆缺失修补如图 4-30 所示。

图 4-29 石栏杆安装

(a) 修补前

(b) 修补后

图 4-30 栏杆缺失修补

四、注意事项、质量检验与控制要求

(一) 施工注意事项

1. 材料

① 使用的石料必须保持清洁，受污染或水锈较重的石块应冲洗干净，以保证砌体的黏结强度。

② 砌筑砂浆应严格按材料计量，保证配合比准确，砂浆应搅拌均匀，稠度应符合要求。

2. 施工

砌筑石墙时应拉通线以达到平直一致，砌料石墙应双面拉准线（全顺砌筑除外），并经常检查，校核墙体的轴线与边线，以保证墙身平直、轴线正确、不发生位移。

砌石应注意选石，并将大小石块搭配使用，石料尺寸不应过小，以保证石块间的互相压搭和拉结，避免出现鼓肚和里外两层皮现象。

砌筑时应严格防止出现不坐浆砌筑或先填心后填塞砂浆，造成石料直接接触，或采取铺不灌浆法施工，这将使砌体黏结强度和承载力大大降低。

(二) 质量标准和检验方法

1. 质量标准

石砌体采用的石材应质地坚实，无裂纹和无明显风化剥落：砌体所用的毛石，包括乱毛石和平毛石，其外形应呈块状，各种砌筑用料石的宽度、厚度均不宜小于 20cm；长度不宜大于厚度的 4 倍。

用于清水墙、柱表面的石材，尚应色泽均匀；石材的放射性应经检验，其安全性应符合现行国家标准《建筑材料放射性核素限量》(GB 6566—2010) 的有关规定。

石砌体采用的石材应质地坚实，无风化剥落和裂纹，表面的泥垢、水锈等杂质，砌筑前应清除干净。

砌筑毛石基础的第一皮石块应坐浆，并将大面向下；砌筑料石基础的第一皮石块应用丁砌层坐浆砌筑。

毛石砌体的第一皮及转角处、交接处和洞口处，应用较大的平毛石砌筑。每个楼层（包括基础）砌体的最上一皮，宜选用较大的毛石砌筑。

毛石砌筑时，对石块间存在的较大的缝隙，应先向缝内填灌砂浆并捣实，然后用小石块嵌填，不得先填小石块后填灌砂浆。石块间不得出现无砂浆相互接触现象。

石砌体的灰缝厚度：毛料石和粗料石砌体不宜大于 20mm，细料石砌体不宜大于 35mm。

砂浆初凝后，如移动已砌筑的石块，应将原砂浆清理干净，重新铺浆砌筑。

2. 检验方法

石材及砂浆强度等级必须符合设计要求。

检验方法：对于料石，检查产品质量证明书；对于石材、砂浆，检查试块试验报告。

砂浆饱满度不应小于 80%。

检验方法：观察检查。

砌筑时应内外搭砌，上下错缝，拉结石交错设置，每 0.7m^2 墙面不应少于 1 块。

抽检数量：外墙，按楼层（4m 高以内）每 20m 抽查 1 处，每处 3 延长米，但不应少于 3 处；内墙，按有代表性的自然间抽查 10%，但不应少于 3 间。

检验方法：观察检查。

料石石材看面的外观质量标准应符合表 4-5 的规定。

表 4-5　料石石材看面的外观质量标准

项次	外观缺陷	规定内容	优等品	一等品	合格品
1	缺棱	长度不超过 10mm(长度小于 5mm 不计)，周边每米长/个	不允许	1	2
2	缺角	面积不超过 5mm×2mm(面积小于 2mm×2mm 不计)，每块板/个	不允许	1	2
3	裂纹	长度不超过两端顺延至板边总长度的 1/10(长度小于 20mm 的不计)，每块板/条	不允许	1	2
4	色斑	面积不超过 20mm×30mm(面积小于 15mm×15mm 不计)，每块板/个	不允许	1	2
5	色线	长度不超过两端顺延至板边总长度的 1/10(长度小于 40mm 的不计)，每块板/条	不允许	2	3
6	坑窝	粗面板材的正面出现坑窝	不允许	不明显	出现，但不影响使用

料石表面加工质量要求应符合表 4-6 的规定。

表 4-6　料石表面加工质量要求

种类	外露面及相接周边的表面凹入深度/mm　≤	叠砌面和接砌面的表面凹入深度/mm　≤
细料石	2	10
半细料石	10	15
粗料石	20	20
毛料石	稍加修整	25

注：1. 相接周边的表面是指叠砌面、接砌面与外露面相接处 2～3cm 范围内的部分。

2. 有装饰层的料石表面，其加工应符合装饰施工的要求。

3. 当设计对外露面有特殊要求时，应按设计要求加工。

料石规格尺寸的加工允许偏差应符合表 4-7 的规定。

表 4-7　料石规格尺寸的加工允许偏差

种类	宽、厚度/mm	长度/mm
细料石、半细料石	±3	±5
粗料石	±5	±7
毛料石	±10	±15

石砌体的轴线位置及垂直度允许偏差应符合表 4-8 的规定。

表 4-8　石砌体的轴线位置及垂直度允许偏差

项次	项目		允许偏差/mm							检验方法
			毛石砌体		料石砌体					
					毛料石		粗料石		细料石	
			基础	墙	基础	墙	基础	墙	墙、柱	
1	轴线位置		20	15	20	15	15	10	10	用经纬仪和尺检查,或用其他测量仪器检查
2	墙面垂直度	每层		20		20		10	7	用经纬仪、吊线和尺检查,或用其他测量仪器检查
		全高		30		30		25	20	

石砌体的一般尺寸允许偏差应符合表 4-9 的规定。

表 4-9　石砌体的一般尺寸允许偏差

项次	项目		允许偏差/mm							检验方法
			毛石砌体		料石砌体					
					毛石料		粗石料		细石料	
			基础	墙	基础	墙	基础	墙	墙、柱	
1	基础和墙砌体顶面标高		±25	±15	±25	±25	±15	±15	±10	用水准仪和尺检查
2	砌体厚度		±30	+20 −10	±30	+20 −10	+15	+10 −5	+10 −5	用尺检查
3	表面平整度	清水墙柱	—	20	—	20	—	10	5	细料石用 2m 靠尺和楔形塞尺检查,其他用两直尺垂直于灰缝拉 2m 线和尺检查
		浑水墙柱	—	20	—	20	—	15	—	
4	清水墙水平灰缝平直度		—	—	—	—	—	10	5	拉 10m 线和尺检查

第三节　案例

【案例摘要与背景】

淄川区沈古村古建筑多为明清古建筑，具有浓郁的地方特色，院落式布局，具有北方较强的四合院特征（同第三章案例，本节主要叙述墙体部分）。

墙体为砖石混合砌筑。墙体整体结构保存良好。料石墙面局部有污染现象，局部外墙青砖有酥碱脱落现象，局部嵌缝灰残缺脱落，青砖规格基本一致，为 280mm×130mm×60mm；室内墙面下部为青砖墙面，局部有酥碱现象，上部为麻刀灰墙面，现被改造且有污染现象。

【案例实施】

一、材料的选用

项目部技术人员对本工程的施工图纸的各种材料进行分类汇总，材料采购部根据汇总的数量和质量要求进行分门别类采购，采购回的材料交给技术部鉴定。

墙体添配的砖为青砖，要求无蜂窝、砂眼、裂缝，规格型号与原建筑物一致。

二、墙体修缮的技术措施

（一）局部拆砌

针对那些碱酥、空洞、鼓胀范围较大，经局部拆砌即可排除危险的墙体。该方法只限于墙体上部使用。

（二）剔槽挖补

用于局部碱酥的墙体，先用凿子将需修复的部位剔除，所剔部位应是单个整砖的倍数，然后按原墙面所用砖的规格和手法重新砍磨制作，砍磨后按原做法补砌，墙内须施灰膏填灌饱满。

（三）砖墙裂缝处理

细微裂缝（宽度为 0.5cm 以下）可用青灰浆沿墙缝加固，较宽的裂缝（宽度为 0.5cm 以上），挖补重做。黏结剂为：砌筑墙体时施白灰、糯米混合灰浆，将糯米煮烂加入白灰膏中搅拌均匀后施用，白灰和糯米的质量比为 100∶3。白灰须是提前 1 个月淋好的陈白灰。

【案例结果】

竣工验收后，得到专家及建设方认可，并给予好评，成为古建筑墙体施工的样板项目。

第五章　木构梁架部分

木构梁架中的主要构件有梁、柱、檩、枋、斗栱等，这些构件的损坏，对建筑物的安全性影响较大，木构梁架的维修（也称为大木作维修）对整个古建筑结构至关重要，是大型修理工程中的主要项目。

本章首先介绍对木构梁架危险情况的抢救措施及加固方法，再分部件介绍维修方法。

第一节　木构梁架的抢救性措施及加固方法

古建筑大多以木结构作为主体结构，长久以来，很多建筑都处于亟待维修的状况。目前，有部分建筑损毁严重，但由于种种原因，不能及时进行修缮，所以就要有针对性地进行一些庇护，等待时机成熟再进行修理。

一、木构架的构成

中国古建筑从原始社会起，一脉相承，以木构架为其主要结构方式，并创造与这种结构相适应的各种平面和外观，形成了一种独特的风格。木构架，顾名思义，就是由木材制作的构件，有柱、梁、枋、檩（桁）、椽、望以及与它们连接的小构件等。木构架又分抬梁式、穿斗式等不同的结构方式（图 5-1），而抬梁式使用范围较广，居于首要地位。

（一）抬梁式木构架

抬梁式木构架，又称“叠梁式木构架”。抬梁式是中国古建筑木构架的主要形式，是指沿着房屋的进深方向在石础上立柱，柱上架梁，再在梁上重叠数层瓜柱和梁，自下而上，逐层缩短，逐层加高，至最上层梁上立脊瓜柱，构成一组木构架。木构架与木构架之间，即相邻屋架间，在各层梁的两端和最上层梁中间小柱上架檩，檩间架椽，构成双坡顶房屋的空间骨架。房屋的屋面重量通过椽、檩、梁、斗栱（有斗栱时）、柱传到基础。

抬梁式木构架结构复杂，要求加工细致，但结实牢固，经久耐用，且内部有较大的使用空间，同时，还能产生宏伟的气势，又可做出美观的造型。

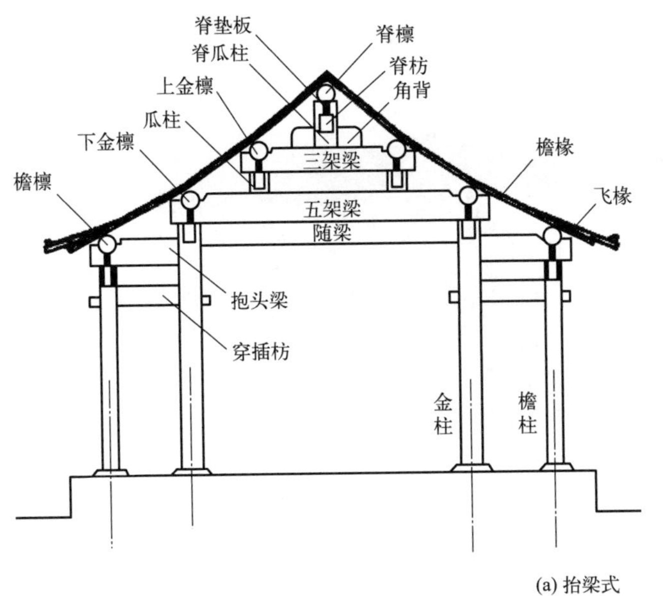

(a) 抬梁式

(b) 穿斗式

图 5-1

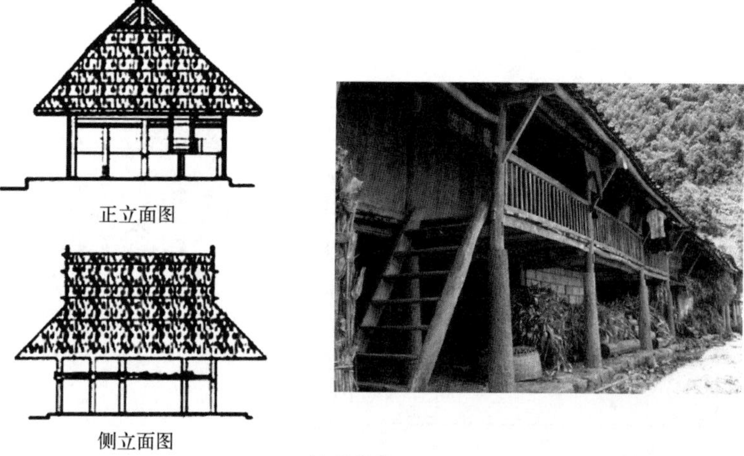

(c) 干栏式

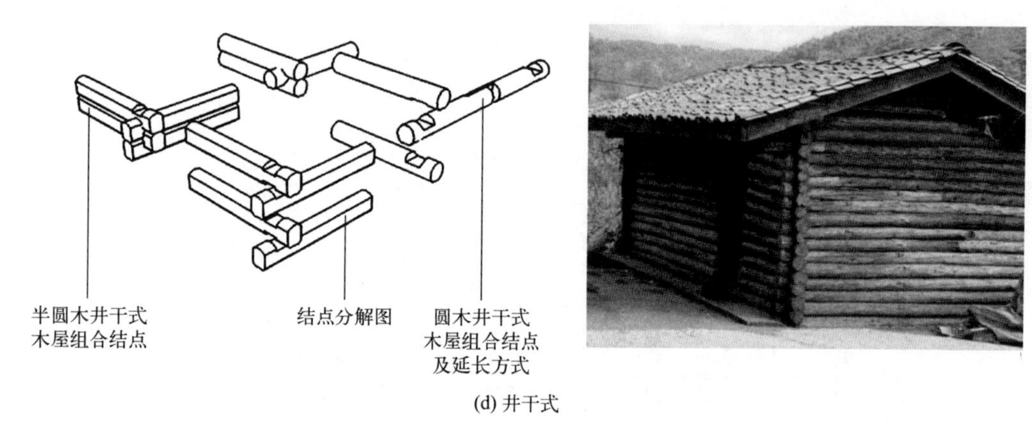

(d) 井干式

图 5-1　木构架构成方式

1. 宋代抬梁式木构架

（1）形制　殿堂型木构架内外柱同高，柱头以上为一层水平铺作层，再上即为贯通整个房屋进深方向、随屋面坡度叠架的梁。厅堂型木构架内柱升高，没有贯穿整幢房屋进深方向的大梁，在柱间使用较短的梁叠架起来。

（2）柱　大多加工成梭形，外檐四周的柱子带有生起和侧脚。

（3）梁　露明的梁称为明栿，被天花遮住的梁称为草栿，明栿有的加工成月梁形式。按每根梁长度和位置的不同称谓也不同，如檐栿、乳栿、平梁、劄牵等。梁的长度以椽架来衡量，一椽架即指一条架在两槫木（桁檩）之上的椽子的水平长度，一般梁的长度为几个椽架的长度即称几椽栿，但两椽架长的梁在构架最上一层的称为平梁，在内外柱之间的称为乳栿，处于乳栿之上一椽架长的梁称为劄牵。

（4）铺作　在梁柱交点的斗栱处形成铺作层，它既能加强木构架的整体性，又能巧妙地吸收、传递来自不同方向的荷载，是抬梁式木构架中起结构作用的重要部分。

2. 清代抬梁式木构架

（1）形制　清代官式建筑木构架有大式、小式之分。有的檐柱、内柱同高，上加主要起装饰作用的斗栱层，上承梁架，大式一般多用斗栱，柱梁用材也较为粗壮。小式建筑规模小，不用斗栱，用料也较少。

（2）柱　抬梁式木构架中的柱子按位置定名。位于前、后檐最外一列的柱子称为檐柱；位于山墙正中的柱子称为山柱；在建筑的纵中线上的内柱称为中柱；除中柱以外的内柱，均称金柱。从故宫现存建筑看，明代建筑柱子尚保留了侧脚、生起的做法，清代则很不明显。

（3）梁　梁架中主要的梁，按本身所承托受力的檩数定其名称，有九架梁、七架梁、五架梁，直至三架梁。梁的长度以步架（即檩间水平距离）来计，九架梁为八步架，七架梁为六步架等，以此类推。在檐柱与金柱之间的梁，长仅一步架，在大式建筑中称桃尖梁，在小式建筑中称抱头梁。如果廊宽两步架，桃尖梁加长一倍，称双步梁，这时往往上面还有一道一步架长的短梁，称单步梁。各种类型的梁截面高宽比，多近于6∶5或5∶4，截面近于方形。

（4）斗栱　元代以后，梁、柱节点上的斗栱逐渐变小，与唐、宋建筑中的斗栱相比，结构作用减弱，装饰性加强，到清代斗栱几乎蜕化为装饰性构件。

（5）檩三件　抱头梁上面安装檐檩，檐檩和檐枋之间安装垫板。这种檩、垫板、枋子三件叠在一起的做法称为“檩三件”。

抬梁式木构架所形成的结构体系，对中国古代木构建筑的发展起着决定性的作用，也为现代建筑的发展提供了可资借鉴的材料。

（二）穿斗式木构架

穿斗式木构架是中国古代建筑木构架的一种形式，这种木构架以柱直接承檩，没有梁，原来作为穿兜架，后简化为“穿逗架”。穿斗式木构架以柱承檩的做法，可能和早期的纵架有一定渊源，已有悠久的历史。在汉代画像石中就可以看到汉代穿斗式木构架房屋的形象。

1. 穿斗式木构架的形制

沿房屋的进深方向按檩数立一排柱，每柱上架一檩，檩上布椽，屋面荷载直接由椽传给檩，由檩直接传至柱（不通过梁类构件）。每排柱子靠穿透柱身的穿枋横向贯穿起来，成一榀构架。每两榀构架之间使用斗枋和纤子连接起来，形成一间房间的空间构架。斗枋用在檐柱柱头之间，形如抬梁式木构架中的阑额，纤子用在内柱之间。斗枋、纤子往往兼作房屋阁楼的龙骨。

每檩下有一柱落地，是它的初步形式。根据房屋的大小，可使用“三檩三柱一穿”“五檩五柱二穿”“十一檩十一柱五穿”等不同构架。随着柱子的增多，穿的层数也增多。此法发展到较成熟阶段后，鉴于柱子过密影响房屋使用，有时将穿斗架由原来的每根柱落地改为每隔一根落地，将不落地的柱子骑在穿枋上，而这些承柱穿枋的层数也相应增加。穿枋穿出檐柱后变成挑枋，承托挑檐。这时的穿枋也部分地兼有挑梁的作用。穿斗式木构架房屋的屋顶，一般是平坡，不做反凹曲面。有时以垫瓦或加大瓦的叠压长度使接近屋脊的部位微微拱起，取得近似反凹屋面的效果。

2. 规格与性能

穿斗式木构架用料较少，柱径一般为20～30cm；穿枋断面在（6cm×12cm）～（10cm×20cm）之间，檩距一般在100cm以内，椽的用料也较细，所以是一种轻型构架。另外，椽上直接铺瓦，不加望板、望砖，从而使屋顶重量较轻，减小了屋盖水平方向的受力，提高了防震性能。

在建造穿斗式木构架时，可以预先在地面上制作、拼装成整榀屋架，安装时，整榀屋架吊立起来，具有省工、省料、便于施工和比较经济的优点。同时，由于柱子排列较密，立柱之间的距离近，也便于安装壁板和砌筑隔断墙。有些地区为了增加室内实用空间，采用将穿斗式木构架与抬梁式木构架相结合的办法，即在山墙部分使用穿斗式木构架，其他明、次间用抬梁式木构架，消除了木构架柱占用空间的面积，起到了增大空间的效果。

（三）干栏式

干栏式建筑，即干栏巢居，考古发现最早的干栏式建筑是河姆渡干栏式建筑。在中国，是长江以南新石器时代以来的重要建筑形式之一。结构形式是在木（竹）柱底架上建筑的高出地面的房屋。这种木建筑房屋，一般都由木桩、圆木、木板组成，下部由木桩构成底架，高出地面，底架采取打桩的方法建成，桩木打成后，上架横梁，再铺板材，然后在木板上立柱构梁架和屋顶，形成架空的建筑房屋，用竹子作檩、椽、楼面、墙、梯、栏等，各部件的连接用榫卯和竹篾绑扎，该建筑有效地利用了空间，起到了一房多用的效能，上层住人，下层饲养牛、猪等家畜，它的主要功能是使房子与地面有一段高差，形成隔离层而达到有效防潮的目的，还可以防止和避开各种凶恶的野兽和虫蛇的袭扰。

（四）井干式

井干式木屋是将圆木或半圆木经过粗加工，两端开凹槽，嵌接组合成矩形木框，然后层层相叠，逐层垒砌成墙体，再在其上面制作屋顶而建成的建筑。

这种方式由于耗材量大，建筑的面阔和进深又受木材长度的限制，外观也比较厚重，因此应用不广泛，一般仅见于产木丰盛的林区。

二、常见问题

木结构古建筑物，由于年久失修，或因个别部位基础松软、下沉，或遇有地震或其他意外的原因，使得梁架整体或局部逐渐发展而引起歪闪、拔榫、断裂、裂缝、坍塌（图 5-2）、朽折等现象。对于这些情况，须立即采取抢救性和加固措施，这是十分必要的，也能体现出文物保护的价值。

图 5-2　檐口塌陷支撑

三、处理办法

对于已经决定彻底修理的，由于考查、审查、可行性研究、论证、勘查、设计、资金落实、备料以及建设程序等一系列准备工作，常需要相当长的时间。为了建筑物的安全，有时仍需在正式施工前，先做临时支撑或拆除而保存构件，时机成熟即可进行整体构架或局部构件的维修以及加固。

若白蚁或其他虫害影响木结构的安全时，应在支撑的同时，进行杀灭虫害的工作（详见本书第九章相关内容）。

（一）拆卸保存

鉴于以上原因，对于残毁特别严重的建筑物，目前没有条件进行彻底整修，且临时支撑加固工程较大，权衡利弊，常常会采取拆卸保存的办法。此种办法不仅适用于上述原因，还适用于损毁严重、需要落架大修的古建筑。将危险部分全部或局部拆卸，保存构件，以待时机进行修理。例如河北省正定县隆兴寺的慈氏阁，由于中华人民共和国成立以前无人管理，残破不堪，后半部结构残缺。中华人民共和国成立以后于 1953 年拆卸保存，又称落架保存。1953～1958 年进行彻底修理，并取消了清代增加的腰檐，恢复了宋代原建筑时的面貌。

此种方法各地也屡有采用，重要的是对旧构件的妥善保存，不能日晒雨淋。必要时还需对糟朽构件进行适当处理，以防残毁程度扩大。

（二）拆卸木构架的方法与步骤

木构架具备修缮和加固条件后，即可进行修缮。当遇有由于残毁严重，主体构架中的大梁和柱子需要更换时，应拆卸局部或全部构件，经过修整后重新归安，这种做法称为落架大修。

拆卸时，属于小木作的如天花、藻井、门窗和其他附于木构件上的雕刻品（包括额枋上泥雕雕花、柱上雕龙等），应在拆卸大木构件之前拆卸（图 5-3）。

图 5-3　提前拆除的构件

此项工作虽然繁重费力，但应百倍细致，如因一时疏忽把榫卯拆坏，不仅会增加修补的工作量，有时还可能把本来不需更换的构件变为需要更换的构件，既有损于古建筑物的史证价值，又造成工料上的浪费。

1. 准备工作

拆除前应做好充分的准备工作。

（1）清理现场　拆除后的各种砖、瓦、木、石等大量构件需在现场码放清点。拆除前应先清除附近的杂草和树木，平整场地，划出码放构件的范围，并为运输车辆留出通道（图 5-4）。

（2）支搭临时工棚　拆下木构件中如斗栱、带有彩画的梁枋及有雕刻的构件，应存放于库房内，免受风吹雨淋，如无现成的库房，应支搭临时工棚，坚固程度视施工期而定，时间短的可用竹竿席棚，时间长的顶部应加铺油毡。

（3）准备拆除器材　施工前要将所需杉槁、脚手板、铅丝及起重设备等准备齐全。遇有琉璃雕花构件和其他艺术构件，应准备包扎用的草绳、旧棉花和纸张等。此外如防火器材、防雨设备等都需要事先准备齐全。

（4）钉编号木牌　为防止拆除过程中构件错乱丢失和安装时不被安错，在拆除前应根据每座建筑物的结构情况，绘制拆除记录草图，并按结构顺序分类编号注明在图上，同时制作编号小木牌，写明编号及构件名称，拆除前钉于该构件上。大构件应不少于两枚，便于码放后查找，木牌尺寸一般为 6cm×4cm×1cm。对于拆下的构件，应填写登记单，以便核查。

2. 绘制拆除记录草图及编号

对拆除进行记录时，一般按结构把草图分为椽飞、檩枋、梁架、额枋、柱子等不同的图样，线条粗略以简明为准。编号时，按照当地习惯，因为区域不同，编号的方法也

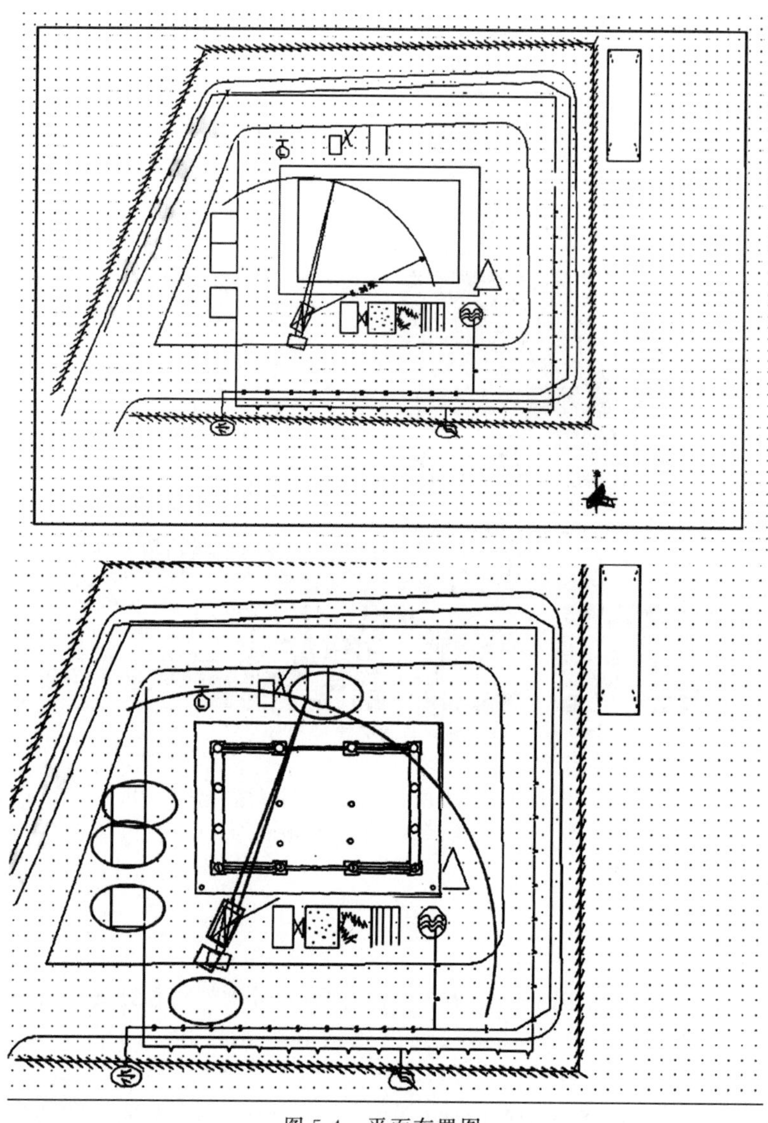

图 5-4　平面布置图

不同，一般常用方法分为两种。第一种习惯称为“水平编号”，凡建筑物周围都有的构件如柱子、额枋等可按照水平面，自建筑物的某一固定点起始，逆时针或顺时针旋转，逐件依次编号。如一般习惯自西北角开始，逆时针旋转编号。此种方法适用每号只有一个构件的情况。第二种习惯称为“综合编号”，凡自成一组或一个单元的构件如斗栱、各缝梁架，每一组的总号依水平而进行，各组内构件另编分号，依结构情况不同，自下向上或自上向下皆可。

（1）椽子、飞檐椽　根据椽子、飞檐分布情况，画单线平面俯视草图，各步架分别注明根数、做法（斜搭掌或乱搭头）（图 5-5）。翼角起翘部位距角梁的尺寸，各角各面翘起椽、飞数目，并自起翘点向翘起方向逐根编号，如东南角椽 1、2……

（2）檩、枋及角梁　依据结构位置画单线草图，依不同构件分别进行编号，四周交圈的正心檩、挑檐檩自西北角起逆时针旋转编号，不交圈的檩枋，习惯上自左向右排列，如脊檩 1、2……，脊枋 1、2……，角梁、仔角梁编号顺序同正心檩（图 5-6）。

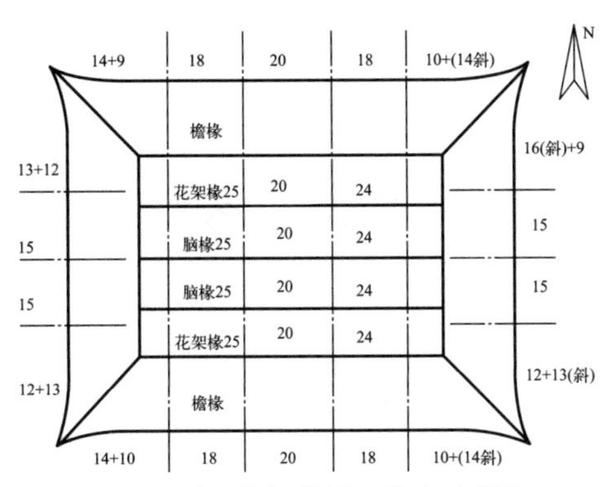

图 5-5 平面俯视草图（数字为根数）

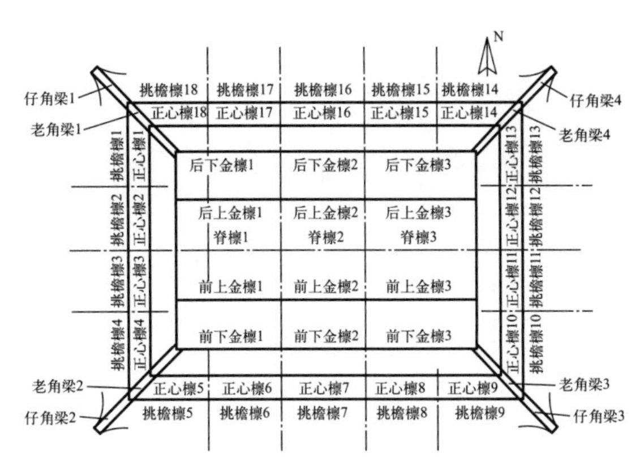

图 5-6 仔角梁编号草图（数字为编号）

（3）梁架 先画总编号图。梁架的范围一般是指脊檩至大梁，总编号自左向右，编为“一缝”“二缝”，每缝梁架可利用各缝梁架的横断面图，自上向下逐层进行编号。同一层的相同构件，如三架梁前后两个叉手，分别编为“一缝叉手 1”及“一缝叉手 2”。单一的构件即可写为“一缝三梁架”“一缝五梁架”等（图 5-7）。

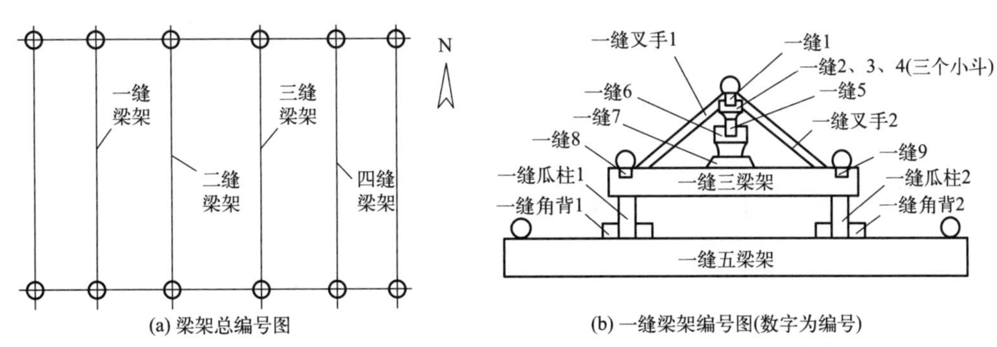

(a) 梁架总编号图

(b) 一缝梁架编号图(数字为编号)

图 5-7 梁架编号图

（4）斗栱 首先画总编号图，标明位置、号数，每攒斗栱依不同种类画出草图，一般包括角科、柱头科、平身科或殿内金柱柱头科（图 5-8）。此种草图，对于结构简单的斗栱，可利用设计文件中的斗栱平面图；对于结构复杂的斗栱，需改画为分层平面图，然后从下到上、从左到右依照安装顺序编写出各攒斗栱构件的分号。平身科斗栱编号见图 5-9。角科斗栱分层编号见图 5-10。

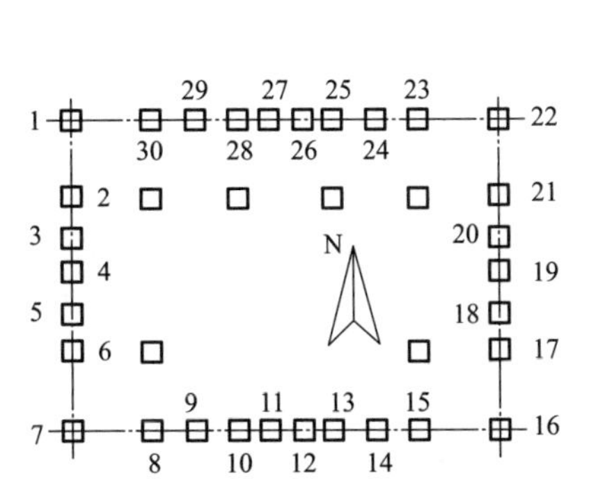

图 5-8 斗栱总编号图（数字为编号）

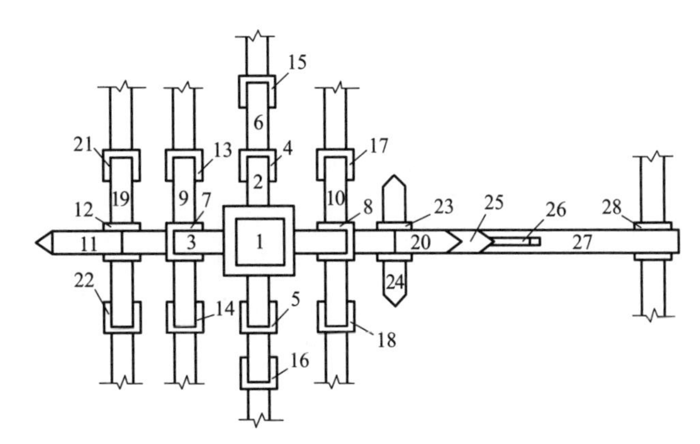

图 5-9 平身科斗栱编号图

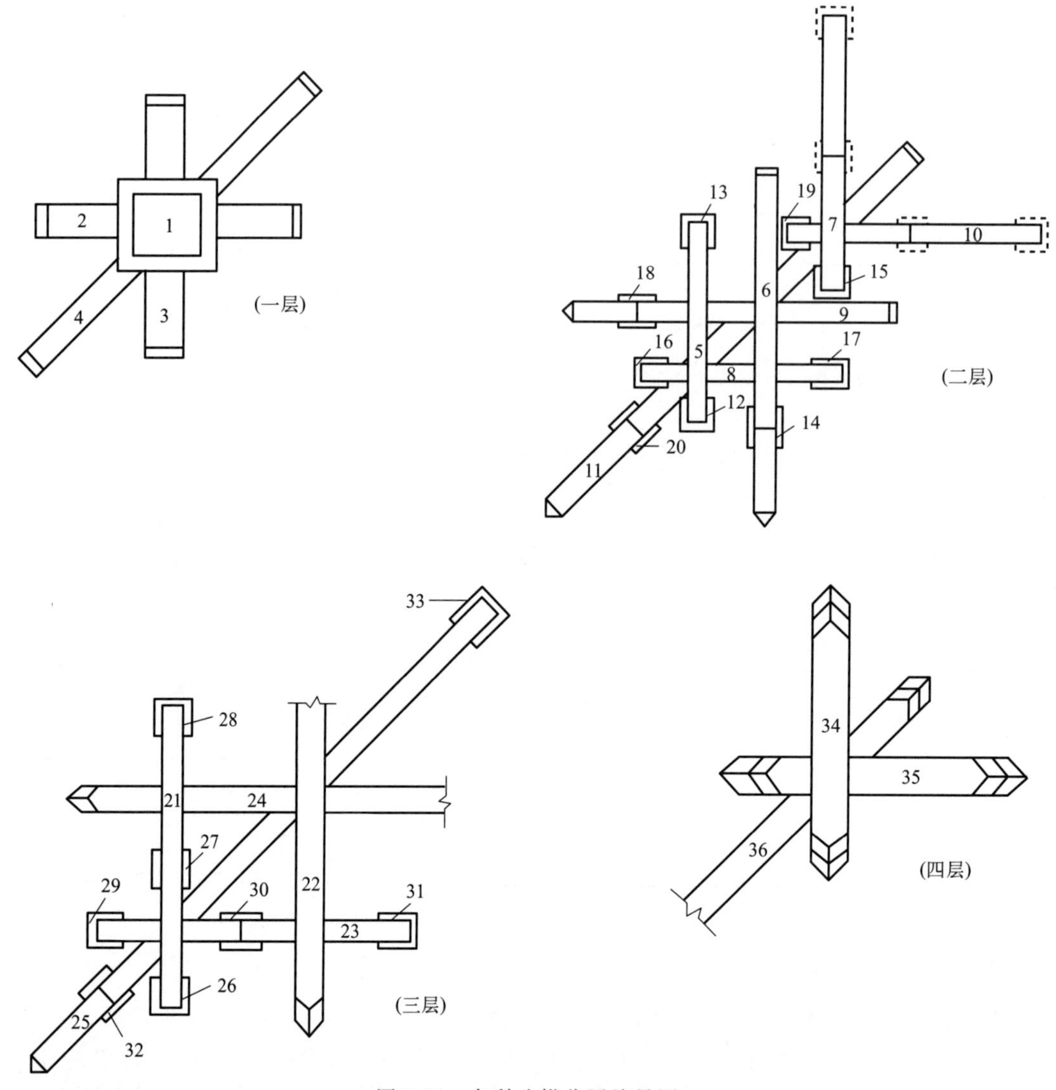

图 5-10 角科斗栱分层编号图

（5）额枋及柱　按结构层次，分别画出平板枋、额枋、柱子的平面草图，先外檐后内檐，内外檐的号码可连续排列，也可分别编号（图 5-11）。

（6）门窗　一般应画平面图或立面草图，总号一般可指明部位，如前檐明间；分号自左

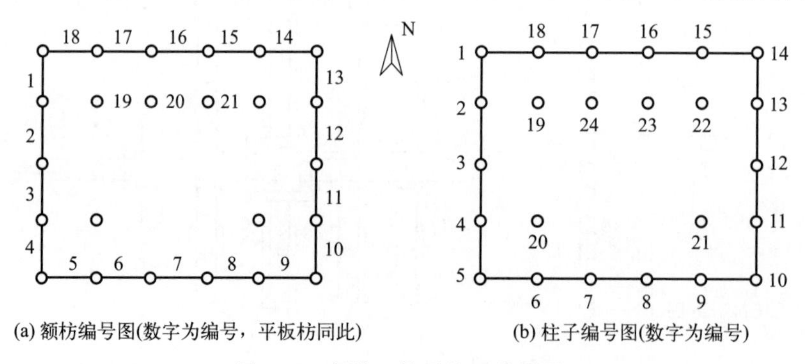

(a) 额枋编号图(数字为编号，平板枋同此)　(b) 柱子编号图(数字为编号)

图 5-11 额枋、柱子施工编号图

向右如“前檐明间格栅 1”“前檐明间格栅 2”；间数多时总号可改为自左向右，编为“装修一”“装修二”。

其他构件如天花、藻井、柱础、压檐石等编号方法基本相同。

3. 主要构件拆卸方法

（1）拆卸椽子　支搭架木后，首先撬起望板，然后拆除各步架的椽子，由上而下，自脑椽、花架椽、飞椽至檐椽，最后拆卸翼角椽。拆除时需注意起椽钉时不要将椽头弄劈，运送时避免摔伤，运达指定地点，分类码放齐整。

（2）拆卸大木构件　依结构情况，支搭承重架木时需避开梁缝，不能影响大构件落地。拆卸之前要清除构件榫卯中的积土，如有加固铁活，应预先取除。

大木构件拆落，一般分两个阶段进行。

第一阶段：自建筑物一端开始，先拆除山面的悬鱼、博风，然后由西向东或由东向西，逐间由檩枋按结构次序拆至大梁上皮为止。

第二阶段：自一端开始逐缝拆卸大梁。

小构件如瓜柱、叉手、柁墩及梁架上的各种斗栱，可用简单工具如撬棍等撬离原位后，运至架木下。大构件如檩、三架梁、五架梁、角梁等的拆卸需借助起重设备如倒链、天平、绞磨等。首先在构件两端绑好吊拉绳，用倒链或天平将构件吊起至预定高度，一般为 1m 左右，暂时固定在承重架上，然后用绞磨或吊车放至地坪，运到存放场地。但大构件落地时须有一定范围的场地，施工中往往架木纵横出入不便，故时常采取将大构件暂时绑牢于承重架上，待拆完斗栱、额枋、柱子以后再放至地坪运走。

拆卸中，撬离构件榫卯离位，应两端反复进行，避免仅从一端直撬，以免使另一端榫头折断或劈裂，必要时可用千斤顶在构件底皮辅助进行。

构件上绘有彩画或墨书题记，拆卸前应用纸、棉花或麻片等包好，以免施工中被磨损。

（3）拆卸斗栱　大木拆卸接近完成时，开始拆卸斗栱。与大构件相连的真昂、挑杆等应随同大构件的拆除提前进行。五踩斗栱完成图如图 5-12 所示。

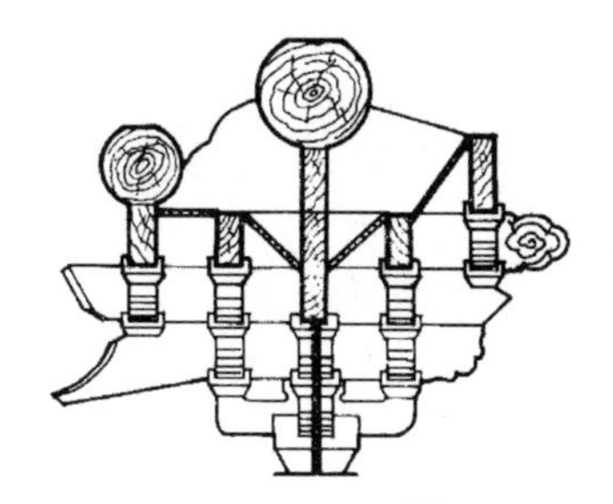

图 5-12　五踩斗栱完成图

斗栱的拆卸与安装顺序见图 5-13。

第一步拆落各攒斗栱之间的构件如正心枋、挑檐枋。

第二步拆落各攒斗栱，依结构顺序自上而下进行。拆卸后的构件，最好各攒不要混杂，分别运到指定地点存放，并应随时进行安装保存，用绳临时绑牢，以免松散丢失。以五踩斗栱为例说明拆卸顺序，如图 5-14 所示。

（4）拆卸额枋、柱子及檐墙　依结构顺序自任何一间开始皆可，先拆平板枋，依次为额枋、垫板、小额枋、柱子。拆卸时需借助简单的起重工具。

拆卸柱子时，因许多柱子埋入墙内，故需先拆去部分墙身。如果先将墙身拆除后再拆卸柱子，要按具体情况决定。拆墙时自上向下逐层逐块把砖块或土坯块轻轻拆下，不要用大镐

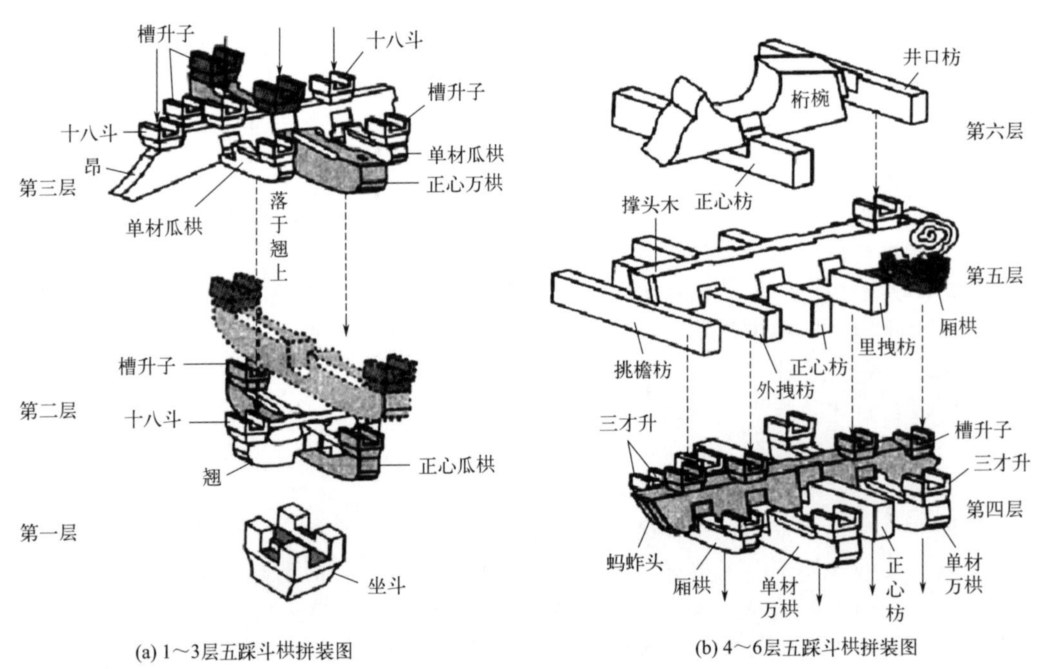

(a) 1～3层五踩斗栱拼装图　　(b) 4～6层五踩斗栱拼装图

图 5-13　斗栱的拆卸与安装顺序

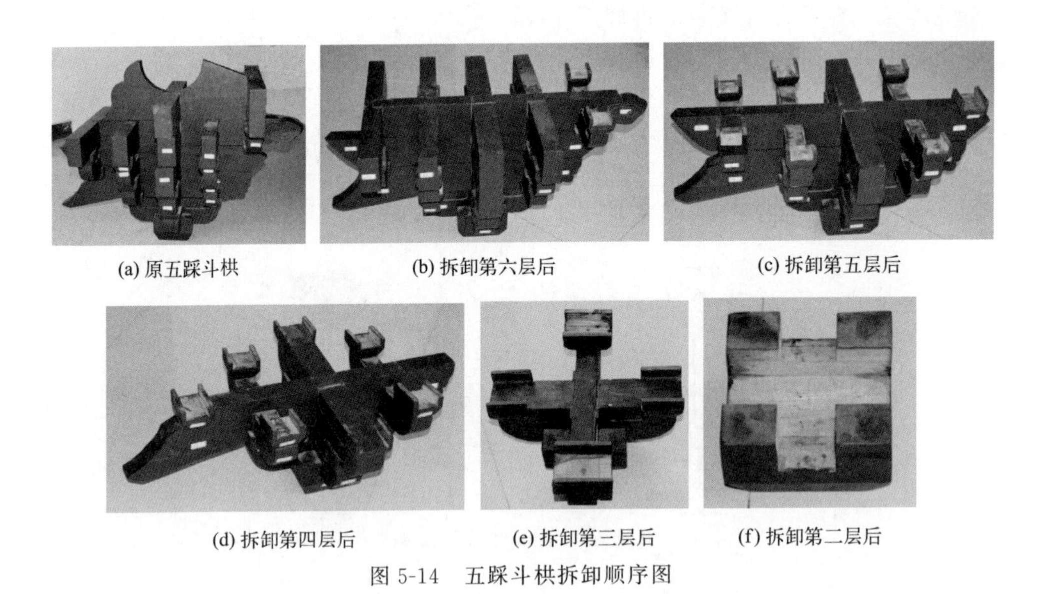

(a) 原五踩斗栱　　(b) 拆卸第六层后　　(c) 拆卸第五层后

(d) 拆卸第四层后　　(e) 拆卸第三层后　　(f) 拆卸第二层后

图 5-14　五踩斗栱拆卸顺序图

刨，更不许用推倒的方法，应尽量多地保留原有砖块。最后拆至柱顶石，将底盘清理干净，校核平面尺寸。

此外，砖石构件的拆除，砖地面需要重墁时，应先用瓦刀和小铁铲沿砖缝按顺序揭除，依照完整程度分类码放于指定地点，迁建工程中需连同柱础、台明压檐石、栏板、望柱等一并拆除。拆卸这些石构件时，也应绘制位置草图进行编号，可用油漆直接写在构件上。

(三) 拆卸与安装的机械设备

古建筑维修工程中所用的拆卸与安装工作的机械设备，通常采用传统设备与近代设备相结合的办法，古代的牮杆、绞磨、天平等将在本小节“（六）整体梁架的维修加固”中做介绍，这里只介绍一些常用的近代机械设备。

1. 千斤顶

常用的有齿条式千斤顶、螺旋式千斤顶和液压式千斤顶，它们是建筑施工中使用较广的一种简易的起重工具（图 5-15）。齿条式千斤顶，在金属外壳内装有齿条、齿轮，用手柄搬动可顶起 3～5t 重物。螺旋式千斤顶，工作时扳动摇把，转动伞齿轮带动套筒升降。在伞齿轮外部有拨钮可以控制伞齿轮的正反转，操作比较安全省力，起重能力为 3～50t。液压式千斤顶可起重 5～50t，起重高度为 100～250mm。利用压入千斤顶内的液体（一般为变压器油）压力将物件顶起。

使用这些千斤顶时应注意的事项如下。

第一，使用前应详细检查各部件是否灵活，有无缺失，使用时地面应平整，下面垫厚木板以防损伤地面。

第二，应严格按照标定的数据使用千斤顶，每次顶升量不得超过螺杆螺纹或活塞总高的 3/4。操作时先将物件稍微顶起一点后暂停，检查部件及所顶起的构件无特别变化时，再继续工作，顶重物时不应用力过猛。

第三，两台以上千斤顶同时顶升一个构件时，要统一指挥喊号，动作一致，不同类型的千斤顶应避免放在同一端使用。

2. 倒链

倒链（图 5-16）由轮轴、链盘、钩环等组成，设备简单，一两人拉链条即可工作，适用于短距离起重，垂直、水平方向均可使用。工作时开始应慢慢拉紧，待滑轮全部加力后，检查各部件有无变化，正常后再继续工作，应注意不能超荷载使用。

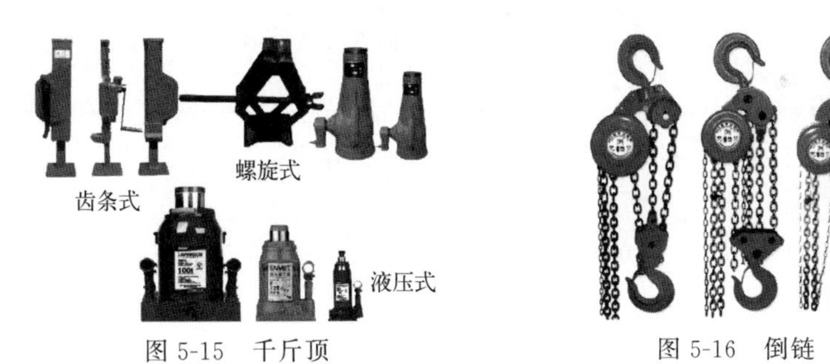

图 5-15 千斤顶　　图 5-16 倒链

3. 滑轮

滑轮（图 5-17）由吊环（或吊钩）拉杆、轮及夹板等组成。一般为铁制，简单的可用木制。按使用方式可分为：定滑轮，只能改变用力方向，不省力；动滑轮，可省力，但不改变方向；复滑轮，既可改变方向，又可省力，是起吊重物常用的一种。

使用滑轮时需按规定数据，不要超过负荷能力。使用前要详细检查各部件有无损伤，以防发生事故。选用吊绳应根据构件重量，参考规定数据进行。

4. 卷扬机

常用的为电动卷扬机，由电动机、减速机、电磁抱闸和卷筒等部件组成。卷扬机工作能力一般为 1～10t，速度快，操作轻便，在工地被广泛用作土法吊装、升降机、打桩机和拖运设备等的动力装置，工地常用的卷扬机见图 5-18。

5. 绳索

这是吊装机械上不可缺少的工具之一，分为麻绳与钢丝绳两种。

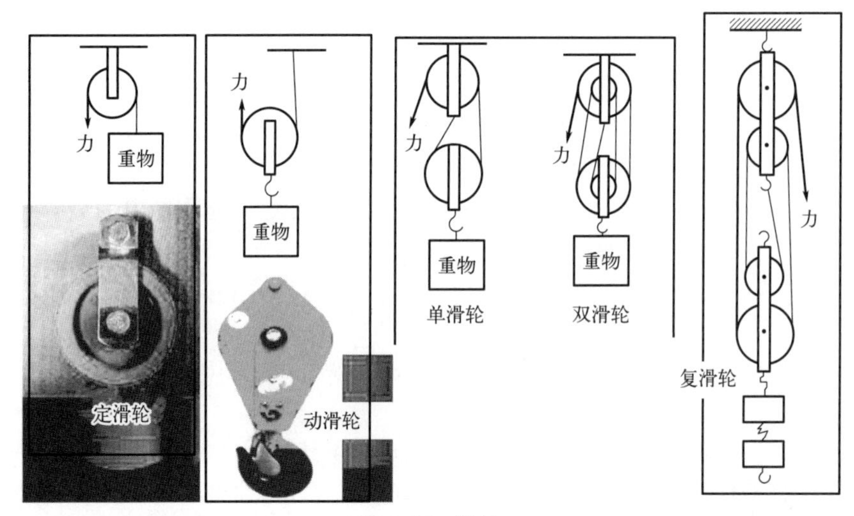

图 5-17 滑轮

图 5-18 工地常用的卷扬机

(1) 麻绳 由植物纤维搓成线，线绕成股，股拧成绳索。常用的有三股、四股和九股三种。有一种是用油浸过的麻绳，耐腐蚀但强度降低 10%～20%，吊装工作中采用不多。

麻绳的破坏拉力，直径在 50mm 以内的可依下列公式粗略计算。

允许拉力(kg)=直径(mm)×直径(mm)÷2

如麻绳直径为 20mm，允许拉力为 20×20÷2=200(kg)。

使用麻绳时应注意滑轮的直径应大于绳径 10 倍，以免绳因受到较大的弯曲力而使强度降低。整卷麻绳，根据需要长度切断时，在切断前应用细铁丝或细麻绳将切口两侧的绳头扎紧。

吊装工作中根据不同用途，麻绳需要打成各种式样的绳结，好的绳结标准应是打结方便、使用牢靠、解开容易。各类绳结如图 5-19 所示。

接绳头：麻绳需要接长时，将两绳头各股松开约 10 倍于直径的长度，每股头上用细麻线扎紧，然后将两个绳头各股交叉在一起，互相顶紧，再撑开绳子的股缝，将绳股依次穿入不同的缝隙中，每根绳股穿压三次以上，最后用手钳将绳头拉紧，剁去余下部分，如图 5-20 所示。

(2) 钢丝绳 其优点是强度高，韧性好，耐磨。由几束绳股和一根绳芯绕成，一般为六股和一个绳芯，绳股由许多直径为 0.3～3.0mm、强度为 12.75～21.57MPa 的高强钢丝绕成。一般每股的丝数为 7～61 不等。细丝绳的规格为 6×19+1，即指钢丝绳为 6 股，每股 19 根钢丝，另加 1 根绳芯。钢丝绳的破坏拉力可用以下简易公式计算。

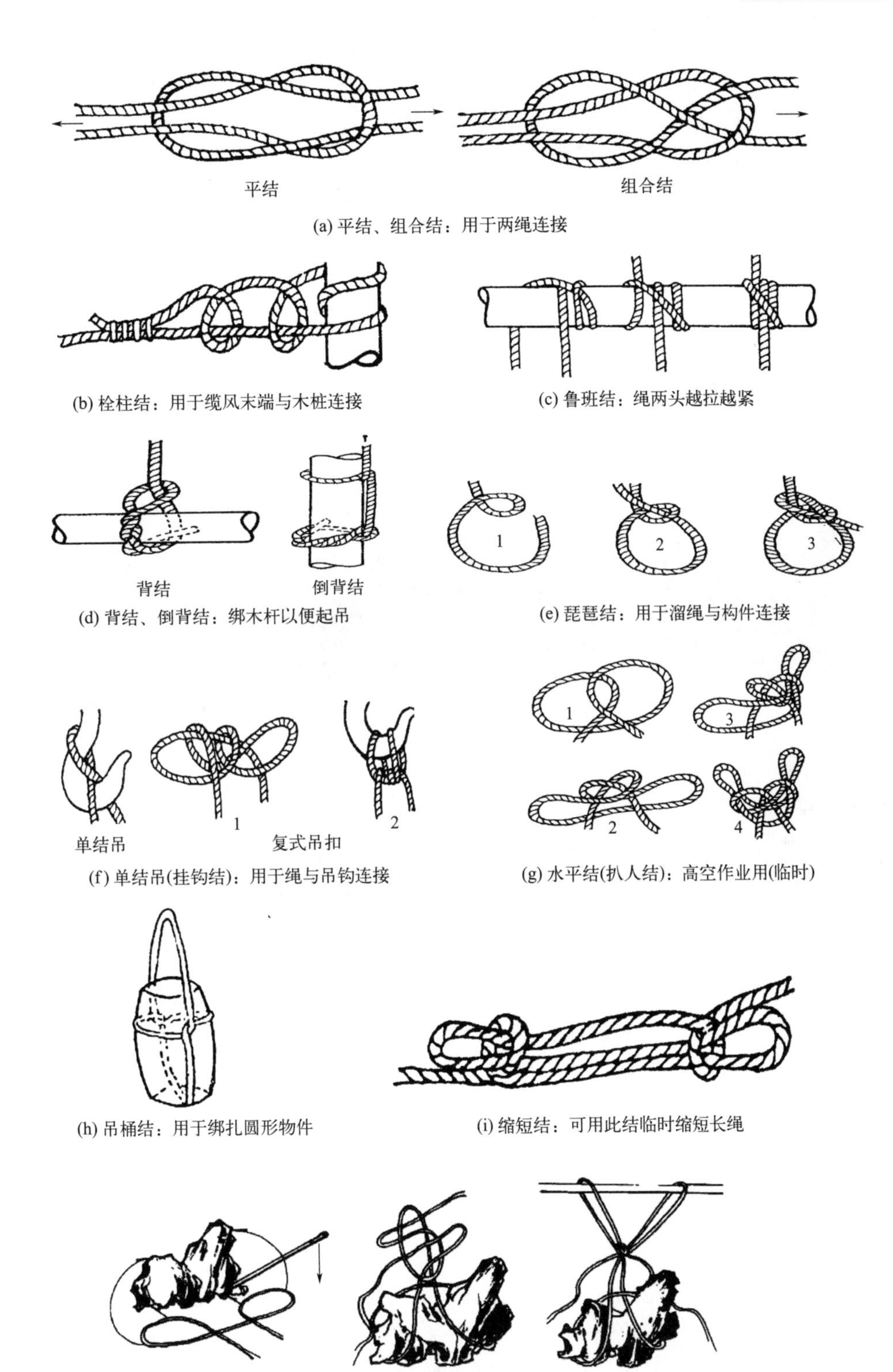

图 5-19　各类绳扣

破坏拉力(kg)＝40×直径(mm)×直径(mm)

以直径 25mm 的 6×19＋1 的钢丝绳为例，其破坏拉力为 40×25×25＝25000(kg)。

图 5-20　接绳头

使用钢丝绳穿过滑轮时，滑轮槽径应比绳径大 1～2.5mm。滑轮的直径，在手动设备中不得小于钢丝绳直径的 16 倍，在机动设备中不得小于 20 倍，以减少绳的弯曲应力。使用中绳股间有大量油挤出来时，表明钢丝绳荷载已相当大，应勤加检查，防止发生事故。

钢丝绳端的固定方法有楔式固定和夹头固定两种（图 5-21）。由于钢丝绳扣易产生永久变形，应尽量避免结扣。

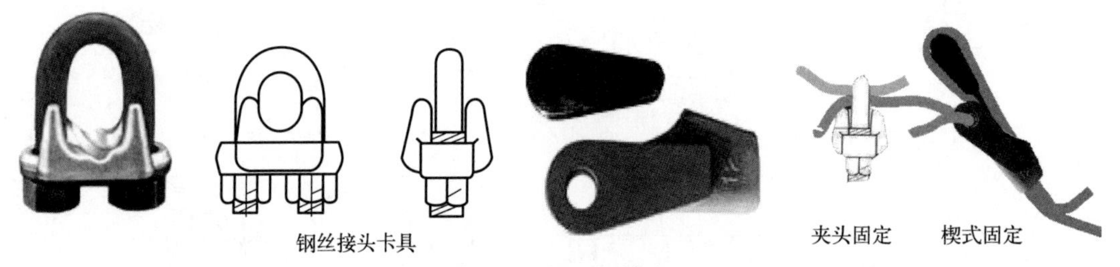

图 5-21　钢丝绳接头

(四) 整体构架临时支撑

此项工作由于结构不同，残毁的程度不同，很难定出统一的处理方法。最好的方法是在现场就损坏的结构进行受力情况分析，研究决定切实可行的方案。以下仅将经常遇到的情况和常用的一些方法提出来，供研究时参考。

1. 简单支撑

最简单有效的是在面对歪闪方向进行支撑。撑杆用杉槁或圆木、方木都可。直径应稍大一些，细长比以不超过 1/20 为宜。例如长度为 5～6m 时，圆木直径为 25～30cm。撑杆的斜度为 45°～60°，上端顶在柱头，垫以厚 5～10cm 的木块。也可以加铁锔子防止错位。杆底部用顶桩或顶石以防止滑脱。顶桩的下端应打入地内 1/2 以上。

2. 三角支撑

在不允许拆除地面的情况下，可不用顶桩，在撑杆与柱根之间加拉杆，使木柱、撑杆、拉杆形成一个三角形的支架。

3. 十字支撑

建筑物间数较多、歪闪范围较广时，有时采用增加十字斜撑的办法。此种式样外观难看，不常使用。较大建筑物的角柱部位歪闪，一般应加两根撑杆。大梁歪闪时，撑杆应顶在歪闪尺度最大处。式样与柱的撑杆相同。整体或局部歪闪支撑如图 5-22 所示。

(五) 局部构件的支撑

1. 大梁折断弯垂

在大梁折断处的底皮或弯垂最大的部位支顶木柱，柱头垫以 5～10cm 厚的木板。宽同梁底皮，长视具体情况而定。此种顶柱位于室内，为了不破坏地面，在柱根垫以 5～10cm

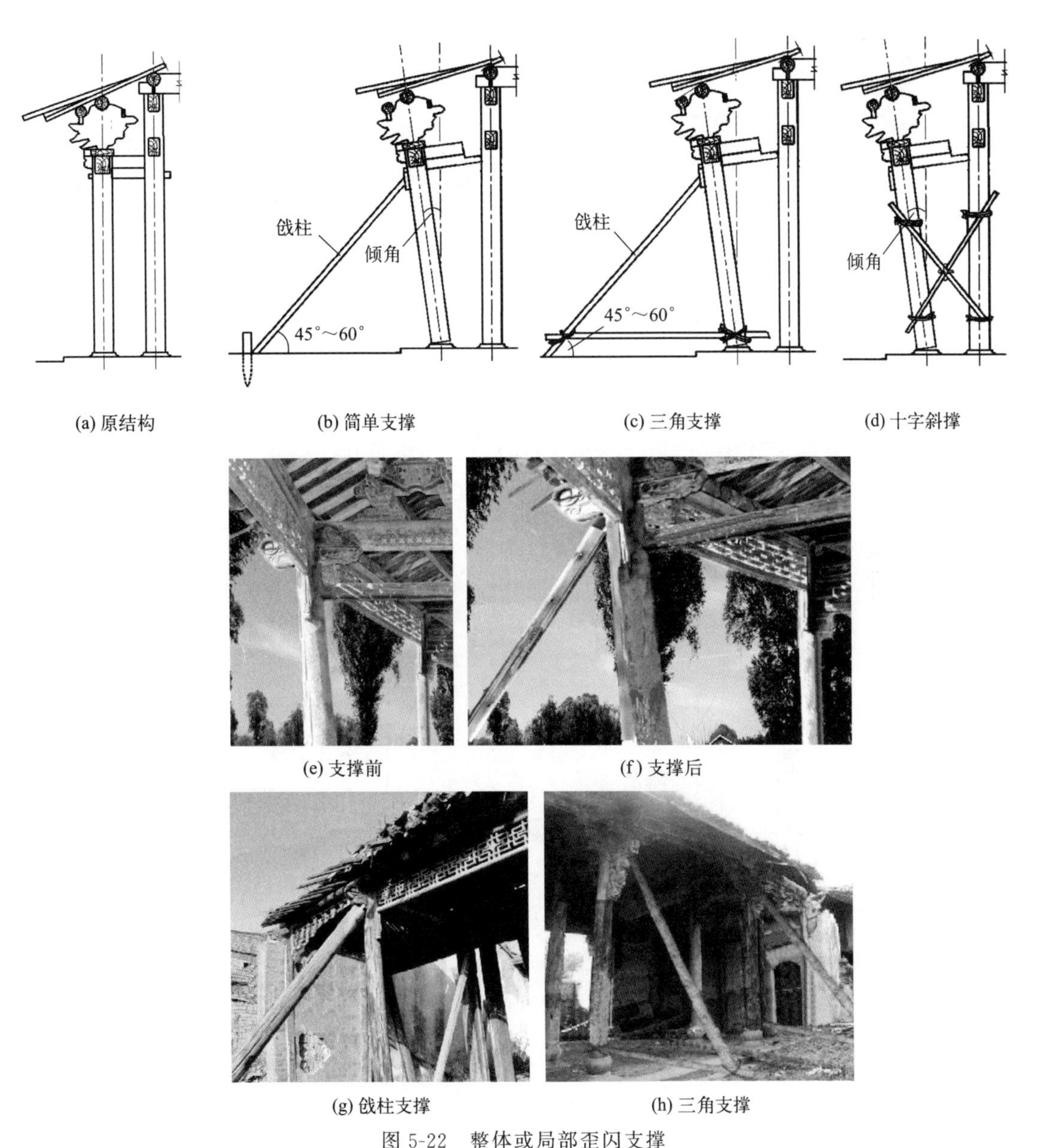

(a) 原结构　(b) 简单支撑　(c) 三角支撑　(d) 十字斜撑

(e) 支撑前　(f) 支撑后

(g) 戗柱支撑　(h) 三角支撑

图 5-22 整体或局部歪闪支撑

厚板，用两个相对的木楔撑牢。所用顶柱应初步估算其荷重，决定用柱的断面。一般情况下高 3～4m 时，圆柱直径为 20cm 左右，方柱 15cm×15cm 即可（图 5-23）。

2. 梁枋拔榫

整体梁架歪闪时，梁枋拔榫的现象常常伴随而生。拔榫轻微的（1～3cm），只加铁锔子加固即可。拔榫较重的（达榫头长 1/2 以上），应在梁头拔榫处的底皮加顶柱，式样与处理大梁弯垂相同。如在七架梁上的五架梁拔榫，用短柱支在七架梁上即可（图 5-24）。

3. 檐头下垂、斗栱外闪

此两种情况常是一起出现的，由于屋檐荷重大，斗栱构件被压下沉，整攒斗栱向外闪出。连带着引起檐头下垂。有时由于檐檩外滚，斗栱被拽向外，檐头也必然下垂。加固处理的方法是用撑杆顶在外出第一翘头的底皮，做法与梁柱歪闪加固相同。

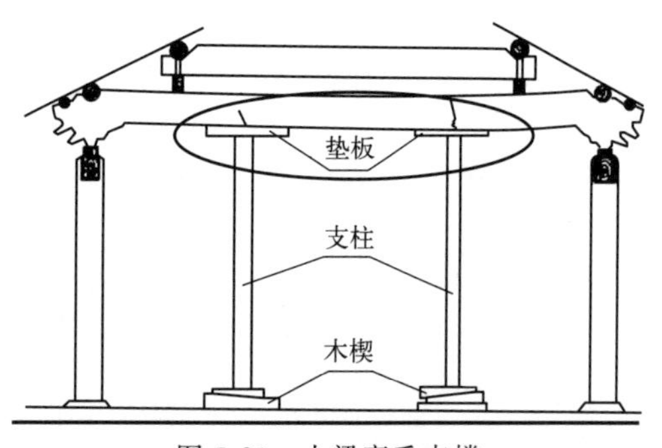

图 5-23 大梁弯垂支撑

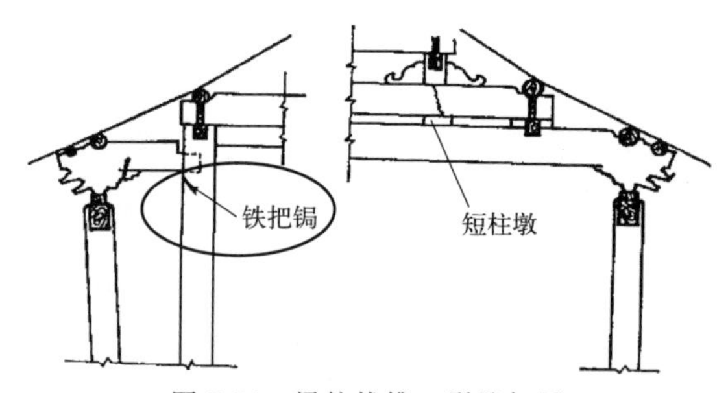

图 5-24 梁枋拔榫、裂缝加固

也可在斗栱后部或檐檩后部加铁拉条钉在梁上。遇到楼阁建筑的上层檐发生此种情况时，以用铁拉条为宜。如歪闪严重，必须用撑杆时，不要顶在斗栱背面，一定要在斗栱正面加撑杆。走廊空间狭小时，应采用底面加拉杆的办法，但拉杆应伸入室内，在适当位置绑牢（图 5-25 和图 5-26）。

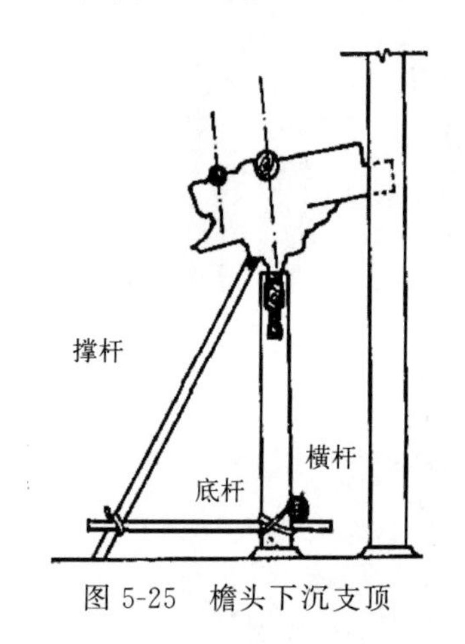

图 5-25 檐头下沉支顶

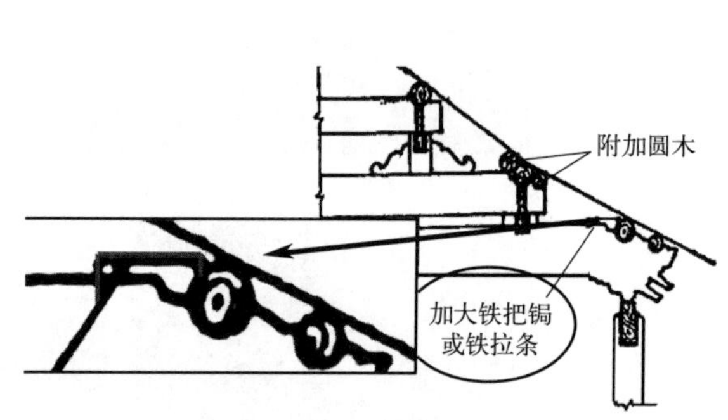

图 5-26 檩外滚加固

4. 檩折断或拔榫

拔榫处应加铁锔子，折断时采用附加小檩的办法，紧靠折断檩的上下附加圆木以承托上下椽子。如折断处靠近两端，则可附加两个斜撑（图 5-27）。

5. 椽子朽折

最简单的方法是在折断椽子的两侧附加 1～2 根新椽，或在折断处横托木板，两端在坚固的椽子上钉牢。檐头椽子朽折时，常在托板两端加顶柱。

以上这些临时性的支撑工作对所加构件有共同的要求：首先必须牢固可靠，在将来彻底修理时易于去除，不要过多地损伤原有构件；此外临时支撑构件的位置多在明显部位，不可避免地会影响建筑物的外观，因而施工中考虑使其影响减轻到最低限度。

6. 柱根糟朽下沉

一般情况在柱的里侧、大梁头的底皮和斗栱正面第一跳翘头处各加一根顶柱，以减轻柱本身的荷载。在条件许可下，也可在柱左右两侧的额枋下皮顶柱（图 5-28）。

7. 翼角下沉

中国古建筑的屋顶的转角处，荷重较大，角梁伸出尺寸较长，容易发生翼角下沉现象。临时支撑时，顶柱位置应支在角梁端部的底皮，方法与大梁弯垂相同（图 5-29）。有些古建筑在以前修理时，曾将这种临时顶柱变为永久性的“戗柱”，断面或圆或方或呈四角凹入的梅花柱形，底部安柱顶石，外部也做油饰，与原有构件不易分辨。

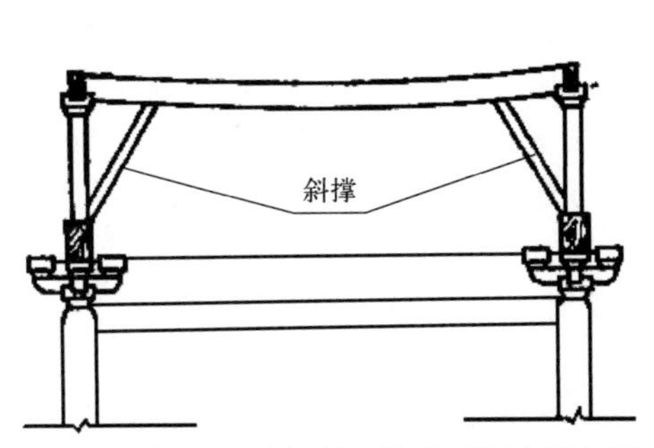

图 5-27 檩木滚动折断、檐头下沉支撑加固

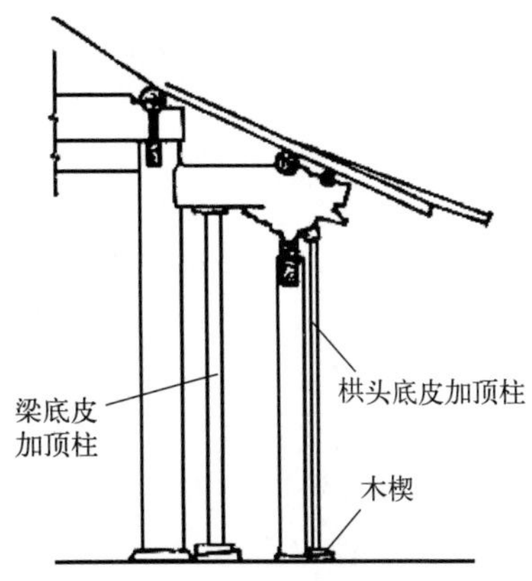

图 5-28 柱根糟朽下沉支顶加固

(六) 整体梁架的维修加固

整体梁架因年久失修，或遇剧烈震动后梁架极容易歪闪，维修时，一般可分为两个步骤进行：首先，将歪闪结构进行细致查看、记录和归整；然后，要针对建筑结构情况，采取预防性的加固措施，以防止再发生歪闪情况。

归整梁架的方法：一方面是将下沉构件抬平，此种方法称为“打牮”；另一方面是将左右倾斜的构件归正，称为“拨正”。实际工作中两方面是分不开的，此项工作被统称为“打牮拨正”。古文献上叫“扶荐”。牮与荐同音，含义和打牮拨正相同。清工部《工程做法则例》记载此项工作为“不拆头仃（顶部的梁架）、搬罾（起重时吊拉动作）、挑牮拨正，归安榫木”。

1. 古代打牮拨正的工具

(1) 立牮杆（图 5-30） 下沉构件荷载不大时，仅用一根立牮杆顶在要抬平的梁底皮，下面垫以抄手楔，即两个木楔的尖头相对重垒。工作时左右相对打紧木楔，立牮杆逐渐升高顶起构件。木楔在力学上属于尖劈，是非常简单的一种机械，它能用小力发大力，而且两面所夹的角度越小，用同样的原动力，它产生的力量越大。

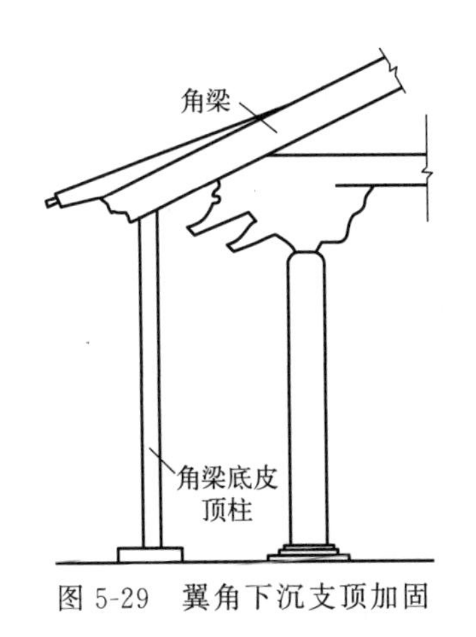

图 5-29 翼角下沉支顶加固

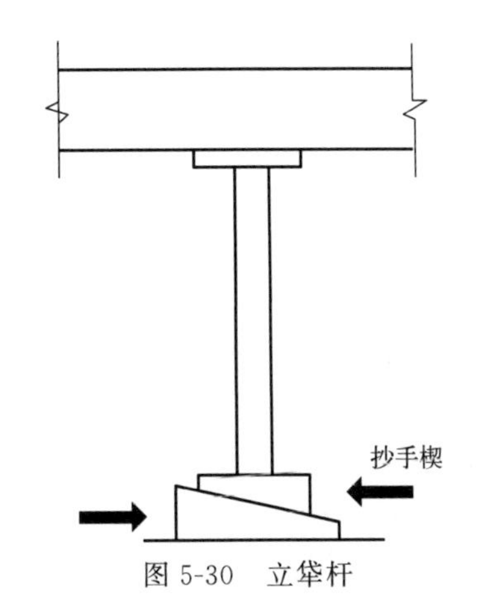

图 5-30 立牮杆

《唐国史补》中讲过一段故事：在唐代，苏州重元寺阁的一角忽然沉陷。打牮拨正需要数千贯钱，有一个不知名的过路和尚，自言能把阁扶正修好，他每天拿着斧头和几十个木楔子到阁内去敲打，不到一个月的时间，阁的柱子完全扶正。这是完全利用木楔拨正梁架的故事，由于原来文字简略，具体操作方法虽然不可得知，但可以说明这种极简单的工具，其效用是不可忽视的。下沉构件荷载较大时，使用较为复杂的一组立牮，由立牮杆、卧牮杆、垫木（俗称卧牛）、抄手楔等组成，见图5-31。工作时利用杠杆的原理，以垫木为支点，上置卧牮的杠杆，一端较短置立牮杆，顶在预计抬平的梁枋底皮。另一端较长，加压重力，这样工作时，用小力可将立牮杆所支的梁枋抬起，卧牮底皮随时用抄手楔顶牢。如同时进行几处牮，可在立牮杆附近，另加一根立牮杆代替承重，将这一组工具移到他处使用。

（2）绞车（图5-32） 又称绞磨，这是很早就已发明的一种古老的工具，《晋史》107卷记载，石季龙（公元336年左右），挖掘赵简子墓遇到泉水，“作绞车，以皮囊汲之”。宋代曾公亮（公元999～1078年）在其所著《武经总要·前集》卷12中说：“绞车，合大木为床，前建二叉手柱，上为绞车，下施四单轮，皆极壮大，力可挽二千斤。”此种绞车和今天所见式样相似。现在所用，其木床用15cm×15cm或15cm×20cm的方木做成，长约2m，高宽各约1m，中置直径约20cm的木轴，底部绕大绳（直径3～4cm）牵引重物，木轴上部凿孔穿推杆作为用力点。

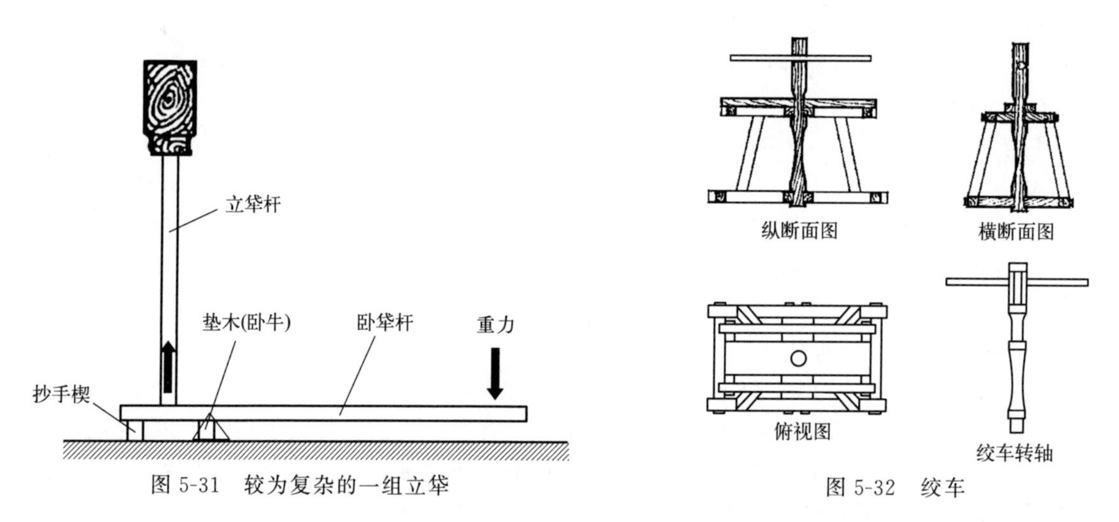

图5-31 较为复杂的一组立牮

图5-32 绞车

工作时，手扶推杆使木轴转动，大绳牵动构件可做上下或左右移动，再配合一些简单的滑轮调整受力的方位。它的工作原理与普通农村汲水用的木制辘轳相同，推杆相当于辘轳的曲柄，由于它的旋转半径比木轴半径大几倍或十几倍，加力点的速度恒大于生力点的速度，因而具有加小力可以产生大力的作用。

2. 梁架歪闪的归整

下面以一座三开间建筑为例，如图5-33所示。由于前檐地基松软，各间柱子都有不同程度的下沉，以东南角柱最重，下沉约30cm。整体梁架也随之向东歪闪，梁架各主要构件基本完好，工作时分以下几个步骤进行。

（1）准备工作 首先做准备工作，并做好记录，以参考和备案。然后揭除瓦顶、望板和飞檐椽，将横向联系构件——檩子接头处的榫卯缝内清除干净，有加固的铁活也应暂时取消，以免归整时影响构件移动。

（2）方案 打牮拨正的工作按照修缮方案，需从一处开始，如以明间2号柱为例，在殿

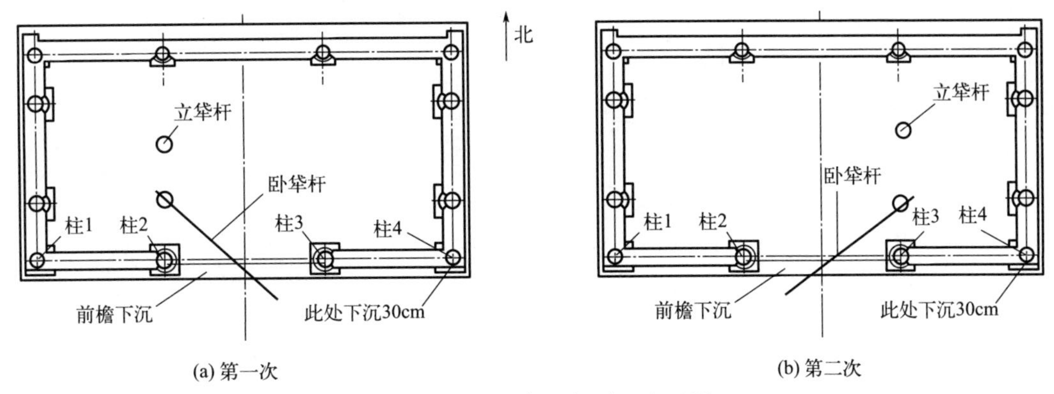

图 5-33 规整梁架歪闪平面布置图

内靠近前檐的大梁底皮，支好立牮杆、卧牮杆、垫木等，立牮杆的长度应视需要锯截合适，根据断面受力情况，一般小建筑物用直径 15～20cm 的圆木，大建筑物用柱直径 20～30cm。卧牮杆的断面一般应大于立牮杆，一般用 30cm×20cm 或 30cm×35cm 的枋木。垫木多用直径较大的木墩。此外要准备 2～3 根单独的立牮杆，工作时在卧牮杆的另一端加压，第一次先使立牮杆抬起 5～10cm，底部用抄手楔垫实，参考图 5-33。

（3）安装　随着梁的抬高，下沉柱需用单立牮杆支在斗栱翘头底皮，如柱根糟朽，应同时用木块垫牢。

① 承重量大或歪闪严重时可辅以绞磨，将梁头吊起，再配合撬棍拨正，绞磨安装在建筑物的一侧，用地垅固定或拴牢于附近树木上。此种情形需支搭架木，将大绳引至架木上，通过滑轮固定方向，或用天平吊起，辅以撬棍拨正方位。

② 用同样方法打牮 3 号柱，拨正 3 号梁，以后依次进行 4 号柱梁、1 号柱梁。至此恢复了部分下沉歪闪情况，算作拨正工作的第一个回合。

③ 再用同样的方法进行第二个回合，至第三次才能完全恢复梁架的正常情况。下沉歪闪严重时可以多分几次进行，以保证施工安全。除个别轻微的情况外，打牮拨正工作不要一次完成，需逐步抬平拨正。

④ 下沉柱根如有糟朽，需墩接后再撤除牮杆。

3. 加固的措施

为防止整体木构梁架发生歪闪情况，通常是在进行打牮拨正后，或在重新安装时进行加固，常用的有以下几种。

（1）柱头连接　柱与额枋连接，仅凭较小的榫卯，遇震最易拔榫、歪闪。通常在重新安装时，于柱头及额枋上皮加连接铁活，使周圈柱连为整体，增强构架的刚度，式样见本章“榫头的维修”。

（2）檩头连接　檩是木构架横向连接的主要构件，檩头经常拔榫，为此在进行大型修理时，打牮拨正或重新安装，常在各檩头接缝处加铁把锔或铁板加固。

（3）外廊加固　有周围廊的重檐建筑物，檐柱与老檐柱的联系主要靠桃尖梁，但其后尾插入老檐柱内榫头，多为直榫。当发生檩外滚或柱下沉时常易拔出。因而外廊向四面闪出的现象是常见的，明、清时期的建筑物虽然比较普遍地增加了穿插枋，但后尾仍是直榫，并未彻底解决此种弱点。加固的方法，一种是在桃尖梁上皮较隐蔽处用铁拉杆，以加强与老檐柱的连接，另一种方法是在桃尖梁尾部底皮，用偏头螺栓与老檐柱连接牢固（图 5-34）。

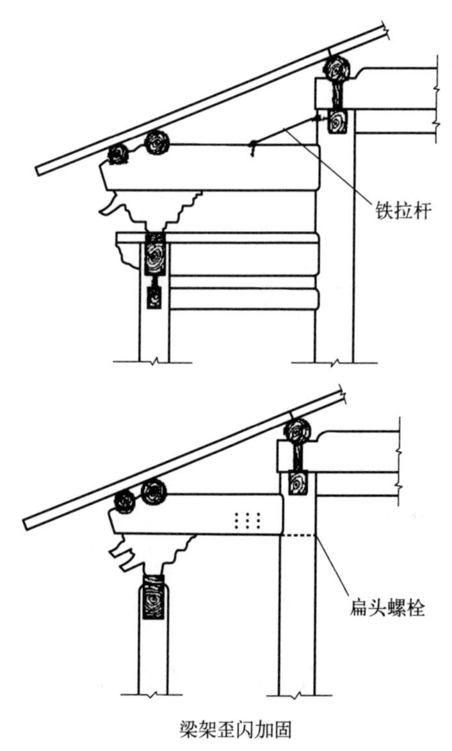

梁架歪闪加固

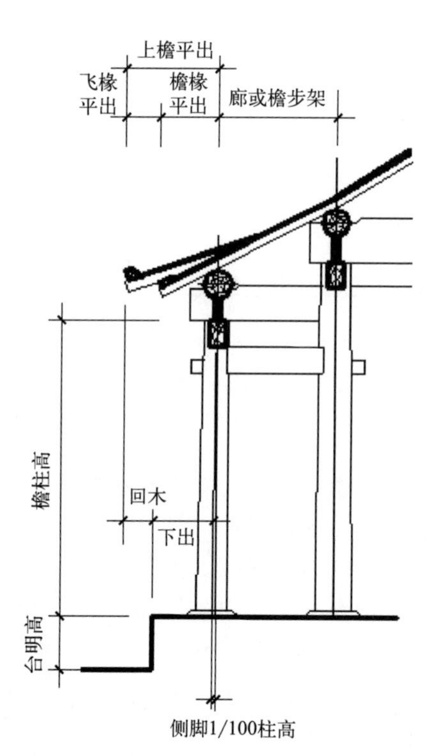

图 5-34 螺栓与老檐柱连接

4. 大木原材料的选择

大木原材料的选择应严格按照设计的要求进行，梁、柱、枋、檩等大木构件用材选用一、二级落叶松，其含水率不得超过 20%；椽望用料均选用二级红松，圆椽选用杉杆，含水率小于 15%；装修用料选用一、二级红松，含水率不超过 12%。原材料进场后，应邀请有关单位进行验收，现场取样测其含水率。待大木安装完毕，进行油漆地仗施工前，再进行一次含水率的测试，如合格方可进行下道工序。

5. 注意要点

以上是传统操作工艺，使用古老工具的方法，若采用现代工具，如用千斤顶和吊车等操作，则非常省力，但基本步骤仍然相同，无论用什么方法实施，都应注意以下两点。

第一，要注意周围环境的影响以及操作过程中的异动，尤其是在打牮拨正时要辨别操作产生的声音与其他特殊异响的区别，稍有异响等情况，应及时停止工作。最好有专职观察的技术人员在现场，发现问题，查明原因，采取补救措施后再继续进行工作。

第二，在打牮拨正工作进行前，应仔细检查各构件的残毁情况，遇有非主要构件糟朽不能承重的，应拆卸后再进行工作。遇有主要构件糟朽不能承重时，如大梁糟朽严重时则不适合采用此种方法。

(七) 整体木构架安装的方法与步骤

木构件的修配工作基本完毕后就可开始安装。顺序与拆卸工作恰好相反，即先拆卸的后安装。具体方法与步骤，依据不同结构而异，一般分为立柱、归安斗栱、安装梁架檩枋和铺钉椽望几个大的阶段。安装前要做好如下工作：

第一，要了解修补和复制构件的完成情况，不要在安装过程中等候构件加工，延长工时；

第二，应准备好支搭架木的器材和必要的起重、防雨、消防等设备；

第三，安装前应清理现场，以便运输构件和安装起重设备。

1. 柱子、额枋安装

（1）第一步 安装前应检查柱础石的情况，是否牢固，柱中线的墨线模糊不清时，应重新弹画清晰，然后用丈杆校核开间尺寸，支搭安装架木，将构件运到附近，按拆除编号校对无误后进行安装。

（2）第二步 正常情况下，柱子安装最好是先内檐（依结构情况不同，也可以先从外檐开始），自一端开始依次进行，或从中间向两端进行，如从两边向中间顺序安装，容易出现因误差导致中间的枋安装困难。安装时，用倒链或绞磨将柱子吊至预定位置，稳牢在柱顶石上，用戗杆临时固定，然后用垂球从正面或背面校核垂直，从侧面校核侧脚，随时用撬棍微调至无误为止，随时将戗杆重新钉牢，防止滑动。

（3）第三步 第一根柱子安装完毕后，再用同法安装相邻的一根，同时吊装两柱之间的额枋、垫板和小额枋等横向构件。如角柱有侧脚的，开始安装时一般习惯暂不调整侧脚，等山面相邻的柱子、额枋安好，再调整角柱的侧脚。

（4）第四步 安装校正。传统的古建筑大木立架校核中线垂直度的方法是应用吊线，尽管这种方法实用、方便、快捷，但误差较大，过分依赖施工人员的主观经验。如进行吊验时，身体直立，双手捏线高过眼睛，吊线放长，至线坠的尖端隐约接触地面，双手做上下轻微点动，使线坠交替触地离地，能快速止摆且稳定，然后用眼睛在逐渐停摆的吊线中寻求中心垂线位置。即使这样，也不免有误差，为消除这些主观性对结构的影响，现在所有的大木构件均应用经纬仪和水准仪相结合的校核方法，很大程度上减少了施工人员的主观性。

如有柱生起，待每面安好后，还须统一校核柱生起。有误差时应及时校正。柱与额枋最好是同时进行安装，如分别安装，立柱子时要进行校正，当安装额枋时，肯定会对下面柱子有影响，还要重复进行柱子的校正。平板枋可同时安装，也可以单独进行。

（5）第五步 各柱头如需加固铁活，一般要等周圈柱安装并校核无误后统一进行。

2. 斗栱安装

柱与额枋、平板枋安装完毕后，再进行斗栱的安装。

（1）找中线 先在平板枋上用丈杆按斗栱攒当，画好各攒斗栱的中线，然后开始逐攒安装，自大斗向上依结构顺序，对照拆除记录草图中的编号，按原位安装。

（2）安装 安完大斗，插牢斗栓，并在斗的里外面各加联络木条，防止施工时滑动错位，然后分三段进行。

第一段：安好两攒不相连贯的正心瓜栱、头翘等构件。

第二段：将两攒之间的相连构件（如正心枋、外拽枋等构件）安好至与大梁相交处为止。临时用戗杆固定，工作暂停。

第三段：安装梁架时，再将与大梁相交的构件（如真昂、溜金斗栱后尾等）进行安装。

（3）检查调整 安装过程中，在每条水平线上的栱、枋安好后，应随时用水平尺检查，发现毛病及时调整无误后，再进行上一层构件的安装。

3. 梁架构件安装

（1）准备工作 首先安装并检查脚手架的稳定性，稳固好起重设备，并将大构件按操作顺序和数量运至预定位置附近。防止因场地小造成构件的堆积而影响安装工作，小构件如瓜柱、角背等可用人工或小型吊车置于架木上。

（2）安装 斗栱基本安装完毕后，自大梁开始向上，按原结构顺序，依次分层安装，一般情况每一步架作为一个阶段。如檐檩至下金檩为第一阶段，下金檩至上金檩为第二阶段，以上至脊檩为最后一个阶段。这样逐层水平安装，结构稳定安全。不要一缝梁架自底到顶地安装，那样容易发生歪闪事故。

（3）校正　各缝梁架，每一阶段安装完毕，依据设计要求，用水平尺校核无误后，再进行下一阶段。第一阶段安装时，应连同与之搭交的斗栱构件、角梁、正心檩、挑檐檩等一并安装牢固。上下檩间加钉临时拉杆，防止滑动。

（4）步骤　为了施工便利，大梁安装常常分两步进行。

第一步：在安装柱子之前，于室内先支搭承重架，按原位将大梁吊至架上，放稳后临时与承重架绑扎牢固，大梁放置的位置应比预定安装位置稍高约 1m，便于在梁下安装金柱、斗栱等构件。

第二步：需等柱、额、斗栱安装后，再将大梁用倒链或天平向下放平在原来位置上。实践经验证明，在结构较复杂时，此种办法比较节省工时。

利用上述方法，在有些修理工程中，部分大梁仅在局部糟朽或劈裂的情况下，常常于拆卸后置于承重架上进行加固处理，等待安装。此种办法更为节省工时，但对承重架木应经常检查加固，并须装好防风雨的设备，施工期长的，应做经济比较后决定是否采用。

（5）安装时的注意事项

① 各构件应按拆除记录草图及编号核对实物，无误后再进行安装。安装时应查清构件前后或左右的榫卯、位置摆正，以免发生倒装现象。一般情况下，大梁的大头（断面较大的一端为头）多向前檐，小头（尾）向后檐。檩子的安装，明间及西面（左面）各间，皆头东尾西，东面（右面）各间则为头西尾东。如为东西向的附属廊屋，皆为头南尾北。此种制度，各时代、各地区不完全一致，故需在拆除前记录清楚，以免安错位置发生榫卯不严或无法搭交的情况。

② 应注意保护榫卯，安装时要细心稳妥。每安装至一个阶段时，除应校核平直外，应连同梁架举折、生起一并检查，无误后再继续施工。

③ 梁架上某些附属构件，如山面的博风板、悬鱼、惹草和楼阁的滴珠板等构件，可在钉好椽子、望板后进行安装。

四、注意事项、质量检验与控制要求

（一）允许偏差及检验

1. 地方做法

木构架各构件安装完毕，应对各构件进行复核、校正、固定，将胀眼堵塞严密，对于采用地方做法木构架安装的允许偏差和检验方法，应符合表 5-1 的规定。

表 5-1　采用地方做法木构架安装的允许偏差和检验方法

序号	项目	允许偏差/mm		检验方法
1	面宽、进深的轴线偏移	±5		尺量检查
2	垂直度(有收势侧脚扣除)	8		用仪器或吊绳测量检查
3	榫卯结构节点的间隙不大于	柱径 200 以下	3	用楔形塞尺检查
		柱径 200～300	4	
		柱径 300～500	6	
		柱径 500 以上	8	

续表

序号	项目	允许偏差/mm		检验方法
4	梁底中线与柱子中线相对	柱径 300 以下	2	尺量检查
		柱径 300 以上	3	
5	整榀梁架上下中线错位	3		吊线和尺量检查
6	矮柱中线与梁背中线错位	3		吊线和尺量检查
7	桁(檩)与连机垫板枋子叠置面间隙	5		用楔形塞尺检查
8	桁条与桁椀之间的间隙	5		用楔形塞尺检查
9	桁条底面搁支点高度	5		用水准仪检查
10	各桁中线齐直	10		拉线或目测检查
11	桁与桁联结间隙	3		用楔形塞尺检查
12	总进深	±15		尺量检查
13	总开间	±20		尺量检查

2. 官式做法（大木构架下架）

木构架各构件安装完毕后，应对各构件进行复核、校正、固定，将胀眼堵塞严密，官式做法大木构架下架安装的允许偏差和检验方法应符合表 5-2 的规定。

表 5-2 官式做法大木构架下架安装的允许偏差和检验方法

序号	项目		允许偏差/mm	检验方法
1	面宽方向柱中线偏移		面宽 1.5/1000	用钢尺或丈杆检查
2	进深方向柱中线偏移		进深 1.5/1000	用钢尺或丈杆检查
3	枋、柱结合严密程度	柱径在 300mm 以下	4	用楔形塞尺量枋子与柱子之间的缝隙
		柱径 300～500mm	6	
		柱径在 500mm 以上	8	
4	枋子上皮平直度	柱径在 300mm 以下	4	用仪器或通面宽拉线，尺量检查
		柱径 300～500mm	7	
		柱径在 500mm 以上	10	
5	各枋子侧面进出错位	柱径在 300mm 以下	5	用仪器或沿通面宽拉线，尺量检查
		柱径 300～500mm	7	
		柱径在 500mm 以上	10	

3. 官式做法（大木构架上架）

官式做法大木构架上架安装的允许偏差和检验方法应符合表 5-3 的规定。

表 5-3 官式做法大木构架上架安装的允许偏差和检验方法

序号	项目	允许偏差/mm	检验方法
1	梁、柱中线对准程度	3	尺量梁底中线与柱子内侧中线位置偏差
2	瓜柱(童柱)中线与梁背中线对准程度	3	尺量两中线位置偏差
3	梁架侧面中线对准程度	4	吊线、目测整榀梁架上各构件正面中线是否错位，尺量检查

续表

序号	项目	允许偏差/mm	检验方法
4	梁架正面中线对准程度	4	吊线、目测整榀梁架上各构件正面中线是否错位，尺量检查
5	面宽方向轴线尺寸	面宽的1.5%	用钢尺或丈杆检查
6	檩、垫板、枋相叠缝隙	5	用楔形塞尺检查
7	桁(檩)平直度	8	在一座建筑的一面或整幢房子拉通线，尺量检查
8	桁(檩)与桁椀吻合缝隙	5	尺量检查
9	用梁中线与檩中线对准	4	尺量检查角梁老中线、由戗中线与檩的上下面中线对准程度
10	角梁与桁椀扣搭缝隙	5	尺量检查
11	山花板、博风板缝拼接缝隙	2.5	尺量和楔形塞尺检查
12	山花板、博风板缝拼接缝隙相邻高低差	2.5	尺量和楔形塞尺检查
13	山花板拼接雕刻花纹错位	2.5	尺量检查
14	圆弧形檩、垫板、枋侧面外倾	5	拉线、尺量构件中部与端头的差距

4. 木桁架、木梁（含檩条）及木柱制作

木桁架、木梁（含檩条）及木柱制作的允许偏差和检验方法应符合表5-4的规定。

表5-4　木桁架、木梁（含檩条）及木柱制作的允许偏差和检验方法

序号	项目			允许偏差/mm	检验方法
1	构件截面尺寸	方木构件高度、宽度		−3	钢尺量
		板材厚度、宽度		−2	
		原木构件梢径		−5	
2	结构长度	长度不大于15m		±10	钢尺量桁架支座节点中心间距，梁、柱全长(高)
		长度大于15m		±15	
3	桁架高度	跨度不大于15m		±10	钢尺量脊节点中心与下弦中心距离
		跨度大于15m		±15	
4	受压或压弯构件纵向弯曲	方木构件		$L/500$	拉线钢尺量
		原木构件		$L/200$	
5	弦杆节点间距			±5	钢尺量
6	齿连接刻槽深度			±2	
7	支座节点受剪面	长度		−10	
		宽度	方木	−3	
			原木	−4	
8	螺栓中心间距	进孔处		±0.2d	
		出孔处	垂直木纹方向	±0.5d 且不大于4B/100	
			顺木纹方向	±1d	
9	钉进孔处的中心间距			±1d	

续表

序号	项目	允许偏差/mm	检验方法
10	桁架起拱	+20 −10	以两支座节点下弦中心线，拉一条水平线，用钢尺量跨中下弦中心线与拉线之间距离

注：d 为螺栓或钉的直径；L 为构件长度；B 为板束总厚度。

检查数量：检验批全数。

5. 木桁架、梁、柱安装

木桁架、梁、柱安装的允许偏差和检验方法应符合表 5-5 的规定。

表 5-5　木桁架、梁、柱安装的允许偏差和检验方法

序号	项目	允许偏差/mm	检验方法
1	结构中心线的间距	±20	钢尺量
2	垂直度	$H/200$ 且不大于 15	吊线，钢尺量
3	受压或压弯构件纵向弯曲	$L/300$	吊（拉）线，钢尺量
4	支座轴线对支承面中心位移	10	钢尺量
5	支座标高	±5	用水准仪

注：H 为构件高度；L 为构件长度。

6. 屋面木骨架安装

屋面木骨架的安装允许偏差和检验方法应符合表 5-6 的规定。

表 5-6　屋面木骨架的安装允许偏差和检验方法

序号	项目		允许偏差/mm	检验方法
1	檩条、椽条	方木截面	−2	钢尺量
		原木梢径	−5	钢尺量，椭圆时取大小径的平均值
		间距	−10	钢尺量
		方木上表面平直	4	沿坡拉线，钢尺量
		原木上表面平直	7	
2	油毡搭接宽度		−10	钢尺量
3	挂瓦条间距		±5	
4	封山、封檐板平直	下边缘	5	拉 10m 线，不足 10m 拉通线，钢尺量
		表面	8	

（二）木构架验收规定

1. 木构架材料

木结构构架按材料的不同包括方木、原木、胶合木结构等，只有当分项工程都验收合格后，子分部方可进行验收。分项工程应在检验批验收合格后进行验收。

2. 材料验收及复验

木结构工程采用的木材、钢构件、连接件、胶黏剂、层板胶合木构件、器具及设备应进行现场验收。凡涉及安全、功能的材料或产品，都应按相关规范或相应的专业工程质量验收规范的规定进行复验，并应经监理工程师（建设单位技术负责人）检查认可。

3. 检验批划分

检验批应根据结构类型、构件受力特征、连接件种类、截面形状和尺寸及所采用的树种和加工量划分。

4. 过程检查

各工序应按施工技术标准控制质量，每道工序完成后，应进行检查。相关各专业工种之间，应进行自检、互检和交接检验，并形成记录。未经监理工程师（建设单位技术负责人）检查认可，不得进行下道工序施工。

5. 原材料检验

原木、方木构架的验收应符合《木结构工程施工质量验收规范》（GB 50206—2012）的规定。

6. 含水率控制

应按下列规定检查木构件的含水率：原木或方木结构应不大于25%；板材结构及受拉构件的连接板应不大于18%；通风条件较差的木构件应不大于20%。

第二节　柱子的维修

柱子是整体梁架下层的支撑构件，绝大多数为承重构件，一般情况下，所需木材的断面面积是按实际受力多少而决定的。中国民间谚语“立木顶千斤”，正是说明这种情况。事实上在一些宫殿、庙宇等大型建筑物中，木柱的断面面积都比较大，甚至超出实际需要的几倍。

一、柱子（木）类型

传统建筑柱子分落地柱、悬空柱等，其中落地柱从名称上有金柱、檐柱、山柱、擎檐柱、角柱等；悬空柱从名称上看有瓜柱、垂柱、童柱等；从立面形式和效果看，有直柱、梭柱、盘龙柱、雕刻柱等；从颜色看，有红柱、绿柱、褐色柱等，一般方柱多为绿色。

（一）常用柱形

1. 圆柱

① 直柱：整个柱径均为圆形。

② 梭柱：在2/3柱长处开始逐渐向上收拢即“杀梭”，以增加美感，也符合木材生长的自然生态。

③ 拼贴组合柱。

④ 空心柱和盘龙柱。

自古以来，多数柱子的截面为圆柱，既符合力学要求，又便于加工和使用。

2. 方柱

① 海棠柱：方形截面四角加工成内凹圆角，深15mm，呈海棠形，既美观又不伤游人。

② 长方柱。

③ 正方柱。

④ 空心柱。

方柱多见于唐代及其以后的建筑，如五台山南禅寺大殿柱。

（二）其他柱形

1. 切角柱

① 正八角柱。

② 小八角柱。

2. 其他形式

① 梅花柱。

② 瓜棱柱。

③ 多段合柱。

④ 包镶柱。

⑤ 拼贴梭柱。

⑥ 花篮悬柱。

常见柱截面样式如图 5-35 所示。

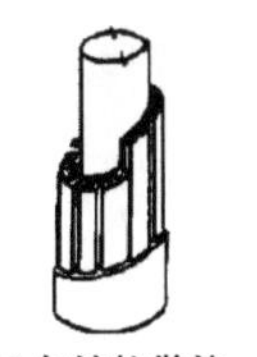
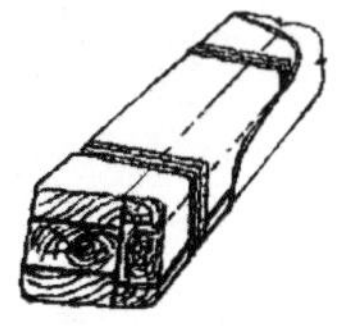

(a) 包镶柱做法　(b) 拼合做法

(c) 原木(一)　(d) 两段组合　(e) 瓜棱柱　(f) 贴棱柱　(g) 四拼贴棱柱　(h) 小八角　(i) 拼合(一)　(j) 空心圆柱

(k) 三段组合　(l) 四段组合　(m) 原木(二)　(n) 拼合(二)　(o) 组合　(p) 空心方柱　(q) 正八角

图 5-35　常见柱截面样式

古建筑柱子的断面都比较大，传曰，肥梁胖柱，柱子之所以说“胖”，就是说它的断面较大。与现代建筑比较，对于古建筑体量相对较小，层数也不多，柱径却比较大。曾经有结构专家对古建筑的木柱子进行过验算，结果表明，超出经计算的基本构造（断面尺寸）要求，一般直径 300mm 的柱子实际只需要 200mm 左右就够了，但是，如果采用计算出来的结果，那么，传统建筑的立面还有那种端庄、庄重的效果吗？古建筑的构件尺寸是上千年的历史经验，只要按照体量大小，满足建筑的斗口或开间尺寸、柱径等的基本模数即可。

二、常见问题

木质柱暴露在室外，虽有屋檐的遮挡，但是还逃脱不了自然环境的侵蚀，尤其在最外层的檐柱和埋在墙内的金柱，由于风吹雨淋，潮湿，造成的劈裂、糟朽、残损、脱皮等现象十分严重。由于大多数柱子都是自柱根向上糟朽，由此而造成的柱子下沉、歪闪也是常见的，南方许多被白蚁蛀害的古代木结构建筑物，柱子被蛀空更是普遍现象（图 5-36）。

(a) 人为破坏

(b) 檐柱

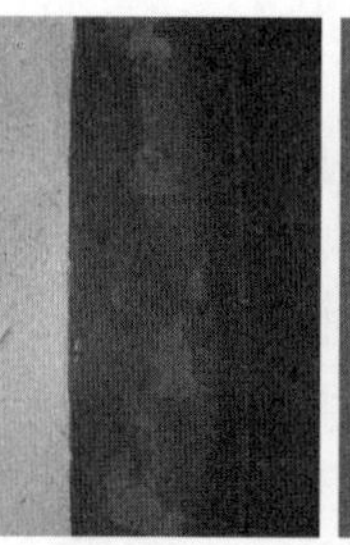

(c) 墙内柱

图 5-36　柱损毁情况

三、处理办法

柱子遭虫蛀需修缮时，参考下面柱子更换和糟朽处理方法。

（一）柱子更换

1. 柱子拆除

柱子拆除要根据具体情况制定方案，具体见下面的几种安装方法。

2. 柱子制作

柱子因糟朽、劈裂等因素严重影响使用，必须更换时，要按照设计要求，选好柱料，依据树木的上下头来确定要加工成柱子的上下头，一般靠近树根的一端为柱根。根据排出的丈杆适当留荒进行打、截料。如是梅花柱，则四角起梅花线角，线角深度按柱子看面尺寸的(1/15)～(1/10) 确定。这里主要介绍圆柱，其他柱子较简单，可参考圆柱的制作加工。柱子的人工加工，主要工艺是放八卦线，其余就要看工人的技术水准了。要注意的是，在放置圆木时，要使木材在两端支撑的条件下自然滚动停置，因为树木不是绝对笔直的，可能会有些弯曲，这样放置后，中间会下垂，所以在后续操作中就有要注意的地方。放八卦线的方法如下。

（1）迎头线　在准备做柱子的圆木两端直径面上分出中点，吊垂直线，再用方尺画出十字中线，即迎头线，竖线要垂直于地面且通过木材形心。画水平线时要注意，树木比较直顺或直径比较大时，也过形心，形成以树木圆心正交的十字。一般情况做法是，在不影响柱子直径的前提下尽量往下画，这样可避免前述柱子不直时中间的直径不够。

（2）腮线　如有收分，则柱头按柱高的 7‰～10‰收分。然后两端分别画腮线。以迎头十字中线为基准，如柱径 1 尺（32cm），十字线从中点沿着线向边上各量出 5 寸（16cm）画与十字线正交的直线，此线称腮线。

（3）四分线　仍以迎头十字中线为基准，从中点沿着线向各边量出 2 寸（6.4cm），这样一来，每边还余 3 寸，在一条线（直径）上，就有两个 2 寸和两个 3 寸，即 4 寸和 6 寸，就有了“四六分八卦”的说法。

（4）八卦线　在四分线每边 2 寸基础上，再略减一点，不要超出半分（约 0.1cm），由此，就有了下腮线长为四寸少一分左右（约 12.6cm），这就是一尺（32cm）柱径圆周长的

1/8[1]。

把上述这种方法用于各十字线垂直平分线上，然后将此线头尾相接，就形成了八边形，这八边形即为“八卦线”。

(5) 十六卦线 将八卦线三等分，把相邻两条八卦线最近的两点连接，就形成了十六边形，这就更趋于圆了，然后经过具体施工操作，再加工，即可成浑圆的圆柱[2]。

柱加工八卦线见图 5-37。

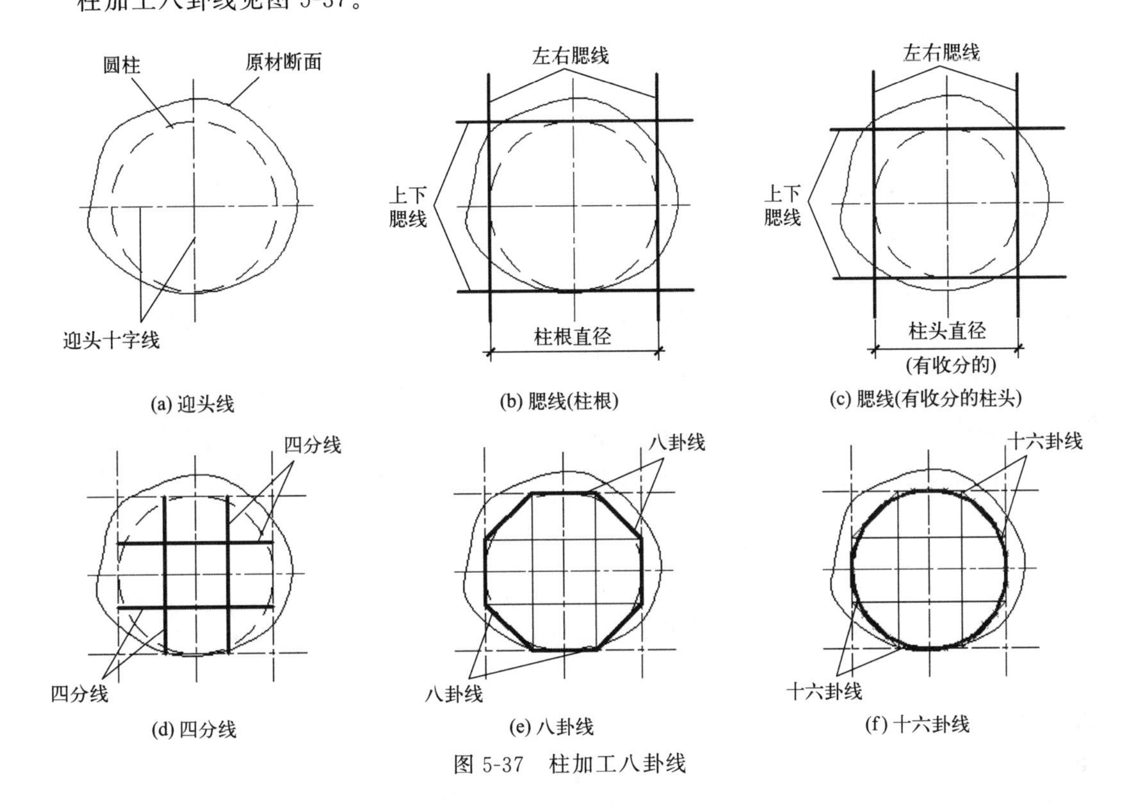

图 5-37 柱加工八卦线

按以上方法加工好柱子后，再按照丈杆及柱位、方向在柱子上画定榫卯位置与柱脖、柱脚及盘头线，按所画尺寸剔凿卯眼，锯出口子、榫头。

穿插枋卯口为大进小出结构，进榫部分卯口高按穿插枋高，半榫深按 1/3 柱径，出榫部分高按进榫的一半，榫头露出柱皮 1/2 柱径。卯口宽按 1/4 柱径。额枋口子通常为燕尾口，卯口高按额枋高，宽、深各按柱径 (1/4)～(3/10)。燕尾口深度方向外侧每边各按口深的 1/10 收分做“乍”，高度方向下端每边按口宽的 1/10 收“溜”。采用袖肩做法时，袖肩长按柱径的 1/8，宽与“乍”的宽边相等。馒头榫、管脚榫各按柱径的 3/10 定长、宽（径），榫的端部适当收“溜”，并将外端倒棱。管脚榫截面通常做成圆形，大式柱子应在柱脚四周开出十字榱眼。各类柱子制作中应注意随时用样板校核。

质量要求：应符合《文物建筑工程质量检验评定标准》的规定。

---

[1] 这个数据经作者校核，更改如下。八卦线：在四分线每边 2 寸基础上，再略增加一点，超出半分（约 0.1cm），由此就有了下腮线长为四寸多一分左右（约 13.0cm），这个尺寸比直径一尺（32cm）的周长 1/8 略大一点，这样在放十六卦线时就能包在柱径外。如在四分线每边 2 寸基础上，再减一点，不超出半分（约 0.1cm），虽正好是圆柱周长的 1/8，但在放十六卦线时会影响柱直径。

[2] 十六卦线：将八卦线四等分，把相邻两条八卦线最近的两点连接，就形成了十六边形，这就更趋于圆了，然后经过具体施工操作，即可加工成浑圆的圆柱。如采用三等分就与八卦线所述一样，影响柱径的尺寸。

3. 柱子安装

柱子制作经验收合格后即可进行安装，方法有三种：第一种是屋面不需大动干戈，但台明及基础下沉需修缮，连同换柱子；第二种是台明及以下基础不需拆除修缮，而屋面损毁严重需拆除重修，此时正好把柱子一并更换；第三种是在屋面和台明都很好，不需要进行修缮或大修理的情况下，只换柱子。

(1) 第一种方法（动下不动上） 将柱子周围的梁头、额枋、斗栱用千斤顶或牮杆支牢，卸掉残毁柱的全部荷载，然后在柱础石周围挖槽，再撤出柱础石，为保证柱根管脚榫不被折断，在撤出柱础前，应先将柱础石底部掏空，使柱础石下降，以露出管脚榫为准，取下残毁柱子，将预先复制好的新柱换上，先插好柱头与额枋、大斗等相交构件的榫卯，此时柱根部悬空需支戗牢固，然后进行归安柱础。由于底部已被掏空，在修缮台明及地基后，应补砌砖、石或灌混凝土加固，柱础石支垫牢固后，去除支承梁头、额枋、斗栱的千斤顶，工作结束，如图 5-38 所示。此种方法的优点是不动上部结构，但要结合基础和台明的维修，如单纯动柱础按此方法进行换柱，需移动柱础，费工、费时。

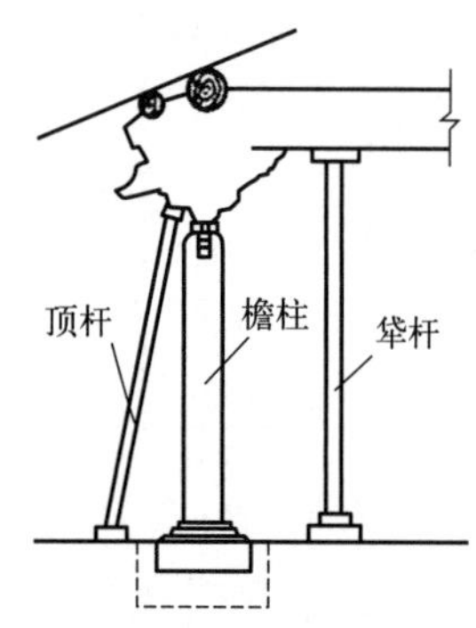

图 5-38　动柱础更换柱子

(2) 第二种方法（动上不动下） 在结合屋面揭除瓦顶进行修理时，由于柱上部荷载清除，常采取此方法，柱子可以直接更换。

若屋面只是小修而已，不揭除屋面，就要用千斤顶或牮杆在梁、额枋、斗栱的翘头底皮同时打牮，将柱上构件略微抬起，具体尺寸以露出柱根的管脚榫为准（不能太大，以免影响上部结构），一般为 30～80mm。牮起周围构件后，撤除残柱，更换新柱，然后将周围支撑落回原位（图 5-39）。牮起构件时，应随时注意，遇有意外情况，应采取措施后再继续施工。此法优点是不动柱础，缺点是对屋面稍微有点影响，如结合屋面小修，还是可以的。

(3)“偷梁换柱”（上下都不动） 根据现场情况，古建筑的修理工作中，有所谓“偷梁换柱”的方法，即某一个主要构件梁或柱子残毁需要更换时，采取了一些巧妙的方法，个别抽换，就柱子而言，就是说屋面和台明都不需要动，就能更换柱子。

先将与柱头搭接的两个方向的额枋顶牢，撤掉已残毁的柱子，从正面安装新换柱，柱根抹斜的一面向里（靠墙的一面），把柱头十字榫插入额枋交叉处，慢慢扶正柱子，在柱根垫好硬木块，外加铁箍钉牢。这样可以不移动柱础，也不震动梁架，是相当省工而又巧妙的换柱技术（图 5-40）。此方法的优点就是不需要大拆大卸，即可把柱子换下来，使得看来相当复杂的施工被简化了。

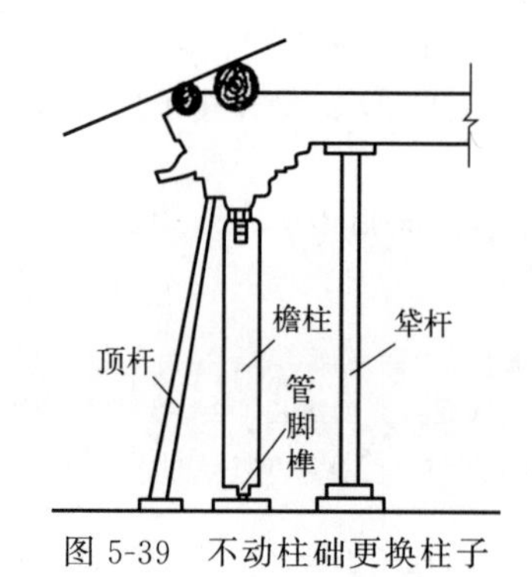

图 5-39　不动柱础更换柱子

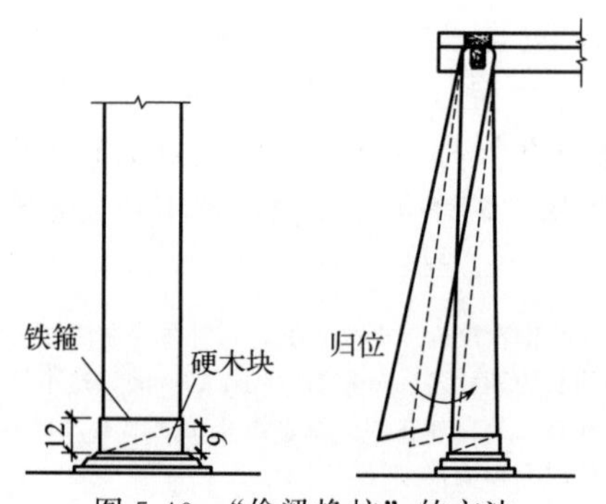

图 5-40　“偷梁换柱”的方法

（二）柱子劈裂的修补

柱子劈裂大多数情况不是因受重力而引起的，主要是由于木材在干燥过程中或是建成后年久失修，受大气干湿变化而引起的。较细裂缝常常留待油饰或断白时用腻子勾抿严实（图 5-41）。缝宽超过 0.5cm 的用旧木条粘牢补严。缝宽在 3～5cm 以上，深达木心的，粘补后还需加铁箍 1～2 道。所加铁箍应嵌入柱内，外皮与柱外皮齐平。粘补的木条每道裂缝应争取用通长木条，避免用碎木填塞，影响外观。

(a) 劈裂

(b) 腻子勾抿

(c) 油漆后

图 5-41　柱子劈裂的修补

（三）柱子糟朽的剔补与墩接

柱子尤其是檐柱和包裹在墙内的柱，最易发生柱根糟朽。仅表皮糟朽但柱心完整，且糟朽部分不超过柱根直径 1/2 时，采取剔补加固的方法，将糟朽部分剔除干净，用干燥旧木料依原式样、尺寸补配整齐。如整个柱周围剔补时需加铁箍 1～2 道（图 5-42）。

(a) 一般剔补加固前后对比　(b) 加铁箍剔补加固前后对比

图 5-42　柱根修缮

糟朽严重，自根部向上高度不超过柱高 1/4 时，通常采用墩接柱根的方法。依据糟朽的程度、墩接大体分为四种情况。

1. 巴掌榫墩接

柱根糟朽严重，高度不超过 1/3H 时（超过 1/3H 时更换柱子，H 为柱子高度），尽量用干燥旧木料墩接，这是使用最多的一种方法，露明柱更宜使用此种方法。墩接时，先将腐朽部分剔除，使墩接榫头严密对缝，并加铁箍 1～2 道，宽 80～100mm，厚 3～4mm，铁箍应嵌入柱内（图 5-43）。

具体做法：如不是露明柱子，首先要拆除影响墩接的墙体，拆除时应尽可能缩小范围，也要保证适度的施工操作空间，拆除应由上至下进行，拆后形成的“柱门”应上宽下窄，并留好槎口，以保证墙体恢复的质量。

（1）墩接柱加工　墩接柱的制作加工应按原柱的测量尺寸砍制。

（2）支顶、加固　墩接前根据柱子所处位置的具体情况和大木构造进行支顶、加固，支顶前根据具体情况做临时支戗，支顶时用“千斤顶”在柱两侧或四周的相关构件部位对称“打起”，支起幅度以能满足墩接时需要为宜。支顶到位后，用牮杆、垫木配合木楔进行牢固支顶，用“线坠”校核后，将临时戗杆绑牢实，并用拉杆、扎绑绳把相关梁、枋构件与柱子进行临时固定。特别注意，在“千斤顶”支顶过程中选派有经验的木工进行观察、指挥，支顶操作要循序渐进，逐步到位，避免榫卯受损。

（3）进行墩接　在柱子支顶前先找规矩，测出柱子的中线及升线大小，并弹出墨线，以便预制墩接柱子盘柱脚。进行墩接时先将原柱脚糟朽部分锯掉，画线做出原柱的墩接榫卯，之后再按原柱已完成的榫卯尺寸画新墩接柱的榫卯尺寸墨线，实际墩接高度，一般应比实际墩接高度稍高出 2～3mm 为宜，以防负荷后产生沉降。墩接安装后检查中线是否相对，侧脚是否合适，确认无误后将墩接柱子落实，改动临时戗杆，剔出抱箍槽，对新、旧柱子进行防腐处理，安装两道抱箍。

(a) 巴掌榫　(b) 修缮前　(c) 修缮后

图 5-43　巴掌榫墩接

2. 抄手榫墩接

墩接柱与旧柱搭交长度最少应为 40cm 左右，用直径 1.2～2.5cm 的螺栓连接，或外用铁箍 2 道加固。有些地区在搭交内部上下各安一个暗榫，防止墩接柱发生滑动位移，即“抄手榫”：在柱断面上画十字线，分为四瓣，相搭交处都剔去十字瓣的两瓣，上下相叉，长度为 40～50cm，外用铁箍两道加固，如图 5-44 所示。

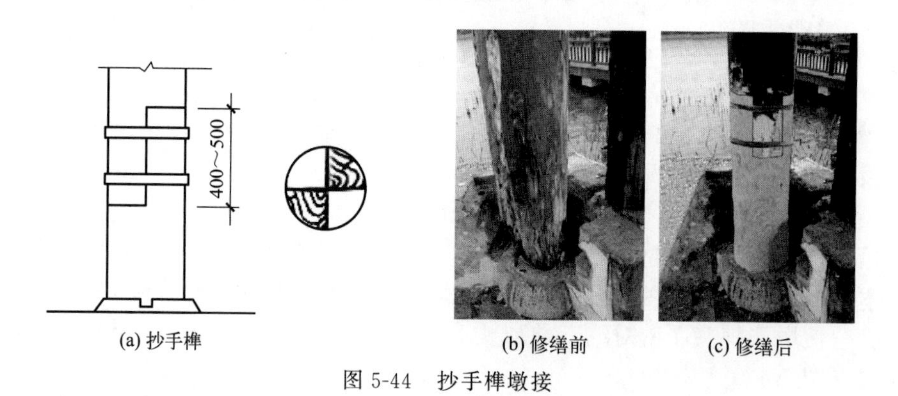

(a) 抄手榫　(b) 修缮前　(c) 修缮后

图 5-44　抄手榫墩接

3. “螳螂头榫”墩接

墩接柱上部做出螳螂头式，插入原有柱内，长度 40～50cm，榫宽 7～10cm，深同柱径（图 5-45）。

所用各式墩接榫头施工时应做到对缝严实，用胶粘牢后再加铁活。露明柱所加铁活应嵌入柱内与柱外皮齐平。

4. 石料墩接

柱根糟朽高度为 20cm 以下时用木料墩接易劈裂，因而常用石料墩接，按预定高度用青石或豆渣石块垫在柱础石上，并须做出管脚榫的卯口。对于露明柱，为了不影响外观，应将石料砍凿为直径小于柱径 10cm 左右的矮柱，顶凿管脚榫的卯口、底凿卯口与原柱础管脚榫卯口用铁榫卡牢，垫好后周围用厚木板包镶钉牢，与原柱接缝处加铁箍一道（图 5-46）。

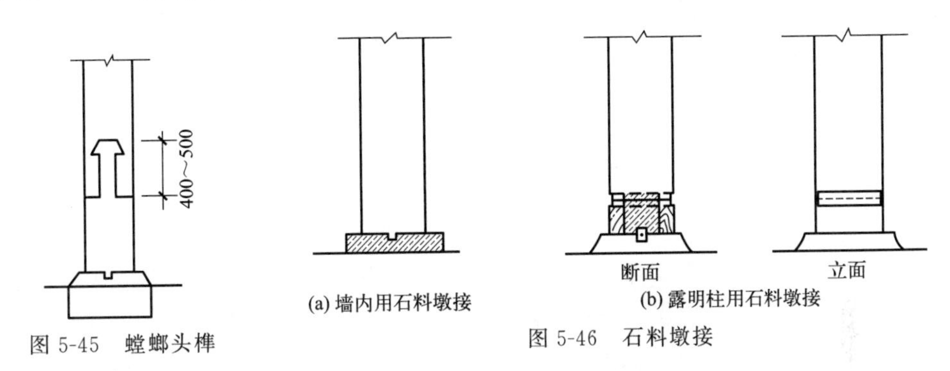

图 5-45　螳螂头榫

图 5-46　石料墩接

（四）现代做法

古建筑的柱子基本由木材制作，随着年代的推移，能源问题以及越来越先进的建筑材料，逐渐取代了原有的材料，这就是传统建筑现代做法的体现。目前应用较多的是钢筋混凝土、钢结构以及装饰用的新型材料如 PVC、PPR、JRC 等，既轻质又环保，尤其钢筋混凝土最为突出，它的应用顶替了木材这种传统建筑材料。

1. 用混凝土柱墩接

（1）不露明柱　墙内不露明的柱子有时也可采用预制混凝土柱墩接。依据需要墩接的高度，预制断面为方形的混凝土柱，标号为 C25～C30，每边比原柱长出 20cm 左右。在紧靠柱表皮处预埋铁条或角铁两根，铁条露出长度应为 40～50cm。用两个螺栓与原构件夹牢，埋入深度至少应与露明部分相等。

为此原构件需齐头截去糟朽部分，施工时应注意先按预定墩接高度筑打混凝土柱，干燥后再截去原构件，以防混凝土收缩后影响柱子的原有高度。

（2）糟朽柱　柱根糟朽高度较高时，现代做法可采用混凝土包裹（剔除糟朽部分）墩接，外形仿夹杆石做法。此种做法适合该建筑绝大多数柱根都有相似情况，要结合所有的柱子。

混凝土柱根见图 5-47。

2. 混凝土柱

钢筋混凝土柱高与柱径的确定，尊重传统做法。混凝土多采用 C30。钢筋：受力筋采用Ⅲ级钢；箍筋采用Ⅰ级钢。具体配筋要按照设计文件要求配置。古建筑钢筋混凝土柱按形式不同，分为落地柱与悬空柱；按施工方法的不同，分为预制和现浇两种。浇筑时，梁柱节点钢筋较密，此处宜用小粒径石子同强度等级的混凝土浇筑，并用小直径振捣棒振捣。混凝土养护：需对已浇筑完毕的混凝土，在 12h 以内覆盖和浇水（浇水次数应能保持混凝土处于润湿状态），浇水养护的时间，对于普通硅酸盐水泥不得少于 7d，对掺用缓凝型外加剂的不得少于 14d。

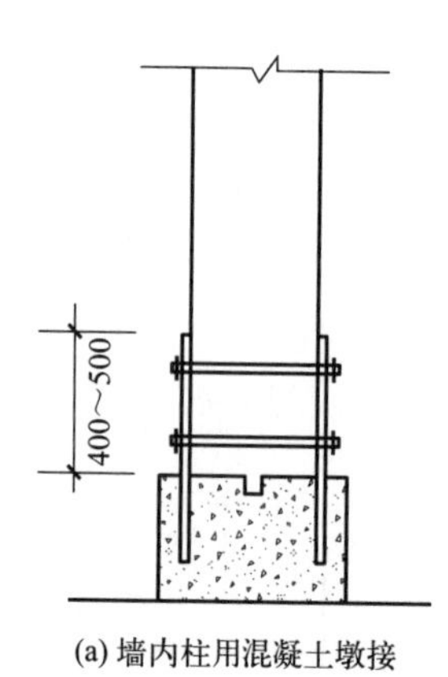

(a) 墙内柱用混凝土墩接

(b) 混凝土包裹

图 5-47　混凝土柱根

（1）落地柱　此种做法要注意梁枋与柱子搭接的预留筋问题，而现在做法的混凝土柱则不要留榫卯口，但要在榫卯位置留插筋或预埋件。钢筋混凝土柱结构见图 5-48。

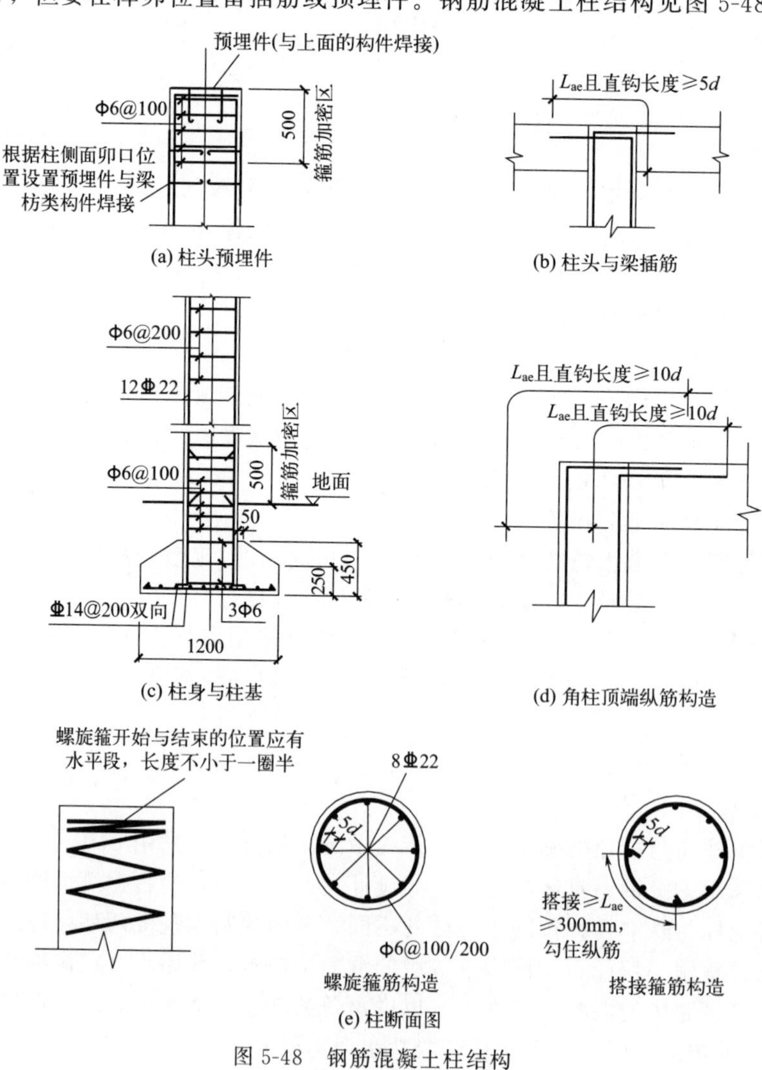

图 5-48　钢筋混凝土柱结构

L_{ae}—锚固长度；d—钢筋直径

以上用现代材料、现代技术手段制作的构件，要注意外观采用传统古建筑的尺度，只是把古建筑木结构的榫卯结构结合处变成钢筋混凝土的节点。如预制柱与预制梁枋连接，都要在相应位置设置预埋件，以便焊接；如是预制柱与现浇梁枋连接，要在预制钢筋混凝土柱时，留出与梁枋结合的构造钢筋，要符合有关规范要求的锚固长度；如是现浇柱与现浇梁枋结合，要以梁枋的钢筋插入柱且满足锚固要求为主。

（2）悬空柱　悬空柱要根据柱上的檩条是钢筋混凝土檩条还是木檩条进行处理。

如是钢筋混凝土檩条，柱的配筋见图 5-49(a)。如是安装木檩条，柱的配筋见图 5-49(b)。如是现浇檩条，柱的配筋见图 5-49(c)。

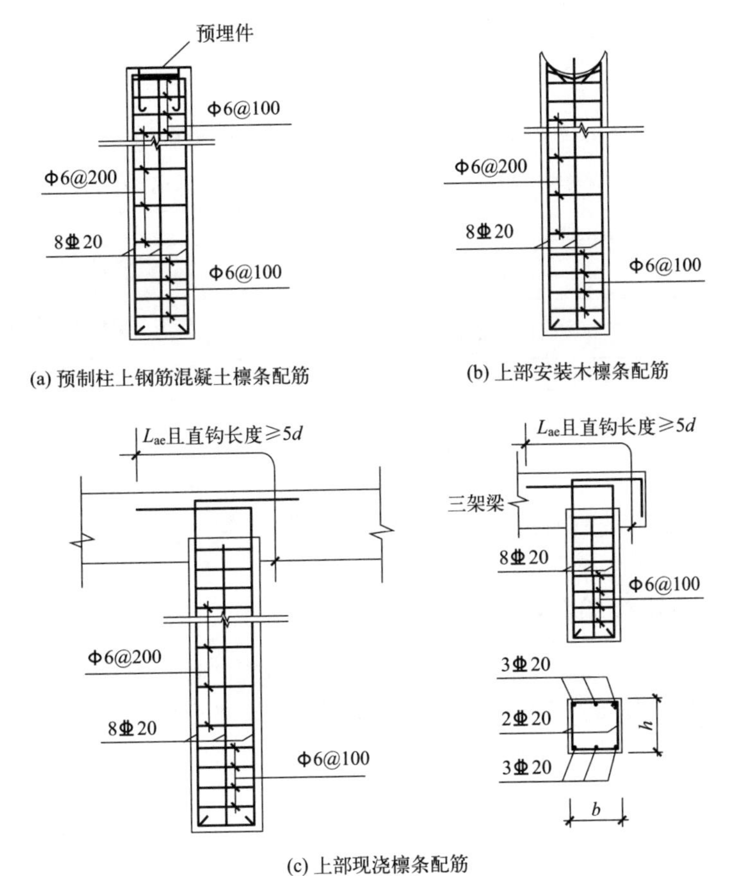

图 5-49　瓜柱、脊瓜柱结构

图中尺寸 b、h 分别为进深方向和面宽方向，根据五架梁具体尺寸确定

以上悬空柱的现代做法都是不留卯口，要在卯口处预留预埋件或留插筋。悬空柱的几何尺寸也就是建筑图尺寸，尊重传统建筑的要求。在结构处理上，脊瓜柱要有几种连接方法，如上部采用木檩条或钢筋混凝土檩条，处理方法有所区别。

（3）角背　在现代钢筋混凝土结构处理上可不设置角背，若设置，如不带天花顶棚的露明造，可参照图 5-50。

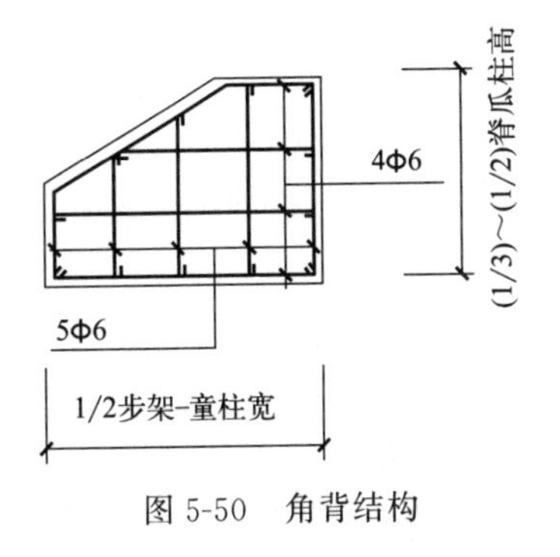

图 5-50　角背结构

（4）柁墩　在现代钢筋混凝土结构中可不做柁墩，若要柁墩效果，一般是在童柱预制安装或现浇拆模以后另加措施

进行二次浇灌或粉刷而成。

（5）预制柱　预制柱的结构配筋按设计要求，亦可参照现浇柱的配筋进行施工。要注意在与梁枋交接处不留卯口，设置预埋件，以便与其他梁枋安装时焊接或与木梁枋通过螺栓、螺钉进行拼接。预埋件钢板的厚度取 10mm，长、宽尺寸要依据与梁枋相交处的尺寸结合预埋件的有关规范而定，参见图 5-51。如预制柱与现浇梁枋类构件二次浇灌，则要预留插筋。

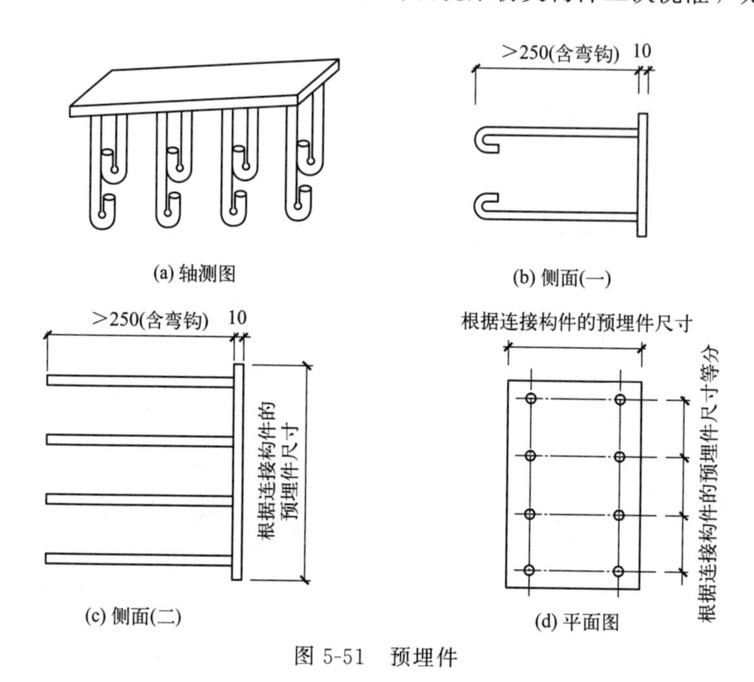

图 5-51　预埋件

四、注意事项、质量检验与控制要求

根据柱子所处的不同位置，按照总、分丈杆上排列的尺寸，首先进行大木的画线，然后以此为依据下料加工。柱子加工完成后，应是正圆形，不能有死棱，更不得将尺寸砍小，砍刨光平后，把柱身的各类线重新画出，并拿分丈杆进行复核，待准确无误后方可出库，运抵施工现场。

（一）木柱制作的规定

1. 标注名称

木柱制作时，各类柱子必须标明其所在的平面位置，各类柱的位置不得混淆。每柱应有一个名称，同一建筑的柱不得有重复名称。柱类构件中的名称应书写在柱构件上，其书写位置应根据当地习惯，并且不影响施工，书写在约定俗成的位置上。

2. 标线

柱类构件的四个面都应有中线；角檐柱或多角形柱类构件除四条中线以外，还应有对角中线。柱类构件两端断面应有头线，头线与柱侧面中线应一致，柱两端头线应重合，不得翘曲。

3. 断面形式

圆形柱构件类的收分率应符合设计要求。若设计无要求时，收分率应为 0.7%～0.8%。方形、多角形柱不宜收分。

断面为圆形、方形、多角形、梭形、瓜棱形等各类断面的柱在制作前应按设计要求，放出柱端断面足尺大样。

4. 柱的节点构造、联结方式应符合的规定及设计要求

（1）侧脚柱　当柱子要求做侧脚者，侧脚大小应符合设计要求。柱下端做管脚榫者，圆柱榫长为该柱端直径的（1/4）～（3/10），榫宽与榫长相等；方柱榫长为该柱宽的（1/4）～（3/10），榫宽与榫长相同。童柱的管脚榫宽为柱径的1/10，榫长为柱端径的（1/5）～（1/3）。

（2）柱或童柱　上端直接与檩条连接，其榫长为柱直径的（1/5）～（1/3），且不得小于30mm；方柱榫长为柱截面宽的（1/4）～（1/3），榫厚为柱直径或截面边长的1/10，且不得小于15mm；榫宽外边缘应由柱边向内收进不得小于20mm。同一建筑的柱头榫尺寸应一致。

（3）檐柱　顶与额枋之间应用燕尾榫联结，燕尾榫的宽度和长度可取柱截面边长或直径的（1/4）～（3/10）。燕尾榫的收“乍”应取榫厚的1/10。

5. 木柱制作允许偏差和检验方法（表5-7）

表5-7　木柱制作允许偏差和检验方法

序号	项目	允许偏差/mm	检验方法
1	柱长	3m以下±3，3m以上 h/1000	尺量检查
2	直径(截面尺寸)	±d/50	尺量检查
3	柱弯曲	3m以下5，3m以上2/1000	仪器检查或拉线尺量检查
4	柱圆度	直径200以下4，直径200以上6	用圆度工具检查
5	榫卯内底面内壁平整度	300以下±1，300～500为±2，500以上±3	用直尺、楔形尺检查
6	榫眼宽度尺寸	宽40以下2，40～70为3，70以上4	尺量检查
7	榫眼高度尺寸	5	尺量检查
8	中线、升线位置	柱直径或面宽的1/100	尺量、曲尺检查

注：h为柱高，d为柱直径。

（二）木柱安装的规定

1. 轴线及中线复核

（1）木柱安装　应按设计要求复核平面尺寸，在各柱顶面磉石上，正确地弹出各落地柱中线，如柱十字中线与平面轴线不吻合时，应分别弹出。要注意轴线与中线是两个不同的概念。

（2）木柱会榫　会榫工作结束且应全部合格。按照安装顺序先后运至现场，且按各构件名称到其就位点，严禁构件错位、错方向。

2. 安装顺序

应遵循先内后外、对号入位的原则进行，殿、堂、厅等矩形平面建筑的安装顺序应先从正间（明间）开始，最后安装外边部分，如前后廊及左、右次间或梢间，依次安装齐全。

安装时，应边安装边吊柱中线，边用支撑临时固定（开间、进深两个方向）。木撑必须牢固可靠，下端应顶在斜形木板上（上山爬），能前、后、左、右灵活调整木柱的垂直度。所有柱底部中线必须与磉石中线重合，若发现与中线不符，应及时校准，柱中线应垂直。有侧脚的柱中线应符合设计要求。墙体、屋面工程结束后临时支撑方可拆除。

3. 校对、检查

安装完毕，应复核、校正、固定，参照表5-8和表5-9木构架安装的允许偏差和检验方

法进行检验。

表 5-8　地方做法木构架安装的允许偏差和检验方法

<table>
<tr><th>项目</th><th colspan="2">允许偏差/mm</th><th>验收方法</th></tr>
<tr><td>面宽、进深的轴线偏移</td><td colspan="2">±5</td><td>尺量检查</td></tr>
<tr><td>垂直度(有收势侧脚扣除)</td><td colspan="2">8</td><td>用仪器或吊线尺量检查</td></tr>
<tr><td rowspan="4">榫卯结构节点的间隙不大于</td><td>柱径 200 以下</td><td>3</td><td rowspan="4">用楔形塞尺检查</td></tr>
<tr><td>柱径 200～300</td><td>4</td></tr>
<tr><td>柱径 300～500</td><td>6</td></tr>
<tr><td>柱径 500 以上</td><td>8</td></tr>
<tr><td>总进深</td><td colspan="2">±15</td><td>尺量检查</td></tr>
<tr><td>总开间</td><td colspan="2">±20</td><td>尺量检查</td></tr>
</table>

表 5-9　官式做法木构架安装的允许偏差和检验方法

<table>
<tr><th>序号</th><th colspan="2">项目</th><th>允许偏差/mm</th><th>检验方法</th></tr>
<tr><td>1</td><td colspan="2">面宽方向柱中线偏移</td><td>面宽的 1.5/1000</td><td>用钢尺或丈杆检查</td></tr>
<tr><td>2</td><td colspan="2">进深方向柱中线偏移</td><td>进深的 1.5/1000</td><td>用钢尺或丈杆检查</td></tr>
<tr><td rowspan="3">3</td><td rowspan="3">枋、柱结合严密程度</td><td>柱径 300mm 以下</td><td>4</td><td rowspan="3">用楔形塞尺量枋子与柱之间的缝隙</td></tr>
<tr><td>柱径 300～500mm</td><td>6</td></tr>
<tr><td>柱径 500mm 以上</td><td>8</td></tr>
</table>

（三）墩接验收

做好墩接过程的施工记录，墩接完成后，留取图像资料，由专业工长、质检员、技术负责人进行初步验收，合格后，拆除戗杆、临时固定用的拉杆、扎绑绳等，经监理检查验收后进行下一道工序。墩接柱子常用巴掌榫与莲花瓣榫接两种方法。墩接长度严禁大于柱高的 1/3，搭接榫的长度为柱径的 1.5 倍，但不得小于 40cm，巴掌榫的榫头宽度为 2～3cm，高度为 4～5cm。柱子采用巴掌榫接时，看面须见横缝，不得见立缝。墩柱子应接口严实、加箍严紧，表面光洁直顺。防腐处理符合设计要求。墩接柱根必须与柱顶口接触严实无缝隙。

第三节　梁、枋的维修

古建筑木构架的梁、枋是木构架中的主要构件。从力学的角度分析，上部承受压力，下部承受拉力，属于受弯曲构件。荷重大或年久失修，常常出现弯曲劈裂和底部折断现象。此外因严重漏雨而糟朽折断的现象也经常发生，梁、枋维修工作是大型维修工程中的主要项目之一。

一、梁、枋类型

梁（宋时称栿）、枋，一般沿进深方向为梁，沿开间尺寸为枋。断面有圆形和矩形，以矩形居多。

（一）梁

在古建筑构架中，梁是一个重要的水平受力构件；在较大的建筑中，梁是放在斗栱上的；在较小的建筑中，梁是直接放在柱头上的。以各自的位置、作用、形状不同，各有各的名称和构造。

1. 顺梁

顺梁是指顺面阔方向的横梁［图 5-58(a)］。梁头下面由柱支承，并顺着正身檩子方向（即平行于面宽方向）架梁的一种方法。所架的梁称顺梁，其外端落于檐柱的柱头之上，内端则榫交承托于金柱（第二排柱）上，梁背上还可承接交金墩或瓜柱。当做歇山顶时，踩步金即安放于交金墩上。

2. 趴梁

趴梁［图 5-58(b)］是指梁头下面不搁置在柱子上，而是趴搭在桁檩上架梁的一种方法。所架的梁称趴梁，其外端和内端分别由桁檩和正身梁架承托，即趴扣在桁檩之上（顺梁是用在桁檩之下），它与顺梁的位置正好一正一反。

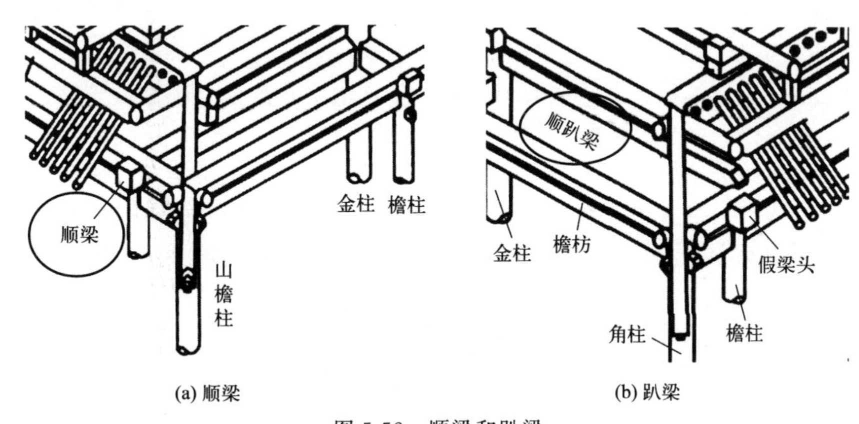

图 5-52　顺梁和趴梁

3. 架梁

架梁是以其上所架设的檩木根数（也称架）而命名的，如在本梁以上有三根檩木就称为“三架梁”，有五根檩木就称为“五架梁”，以此类推，分为三架梁、五架梁、七架梁等，参看图 5-53。

而宋代称架梁为“椽栿”，是以榑木（桁檩）之间搁置椽子的空当数而命名的，如在本椽栿以上有四个空当（清代五架梁）就称为“四椽栿”，分为四椽栿、六椽栿、八椽栿、十椽栿等。其中，对有三根榑木的横梁不称为二椽栿（图 5-54），宋代《营造法式》对此给予一个专门名称，称为“平梁”。南方把架梁称为“界梁”，是以两桁木之间的空当（简称“界”）而命名的，分为四界梁、五界梁、六界梁等，其中对最下面的一根界梁称为“大梁”，对有二界的横梁不称为二界梁，《营造法原》中称为“山界梁”（相当于“平梁”）。

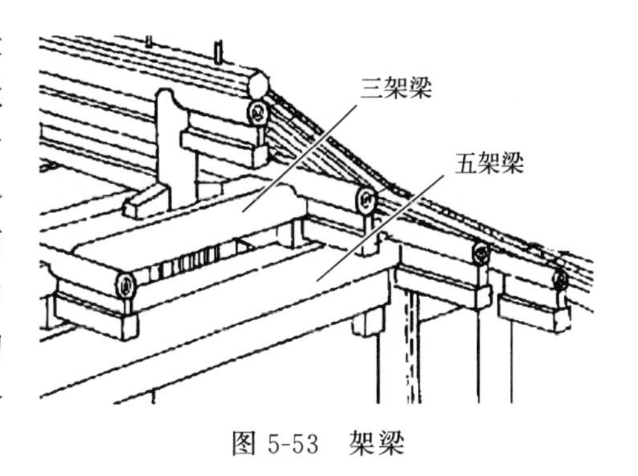

图 5-53　架梁

4. 太平梁

太平梁是指因推山而加长脊檩的承托构件，如图 5-55 所示。当把庑殿木构架的脊桁（檩）向外推长一定距离后，就可使庑殿山面的坡屋顶变得更为陡峻，借以增添屋面的曲线美。太平梁与三架梁相似。

图 5-54 宋代架梁

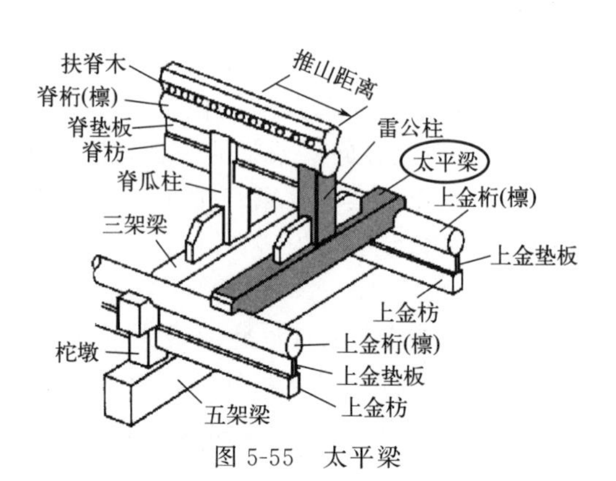

图 5-55 太平梁

5. 抱头梁、乳栿、川

抱头梁是指梁的外端端头上承接有桁檩木（俗称抱头）的檐（廊）步横梁，它位于檐柱与金柱之间，承接檐（廊）步屋顶上檩木所传荷重的横梁。

清工部《工程做法则例》中依其端头形式不同，分为素方抱头梁（一般简称抱头梁，用于无斗栱建筑）和桃尖梁（用于有斗栱建筑）。如果其上有多根檩木，将廊步分成多步而设置梁者，分别称为单步梁、双步梁、三步梁等。抱头梁和桃尖梁的形式见图 5-56。

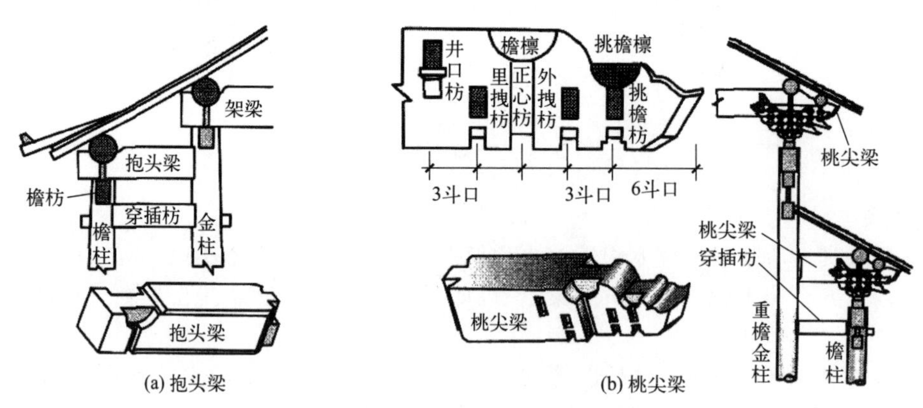

图 5-56 抱头梁和桃尖梁的形式

宋代《营造法式》中称抱头梁为乳栿、劄牵（相当于单步梁）。《营造法原》中称此为“川”，在廊步的称为“廊川”，在双步上的称为“眉川”，如图 5-57 所示。双步即指双步梁，“步”即指桁条间的水平投影距离。双步梁多用于前、后廊上的梁。当廊步有两个桁距时就称为双步，有三个桁距时就称为三步，一般廊步上的梁最多只有三步梁，最少为一步，但不称为一步梁，而改称为“川”。“川”是指界梁以外，将廊柱与步柱穿连起来的横梁，对双步、三步梁上面的一步梁，称为“川步”。

6. 天花梁

天花梁是指在天花吊顶中，处于进深方向的主梁，在天棚吊顶中起到骨架作用。与天花

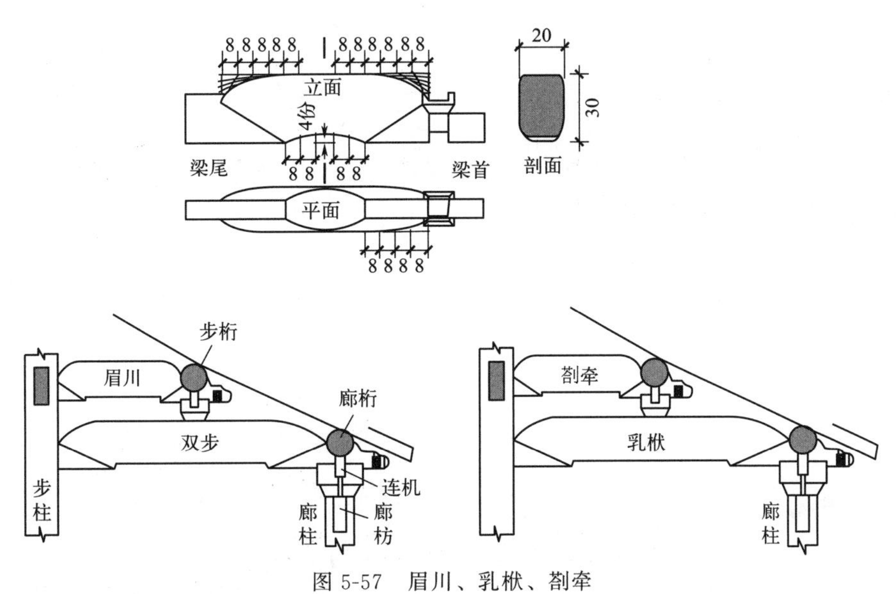

图 5-57　眉川、乳栿、劄牵

梁垂直方向的为天花枋，如同间枋一样，其截面尺寸与间枋相同，如图 5-58 所示。

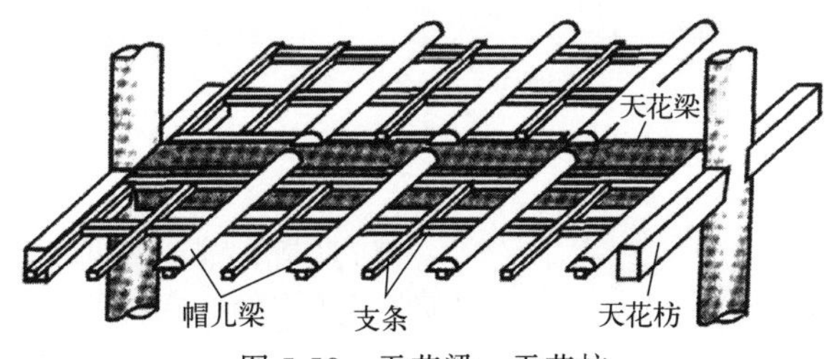

图 5-58　天花梁、天花枋

7. 老角梁

正身檐步与山面檐步屋面交角处的斜木构件称为角梁，清制分为“老角梁”和“仔角梁”；宋制分为“大角梁”和“仔角梁”；《营造法原》中分为“老戗”和“嫩戗”。各式角梁见图 5-59。

8. 由戗（隐角梁、续角梁）

角梁后面的延续，清代称为“由戗”，宋代称“隐角梁”或“续角梁”，《营造法原》中无延续，直接布椽。由戗的截面同角梁一样，其长按每步架安装，直至脊檩，见图 5-60。

9. 递角梁

宋代称递角栿，房屋结构中转角处的斜梁，呈 45°水平放置。其作用是将里外角柱连接在一起，并将屋顶荷载向下传递，其做法与正身梁架一样，只是长度不同而已。递角梁也有七架、五架、二架或六架、四架、顶梁的区分，见图 5-61。

10. 轩梁

轩梁是指轩步的承载弯弧形顶棚的承重梁，有圆形截面和扁形截面两种，扁形截面做法与界梁相同，如图 5-62 所示。

11. 荷包梁

荷包梁是指《营造法原》中用于美化并代替月梁用以承托桁条的弧面梁，梁背中间隆起如荷包形状，如图 5-62 所示，它多用于船篷轩顶和脊尖下的回顶，一般为矩形截面。

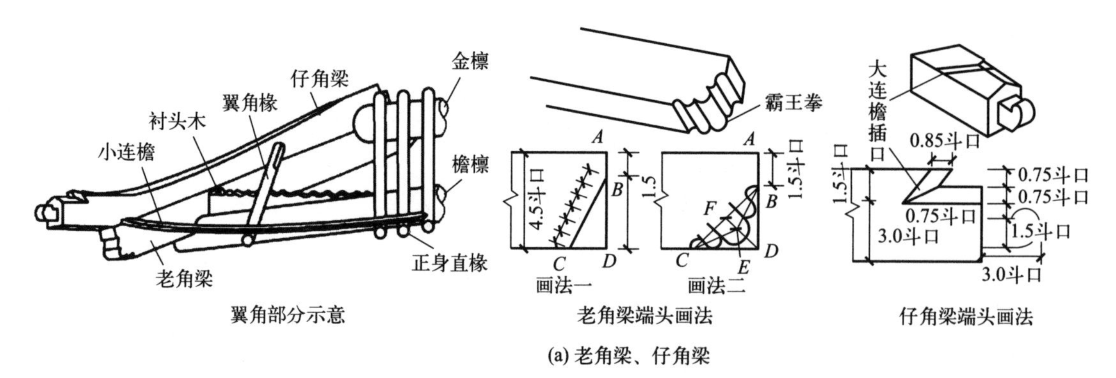

(a) 老角梁、仔角梁

(b) 宋制大、仔角梁

(c)《营造法原》老、嫩戗

图 5-59　各式角梁

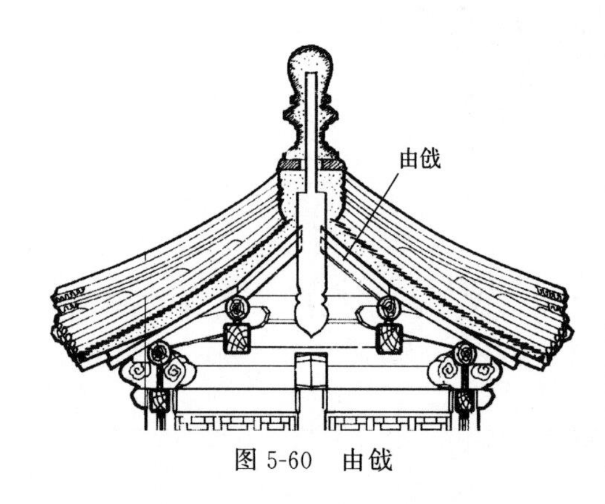

图 5-60　由戗

（二）枋

枋是指在柱子之间起联系和稳定作用的水平向的穿插构件，它往往是随着梁或檩而设置。

枋以其位置不同而名称各异，如下所示。

1. 额枋（大额枋、小额枋、阑额、由额）

额枋是指在面阔方向连接排架檐柱的横向木，是加强柱与柱之间联系，并能承重的构件，因多在迎面大门之上，故称为“额”，为矩形截面。清代在大式建筑中称为大额枋、小额枋；宋代称为阑额、由额；吴称为廊（步）枋。为强化联系，有时两根枋叠用，上面的叫大额枋，下面

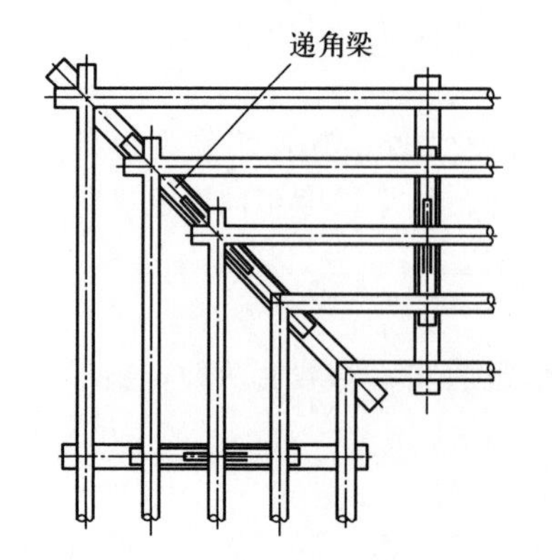

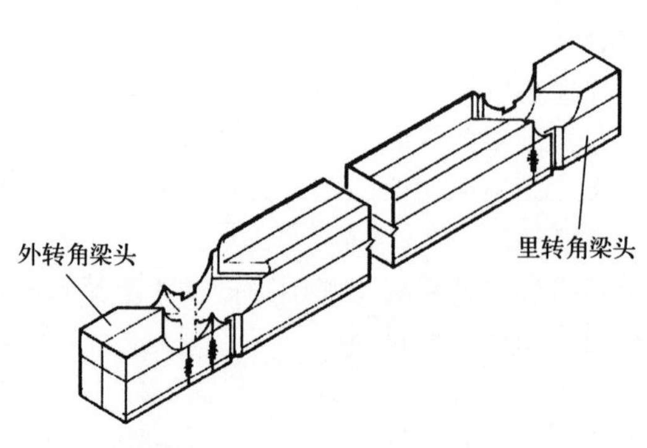

图 5-61　递角梁

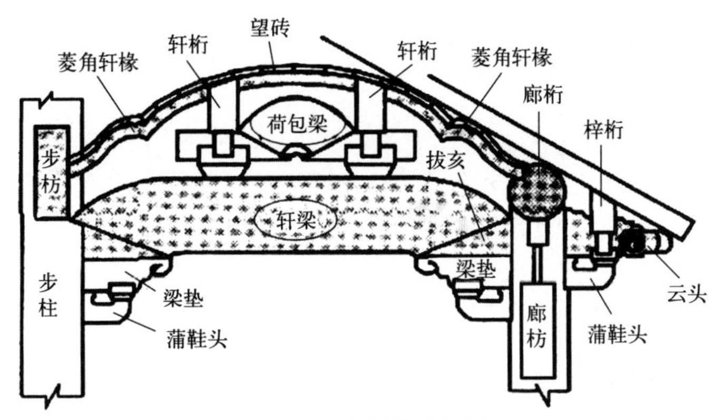

图 5-62　轩梁和荷包梁

的叫小额枋，见图 5-63。上下间用垫板封填。《营造法原》中的廊（步）枋，起连接廊柱或步柱的作用。

2. 单额枋（阑额、廊枋）

即指檐枋，因为在清代无斗栱建筑中，它是檐柱之间的唯一联系枋木，所以称为“单额”，以便与大额枋相区别，宋称为阑额，吴称为廊枋，如图 5-64 所示。

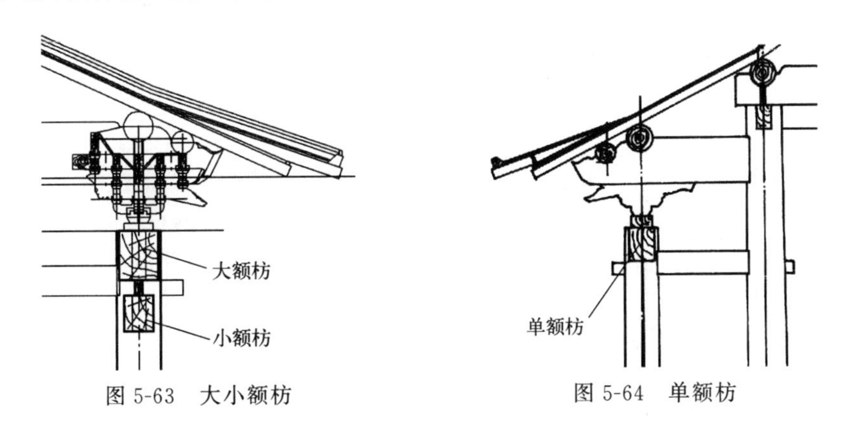

图 5-63　大小额枋　　图 5-64　单额枋

3. 平板枋（斗盘枋、普柏枋）

位于额枋之上，是承托斗栱的横梁，其下为额枋，相互间用暗销联结。平板枋为清代称呼，《营造法原》中称斗盘枋，宋代《营造法式》中一般以阑额兼用，但在楼房平座中宋代采用“普柏枋”，是专门用来承托斗栱的厚平板木，如图 5-65 所示。在板上置木销与斗栱连接，在板下凿销孔与枋木连接。

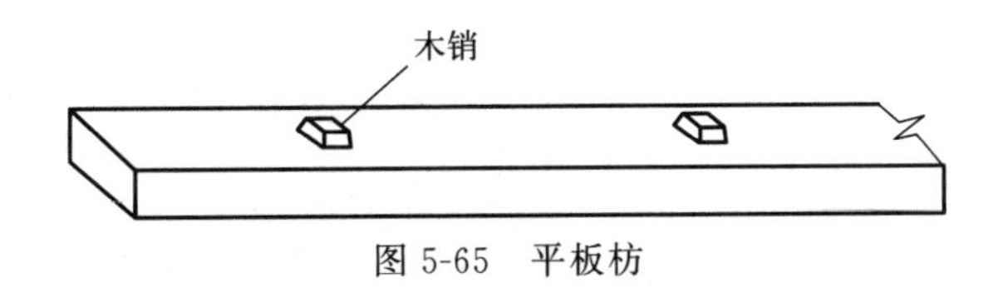

图 5-65　平板枋

4. 棋枋

棋枋是指清代重檐建筑中金柱轴线上设有门窗时，于门窗框之上所设的辅助枋木，它是为固定门窗框而设的根基木，如图 5-66(a) 中所示。

5. 围脊枋

围脊枋是指重檐建筑中上下层交界处，遮挡下层屋面围脊的枋木，截面规格与承椽枋同，如图 5-66(a) 所示。

6. 承椽枋

承椽枋是指重檐建筑中上下层交界处，承托下层檐椽后端的枋木，在枋木外侧，安装椽子位置处剔凿有椽窝，如图 5-66(b) 所示。

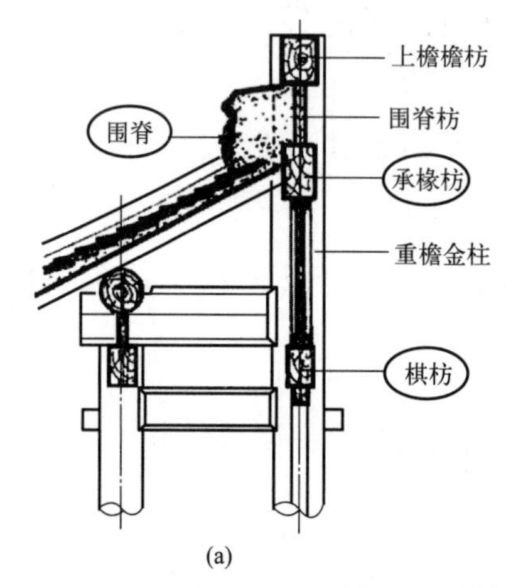

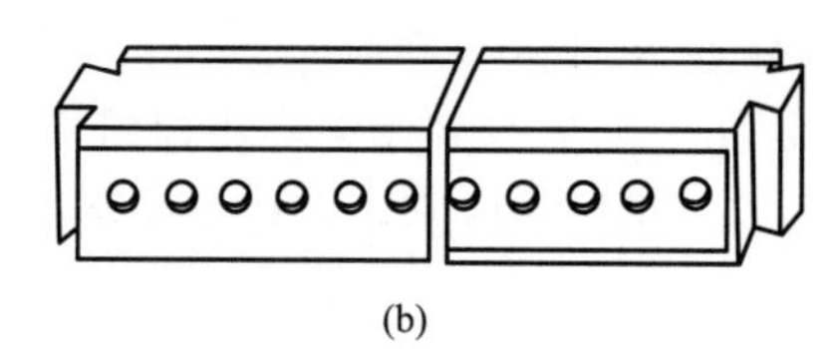

图 5-66　棋枋、围脊枋、承椽枋位置

7. 间枋

间枋是指楼房建筑中，每个开间的面宽方向，连接柱与柱并承接楼板的枋木，如图 5-67 所示。由于在进深方向的柱子之间有“承重”作为承接楼板荷重的主梁，所以面宽方向柱子之间的间枋，可算是作为承重梁上的“次梁”。

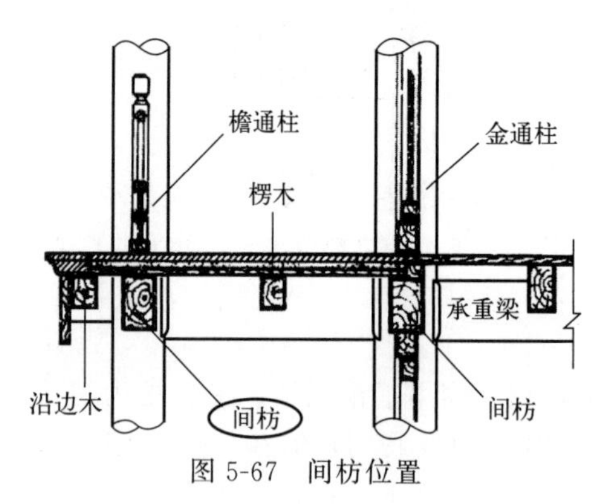

图 5-67　间枋位置

8. 天花枋

天花枋是指有天花棚顶建筑中作为天棚次梁的枋木，与进深方向的主梁天花梁垂直搁置，将荷载传给天花梁，如图 5-68 所示。

9. 随梁枋（跨空枋、顺栿串）

随梁枋是指顺横梁方向的枋木。它是为保证木构架的整体安全稳定性，设在受力梁下面，将

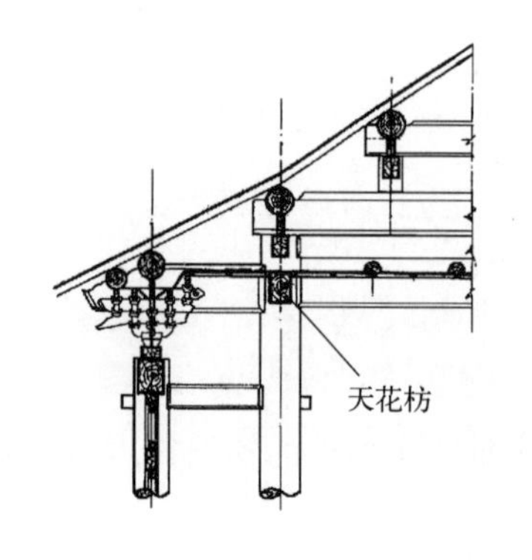

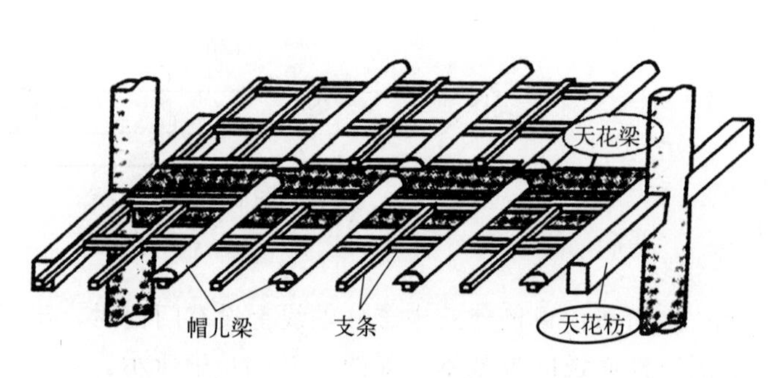

图 5-68　天花枋

柱串联起来的构造性横枋。

10. 穿插枋（夹底）

穿插枋设在抱头（或桃尖）梁下面，将檐（廊）柱和金（步柱）柱串联起来，保证抱头梁的稳固安全，如图 5-69 所示。《营造法原》中称为“夹底”，是指加强双步或三步梁的横向拉结木，用于廊步时安置在双步梁或三步梁之下。《营造法式》中不设此构件。

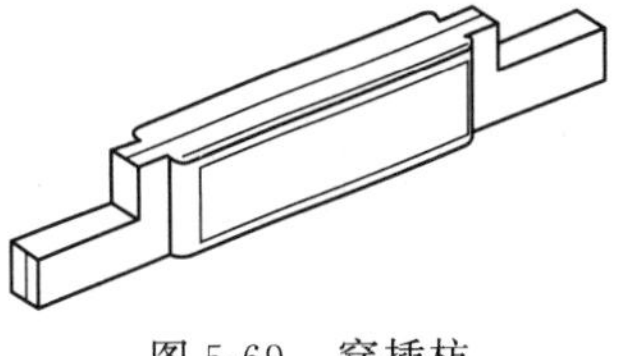

图 5-69　穿插枋

二、常见问题

由上所述，梁枋均为受力构件，主要是受弯，所以随着时间推移，会出现弯垂、断裂、劈裂、拔榫、水渍、糟朽、变形、残损、脱皮以及承椽枋扭转等现象（图 5-70）。

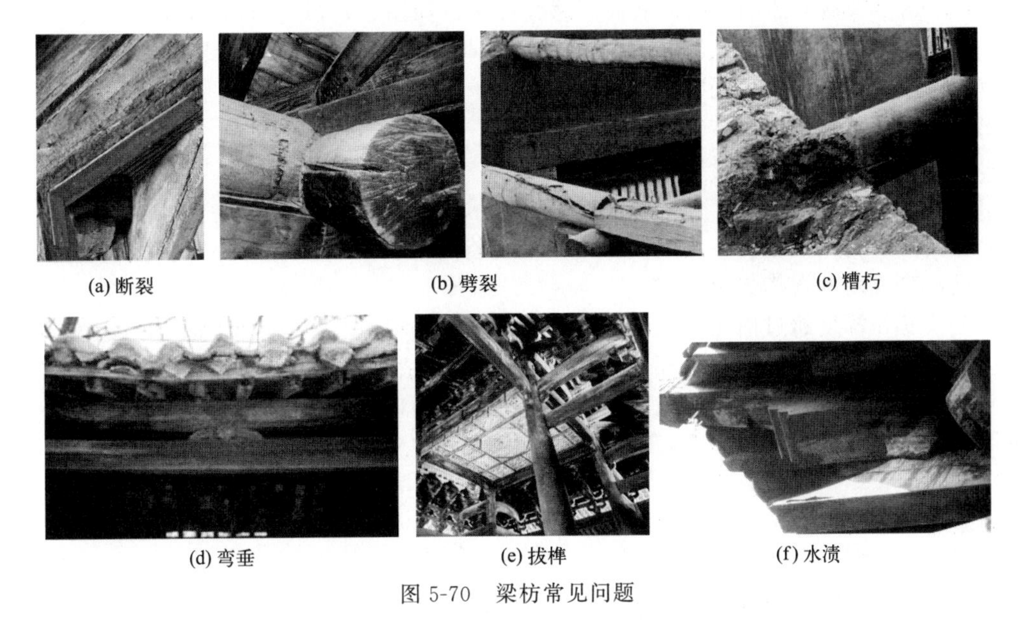

(a) 断裂　(b) 劈裂　(c) 糟朽　(d) 弯垂　(e) 拔榫　(f) 水渍

图 5-70　梁枋常见问题

三、处理办法

(一) 梁、枋正身劈裂、弯垂的维修

大梁按有关建筑法令的规定，依其重要性不同，允许弯垂尺寸为梁长的（1/250）～（1/100）。在古建筑中的大梁一般限制在梁长的（1/250）～（1/200）。弯垂超过 1/100 的即认为是危险构件。事实上弯垂尺寸较大时，必然先出现劈裂现象，严重时在梁底部的劈裂纹发生垂直方向的折断。枋材一般不出现弯垂现象，其他损毁处理方法与大梁一样。

1. 劈裂处理

大梁侧面裂纹长度不超过梁长 1/2，深度不超过梁宽 1/4 的，在此限度以内的一般只加 2～3 道铁箍加固，防止继续开裂。裂缝宽度超过 0.5cm 时，在加铁箍之前应用旧木条嵌补严实，用胶粘牢。铁箍的大小按大梁的高宽尺寸及受力情况而定，一般情况下铁箍宽 5～10cm，厚 0.3～0.4cm，长按实际需要。劈裂处理加固件如图 5-71 所示。

(1) 第一种方法　用一根铁箍围在梁的周围，接头处用手工制的大头方钉钉入梁内，如图 5-71(a) 所示。

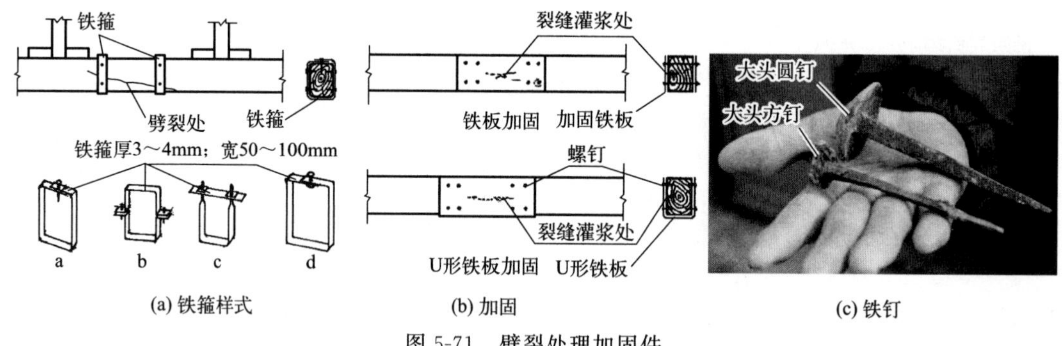

图 5-71　劈裂处理加固件

（2）第二种方法　用两根 U 形铁箍相对用螺栓拧牢或用一根圆形铁箍（用于圆形构件），或在 U 形铁箍上部加角铁或铁板用螺栓拧牢，如图 5-71(b)、(c) 所示。

（3）第三种方法　如果铁箍式样与上述第一种图 5-71(a) 相同，只是接头处用手工制的铆钉铆固，实物如图 5-72 所示铁箍。

第一种直接钉钉子，安装简单，因为在上面，接口隐蔽。

第二种受力较大，不容易隐蔽，影响外观。

第三种外形虽不太突出，但安装需有一定技术，不然不易钉牢。

上述式样中古代修理时常用第一种式样，安装简单、接口隐蔽，缺点是用钉时用力不当时常对梁枋造成新的损伤如裂缝等。

劈裂长度和深度超过前述规定时，在没有严重糟朽或垂直断裂时，加铁箍之前在裂缝内应灌注高分子材料加固（通常用环氧树脂灌注）。其方法是，先将裂缝外口用树脂腻子勾缝，防止出现漏浆情况，勾缝须凹进表面约 0.5cm，留待做旧。预留 2 个以上的注浆孔，一般情况下用人工灌注。材料配比如下：E-44 环氧树脂：二乙烯三胺：二甲苯＝100：10：10（质量比）。

勾缝用环氧树脂腻子，在上述灌浆液中加适量的石英粉即可。

2. 弯垂处理

大梁在允许范围内的弯垂是正常现象，这里所指的弯垂是超过允许弯垂的情况。大梁如无严重糟朽、劈裂现象时，可在拆卸后于施工现场将构件反转放置（即梁底面向上），用重物加压。

一般情况下可以压平一部分。如能恢复到允许范围以内，即认为是可用构件。另有一种情况值得注意：有时当拆卸梁上荷载时，构件本身能够自动弹回一部分。如 1974 年修理山西省五台县南禅寺唐代大殿时，两根主要大梁劈裂弯垂 8～9cm，梁长 9.9m，施工时拆卸瓦顶后其中一根自动弹回 3～4cm，后经反转加压一个月以后基本恢复平直。另一根自动弹回较少，仅为 1～2cm，反转加压后尚有弯垂 3cm 左右，但仍在梁长的（1/250）～(1/200)，因此施工中继续使用。

在重要古建筑中，大梁弯垂经过反转加压处理后，仍不能恢复时，如无严重糟朽、折断现象，也不主张更换新构件，可用高分子材料灌注裂缝并在主要受力点支撑细钢柱，以保持它的史证价值。

3. 底部断裂的处理

此种情况说明大梁底部承受拉力断面减小，对剩余完整断面应进行力学计算，如超过允许应力 20%，应考虑更换。在此范围内可做加固处理。先用高分子材料灌缝，做法及材料配比同劈裂处理。同时在大梁断裂部位的两侧用铜板螺栓加固或用 U 形钢板槽螺栓加固

（图 5-72）。

(a) 裂缝

(b)加箍

图 5-72 底部断裂的处理

（二）梁、枋正身糟朽的维修

1. 修补

根据糟朽后所剩余完好木料的断面尺寸，如仍能安全荷重，应进行修补，将糟朽部分剔除干净，边缘稍加规整，然后依照糟朽部位的形状用旧料钉补完整，胶粘牢固，钉补面积较大时外加 1～2 道铁箍。若原构件为贵重木料制成（如楠木），在钉补时更应严格要求，因为此种构件外部多无油饰或彩画，钉补木块的边缘应严实，表面要干净，不得有污点，事实上此种钉补是特殊的艺术加工，是一项非常细致的工作。

2. 更换

糟朽严重时，可以更换新料，严格按照原来式样尺寸制作，最好选用与旧构件相同树种的干燥木材，新砍伐的木材应经干燥处理后才能使用。制作时应注意以下几点。

① 榫卯式样尺寸，除依照旧件外，须核对与之搭接构件的榫卯，新制构件应尽量使之搭交严密。

② 梁、枋断面四边抹棱的，应仔细测量其尺度，找出其砍制规律进行制作。如为月梁，对其梁头上下弧线，需逐段进行测量以后再进行制作。如原构件用铁锛砍制的，则不要刨光，以保持原有建筑物的特征。

③ 原构件为自然弯曲构件，如元代的斜梁，在选料时应特别注意寻找弯曲形状相似的树木进行复制。

④ 更换梁、枋时原则上应照原制用整根木料更换，如遇特大构件木料不能解决而影响施工进度时，可以改用拼合梁，内部拼合处理可采用新结构的技术，但外轮廓及榫卯式样不得改变。如原构件为包镶做法，也不要无根据地用整料代替，应保持原来建筑的时代特征（图 5-73）。

以三架梁和五架梁为例，说明拼合梁的做法，当梁跨度较大且受力较大时，往往通过在上部增设角背或在下部增设随梁枋的方法满足承载力和刚度的要求。图 5-73 中 p 为集中荷载；L 为木梁跨度；d 为销栓到支座的距离；h_1 为下梁截面高度；h_2 为上梁截面高度；b_1 为下梁宽度；b_2 为上梁宽度。拼合梁的破坏模式可分为两种：第一，销栓首先破坏，形成叠合梁，随着荷载的增大，木梁最终破坏；第二，销栓的强度很高，木梁率先达到极限强度而破坏。五架梁结构受力，分析步骤同三架梁，此处不再赘述。

（三）榫头的维修

枋与柱相交的榫头常因梁架歪闪而拔出，甚至劈裂折断。

1. 铁件连接

榫头完整的在安装时按原位归安，并在柱头处用铁活联结左右额枋头，防止拔榫［图 5-74(a)、(b)］。

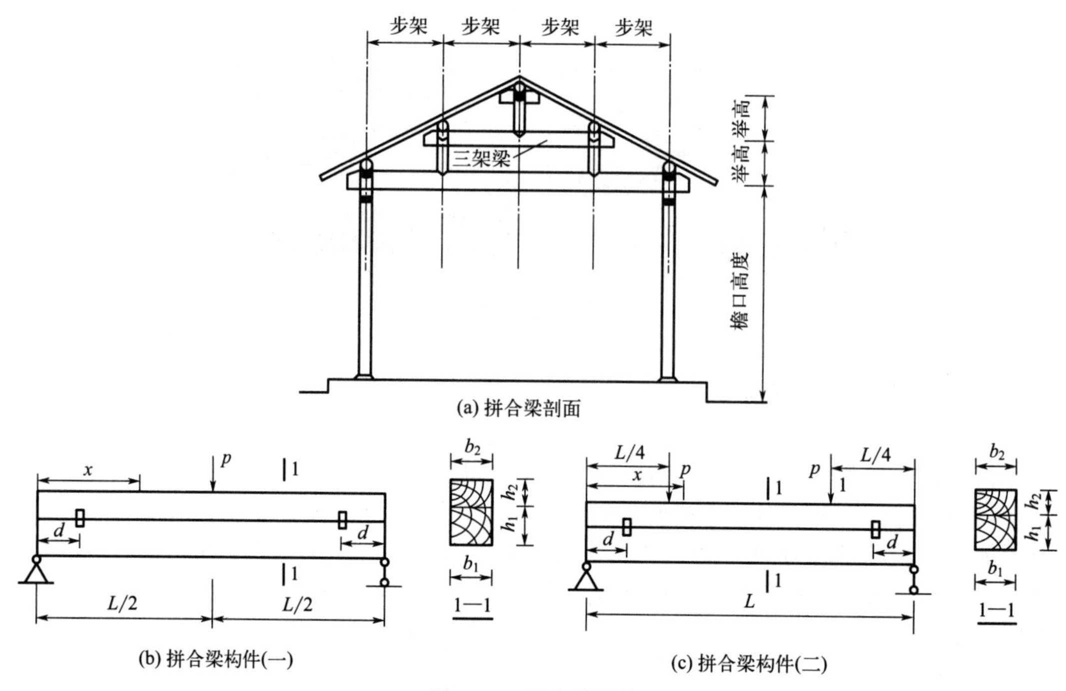

图 5-73　拼合梁结构

L—梁长；b—梁宽；h—梁高

2. 换榫头

劈裂折断或糟朽时，可补换新榫头［图 5-74(c)］。额枋厚度较大时，原构件榫头宽为枋宽的（1/5）～（1/4），将残毁榫头锯掉，用硬杂木（榆、槐、柏）按原尺寸式样复制，后尾加长为榫头的 4～5 倍。嵌入额枋内，用胶或环氧树脂粘牢，并用螺栓与额枋连接牢固，螺母隐入构件内，断白做旧时予以隐蔽。若额枋宽度较狭，更换榫头的后尾时应适当减薄。

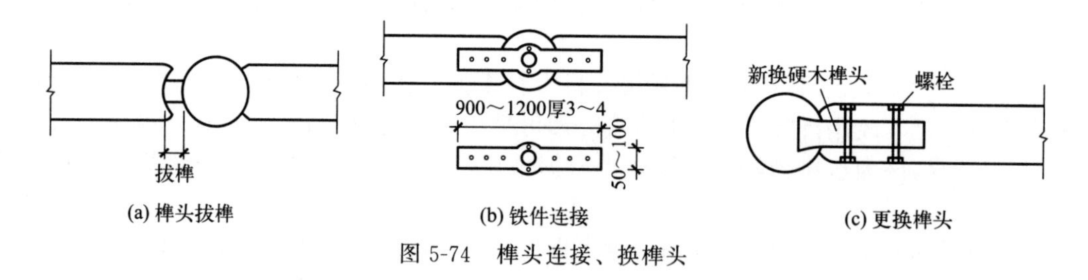

图 5-74　榫头连接、换榫头

3. 玻璃钢榫头

这是现代仿古做法，用玻璃钢制作新榫头效果很好（图 5-75）。具体方法介绍如下。

① 将糟烂榫头及其延伸部分去除，在额枋头开卯口，超过榫头长 4～5 倍，用干燥硬木心，外用玻璃布和不饱和聚酯树脂以手糊法缠绕，制成新的榫头。

② 将新榫头推入额枋开卯内，用环氧树脂黏合，固化后再以环氧树脂灌缝并以树脂腻子勾严。

③ 额枋开卯处的表皮砍去 0.5～1cm，然后用玻璃布和不饱和聚酯树脂缠绕牢固，利用聚酯树脂的收缩性大（4%～6%）的缺点转变为能起箍紧作用的优点。

④ 聚酯玻璃钢树脂胶液材料的配方：307-2 不饱和聚酯树脂∶过氧化环己酮浆∶萘酸钴

苯乙烯液=100∶4∶(1～2)(质量比)。

黏合用环氧树脂胶液及腻子的配方，见本节大梁劈裂弯垂的维修。

玻璃布：厚度为0.15～0.3mm，以无碱脱蜡无捻方格为宜。

⑤ 玻璃布接头重叠的部分应在10cm以上，有利于排除气泡和保证质量。涂刷赶压玻璃布时必须朝向缠绕方向或向其两侧着力进行，否则气泡不易排除而造成返工并影响质量。

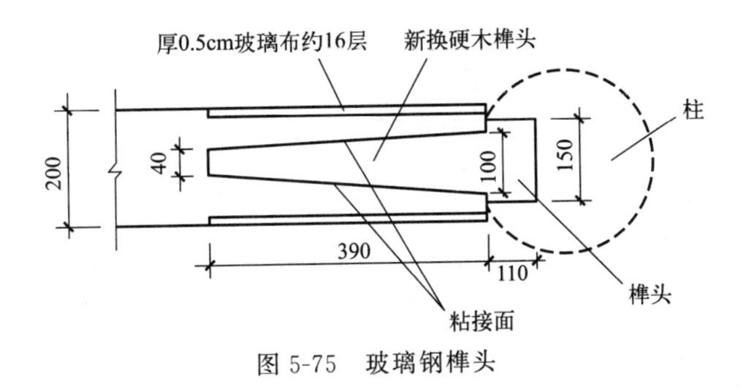

图5-75　玻璃钢榫头

(四) 承椽枋扭闪的维修

在中国古代木构建筑中，承椽枋是最容易发生扭闪的构件，主要原因是由它的结构式样与受力情况所决定。

1. 结构形式

承椽枋是承托山面椽或重檐建筑的下层檐椽或花架椽后尾的横向构件，它与椽子相连的结构常见形式有三种（图5-76）。

其一，椽尾搭在承椽枋上皮，出头超过枋的里皮。

其二，椽尾搭在承椽枋上皮而不出头（椽尾仅比承椽枋外皮稍长）。

其三，椽尾搭在承椽枋外皮的椽窝内。

这几种做法的共同弱点是当檩子发生向外滚动现象时，带动椽尾及承椽枋也向外扭闪。前两种枋本身受偏心压力，扭闪的可能性更大一些。承椽枋构件如因严重糟朽不能承重，须更换新料。一般应修补完整，处理方法与大梁相同。继续使用时在按原位归安的同时，应采用适当的加固措施，防止再发生扭闪现象。

2. 扭闪的处理

(1) 对檩向外滚动的处理　通常是先在檩与梁之间加铁钉锔（图5-77），防止继续损毁，再依承椽枋不同的结构进行加固、维修。

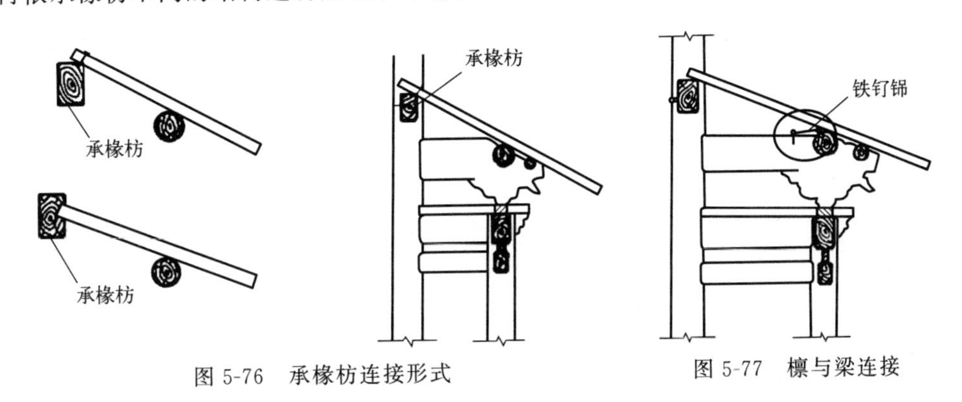

图5-76　承椽枋连接形式　　图5-77　檩与梁连接

(2) 对椽尾的处理　第一种式样的结构在椽后尾承椽枋上附加一根枋木压住椽尾，此枋木习惯上称为“压椽木”。铁箍、螺栓或与额枋之间用短柱支顶，使压椽木与承椽枋连为一体，夹住椽尾，不能随意翘起。第二、三种式样的结构在承椽枋的外侧，椽子底皮附加一根枋木，增大椽尾与枋木的接触面（图 5-78）。

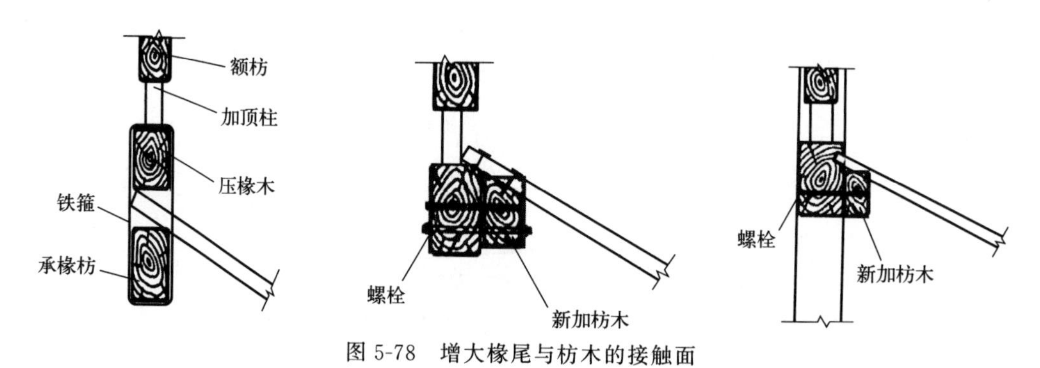

图 5-78 增大椽尾与枋木的接触面

（五）穿插枋

穿插枋出现的问题一般都是拔榫。

1. 原件拔榫

只是因为柱歪闪引起拔榫，构件质地不需要更换，可以在柱归位或修缮、更换后对穿插枋的后面（出柱部分）加销子即可，现在大多是在穿插枋上部加铁板进行连接。

2. 拔榫换件

如因穿插枋质地有问题，需更换穿插枋，可结合柱子更换进行。有时不一定非要将柱子拿掉，而是根据具体情况将柱向内、外倾斜，退出枋子榫，更换穿插枋后，再将榫头插入柱内，归还原位即可（图 5-79）。

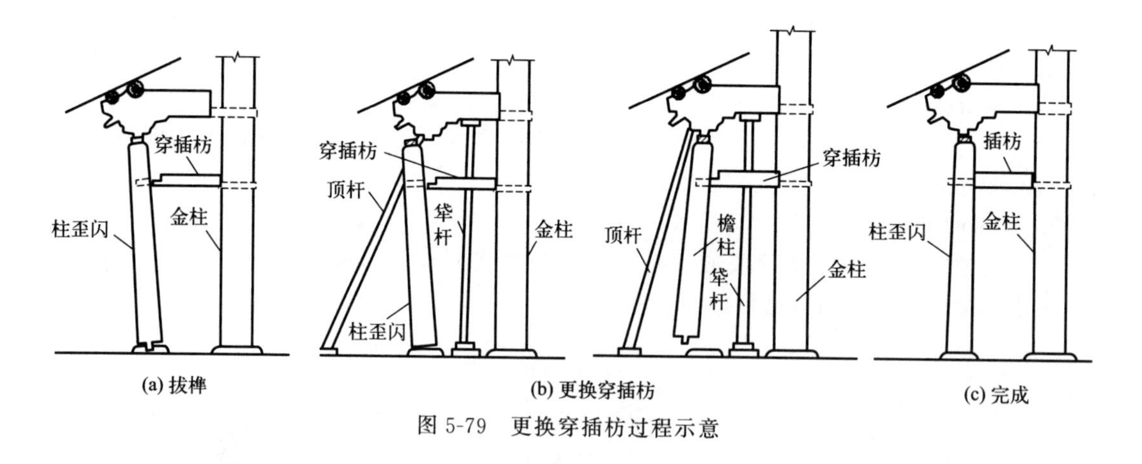

图 5-79 更换穿插枋过程示意

（六）角梁的维修

通常所谓的角梁部分，包括老角梁与仔角梁一组两根构件。

1. 结构形式

其结构式样常见的有两种：第一种是仔角梁较长，后尾与老角梁尾合抱于檩子搭交处，又称为扣金做法；第二种是仔角梁较短，后尾渐薄，附在老角梁的背上，又称为压金做法（图 5-80）。由于角梁所处的位置最易受风雨侵蚀，故常出现梁头糟朽、梁尾劈裂或糟朽折断等现象。

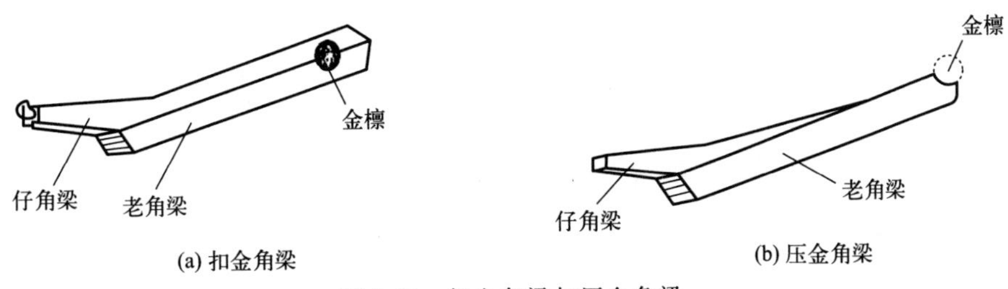

图 5-80　扣金角梁与压金角梁

2. 老角梁梁头糟朽

老角梁梁头糟朽不超过挑出长度的 1/5 时可以将糟朽部分垂直锯掉。用新料依照原有式样更换，与原有构件刻榫粘接（图 5-81）。

3. 仔角梁梁头糟朽

糟朽超过上述限度，应自糟朽处向上锯成斜口，更换的梁头后尾抹斜如飞椽，与原构件搭交粘牢后用螺栓或铁箍 2～3 道加固（图 5-82）。

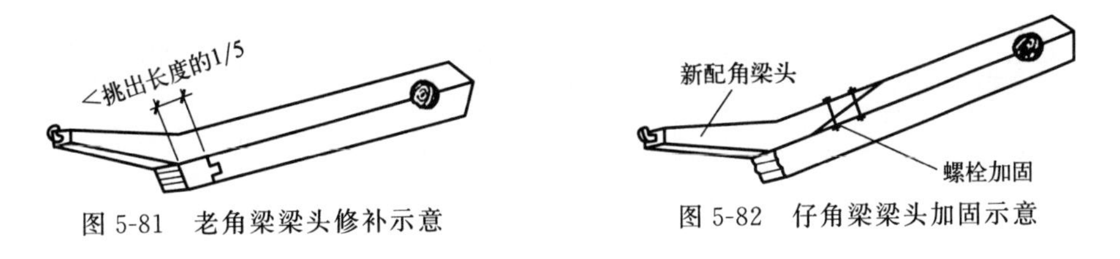

图 5-81　老角梁梁头修补示意　　图 5-82　仔角梁梁头加固示意

压金式仔角梁头糟朽不适合此做法，通常要整根更换。

4. 梁尾劈裂

此种现象常见于第一种结构，因后尾与檩合抱，开卯口后所剩断面较小，常易劈裂。加固时先将劈裂部分灌浆粘牢，安装时在梁的外皮加铁箍一道，以加强老角梁和仔角梁的连接。或在梁的尾部用钢板包住梁尾，延长至檩外皮，用螺栓贯穿老角梁与仔角梁（图 5-83）。糟朽或折断的处理与大梁相同。

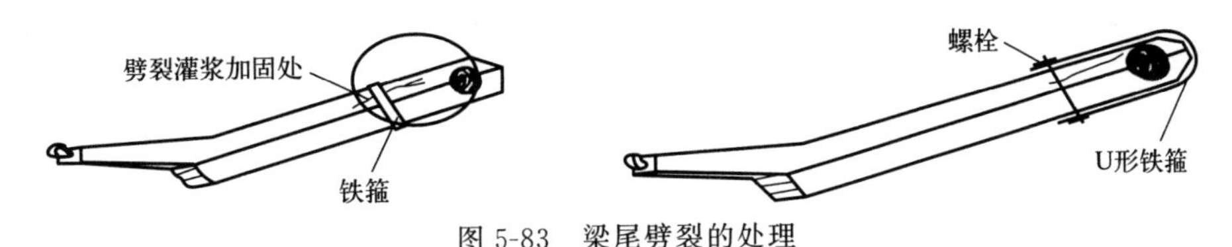

图 5-83　梁尾劈裂的处理

（七）现代做法

在现代建筑中，外观为达到古建筑的效果，建筑图参照传统做法，材料选用钢筋混凝土。

1. 梁

（1）五架梁　五架梁结构如图 5-84 所示。

（2）三架梁　三架梁结构如图 5-85 所示。

（3）七架梁　七架梁结构如图 5-86 所示。

（4）抱头梁　其建筑图参照传统做法，其结构见图 5-87。

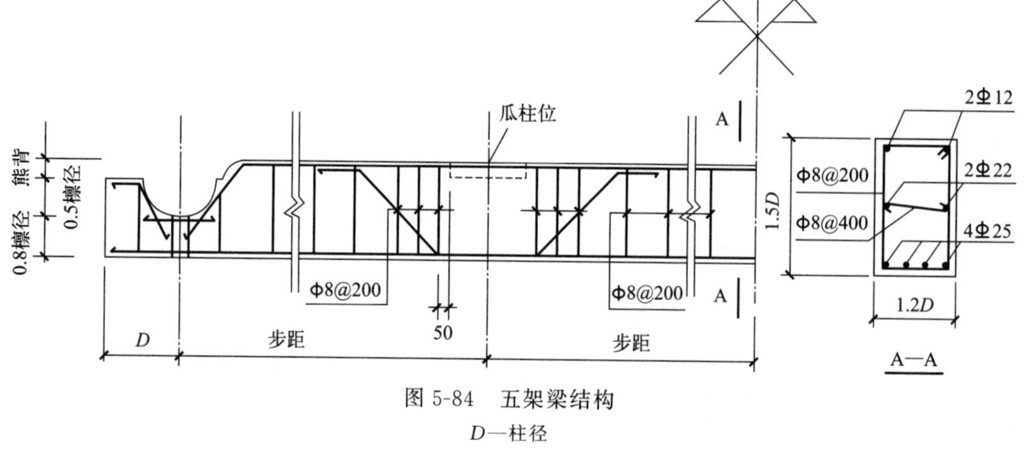

图 5-84　五架梁结构
D—柱径

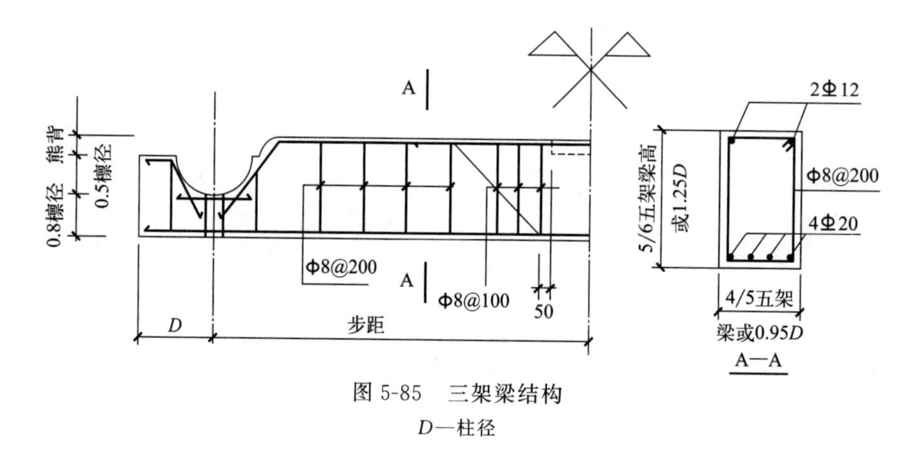

图 5-85　三架梁结构
D—柱径

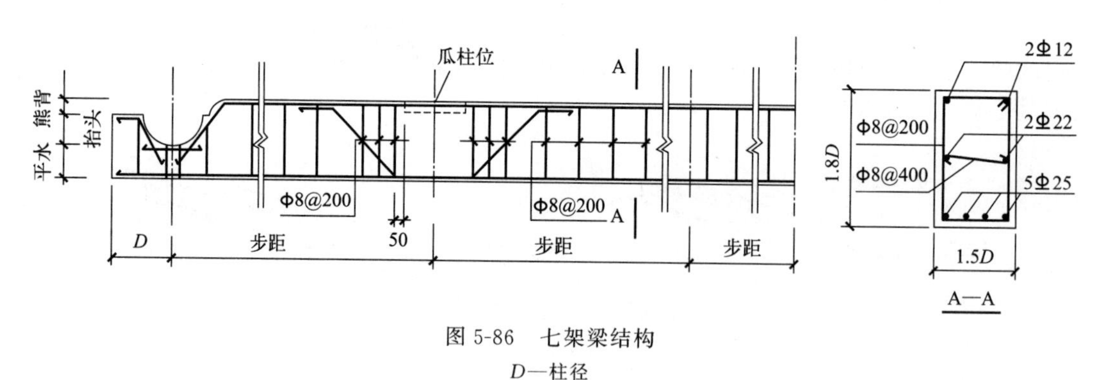

图 5-86　七架梁结构
D—柱径

2. 枋

(1) 檐枋　檐枋结构见图 5-88。

(2) 金枋和脊枋　金枋和脊枋结构见图 5-89。

四、注意事项、质量检验与控制要求

梁类构件的加工制作，首先根据设计的要求以及屋面情况选择长短和宽窄适宜的木材，按事先排好的丈杆截料，加出两端的梁头长度并加出适当的盘头余料，开始加工制作，所派

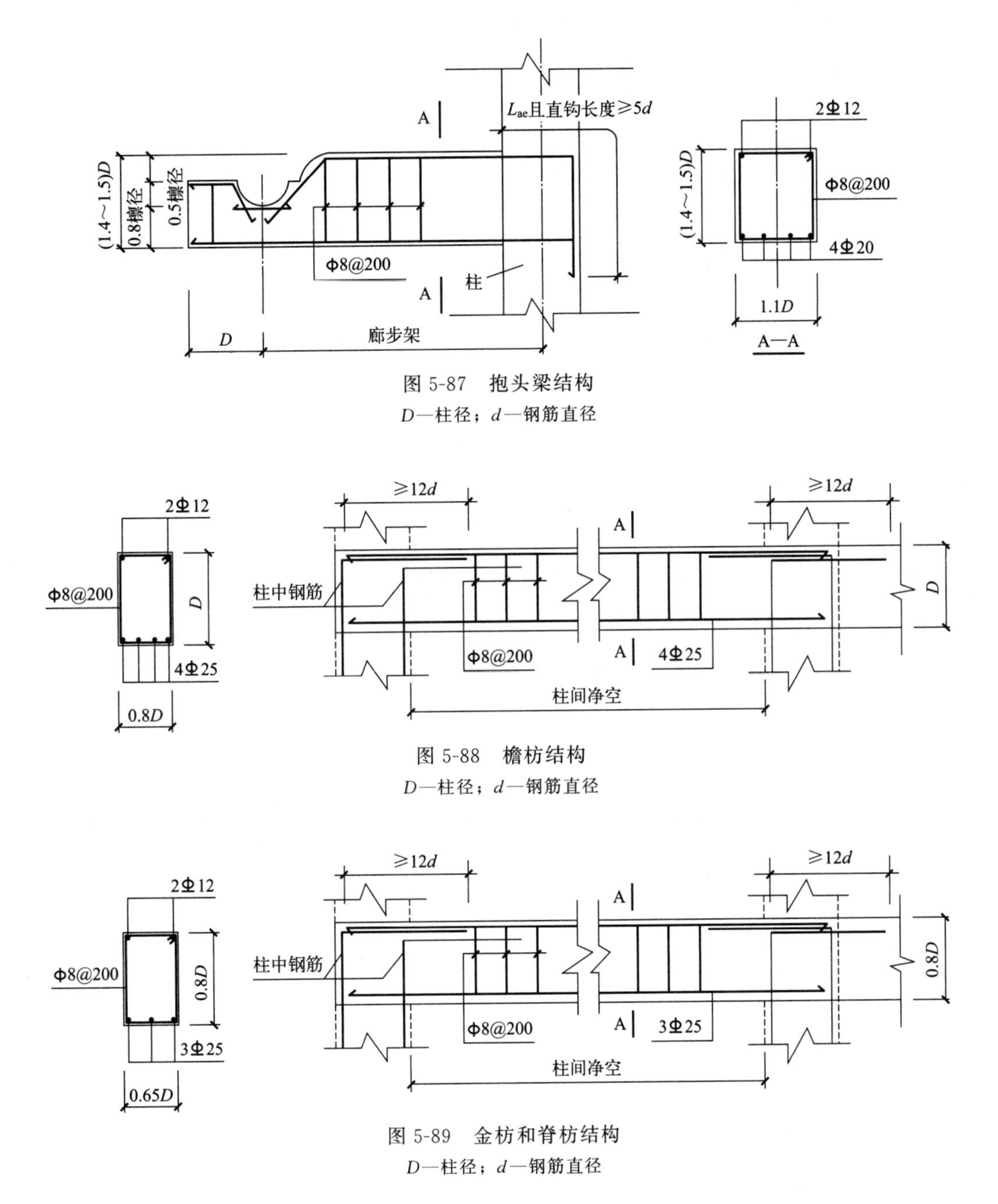

图 5-87　抱头梁结构

D—柱径；d—钢筋直径

图 5-88　檐枋结构

D—柱径；d—钢筋直径

图 5-89　金枋和脊枋结构

D—柱径；d—钢筋直径

料宜一次配齐，不要现做现配。各类梁配齐以后，应把所有的梁类加工线全部画在构件的表面，而且特别应注明的是此大木构件所用的平面部位位置。梁类构件加工完毕后，所有的中线、平水线、抬头线、滚棱线线条必须准确清晰，滚棱浑圆直顺，无疵病。

维修梁、枋时，有时会采取更换的方式，此时应先撤去柱子，然后撤除梁枋，更换后再归安柱子，只是需要多设置千斤顶，用于减轻重量。

各修配的梁、枋构件，修补或更换过程中，需随时与其相连接构件校核榫卯是否严实，尺寸是否相符。在上架安装前，修配构件较多时通常要进行预安装工作。在施工现场的空地上将大梁的两端垫起，按结构顺序自下而上进行实地安装，凡尺寸不符、榫卯不严的再进行一次修改，然后拆卸保存，等待正式安装（对完全新换的木构梁架，这更是一项必要的工序，以保证上架安装的顺利，同时可节约安装时间和保证工程质量）。

（一）大木构架上层木构件制作的规定

1. 上架范围

上架层构件制作包括梁、檩（桁）、枋、屋面板等各类构件制作加工。

2. 构件名称

梁、枋类构件应有各自的名称，同一建筑的梁、枋类构件不得有重名。书写构件名称的位置应在构件背部，书写清晰，不得无规律随意书写。

3. 梁类构件制作要求

梁类构件的制作宜采用传统工艺，按照地方特色构造要求进行加工。

（1）一般梁类　构件制作的允许偏差和检验方法应符合表 5-10 的规定。

表 5-10　一般梁类构件制作的允许偏差和检验方法

项目		允许偏差/mm	检验方法
长度	两端中线距 3m 以下	±3	用进深杆或尺量检查
	两端中线距 3～5m 之间	±4	用进深杆或尺量检查
	两端中线距 5m 以上	±5	用进深杆或尺量检查
构件直径		250 以下±3 250 以上±5	套样板或尺量检查
圆度		4	用样板或专用工具检查

（2）官式梁　构件制作的允许偏差和检验方法应符合表 5-11 的规定。

表 5-11　官式梁类构件制作的允许偏差和检验方法

项目		允许偏差	检验方法
梁长度(梁两端中线间距离)		±0.05%梁长	用丈杆或钢尺检查
构件截面尺寸	构件截面高度	−1/30 梁截面高(增高不限)	尺量检查
	构件截面宽度	±1/20 梁截面宽	

4. 枋类构件制作要求

枋类构件制作宜采用传统工艺，按照地方特色构造要求进行加工，构件名称与梁类要求相同。

枋类构件的长度应以丈杆为准。丈杆须经两人以上核准后方可使用。

枋类构件的断面尺寸、形状应符合设计要求，如无设计要求，应按地方传统形制要求制作，对形状复杂的应放大样，按样板制作。

枋类构件制作的允许偏差和检验方法应符合表 5-12 的规定。

表 5-12　枋类构件制作的允许偏差和检验方法

序号	项目		允许偏差/mm	检验方法
1	构件截面尺寸	高度	±1/60 截面高	尺量检查
		宽度	±1/30 截面宽	
2	侧向弯曲		L/500 枋长	拉通线尺量检查
3	线脚清晰齐直		—	目测、用样板或专用工具检查

注：少数地区采用原木做枋时，可不做检验项目；L 为木方长。

（二）大木构架上层木构件安装的规定

1. 校核

木构架安装应按设计要求复核柱顶平面尺寸，中线应与木梁架在平面上的位置尺寸一致。木构架会榫工作结束且应全部合格。木构架各构件应按照安装顺序先后运至现场，且按各构件名称到其就位点，严禁构件错位、错方向。

2. 安装顺序

大木构件安装应按先内后外、先下后上、对号入位的原则进行，经丈量校正后再安装上架构件的里边部分，最后安装外边部分，将各构件依次安装齐全。

安装时，殿、堂、厅等矩形平面建筑的安装顺序应先从正间（明间）之内四界（五架梁）开始，然后安装前后廊界（檐架）及左、右边间。亭、廊联结的条形建筑木构架安装，宜从亭开始。

榫眼结合时应用木质大槌，用替打（衬垫）敲击就位。严禁用木槌或铁锤直接敲击木构件。草架木构件与露明木构件的节点、加固铁构件应隐蔽。节点要有足够的强度。

3. 检验

木构架各构件安装完毕，应对各构件进行复核、校正、固定，将胀眼堵塞严密。

（1）允许偏差和检验　对于采用地方做法木构架安装的允许偏差和检验方法应符合表 5-13 的规定。

表 5-13　采用地方做法木构架安装的允许偏差和检验方法

序号	项目	允许偏差/mm	检验方法
1	桁(檩)与连机垫板枋子叠置面间隙	5	用楔形塞尺检查
2	桁条与桁椀之间的间隙	5	用楔形塞尺检查
3	桁条底面搁支点高度	5	用水准仪检查
4	各桁中线齐直	10	拉线或目测检查
5	桁与桁联结间隙	3	用楔形塞尺检查

（2）官式做法大木构架下架安装的允许偏差和检验　其方法应符合表 5-14 的规定。

表 5-14　官式做法大木构架下架安装的允许偏差和检验方法

<table>
<tr><th>序号</th><th colspan="2">项目</th><th>允许偏差/mm</th><th>检验方法</th></tr>
<tr><td rowspan="3">1</td><td rowspan="3">枋子上皮平直度</td><td>柱径 300mm 以下</td><td>4</td><td rowspan="3">用仪器或通面宽拉线尺量检查</td></tr>
<tr><td>柱径 300～500mm</td><td>7</td></tr>
<tr><td>柱径 500mm 以上</td><td>10</td></tr>
<tr><td rowspan="3">2</td><td rowspan="3">各枋子侧面进出错位不大于</td><td>柱径 300mm 以下</td><td>5</td><td rowspan="3">用仪器或沿通面宽拉线尺量检查</td></tr>
<tr><td>柱径 300～500mm</td><td>7</td></tr>
<tr><td>柱径 500mm 以上</td><td>10</td></tr>
</table>

（3）官式做法大木构架上架安装的允许偏差和检验　其方法应符合表 5-15 的规定。

表 5-15　官式做法大木构架上架安装的允许偏差和检验方法

序号	项目	允许偏差/mm	检验方法
1	梁、柱中线对准程度	3	尺量梁底中线与柱子内侧中线位置偏差

续表

序号	项目	允许偏差/mm	检验方法
2	瓜柱（童柱）中线与梁背中线对准程度	3	尺量两中线位置偏差
3	梁架侧面中线对准	4	吊线、目测整榀梁架上各构件侧面中线相对是否错位，用尺量检查
4	梁架正面中线对准	4	吊线、目测整榀梁架上各构件正面中线是否错位，用尺量检查
5	面宽方向轴线尺寸	面宽的1.5‰	用钢尺或丈杆量检查
6	檩、垫板、枋相叠缝隙	5	用楔形塞尺检查
7	桁（檩）平直度	8	在一座建筑的一面或整幢房子拉通线，用尺量检查
8	桁（檩）与桁椀吻合缝隙	5	用尺量检查
9	用梁中线与檩中线对准	4	尺量检查角梁老中线、由戗中线与檩的上下面中线对准程度
10	角梁与桁椀扣搭缝隙	5	用尺量检查
11	山花板、博风板板缝拼接缝隙	2.5	用尺量和楔形塞尺检查
12	山花板、博风板板缝拼接相邻高低差	2.5	用尺量和楔形塞尺检查
13	山花板拼接雕刻花纹错位	2.5	用尺量检查
14	圆弧形檩、垫板、枋侧面外倾	5	拉线，尺量构件中部与端头的差距

第四节　斗栱的维修

一、斗栱的种类与构成

斗栱按时间不同有各朝代的样式，按所处位置大致分为：平身科斗栱、柱头科斗栱、角科斗栱、隔架斗栱等。按其组件形式斗栱分：溜金斗栱、人字斗栱、三踩斗栱、五踩斗栱、七踩斗栱、九踩斗栱、十一踩斗栱、四铺作斗栱、六铺作斗栱、单翘斗栱、单翘重昂斗栱、重翘重昂斗栱等（图5-90）。

二、常见问题

整攒斗栱由于外力作用，如檐檩向外滚动、柱子下沉、梁架歪斜等都能引起斗栱各构件因受力不均而发生位移，形成扭闪变形的外貌。在此变化过程中，常常伴随出现卯口挤裂、榫头折断和斗耳断落。

木构件由于木材本身具有显著的湿胀干缩性，因此会因各个方向收缩不一致而发生裂纹。斗栱构件尺寸小，绝大多数都是没有木心的枋材。再加上选材时没注意材料的受力方向，劈裂现象尤为严重，经常发生斗、栱、昂嘴裂开。

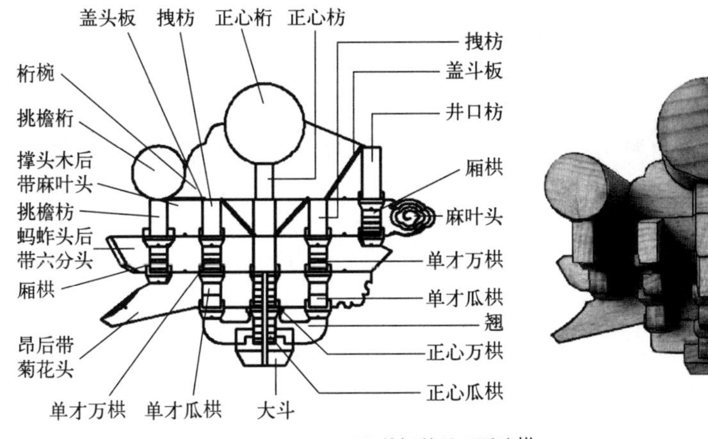

(a) 单翘单昂五踩斗栱

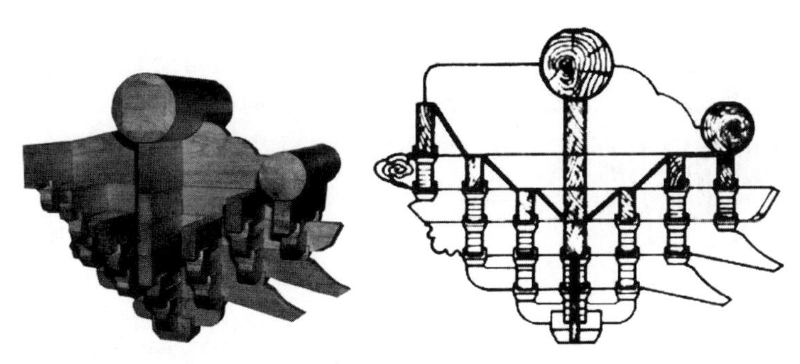

(b) 单翘重昂七踩斗栱

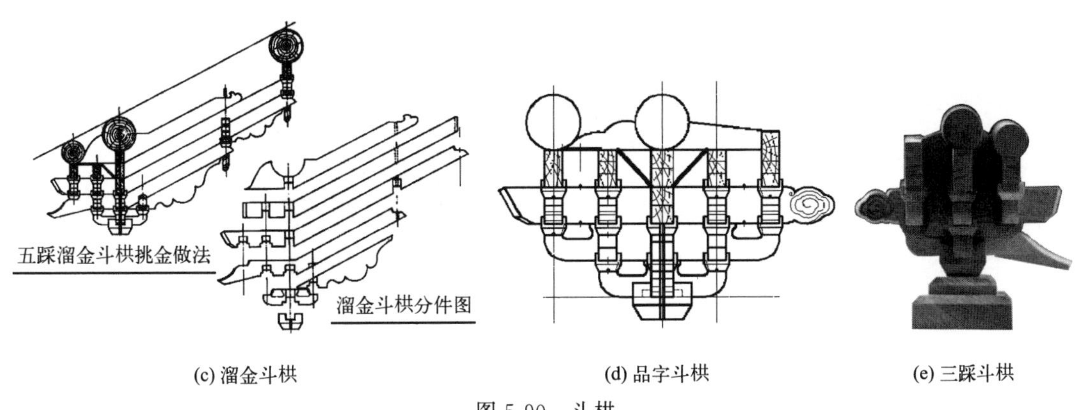

(c) 溜金斗栱　　(d) 品字斗栱　　(e) 三踩斗栱

图 5-90　斗栱

各种斗栱的“腰”的部分，常被压扁，高度减小，主要原因是斗的制作都是采取横纹受压。这就是上面所述，横置木材容易受挤压变形的缘故。木材横纹受压的强度比直立纹受压强度小 4～5 倍甚至 10 倍以上。但斗的形制又不宜使用立置材料，因其构件小，易受剪切破坏而断裂，因而造成此种不易避免的缺陷。

在木构古建筑物中斗栱的构件数量最多，且多为小构件，结构复杂，富于变化，各构件互相搭交。凿刻榫卯，剩余的有效断面仅为构件本身的（1/3）～（1/2）或更小一些，因此极易发生扭曲变形，榫头折断、劈裂、糟朽、斗耳断落、小斗滑脱等现象。

三、处理办法

(一) 木材的选用

上述原因说明斗栱的材料选择格外重要，既要选择木材，又要了解木材受力时的几种情况。在木材下料时有可能在树芯，但大多数的构件都不是树芯，有可能在树边，位置不同，受力不同。

1. 横切面

就是垂直于长度方向的切面。横切面一般看到的都是同心圆。

2. 纵切面

就是沿着原木圆心切下的切面。纵切面一般看到的是平行的直线。

3. 弦切面

就是纵切面的位置向一边移动一点，不通过圆心的切面。弦切面看到的是山形或者是倒“V”字形，为容易理解，分为立置（木材生长方向竖立）、顺（横）（平）卧（木纹平面与受力方向垂直）和侧（平）卧（木材纹理平面与受力方向一致）（图 5-91）。

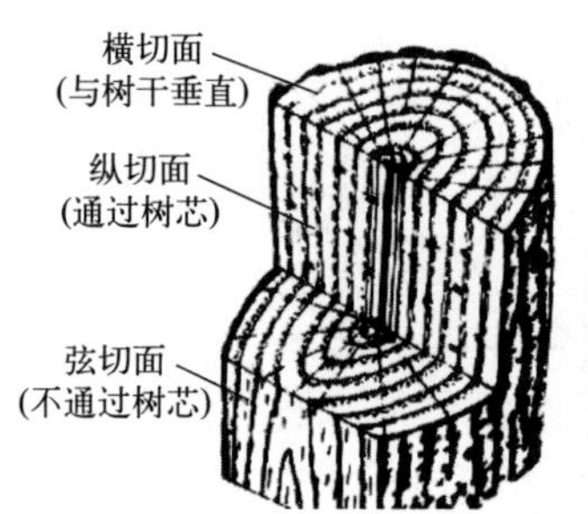

图 5-91　木材纹理分析

针对上述情况，以及斗栱小构件的特性考虑，如立置，栱、翘极易断裂，斗、升类构件的“耳”及“底”易受剪力破坏，修缮工作中常遇到这种情况。如侧卧置选材，由于木材纹理基本也是竖直的，破坏情况与立置的相似。如顺平卧置，剪切破坏的可能性小，但受挤压变形相对差一些。综合考虑，一般选用横卧平置木材制作构件较多（图 5-92）。

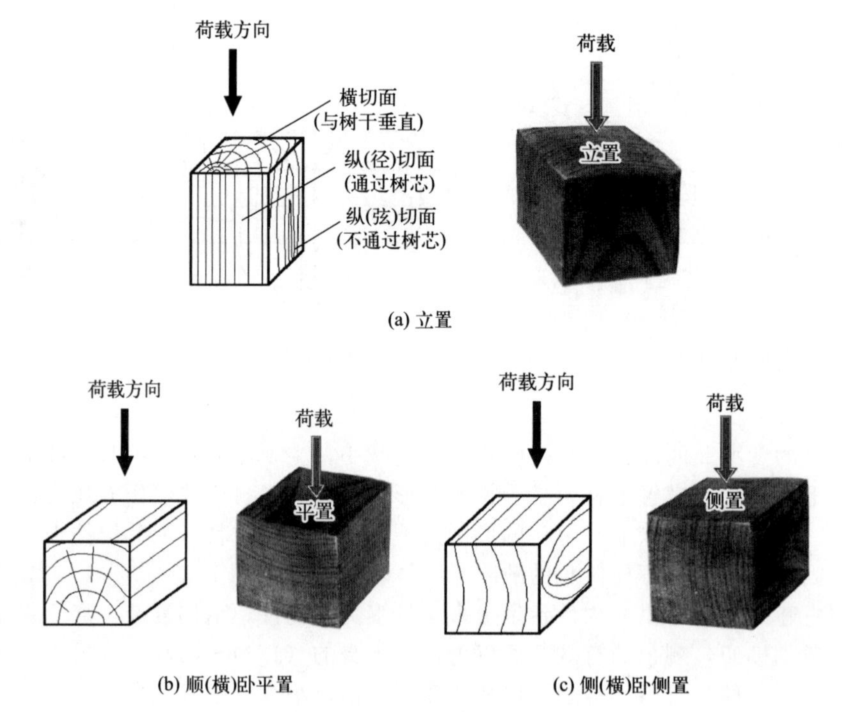

图 5-92　木材纹理受力分析

（二）单体构件的修补

下面介绍构件具体的修缮与施工技术。

进行斗栱维修时需从单体构件开始，然后进行整攒斗栱的归整，其方法如下。

1. 斗

劈裂为两半，断纹能对齐的，粘接后应继续使用。断纹不能对齐的或严重糟朽的应更换。斗耳断落的，按原尺寸式样补配。

粘牢钉固。斗“腰”被压扁超过 0.3cm 的，可在斗口内用硬木薄板补齐（应注意补板的木纹与原构件一致），见图 5-93。在此限度以下的可不修补。

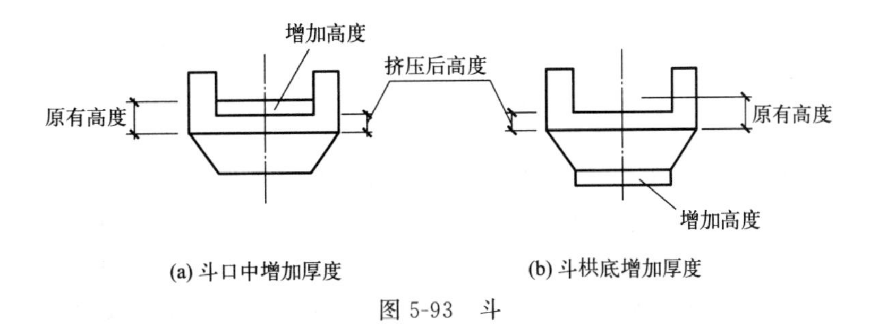

图 5-93 斗

有些地区在维修时采用斗底垫板的方法恢复原来的高度。此种做法施工虽然简易，但严格地说改变了原来的制度（斗栱本身的比例尺度变化），在可能条件下，最好不用。

2. 栱

劈裂未断的可灌缝粘牢，左右扭曲不超过 0.3cm 的应继续使用，超过的可更换。榫头断裂无糟朽现象的灌浆粘牢，糟朽严重的可锯掉后接榫，用干燥硬杂木依照原有榫头式样尺寸制作，长度应超出旧有长度的 2～4 倍，两端与栱头粘牢，并用直径 1.2cm 的螺栓加固（图 5-94）。

3. 昂

最常发生的是昂嘴断裂，甚至脱落。裂缝粘接与栱相同。昂嘴脱落时照原样用干燥硬杂木补配，与旧构件相接，平接或榫接（图 5-95）。

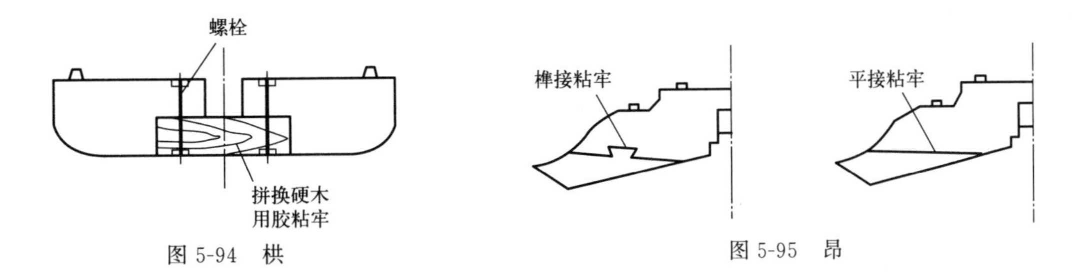

图 5-94 栱　　图 5-95 昂

4. 正心枋、外拽枋、挑檐枋等

此类构件长度与面阔或进深相同。斜劈裂纹的可在枋内用螺栓加固或灌缝粘牢。部分糟朽时剔除糟朽部分后用木料钉补齐整，糟朽超过断面面积 2/5 或折断时应更换。

以上所述灌浆粘接材料皆为环氧树脂等高分子材料，配方参照本章介绍的梁枋维修。

（三）斗栱构件的更换

更换斗栱构件时首先应定出更换构件的标准式样和尺寸。斗栱构件按它原来的设计意图都有一定式样和尺寸的标准构件。

事实上调查证明各攒斗栱中的相同构件并不完全一致。建筑年代越早的，此种现象越显著，主要由以下几个原因造成。

1. 手工差异

古建筑中木构件都是手工生产，原设计虽有一定的标准，但制作时经过画线、锯截、锛凿、开卯榫等工序后不可免地产生一些误差，构件大时不易察觉，构件小时差异就比较明显。

2. 材质差异

构件数量多时所用木材的干湿程度很难一致，在逐步干燥过程中收缩不同，锯截时相等的构件经过一段时间就会出现不同的结果。另外由于年久，干湿变化产生裂缝以后与原来设计尺寸就会出现更大的差异。

3. 修缮年代差异

斗栱大多位于屋檐下，构件小，受风雨侵蚀容易损坏。后代修理更换的机会较多，大多数并没有像我们今天规定的“保存现状”或“恢复原状”的原则，往往是依据当时通用的式样进行补配，因而有的古建筑物的斗栱就保存有几个不同时代式样的构件。

由于以上这些原因，更换斗栱构件时，必须经过仔细研究，寻求其变化规律，定出更换构件的标准式样和尺寸，并做出足尺样板以利施工。

更换构件的木料需用相同树种的干燥材料或旧木料，依照标准样板进行复制。根据我们的经验，先做好更换构件的外形，榫卯部分暂时不做。中小型修理留待安装时随更换构件所处部位的情况临时开卯，以保证搭交严密。遇有落架大修或迁建工程时，整个斗栱都要拆卸下来。出现此种情况时，在修理时应一攒一攒地进行。凡是应更换的构件就可随时比照原来位置进行复制，并随时安装在原位，以待正式安装。各攒斗栱之间的联系构件，如正心枋、外拽枋等构件的榫卯应留待安装时制作。

斗栱构件的修补和更换时，对其细部处理尤应特别慎重。例如栱瓣、栱眼、昂嘴、斗栱、耍头和一些带有雕刻的翼形栱等，它们的时代特征非常明显，有时细微的变化都会说明时代的不同。因此在复制此类构件时不仅外轮廓需严格按照标准样板，细部纹样也要进行描绘，将画稿翻印在实物上进行精心的雕刻，以保证它原来的式样和特征。

（四）整体斗栱修配的方法

1. 地上修配

木构古建筑柱子有生起时，柱高自明间向两侧逐渐高起，影响斗栱也向两侧随着生起。各横向构件如正心枋、外拽枋等也略有斜度，此种情况下残毁比较严重时，如果依照前述方法一攒一攒分别进行修理，安装时由于生起的影响则搭交不易严实。为避免此缺点，常常采用整体修配的方法：一种方法是在修补之前，在施工现场按原来存在情况先进行一次安装，然后逐件修配，此法简称“地上修配”；另一种方法是在梁架安装时进行，即在立柱之后，在施工架上边安装边修配，此法简称“架上修配”。两种方法各有优点，具体步骤如下。

第一，在施工现场的空地上依照建筑物柱头平面的实际尺寸画出各攒斗栱的中心线，画线时要用木工用的大木尺（俗称丈杆），以保证与正式安装的尺寸一致。

第二，在各攒斗栱中线垒砌砖石垫块，高度以明间柱头为0点，用水准仪进行抄平。垫块的高度差与建筑物的柱生起的实际情况应完全相同。

第三，将各攒斗栱置于抄平的砖石垫块上进行预安装，一般是边安装边修整。

第四，依据各构件的残毁情况，逐件进行修补、粘接或更换。方法如前述，修配好的构件及时安装在原来位置上。

第五，各攒斗栱构件修配完毕，经过检查合格后再进行拆卸，或在原来地方保存，等待进行正式安装。

此种方法实际上等于在正式安装前的一次预安装，这样，可以大大缩短整体梁架安装的施工时间。斗栱预安装示意见图 5-96。

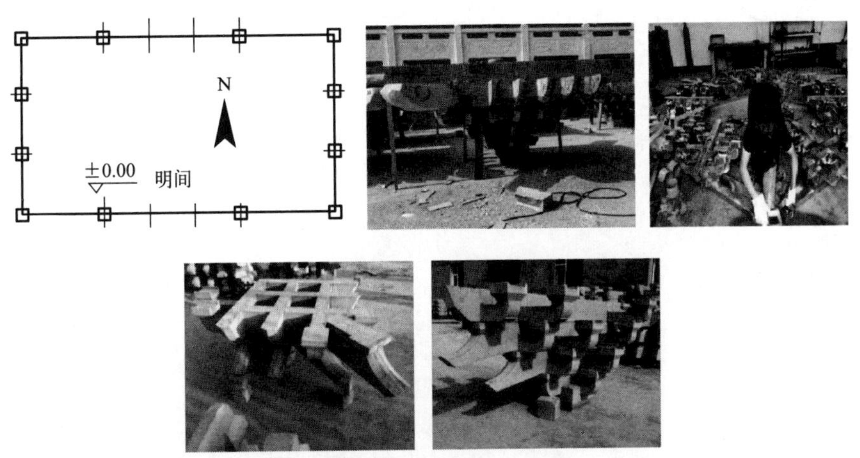

图 5-96　斗栱预安装示意图

2. 架上修配

基本方法与地上修配相同，只是不在现场寻找空地和支搭临时的砖、石垫块，而是当柱子安装完毕后在施工架上按各攒斗栱的原来位置逐层安装，逐层检查修配，最后修配完毕也就安装完毕了（图 5-97）。此种方法免除了在现场预先安装后二次拆卸的手续，但延长了整体梁架安装的工期。

图 5-97　架上安装修配斗栱

（五）现代做法

仿古建筑以及现代建筑中，已不把斗栱作为承重结构，而是作为古建筑的外观需要以及在现代建筑的主体立面上反映古建筑的符号，斗栱就成为一种装饰。有时用木结构做出半攒斗栱，和墙壁接触处用预埋螺栓连接，或用预埋件和木构件中的金属连接件焊接等处理方法。有时用一些轻质材料如玻璃纤维增强混凝土、聚苯乙烯泡沫、石膏、玻璃钢、薄钢板等材料利用模具制作成各式斗栱样式，再进行组装。再就是用预制钢筋混凝土制作的。预制装饰斗栱一般选择 C25 或 C30 混凝土，一级钢筋Φ 6～8 即可，丁字斗栱预制挑出部分后，要与贴墙部分在安装时进行二次浇灌，所以设计时要考虑结构安全问题（玻璃纤维增强混凝土、聚苯乙烯泡沫属于建筑细部装饰构件，由于名称太长，不便记忆，常简称为 GRC、EPS 构件）。

斗栱结构见图 5-98。

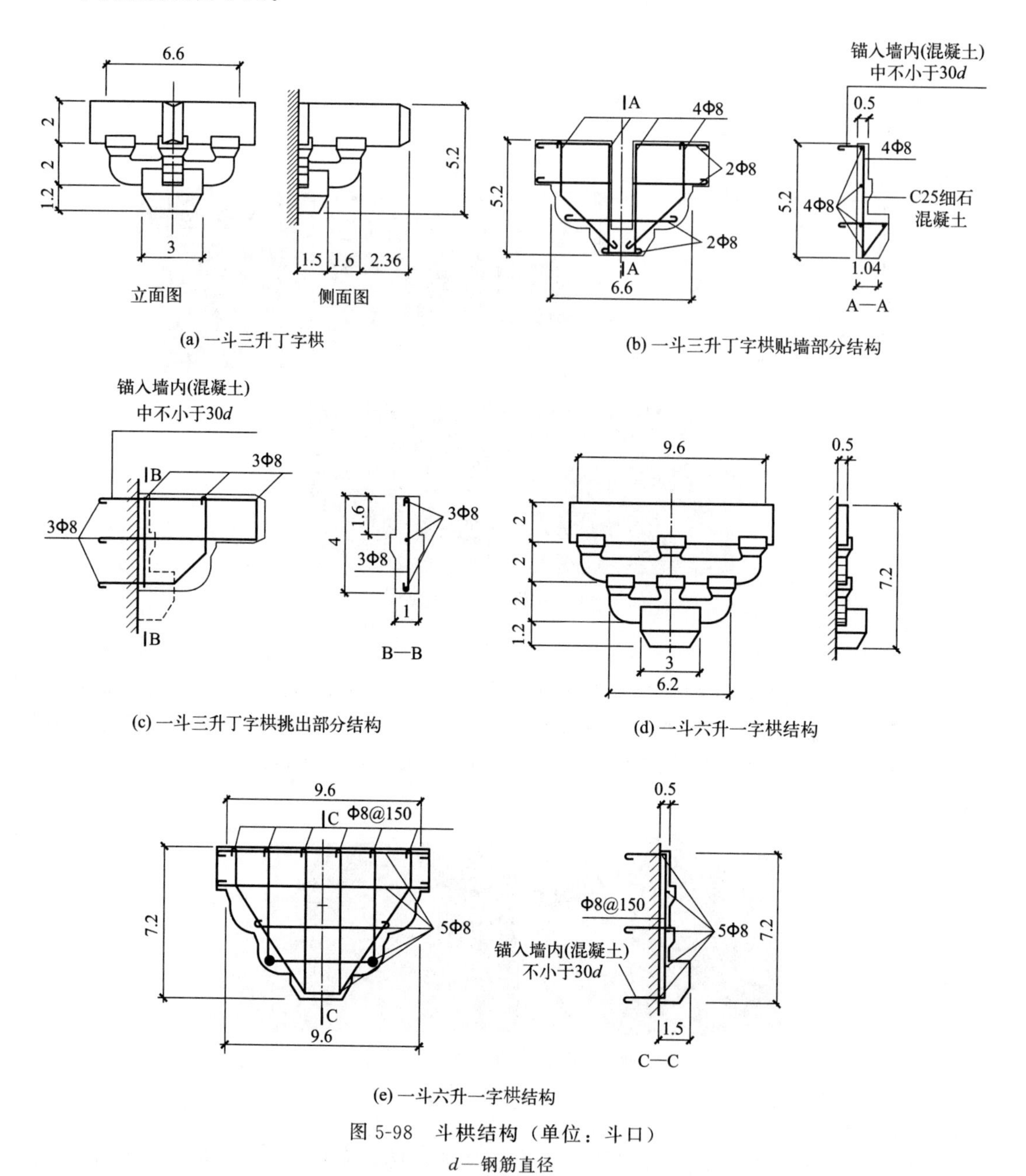

图 5-98 斗栱结构（单位：斗口）

d—钢筋直径

四、注意事项、质量检验与控制要求

（一）斗栱制作

斗栱制作应符合下列规定。

1. 按设计放样

斗栱制作前应放大样，大样尺寸应符合设计要求，并能满足斗栱各构件样板要求，且斗栱大样中各构件的形状应符合建筑时代特征和地区的特点。同一建筑斗栱尺度、规格、形状应一致。

2. 相邻构件的结合

柱顶坐斗的斗底边长应与柱头直径一致。斗面相应调正。斗高按该建筑所用坐斗高。随梁斗栱斗底宽度与随梁枋宽一致，斗面宽相应调正，斗长、高与该建筑坐斗尺寸一致。

若木构架柱伸入草架，其露明部分与露明梁类构件联结处设坐斗者，露明梁应做榫卯与柱联结，在梁底部位设两半坐斗附于柱上，仅在形式上做成柱头坐斗。

3. 制作与检验

斗栱制作前应先试做样品，样品检验合格后，再展开斗栱制作，斗栱分件制作完成后，应按相应标准进行验收。合格后应以座（攒）为单位进行摆放和保存，并注明安装位置。

斗栱制作除满足本规范外，尚需执行《古建筑修建工程施工质量验收规范》（JGJ 159—2008）中的相关规定。

（二）斗栱安装

斗栱安装应符合下列规定。

1. 校准

下构架安装结束，经检查正确、固定后方可进行斗栱安装。

2. 安装顺序

自坐斗开始，自下而上、对号就位、逐件安装、逐组安装，严禁不同开间的不同构件相互套用、换位。

3. 与相邻构件的结合

垫栱板应与其相关的构件同步安装，不得后装，整体构件齐全，一次到位。斗栱各构件应用硬木销联结，各构件结合紧密，整体稳定。

正立面斗口与翘、栱、升、昂、蚂蚱头（云头）等外挑构件应在同一条垂直线上，侧立面的斗口、栱、升等所有桁向构件应在正心枋（连机）中线与平板枋（斗盘枋、坐斗枋）中线平行线上（图 5-99）。

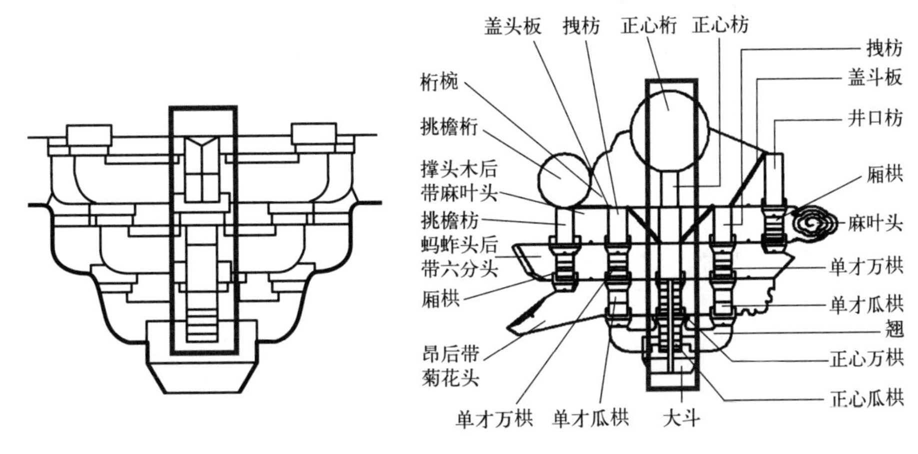

图 5-99 斗栱中线垂直对照

4. 检验

斗栱各构件制作组装的允许偏差和验收方法应符合表 5-16 的规定。

表 5-16　斗栱各构件制作组装的允许偏差和验收方法

项目	允许偏差/mm		验收方法
昂、斗、栱、蚂蚱头、云头水平度	斗口 70 以下	4	以间为单位，拉线尺量检查
	斗口 70 以上	7	
出挑齐直	斗口 70 以下	5	以间为单位，拉线尺量检查
	斗口 70 以上	8	
榫卯间隙	1		用楔形塞尺检查
构件垂直度	3		吊线尺量检查
轴线位移	5		尺量检查
构件齐全	—		目测检查
构件无损坏	—		目测检查
尺寸正确 暗销齐全	—		推拉检查，尺量、目测检查
构件叠合缝隙	斗口 70 以下	1	用楔形塞尺检查
	斗口 70 以上	2	

第五节　檩（桁）的维修

檩条是古建筑大木构件四种最基本的构件（柱、梁、枋、檩）之一，与梁架成 90° 角搁置在屋架梁的两端，在多边形建筑中，檩子与梁的搭置方式和角度随建筑平面形状的变化而变化，起到承托屋面木基层的作用，并将其荷重传递给梁柱的构件。宋代《营造法式》中称“槫”，清工部《工程做法则例》中，大式称“桁”，小式称“檩”，《营造法原》中通称“桁”。依不同位置分别称为：挑檐桁（宋代称牛脊槫）、檐檩（桁）（宋代称下平槫）、金檩（桁）（宋代称上、中平槫）、脊檩（桁、槫）等。

一、檩子（桁）形式

檩的名称随其梁头所在柱的位置不同而不同（图 5-100）。

（1）檐檩

在檐柱之上的称“檐檩”，宋代称“下平槫”。

（2）金檩

在金柱之上的统称“金檩（下金、中金、上金）”，宋代称为“上平槫、中平槫”。

（3）脊檩

在中柱之上的称脊檩，也称脊桁，宋称脊槫。

（4）挑檐檩

挑檐檩（桁），宋代称“牛脊槫”等。

有的建筑中，檐檩和金檩的直径有区别，脊檩上要比其他檩条多脊桩眼，在一些民居中，檩条的直径可能就相差更多了。它们所起的作用基本一致，外形也基本一致。

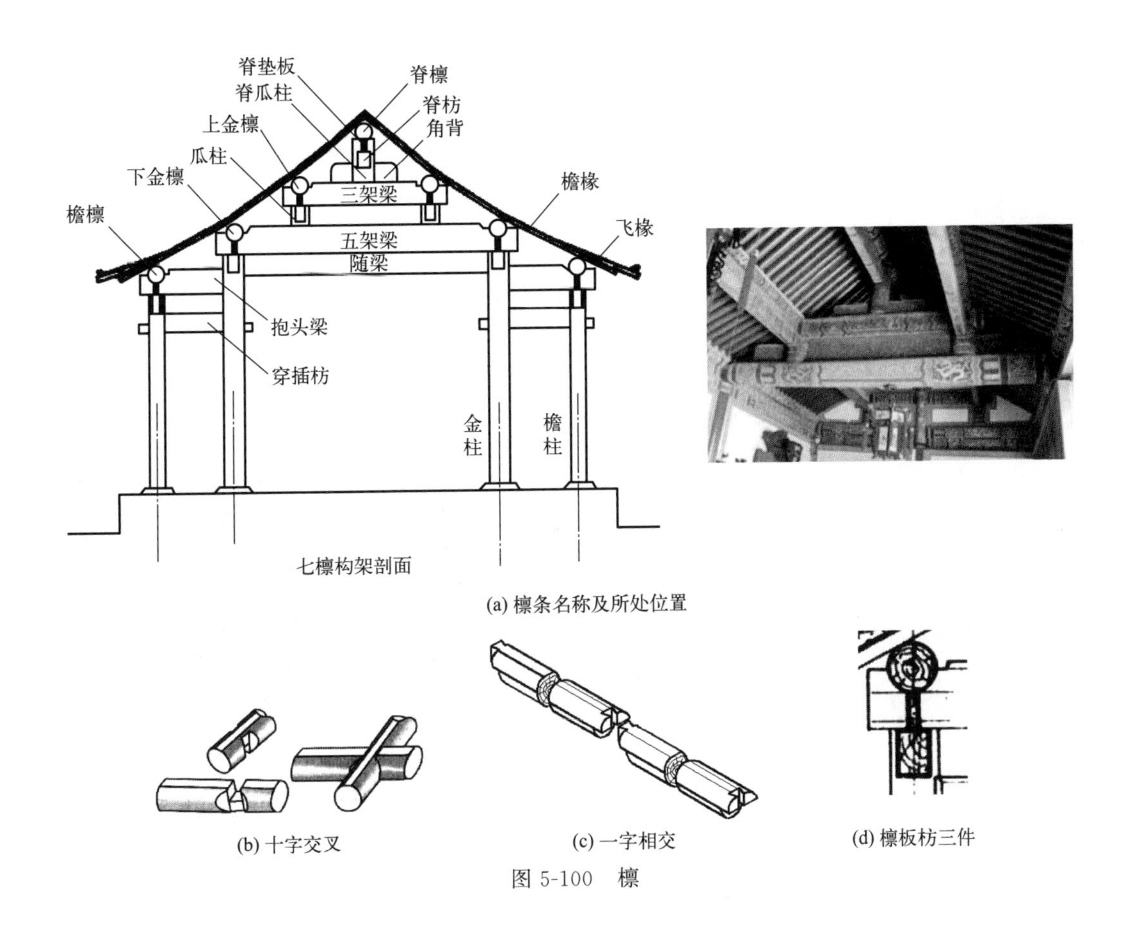

(a) 檩条名称及所处位置

(b) 十字交叉　(c) 一字相交　(d) 檩板枋三件

图 5-100　檩

二、常见问题

檩子（桁）损坏的情况，常见的有拔榫、折断、劈裂、弯垂和向外滚动等现象。

三、处理办法

这些情况，通常采取修补并在隐蔽处增加预防性构件，如损毁严重，则应更换。

(一) 维修

1. 檩（桁）拔榫的维修

檩拔榫的原因主要是由于梁架歪闪，檩头榫卯又比较简单，遇到剧烈震动容易拔榫。如榫头完整，在归安梁架时便可归回原位，并在接头处两侧各用一枚铁锔子加固，铁锔子一般用Φ1.2～1.9cm 钢筋制品，长约 30cm 或用扁铁条代替铁锔子，铁条断面一般为 0.6cm×5cm 或加铁钉锔。檐檩转角处也可用十字形铁板尺寸式样，若檩子榫头折断或糟朽，简单的办法为去除残毁榫头，另加一个硬杂木（榆、槐、柏）做成的银锭榫头，一端嵌入檩内用胶粘牢或增加铁箍一道。嵌好的榫头在安装时插入相接檩的卯口内。檩拔榫加固见图 5-101。

2. 檩（桁）糟朽、折断、弯垂、劈裂的维修

(1) 檩（桁）糟朽、折断　原因多数情况是由于屋顶漏雨，水沿椽钉孔渗入檩子内部而引起的。严重时发生折断，有时由于选料不当，构件中有死树结贯穿也会发生折断现象。

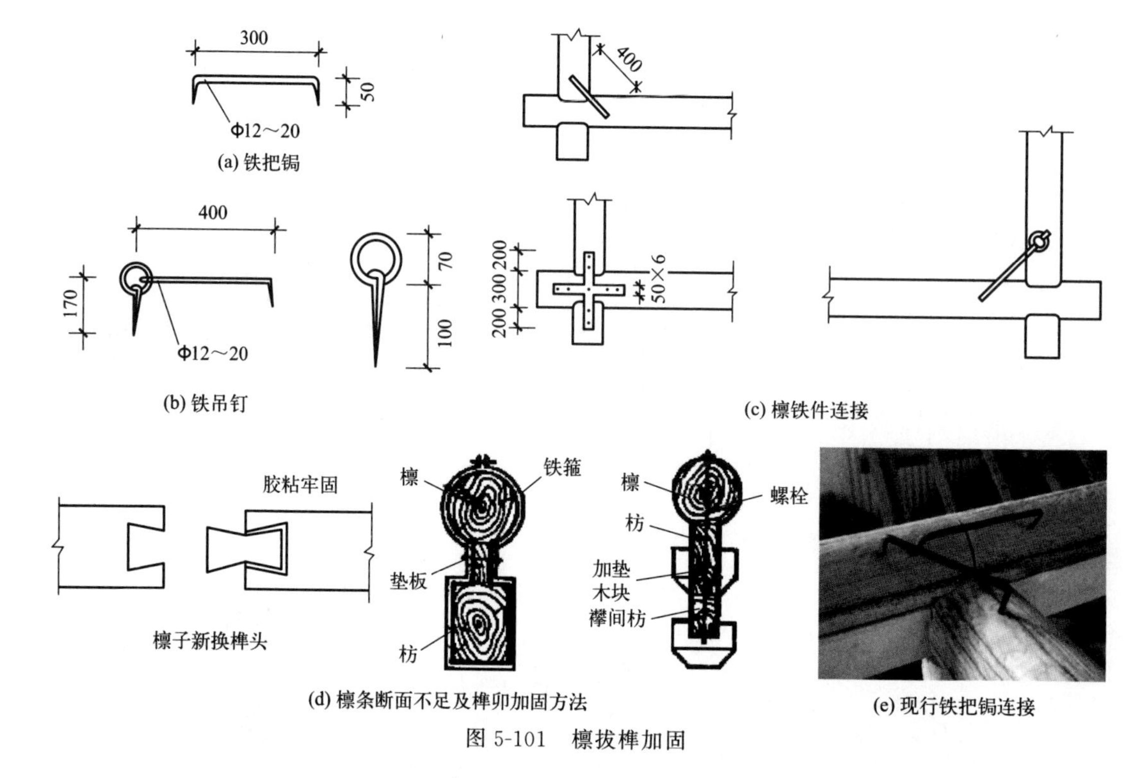

(a) 铁把锔

(b) 铁吊钉

(c) 檩铁件连接

(d) 檩条断面不足及榫卯加固方法

(e) 现行铁把锔连接

图 5-101　檩拔榫加固

施工时应先进行残毁情况的检查，一般情况依靠经验数据，如檩上皮糟朽深度不超过直径 1/5 的即认为可用构件。砍净糟朽部分后，用相同树种的木料按原尺寸式样补配钉牢。糟朽深度很小的（1～2cm），通常仅将糟朽部分砍净，不再钉补。

（2）折断　遇有折断情况裂纹贯穿上下时，通常需要更换。如仅底部有折断裂纹，高度不超过直径的 1/4 时，可以加钉 1～2 道铁箍或用环氧树脂灌缝后外缠环氧玻璃网加固（参考本章内容玻璃钢榫头处理）。

（3）弯垂　超过 1/100 的应更换新料，在此限度以内可在檩上皮钉椽处加钉木条垫平。木质完整时可试做翻转安装（即以檩底皮改做檩上皮）。

（4）劈裂　长度超过全长 2/3，深度超过直径 1/3 的应更换，在此限度内的可加 1～2 道铁箍钉牢（断面 5cm×0.3cm）。凡属细微裂缝（0.1～0.3cm），可留待油饰断白时处理。

应更换的构件需用旧料或经干燥的新料（木材含水率在 15%以下的）依照原构件的式样、尺寸复制。所用树种最好与原件一致，或用一、二等红松、黄花松。截料后画线、砍圆、刨光，两端榫卯应与相邻构件的旧榫卯吻合（图 5-102）。

(a) 修缮前

(b) 安装中

(c) 修缮后

图 5-102　梁檩劈裂糟朽的修缮

还有一种特殊情况，经过力学计算后证明原有檩的断面尺寸不够，此时应首先考虑用减轻檩上部的荷重来解决，如仍不足时再考虑更换新料。如果历史上修理时没按原来规制施工，可按应有规制更换，如确为原设计尺寸小，应用新料更换，但绝对不要增大檩的断面。

解决的办法常用的有两种：一种方法是改用允许应力较大的木料；另一种方法是将檩下构件用2～3道铁箍连在一起，使它起到复梁的作用，以增加荷载能力。

如檩下为襻间枋，则需在加铁箍部位的空当内垫以木块，再用螺栓连接（图5-101）。

（5）檩外滚　檩与梁头的搭交形式常见的有以下几种：檩、垫、枋三件联用（或檩、垫二件联用），也有檩下用襻间枋和用托脚的。第一种是圆檩置于梁头半圆槽内[图5-103(a)]，第二种是檩搭在枋上[图5-103(b)]。由于梁头凹槽很浅，因此稳定性较差。当上层椽子受力后在檩上产生向下的推力时，就会促使檩向外滚动。第三种是有托脚的[图5-103(c)]，断面尺寸大的尚可挡住，断面小的作用不大。因而在修理过程中为防止檩向外滚动，经常采取加固措施来加以预防。最简单的方法是在梁头上皮紧贴檩搭缝处，用楔形木块（防滑动木块）顶住檩头[图5-103(d)]，并用铁条钉在梁头两侧。经验证明此种做法并不理想，因为檩外所露梁头尺寸很小（一般长为半檩径），楔形木块受力后常易滑脱。比较有效的方法是利用檩上的椽子作为加固构件，习惯上称为“拉杆椽”[图5-103(d)]。

拉杆椽是选择在每间靠近檩头接缝处的两根椽子，将椽头的椽钉改为螺栓穿透檩子，增强其节点的稳定，自檐部顺序往上直到脊檩处使前后坡每间形成两道通长拉杆，阻止檩子外滚，开间较宽时可在中间增加一道，螺栓直径一般为1.2～1.9cm。

斜搭掌式的在脊檩处另加铁板连接前后坡的脑椽，铁板断面一般为5cm×0.5cm。这种做法因为螺栓头隐入檩内不易察觉，又不增加新的构件，效果较好。缺点是因为旧椽两头的旧钉眼改为螺栓时不易钉牢，故需更换新椽。不可避免地要增加更换数量，但在部分椽子需要更换的情况下，经过适当的调换部位，可以少增加或不增加更换数量[图5-103(e)]。

为避免增加更换椽子数量，可在椽子空当加铁板条，又称铁板椽。每坡也是自上而下用通长铁板条，断面尺寸为5cm×0.5cm，与檩相交处加钉螺栓。至脊檩将前后坡的铁板联结在一起，原理与拉杆椽相同。此种做法的优点是不用更换新椽，缺点是露明易见。在有天花板的建筑物内并不影响参观，经验证明此种做法也是行之有效的[图5-103(f)]。

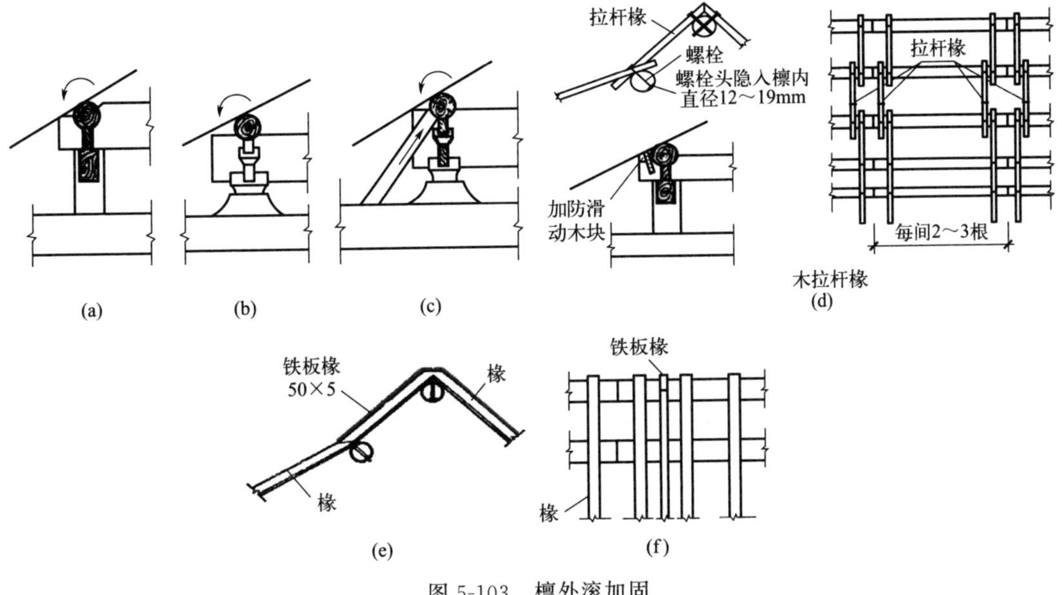

图5-103　檩外滚加固

（二）新做檩条

1. 传统做法

新做檩条有设计要求时按设计要求执行，无设计要求或设计要求不到位则按下述方法执行。

（1）檩长　按面宽，要在檩的一端加榫长（按自身直径 3/10 作为燕尾榫的长度尺寸），另一端按榫的长度由中线向内画出接头燕尾口子尺寸。

（2）檩直径　无斗栱做法檩径同檐柱径，或为柱径的 9/10，或按三椽径均可。

（3）燕尾榫　画出燕尾榫及卯口线（榫宽同长，根部按宽的 1/10 收分）。

（4）檩鼻子　檩两端搭置于梁头之上，梁头有鼻子榫。要注意的是，由于各层梁架宽厚不同，梁头鼻子的宽窄也不同，要根据檩子所在梁头（或脊瓜柱头）上鼻子的大小，在檩子两端的下口，按鼻子榫宽的一半画至鼻子所占的部分，见图 5-104。

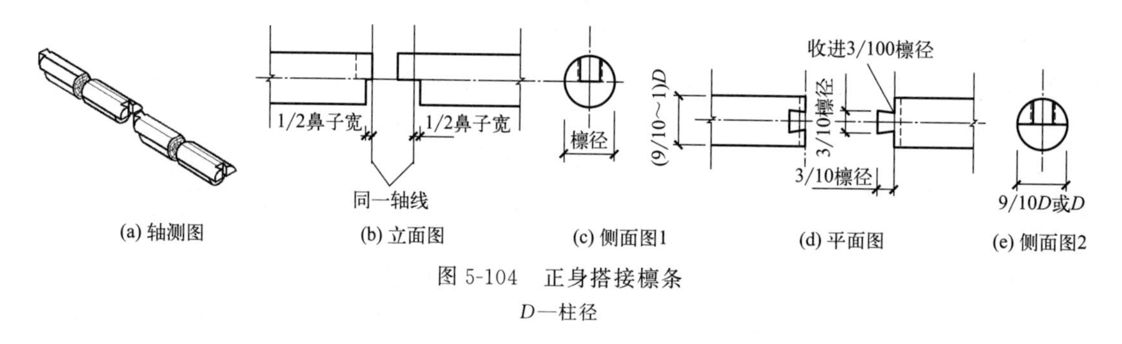

图 5-104　正身搭接檩条

D—柱径

（5）搭交檩　在转角处会有转角搭交檩，此处以等口为例。设计绘图时（盖口图略）注意等口为面宽方向，盖口为进深方向，这就是古人所讲的“山压檐”，见图 5-105。

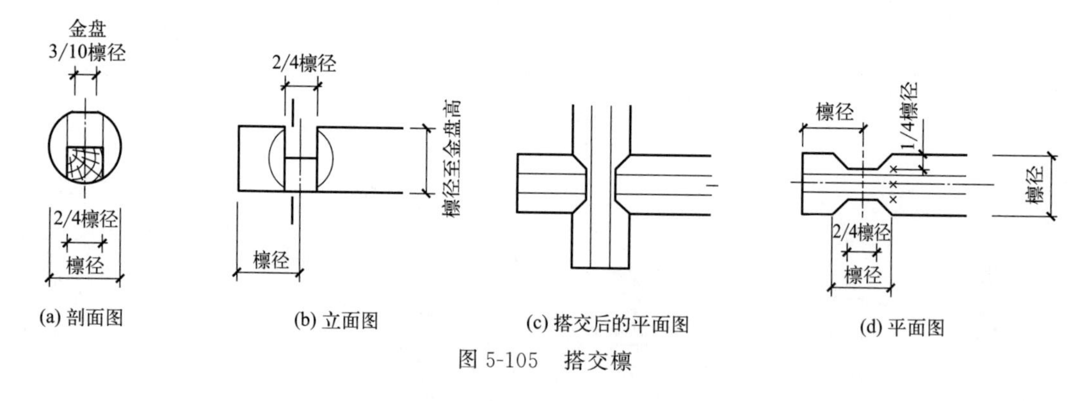

图 5-105　搭交檩

（6）脊檩　脊檩在施工时要注意有脊桩的位置，用于大屋脊上的脊桩，兼有穿销和栽销两者的特点，为了保持脊筒子的稳固，它需要穿透扶脊木，并插入檩内（1/3）～（1/2）。位置根据脊筒子长短尺寸，以脊筒子坐中安装一块（称龙口），其余向两侧依次安装的原则，确定出每根脊桩的位置，要保证每块脊筒正中有一根脊桩。脊桩上端所需长度以达到正脊筒子中部为准，可通过放实样来确定其长度。脊桩宽按椽径，厚按宽的 1/2，位置如图 5-106 所示。

2. 现代做法

（1）檩条　如选用圆形断面，则沿用传统做法，采用木质构件；如采用钢筋混凝土材料，构件断面设计成矩形断面，常采用预应力钢筋混凝土预制构件，各地混凝土预制件厂家

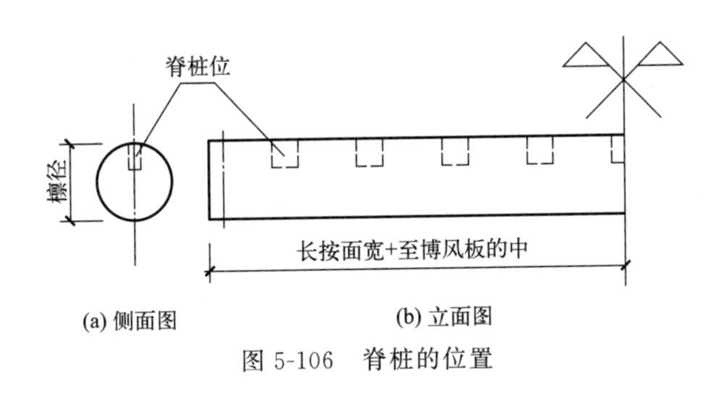

图 5-106　脊桩的位置

均有成品出售，不再赘述。

（2）扶脊木　如选用原断面形状，则用传统做法，多数现代做法都因为扶脊木下面是脊檩，若脊檩采用现代做法即用钢筋混凝土结构，那么扶脊木可省略不用了，取而代之的是用瓦石结构的处理方法，按照外形尺寸，用 C50 砂浆 M10 机砖砌筑。

（3）檩板枋　檩板枋三件制作比较特殊，檩木是圆形，垫板尺寸较窄，枋是矩形，三个构件的断面变化很大，三件一起浇筑施工时，很困难。所以，实际操作时都是单独操作，檩与枋一般都是单独浇筑，檩按前面讲过的操作，枋浇筑同金脊枋。其上部的垫板可用成品混凝土构件或预制，或用砖砌筑，或用传统做法的木材，亦可现浇（图 5-107），但是不易施工，故一般不采用。

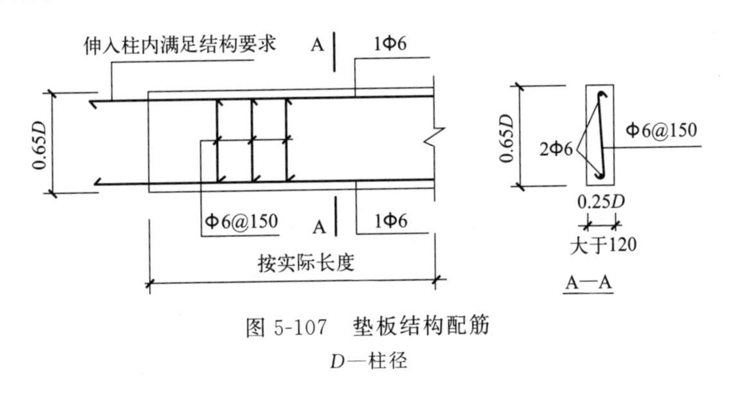

图 5-107　垫板结构配筋

D—柱径

四、注意事项、质量检验与控制要求

（一）制作

檩（桁）类构件制作多数要参考梁枋类的要求。

1. 放样

檩（桁）类构件制作前应放出断面足尺大样，大样应符合设计要求。按大样做样板，排丈杆，并应经两人核准方可施工。

2. 允许偏差

檩（桁）类构件制作的允许偏差和检验方法应符合表 5-17 的规定。

表 5-17　檩（桁）类构件制作的允许偏差和检验方法

序号	项目	允许偏差/mm	检验方法
1	圆形构件圆度	4	用专制圆度工具检查

续表

序号	项目	允许偏差/mm	检验方法
2	圆形构件截面	±1/50 构件直径	尺量检查
3	矩形构件截面	±1/20b，±1/30h	尺量检查
4	矩形构件侧向弯曲	L/500	用仪器检查或拉通线尺量检查
5	宽度(同一建筑应一致)	±5	拉通线尺量检查
6	帮脊木椽椀中距	±1/20d	尺量检查

注：L 为桁（檩）长度；d 为椽径；b 为宽度；h 为高度。

（二）安装

檩（桁）类构件的安装多数要参考梁枋类的要求，同时满足表 5-18 的要求。

表 5-18　檩（桁）类构件安装的允许偏差和检验方法

项目		允许偏差/mm	检验方法
檩条、椽条	方木截面	−2	钢尺量
	原木梢径	−5	钢尺量
	间距	−10	钢尺量
	方木上表面平直	4	沿坡拉线钢尺量
	原木上表面平直	7	

第六节　椽子、望板等屋基层木构的维修

本节主要介绍椽子、望板、飞椽、连檐、瓦口以及悬山建筑挑出部分构架，如燕尾枋、博风板等木构件维修技术。这部分是木构架最上层或最外层的构件，是首先被浸蚀或漏雨的部分，修理工作中更换的比例最大。因而在较古老的如唐、宋时代的木构建筑中，保留原时代的此种构件的比例是很少的。我们对待此类构件的态度是：能保留使用的应尽量保留。尤其是椽子和飞椽，不能因为不是原构件而随意抛弃不用。

一、屋面木基层及挑出部分构件的种类

（一）望板

分为横铺、顺铺，接缝对应有柳叶缝（横铺）和企口缝（顺铺）。

（二）椽子

按名称分为脑椽、罗锅椽、花架椽、檐椽、飞椽（翘飞椽）、翼角椽等，按断面分有圆椽和方椽等（图 5-108），以及大、小连檐、椽椀、椽中板等。

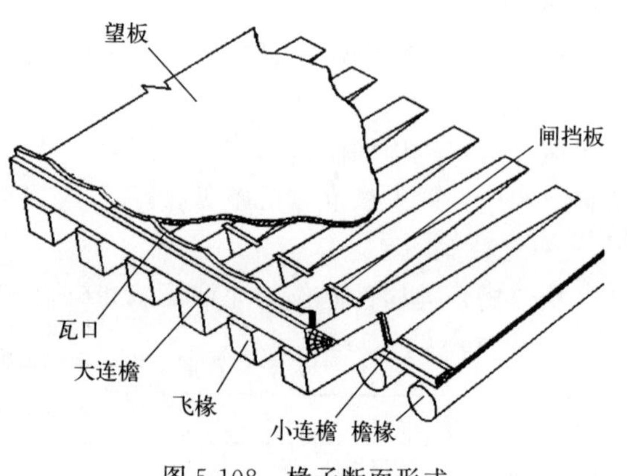

图 5-108　椽子断面形式

（三）博风板

檩木出山面带来了山木构架暴露在外面的缺点，这对于建筑外形的美观和木构架端头的防腐蚀都是不利的。为解决这个矛盾，古人在挑出的檩木端头外面用一块厚木板挡起来，使暴露的檩木得到掩盖和保护，这块木板叫“博风板”。它由梢间檩条出挑于山墙之外，参见图 5-109。

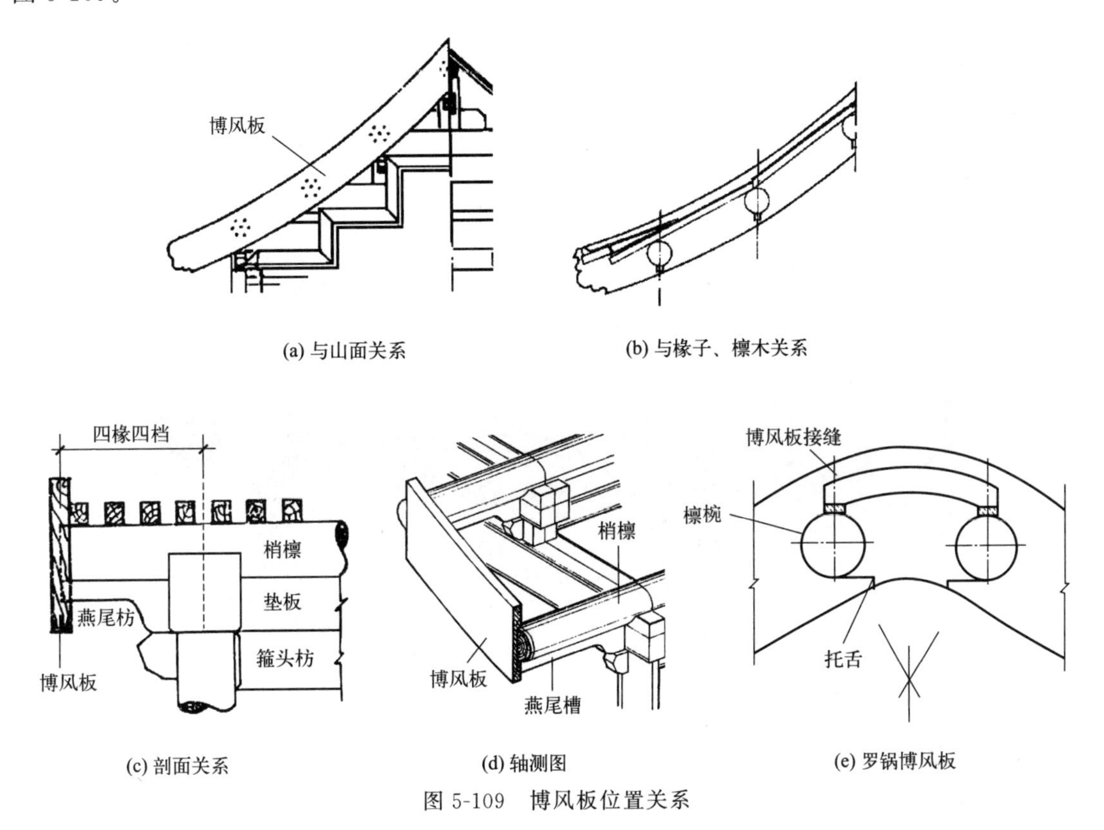

图 5-109 博风板位置关系

（四）燕尾枋

悬山梢檩挑出部分，紧附于檩条下面的附属装饰构件称为燕尾枋，它安装在山面梁架的外侧，虽与内侧的垫板在构造上不发生任何关系，但应看作是垫板向出梢部分的延伸和收头。

（五）箍头枋

燕尾枋下面的枋子头做成箍头枋，既有拉结柱子的结构作用，又有装饰功能。

梢间内的枋子与出挑梢间的三岔头为一个整体，做箍头枋箍住柱头，三岔头的断面尺寸是枋身的 8/10，见图 5-110。

二、常见问题

椽子、望板、连檐、瓦口等的毁坏情况多为糟朽、劈裂、弯垂、断裂、坍塌（图 5-111）。出现这些问题的原因是长久失修，长时间风吹雨淋或屋顶严重漏雨。劈裂和弯垂的现象多数情况是由木材本身在干燥过程中内外收缩不一致以及屋面荷载而引起的，施工中使用湿木材也常会发生此种现象。有时是由于施工方式不当如用猛力钉椽，常易引起椽头劈裂。

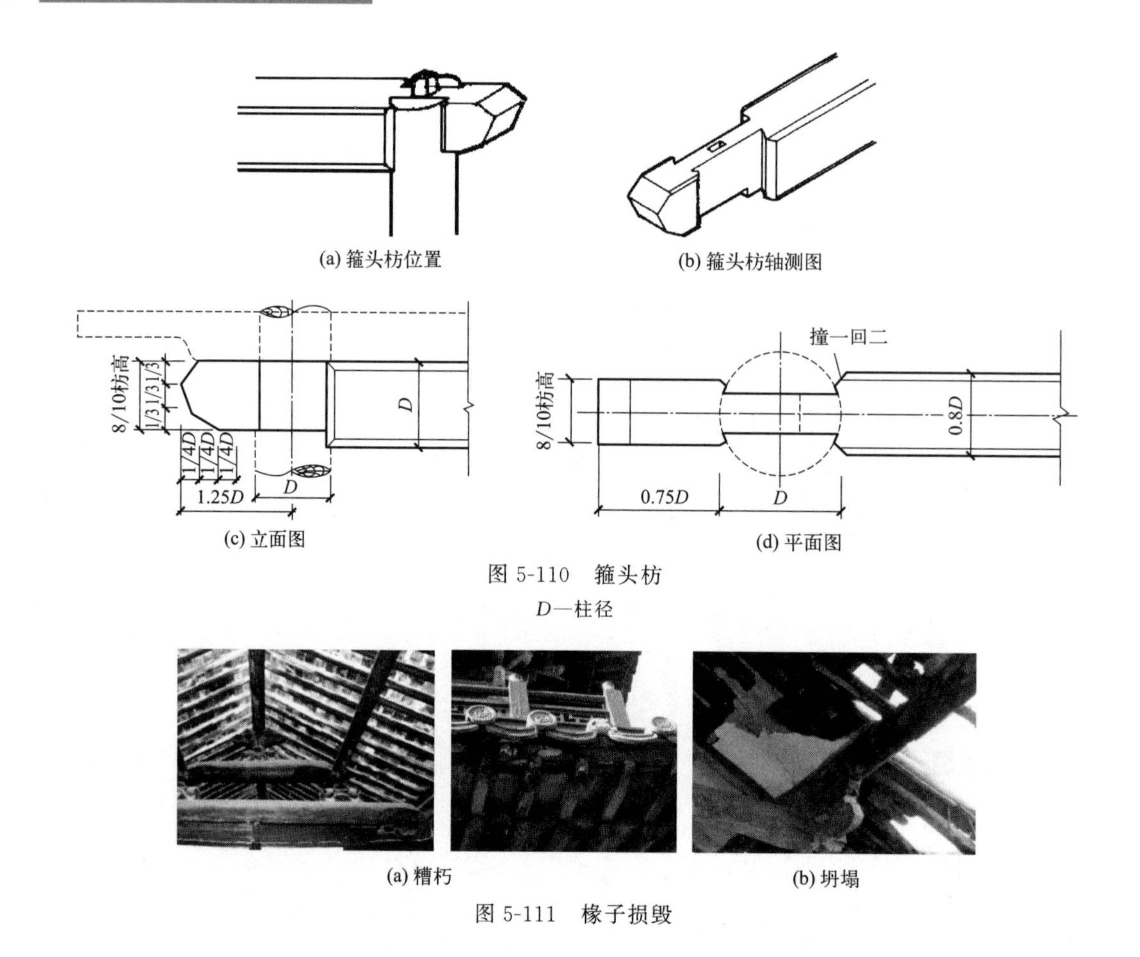

(a) 箍头枋位置　(b) 箍头枋轴测图

(c) 立面图　(d) 平面图

图 5-110　箍头枋

D—柱径

(a) 糟朽　(b) 坍塌

图 5-111　椽子损毁

三、处理办法

(一) 檐椽、花架椽、脑椽的加固与更换

古建筑维修工作中，因为椽子糟朽或折断需要揭开瓦顶修整的情况是不多的，大多数情况是因为木构架的主要构件发生问题需要修整时，瓦顶和椽子望板也必须揭除，在木构架修整安装后再重新铺钉。

1. 旧椽子利用

修缮时对能继续使用的旧椽子尽量利用，拆下的旧椽安装前需进行清理、修补，挑选可用的构件，查清修补更换数目。重要建筑物的维修以及损坏较严重的椽子，应根据现在建筑物的结构情况进行受力分析，决定是否需要更换。一般情况下，选用标准如下。

(1) 糟朽　局部糟朽不超过原有直径 2/5 的认为是可用构件。但需注意糟朽的部位，如檐椽本身是一个挑梁，受力最大的支点在挑檐檩或正心檩处，常因漏雨顺钉孔糟朽，孔径不超过直径 1/4 的可以继续使用。椽头糟朽不能承托连檐时则列为更换构件。

对于糟朽处，应将朽木砍净，用拆下的旧椽料按糟朽部位的形状、尺寸，砍好再用胶粘牢。胶的品种古代用鱼皮鳔、皮胶或骨胶。椽子顶面（底面为看面）糟朽在 1cm 以内的，一般只将糟朽部分砍刮干净，不再钉补。

(2) 劈裂　深不超过 1/2 直径，长度不超过全长 2/3，认为是可用构件。椽尾虽裂但仍能钉钉的也应继续使用。细小的裂缝一般暂不做处理，等油饰或断白时刮腻子勾抿严密。较大的裂缝（0.2～0.5cm 以上）嵌补木条，用胶粘牢或在外围用薄铁条（宽约 2cm，俗称铁腰子）包钉加固。

（3）弯垂　由于受力超重而弯曲的，不超过长度 2%的认为是可用构件，自然弯曲的构件不在此限。

2. 椽子制作

（1）利用旧料　更换时尽量使用旧料，首先考虑的是建筑物本身的旧椽料。古建筑中椽子的特点是数量多，各种椽子的长度也不相同。檐椽最长，其次是脑椽，花架椽最短。此种情况为利用旧料提供了很大的方便。常常是以不合格的檐椽改做脑椽或花架椽。

（2）换新料　如必须以新料更换时，首先要注意的就是选料。圆椽多用比要加工的椽子直径略大（控制在加工后不至于出现树皮为好）的一等杉木或落叶松圆木。按操作程序，在椽头画出八角形、十六角形，然后依线砍圆刨光。

一般不用枋材砍制圆椽，用枋材很难保证椽子处在原树木距树芯位置相同，边材和芯材的变形有差别，尤其遇到边材部分很易发生弯曲、起翘，影响质量。如受条件限制使用枋材时，要注意材料的选择，以木纹顺直为准。斜木纹或扭丝纹的枋材极易断折，不能使用。

方椽选料与圆椽选料有不同之处，用枋材下料的比较多，也省料，但要尽量选择木纹理间距相近的，使其尽量处在距树芯相等的距离，减少变形的不同步。明、清代的宫廷或坛庙建筑中的椽子，常要求砍刨顺直。许多地区的庙宇或居住建筑对于顺直的要求不严，常用具有自然弯曲的材料。但制作时应保证顶面取平，便于铺钉望板或望砖。遇到此种建筑物，在选料时应充分注意其特点。

檐椽椽头在元代以前和一些地区的明、清代建筑都有“卷杀”的做法，应按原制砍出。斜搭掌式要求在两椽相接处锯成斜面，尖端锐角为 30°左右。乱搭头式因为椽子位置相错钉铺，椽头仅要求锯截平齐即可。飞椽制作见图 5-112。

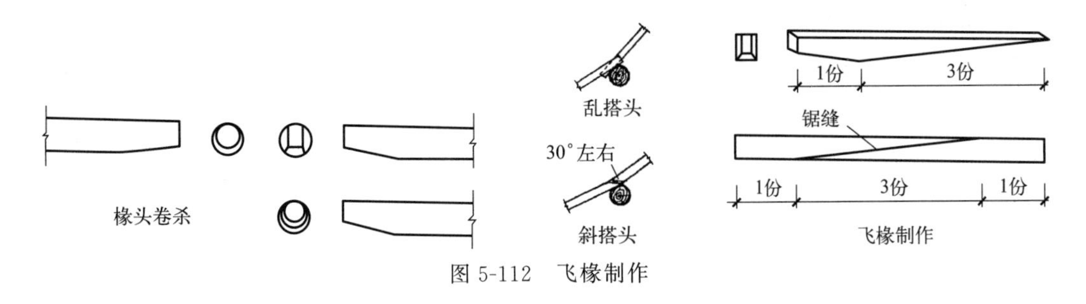

图 5-112　飞椽制作

檐头如有椽梢的应按原制凿出椽梢眼，并连同椽梢眼一并制作（图 5-113）。椽梢宜用硬杂木如榆、槐、柏木制作。

3. 椽望安装

通常情况铺钉椽望，先从檐椽开始，顺序自下而上，有时为安装加固铁活或其他原因可以改变次序。

第一，钉檐椽时，先排好椽当。排椽当时，如椽上铺设望砖，要考虑到望砖的尺寸。如用木望板，数目一般按“一椽一当”排列，即椽与椽中间的空当等于一个椽径，椽子中距为 2 个椽径，各间原则上应一致，遇有中线恰在檩子接缝处，应适当调整，排好椽当尺寸，画在檩上，为防止安装时将椽子钉裂，在安装前按预定位置用钻打透眼，然后钉椽钉。椽望安装见图 5-114。

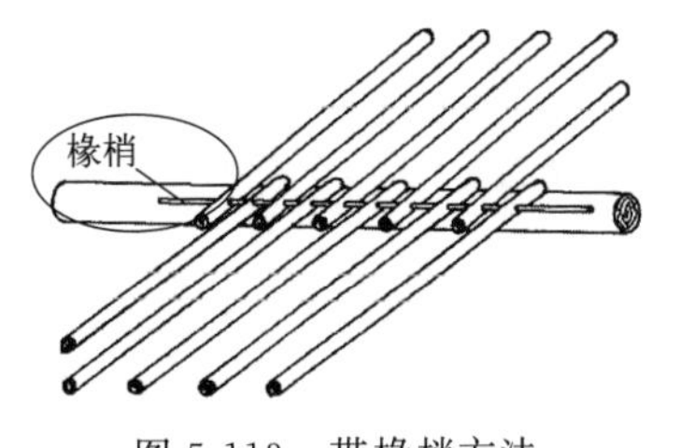

图 5-113　带椽梢方法

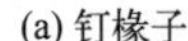

(a) 钉椽子　　(b) 铺望砖

图 5-114　椽望安装

第二，椽钉的长应为椽径的 1 倍以上，凡与檩搭交处都需用钉一枚，钉为手工打制的铁钉，断面方形，古代称为摄头钉或鹰脚钉，见图 5-115。例如椽径为 12cm，椽钉长 25cm，断面为 0.8cm 见方。

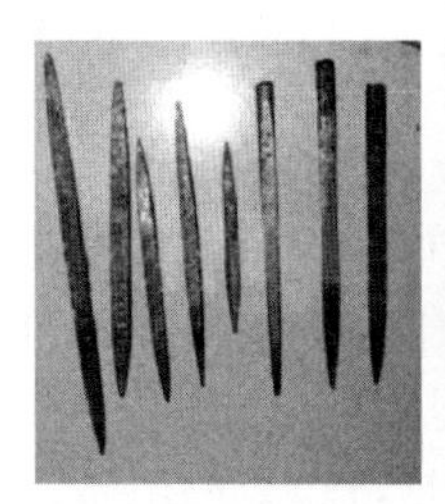

图 5-115　铁钉

第三，操作铺钉时，应先在椽子上皮挂线，然后按照椽子中线依次铺钉。正身钉好后，按拆除记录的翼角椽飞数目、起翘位置钉翼角椽。自角梁最近处开始向回钉，最后与正身椽相接。檐椽钉好后再接上钉花架椽、脑椽。钉脑椽时，自大脊一端开始，前后坡同时铺钉。各种椽子铺钉时，一律应大头向下，对直中线。弯椽的弯度应伸向左右。

第四，乱搭头式的椽子本身长短不一，安装时应在下端取齐。参差不齐的一端甩在上端，一般情况下超出檩外皮 5cm 左右。如有椽梢，铺钉时应上下两排同时进行，以将椽梢穿入椽头。斜搭掌式在钉下一排椽尾时，应与上一排的椽头连钉。檐椽有椽椀处，应先套入后再钉。脊檩有扶脊木时，脑椽椽尾应先穿入槽内后再钉椽头，见图 5-116。

第五，檐椽钉好后，在椽头收进 2～3cm 钉小连檐或里口木。至角梁处小连檐应搭在角梁背钉牢（图 5-117）。

第六，铺钉椽头望板，一般铺至檐椽后尾。翼角部位于翼角椽后尾望板上，通过角梁背加钉铁板两道，方向约与角梁垂直，长应贯通两面的翼角椽，一般情况下板宽 5～10cm，厚 0.5cm（图 5-118）。

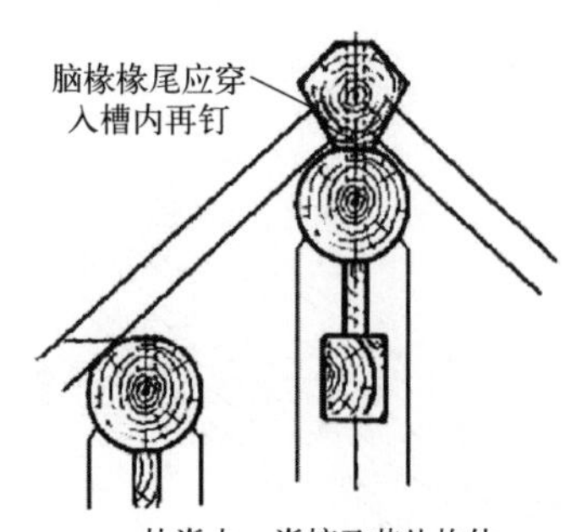

图 5-116　扶脊木与脑椽连接

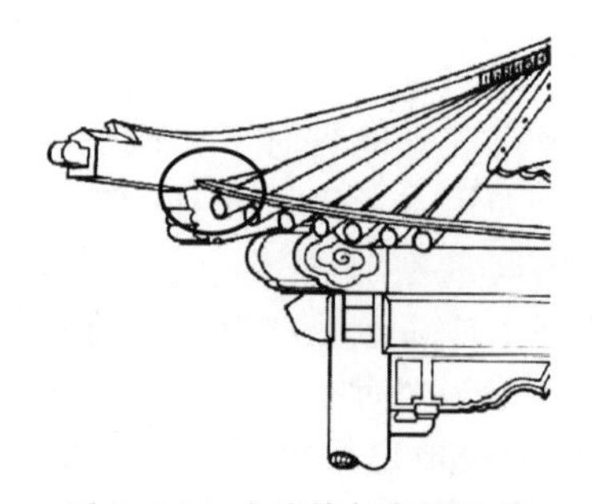

图 5-117　小连檐与角梁连接

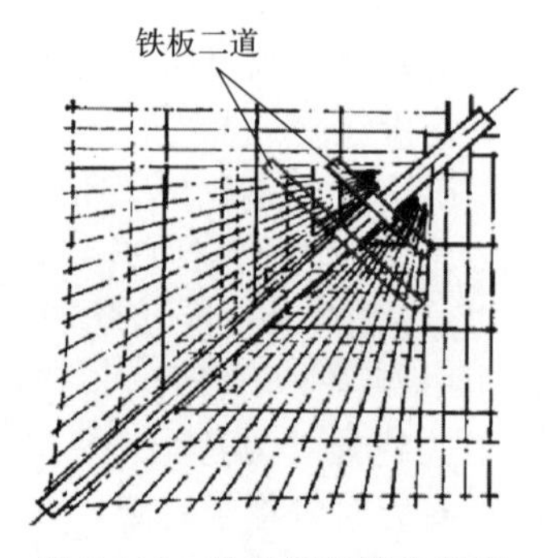

图 5-118　铁板铺钉椽头望板

(二) 飞椽的加固与更换

1. 旧飞椽利用

旧椽子利用参照前面檐椽的叙述。

2. 飞椽制作

正身飞椽（椽飞）为方形构件，后尾逐渐减薄，头部与尾部的长度比为 1∶3，俗称“一飞三尾”。飞椽头部受雨淋易糟朽，凡不影响钉大连檐的应继续使用。尾部易劈裂，尖端极薄更易折断，残留长度的头尾比例保持在 1∶2 以上的列为可用构件。裂缝长不超过头部 1/2，深不超过直径 1/2 的可继续使用，但应用环氧树脂灌缝粘牢或用铁腰子加固。

更换时常用一等红松厚板（厚度与飞椽高度相同），每两根联合制作，锯截后刨光，有卷杀的和闸挡板槽按原制做好。

3. 飞椽望安装

小连檐及檐头望板钉好且飞椽制作完毕，即可开始铺钉飞椽，中线与檐椽一致，在椽上皮挂线，其他操作参照檐椽，先正身后翼角依次铺钉。

(三) 翼角飞椽的加固与更换

翼角飞椽的制作安装大多同檐椽和飞椽，只是要注意翼角飞椽逐渐靠向角梁。此时安装飞椽要考虑正身飞椽与靠近角梁的飞椽之间冲、翘的关系，这时大连檐就起作用了，钉大连檐，比飞椽头收进尺寸随原做法，一般为 3～4cm。至翼角处最好两面同时进行。大连檐头搭在仔角梁上皮，对缝处加三角形铁活钉牢，最后钉飞椽的望板，同时装闸挡板，飞椽靠尾部的望板上下都不露明，不需刨光（图 5-119）。

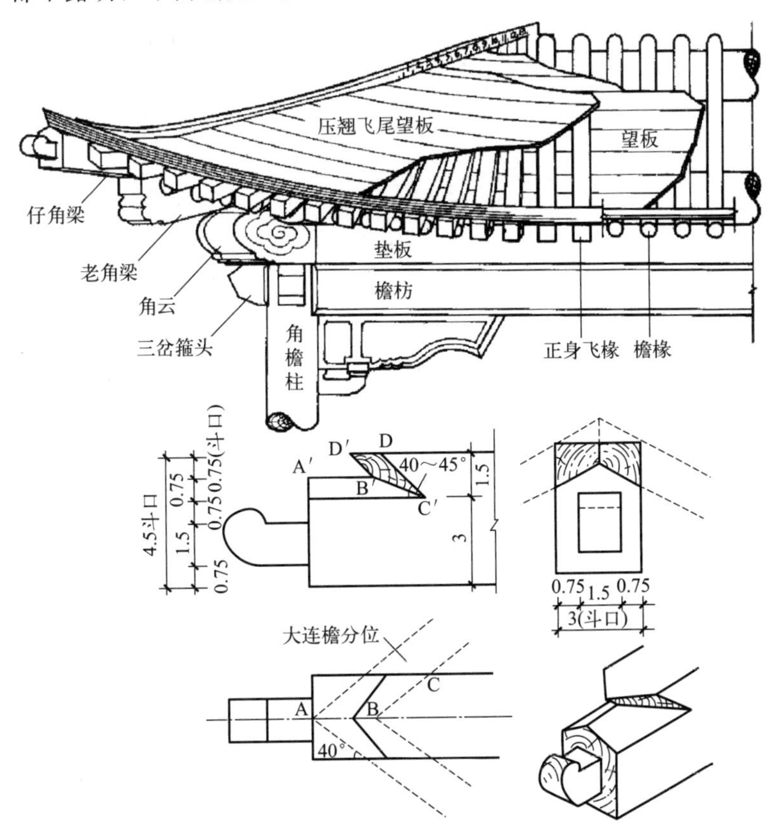

图 5-119　大连檐与仔角梁搭接

中国古建筑物的翼角部分都向上翘起，飞椽的式样做法与正身的飞椽略有不同。据调查所知，翼角椽子的铺钉方法，其平面显示，大体分为三种式样，即直铺、斜铺和匀铺（介于两者之间的）（图 5-120）。

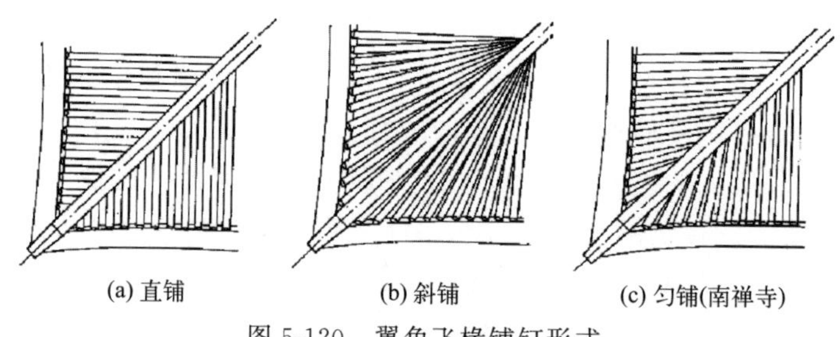

(a) 直铺　(b) 斜铺　(c) 匀铺(南禅寺)

图 5-120　翼角飞椽铺钉形式

直铺的在中国只见于石雕、壁画等间接资料，绝大多数都属于斜铺的式样。由于时代、地区不同，各个建筑物的制作方法也不完全相同。但这些古老的做法，许多地区已经失传，因此过去曾有一段时间内不加区别地一律按照清代官书上规定的方法进行修配或更换，不是十分适宜的。正确的方法，常是借助修理的机会将翼角的椽飞在拆除前逐一编号，记明位置，拆卸后逐一量出尺寸，绘出式样图，作为修复的依据。这样经过不断的资料积累，来寻找不同地区、不同时代制作方法的规律，以保证修理工作的高度科学性。

翼角部分最易弯垂、漏雨，椽飞的后尾常被砍薄，梢尖更易劈裂、糟朽，首先在拆卸过程中要细心工作，不要造成新的损伤。关于残毁情况的调查标准、修补加固等方法，与正身椽飞相同。

更换翼角椽飞，选料与正身椽飞相同。凡需重新配制的，应按原做法严格按照其式样、尺寸进行一根一根的复制。

（四）望板的修理

铺钉完椽子后，就可以自下向上铺钉望板，椽子上铺钉望板的式样，分为横铺与顺铺两种。

1. 横铺望板

此种做法板薄易受潮腐朽。对于年久失修的古建筑物虽然规定旧望板只要不是糟朽的仍应继续使用，但实际施工中更换望板的比例相当大的。通常在 50％以上，甚至高达 90％或 100％。新换望板，常用厚 2～2.5cm 的松木板或杉木板，宽 15～30cm，长度最短应在 1m 以上，一面刨光或不刨光（有天花板的情况下），上下接缝用企口缝或斜缝（俗称柳叶缝），如图 5-121 所示。横望板板厚一般为 1/15 柱径或 1/5 椽径。

2. 顺铺望板

用板较厚，更换时应随原制，不要随意改为横铺，一般每两椽之间铺一块，它的板宽应与椽子中距一致，一面刨光。接缝式样多用企口缝。顺望板厚一般为 1/9 柱径或 1/3 椽径。

铺望板时应注意接缝方向，不要错置，接缝应在椽中线上，不要空挑或重叠（图 5-122）。

另外，铺望砖不用望板，使用望砖时，铺墁时间与钉望板相同。一般是檐头仍用望板，自檐柱中线以内用望砖。常用方砖的尺寸，每面长约为一椽档，厚 3～4cm。铺墁时，圆椽上不易抹灰，多采取干铺的方法，自下而上依次铺至脊根，用青白麻刀灰勾缝，用料配比同瓦顶勾缝。

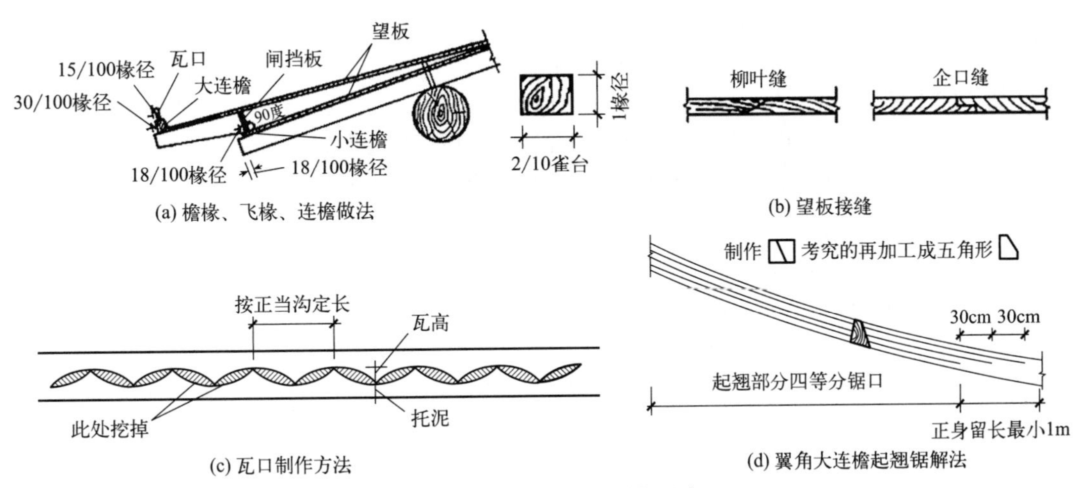

(a) 檐椽、飞椽、连檐做法

(b) 望板接缝

(c) 瓦口制作方法

(d) 翼角大连檐起翘锯解法

图 5-121　望板、连檐制作示意

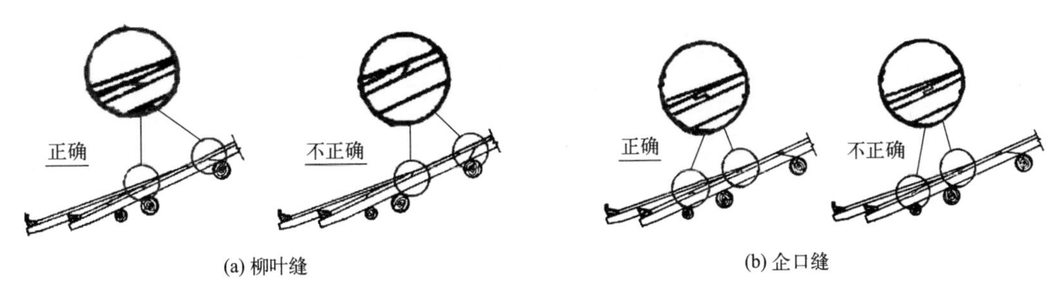

(a) 柳叶缝

(b) 企口缝

图 5-122　望板接缝方法

(五) 连檐、瓦口的修理

檐头各个椽飞的端部借助于大连檐、小连檐、闸挡板（或用里口木）连接牢固，位置式样见图 5-121。这一类构件断面小、长度大，即使原件不糟朽，在拆卸过程中也极易折断。

1. 利用旧料

对于未损坏的构件，应尽量保留使用，一般不做修补处理，一旦损坏就要更换。

2. 更换新料

实际维修工作中此构件更换的比例相当大，因为只要有点残次就更换，甚至常常全部更换。用料一般用一等红松，式样及断面尺寸应按原制。小连檐及瓦口木条的长度最短应在 2m 以上，大连檐的长度应比翼角翘起部分的长度加长 1m 以上，避免安装时发生“死弯”现象。制作时还要沿水平方向锯成四等份，至起翘部位锯缝逐渐加长，每节长约 30cm（图 5-121）。

3. 加工

安装前先在水中浸透，按翘起的弧度初步捆绑成形。为此翼角大连檐所用木料应无疤结，制作时两根联合锯截。

4. 安装

宫廷建筑中在檐椽与挑檐檩或正心檩相交处，用椽椀堵塞空当（一般建筑用砖或土坯堵塞抹灰），残毁处应按原尺寸制作。

瓦口也是更换比例较大的构件，旧件应尽量使用，新换构件尺寸式样按原制，锯截时也应两条联合制作（图 5-121）。

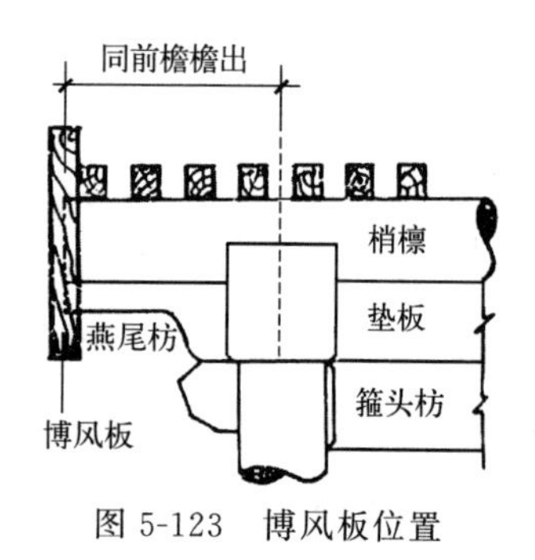

图 5-123 博风板位置

（六）博风板

其位置在清工部《工程做法则例》中有两种规定，一种是由梢间山面柱中向外挑出四椽四当，另一种是由山面柱中向外挑出尺寸等于上檐出尺寸（图 5-123）。

断面尺度与檩子或椽子尺寸成比例，随屋面举折做成弯曲的形状，清工部《工程做法则例》规定，博风板厚（0.7～1）椽径，宽（6～7）椽径（或二檩径），博风板内面须按檩子位置剔凿檩窝，以便安装，檩窝深为 0.5 斗口或 1/3 椽径，檩窝下面还应有燕尾枋口子，见图 5-124。

用于悬山建筑的博风板，最下面一块要做博风头，博风头

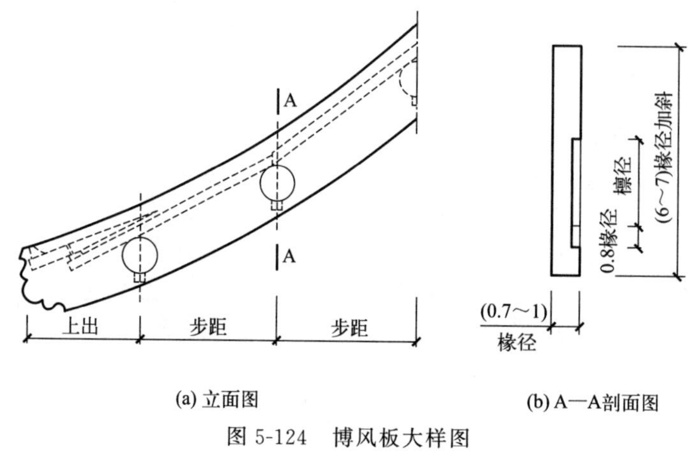

图 5-124 博风板大样图

形似箍头枋的霸王拳头。歇山建筑的博风板由于有围脊遮挡，故不需要此种做法。

博风头画法一是：按博风宽度的一半，由博风板头底角向内点一点，连接这一点与博风板上角，形成一道斜线。将此斜线均分为 7 等份，以 1 份之长，由板头上角向内点一点，连接这点和第一份下端的点，成一条小斜线。其余 6 份，以中间一点为圆心，以 1 份的长为半径在外侧画弧，两侧各余的 2 份，分别以 1/2 份为半径，以 1 份的中点为圆心向外侧和内侧画弧；所得图形即为博风头形状。中间还可做成整圆，刻出阴阳鱼八卦图案。

博风头画法二是：由中间大弧中心点向外增出一份，再连斜线，以所得各点为圆心画弧，画出的图形较前一种更为丰满，见图 5-125。

博风板加工时要注意对接榫卯结构，其长度定为每步架为一段，每段长同该步架椽子

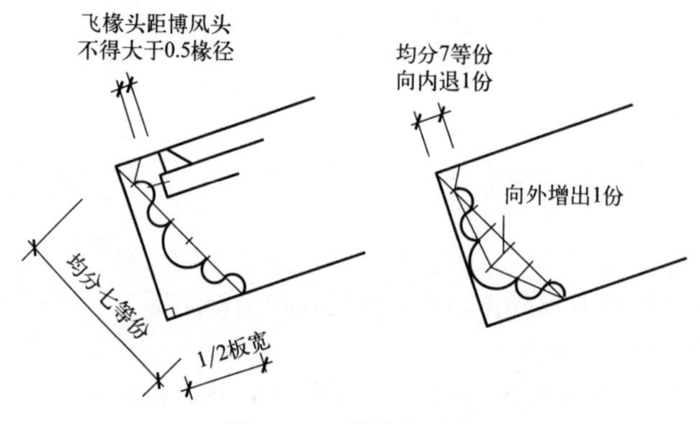

图 5-125 博风头画法

长，两段博风板接茬托舌长为板宽的 1/3。在具体的长度上参照图 5-126。

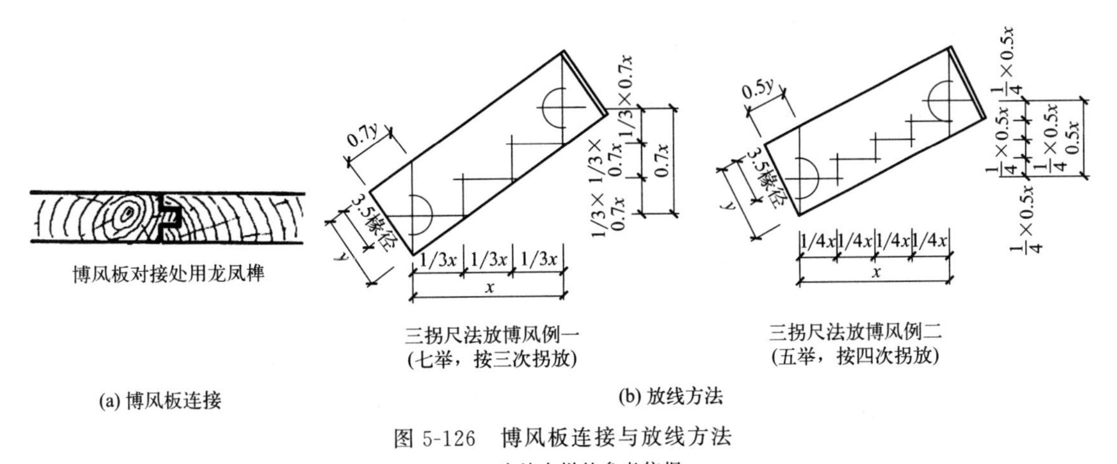

图 5-126 博风板连接与放线方法

x、y 为放大样的参考依据

（七）燕尾枋

燕尾枋长按梢檩出梢长，减去梁厚一半加榫长，高、厚均随垫板。燕尾枋的位置和形状见图 5-127。

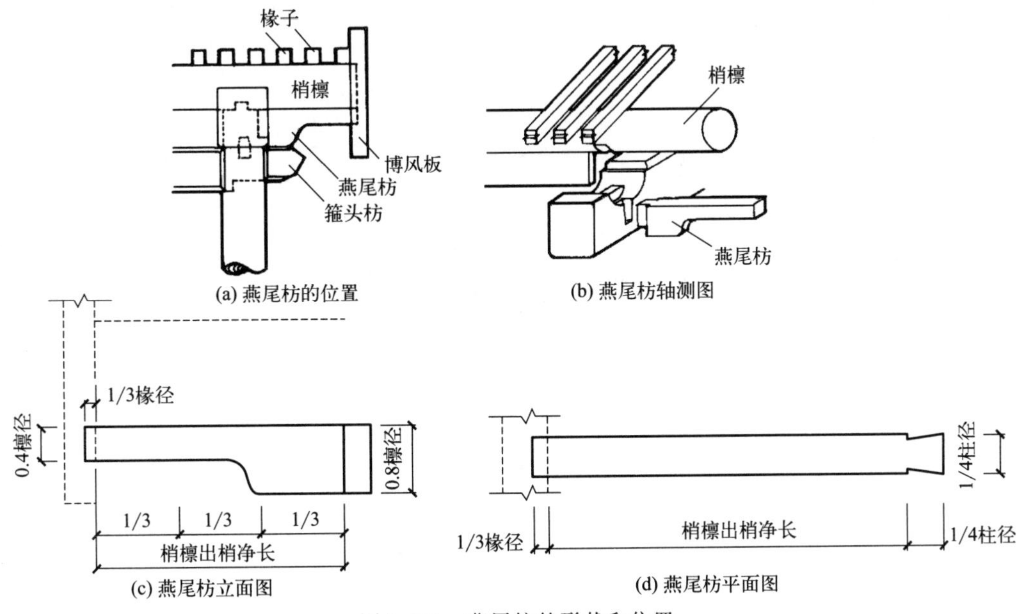

图 5-127 燕尾枋的形状和位置

（八）现代做法

1. 椽子、望板、连檐、瓦口等

这几种构件的现代做法在设计时注意，还应按照传统断面设计，结构处理上，一般用钢筋混凝土制作，分为预制和现浇两种。

（1）预制　预制时，按模数分块，注意安装时的预埋件设置和位置定位。

（2）现浇　现浇时，椽子以上构件为钢筋混凝土现浇（椽子用木材制作），在椽位预留木砖，留后期安装木椽子使用。

2. 博风板

用钢筋混凝土制作，尺寸参照传统做法，长度亦可按照图 5-126 制作，考虑安装时与其他构件的连接，要注意预埋件位置在预制时的位置及尺寸，要考虑到相邻连接构件之间的连接方式，如焊接（或丝接，丝接可参照后面滴珠板做法，预留螺栓眼，可通过螺栓丝接或通过螺杆铆接），参照图 5-128。

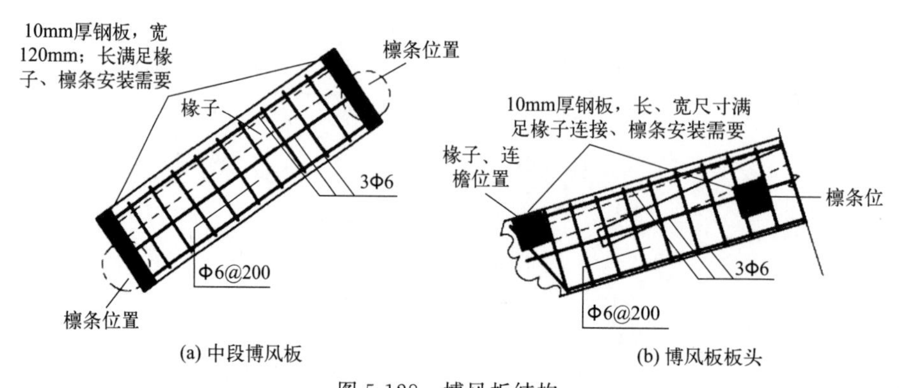

图 5-128 博风板结构

3. 燕尾枋

预制钢筋混凝土，内置圆Φ 6 钢筋，居中放置，两端按比其端头平面尺寸略小设置 10mm 厚钢板，作为预埋件，安装时与柱和博风板预埋件或预留钢筋焊接，参看图 5-129。

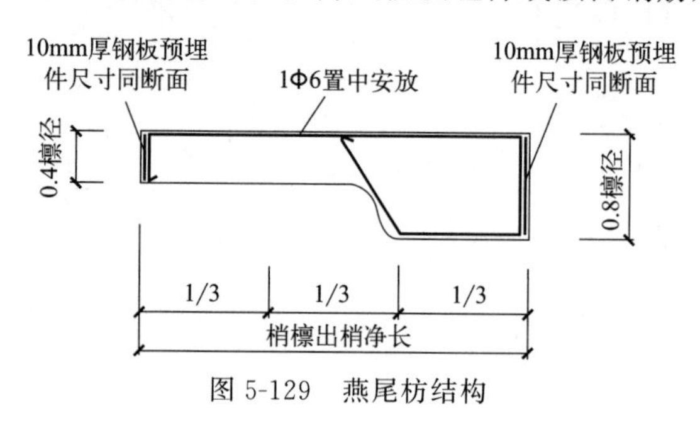

图 5-129 燕尾枋结构

4. 箍头枋

箍头枋的现代做法是用现浇钢筋混凝土，在与柱子节点处要与柱中的钢筋按照规范要求搭接，具体见图 5-130。

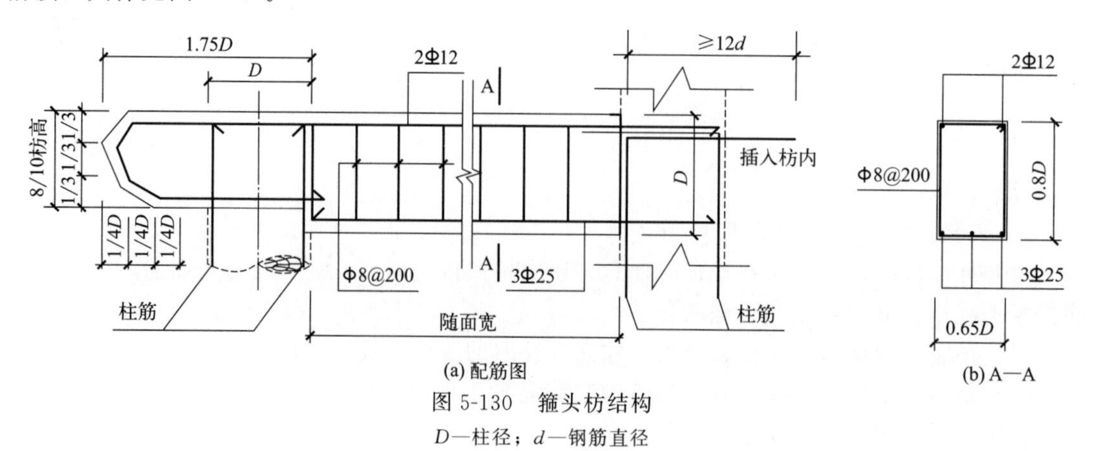

图 5-130 箍头枋结构

D—柱径；*d*—钢筋直径

四、注意事项、质量检验与控制要求

(一) 注意事项

1. 翼角椽

(1) 翼角椽数量 翼角位置在房屋的四角，每个角被45°角梁翼分为两块，每块角椽的数量通常为单数。

(2) 椽子铺钉 第一，要保证断面尺寸一致，长度符合设计要求；第二，椽子铺钉须保证平顺、牢固。

2. 望板

传统建筑必须遵循当地传统做法，望板接缝应设在檩（桁）条处，并应错开布置，每段接头总宽不应超过1m。

(二) 检验方法

屋面木基层构件制作的允许偏差和检验方法应符合表5-19的规定。

表5-19 屋面木基层构件制作的允许偏差和检验方法

项目		允许偏差/mm	检验方法
露明椽截面	方	±2	尺量检查
	圆	±2	
翘飞椽截面		±2	尺量检查
表面平整	方椽	2	用直尺和楔形塞尺检查
	圆椽	2	
望板厚度		±1	尺量检查
望板平整度		4	用2m直尺和楔形塞尺检查

检查数量：眠檐、望板按自然间抽查10%，但不得少于3间（处）；椽类抽查10%，椽子不应少于10根；翼角椽、翘飞椽按翼角抽查30%，且不应少于3处。

第七节 木材裂缝处理

一、木材开裂

木材干燥过程中，可能会出现开裂的现象。木材开裂有以下几种形式：表裂、内裂、端裂和轮裂。下面简单了解这几种开裂形式的发生原因。

(一) 表裂

表裂是指原木材身或成材表面的裂纹。裂纹通常都限于弦面，并且沿径向发展。木材干燥时，首先从表面蒸发水分，当表面层含水率降低至纤维饱和点以下时，表层木材开始收缩，但此时邻接的内层木材的含水率尚在纤维饱和点以上，不发生收缩。表层木材的收缩受到内层木材的限制，不能自由收缩，因而在木材中产生内应力：表层木材受拉，内层木材受压。干燥条件越剧烈，内外层木材的含水率差异越大，产生的内应力也越大。如果表层的拉应力超过木材横纹抗拉强度，则木材组织被撕裂，由于沿木射线组织的抗拉强度较邻近的木纤维的强度小，所以裂缝首先沿木射线产生。

（二）内裂

内裂也常称蜂窝裂。内裂产生于干燥后期，有时产生于干燥材料存放时期。通常不易从木材外部发现，但严重时，可由木材面的凹陷来判断。内裂是由于木材内层的拉应力引起的。

（三）端裂

端裂或仅限于木材的端面，或延伸至端部的一侧或两侧，后者通常称为劈裂。主要原因是木材顺纹方向的导水性远远大于横纹方向，当木材干燥时，水分从端面的蒸发要比从侧面蒸发快得多。端部含水率低于中部，端部的收缩受中部木材的限制，因而在端部产生拉（伸张）应力，当拉应力超过木材的横纹抗拉强度时，端面发生开裂。

（四）轮裂

这种裂缝沿生长轮方向发展，常扩展到相邻的几个生长轮。轮裂通常发生于干燥初期，出现于木材的端面，随着干燥的进展裂纹加深、加长。有时发生于内部，但出现于干燥后期，是由于严重的内部拉应力所引起的。

二、应对木材开裂的解决措施

（一）采用高温定性处理

减少木材内裂的方法可采用高温定性处理，产生内裂的木材表层伸张残余变形可以在干燥过程结束前对木料进行高温高湿处理来消除。在处理时，木料表层因加湿膨胀而产生压缩残余变形，与原有的伸张残余变形抵消，木材内裂也因此而消除。

（二）机械法防裂

在已干燥的木材上用铁丝捆端头，使用防裂环、组合钉板等，用机械的方法强制木材不要膨胀和收缩，这样也可以避免木材发生开裂。

（三）涂刷强木宝木材改良增强剂

在木材的端部和表面涂刷强木宝木材改良增强剂，减缓木材表面的蒸发强度，这样可以减少木材内外的含水率梯度，也可以减少木材的开裂。

（四）用防水剂进行浸注处理

比较有效的方法是用防水剂进行加压处理，使防水剂深深地进入木材中，以达到持久性的良好防裂效果。

（五）改进制作时的操作方法

改进制材时下锯的方法。木材各向异性，在同样的温、湿度变化的情况下，其湿胀、干缩系数最大的是弦向，其次是径向，纵向的变化最小，所以下锯时多生产一些径切板，可以减少开裂。特别是带有髓心的板材干燥时容易发生严重的劈裂，这是由于髓心附近径向和弦向的收缩差异引起的，最好的方法是在制材时避免生产带髓心的板材。

（六）木材的防腐处理

真空/高压浸渍：这个过程是防腐处理的关键步骤，首先实现了将防腐剂打入木材内部的物理过程，同时完成了部分防腐剂有效成分与木材中淀粉、纤维素及糖分的化学反应过程，破坏了造成木材腐烂的细菌及虫类的生存环境。

(七) 高温定性

在高温下继续使防腐剂尽量均匀渗透到木材内部，并继续完成防腐剂有效成分与木材中淀粉、纤维素及糖分的化学反应过程，进一步破坏造成木材腐烂的细菌及虫类的生存环境。

(八) 自然风干

自然风干要求在木材的实际使用地进行风干，这个过程是为了适应户外专用木材由于环境变化产生所造成的木材细胞结构的变化，使其在渐变的过程中最大限度地充分固定，从而避免在使用过程中的变化。

(九) 施工与维护

浸渍木含水率较高，在使用之前必须放置风干一段时间，储存中仓库保持通风，以方便木材的干燥，对浸渍木材的任何再加工，必须待其出厂后 72h 以上。

(十) 加工与安装

加工与安装时尽可能使用现有尺寸的浸渍木，建议用热镀锌的钉子或螺栓进行连接及安装，在连接时应预先钻孔，这样可以避免开裂，胶水则应是防水的。

第八节　案例

【案例摘要与背景】

淄川区沈古村古建筑多为明清古建筑，具有浓郁的地方特色，院落式布局，具有北方较强的四合院特征（同第三章案例，本节主要叙述木构梁架拆除与制作安装部分）。

案例一　需拆除部分概况及现状

屋面出现塌落现象，前檐大都断裂。檩条出现弯垂现象，皆有不同程度的糟朽。南次间横梁后檐梁头断裂塌落，人字梁梁头糟朽严重，人字斜梁与横梁之间无支撑，明间前后檐上金檩全部缺失，南次间后檐下金檩缺失，剩余檩条也因长期淋雨糟朽不堪。

1. 拆卸木构架的方法与步骤

木构古建筑由于残毁严重，主体构架中的大梁和柱子需要更换时，应拆卸局部或全部构件，经过修整后重新归安，应在拆卸大木构件之前拆卸。此项工作虽然繁重费力，但应百倍细致，如因一时疏忽把榫卯拆坏，不仅增加修补的工作量，有时还可能把本来不需更换的构件变为更换构件，既有损于古建筑物的史证价值，又造成工料上的浪费。

2. 准备工程

拆卸前应做好充分的准备工作。

清理现场：拆卸后的各种砖、瓦、木、石等大量构件需在现场码放清点。拆卸前首先应清除附近的杂草、树木，平整场地，划出码放构件的范围，并为运输车辆留出通道。

支搭临时工棚：拆下木构件中，如无现成的库房，应支搭临时工棚，坚固程度视施工期而定，时间短的可用竹竿席棚，时间长的顶部应加铺油毡。

准备拆除器材：施工前应所需杉槁、脚手板、铅丝及起重设备等准备安全。此外如防火器材，防雨设备等都需要事先准备齐全。

钉编号木牌：为防止拆除过程中，构件错乱丢失和安装不被安错，在拆除前应根据每座建筑物的结构情况，绘制拆除记录草图，并按结构顺序分类编号注明图上，同时并制作编号小木牌，写明编号及构件名称，拆除前钉于该构件上。大构件应不少于两枚，便于码放后查找。木牌尺寸一般为6cm×4cm×1cm。拆下构件应填写登记单以便核查。

3. 绘制拆除记录草图及编号

拆除记录草图依结构分为椽飞、檩枋、梁架、额枋等不同的图样，线条粗略以简明为准，编号的方法分为两种。第一种习惯称为“水平编号”，凡建筑物周围都有的构件，可按照水平面，自建筑物的某一固定点起始，逆时针或顺时针旋转，逐渐依次编号。我们的习惯自西北角开始，逆时针旋转编号。此种方法适用每号只有一个构件的情况。第二种习惯称为“综合编号”，凡自成一组或一个单位的构件，每一组的总号依水平面进行，各组内构件另编分号，依结构情况不同，自下向上或自上向下皆可。

4. 主要构件拆除方法

拆卸椽子：支搭架木后，首先撬起望板，然后拆除各步架的椽子，由上而下。拆除时需注意起椽钉时不要将椽头弄劈。运送时避免摔伤，运达指定地点，分类码放齐整。

拆卸大木构件：依结构情况，支搭承重架木需避开梁缝，不能影响大构件落地。拆卸之前要清除构件榫卯中的积土，如有加固铁活，应先去除。

大木构件拆落顺序，一般分两个阶段进行，第一阶段自建筑物一端开始，然后由西向东，或由东向西逐间由檩枋，按结构次序拆至大梁上皮为止；第二阶段，自一端开始逐缝拆卸大梁。

小构件如瓜柱、叉手、柁墩，可用简单工具如撬棍等撬离原位后，运至架木下。大构件如檩、三架梁、五架梁等的拆卸需借助起重设备如倒链，天平、绞磨等。首先在构件两端绑好吊拉绳，用倒链或天平将构件吊起至预定高度，一般为1m左右，暂时固定在承重架上，然后用绞磨或吊车放至地平，运到存放场地。但大构件落地时须有一定范围的场地，施工中往往架木纵横出入不便，故时常采取将大构件暂时绑牢于承重架上，待拆完斗栱、额枋、柱子以后再放至地平运走。

拆卸中，撬离构件榫卯离位，应两端反复进行，避免仅从一端直撬、另一端榫头折断或劈裂。必要时可用千斤顶在构件底皮辅助进行。

构件上绘有彩画或墨书题记，拆卸前应用纸，棉花或麻片等包扎，以免施工中被磨损。

案例二　制作、安装概况及现状

屋架：大门为硬山搁檩式木构架。现大门木基层整体保存良好，椽子有糟朽现象，望砖酥碱，灰背层存在裂缝。北房、北房耳房均为抬梁式木构架。北房木基层整体保存良好，椽子有糟朽现象，望砖酥碱，灰背层存在裂缝。檩条、梁、瓜柱均存在不同程度的糟朽、弯曲现象。东房屋架缺失。

一、材料的选用

项目部技术人员对本工程的施工图纸的各种材料进行分类汇总，材料采购部根据汇总的数量和质量要求进行分门别类采购，采购回的材料交给技术部鉴定。

木构架所用的木材材种、材质须符合《古建筑修建工程质量检验评定标准》标准要求和耐久性要求，原则上新制安梁、柱、枋、檩装修用材选用、木基层均选用与原材质相同的木材。所有承力构件，不许用拼合料。选用木料均为干燥材，一般要求大木用料含水率<20%，装修用料含水率<15%。在木构架构件制作和安装的全过程中必须节约用材、要做到综合用材、材尽其用，严防资源浪费。

施工前须有合理的配料单，配料单须以设计图纸及原建筑物为准一次性编制完成，制出配料表。木构架各构件按实际使用尺寸应放加工余量，各构件毛料须在安装后隐蔽处标注该构件专用名称，不得错位。直径或面宽350mm以下构件下料口歪斜不大于20mm，直径或面宽350mm以上构件料口歪斜不大于30mm。

二、木构件的制作安装

（一）木构件的制作

木构架制作前先控制含水率并选好材质，具体方法和步骤为立额枋垫板、安装梁架檩枋和铺钉椽望几个大的阶段。安装前第一要了解图纸设计和要求构件的完成情况，不要在安装过程中等候构件加工，延长工时；第二准备好脚手架和必要的起重、防雨、消防等设备；第三安装前应清理现场，以便运输构件和安装起重设备。各木构安装前先在加工地做草架编号、分类、拆卸、运输、安装。

（二）安装大木构件

支搭承重架杆，安好起重设备，并将大构件运至预定位置附近。小构件如瓜柱、角背等可用人工或吊车置于脚手架上。

自大梁开始向上，按原结构顺序，依次分层安装，一般情况每一步架作为一个阶段。如檐檩至下一金檩为第一阶段，下金檩至上金檩为第二阶段，以上至脊檩为最后一个阶段。这样逐层水平安装。不要一缝梁架自底到顶的安装，那样容易发生歪闪事故。

各缝梁架，每一阶段安装完毕，依据设计要求，用水平尺校核无误后，再进行下一阶段。第一阶段安装时，应连同与之搭交的正心檩、挑檐檩等一并安装牢固。上下檩间加钉临时拉杆，防止滑动。

对承重架木应经常检查加固，并须装好防风雨的设备，由于施工工期较长，应作经济比较后决定采用何种形式。

（三）木基层修缮的技术措施

飞椽、望板、连檐、瓦口等维修是木构架最上层的构件，屋顶漏雨首先被浸蚀的部分，修理工作中更换的比例最大。我们对待此类构件的态度是：能保留使用的应尽量保留。尤其是椽子和飞椽，不能因为不是原构件而随意抛弃不用。

1. 椽子的加固与更换

椽子的毁坏情况多为糟朽、劈裂、弯垂。前者是由于长时间的屋顶严重漏雨而引起的。劈裂的现象多数情况是由木材本身在干燥过程中内外收缩不一致而引起的，施工中使用湿木材常会发生此种现象。有时是由于施工方式不当如用猛力钉椽，常易引起椽头劈裂。古建筑维修工作中，因为椽子糟朽或折断需要揭开瓦顶修整的情况是不多的，大多数情况是因为木构架的主要构件发生问题需要修整时，瓦顶和椽子望板也必须揭除。在木构架修整安装后再重新铺钉。

（1）残毁旧椽选用标准　拆下的旧椽安装前需进行清理、修补、挑选可用的构件，查清修补更换数目。重要建筑物的维修，应根据现在建筑物的结构情况进行力学计算，验算椽子的受力情况，决定更换的标准。一般情况依靠一些经验数据进行判断。

糟朽：局部糟朽不超过原有直径2/5的认为是可用构件。但需注意糟朽的部位，如椽子本身是一个挑梁，受力最大的支点的挑檐檩或正心檩处，常因漏雨顺钉孔糟朽，孔径不超过直径1/4的可以继续使用。椽头糟朽不能承托连檐时则列为更换构件。

劈裂：深不超过1/2直径，长度不超过全长2/3，认为是可用构件。椽尾虽裂但仍能钉钉的也应继续使用。

弯垂：由于受超重而弯曲，不超过2%的认为可用构件。自然弯曲的构件不在此限。

（2）加固方法　细小的裂缝一般暂不做处理，等油饰或断白时刮腻子勾抿严密。较大的裂缝（0.2～0.5cm 以上）嵌补木条，用胶粘牢或在外围用薄铁条（宽约 2cm，俗称铁腰子）包钉加固。

糟朽处应将朽木砍净，用拆下旧椽料按糟朽部位的形状、尺寸，砍好再用胶牢。胶的品种古代用鱼皮镖、皮胶或骨胶。椽子顶面（底面为着面）糟朽在 1cm 以内的，一般只将糟朽部分砍刮干净，不再钉补。

（3）更换椽子　要尽量使用旧料，首先考虑的是建筑物本身的旧椽料。建筑中椽子的特点是数量多，各种椽子的长度也不相同。檐椽最长，其次是脑椽，花架椽最短。此种情况为利用旧料提供了很大的方便。常常是以不合格的檐椽改做脑椽或花架椽。如必须以新料更换时，应注意以下几点。

选料：圆椽多用一等杉木或落叶松圆木，长度、直径按原尺寸。应保证檐椽的大头尺寸。按操作程序，在椽头画出八角形、十六角形，然后依线砍圆刨光。圆椽子用料一般不用枋材砍制圆椽，用枋材遇到边材部分很易发生弯曲、起翘、影响质量。如受条件限制使用枋材时，要注意材料的选择，以木纹顺直为准。斜木纹或扭丝纹的极易断折，不能使用。方椽选料同此。本工程建筑中的椽子，常要求砍刨顺直。许多地区的建筑对于顺直的要求不严，常用具有自然弯曲的。但制作时应保证顶面取平，以便铺钉望板或望砖，遇到此种建筑物，在选料时应充分注意其特点。

檐椽椽头在一些地区的明、清建筑都有“卷杀”的做法。应按原制砍出。有椽头盘子的应补做。檐椽后尾和其他椽子的两端做法依钉铺方法不同而异。斜搭掌式要求在两椽相接处锯斜面，尖端锐角 30°左右。乱搭头式因为椽子位置相错钉铺，椽头仅要求锯截平齐即可。

椽头如有椽梢的应按原制凿出椽梢眼，并连同椽梢眼一并制作。椽梢宜用硬杂木，如榆、槐、柏木制作。

2. 飞椽的加固与更换

飞椽为方形构件，后尾逐渐减薄，头部与尾部的长度比为 3∶1，俗称“一飞三尾”。飞椽头部受雨淋易糟朽，凡不影响钉大连檐的应继续使用。尾部易劈裂，尖端极薄更易折断，残留长度的头尾比例保持在 1∶2 以上的列为可用构件。裂缝长不超过头部 1/2，深不超过直径 1/2 的可继续使用，但应铁腰子加固，更换时常用一等红松厚板（厚度与飞椽高度相同）每两根联合制作。锯截后刨光。有卷杀的和闸挡板槽按原制做好。

（四）安装时注意事项

第一，各构件应按拆除记录草图及编号核对实物无误后再进行安装。安装时应查清构件前后或左右的榫卯，位置摆正以免发生倒装现象。一般情况下，大梁的大头多向前檐，小头向后檐。檩子的安装，明间及西面各间，皆头东尾西，东面各间则为头西尾东。此种制度，在各代、各地区不完全一致，故需在拆除前记录清楚，以免安错位置发生榫卯不严或无法搭交的情况。

第二，应注意保护榫卯。安装时要细心稳妥。每安装至一个阶段时，除应校核平直外，应连同梁架举折、生起一并检查无误后再继续施工。

第三，梁架上某些附属构件，可在钉好椽子、望板后进行安装。

【案例结果】

按此方案施工，确保了拆除施工过程的安全性，修复残损构件，发挥原材料的作用，既降低了成本又使构件榫卯结合部的受力达到最佳，制作与安装达到了隐蔽工程验收规范要求，该项目已成为培训专业人员的现场教学首选地。

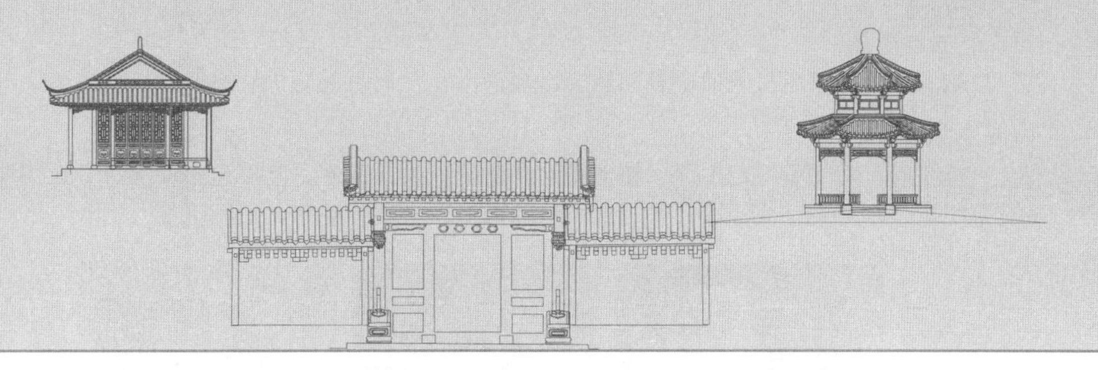

第六章　屋面的保养与维修

古建筑工程维修工作中，屋面的修缮是最经常发生的，因为，它常年在自然环境下，饱受风吹、日晒、雨淋的侵扰，造成屋面构件损毁、开裂、渗漏、塌陷，为了保护古建筑，就要经常对屋面进行保养。

第一节　屋面的保养

对于屋面的保养，尤其是木结构梁架的屋面保护，尤为重要，它对于木构架的屋面来说，是最好的保护伞，只要保持屋顶不漏雨，木结构建筑的寿命及耐久性就会延长。分析各种屋面渗漏的原因，有利于做出最佳的保养方案。

一、屋面（顶）形式

古建筑屋面形式是区别于其他建筑的重要标志。屋顶形式有：庑殿顶、歇山顶、悬山顶、硬山顶、卷棚顶、勾连搭顶、盝顶、盔顶、攒尖顶等。

二、常见问题

屋面是直接承担并抵御外界影响的结构。风吹、日晒、雨淋造成屋面出现各种状况的损坏，以及植物生长、杂物导致局部潮湿、盖瓦破碎、泥背裸露、底瓦裂缝。

（一）植物影响

瓦垄中间或瓦缝内，年久脱灰、积土、生草或小杂树，草根或树根穿破苫背层，破坏了瓦顶防护层的完整性（图 6-1）。

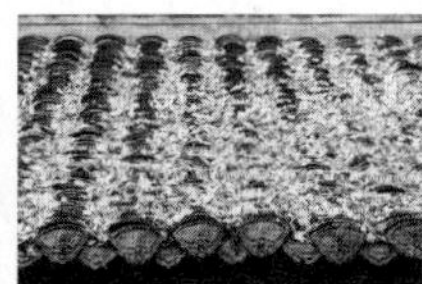

图 6-1　植物影响

(二) 材料质量

购买瓦件时，原材料的质量问题会引起渗水，从而引起防护层损毁而发生漏雨。

(三) 施工质量

施工时，对质量控制不严，使得雨水从瓦缝隙进入瓦底，基层受到浸泡，导致渗漏，尤其是冬天，水分在瓦底受冻膨胀，造成屋面鼓胀、开裂、脱落，加剧渗漏（图 6-2）。

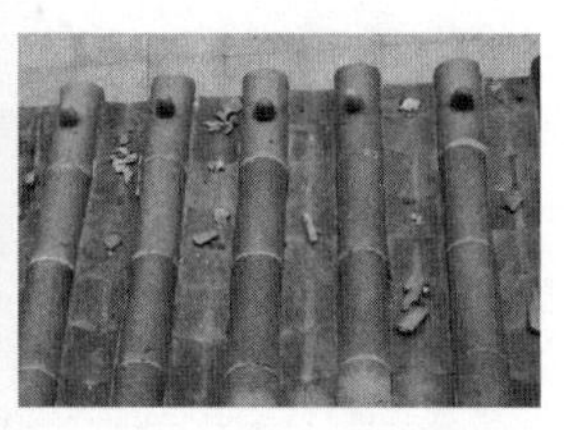

图 6-2　屋面鼓胀、开裂、脱落

(四) 结构沉降

如基础、墙体下沉导致梁架局部下沉歪闪，连带屋面一同变形，出现坍塌变形及裂缝，或因地震等自然灾害而造成瓦顶漏雨（图 6-3）。

图 6-3　沉降引起损毁

大多数情况下，漏雨的原因以第一种最为普遍，属于后面几种情况的应采取一系列的措施进行修理。

三、处理办法

(一) 瓦顶拔草勾抹

中国古建筑的屋面大多数是瓦屋面。由于铺砌屋面的材料不同，其热胀冷缩的系数也不同，再加上自然条件的干扰，就会造成瓦垄、瓦缝的勾缝灰，年久会自然开裂或脱落，积土而生草，有些地区的地方做法常常是在苫背层内掺黄黏土，为草木生长准备了适宜的土壤，因而多年失修的古建筑的瓦顶上，生草现象是相当普遍的。草根深入苫背层，形成漏雨的通道，要解决屋顶漏雨，必须将草拔除。

除了黄黏土中有草种会使屋面长草外，由于屋面与外界直接接触，许多植物的种子或孢子，借助风力或由鸟类传播，草类等植物的生命力是非常惊人的，屋顶生草后若不及时拔除，很快就会蔓延成大片生长，甚至生长的小杂树，有的树根能穿破屋顶顺墙伸入地下扎根，不仅危及瓦顶，而且连墙壁也遭到破坏。除草的方法分为人力拔除和化学药剂灭除两大类。

1. 瓦顶除草

用人力拔除看起来很简单，实际做起来并不那么简单。首先要求连根拔除，因为瓦顶上的草是多年生植物，根部蔓延较深，严重的整个筒瓦板底部都被这些草根所占据，只拔茎部，不去根部或是根部去除不净，不久就会又重新生长出来。草根与瓦常常粘连在一起，去除干净是相当花费气力的。在拔草过程中，不免要有瓦件的松动，甚至铺砌瓦的铺灰层也遭破坏，这就要对局部的基层重新处理，如常年保养就可避免这种事情的发生（图6-4）。

图6-4　瓦顶除草

拔草的时间也很重要，如果在深秋草籽成熟再拔，虽然连根拔除，由于施工时草籽落入瓦缝或勾灰内，等于是一次重新播种，第二年还会生草。经验证明最好的时间是春天或初秋，是在刚发出嫩叶后，俗话说“立秋十八日，寸草生籽”。所以在秋天动工，一定要在草籽成熟之前拔除。实际操作时，有时不可能一次做到干净彻底，往往需要连续两三年才能收到实效，总之应连续进行，逐渐地由多到少，由少到无。

2. 瓦顶化学除草

用化学药剂除草，应注意选择有效的、对人畜无污染的品种，更不能对古建筑物的质地有伤损、腐蚀或留下永久性的污渍。用化学药剂除草，在农业、林业等方面都取得了很好的成果。但在灭除古建筑瓦顶杂草包括地面的杂草、杂树的工作，仍处于试验阶段。没有比较成熟的经验。特别是所用化学药剂，对瓦顶的琉璃瓦、布瓦的腐蚀情况如何，尚需经过较长时间的观察。

3. 勾抹瓦顶

清理瓦垄，除草或铲去松动的灰泥，冲洗干净，然后用麻刀灰勾抹破损处，勾抹后用短毛刷子蘸水沿边沿刷（俗称打水楂子），最后用麻刷子蘸清浆刷抹并用瓦刀轧实赶光。除此之外，若发现漏水处较多，则需要大面积查补，可根据实际情况采取以下方法修补。

（二）天沟补漏

1. 清理

天沟（图6-5）漏雨生草时应将草连根拔除，将松动的灰背扫除干净，按原做法补抹光整。面层多用青白麻刀灰，比例同布瓦顶勾灰。

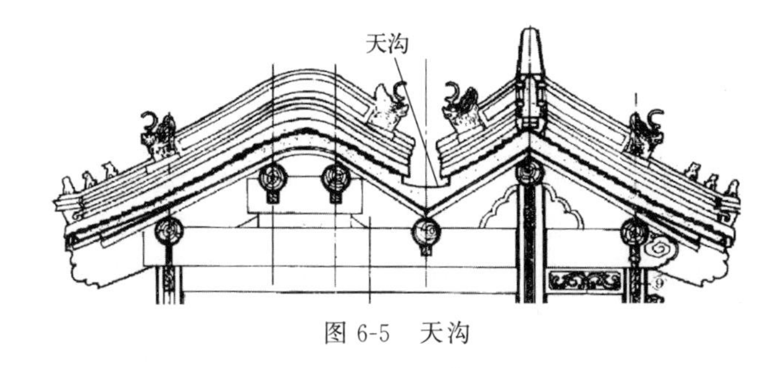

图6-5　天沟

2. 大裂缝

遇有较大裂缝时，先将裂缝及周边松动处扫净，裂口处剔凿成“V”形，原底用水淋湿，用青白麻刀灰补抹。赶压2～3遍，应坚实光整。

3. 小裂缝

遇有微细裂缝，可用乳化沥青玻璃毡片粘补。乳化沥青玻璃毡片，是用沥青和乳化剂配制成乳化沥青（乳状悬浮液），与玻璃毡片配合使用，在基底上铺贴而成的一种防水层。

沥青液经过乳化剂的强力分散，使乳化剂包围沥青颗粒，悬浮于乳化液中成为乳化沥青。常用的有以下两种。

松香皂乳化剂：松香∶工业碱∶水（质量比）=4∶1.25∶5。

肥皂液乳化剂：肥皂∶洗衣粉∶烧碱∶水（质量比）=1.1∶0.9∶0.4∶97.6。

用这两种乳化剂与沥青配制成乳化沥青的比例（质量比）如下。

松香皂乳化沥青：沥青∶松香皂乳化剂∶搅拌用水=100∶36∶100。

肥皂液乳化沥青：沥青∶肥皂液乳化剂=1∶1。

所用玻璃毡片由8～15μm厚的玻璃丝浸黏结剂后烘干而成，厚度为0.3～0.4mm，质量为60～80g/m^2。

使用乳化沥青玻璃毡片粘补的施工方法，分为以下几个步骤。

（1）清理和整平　在天沟的青灰背上铲除松动灰块，凹凸不平处如超过0.7cm，裂缝内先用乳化沥青调20%滑石粉或15%水泥浆调匀抹平。

（2）做底子　基底基本干燥后，用稀释的乳化沥青打底子（用30%净水徐徐倒入70%的乳化沥青中，也称为冷底子油）。

（3）铺设　在要修理的范围内，再喷涂乳化沥青一层，干后铺玻璃毡布一层，干后再喷涂、铺布各一层，最后浇一层乳化沥青作为表面的防护层。由下至上共计二毡四膏。

（4）要求　铺玻璃毡片时，要压牢压严，不允许有张口、空鼓、皱褶及白槎等现象存在，每层毡片喷涂乳化沥青后，须用胶皮板往返涂刷，赶出气泡，要使乳化沥青浸透，看不到毡片纤维。由于乳化沥青结膜的时间较快，一般气温下5～6min，故施工动作须准确迅速。如面积较大，可在乳化沥青内掺5%～20%的滑石粉，以延缓结膜时间。

（三）经常性的屋面保养工作

1. 清扫瓦垄和天沟

古建筑瓦屋面，无论是布瓦屋面还是筒板瓦的瓦顶，瓦垄中极易积存尘土和随风飞来的草籽、鸟粪、树叶等杂物。不仅阻碍雨水的流通，容易发生瓦顶渗水现象，而且会滋生杂草和杂树。因此要求对瓦顶和天沟的杂质应每年至少清扫一次，时间以初春最为合适。

2. 修剪妨害古建筑屋顶的树枝

古建筑物的旁边，会配置一些植物。年久树木长大后，往往影响建筑物的安全，有的树根挤毁建筑的基础部分，有些树枝与屋面发生剐蹭，严重威胁建筑的安全，遇此情况要具体问题具体分析，如树木不是名贵树种或有某种意义的树木，一般应连根砍除；多数树木基本上是与建筑同时存在的，有一定的历史存在价值，有的虽然距离很近，但为多年老树，姿态又很美，已成为建筑物很好的陪衬物，还有的由于它自身的“长寿”，也被视为珍贵植物予以保护（图6-6）。遇到此种情况则不能整体砍除，要针对影响建筑的枝条进行修剪，适当剪除一些不影响美观的枝干。据此经验，在古建筑旁边栽植树木时，一定要与古建筑物保持一定的距离，最少要离开台基4～5m（图6-7）。

四、注意事项、质量检验与控制要求

屋面保养要注意别在保养时发生新的伤害。在确保安全的情况下，还要注意不扩大要保

图 6-6 建筑与树木

图 6-7 建筑与树木的距离

养的范围，施工时要有防护设施，如安全牢固支撑的梯子（与屋面弧度相吻合或软梯），在屋顶上行走，最好穿橡胶底的鞋，以防滑倒和损毁其他构件。

保养后要注意检查：屋面表面应干净，接缝应平整，周边应顺直，镶嵌应正确，应无空鼓现象。

检验方法：小锤轻击和观察检查。

表面瓦件不得有裂纹、脱皮、麻面和起砂等现象，尤其拔草部位，应没有瓦缝松脱现象。检验方法：观察检查。

如瓦面有浅色涂料，应黏结牢固，厚薄应均匀，不得漏涂。检验方法：观察检查。

检查檐口排水槽是否清理干净，有无堵塞、漏水（接口处和生锈处），支撑是否松动，排水槽坡度是否有利于雨水排入垂直落水管。检查排水管与落水管接口处以及落水管本身是否松动、漏水。检查落水管靠近地面的出水口是否能够让雨水排离房屋。有烟囱的建筑，其砌砖是否有剥落、松动，是否有裂缝，砂浆是否脱落，烟囱本身是否倾斜。检查烟囱的盖板是否松动、开裂、破损，高出烟囱盖板的烟囱内衬是否破损，是否有防水盖板。检查金属烟囱是否生锈，支撑是否松动。

有些古建的瓦顶上并未生草，但由于年久，勾缝的灰条也会有些部位脱落，故每隔 2～3 年应检查一次，遇有脱落的应及时勾抹严实，以免损伤情况继续扩大。

第二节 屋面的修理

一、屋面构成

屋面由屋脊、瓦面、瓦件、檐口、天沟、勾滴、雕塑装饰物等组成。

（一）屋脊

屋面上面，屋面与屋面相交处有转折，相交处必然不会十分严密，古建筑为木结构，为了使屋顶两个面的瓦件相交妥帖，不致漏水，古代匠人就在两个坡顶相交处的位置上加砖瓦封口，这就形成了各式各样的脊，分为正脊、垂脊、戗脊（岔脊）、围脊、博脊、十字脊等，排山又分为铃铛排山脊、披水排山脊等（图 6-8）。

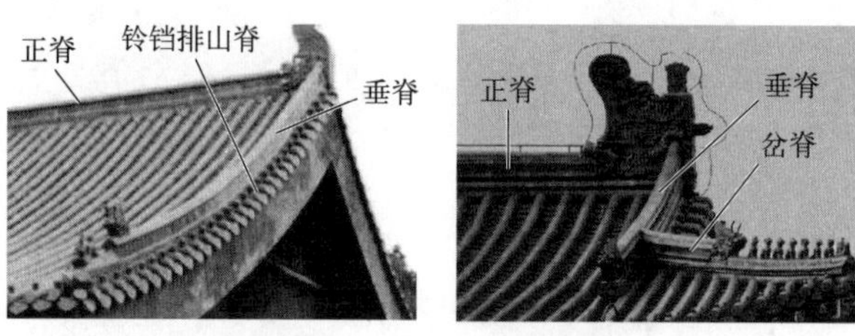

图 6-8　正脊、垂脊、岔脊

（二）瓦面

有筒瓦屋面、布瓦屋面、裹垄屋面、翻毛脊屋面、剪边屋面等（图 6-9）。

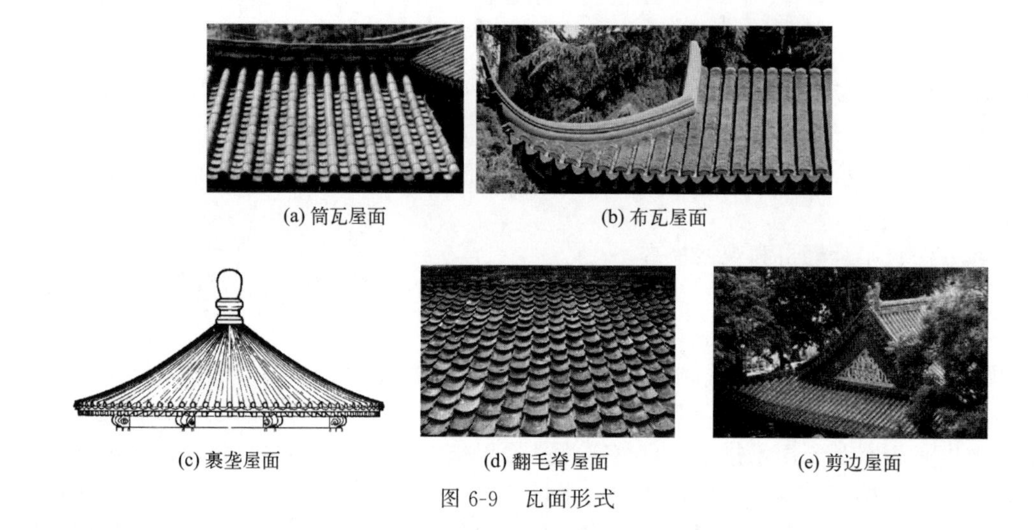

(a) 筒瓦屋面　(b) 布瓦屋面

(c) 裹垄屋面　(d) 翻毛脊屋面　(e) 剪边屋面

图 6-9　瓦面形式

（三）瓦件

部分瓦件图样如图 6-10 所示。

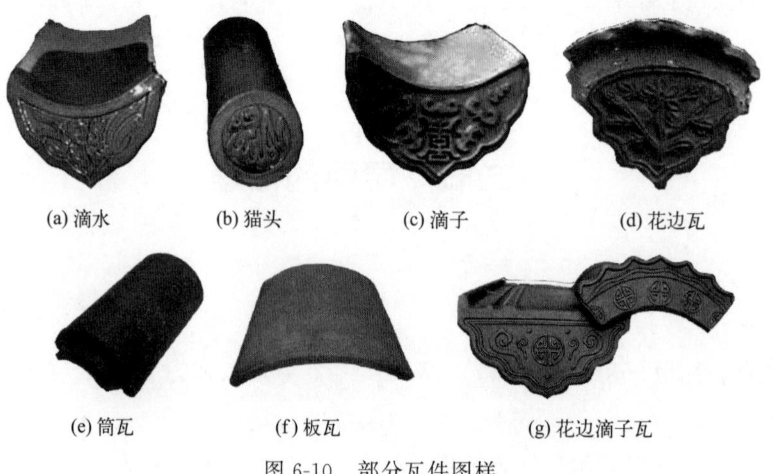

(a) 滴水　(b) 猫头　(c) 滴子　(d) 花边瓦

(e) 筒瓦　(f) 板瓦　(g) 花边滴子瓦

图 6-10　部分瓦件图样

(四) 吻兽

中国古建筑与国外建筑以及现代工业与民用建筑最直接的区别，无外乎就是大屋面，大屋面上还有许多建筑装饰物，这些装饰是对建筑构件美的加工，这些装饰不是凭空产生的，它们集吉祥、装饰美和保护建筑（实际功能）三重功能同时又兼有实用性。

吻兽有：正吻、垂兽、仙人、走兽、戗兽、围脊兽、吞脊兽、望兽、小跑（十个）等。

1. 正吻

正吻［图 6-11(a)］又名龙吻，亦称吻、大吻，是建筑屋顶封护屋面前后坡交会部位正脊两端的装饰构件，为龙头形，龙口大开咬住正脊，而在当时的南方有些地区则将之称为“鳞尾”，与大吻的做法有一些不同之处，如尾部卷曲时不并拢，或在边缘有许多花纹等。吻件按大小分为“二样”至“九样”不等。“六样”以上大吻体积较大，由五块、七块、九块、十一块拼合而成，最多可至十三块，称十三拼。

2. 垂兽

在屋面的下中部，硬山、悬山建筑有垂脊，歇山有岔脊，在四条垂脊、岔脊上常摆放着垂兽（蹲兽）［图 6-11(b)］。

3. 仙人

高等级古建筑中，在屋顶垂脊、戗脊的端头常设有数量不等的仙人走兽，这些形象的形成也经历了漫长的发展阶段，从数量到形式都具有鲜明的艺术特色和等级意义。

(a) 正吻　(b) 垂兽

图 6-11　吻和垂兽

远在宋代，仙人称为嫔伽，其形象为人首鸟身的站立状。随其身后设置蹲兽（走兽），数量常常是二、四、六、八枚这样的双数，并尤以四枚蹲兽为多；在宋代画作《滕王阁》《黄鹤楼图》中，戗脊端部的嫔伽之后均跟蹲兽四枚。

明代初期，嫔伽已改为了仙官驭凤，仙官双手捧笏，侧身于凤背。在稍后的明永乐时期修建的武当山道观的金顶金殿上，角脊端部也不是嫔伽，而是“仙官驭凤”，嫔伽所蕴含的佛教含义此时已改为道教含义。至明永乐营造北京宫殿时的嫔伽就已改为顺身而坐面向四条角脊端部的“仙人骑凤”了，这种改制，某种意义上也提高了烧制构件的成功率。

4. 走兽

仙人排在檐角端头，作为首领，也称仙人指路，其后设置走兽（小兽、小跑）。宋代殿阁建筑中，屋顶正脊上隔三至五个瓦位，也放置一些走兽，且走兽名称同明清。而明代开始，殿阁正脊上不设走兽，只在几个檐角设置。小跑的排列次序也有明显的规矩和等级要求，排序为：行龙、飞凤、狮子、天马、海马、狻猊、押鱼、獬豸、斗牛、行什（猴因排行第十故名），每种小兽都有其各自的寓意，这些小兽严格按顺序排列（图 6-12）。

（1）行龙　因为龙能兴风作雨，所以可避火灾、调风雨。龙还是权力和富贵的象征。

（2）飞凤　凤饰物象征着吉祥如意，也含富贵和权力之意。比喻有圣德之人。据《史记·日者列传》记载：“凤凰不与燕雀为群。”这里充分反映了封建帝王至高无上的尊贵地位。

（3）狮子　狮子是兽中之王，有震百兽、示威武之象征，代表勇猛、威严。

（4）天马　在我国古代神话中也是吉祥的化身，能通天入海。

（5）海马　意义同天马。

(6) 狻猊　古书记载是与狮子同类的猛兽，也有说为龙的九子之一。

(7) 押鱼　是海中异兽，传说和狻猊都是兴云作雨、灭火防灾的神。

(8) 獬豸　我国古代传说中的猛兽，与狮子类同。《异物志》中记载："东北荒中有兽，名獬豸，一角，性忠，见人斗则不触直者，闻人论则咋不正者。"传说獬豸能辨别是非曲直，是"正大光明"和"清正公平"的象征。

(9) 斗牛　传说中是一种虬龙，据《宸垣识略》记载："西内海子中有斗牛，即虬螭之类，遇阴雨作云雾，常蜿蜒道旁及金鳌玉栋坊之上。"它是一种除祸灭灾的吉祥镇物。

(10) 行什　一种带翅膀猴面孔的人像，因排行第十，故名行什。

图 6-12　屋脊饰件

在清代官式建筑中，只有琉璃瓦屋面上才能将琉璃仙人脊件安置在前后两端，并且仙人后面安装的小兽数量只能是三、五、七、九一类的单数（与宋代正好相反）。最高等级是太和殿上檐屋脊把走兽全部设置其上，显示了至高无上的重要地位，是一个特例。建筑物等级越高，它的数量就越多，一般为奇数，奇数为阳数（双数为阴），如 11、9、7、5 等。递减时由行什、斗牛、獬豸、押鱼、狻猊等依次向前递减，减后不减前。如是青瓦屋面，则不允许设仙人和龙、凤，只能将狮子安装在最前端，名曰"抱头狮子"，因为仙人是不允许用于低等级别建筑中的。从传统思想来说，这些饰物具有比较狰狞、凶恶、凶神恶煞的形象特征，越是如此，越能起到镇妖、降伏和驱妖避邪的作用，常言道"鬼怕恶人"，所以人们认为，它们具有灭火压邪、逢凶化吉的作用。

前面讲了这些装饰起到的"避邪、期盼吉祥"和"装饰美"的作用，它们保护建筑的实际功能是什么？中国古建筑大都为砖木结构，屋面上铺以屋面瓦，瓦和瓦交界之处即屋脊所作之处。由屋面瓦排列组砌由下至上一个套一个地紧扣在倾斜的屋面上。檐边最前端的瓦片因处于最前沿的位置，要承受上端瓦片向下的一个"推力"，且坡度很大，瓦片极易受推力而产生下滑位移。因此，屋面上在屋檐处最下面一块筒瓦都要用铁钉钉在瓦底下的木构件上，为防止雨水从钉眼漏下而腐蚀木结构，在每一个钉孔上覆一个构件，叫钉帽。垂脊、戗脊也存在这种情况，所以，为防止斜置的屋脊构件下滑，在垂脊和岔脊端头安装仙人和走兽替代钉帽。

二、常见问题

屋面常见问题主要是瓦件松动、开裂、破损、残缺等，最终引起屋面渗漏，导致屋基层糟朽，使得屋面产生凹凸变形、坍塌等质量问题。

三、处理办法

(一) 保养屋面引起渗漏处理

屋面长草、长树的原因主要是屋面潮湿所造成的，瓦顶拔除杂草后，瓦垄、瓦缝的勾灰会受到不同程度的破坏，有的连同底瓦的灰泥也被松动，因而要采取一定措施进行修整（图 6-13）。古代勾灰的材料及比例如下。

图 6-13 屋面修缮

黄色琉璃瓦用红土麻刀灰，材料质量比为：白灰：二红土：头红土：麻刀：江米：白矾＝100：10：10：8：1.4：0.5。

绿色、蓝色、黑色琉璃瓦及布瓦用青色麻刀灰，材料质量比为：白灰：青灰：麻刀：江米：白矾＝100：10：8：1.4：0.5。

现在施工中多不用江米、白矾，用料质量比如下。

红土麻刀灰：白灰：红土：麻刀＝100：20：4。

青白麻刀灰：白灰：青灰：麻刀＝100：8：4。

以上配比还要结合各地区的经验进行调整，因为各地区的红土质地不同，用量与调配方法有些区别，还有地区操作时减少红土用量，抹完后再补刷红浆，此种做法当时效果还好，经过几次雨水冲刷后褪成粉红色，效果不好，应尽量避免，但在雨水少的地区，为了某段时间的效果，采用这种办法也是不错的选择。同样，布瓦顶用青白灰勾抹后，再用青灰刷浆的方法虽然也是不可取的，但是多数地区在修缮后也采用刷浆的方法增加观感效果。正常情况下，不减少红土用量和不用青白灰勾抹，施工人员还是常用刷浆的方法增加当时的效果。经验证明，除了勾灰的配比应严格掌握外，勾灰的技巧对于防止瓦顶漏雨也是十分重要的。如不注意勾抹的技巧，就容易出现裂缝。勾灰时应注意以下几点。

1. 勾缝（捉节）

（1）清理 将瓦垄清扫干净后，用麻刀灰在瓦上反复揉擦，保证灰与瓦结合密实，防止雨水渗入。

（2）找平 用麻刀灰将裂缝处及坑洼处塞严找平，再沿盖瓦垄的两腮抹一层夹垄灰，保证抹灰直顺、新老接茬搭接密实，最后打水槎子并刷浆轧光。

（3）勾缝 筒瓦捉节即用麻刀灰将缝口塞严勾平。若为布瓦筒瓦，则勾缝后刷月白浆一道。若为琉璃瓦，可用掺入与盖瓦相同颜色的小麻刀灰在相接的地方勾抹紧密。应尽力将灰浆嵌入压实，表面与瓦面齐平［图 6-14(a)］。

2. 夹垄

每垄筒瓦两侧勾灰称为“夹垄”，用夹垄灰（掺色）将睁眼抹平。夹垄应分糙细两次夹，操作时要用瓦刀把灰塞严拍实［图 6-14(b)］。上口与瓦翅外棱抹平，称为“背瓦翅”。应注意不要凸出瓦边，要稍稍凹进一些。如凸出瓦边过多，夹垄灰干燥收缩后，雨水很容易沿筒瓦边渗入筒瓦内部，造成垄内积水，严重的能渗透苫背层，使望板椽子发霉，甚至糟朽。

3. 轧缝

要在底瓦垄之间的缝隙处（称作“蛐蜒当”）用大麻刀灰塞严塞实，这个过程称为“轧缝”［图 6-14(c)］，不能出现空隙，因为这些部位最容易积存尘土和草籽。施工中有的工人将底瓦两角抹成弧形，对防止瓦垄内积存尘土、草籽起到了较好的作用。

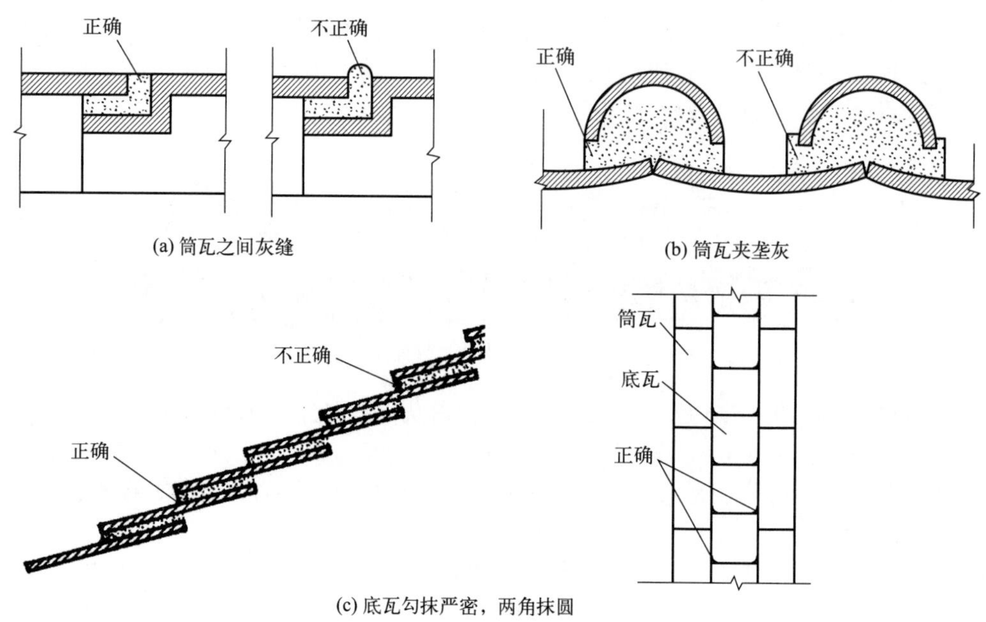

图 6-14　瓦件修缮规则示意

若屋面全部或是半坡出现损坏，则只能拆除，重新盖瓦。除了对屋面漏雨问题的整修外，还应经常对屋面外形边角进行整修，包括檐头整修，瓦件、脊件添补加固，屋脊整修等。特别是对竖脊的检查整修，一定要认真细致，因为一旦该部位有渗漏水发生，对于山墙和木构梁的损害是非常大的。

木基层的破坏主要是受潮导致腐烂糟朽，一般是屋面渗漏或是遭受风雨侵袭，如出檐部分的椽子、望板、连檐、瓦口板等，还有就是飞檐椽角部位的嫩戗、摔网板等。若木构件腐朽程度不深，不影响结构安全，只需将腐朽处剔凿干净即可。不管是新老构件，必须刷油两遍，防腐、防虫，必要时可掺入杀虫剂。

屋面瓦施工完毕后，清洁瓦面的灰浆，要用干净的棉纱将瓦面清理干净，尤其是琉璃瓦屋面，以保持瓦的清洁及亮度。

（二）瓦屋面漏雨处理

现有屋面的潮湿、漏雨由三个原因导致。第一个原因是年久失修，瓦垄脱节、瓦片风化破碎使屋面漏雨潮湿。第二个原因是底瓦由黏土烧制，雨季底瓦渗水使屋面潮湿。第三个原因是历史上的每次维修没有注意按统一的规格补充底瓦，有的地方甚至把上瓦也作为底瓦使用，使底垄的叠压长短不一造成渗漏。简单的局部维修做法为：把屋面现有旧瓦或仓库留存的瓦件规格与现场瓦件对比进行选配加工制作，增加插入部分的长度；施工时把需要更换的构件用清水湿润，然后用大麻刀灰安装；按原底瓦规格，改用陶土统一烧制，使底瓦在梅雨季节不渗漏，上瓦仍然为黏土瓦覆盖。

因瓦顶严重漏雨，或因修理梁架必须揭除瓦顶，或因其他特殊原因需进行揭瓦大修的，具体做法是：能勾抹的就不进行揭瓦，按照第一节或上述办法中介绍的方法进行处理；能局部揭瓦的就不要全部揭瓦，全部揭瓦时工作顺序如下。

1. 现状记录

决定揭瓦时，首先进行现状记录，除文字记录外，须附以图或照片，记录内容分为三种。

（1）第一种　是现存瓦顶的工程做法记录，例如瓦顶的式样为歇山、悬山……，做法为筒板瓦、蝴蝶瓦……，瓦件的质地为琉璃瓦（包括颜色）、布瓦……

瓦顶的尺寸：以歇山顶为例，应记明四面坡檐头的长度，大脊、垂脊等的长度、高宽尺寸。每面坡瓦垄的长度，翼角翘起的尺寸（檐生起），翼角向外平出的尺寸（檐生出），筒板瓦、勾头、滴水瓦、大小吻兽的尺寸等都应记录清楚。

瓦件的数量：每条脊所用脊筒子的数目，每垄瓦的筒瓦、板瓦数目，如为琉璃剪边，或砌有琉璃花心的瓦顶，则应记明其部位、数量、颜色，翼角戗脊上小兽的数量、排列次序（图 6-15）。

(a) 琉璃剪边

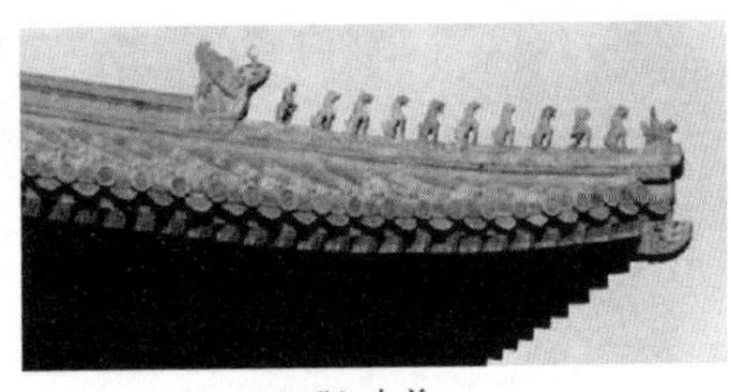

(b) 小兽

图 6-15　琉璃剪边和小兽

（2）第二种　为残毁情况的记录：筒板瓦件数目较多，一般以比例（%）估计，如某建筑的筒瓦残毁 15%，板瓦残毁 10%，勾头、滴水、吻兽、脊筒子等都以件数记。大吻应记明残毁部位和块数，缺欠的小兽、钉帽也应查明记清（图 6-16）。

图 6-16　残损情况

（3）第三种　为形制（法式）的记录：古代建筑的瓦顶是最容易被后代修理的部分。历史上的修理，不可能完全是按照我们今天“保存现状”或“恢复原状”的原则进行的。因而往往出现瓦件混杂的现象，如筒板瓦的尺寸不统一，有时竟达七八种之多。又如琉璃瓦的色彩，也常有黄绿杂配的现象。更多的情况是颜色不一致，花纹杂乱。还有就是各年代修理时都留下当时那个年代的烙印，这些都应仔细查清。此种记录的目的，主要是分析瓦顶原来的状况和作为断代以及作为修理工作中的参考资料。

2. 瓦件编号

拆除瓦顶前，对一些艺术构件，如雕花脊筒、大吻、小兽等，为了宽瓦时位置不会装错，拆卸前应进行编号，绘出编号位置图。编号应依一定顺序进行，习惯是从西北角开始，逆时针旋转。在图上写明构件名称和编号数（图 6-17）。在实物上可用油漆书写，颜色需与瓦件颜色有明显区别。安装后再用溶剂擦掉。对于数量多、位置关系不大的如勾头、滴水、扣脊瓦、筒瓦、板瓦或无雕饰的脊筒等，一般不进行编号。但遇有圆顶建筑，它的瓦件每垄自下向上逐块缩小，则需自下向上，分垄逐件编号，才能保证宽瓦时顺利进行。

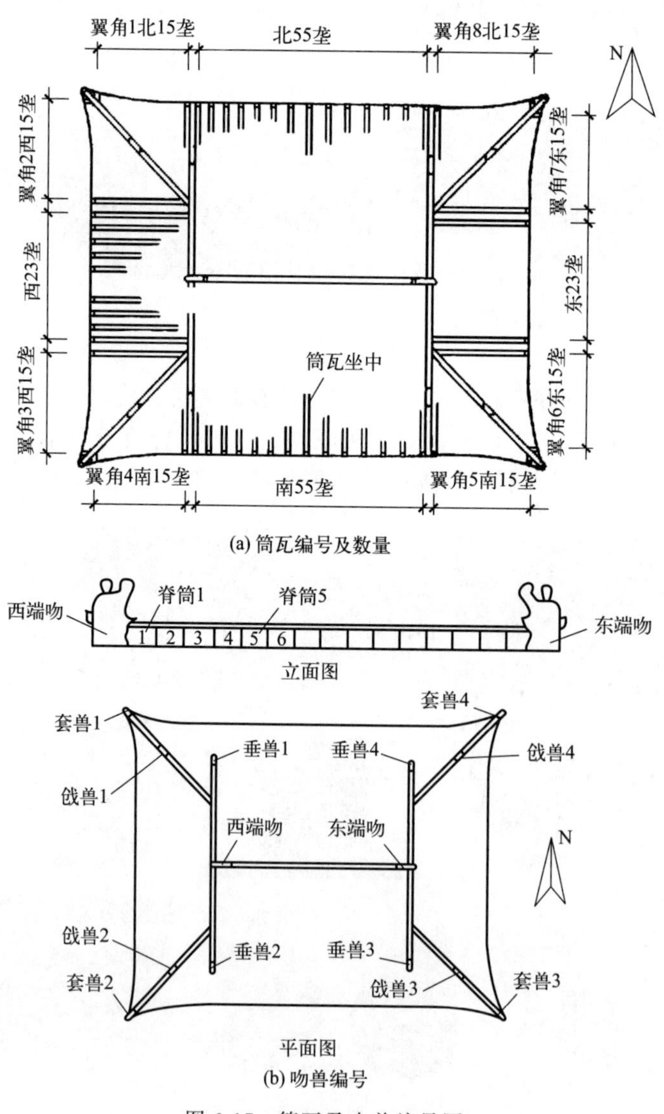

(a) 筒瓦编号及数量

立面图

平面图

(b) 吻兽编号

图 6-17　筒瓦及吻兽编号图

3. 拆除瓦件

一般顺序是先从檐头开始，卸除勾头、滴水、帽钉，然后进行坡面揭瓦。自瓦顶的一端开始（或由中间向两边分揭），一垄筒瓦，一垄板瓦地进行，以免踩坏瓦件。坡面瓦揭完后，依次拆卸翼角小兽、戗脊、垂兽、垂脊、正脊。通常是最后拆卸大吻，因为大吻体型大、重量重，要借助于起重设备，故排在最后施工，便于操作。

大吻由几块雕花构件组成（图 6-18），拆卸时先将各块之间的连接铁活拔除或锯断。然后由上而下逐块拆卸，必要时应将有雕饰部分包扎后再进行拆卸。

图 6-18 大吻组件

拆卸瓦件所用工具为瓦刀、小铲、小撬棍等（图 6-19），不要用大镐和大锹，以免对瓦件造成新的损伤。

瓦件拆卸后应随时从施工架上运走，放在安全场地，分类码放整齐。自屋顶向下运送瓦件时，可装在篮子、箱子内用卷扬机等吊装设备运到地平，或用人力自脚手架上抬至地平。有些地方运送瓦件，在高度不超过 4～5m 时，采用“溜筒”。它由三块长板装成，类似儿童的滑梯。瓦件顺筒溜到地平。更简

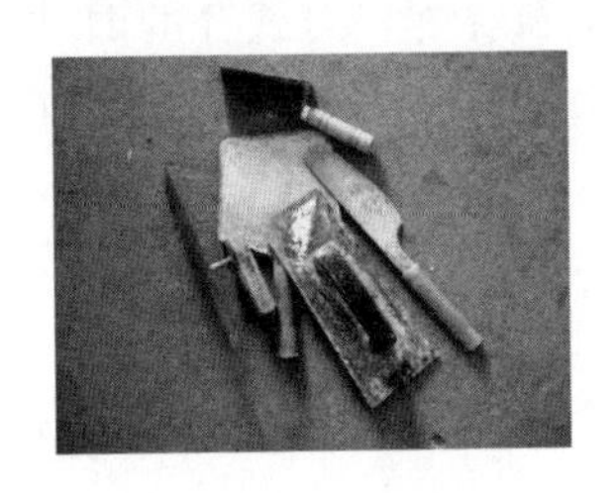

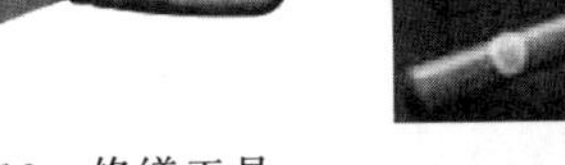

图 6-19 修缮工具

单的仅用两根杉槁并在一起，代替木板的“溜筒”。农村中有经验的工人，只凭双手，每 3～5 块一起，自房上抛下来，下边的人用手稳稳接住，速度快，接的准确度是使人十分惊讶的。

瓦顶的拆除，最后一道工序是铲除望板或望砖上的苫背层，这时应补充记录苫背层的做法、厚度。铲除时须注意不要将望板戳穿，以防发生工伤事故。遇有用望砖的建筑物，最后应将望砖揭下。揭除时一般是自脊根到屋檐，即自上向下逐块揭除，如果发现椽子有朽折的部分，需预先在底部支搭安全木架。拆除瓦顶过程中，应配合照相记录工作，以备研究原来做法和宜瓦时参考。

4. 清理瓦件

拆卸瓦件后，重新安装前，在适当的时间内要对瓦件进行清理。首先是清除瓦件上的灰迹，这道工序古代称为“剔灰擦抹”，用小铲慢慢除去瓦件的灰迹，还要用麻布擦抹干净。清理过程中应结合挑选瓦件的工作，挑选的标准，一是形制，二是残破程度如何。

瓦兽件的形制，首先要研究它原来的形制，选出比较标准的瓦件。如原形制为五样黄琉璃瓦，就应按规定尺寸式样挑出整齐的筒瓦、板瓦、勾头、滴水等瓦件，以此为标准进行挑选，不合格的另行码放，以待研究处理。考虑到古代手工操作的生产方式，构件的尺寸偏差较大，挑选时应考虑到允许偏差，如筒瓦的宽度和长度为±0.3cm，板瓦的宽度为±1.0cm，板瓦长度的尺寸可以放宽一些。

经常遇到的情况是，瓦面历经多次重修，所用瓦件大小不一，挑选时首先应按不同规格进行码放，以便研究处理。在保存现状的修理时，我们主张对于这一部分不合规格的瓦件，

只要坚固，就应继续使用。在宽瓦时，仔细安排一下，将这些瓦件用在后坡或两山，安排适当并不十分影响外观。如果瓦件的颜色不对，是否继续使用，应按建筑物的重要性仔细考虑。

残毁的瓦件，按其完整程度分为可用的、可修整的、更换的三种。依不同构件，不同建筑的要求，检验的标准也不能完全一致。常用的检验标准介绍如下，仅供参考。

(1) 筒瓦　四角完整或残缺部分在瓦高 1/3 以下的，琉璃瓦釉保存 1/2 以上的列为可用构件，碎成两段楂口能对齐的，列为可修构件，其余残碎的列为需要更换的构件。

(2) 板瓦　缺角不超过瓦宽 1/6 的（以宽瓦后不露缺角为准)，后尾残长在瓦长 2/3 以上的，列为可用瓦件。断裂为两段楂口能对齐的，列为可修构件，其余残碎的列为更换构件。

(3) 勾头瓦、滴水瓦　检验方法与筒板瓦一致，但应特别注意瓦件前部的雕饰，如花纹残而轮廓完整的列为可用瓦件，轮廓残缺或色釉全脱的，一般列为更换瓦件。

(4) 脊筒子　无雕饰的残长 1/2 以上都应保留继续使用，有雕饰的脊筒，如仅雕饰部分残缺的也列为可用构件。

(5) 小兽　残缺的应尽量粘补使用，缺欠的根据需要判断是否补配。

(6) 大吻　缺少的大吻零件如剑把、背兽、兽角等一般需重新烧配，对残存的旧件，应尽可能地粘补完整，因为这种大型艺术构件，重新烧制时，釉色和花纹很难做到与旧件完全一致。

以上所述挑选瓦件的工作，都是以保存现状为原则的。如为恢复原状工程，则需按照复原要求的规定处理。

挑选瓦件后，最好做出详细表格，写明应有数量、现存完整数量、粘接的数量及需要更换的数量。

凡必须重新烧制时，应及早提出计划，样品送窑厂进行复制。在条件可能时，应尽量使用相同形制的旧瓦，多次经验证明，这样做比重新烧制的效果更好一些。

5. 屋面工程的望砖（南方）、望板（北方）铺钉

瓦件挑选后，即可进行此项工作。

望板、望砖须厚薄均匀，规格一致；望板须铺钉牢固、平顺；望砖铺设须在桁条（檩条）上部位置的椽子上加钉勒望，以防止望砖下泄，故勒望与椽子间必须连接牢固、平顺；望板或望砖应自檐口向屋脊自下而上平行铺钉；望板之上护板灰的涂抹及望砖浇刷、披线处理应符合设计要求或按传统做法操作。

6. 苫背

椽子、飞椽、望板（或望砖、栈棍）铺钉后即可开始苫背工作。

古代建筑的屋顶，除去造型艺术的要求以外，功能上的要求应是保温与防水。北方屋顶的苫背层都很厚，一般达 20～30cm，主要是从保温角度来考虑的。大型建筑物的苫背层更厚一些。南方普通房屋虽然很少用苫背层，瓦件直接摆在椽子上，但一些庙宇、祠堂的主要建筑，也都有较厚的苫背层。苫背层的材料、品种、质量、配比及分层必须符合设计要求或地方古建常规做法，苫背层必须坚实，不得有明显开裂现象。天沟部位的苫背层须增“拍麻刀”工序，屋脊部位的苫背层须增“轧肩”工序。

苫背层须分层铺筑，小式建筑用滑秸泥，每层不超过 50mm；官式建筑用麻刀泥，每层不超过 30mm。各层铺筑完毕均须赶平拍实。北方地区通常分为三层，由下而上依次为护板灰、灰泥背、青灰背。南方地区一般只用灰泥背，不用护板灰和青灰背。

(1) 护板灰　望板护板灰的材料、品种、质量及配比必须符合设计要求或古代建筑常规

做法；望砖浇刷用的材料、品种、质量及配比必须符合设计要求或古代建筑常规做法。从防水的功能考虑，护板灰是屋顶防水的最后一道防线，在望板铺钉后，在其上抹护板灰一层，厚度1～2cm。材料质量比为：白灰：青灰：麻刀＝100：8：3。

抹灰时要求自脊根向檐头进行（即由上向下），七八成干时，再刷青灰浆，随刷随用铁抹子轧实。古代宫廷建筑中，在抹护板灰之前，先用高丽纸将望板的缝隙裱糊严密，防止灰浆漏至望板以下弄污油饰彩画。

护板灰的做法，最晚在明代已经出现，原意应是为了防止望板糟朽而设的，应是随着望板的出现而增加的。明代以前，大多数建筑物不用望板而用"柴栈"（俗称栈棍）铺在椽子上，如遇此种做法，应在栈棍上抹胶泥或掺灰泥道，材料体积比为：白灰：黄土＝1：4。其中可掺少量的麦壳或碎稻草。这一道泥，工人称为"压栈泥"，意思是用灰泥压住栈棍，以防止滑动，从防水效果考虑，作用并不明显。北方农村中的普通房屋，凡不用望板、望砖的，至今仍保留此种做法。

由于护板灰直接抹在望板上，对木结构的保护具有重要作用，维修工作者应特别重视这一层。它处于隐蔽部分，允许用新的防水材料代替。最常见的做法是，在望板上先刷冷底子油一道，然后铺二毡三油防水层。或者在望板上先刷一道沥青膏，再抹护板灰，这种做法除了在施工中应严格遵守操作规程外，还需注意望板的接缝及密封性，防止沥青膏流淌在望板以下，弄污室内的油饰彩画。

二毡三油防水层的做法，对于防止屋顶漏雨的效果比较明显，但油毡的老化期一般只有二三十年，对于"长寿"的古代建筑来说，二三十年仍是相当短暂的，因而此种做法在古代建筑维修工作中并不普遍受到欢迎。

（2）灰泥背　北方的灰泥背常用掺灰泥。白灰和黄土的体积比为1：3或1：4。泥内另掺麦草或麦壳，每100kg白灰掺麦草5～10kg。

宫廷建筑中多用麻刀代替麦草，重要的宫殿，只用100：5白灰麻刀（质量比）。

南方建筑，多用1：2砂灰做灰泥背，还有一种蛎灰苫背，蛎灰是由海生动物蛎、蚝之类的外壳烧制成的，产于浙江、福建、广东、台湾等省的海滨地区。这些地区广泛使用它代替白灰。蛎灰用料质量比为：蛎灰：麻筋＝100：(5～10)。

灰泥背施工时，也是自上而下，压抹光平。但应注意它的厚度不是完全一致的。中国古代建筑的瓦顶，一般都有一条优美的曲线，除了结构上的处理外，在苫背时要使它更加牢固。具体方法是将檐头灰泥抹得薄一些，两椽相交处抹得厚一些。苫背灰泥抹好后，这条屋顶曲线已经基本合适。因而通常所说灰泥背的厚度，都是指平均厚度。

古代的灰泥背都是相当厚的，在今天的修理过程中，为了减轻整个木构架的荷重，增强抗震性能，首先考虑的就是减轻瓦顶的重量。一种办法是按原做法，将厚度减薄，例如将原来厚20cm的苫背层，改为厚8cm左右。这样檐头厚约5cm，大脊根部也不超过15cm。另一种方法是用重量轻的材料，代替重量大的黄土泥。常用的材料为焦渣，做成的苫背层称为焦渣背。

焦渣背是用焦渣与白灰粉混合后，淋水闷透5～10d，白灰与焦渣的体积比为1：3。由于焦渣本身重量比黄土轻约1/3，在采用同样厚度的苫背层时，焦渣背比灰泥背可减轻1/3左右，若再结合前一种方法，将焦渣背也做成平均厚8cm，与古代做法相比就可比原做法减轻2/3以上，对延长木构架的寿命是大有好处的。此外用焦渣背对防止屋顶生草，也是相当有效的。

这种做法，是从北方一些民居的做法中学习来的，所用焦渣粒径为0.35～0.5cm（称为粗焦渣）。做焦渣背时，一般虚铺10cm，用木拍子拍打出浆，拍实后为8cm。工艺比灰泥背复杂一些，稍稍练习一段时间就能掌握。焦渣背在望板上应用效果较好，在用望砖的情况下，拍打用力如过猛，易使望砖震碎。厚度为5cm以下时，则易产生裂缝。

抹灰泥背或焦渣背时，若遇到明代以前的木构建筑，应注意它的屋顶，不仅瓦垄有弧线，它的大脊也是两端向上翘起呈一条弧线。此种式样，除了木结构上的处理外，在抹灰泥背时，应将大脊两端按设计要求垫厚，以保证宽瓦调脊时，顺利地做出大脊的弧线。不注意此点，调脊时将遇到很多困难，有时还要返工重抹苫背层。

(3) 青灰背　灰泥背达七八成干后，上抹青灰背一层，厚1～2cm。用料比例、做法与护板灰相同，但在刷青灰浆赶压的工序中，往往还散铺一些麻刀，随刷随轧，增强青灰背面层的拉力，防止出现微细裂缝。

7. 筒瓦琉璃屋面宽瓦

依据设计图纸和拆除记录草图、照片等资料，按原来式样进行宽瓦。

瓦屋面铺设前，一般要先进行审瓦，宽瓦须依据“审瓦”的规定。审瓦时通常用一块木板，上面按瓦的宽度钉上两个钉子，做成几个样板，然后把瓦依次从钉中穿过为一水，同时穿过同一钉间距的堆放在一起，用于同一瓦垄。施工时一般程序为：“分中”“号垄”“排瓦当”“冲垄”“宽檐头勾滴瓦”“宽底瓦、盖瓦”“捉节夹垄”及“清垄檫瓦”等，具体做法如下。

(1) 排瓦当　依据拆除记录，查明各面坡顶的瓦垄数，正常情况应该是前后坡一致，两山面一致，四翼角一致。但也常常出现不一致的情况，可根据设计要求或重新统一垄数。屋顶瓦垄的排列，以每面坡计算有两种方法。一种是底瓦坐中，瓦垄为双数。另一种是筒瓦坐中，瓦垄数为单数。排瓦垄时首先应先弄清这一点，再依瓦顶宽度进行排瓦当的工作，以歇山顶底瓦坐中为例，见图6-20(a)。

首先找出坡面的中心线A和垂脊中线B和B'，然后依原来比较标准的瓦垄距离尺寸，暂定出瓦垄中距（一般比板瓦宽出3cm左右），在垂脊中线两侧，画出相邻的两个筒瓦中点C、C'，E和E'。量测C和C'的距离，以暂定瓦垄尺寸均分，须得整数，而且还需双数，以便从A点起向两边对称。如原来暂定瓦垄中距不合适，还要进行调整。正身坡面分好后，再分翼角瓦垄，先量出E至D（瓦顶翼角45°中线）和E'至D'的距离，依正身瓦垄中距均分，两端应对称一致。

在檐头的青灰背或灰泥背上，画出每条瓦垄筒瓦的中线，接着进行钉瓦口，拉线排垄，在檐头拉线做出记号，再将线移至大脊，按筒瓦中点翻印在大脊的青灰背或苫背上，用白浆或红浆画出瓦垄中线。画好后应核对数目有无误差，上下是否垂直。庑殿顶排瓦当的方法见图6-20(b)。

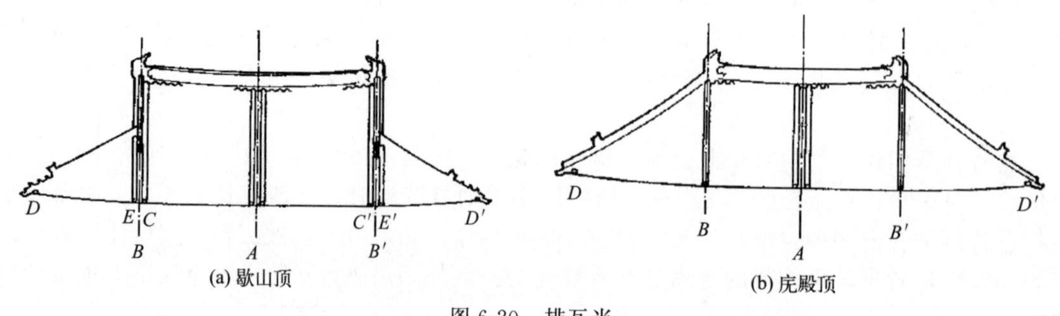

图6-20　排瓦当

(2) 宽筒板瓦　琉璃筒板瓦或布瓦筒板瓦，宽瓦时一般自中线向两边分，每边先自垂脊靠近中线的一垄宽起。每垄先在檐头用麻刀灰安滴水瓦，为保证各垄滴水瓦的高低及伸出瓦口外尺寸一致，应在檐头挂线，滴水瓦伸出瓦口外应按拆除前记录，一般习惯做法为6cm左右。滴水安稳后，开始拉线宽底瓦，线的弯度须圆和。瓦下铺灰泥，自下而上依次宽底瓦，按原来式样压七露三，或压六露四，或压五露五。底瓦头部预先挂麻刀灰后再铺瓦，以保证底瓦与底瓦之间的缝隙严密（比宽好后单独勾缝的效果好）。

具体操作时，先宽两垄板瓦，一垄筒瓦，然后每宽一垄板瓦后就接宽一垄筒瓦，宽筒瓦时，先在檐头用麻刀灰安勾头瓦，并钉好瓦钉，然后自下向上依次铺完筒瓦。瓦垄中间原有瓦钉时，应按原做法钉牢。总体要求除需坚固外，从外观上应做到“当匀垄直，曲线圆和”。

铺宽底瓦时所说的压七露三等，都是平均数，也是计算数字。因为在有曲线的瓦顶宽瓦时，瓦件不可能是等距离的，靠近檐头平缓一些，瓦件可以摆得疏朗些，靠近大脊处，坡度陡峭，瓦件摆得就要紧密些，工人总结为“稀瓦檐头，密瓦脊”，是合乎实际的经验之谈。宽瓦时，瓦件底部需用灰泥垫牢，底瓦下垫泥厚度为4～5cm，筒瓦下需用灰泥装满。施工时用木板依照筒瓦内径的宽度，做一个木槽子放在筒瓦中线上，先在木槽内装满灰泥，然后再铺瓦。所用灰泥为：白灰∶黄土＝1∶(2～3)（质量比，灰的比例稍多于苫背泥），有时在灰泥内加麦草或麻刀。如用焦渣苫背，宽瓦一般也用焦渣，但粒径小，通常在0.35cm以下，称为细焦渣，材料体积比为：白灰∶细焦渣＝1∶2。

全部瓦顶或每面坡宽好后，进行“捉节夹垄”。捉节就是将筒瓦之间的缝隙勾抹严实。夹垄就是将筒瓦两侧与底瓦之间的空当，用灰勾抹严实。用料比例及做法与勾抹瓦顶相同。南方使用蛎灰宽瓦的地区，为适应南方多雨、气候湿润的情况，勾缝多用油灰，一般不掺麻刀。蛎灰与生桐油的质量比为1∶1。

古代文献中记载了对宽瓦的严格要求。《营造法式》卷十三瓦作制度中，列有三项规定。

第一称为“解挢”。筒瓦在使用前先将口沿和里棱砍成斜面，要求瓦的四角平正。这可能是为了使瓦件与灰泥粘接牢固。

第二称为“撺窠”。用一个平板，在上面刻出与筒瓦断面相同的孔洞，将选好的筒瓦放在这个孔洞内试过，用此方法检查瓦件规格是否统一。

第三称为“揭趟”。宽瓦前，先将筒瓦依照上下顺序排好，检验瓦件之间的接缝是否合适，如过大或不匀，须重新砍磨合适，然后将瓦件揭起铺灰宽瓦。此种做法类似今天的“预安装”，以保证施工质量。

8. 筒瓦灰顶屋面铺设

传统建筑屋面工程筒瓦灰顶屋面铺设（包括清水筒瓦、混水筒瓦和仿古筒瓦屋面，仰瓦灰梗屋面也可参照）要按下述操作。

（1）拍瓦当　瓦屋面在铺设前须进行“分中”“号垄”及“排瓦当”等工序。做法应符合设计要求或依据当地传统做法。

（2）审瓦　宽瓦须依据“审瓦”“沾瓦”“冲垄”“宽檐头勾滴瓦”“宽底瓦、盖瓦”“捉节夹垄”及“清垄檫瓦”等工序，操作应符合设计要求或依据当地传统做法。

（3）宽瓦　筒瓦屋面清垄后应用素灰将瓦底接头处勾抹严实，之后方可宽盖瓦。

（4）搭接　底瓦的搭接要求、筒瓦的上下两个接头做法应符合设计要求。

（5）屋角、天沟、窝角沟　做法与琉璃瓦相同，并应符合设计要求或依据当地传统做法。

（6）地方做法　地方传统建筑的筒瓦铺设须符合设计要求或地方古建常规做法。

9. 合瓦灰顶屋面铺设

宽蝴蝶瓦（又称阴阳瓦）屋面，包括各种合瓦、小青瓦屋面以及棋盘心屋面。此种式样的瓦顶，不用筒瓦，完全使用板瓦。筒瓦部位用板瓦反置称为盖瓦或合瓦，底瓦又称仰瓦。

排瓦当的工作与筒板瓦顶相同。在屋面铺设前也须进行“分中”“号垄”及“排瓦当”等工序，做法同前。

宽瓦须依据“审瓦”“冲垄”“宽檐头花边、滴水瓦”及“宽底瓦、盖瓦”等工序，操作应符合设计要求或依据当地传统做法。在审瓦之后，合宽瓦头应予以“沾浆”处理。盖瓦的铺筑须拉瓦刀线，以令直顺。宽瓦时，每垄在檐头先用麻刀灰安花边瓦，瓦件的疏密，通常采用“压五露五”的做法。板瓦的形状是头宽尾狭，使用时底瓦须小头向下，盖瓦则与之相反，应小头向上。此种式样的瓦件都是布瓦，瓦缝勾灰用青白麻刀灰，材料配比同前。北方在瓦垄内装灰泥，故需抹夹垄灰。南方一般在瓦垄内不装灰泥，不抹夹垄灰。宽布瓦时，为防止瓦件的“砂眼”漏水，应先在青灰浆内浸过后再用。盖瓦铺筑完成后，须进行勾缝、刷浆。

10. 宽其他式样瓦顶

瓦顶做法，除上述筒板瓦、蝴蝶瓦以外，还有筒板瓦裹垄、干捶瓦等做法。施工程序、用料与前述方法基本一致，施工中应注意的事项介绍如下。

图 6-21 裹垄屋面

筒板瓦裹垄的做法（图 6-21），主要是在每垄筒瓦宽好以后，表面再抹一层青白麻刀灰（比例同勾缝），厚0.5～1.0cm。抹好后用一个铁制或木制的“捋子”（铁板或木板，下部刻成半圆形的凹槽），将裹垄灰捋成与断面一致，表面用铁抹子赶压光平，边压边刷青灰浆的效果更好一些。这种做法对筒瓦尺寸要求十分严格，因而裹垄灰的质量好坏，是防止屋顶渗漏雨的关键。

干捶瓦的做法，是全部屋面只用板瓦仰铺，不用盖瓦，这也是比较古老的做法之一。许多民居至今仍保存此种做法。铺瓦的操作方法与蝴蝶瓦的底瓦基本相同，但各垄之间的板瓦须犬牙交错，接口严密。《酉阳杂俎》记载唐代有一位叫李阿黑的人，善于宽瓦，各瓦之间相接如牙齿相错，瓦缝连一根线都穿不过去，他宽的瓦顶还不生瓦松。这段记载正确地说明了干捶瓦做法的要领，同时也说明精心施工是防止瓦顶生草的措施之一（图 6-22）。

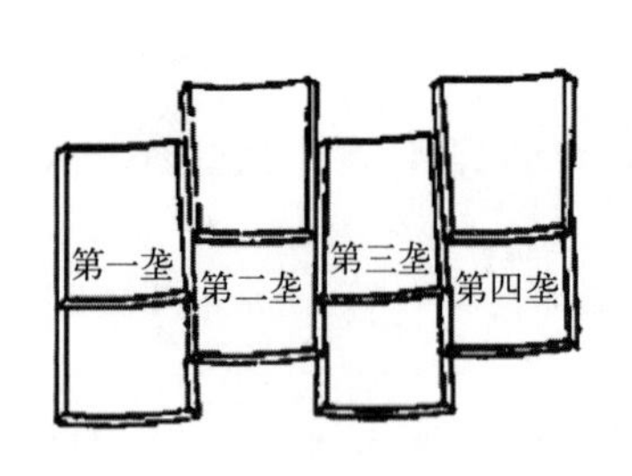

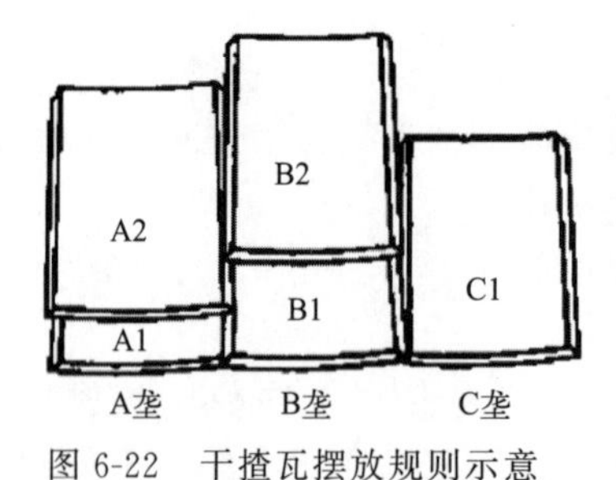

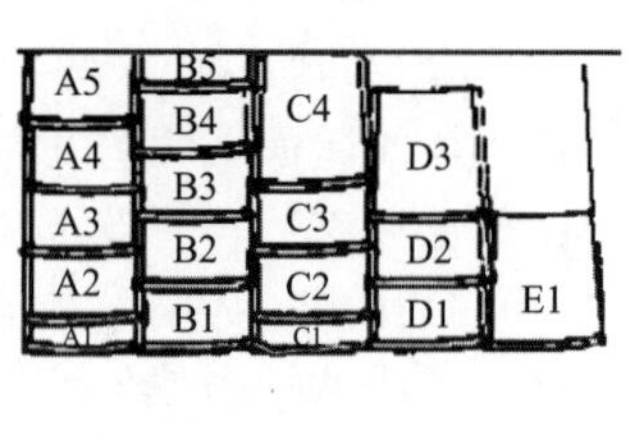

图 6-22 干捶瓦摆放规则示意

此外还有些特殊的做法，如铁瓦、金瓦（实为铜瓦上面溜金）、石板瓦、草顶等，应在拆除时仔细记录原来做法，照原样安装。

11. 调正脊

宽瓦时调脊与宽瓦的先后次序，有两种不同的做法。琉璃瓦、布瓦的筒板瓦顶，常是先宽瓦后再调脊，称为“压肩造”。蝴蝶瓦、干捶瓦等常是先调脊后再宽瓦，称为“撞肩造”。有些地区并不完全遵守这样的规则。

各种脊安装的次序，都是先垒两端，后垒正中的大脊。如歇山顶是先自垂脊开始，然后是戗脊、大脊。

琉璃屋脊的施工要遵循传统构造模式进行。

(1) 圆山（卷棚）式硬、悬山建筑的正脊 在前后屋面灰背之上用三块或五块“折腰瓦”，一块或三块“罗锅瓦”相互连续搭接铺设即可。垂脊可用“铃铛排山”“箍头脊”和“卷棚罗锅脊”等，构造由下到上分别为铃铛瓦、当沟，垂兽之后是垂通脊、盖脊筒瓦，垂兽之前则是螳螂勾头、咧角墒头、咧角撺头、仙人走兽等，构造应按传统方法处理。仙人走兽的使用需遵循传统建筑的规定。

(2) 尖山式硬、悬山建筑的正脊 由下到上分别为：当沟、压当条、群色条、正通脊、扣脊筒瓦。垂脊构造与圆山相似。正脊与垂脊须交圈处理，交接处安正吻。正脊脊吻以及仙人走兽的样式、规格应符合传统建筑规定。

(3) 庑殿建筑的正脊 其构造与尖山建筑相似。垂脊的下部用斜当沟，其上与硬、悬山建筑相似。

(4) 歇山建筑的正脊 这种脊有“过垄脊”和“大脊”两种。一般较重要的建筑用大脊，其正脊、垂脊构造与尖山相似；园林建筑用过垄脊，其正脊构造、垂脊与圆山相似。戗脊构造与庑殿建筑相似。博脊自下而上应做出正当沟、压当条、博脊连砖、博脊瓦，博脊两端须隐入排山勾滴中。

(5) 攒尖建筑的屋脊 宝顶应按设计或古建筑相关规定选用。垂脊做法可参照庑殿建筑。

(6) 重檐建筑的上檐屋面的屋脊 其构造与庑殿、歇山建筑相同。下檐围脊由下到上依次为：当沟、压当条、博通脊、蹬脚瓦、满面砖。角脊构造与歇山戗脊相同，合角处用合角吻。

12. *大式黑活屋脊的施工*

大式黑活屋脊的施工要遵循传统构造模式进行。

(1) 圆山（卷棚）式硬、悬山建筑的屋脊 其正脊是在前后屋面顶端灰背上施用“续折腰”“正折腰”与“续罗锅”“正罗锅”以形成前后兜通的屋脊。垂脊构造自下到上分别为：铃铛瓦、当沟，在垂兽之后为瓦条、混砖、陡板、混砖、眉子；垂兽之前则有圭角、瓦条、咧角盘子，上列狮、马。构造应按传统方法处理，狮、马样式与施用需遵循传统建筑的规定。

(2) 尖山式硬、悬山建筑的屋脊 在正脊前后屋面相交处的底瓦上铺灰，扣放瓦圈，其上是当沟、瓦条、混砖、陡板、混砖、眉子。垂脊构造与圆山相似，可参照执行。正脊与垂脊须交圈处理，交接处安正吻。有将眉子改用筒瓦的，称“三砖五瓦脊”；或将陡板换成“花瓦”的，称“玲珑脊”。这两种屋脊的垂脊构造也须做相应的改换。正脊脊吻以及狮、马样式、规格应符合传统建筑的规定。

(3) 庑殿建筑的正脊 垂脊的下部用斜当沟，其上与硬、悬山建筑相似。

(4) 大式黑活歇山建筑的脊 此种脊极少用“过垄脊”，正脊、垂脊构造与尖山建筑相似；戗脊构造与庑殿建筑相似；博脊自下而上为当沟、瓦条、混砖、眉子，形式或可参照琉璃歇山屋脊。

(5) 攒尖的宝顶 攒尖的宝顶多为宝顶座加宝珠，造型应按古建筑相关规定或设计确定。垂脊做法可参照庑殿建筑。

(6) 重檐建筑屋脊 屋脊构造与庑殿、歇山建筑相同。下檐围脊形式与歇山博脊相似，也可参照尖山正脊。角脊构造与庑殿垂脊相同。

13. 小式黑活屋脊的传统构造

小式黑活屋脊的施工也要按照地方模式进行。

（1）小式硬、悬山建筑的正脊　有筒瓦过垄脊、鞍子脊、合瓦过垄脊、清水脊、皮条脊、扁担脊等各种形式。筒瓦过垄脊的构造与大式尖山黑活屋脊相同；鞍子脊用合瓦，与合瓦过垄脊基本相似，区别在于前者在瓦圈之上置当沟条头砖，后者不用；皮条脊较复杂，屋面两侧做出两垄“低坡垄”，正脊也在两端形成小脊，小脊由枕头瓦、盖瓦泥、条砖等构成，大脊则由圭角、盘子、枕头瓦、瓦条、草砖等组成；皮条脊与大式圆山黑活屋脊相似；扁担脊较简单，用于简陋的民居。

（2）小式硬、悬山建筑的垂脊　此种脊通常用于卷棚顶，正脊不用大脊，其形式有铃铛排山脊、披水排山脊和披水梢垄等数种。铃铛排山脊在屋面外缘用排山勾滴，垂脊为箍头脊形式，屋脊自下而上为当沟、瓦条、混砖、眉子沟、眉子；披水排山脊外缘以披水取代排山勾滴，屋脊自下而上为胎子砖、瓦条、混砖、眉子沟、眉子；披水梢垄是在博风砖上施“披水砖”，然后在边垄底瓦和披水砖间宽一垄筒瓦。

（3）小式歇山建筑的正脊　此种脊通常用过垄脊，瓦件为筒瓦；当使用合瓦时，正脊用鞍子脊；结构同小式硬、悬山建筑。垂脊为箍头脊，结构与小式硬、悬山建筑相同。戗脊的结构处理与垂脊近似。博脊与大式黑活歇山建筑基本相同。

（4）小式攒尖建筑的屋脊　小式攒尖建筑的屋脊和大式基本相同。宝顶通常用宝珠式，其尺度应与建筑相协调，比例须符合传统做法；垂脊与小式歇山建筑的戗脊相同。

（5）地方厅堂、平房等建筑的屋脊　应符合当地古建筑传统做法。

（6）屋脊的构件与饰件　不宜选用与当地传统建筑造型差异较大的屋脊饰件与构件。

14. 调垂脊

垂脊的垒砌、式样按原做法，先按图纸位置拉线找好弧线，垂兽和大型脊筒内预置铁或木制脊桩。先安垂兽，然后自下而上依次垒砌脊筒，调脊灰浆质量和配比必须符合设计要求或古代建筑常规做法。内用灰泥或细焦渣灰装满，用料比例与宽瓦相同。垒砌至最顶预留一段，等大吻安装后再封口。脊筒内不用脊桩时，可在中间拉铁条或铁丝，将脊筒子串起来，防止年久滑脱。

15. 调戗脊（角脊）

戗脊，自翼角端部，开始按原制安装仙人、走兽。

大脊的垒砌，须等垂脊、戗脊等各种脊垒砌好以后开始进行。较重要的建筑物，由于大脊的高度较高，须先支搭架木，脊筒内安木或铁制的脊桩，刷防腐或防锈材料。一般涂沥青膏 2～3 道。垒砌时应按原式样、做法。如有生起，拉线时应按设计要求找好弧度。具体操作时一般自中间开始向两边分砌（瓦条脊自一端开始）。大脊正中如有其他装饰应一并垒好。脊筒内装灰泥，与垂脊相同。最后安装大吻，先搭架木，吻桩涂好防腐材料，各块分别吊装到原位，须将花纹对准，缝隙严密，内用灰泥装满，与大脊相同。各块之间通常加钉铁把锔拉固，如有拉扯大吻的铁链、铜链等都应按原做法安装齐全。

各条脊在垒砌后，都应及时进行勾缝，材料配比与捉节夹垄相同。最后要用粗麻布将各种瓦件上残留的灰迹擦拭干净。新配的布瓦件，应预先用青灰浆浸泡，堵塞“砂眼”，避免垒砌后再刷浆见新。

16. 博脊的调脊施工

博脊的调脊施工应符合下列要求。

第一，选用的博脊构件与饰件质量、规格须符合设计要求或古代建筑常规做法；调脊灰浆质量和配比必须符合设计要求或古代建筑常规做法。

第二，博脊的调脊施工需自中向两侧赶排，次序应符合设计要求或古代建筑常规做法。

第三，博脊的两端须隐入排山勾滴之中。

17. 围脊的调脊施工

围脊的调脊施工应符合下列要求。

第一，选用的围脊构件与饰件质量、规格须符合设计要求或古代建筑常规做法；调脊灰浆质量和配比必须符合设计要求或古代建筑常规做法。

第二，围脊的施工次序应符合设计要求或古代建筑常规做法。

第三，围脊合角吻须由额枋霸王拳位置予以调整确定。

18. 宝顶施工

宝顶施工应符合下列要求。

第一，选用的宝顶构件与饰件质量、规格须符合设计要求或古代建筑常规做法；调脊灰浆质量和配比必须符合设计要求或古代建筑常规做法。

第二，调脊须保证其牢固。

（三）平顶屋面及仿古建筑屋面修理

古代建筑的平顶屋面，大多数是可供人行走的。它的构造，一般是在望板上铺苫背层，表面墁砖。平顶最常出现的问题是漏雨，如因铺砖碎裂，苫背层积水，部分漏雨，可揭除地面砖修补苫背层。如苫背层大部分酥残，或是木构架需要拆卸修理时，应重做平顶屋面。

在木构架钉完望板或望砖后，开始做苫背层，分为护板灰、灰泥背和青灰背，或用焦渣背代替灰泥背。操作方法和要求与瓦顶苫背层一致。现代仿古建筑其苫背层多以现代材料水泥砂浆替代。

1. 水泥砂浆垫层处理

水泥砂浆垫层处理可参照现代坡顶屋面防水垫层要求执行。水泥砂浆垫层铺筑前应在基层（望板或望砖）之上铺设细钢筋网；关键部位（如屋角、屋脊、檐口）应在垫层下预埋钢筋；防水垫层铺设前，其下的基层应平整、干净、干燥；防水垫层铺设，应平行屋脊自下而上铺贴。平行屋脊方向的搭接应顺流水方向，垂直屋脊方向的搭接宜顺年最大频率风向；搭接缝应交错排列；垫层之上与瓦件接触必须经防滑处理。

2. 屋面处理

施工中应注意的是，要依流水口位置，做好流水坡度，一般为1%～2%，屋面与女儿墙或流水沟口的接缝处，应将护板灰、青灰背嵌入女儿墙内一段，如加铺二毡三油的防水层，与女儿墙相接时，应铺至墙身上至少15～20cm。古建筑平顶屋面及女儿墙的防水处理，可参照现代做法，如图6-23所示。

苫背层做好后，用原来规格的方砖或条砖，按原来式样铺墁，各地区、各时代都有不同特点，不要随意改变。墁砖方法分为粗墁与细墁，粗墁时砖块稍加整理即可使用，细墁时须将砖的正面及四边砍磨加工（详见第三章第四节图3-42）。砖底面铺3∶7的掺灰泥。粗墁时用青白麻刀灰勾缝，细墁时，宫廷中常用油灰勾缝。桐油和青白灰的质量比为1∶1，或掺少许麻刀，青白灰100kg掺麻刀5kg左右。墁好后砖面上再用生桐油涂刷2遍，以增加砖块的防水和耐磨性能。试验证明，涂刷桐油的砖可提高耐磨能力几十倍以上。

天沟与盝顶建筑中间的平顶，结构与平顶基本相同，只是在苫背层上不墁砖，以青灰背为屋面。因而抹青灰背时须格外小心，在轧实的工序中，随刷青灰浆，随散铺麻刀，压入青灰背内。另有一种做法，在青灰背上压入铁屑，它是利用铁屑遇水生锈，体积膨胀，防止出现微细裂缝，经试验效果较好。

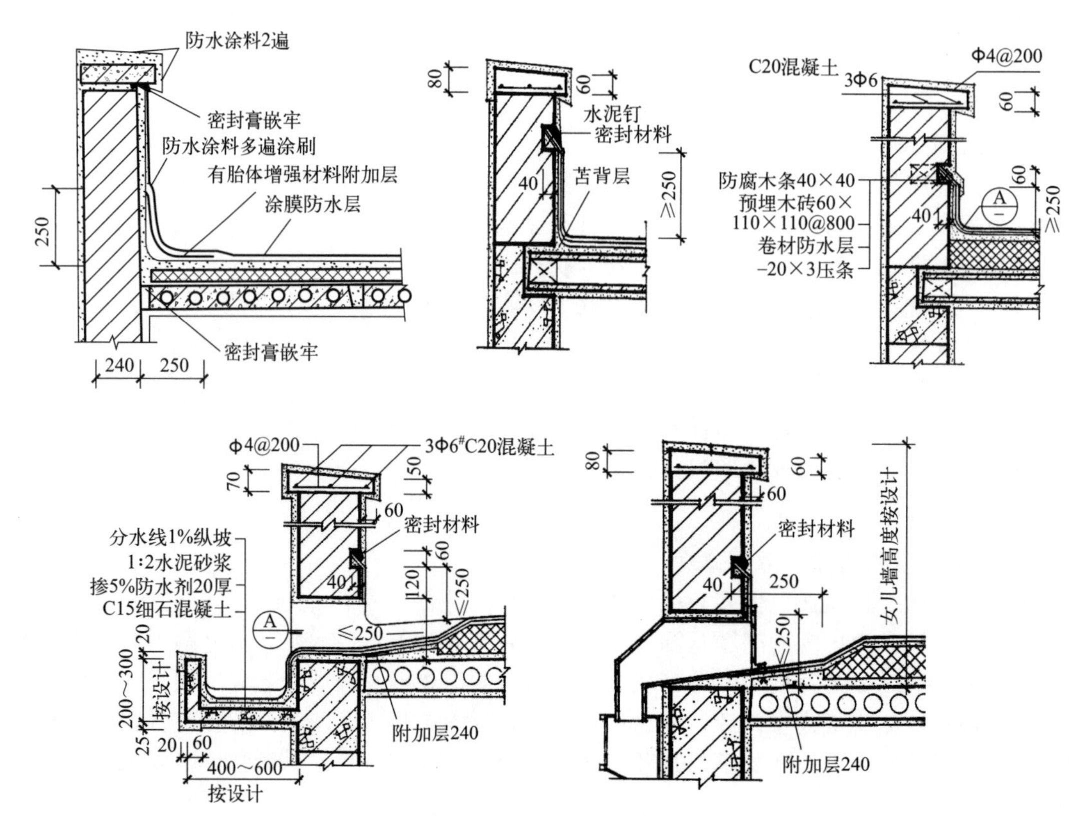

图 6-23　女儿墙防水做法

宫廷中重要建筑，在望板上铺钉价值昂贵的锡板，俗称“锡背”，厚 0.2～0.4cm，面积大时各块之间焊接使其严密。

（四）天沟修理

由于天沟的部位不易被人看见，且是屋面最容易引起渗漏的部位，一般可在苫背层上加铺二毡三油防水层，面上铺粗砂。此种做法须注意防水层的边缘应铺至周围瓦垄之下，为此施工中要将天沟附近的瓦垄揭起重铺，局部处理如下。

1. 沟眼处部位

采用传统苫背做法时，高差应尽可能增大；沟眼应尽可能加宽。

采用水泥砂浆替代泥背时，阴角部位应增设防水垫层附加层。

2. 天沟处部位

采用传统苫背做法时，天沟须在顺流水方向做出高差，沟底赶轧坚实、平顺，无局部凹凸；在天沟断面做出下凹，以形成主流水道。

采用水泥砂浆替代泥背时，天沟部位应沿天沟中心线增设防水垫层附加层，宽度不应小于 1000mm；顺流水方向铺设防水垫层。

3. 立墙部位

采用传统苫背做法时，阴角部位应施用稍硬的灰，或在夹角处砌筑围脊或胎子砖。

采用水泥砂浆替代泥背时，阴角部位应增设防水垫层附加层；防水垫层应满粘铺设，沿立墙向上延伸不少于 250mm。

4. 檐口部位

采用传统苫背做法时，灰背应抹出连檐之外。

采用水泥砂浆替代泥背时，檐口部位应增设防水垫层附加层。严寒地区或大风区域，应采用自黏聚合物沥青防水垫层加强，下翻宽度不应小于 100mm，屋面铺设宽度不应小于 900mm。

檐口之下若有其他相邻建筑的屋面，其灰背之上可沿上部檐口滴水线铺设 2 排覆瓦，以消除滴水的冲击力。

(五) 脊兽构件处理

残破的吻、兽、脊筒等或带有雕刻花纹的艺术构件，有时它本身就可被视为单独的文物。此类构件应慎重对待，雕花构件只要轮廓完整的就应继续使用，花纹稍残的可以不加修补。

图 6-24　安放“镇物”(宝匣)

脊的修缮施工要注意的是，每块脊块都要按照当地常年风向或雨水流淌的方向布置，以免呛水引起渗漏。有些古建筑正脊正中的“龙门”位置的脊筒内放置“镇物”(宝匣)(图 6-24)。传统上，在安放宝匣时要举行相应的仪式，反映出古人趋利避害的一种心理。

宝匣为铜质、锡质或木质，一般内放经卷、金钱，金、银、铜、铁、锡五种元宝，五色宝石，五色缎，五色丝线，五香，五药和五谷(图 6-25)。

(a) 经卷

(b) 金钱

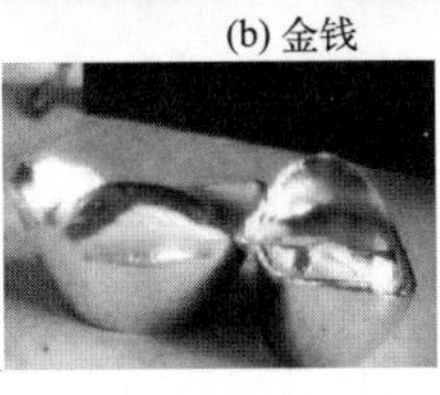

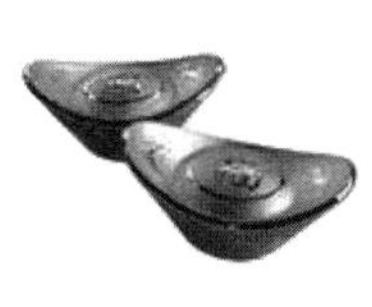

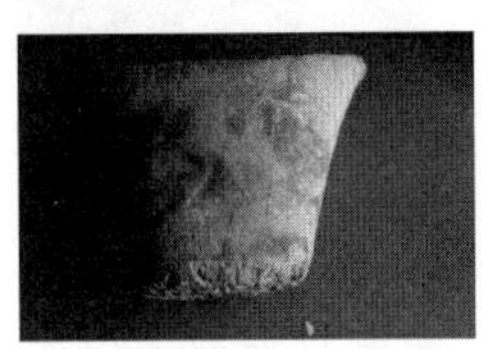

(c) 金、银、铜、铁、锡五种元宝

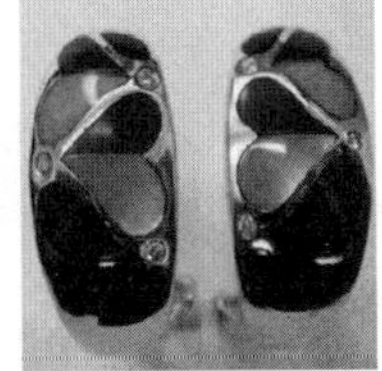

(d) 五色宝石

(e) 五色缎

图 6-25

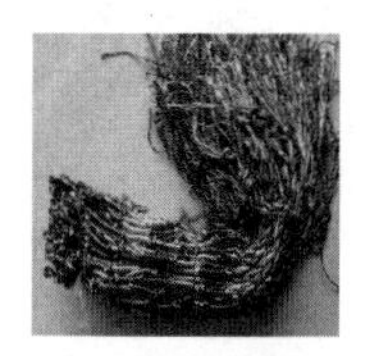
(f) 五色丝线

(g) 五谷

图 6-25 宝匣内存物品（部分）

五香：茴香、花椒、大料、桂皮、丁香。五药：赤箭、人参、茯苓、石菖蒲、天门冬；五谷：稻、黍、稷、麦、菽

构件中凡属断裂的，能粘补的应尽量修补坚固，不要随意另换新构件。我国古代文献记载中，就有一些修补陶器、瓦件的方法，如“缸坛瓦碎缝，用铁屑醋调擦缝上，锈则不漏”“补碗用白芨末、鸡子白调涂破处，以线紧缚，火上烘干任用”“榆皮泾捣如糊，用粘瓦石极有力”。以上这些古代记载，虽未说明试验数据，仍可作为参考。

许多地区在粘补陶器、瓦件时采用“漆皮泥”。它的主要原料为漆片，又称为土片。它是一种很小的昆虫——紫胶虫分泌出来的胶质物，呈紫红色，所以又称紫胶。这是一种天然高分子材料，溶于乙醇，材料质量配比为：乙醇：漆片：立德粉＝100：40：20。

近些年多用环氧树脂作为粘接陶器、瓦件的材料。用料的质量比为：E-44 环氧树脂：乙二胺：石粉＝100：（6～8）：20（另加色料）；或 E-44 环氧树脂：环氧氯丙烷：二乙烯三胺：石粉＝100：10：9：20（另加色料）。

图 6-26 铁把锔

用上述粘接材料、漆皮泥或环氧树脂粘接瓦兽件时，裂缝处须洗刷干净，在断面的两面各涂粘接材料一层，使它渗透至瓦件内，等其干后再涂刷粘接材料，缝口对严加压，或用绳缚紧，干燥前不要移动。

大型构件如脊筒、垂兽、大吻等，有时外部用铁把锔加固（图 6-26）（有些是原做法中固有的，应照原位安装）。新加铁把锔应置于雕饰花纹的较隐蔽处。

四、注意事项、质量检验与控制要求

（一）一般规定（施工）

1. 一般问题

查找漏点时要注意，现在大量的古建筑修缮工程，传统建筑要按照传统工艺、传统材料结合当地做法进行修缮。目前还有相当一些仿古建筑的屋面也需要进行维修，这些仿古建筑大多是现浇混凝土斜屋板面结构，与传统的屋面防水截然不同，防水效果各有千秋。仿古建筑在做屋脊时，一是在脊砖砌筑过程中缝隙处理不好，易产生渗漏水，顺防水层流入檐口，这时，往往在搜寻漏点时很难查找和判断，表面上看是檐口有糟朽现象，并不一定是此处瓦面发生渗漏，常言道：脊漏椽，椽漏檐。这时就要顺势在垂直的上方和斜上方去查找漏点。二是铺瓦过程中的技术操作不当产生的漏水。三是虽然硬化后的砂浆具有较好的强度和黏结力及耐久性，但使用的干硬性水泥砂浆的吸水性对雨水易产生“虹吸”现象，雨水聚集饱和后顺防水层从檐口处流下，出现檐口漏水现象，使檐口的连檐及椽头出现明显的水痕。

按照规范要求，现在仿古建筑的正脊、屋顶檐部、斜脊等易受雷击部位要敷设避雷带，并在凸出部分加设避雷小针。在施工时还是要按照规范要求，在仿古建筑的正脊、屋顶檐部、斜脊等易受雷击部位敷设避雷带。并且仿古建筑檐口也应设有避雷系统，一般按每五垄瓦距离安装一个避雷针，避雷针从勾头带孔顶帽内伸出钉帽 12cm，下部与避雷网相连接，带孔针帽要用聚合物砂浆填密实，要特别注意避雷设施与屋面基层的连接件要做好防渗措施，并设有防渗漏密封圈。在宝顶、鸱尾、正脊、垂脊等部位也均设避雷系统，避雷针应采用不锈钢针，经济、实用，又不易生锈和污染瓦面。

2. 屋面工程材料

屋面工程材料应符合下列规定。

① 应按建筑构造层次、环境条件和功能要求选择屋面材料，材料应配置合理、安全可靠。

② 材料的品种、规格、性能等应符合国家相关产品标准、设计规定和古建筑常规做法，满足屋面设计使用年限的要求。

③ 设计文件应标明材料的品种、型号、规格及其主要技术性能。

④ 材料进场后，应按规定抽样复验，提出试验报告。

⑤ 材料应储存在适宜的地方，运输应符合相关标准规定。

⑥ 严禁在工程中使用不合格的材料。

3. 屋面瓦作部分

屋面瓦作部分应符合以下规定。

① 古建筑悬山、硬山、歇山、庑殿、攒尖、单坡等造型的建筑，其屋面材料包括传统合瓦（蝴蝶瓦、阴阳瓦、小青瓦）、筒瓦、琉璃瓦；防水、保温垫层（泥背）应采用当地传统做法。

② 屋面坡度须符合传统“举折”“举架”或地方相应的规定。

③ 屋面基层（椽望）须符合传统做法或地方相应的规定。

(二) 检验方法与验收

1. 望砖、望板工程

① 本小节适用于各种形式的望砖、望板制作和安装。望砖工程包括细望和糙望的施工。

检查数量：按屋面面积每 $50m^2$ 抽查 1 处，每处 $10m^2$，但每坡不应少于 2 处。

② 望板规格和质量应符合设计要求，铺设方法应符合设计要求或传统做法；望砖的规格、品种、标号和外观质量及铺设方法应符合设计要求或传统做法。

检验方法：观察检查及检查出厂合格证。

③ 望板之上护板灰的涂抹及望砖浇刷、披线所用的灰浆材料的品种、质量、色泽及做法应符合设计要求或传统做法。

检验方法：观察检查和检查施工记录。

④ 异形望砖应按样板制作，样板应符合设计要求。

检验方法：观察检查。

⑤ 望板铺钉须平整、匀称，接缝密实；望砖铺设须平整，接缝均匀，行列齐直，无翘曲。

检验方法：观察检查。

⑥ 望砖磨细项目，表面须平整，无刨印、翘曲，棱角整齐。

检验方法：观察检查。

⑦ 望砖浇刷披线应色泽一致，线条均匀、直顺，表面洁净。

检验方法：观察检查。

⑧ 异形望砖应接缝均匀，弧形和顺、自然，无翘曲，行列齐直、美观。

检验方法：观察检查。

⑨ 望砖安装的允许偏差和检验方法应符合表 6-1 的规定。

表 6-1　望砖安装的允许偏差和检验方法

项目	允许偏差/mm	检验方法
望板接缝线条直顺	1	每间拉线和尺量检查
磨细望砖纵向线条直顺	3	每间拉线和尺量检查
磨细望砖纵向相邻两砖线条齐直	1	尺量检查
浇刷披线望砖纵向线条齐直	8	每间拉线和尺量检查
浇刷披线望砖纵向相邻两砖线条齐直	2	尺量检查

2. 苫背、灰砂垫层工程

①本小节适用于木构传统建筑各式屋顶中的传统屋面垫层。

检查数量：按屋面面积每 $50m^2$ 抽查 1 处，每处 $10m^2$，但每坡不应少于 2 处。

② 苫背垫层的分层、厚度须符合设计要求或地方古代建筑常规做法。

检验方法：观察检查和检查施工记录。

③ 苫背垫层各层均不得有明显开裂现象。

检验方法：观察检查。

④ 严禁出现漏水现象。

检验方法：雨后或进行 2h 淋水，观察检查。

⑤ 苫背垫层平顺，局部无明显坑洼。

检验方法：观察检查。

⑥ 苫背垫层铺筑的允许偏差和检验方法应符合表 6-2 的规定。

表 6-2　苫背垫层铺筑的允许偏差和检验方法

项目	允许偏差/mm	检验方法
护板灰厚 20mm	−10	与设计要求或本表各项规定值对照，用尺量检查，抽查 3 点，取平均值
泥背每层厚 50mm	±10	
灰背每层厚 30mm	+5，−10	
底瓦泥厚 40mm	±10	

3. 水泥砂浆垫层工程

① 本小节适用于木构传统建筑各式屋顶中的传统屋面垫层。

检查数量：按屋面面积每 $50m^2$ 抽查 1 处，每处 $10m^2$，但每坡不应少于 2 处。

② 垫层所用材料、配比应符合设计要求。

检验方法：检查材料出厂合格证及抽验施工记录。

③ 防水垫层及其配套材料的类型和质量应符合设计要求。

检验方法：观察检查和检查出厂合格证、质量检验报告及进场抽样复验报告。

④ 防水垫层在天沟、檐口、山墙、立墙等细部做法应符合设计要求。

检验方法：观察检查和尺量检查。

⑤ 保温隔热材料铺设应紧贴基层，铺平垫稳，固定牢固，拼缝严密。

检验方法：观察检查。

⑥ 防水垫层采用满粘施工时，应与基层黏结牢固，搭接缝封口严密，无皱褶、翘边和鼓泡等缺陷。

检验方法：观察检查。

⑦ 持钉层应平整、干燥，细石混凝土持钉层不得有疏松、开裂、空鼓等现象。

⑧ 进行下道工序时，不得破坏已施工完成的防水垫层。

检验方法：观察检查。

⑨ 水泥砂浆垫层处理的允许偏差和检验方法应符合表6-3的规定。

表6-3 水泥砂浆垫层处理的允许偏差和检验方法

项目	允许偏差/mm	检验方法
保温隔热材料平整度	±5	用2m靠尺和楔形塞尺检查
保温隔热材料接缝高差	±2	用直尺和楔形塞尺检查
持钉层表面平整度	±5	观察检查和用2m靠尺检测
防水垫层搭接宽度	不允许有负偏差	观察检查和尺量检查

4. 琉璃屋面工程

① 本小节适用于各种琉璃瓦屋面。削割瓦，即琉璃坯不施釉的屋面也可参照执行。

检查数量：按屋面面积50m^2抽查1处，每处10m^2，但每坡不应少于2处。

② 屋面严禁有漏水现象。

检验方法：雨后观察。

③ 屋面的坡度曲线应符合设计要求。

检验方法：尺量检查。

④ 瓦件的规格、品种、质量应符合设计要求。

检验方法：观察检查和检查出厂合格证。

⑤ 瓦用泥灰、砂浆等黏结材料的品种、质量及做法应符合设计要求。

检验方法：观察检查和检查施工记录。

⑥ 底瓦的搭接要求、盖瓦的上下两个接头做法应符合设计要求或依据当地传统做法。

检验方法：观察和尺量检查。

⑦ 底瓦铺设应达到搭接吻合、紧密，行列齐直，无歪斜，檐口部位排水流畅的要求。

检验方法：观察检查。

⑧ 盖瓦铺设应达到搭接吻合、紧密，接头平顺、一致，行列齐直、整洁，挨（压）楞坚实、饱满的要求。

检验方法：观察和手轻扳检查。

⑨ 坐浆铺瓦及挨（压）楞中的泥灰砂浆做法应达到灰浆饱满，黏结牢固，瓦楞圆滑、紧密的要求。

检验方法：观察和手轻扳检查。

⑩ 屋面檐口部位应做到檐口齐直、平顺，瓦楞均匀、一致，无高低起伏。

检验方法：观察检查。

⑪ 琉璃瓦屋面外观应达到瓦楞整齐、直顺，瓦当均匀，瓦面平整，坡度曲线柔和、一致的要求。

检验方法：观察检查。

⑫ 琉璃瓦屋面的允许偏差和检验方法应符合表 6-4 的规定。

表 6-4 琉璃瓦屋面的允许偏差和检验方法

项目		允许偏差/mm	检验方法
老头瓦伸入脊内		10	拉 10m 线(不足 10m,拉通线)和尺量检查
滴水瓦的挑出长度		5	每个自然间拉线和尺量检查
檐口滴水头齐直		7	拉 10m 线(不足 10m,拉通线)和尺量检查
瓦楞直顺		6	每条楞上下两端拉线和尺量检查
檐口勾头瓦齐直		7	拉 10m 线(不足 10m,拉通线)和尺量检查
相邻瓦楞当距差		7	在每条瓦楞上下两端拉线和尺量检查
瓦面平整度	中腰、上口	20	用 2m 直尺横搭于瓦楞面,在檐口、中腰、上口各抽查 1 处和尺量检查
	檐口	15	
盖瓦上下两个接缝		1	尺量检查,在檐口、中腰、上口各抽查 1 处
琉璃瓦脚距底瓦面高		±10	尺量检查,在檐口、中腰、上口各抽查 1 处

5. 筒瓦灰顶屋面工程

① 本小节包括各种筒瓦（包括清水筒瓦、混水筒瓦和仿筒瓦）灰顶屋面。仰瓦灰梗屋面也可参照执行。

检查数量：按屋面面积 $50m^2$ 抽查 1 处，每处 $10m^2$，但每坡不应少于 2 处。

② 屋面严禁有渗漏现象。

检验方法：雨后观察。

③ 屋面的坡度曲线应符合设计要求。

检验方法：尺量检查。

④ 瓦件的规格、品种、质量应符合设计要求。

检验方法：观察检查和检查出厂合格证。

⑤ 宽瓦用泥灰、砂浆等黏结材料的品种、质量及做法应符合设计要求。

检验方法：观察检查和检查施工记录。

⑥ 底瓦的搭接要求、盖瓦的上下两个接头做法应符合设计要求或依据当地传统做法。

检验方法：观察和尺量检查。

⑦ 清水筒瓦铺设应搭接吻合、紧密。接头平顺、一致，行列齐直、整洁，夹楞坚实、饱满。

检验方法：观察和用手轻扳检查。

⑧ 混水筒瓦、仿筒瓦铺设应黏结牢固、紧密，下口平顺、齐直，瓦楞圆滑、紧密，浆色均匀、一致，行列齐直、整洁。

检验方法：观察和手轻扳检查。

⑨ 裹垄灰及夹垄灰不得出现爆灰、断节、空鼓、明显裂缝等现象。

检验方法：观察检查。

⑩ 屋面檐口部位应齐直、平顺，瓦楞均匀、一致，无高低起伏。

检验方法：观察检查。

⑪ 屋面外观应洁净美观，浆色均匀一致，檐头及眉子、当沟刷烟子浆宽度一致，刷齐刷严。

检验方法：观察检查。

⑫ 各类筒瓦屋面的允许偏差和检验方法应符合表 6-5 的规定。

表 6-5　各类筒瓦屋面的允许偏差和检验方法

项目		允许偏差/mm	检验方法
老头瓦伸入脊内		10	拉线 10m(不足 10m,拉通线)和尺量检查
滴水瓦挑出长度		5	每个自然间拉线和尺量检查
檐口勾头齐直		7	拉线 10m(不足 10m,拉通线)和尺量检查
檐口滴水头齐直		7	拉线 10m(不足 10m,拉通线)和尺量检查
瓦楞直顺		6	每条上下两端拉线和尺量检查
相邻瓦楞当距差		7	在每条瓦楞上下两端拉线和尺量检查
瓦面平整度	檐口	15	用 2m 直尺横搭于瓦楞面,在檐口、中腰、上口各抽查一处和尺量检查
	中腰、上口	20	
盖瓦相邻上下两个接缝	清水	1	尺量检查,檐口、中腰、上口各抽查一处
	混水	2	
筒瓦脚距底瓦面高		10	尺量检查,檐口、中腰、上口各抽查一处
混水筒瓦粗细差		3	尺量检查

6. 合瓦灰顶屋面工程

① 本小节包括各种合瓦（蝴蝶瓦、阴阳瓦、小青瓦）灰顶屋面。棋盘心屋面也可参照执行。

检查数量：按屋面面积 $50m^2$ 抽查 1 处，每处 $10m^2$，但每坡不应少于 2 处。

② 屋面不得漏水。

检验方法：观察检查。

③ 屋面的坡度曲线应符合设计要求或地方古代建筑营造的相关规定。

检验方法：观察和尺量检查。

④ 选用瓦的规格、品种、质量应符合设计要求。

检验方法：观察检查和检查出厂合格证。

⑤ 坐浆铺瓦及瓦楞中所用的泥灰、砂浆等黏结材料的品种、质量及分层做法应符合设计要求。

检验方法：观察检查和检查施工记录。

⑥ 瓦的搭接应符合设计要求或古代建筑营造的相关规定。

检验方法：观察和尺量检查。

⑦ 底盖瓦铺设应符合黏结牢固，坐浆平伏、密实，屋面洁净的要求。

检验方法：观察检查。

⑧ 屋面檐口部分应符合檐口直顺，瓦楞均匀、一致，无高低起伏的要求。

检验方法：观察检查。

⑨ 屋面外观应符合瓦楞整齐、直顺，瓦当均匀、一致，瓦面平整，坡度曲线和顺、一致，屋面整洁、美观的要求。

检验方法：观察检查。

⑩ 合瓦屋面的允许偏差和检验方法应符合表 6-6 的规定。

表 6-6 合瓦屋面的允许偏差和检验方法

项目		允许偏差/mm	检验方法
老头瓦伸入脊内		10	拉 10m 线(不足 10m 拉通线)和尺量检查
滴水瓦的挑出长度		5	每间拉线和尺量检查
檐口花边齐直		4	每间拉线和尺量检查
檐口滴水瓦头齐直		7	拉 10m 线(不足 10m 拉通线)和尺量检查
瓦楞单面齐直		6	每条上下两端拉线和尺量检查
相邻瓦楞当距差		7	每条上下两端拉线和尺量检查
瓦面平整度	檐口	20	用直尺横搭于瓦面檐口中腰
	中腰、上口	25	上口各抽 1 处和尺量检查

7. 正脊的调脊施工

正脊的调脊施工应符合下列要求。

① 选用的正脊构件与饰件质量、规格须符合设计要求或古代建筑常规做法；调脊灰浆质量和配比必须符合设计要求或古代建筑常规做法。

② 正脊的施工次序应符合设计要求或古代建筑常规做法。

③ 调脊须保证牢固、平整、直顺。

④ 正吻须位置准确，安放牢固。

⑤ 正通脊应在正吻安放到位后拴线砌筑。

⑥ 大脊、过垄脊、鞍子脊的内部结构须符合设计要求或古代建筑常规做法。

8. 工程验收

① 本小节适用于琉璃屋、筒瓦、合瓦屋面工程中，正脊、垂脊、围脊、博脊、戗脊与角脊等及其饰件工程。

检查数量：按屋脊总数的 30%抽查，每 5m 抽查 1 处，每条屋脊不应少于 2 处；饰件按总件数 10%抽查，但不应少于 3 件。

② 选用屋脊及饰件材料的规格、品种、质量应符合设计要求。

检验方法：观察检查和检查出厂合格证。

③ 采用铁件的材质、规格和连接方法应符合设计要求。

检验方法：观察检查、尺量检查和检查产品合格证。

④ 各式屋脊及其饰件的位置、造型、弧度曲线、尺度及分层做法应符合设计要求。

检验方法：观察检查。

⑤ 各式屋脊及其饰件中所用的泥、灰、砂浆的品种、质量、色泽等应符合设计要求。其表面不得空鼓、开裂、翘边、断带、爆灰。

检验方法：观察检查和检查施工记录。

⑥ 砌筑牢固，线条通顺美观，高度与宽度对称一致。

检验方法：观察和手轻扳检查。

⑦ 正脊、围脊等外观应符合下列规定。

造型正确，线条流畅通顺，高低均匀一致，整洁美观。

检验方法：观察检查。

⑧ 垂脊、戗脊、角脊外观应符合下列规定。

造型正确，弧形曲线和顺、对称一致，线条清晰通顺、高度一致，整洁美观。

检验方法：观察和尺量检查。

⑨ 各式屋脊之间交接部位应符合下列规定。

砂浆严实饱满，表面无裂缝、翘边等现象，排水通畅。

检验方法：观察检查。

⑩ 凡屋脊要求涂刷颜色者应符合下列规定。

浆色均匀一致，无斑点、挂浆现象。

检验方法：观察检查。

⑪ 正吻、垂兽、合角吻、仙人、走兽、狮、马等饰件的安装应符合下列规定。

位置正确，安装牢固正直，对称部分对称、高度一致。

检验方法：观察和手轻扳检查。

⑫ 各式釉面屋脊、饰件的外观应符合下列规定。

拼接严密，安装牢固，线条清晰通畅，釉面洁净美观。

检查方法：观察和手轻扳检查。

⑬ 各式屋脊饰件的允许偏差和检验方法应符合表 6-7 的规定。

表 6-7 各式屋脊饰件的允许偏差和检验方法

项目		允许偏差/mm	检验方法
正脊、垂脊、围脊、戗脊、角脊、博脊的垂直度	高度在 500mm 及以上	5	水平尺和尺量检查
	高度在 500mm 以下	3	
戗脊、垂脊顶部弧度(每条)		5	用弧形样板和楔形塞尺检查
正脊、垂脊、戗脊等线条间距		5	尺量检查
正脊、垂脊、戗脊等线条宽深		3	尺量检查
正吻标高		±7	水准仪和尺量检查
四坡顶翼角标高	大式建筑	±10	水准仪和尺量检查
	小式建筑	±20	
垂兽、仙人、走兽等中心线位移		±7	尺量检查
吻座、垂兽座等的垂直度		3	吊线和尺量检查
吻座、垂兽座等的平整度		2	用直尺和楔形塞尺检查
正脊、戗脊、垂脊侧面直顺度	长 3m 以内	15	拉 5m 线(不足 5m,拉通线)和尺量检查
	长 3m 及以外	20	

第三节 案例

【案例摘要与背景】

淄川区沈古村古建筑多为明清古建筑，具有浓郁的地方特色，院落式布局，具有北方较强的四合院特征（同第三章案例，本节主要叙述屋面部分）。

需拆除现状：屋面出现塌落现象，现为红瓦，正脊及垂脊全部脱落，苇箔大都松动，前檐大都断裂。檩条出现弯垂现象，皆有不同程度的糟朽。板门糟朽开裂，下部用铁皮封护，下槛磨损较严重，剩余槛框也出现不同程度的糟朽。整个墙体青砖酥碱7块，青砖灰缝部分脱落，室内墙皮灰局部脱落，室内山墙仅抹麦草灰。东山后檐土坯墙开裂，墙皮灰全部脱落。

屋面施工前现状：屋面为灰瓦硬山顶，仰瓦屋面。大门屋面仰瓦局部残损，正脊垂脊为雕花花脊，局部有残损现象，吻兽被改造，铃铛排山残损缺失。北房、北房耳房瓦面均被替换为机制红瓦屋面，吻兽缺失，铃铛排山残损缺失。正脊垂脊为花脊，局部有残损现象。东房屋面已坍塌，影壁已坍塌。

【案例实施】

一、拆除部分

屋面揭开之前，对现状进行更详细的记录。原先用的瓦片、脊兽等屋面做法材料，在工程负责人的监督下进行筛选，确定数量，认真检查各隐蔽处墙体、柱子、梁等承重构件的残损情况和完整程度。严格筛选能用的构件、须加固构件和不能用的构件，进行登记后列出详细清单提交工程管理部门，要通过工程管理部门和监理工程师的认可。

1. 现状记录

揭瓦前，首先要进行现状记录，除文字记录以外并须附以图或照片，记录内容大约分为三种。

(1) 第一种　是现存瓦顶的工程做法记录。

(2) 第二种　为残毁情况的记录：筒板瓦件数目较多，一般以百分比估计，如某建筑的筒瓦残毁15%，板瓦残毁16%，沟头、滴水、吻兽，脊筒子等都以件数记。大吻应记明残毁部位和块数，缺欠的小兽、钉帽也应查明记清。

(3) 第三种　为行制（法式）的记录，古代建筑的瓦顶是最容易被后代修理的部分。历史上的修理，不可能完全是按照我们今天“保存现状”或“恢复原状”的原则进行的。因而往往出现瓦件混杂的现象，如筒板瓦的尺寸不统一，有时竟达七八种之多。更多的情况是颜色不一致、花纹杂乱。这些都应仔细查清。此种记录的目的，主要是为了分析瓦顶原来的状况和为修理工作中的参考资料。

2. 瓦件编号

拆除瓦顶前，对一些艺术构件，如雕花脊筒、大吻、小兽等为了宄瓦时位置不会装错，拆卸前应进行编号，绘出编号位置图。编号应依一定顺序进行，一般习惯是从西北角开始(或由中间向两边分揭)，逆时针旋转。在图上写明构件名称和编号数。在实物上可以用油漆书写，颜色需与瓦件颜色有明显的区别。安装后再用溶剂擦掉。对于数量多的，位置关系不大的勾头、滴水、扣脊瓦、筒瓦、板瓦或无雕饰的脊筒等，一般不进行编号。但遇有圆顶建筑，它的瓦件每垄自下向上逐块缩小，则需自下至上，分垄逐件编号，才能保证宄瓦时顺利进行。

3. 拆除瓦件

一般顺序是先从檐头开始，卸除勾头、滴水、帽钉，然后进行坡面揭瓦。自瓦顶的一端开始（或由中间向两边分揭），一垄筒瓦，一垄板瓦地进行，以免踩坏瓦件。

拆卸瓦件所用工具是瓦刀、小铲、小撬棍等，不要用大镐大锹以免对瓦件造成新的损伤。

瓦件拆卸后应随时从施工架上运走，放在安全场地，分类码放整齐，自屋顶向下运送瓦件，可装在篮子、箱子内用卷扬机等吊装设备运到地平。或用人力自脚手架上抬至地面。有些地方运送瓦件，在高度不超过4～5m时，采用“溜筒”。它是由三块长板装成，类似儿童的滑梯。瓦件顺筒溜到地平。更简单的仅用两根杉槁并在一起代替木板的“溜筒”。

瓦顶的拆除，最后一道工序是铲除望板砖上的苫背层，这时应补充记录苫背层的做法、厚度。铲除时须注意不要将望板戳穿，以防发生工伤事故。遇有用望砖的建筑物，最后应将望砖揭下。揭除时一般是自脊顶到屋檐，即自上向下逐块揭除，如果发现椽子有朽折的部分，需预先在底部支搭安全架木。

拆除瓦顶过程中，应配合照相记录工作，以备研究原来做法和宽瓦时的参考。

4. 清理瓦件

拆卸瓦件后，重新安装前，在适当的时间内要对瓦件进行清理，首先是清除瓦件上的灰迹，这道工序古代叫作“剔灰擦抹”，用小铲慢慢除去瓦件的灰迹，还要用麻布擦拭干净。

清理过程中应结合挑选瓦件的工作，挑选的标准，一是形制，二是残破程度。

瓦兽件的形制，首先要研究它原来的形制，选出比较标准的瓦件。如原制为五样黄琉璃瓦，就应按规定尺寸式样挑出整齐的筒瓦、板瓦、勾头、滴水等瓦件，以此为标准进行挑选，不合格的另行码放，以待研究处理。考虑到古代的手工操作的生产方式，构件的尺寸偏差较大，挑选时应考虑到允许偏差，如筒瓦的宽度和长度的允许偏差为±0.3cm，板瓦宽的允许偏差为±1.0cm，板瓦长度的尺寸可以放宽一些。

经常遇到的情况是，瓦顶经历多次重修，所用瓦件大小不一，挑选时首先应按不同规格进行码放，以便研究处理。在保存现状的修理时，我们主张对于这一部分不合规格的瓦件，只要坚固，就应继续使用。在宽瓦时，仔细安排一下，将这些瓦件用在后坡或两山，安排适当并不十分影响外观。瓦件的颜色不对，是否继续使用，应按建筑物的重要性仔细考虑。

残毁的瓦件，按其程度分为可用的、可修整的、更换的三种。依不同构件、不同建筑的要求，检验的标准也不能完全一致。

筒瓦：四角完整或残缺部分在瓦高1/3以下的，瓦釉保存1/2以上的列为可用构件，碎成两段槎口能对齐的，列为可修构件，其余残碎的列为更换构件。

板瓦：缺角不超过瓦宽1/6的（以宽瓦后不露缺角为准），后屋残长在瓦长2/3以上的，列为可用瓦件。断裂为两段槎口能对齐的，列为可修构件，其余残碎的列为更换构件。

二、屋面施工部分

（一）材料的选用

项目部技术人员对本工程的施工图纸的各种材料进行分类汇总，材料采购部分根据汇总的数量和质量要求进行分门别类采购，采购回的材料交给技术部鉴定。

1. 瓦件

瓦件要求质量好，选用色泽均匀的小青瓦。

2. 脊饰件

脊饰要求造型准确，各部位结构紧密，色泽合度，胎质耐压强度好的饰件。

（二）宽仰瓦屋面施工

1. 屋面挑脊

（1）工艺流程

捏当沟→砌压当条→砌群色条→安放正吻→砌正通脊→扣脊筒瓦→勾缝、打点。

（2）捏当沟

按脊件的宽确定当沟的位置，挂线用麻刀灰粘稳当沟。当沟的两边和底楞都要抹麻刀灰，卡在两垄盖瓦之间和底瓦之上。当沟的外口不要超出通脊砖的外口。当沟应稍向外倾斜。正脊的前后侧都要捏当沟，当沟与垂脊里侧平口条交圈。

(3) 砌压当条

在正当沟之上拴线铺素灰，砌一层压当条，压当条的八字里口要和当沟外口齐。

(4) 砌群色条

在压当条之上拴线，铺灰，砌群色条。群色条应与压当条出檐齐。群色条之间要用灰砖填平。

(5) 安放正吻

正吻应放在群色条之上。无群色条时放在压当条之上。在安放正吻之前应先计算吻座的位置，方法如下：找出垂脊当沟外皮位置，吻座里皮应在当沟以里。就是说，两坡的当沟要能卡住吻座，但又不能太往里，否则会遮住兽座的花饰。按此原则确定吻座的位置。如发现吻座与排山勾滴的坐中勾头之间距离较大，可在吻座下面立放一块（或半块）筒瓦。吻座放好后，即可拼装正吻。正吻外侧以吻锔固定，里面要装灰。还要把背兽套在横插的铁钎上，铁钎应与吻桩十字相交并拴牢。背兽安好后应注意安放兽角，最后安放剑把。

(6) 砌正通脊

在群色条之上、两端正吻之间，拴线，铺灰，砌正通脊。脊筒子事先应经计算再砌置，找出屋顶中点，以此为中点放一块“脊筒子”，这块筒子叫“龙口”，然后从龙口往两边赶排，要单数。通脊里要用横放的铁钎与脊桩十字相交并拴牢，每块通脊的铁钎要连接起来。

(7) 宄扣脊筒瓦

在正脊筒子（正通脊）上拴线铺灰，砌放扣脊筒瓦（盖脊筒瓦）。扣脊筒瓦宜比正脊规格大一样。

(8) 勾缝、打点

用小麻刀灰（掺色）打点、勾缝，并将瓦件、脊件表面擦拭干净。

2. 屋面瓦施工

(1) 工艺流程

审瓦→分中、号垄、排瓦当→冲垄→宄檐头勾头、滴水→宄底瓦。

(2) 审瓦

瓦件在运至屋顶前必须集中对其逐块“审瓦”，有裂缝、砂眼、残损、变形严重的瓦不能使用。板瓦还必须逐块用瓦刀（或铁器）敲击检查，发现微裂纹、隐残和瓦音不清的应及时挑出。核对各种瓦件的种类、数量，能满足宄瓦和挑脊的需要。

(3) 分中、号垄、排瓦当

按正当沟的规格尺寸，确定屋面的瓦口尺寸，以底瓦坐中为原则，按分中号垄的位置，檐口排钉瓦口，在脊部逐个号出每垄瓦的位置，前后坡对应，垄数相同。

(4) 冲垄

在大面积开始宄瓦之前，先宄上几垄瓦作为屋面宄瓦的高低标准。首先宄边垄，边垄“冲”好以后，按照边垄的曲线（囊线）在屋面的中间将三趟瓦和二趟盖瓦宄好。如果宄瓦人员较多，或屋面面积较大时，可以分若干段冲垄，这些瓦垄都必须以拴好的“齐头线”“楞线”和“檐口线”为标准。

(5) 宄檐头勾头、滴水

宄檐头勾头和滴水瓦要拴两道线，一道线拴在滴水尖的位置，滴水的高低和出檐均以此线为标准。第二道线即冲垄之前拴好的“檐口线”，勾头瓦的高低和出檐均以此线为标准。滴水瓦摆放好以后，在滴水瓦的蚰蜒当处放一块遮心瓦（可用碎瓦片代替），其上放灰，扣放勾头瓦，勾头瓦要紧靠着滴子，高低、出进要跟线。

（6）宽底瓦

宽底瓦一般分为五个步骤。

① 开线　先在齐头线、楞线和棱线上各拴一根短铅丝（称“吊鱼”），“吊鱼”的长度要根据线到边垄底瓦翅的距离确定，然后“开线”，按照排好的瓦当和脊上号好垄的标记把线的一端固定在脊上，其高低以脊部齐头线为准。另一端拴一块瓦，吊在檐头房檐下，此线称为“瓦刀线”，一般用三股绳或小帘绳。瓦刀线的高低以“吊鱼”的底棱为准，如瓦刀线的囊与边垄的囊不一致时，可在瓦刀线的适当位置绑上几个钉子来进行调整。底瓦的瓦刀线应拴在底瓦的左侧（盖瓦时拴在右侧）。

② 宽瓦　拴好瓦刀线后，铺灰（或泥）、宽底瓦。如掺灰泥，宽瓦还可在铺泥后再泼上白灰浆，此做法为“坐浆瓦”。底瓦灰（泥）的厚度一般为40mm，底瓦要窄头向上，从下往上依次摆放，底瓦的搭接密度应能做到“三搭头”。檐头和脊跟部位则应“稀瓦檐头密瓦脊”。底瓦要摆正，无侧偏，灰（泥）饱满。底瓦垄的高低和顺直程度都以瓦刀线为准。每块底瓦的“瓦翅”宽头的上棱都要贴紧瓦刀线。

③ 背瓦翅　摆好底瓦以后，要将底瓦两侧的灰（泥）顺瓦翅用瓦刀抹齐，不足的地方再用灰（泥）“背”足、拍实。

④ 轧缝　“背”完瓦翅后，要在底瓦垄之间的缝隙处（称作“蛐蜒当”）用麻刀灰塞严塞实，并将“轧缝”灰盖住两边底瓦垄的瓦翅。

⑤ 捉节、夹垄　将瓦垄清扫干净后用小麻刀灰（掺颜色）在筒瓦相接的地方勾抹、捉节。然后用夹垄灰（掺颜色）粗加一遍垄。把“睁眼”初步抹平，操作时要用瓦刀把灰塞严拍实。第二遍要细夹垄，“睁眼”处要抹平，上口与瓦翅外棱抹平，瓦翅要“背”严“背”实，不准高出瓦翅。下脚应直顺，与上口垂直，夹垄灰与底瓦交接处无小孔洞（“蛐蛐窝”）和多余的“嘟噜灰”，夹垄灰要赶光轧实。轧垄后要及时将瓦面擦干净。

【案例结果】

工艺符合古建筑施工规范要求，内在质量与外观效果都达到各项要求，且受到建设方及专家们的一致好评。

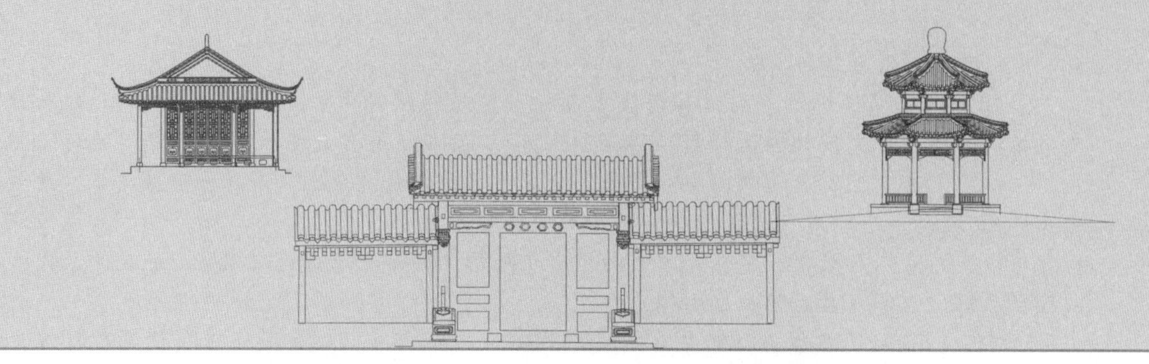

第七章 装修的维修

第一节 门

外檐装修最主要的构件是门窗。门即门户，是出入口，是门面。双扇为门，单扇为户。中国人历来重视门的作用。门有两种功能，一是以实用为主的安防功能，二是以象征为主的文化功能。门的外形体现了造门者的智慧，也反映各个时代的审美情趣和理想追求。门的功能双重性，使人对门的利用和尊崇超过了建筑的任何一个部分。除凸显丰富、深刻的门文化外，历代统治者自古以来，把房屋外檐装修的门作为门堂制度，看作是封建等级制度的重要内容，并对各种门堂的制度做出具体而严格的规定，使宅门从建筑的规模、形式、装修色彩、建筑材料的使用等各个方面都划分出严格的等级，从而使宅门成为宅主人社会地位和经济地位的重要标志，成了住宅等级、富贵贫贱、盛衰荣枯的象征。清代的制度规定王府的大门设于中央，亲王府五间，郡王府三间（屋宇式），其余的府宅（包括贝勒、贝子，公、侯、伯、子、男各等爵位，以及大学士、尚书等高官的住宅在内）和普通四合院的大门都只有一间（门屋式，属于屋宇式但略逊之）。这种观念渗透到社会生活领域又派生出“门第”“门阀”“门户”等各种复杂的等级观念，深刻地影响着人们的生活。

一、门的形式和构造

板门类有实榻门、撒带门、攒边门（棋盘门）、屏门等。格栅门类有格栅门（又称古式长窗，实际上，古式长窗应定性为不能开启的格栅门）、帘架、风门、碧纱橱等。私宅门有广亮大门、金柱大门、蛮子门和如意门等。

（一）门的形式

除城门和牌坊类外，众多的院门中，大致可以分出这样两类，即屋宇式（含门屋式）门和随墙式门。前者有门洞，门占一间屋；后者没门洞，只在墙上开门。王府大门是典型的屋宇式大门，除了王府大门外，北方四合院及南方官吏的私宅门也是很讲究的，它们使用门屋式大门，等级划分也很严格，如广亮大门、蛮子门、如意门等，随墙门有小门楼、车门等。

1. 王府大门

王府大门是中国古代建筑的一种屋宇式宅门，等级高，用于王府，通常有三间一启门和五间三启门两个等级，门上有门钉，建在院落的中轴线上。亲王府五间，郡王府三间，都是坐北朝南，门前有门罩（设有门窗和墙的房子），过道高出地面。还有一种，也是三开间，府门东西各有一间角门，名曰阿司门，供人们出入，平时中间的门不开（图 7-1）。

(a) 五间三启门

(b) 三间一启门

(c) 阿司门

图 7-1　王府大门

2. 广亮大门

广亮大门是四合院最具代表性的大门，广亮大门是一定品级的官员才能使用的宅门。广亮大门的台基较高，大门门构架的主体为前后檐柱和中柱。广亮大门台基与柱高多高于倒座房，一眼看过去相当有气势（图 7-2）。

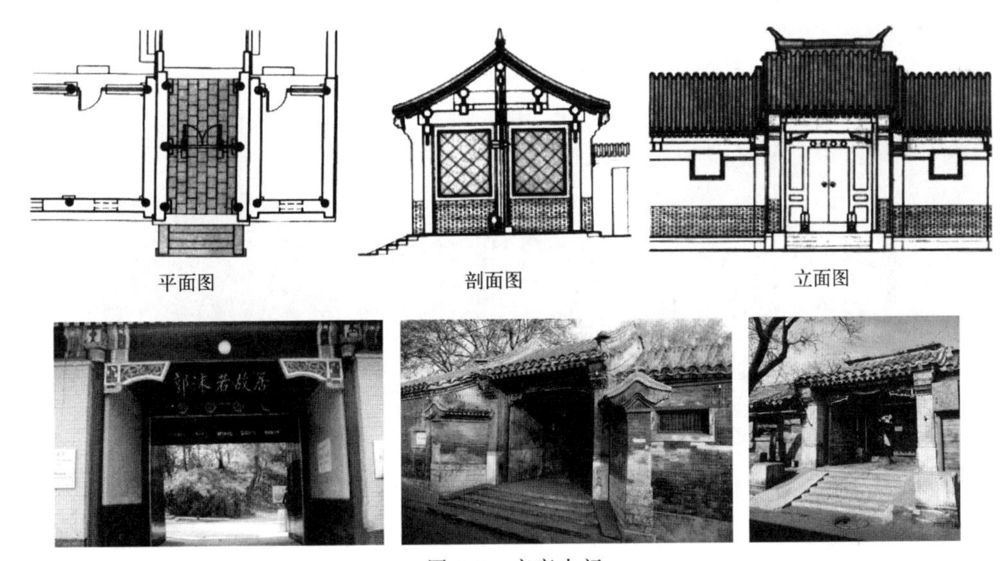

图 7-2　广亮大门

3. 金柱大门

金柱大门与广亮大门有些类似，也是具有一定品级的官宦之家才能使用的大门。但广亮大门的门扉设置在中柱，而金柱大门设置在中柱与前檐柱之间的金柱上。相对于广亮大门宽绰的门前空间，金柱大门的门前空间较少（图 7-3）。

4. 蛮子门

相对于前三级大门的深邃气派，后三级四合院大门则略显小气。后三级大门省掉了门前空间，蛮子门就是典型代表。蛮子门将门扉直接安置在前檐柱之上，相传是为了避免贼人在门前停留，蛮子门之名也因此而来（图 7-4）。

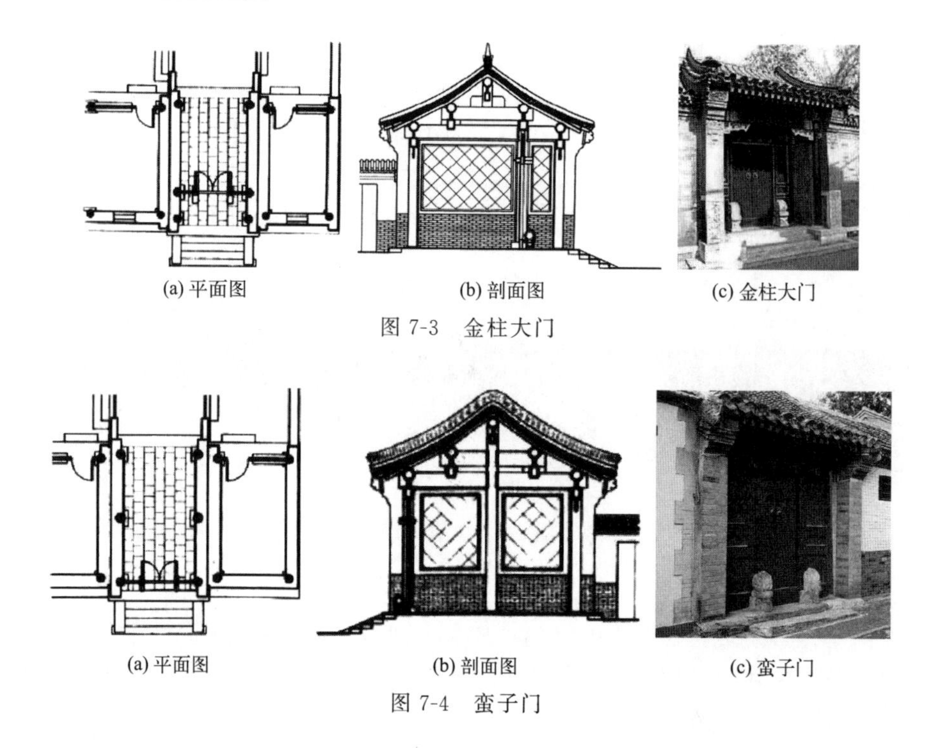

(a) 平面图　(b) 剖面图　(c) 金柱大门

图 7-3　金柱大门

(a) 平面图　(b) 剖面图　(c) 蛮子门

图 7-4　蛮子门

5．如意门

广亮大门是北京四合院最具代表性的大门，而如意门则是北京四合院最普遍使用的大门。如意门是在前檐柱之间砌墙，在墙中间留一个尺寸适中的门洞，开辟为大门。如意门门口设有两个门簪，多刻有“如意”二字，这也是如意门名称的由来（图 7-5）。

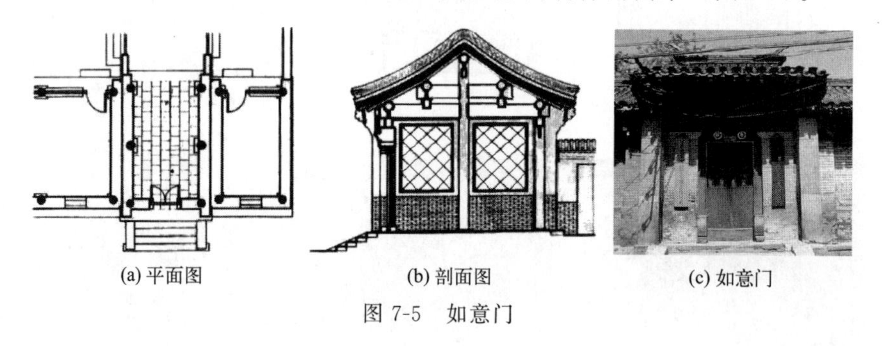

(a) 平面图　(b) 剖面图　(c) 如意门

图 7-5　如意门

6．随墙门（墙垣式门）

也称作门楼，是最简单的门形式，相对于其他大门的独立搭建，随墙门直接在墙上开洞，再装饰而成。装饰较为华丽的大门，称为“小门楼”，小门楼中也不乏精品，在小巧中透着华丽。清代中期之后，西方建筑传入中国，西洋门也应运而生，也非常具有时代特色（图 7-6）。

（二）门的构造

古建筑门的材质大多是木材，由门扇、门框、长短抱框、上槛、中槛、下槛、连楹（门龙）、门簪、走马板、余塞板、余塞腰枋、横陂间框、转轴等组成。门的构造如图 7-7 所示。门的种类如下。

1．板门类

用实木做成的实榻门、撒带门、攒边门（棋盘门）、屏门均属于板门类（图 7-7）。

图 7-6　随墙门

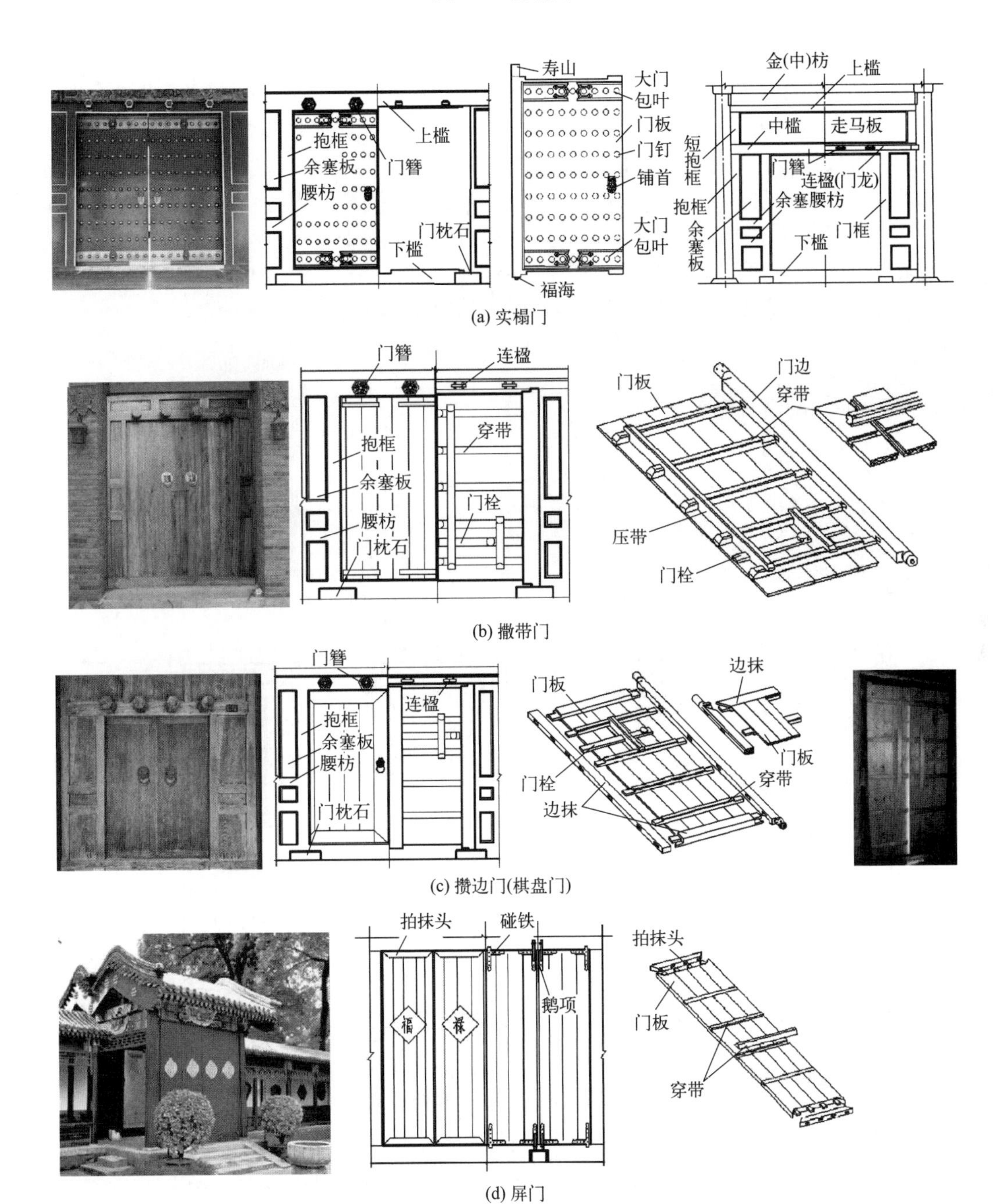

(a) 实榻门

(b) 撒带门

(c) 攒边门(棋盘门)

(d) 屏门

图 7-7　门的构造

2. 格栅门、窗

格栅门，也称古式长窗。格栅门种类有很多，宋代称格子门或格门，安装于建筑物金柱或檐柱间，是可脱卸之门，是用于分隔室内外的一种装修。此门分成上下两段：上段叫格栅心（也称格心），格栅心是安装于外框上部的仔屉，通常有菱花和棂条花心两种；下段用木板镶起叫裙板，裙板与格心之比，宋代为 1∶2，清代为 4∶6，实际上也不严格规定。全部用格心，不用裙板的整个格栅称为“落地明造”，玲珑剔透，美不胜收。但结构不大牢固，故尺寸不宜做大。格栅的样式根据其尺寸大小、受力和结构情况又分为六抹、五抹、四抹、二抹（落地明造），如图 7-8(a) 所示。

格栅窗大多与格栅门连做，所以大多数的样式都差不多。窗子的式样，汉代陶屋，画像砖、石中所见有直棂、斜方格、正方格等式样。实物中所见南北朝、隋、唐及北宋初期还都是直棂窗、板棂窗或破子棂窗。宋代《营造法式》中规定还有睒电窗与水文窗，但尚未发现实物例证。唐代尚多“死扇窗”，宋代已有“阑槛钩窗”和支窗的做法。这种窗可以随意开启，也可以称为“活扇窗”。各时代格心花纹也多与同时代的格栅门一致，元代以后死扇窗已不多见。明清建筑由于工艺水平的提高，民居窗格的式样日趋新颖，如板棂的“步步锦”，或在棂条空当处加各种花头如工字、万字、卧蚕、花朵、方胜等。还有弯棂的“拐子纹”，如灯笼框、冰裂纹、回文等。部分棱条花格图案见图 7-8(b)。

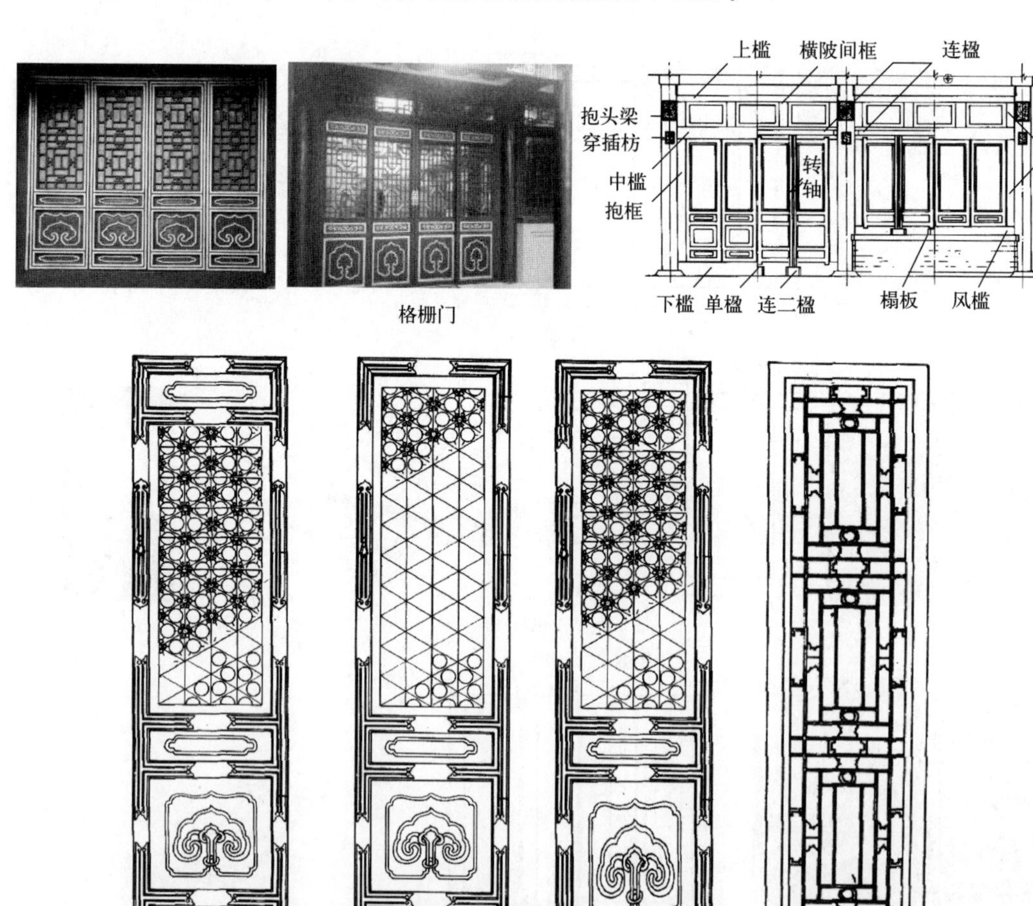

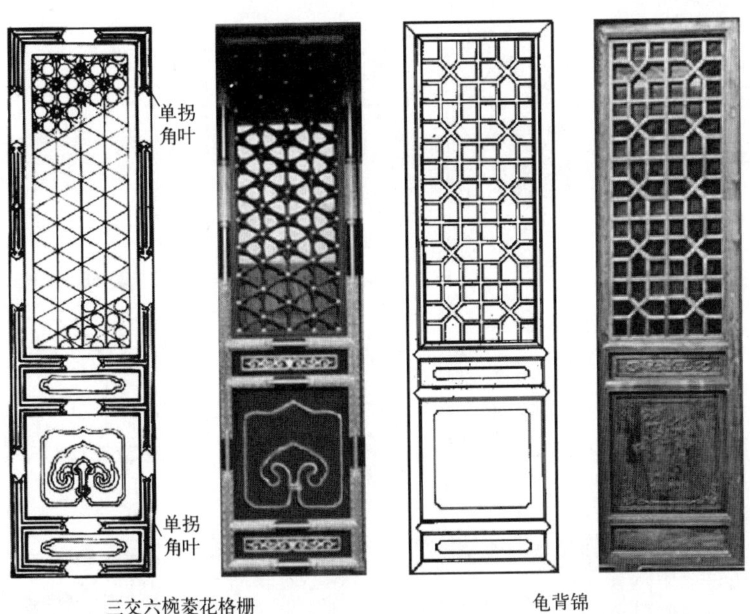

三交六椀菱花格栅　　　　龟背锦

(a) 格栅门结构及整体式样

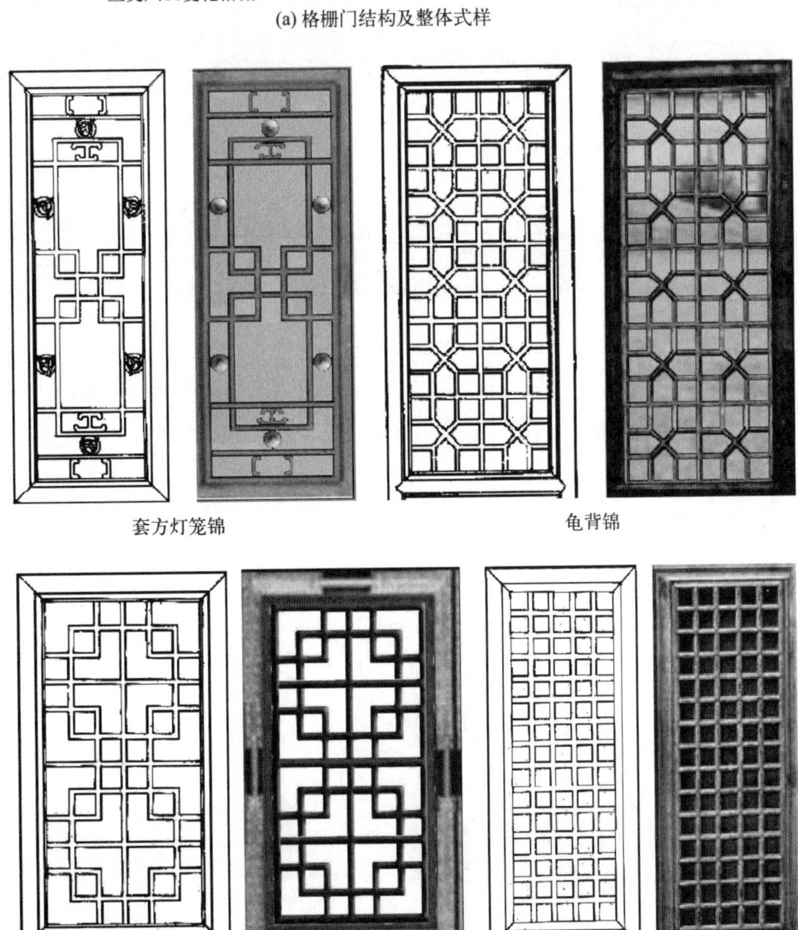

套方灯笼锦　　　　龟背锦

套方　　　　正搭正交方眼格栅

图 7-8

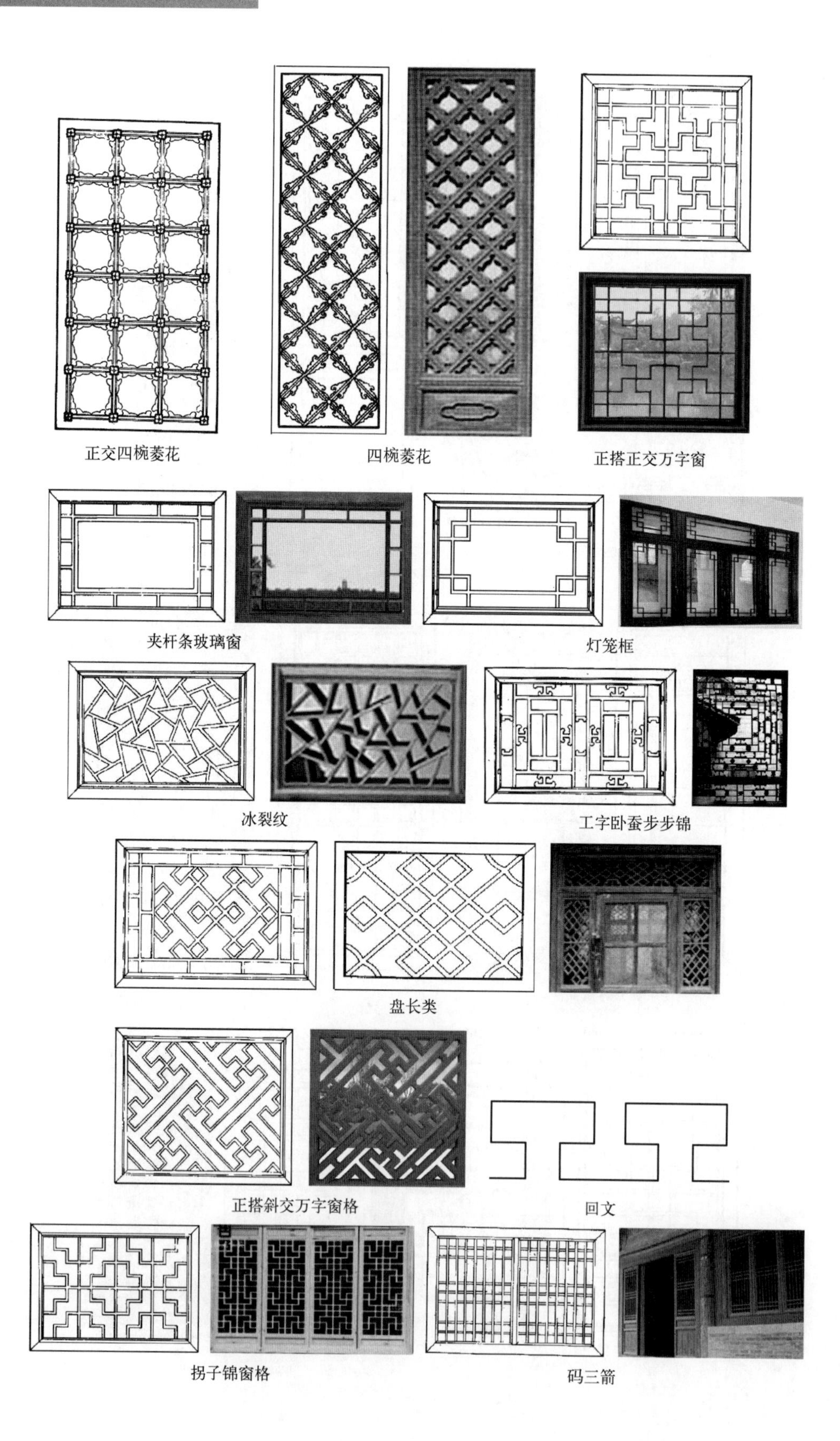

正交四椀菱花　四椀菱花　正搭正交万字窗

夹杆条玻璃窗　灯笼框

冰裂纹　工字卧蚕步步锦

盘长类

正搭斜交万字窗格　回文

拐子锦窗格　码三箭

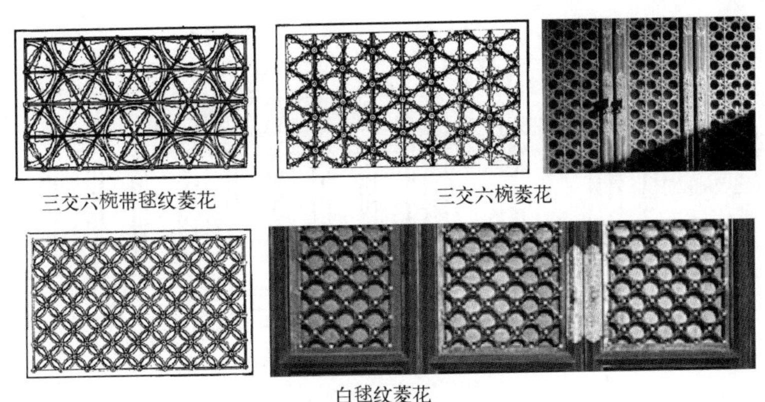

(b) 部分棱条花格图案

图 7-8 格栅门、窗样式

3. 风门、格栅隔断

风门是专门用于住宅居室的单扇格子门，安装在明间格栅外侧的帘架内［图 7-9(a)］。

格栅隔断又称碧纱橱［图 7-9(b)］，可移动，以视需要灵活调整房屋的平面布置，这是中国传统建筑装修的一大特色。

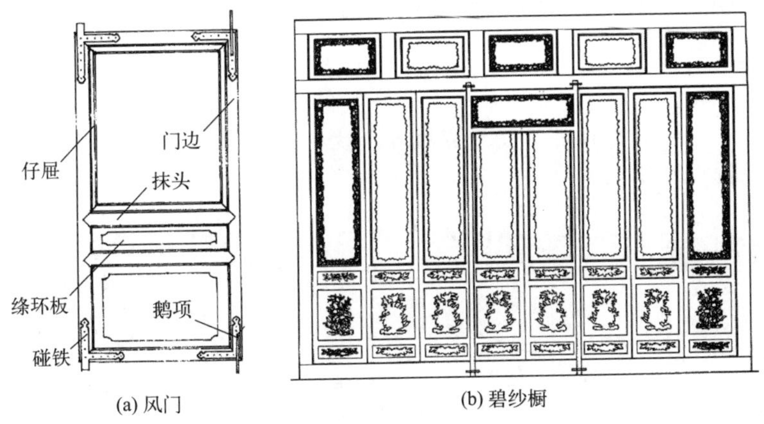

(a) 风门　(b) 碧纱橱

图 7-9 风门和碧纱橱

4. 槛框

槛框是安装大门、格栅的重要构件，其尺寸应符合下列规定［本条规定了槛框各部位构件的名称及尺寸和槛框的比例关系（图 7-10）。槛框是古建筑门窗外框的总称，在古建筑装修槛框中，处于水平位置的构件为槛，处于垂直位置的构件为框。槛依位置不同，又分为上槛、中槛、下槛，下槛是紧贴地面的横槛，左右竖立的部分叫抱框，紧靠着柱子立柱］。

(1) 下槛　又称门限、下枋，其长度应按面阔减去所安装的柱径尺寸，外加两端入柱榫长为全长，榫头长为柱径的 1/4。下槛高度为柱径的 4/5，厚度按本身高度的 1/2 或柱径的 4/10 确定。

(2) 中槛　也称中枋、挂空槛、跨空槛、跨空枋。长度应按面阔减去一个柱径尺寸加两端倒退榫长，高度为下槛高度的 2/3 或 4/5，厚度按本身高度的 1/2 或柱径的 4/10 确定。

(3) 上槛　也称替桩、提装、上枋，有迎风板者又称迎风槛。上槛长度按中槛长度确定，高为下槛高的 8/10，厚度按本身高度的 1/2 或柱径的 4/10 确定。

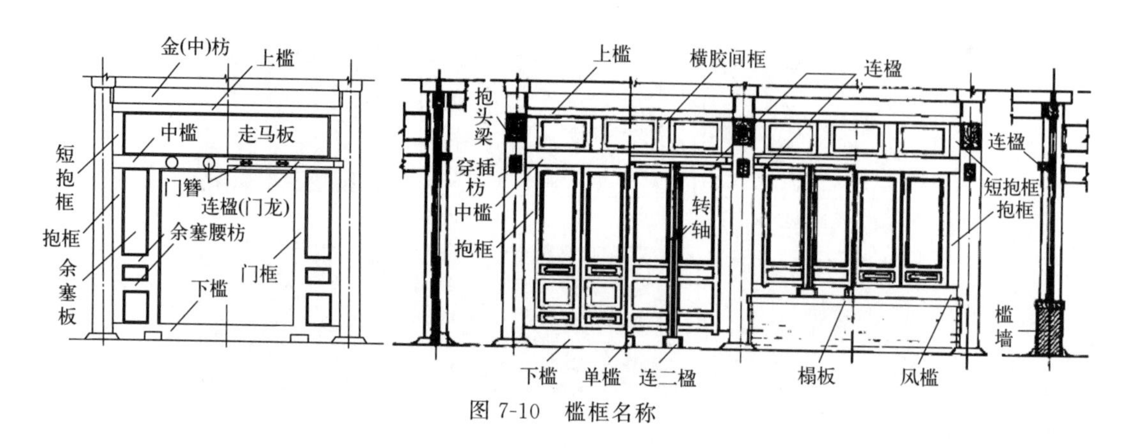

图 7-10　槛框名称

（4）抱框　由两段组成，即长抱框与短抱框（小抱框），短抱框位于中槛与上槛或中槛与檐枋之间，紧贴柱子。长抱框高度应为门洞的高度加榫的长度，长短抱框宽度为下槛高度的 7/10 或 8/10，或檐柱径的 2/3，或按下槛高度的 2/3 或 4/5 确定，厚度按本身高度的 1/2 或柱径的 4/10 确定。

（5）门框　也称间柱，位于长抱框以里，大门洞口两侧，门框的高度为大门洞口高外加榫长，宽、厚均同抱框。

（6）腰枋　也称抹头，位于门框与长抱框之间，两根、横向，其宽、厚均同抱框。

二、常见问题

由于装饰构件常年暴露在外，受外界侵蚀干扰，极易造成表面褪色、起皮、变形、门轴断裂、损毁等情况（图 7-11）。

(a) 损毁　(b) 变形　(c) 窗榻板漆脱壳　(d) 门轴断裂　(e) 起皮　(f) 褪色

图 7-11　门常见损毁情况

三、处理办法

一般维修工作中，属于图案性的如菱花格心，有原状可寻的照原状进行补配。属于非图案性的艺术雕刻，如盘龙花卉等，原状不易查寻，仅做加固处理，避免继续残破。补配或更换此类构件，所用木料应严格挑选，需无疤节、纹理平顺、适于雕刻的干燥木材。

门窗的式样种类繁多，大体分为两类，即板门与格栅门窗。

常见残毁情况及修补方法分述如下。

(一) 板门制作

1. 实榻门

首先要确定大门的尺寸。实榻门（图 7-12）的尺寸依门口的高宽尺寸定，清工部《工程做法则例》规定：门扇大边“按门诀之吉庆尺寸定长，如吉门口高六尺三寸六分，即长六尺三寸六分，内一根外加两头掩缝并入楹尺寸……，外一根以净门口之高外加上下掩缝照本身宽各一份”。门芯板“厚与大边之厚同”，门板厚者可达五寸（合公制 16cm）以上，薄的也要三寸上下，门扇宽度根据门口尺寸确定，一般都在五尺以上。具体尺度如下。

(1) 每扇门芯板宽　门框间净宽 1/2（吉门口宽的 1/2），加掩缝，再加外侧边抹（即边料）0.4 倍柱径，掩缝约为门边厚的 1/3。

(2) 门扇高　上下槛之间净空（大门门扇的高为吉门口高）加上下掩缝，掩缝尺寸同面宽的掩缝，靠内边的一根边料长再加上下掩缝长（传统做法是：上碰七，下碰八，即七分或八分，现在一般都按 2.5cm 计算），靠外边的一根边料长除按门口高和加上下掩缝外，再按照本身宽度上下各加 1 份（这是指增加上下门轴的长）。

(3) 门边厚　门边厚为 0.7 倍看面宽（0.28D，D 为柱径），一般民宅最小控制在 2～3 寸。

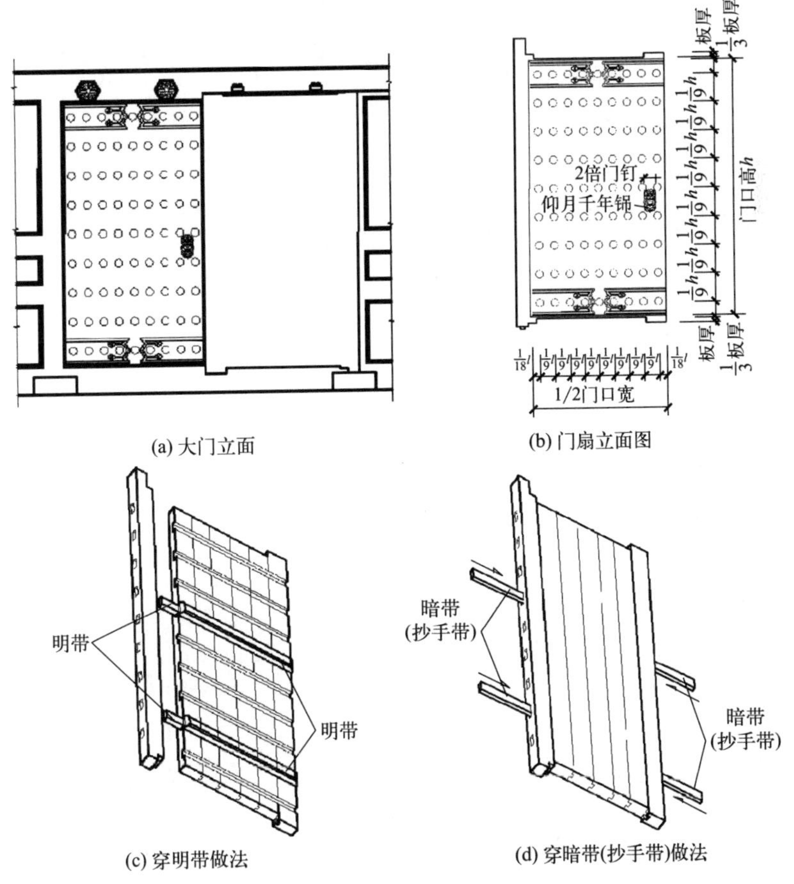

(a) 大门立面　(b) 门扇立面图

(c) 穿明带做法　(d) 穿暗带(抄手带)做法

图 7-12

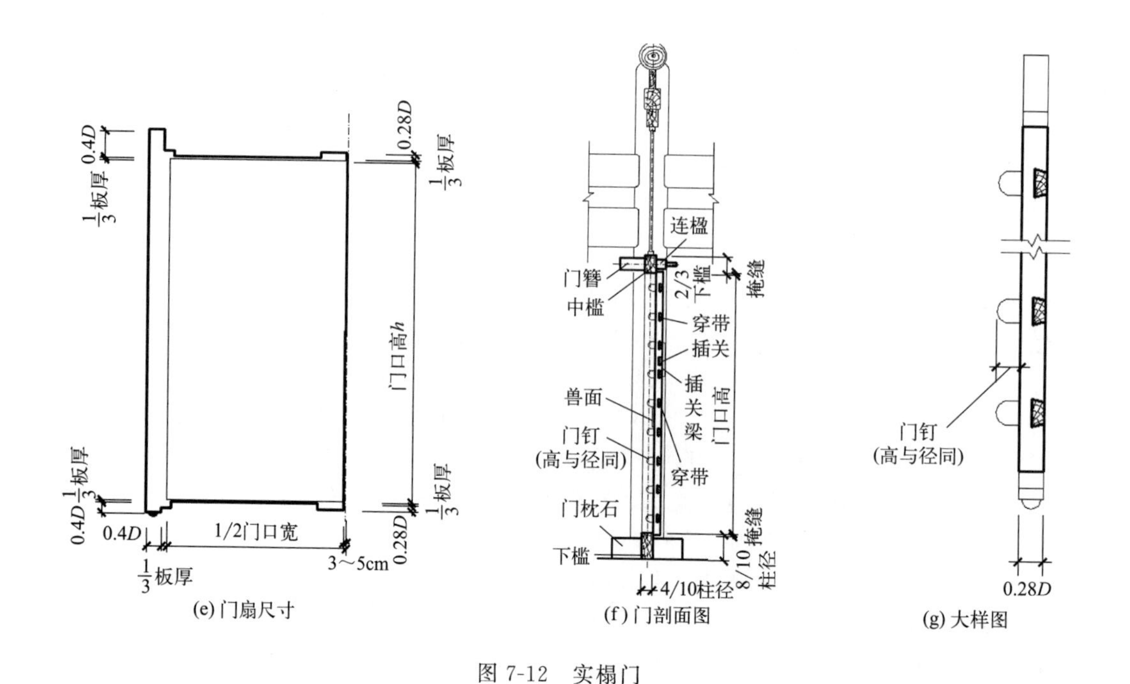

图 7-12 实榻门

D—柱径

大门木构件尺寸权衡见表 7-1。

表 7-1 大门木构件尺寸权衡

构件名称	槛			框			
	上槛	中槛	下槛	抱框	门框	腰枋	余塞板
截面高(宽)	0.5 倍檐柱径	0.6 倍檐柱径	0.5～0.8 倍檐柱径	0.6 倍檐柱径	0.6 倍檐柱径	0.25 倍檐柱径	
截面厚	0.5 倍檐柱径	0.6 倍檐柱径	0.6 倍檐柱径	0.6 倍檐柱径	0.6 倍檐柱径	0.6 倍檐柱径	2～3cm
构件名称	横陂			大门附件			
	仔边	棱条	走马板	木门枕	连楹木	门簪	
截面高(宽)	0.13 倍檐柱径	1.8cm		0.8～1 倍檐柱径	0.2 倍檐柱径	0.48 倍檐柱径	
截面厚	0.2 倍檐柱径	2.4cm	2～3cm	0.4 倍檐柱径	0.4 倍檐柱径		
构件长				2 倍檐柱径		六角头长 1.2 倍直径	

现代仿古通常做法如下。

门板之间应采用高低缝或凹凸缝相拼而成，高低缝的深度宜为 8～15mm。当实榻门厚度在 25mm 以上时，应在两端向内 (1.5/10)～(2/10) 门长范围内各穿硬木销一道，木销厚度应为门厚的 (1/4)～(1/3)，木销宽度应为 40～60mm。当实榻门厚度在 25mm 以内时，应用格栅槛框实拼板抹做法，抹头与门板采用榫卯联结，联结时每抹头应不少于三处出榫，出榫宽度为门厚的 1～1.2 倍，拍抹头的两端应做合角与门梃结合［本条规定了实榻门制作的方法及各部分的尺寸。实榻门是用厚木板拼装起来的实心镜面大门，是各种板门中形制最高、体量最大、防卫性最强的大门，专门用于宫殿、坛庙、府邸及城垣建筑。门板厚可参照上述“实榻门”。

2. 攒边门（棋盘门）

攒边门（图 7-13）是用于一般府邸民宅的大门，四边用较厚的边抹攒起外框，门芯装薄板穿带，故称攒边门。又因其形如棋盘，故又称棋盘门。这种门的门芯板与外框一般都是平的，但也有门芯板略凹于外框的做法。板缝应采用竹钉联结，竹钉间距宜为 400～500mm，且应避开穿带位置，门梃与横头应做独榫联结，榫后宜为门梃厚的 1/4。本条规定了攒边门制作的方法及各部分的尺寸。

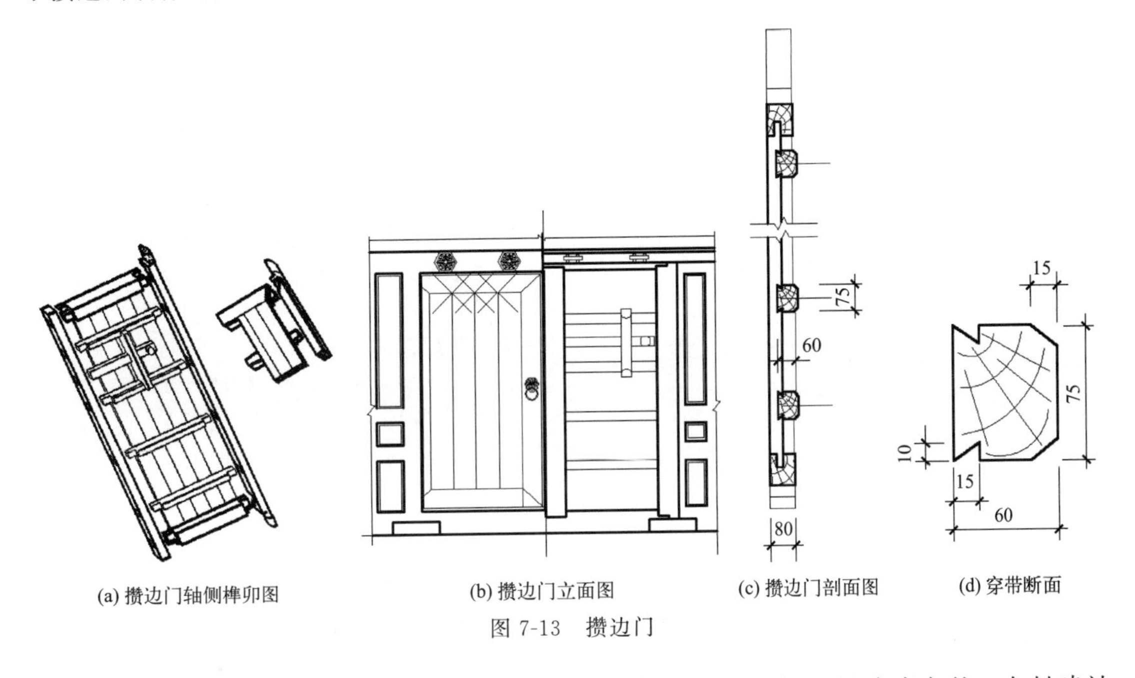

(a) 攒边门轴侧榫卯图　(b) 攒边门立面图　(c) 攒边门剖面图　(d) 穿带断面

图 7-13　攒边门

攒边门比实榻门小，而且轻得多。攒边门的尺寸，也是按门口尺寸确定的。在封建社会，门口尺寸的确定，既受封建等级制度约束，又受封建迷信观念制约，是非常严格的。门口尺寸大小都有严格的规定，共分四类，分别为“财门”“义顺门”“官禄门”“福德门”，这四类门称为吉门。每类吉门都开列一系列尺寸规格，具体见表 7-2 门诀表和图 7-14 门尺图。

表 7-2　门诀表

财门		官禄门	
二尺七寸二分	二尺七寸五分	二尺一分	二尺四分
二尺七寸九分	二尺八寸二分	二尺八分	二尺一寸一分
二尺八寸五分	四尺一寸六分	二尺一寸四分	二尺四寸四分
四尺一寸九分	四尺二寸二分	三尺四寸五分	三尺五寸六分
四尺二寸六分	四尺二寸九分	三尺四寸八分	三尺五寸二分
五尺一寸六分	五尺一寸九分	三尺五寸九分	四尺八寸九分
五尺五寸	五尺六寸一分	四尺九寸二分	四尺九寸五分
五尺六寸三分	五尺六寸七分	四尺九寸八分	五尺一分
五尺七寸	五尺七寸一分	六尺三寸三分	六尺三寸六分
七尺四分	七尺七分	六尺四分	七尺七寸六分
七尺一寸一分	七尺一寸六分	七尺七寸九分	七尺八寸三分
八尺四寸七分	八尺五寸三分	九尺八寸六分	九尺一寸九分

续表

财门		官禄门	
八尺五寸一分 九尺九寸一分 九尺九寸八分 一丈五分	八尺六寸 九尺九寸五分 一丈二分	九尺二寸二分 一丈六寸四分 九尺二寸九分 一丈七寸 一丈七寸六分	九尺二寸六分 九尺三寸三分 一丈六寸七分 一丈七寸三分
义顺门		福德门	
二尺一寸八分 二尺二寸五分 二尺三寸三分 三尺七寸三分 五尺五分 五尺一寸二分 六尺五寸三分 六尺五寸一分 六尺六寸四分 七尺九寸六分 八尺四分 九尺三寸七分 九尺五寸 九尺四寸四分 一丈八寸四分 一丈九寸五分	二尺二寸二分 二尺三寸 三尺六寸二分 三尺七寸六分 五尺九分 六尺五分 六尺五寸七分 六尺六寸一分 七尺九寸三分 八尺一分 八尺七分 九尺四寸七分 九尺四寸 一丈八寸二分 一丈八寸七分	二尺九寸 二尺一分 三尺四分 四尺三寸四分 四尺四寸一分 五尺八寸四分 五尺九寸一分 七尺二寸八分 七尺三寸四分 八尺六寸八分 八尺七寸五分 一丈八分 一丈一寸二分 一丈一寸九分 一丈二寸三分	二尺九寸四分 二尺九寸七分 三尺四寸四分 四尺四寸五分 五尺七寸七分 五尺八寸八分 七尺二寸一分 七尺二寸四分 七尺三寸一分 八尺六寸五分 八尺七寸一分 八尺七寸八分 一丈七分 一丈一尺六寸

注：以上门诀尺寸录自清工部《工程做法则例》。

攒边门（棋盘门）修缮时控制要点如下。

攒边门与实榻门相同，也是贴附在槛框内侧安装的，其上下及两侧掩缝大小略同实榻门，不同之处是除门芯板外另加边框，且板门门芯厚度比实榻门薄，穿带露明。一般用作府邸、民舍的大门。由于攒边门一般体量较小，所以掩缝的大小一般在 2.5cm 左右，门扇大者，掩缝尺寸也应随之加大。边框截面一般选为 0.3m×0.2m（檐柱径）。板厚为框厚的 1/3。

3. 撒带门制作

撒带门如图 7-15 所示。这种门扇为无边框板门，一般用 1～1.5 寸（32～48mm）厚木板镶拼，凭 5～7 根穿带锁合加固。穿带一端做榫，插入门轴攒边卯眼内，在门边上凿做门眼，将门板与门边结合在一起，穿带另一端撒头，凭一根压带联结。门的其余三面不做攒边，故称撒带门。撒带门是街门的一种，常用作木场、作坊等一类买卖厂家的街门。在北方农舍中，也常用它做居室屋门。穿带另一边凭一根压带连接，压住。

撒带门与攒边门类似，也由两部分组成：门芯板和带门轴的门边。与门边相交的一端，穿带做出透榫，门边对应位置凿做透眼。

4. 屏门

屏门（图 7-16）是一种用较薄的木板拼攒的镜面板门，板厚一般为 20～30mm，背面穿带与板面相平。它的作用主要是遮挡视线，分隔空间，多用于垂花门的后檐柱间或院子内隔墙的随墙门上，园林中常见的月洞门、瓶子门、八角门，室外屏风上也常安装这种屏门。屏

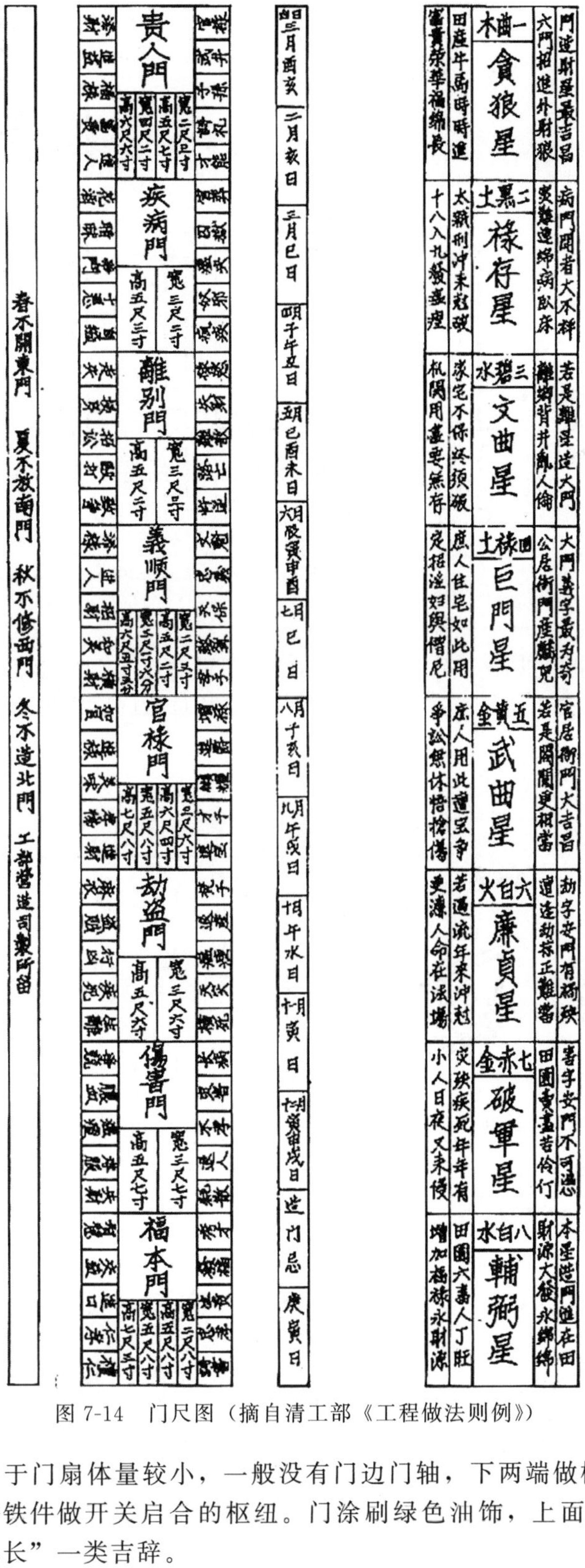

春不開東門　夏不放南門　秋不修西門　冬不造北門　工部營造司製所留

貴人門	寬二尺七寸　高五尺七寸　寬四尺二寸　高六尺六寸
疾病門	寬三尺二寸　高五尺三寸
離別門	寬三尺五寸　高五尺二寸
義順門	寬二尺五寸　高五尺二寸　寬五尺二寸六分　高六尺五寸六分
官祿門	寬二尺六寸　高六尺四寸　寬五尺八寸　高七尺八寸
劫盜門	寬三尺六寸　高五尺六寸
傷害門	寬三尺七寸　高五尺七寸
福本門	寬二尺八寸　高五尺八寸　寬五尺八寸　高七尺五寸

正月酉亥　二月亥日　三月巳日　四月子午丑日　五月巳酉未日　六月[illegible]寅申酉　七月巳日　八月子亥日　九月午戌日　十月午水日　十一月寅日　十二月寅申戌日　造門忌庚寅日

星	詩
一白木　貪狼星	門迎財星最吉昌　六門招進外財狼　田産牛馬時時進　富貴榮華福綿長
二黑土　祿存星	病門開者大不祥　災難連綿病臥床　太歲刑沖來剋破　十八入九發[illegible]
三碧水　文曲星	若是離星造大門　離鄉背井亂人倫　家宅不保終須破　枉開用盡要無存
四綠土　巨門星	大門善字最為奇　公居衙門產麟兒　庶人住宅如此用　定招淫婦與僧尼
五黃金　武曲星	官居衙門大吉昌　若是閭閻更相當　庶人用此遭[illegible]爭　爭訟無休[illegible]傷
六白火　廉貞星	劫字安門有禍殃　遭逢劫掠正難當　若遇流年來沖剋　更遭人命在法場
七赤金　破軍星	害字安門不可憑　田園賣盡苦伶仃　災殃疾死年年有　小人日夜又來侵
八白水　輔弼星	本星造門進在田　財源大發永綿綿　田園六畜人丁旺　增加福祿永財源

图 7-14　门尺图（摘自清工部《工程做法则例》）

门多为四扇一组，由于门扇体量较小，一般没有门边门轴，下两端做榫，用抹头加固。门轴、凭鹅项、碰铁等铁件做开关启合的枢纽。门涂刷绿色油饰，上面常书刻“吉祥如意”“四季平安”“福寿绵长”一类吉辞。

屏门一般穿明带，明带穿好后，将木带高出门板部分刨平。屏门没有门边门轴，为固定门

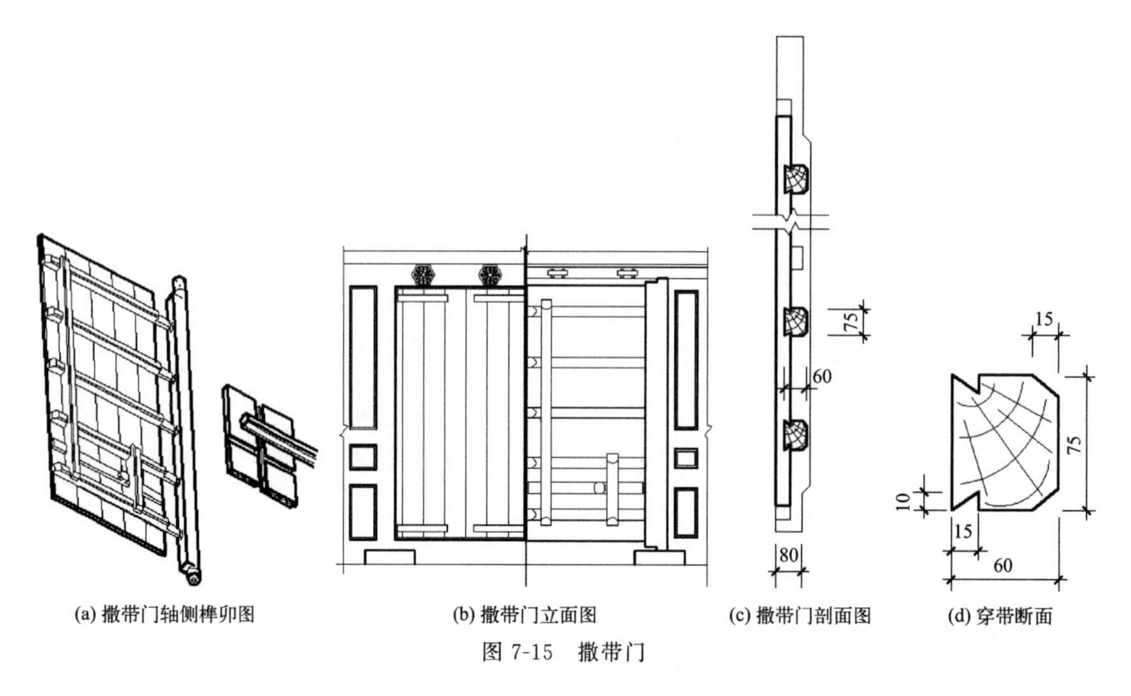

(a) 撒带门轴侧榫卯图 (b) 撒带门立面图 (c) 撒带门剖面图 (d) 穿带断面

图 7-15 撒带门

板不致散落，上下两端要贯装横带，称为“拍抹头”，做法是在门的上下两端做出透榫，按门扇宽备出抹头，按 45°拉割角，在抹头对应位置凿眼，构件做好后拼攒安装，参见图 7-16。

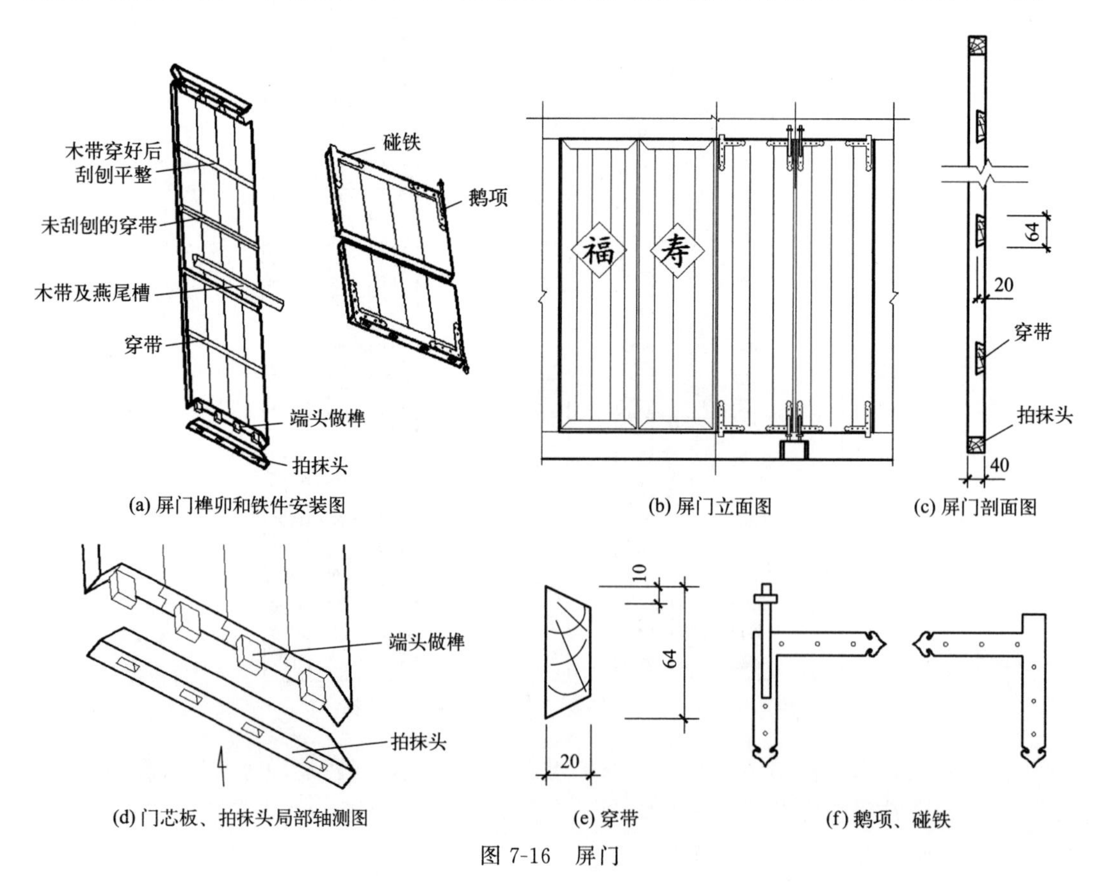

(a) 屏门榫卯和铁件安装图 (b) 屏门立面图 (c) 屏门剖面图

(d) 门芯板、拍抹头局部轴测图 (e) 穿带 (f) 鹅项、碰铁

图 7-16 屏门

屏门的安装方式与前三种门不同，是在门口内安装，因此上下左右都不加掩缝，门扇尺寸按门口宽均分四等份，门扇高同门口高。

5. 五金

槛框、门扇安装应五金齐全，规格符合设计要求，安装牢固，开启灵活。

(二) 板门处理

1. 门扇裂缝

板门的门扇，是由厚板拼接而成的，背面嵌以木穿带拉固（图 7-17）。

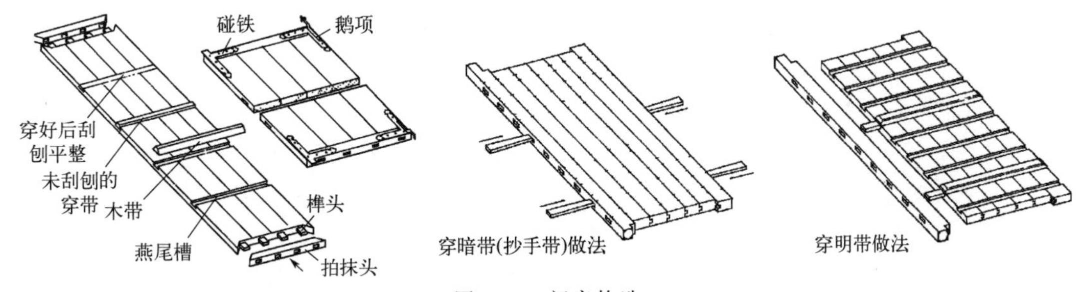

图 7-17 门扇构造

由于原建时，所用木料不干，年久木板收缩出现裂缝现象，微细裂缝可在油饰断白时用腻子勾抹。一般裂缝用通长木条嵌补粘接严实，木条厚度与门板相同。若裂缝较大，应将板门扇拆卸，重新归安，在门扇中部依照各条裂缝的总宽度，嵌补一块整板，外观上比前一种效果较好。

2. 门扇下垂

板门扇最边的一块木板称为“肘板”，它的上下凸出一段作为上下门攥，分别安在连楹和门枕内，门扇开关以此为轴转动。古建筑中的板门多是又大又厚，笨重的板门仅仅依靠肘板底部的门攥支承，因而常常出现门攥被磨短压劈，有时连同肘板下部也被压劈，甚至断裂，致使门扇下垂[图 7-18(a)]。属于此种情况时，可在门下攥轴外表套上一个铸铁筒[图 7-18(b)]，恢复它原来的高度。铸铁筒的上部伸出两块或一块铁板，高度应超过肘板断裂处，用螺栓或手工制铁钉钉牢。与此同时，在门枕的攥窝处放置一个铸铁椀承托新安的铸铁筒（海窝），防止加固后对门枕的磨损。有时，由于上门攥磨损或是伸入连楹的圆孔被磨偏斜，整体门扇发生倾斜，两扇板门对缝不严。属于此种原因时，应在上门攥的外皮和连楹孔内，各套一个铸铁套筒，补足、校正因磨损而出现的偏斜。板门附属零件如门钉、门钹等，缺欠者应照原样、原材料补配齐全。现代套筒及轴见图 7-18(c)。

(a) 门扇下垂

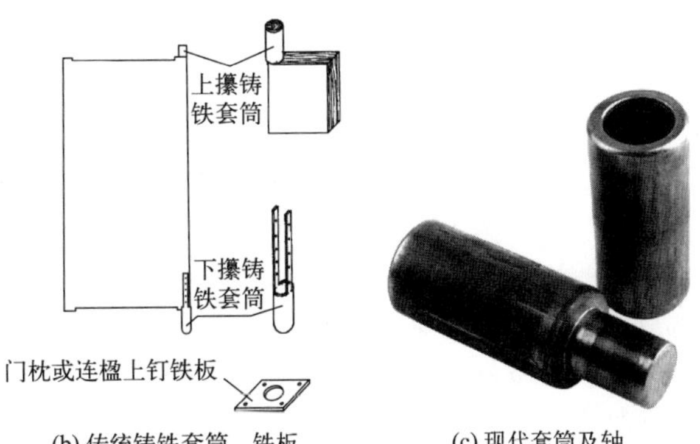

(b) 传统铸铁套筒、铁板

(c) 现代套筒及轴

图 7-18 门扇下垂及门轴套筒

3. 裂缝脱漆

裂缝脱漆参照地仗维修做法，将表层残损面层清除干净，斩砍见木，修补裂缝，再按照地仗做法和油漆做法修缮即可。修缮前后对比见图 7-19。

(a) 修缮前

(b) 修缮后

图 7-19 裂缝脱漆

4. 门槛框糟朽

根据糟朽情况，进行局部或整体修补或更换（图 7-20），一般选用仓库旧料比较合适，因为与原有材质的坚硬程度相近。榫卯吻合处力学性能好，整体更换时，要注意选用的框料断面尺寸和形式是否一致或相近。木砖或冒头要与砖石框插接牢固，灌浆密实。

(三) 格栅门

四合院建筑大多使用格栅门［图 7-21(a)］。这种门都安装在两根柱子之间，带有镂空的格子。格栅门一般分为四个门扇，只有中间的两扇可以开启，其余是固定的。四合院建筑经常在格栅门的外面装上帘架，挂上门帘。

格栅上的花纹很丰富，以棱花的等级最高，民间则以灯笼框和步步锦最为常见，此外还有冰裂纹、万字、套方、龟背锦等多种图案。

(a) 更换前

(b) 更换后

图 7-20 门槛损毁

(a) 格栅门

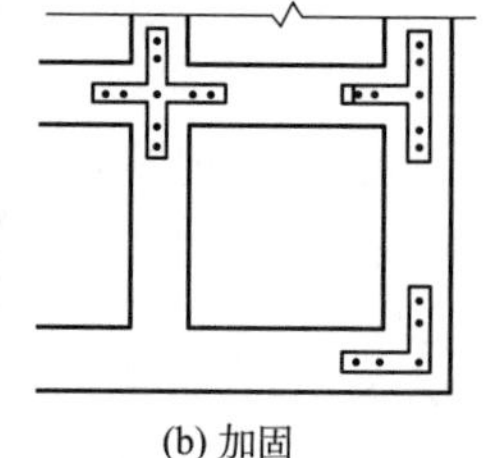

(b) 加固

图 7-21 格栅门及加固

1. 格栅门门扇扭闪变形

由于年久，开关活动多，门窗扇四框的边梃、抹头榫卯容易松脱，整体发生扭闪变形。修理时应整扇拆落，进行归安方正，接缝处重新灌胶粘牢，最后在门窗扇背面接缝处加钉“L”形或“T”形薄铁板固定，铁板应卧入边梃内与表面齐平，用螺钉拧牢［图 7-20(b)］。

2. 边梃、抹头糟朽劈裂

局部糟朽劈裂时应钉补齐整，个别糟朽严重的应更换，一般情况下，将四框拆卸、按原样复制新件后，再重新归安四边框，背面加钉铁活，式样同前项（图 7-22）。

(a) 修缮前

(b) 修缮后

图 7-22 边梃、抹头糟朽劈裂

3. 格栅心残缺

这一部分的式样最多，从简单的直棂窗到比较复杂的三交六椀菱花窗，在结构上都有共同点。它们都是棂条细，交接点多，整体连接的强度弱，常常因碰伤或巨震而残缺不全，局部残毁后如不及时修补，时间不久就会出现整扇格心棂条全部脱落的情况。

通常遇到的情况，多属于局部残缺，我们的原则是，缺多少补多少，但有时常常认为新旧棂条拼接费事，采取整扇新做的办法，这是应该避免的。补配棂条应依原来搭交的情况，各根棂条分别复制，根据旧构件的线脚式样而选择线刨刃进行制作。单根做好后，进行试装，检验卯口是否严实，搭接后是否平整，无误后再与旧棂条拼合。粘牢的新旧棂条接口应抹斜，背面加钉薄铁板拉固。

修补式样复杂的格栅心时，为了便于新旧部分的拼合，常将旧格栅心整体拆下，去除四周的仔边，格栅心拼合后再重新安装。此种做法虽然费工，但质量较好（图 7-23）。

图 7-23　格栅心修补

4. 糊纸与装玻璃

在古代，格栅门窗背面糊纸挡风，由于纸张容易变黄、易破，每年需重糊 1～2 次。采光时光线不足，因而维修时常常改变原来糊纸的做法，在格栅心的背面增加薄木条做的框子，安装厚 0.2～0.3cm 的磨砂玻璃，框子棂条与原有棂条方向一致，从外部不易发觉。此种做法有利于节约维护费用，光线较好，方便参观，好处很多，在我国已经比较普遍地被采用。它在观感上虽然与糊纸接近，但有损于古建筑的时代特点和原有气氛。因此，在年代较早的古建筑物中，仍维持原来糊纸的做法，以保持原有建筑的时代特征（图 7-24）。

(a) 原窗户纸

(b) 换磨砂玻璃

图 7-24　窗户纸更换为磨砂玻璃

(四) 格栅类修缮或新做时参考尺寸

硬山与悬山建筑的门窗扇多为格栅门窗。

1. 格栅门

木格栅既可作为围护结构的屏障，也可兼作廊内厅堂大门。作为围护结构者，清代称为“外格栅”，《营造法原》称为“长窗”。作为厅堂大门者，宋代称为“格子门”。它是在大门的两边或在大门之内作为厅堂的屏障。格栅的外框同大门一样做有上中下槛、长短抱框和横陂等，其结构规格同木大门所述，但不做腰枋、余塞板和门枕，它们分别用格栅和木楹（即转轴窝）取代，如图 7-25 所示。

木格栅一般以房屋开间为单位，按双数设置，分为四扇、六扇、八扇、十扇等。格栅的槛框构件与大门的槛框相同，详见本节大门槛框所述。而每扇格栅本身的组成构件由上、中、下抹头，左、右边框，芯屉，绦环板，裙板等组成。

每扇格栅大致可分为上下两段，上段为芯屉，下段为绦环板和裙板，下段与上段的长为四六开，即所谓“四六分格栅”，如图 7-26(a) 所示，格栅宽高之比，外檐一般为（1∶3)～(1∶4)，而内檐可达（1∶5)～(1∶6)。格栅的形式常以抹头多少而划分，有二、三、四、五、六抹头等形式，如图 7-26(b) 所示。抹头和边框的截面尺寸，看面宽按 0.1 倍扇宽，厚为 1.4 倍看面宽。

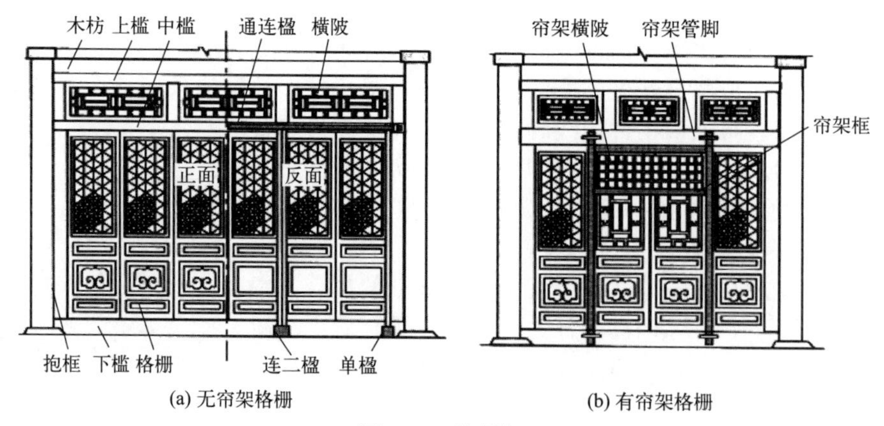

(a) 无帘架格栅　　(b) 有帘架格栅

图 7-25　格栅门

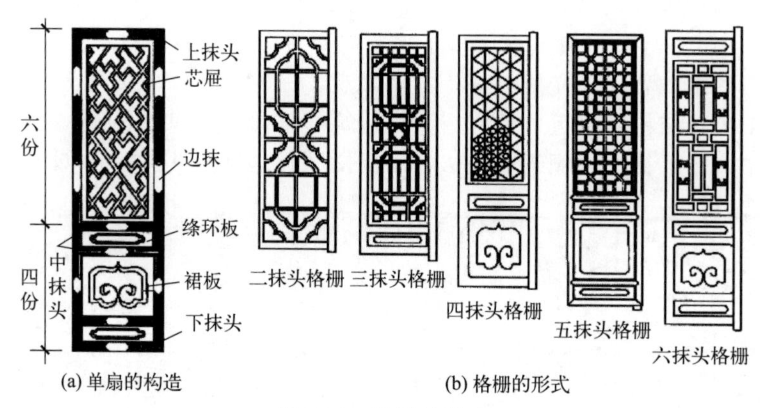

(a) 单扇的构造　　(b) 格栅的形式

图 7-26　格栅门样式

芯屉由仔边和棂条组成，仔边截面尺寸按抹头尺寸的 0.6 倍确定；棂条截面仍为“六八分宽厚”，即 6 分（约 2cm）宽，8 分（约 3cm）厚。实际操作中，门扇具体尺寸如图 7-27 所示。

绦环板高，一般为 2～3 倍抹头看面宽，除掉抹头和绦环板所占的高度后，就是裙板的高度。绦环板和裙板的厚度均按 1/3 边框宽取值。

有的格栅还装有帘架，它是悬挂帘子的木架，用于防避蚊蝇，安装在经常开启的格栅上。木架由上中抹头、边框和横陂等组成。边框用掐子（管脚）固定在中下槛上，如图 7-25(b) 所示。帘架各构件的截面尺寸与格栅相同或稍小。

2. 风门

风门是专门用于住宅居室的单扇格子门，安装在明间格栅外侧的帘架内。我国北方民居，一般是次间安支摘窗，明间安格栅门。格栅门的缺点是门扇体量大、开启不便，扇与扇之间分缝大，不利于保温。为补救格栅门的缺点，前人采用在格栅门外侧安装帘架的方法。帘架外框尺寸与前面所述相同，高同格栅门，外加上下入楹尺寸，宽为两扇格栅宽，外加边梃看面一份，使边梃正好压住格栅间的分缝，利于防寒保温。边框里面，最上面为帘架横陂，横陂之下为楣子（相当于门上的亮窗）。楣子之下为风门位置。风门居中安装，宽度约为高的 1/2。两侧安装固定的窄门扇，称为“余塞”，俗称“腿子”。风门通常为四抹，门下段为裙板部分，上段为棂条花心部分，中有绦环板，形式略同于四抹格栅，只是较为宽矮。在风门及余塞之下，格栅下槛外皮贴附一段门槛，称为“哑巴槛”，是专为安装风门、余塞

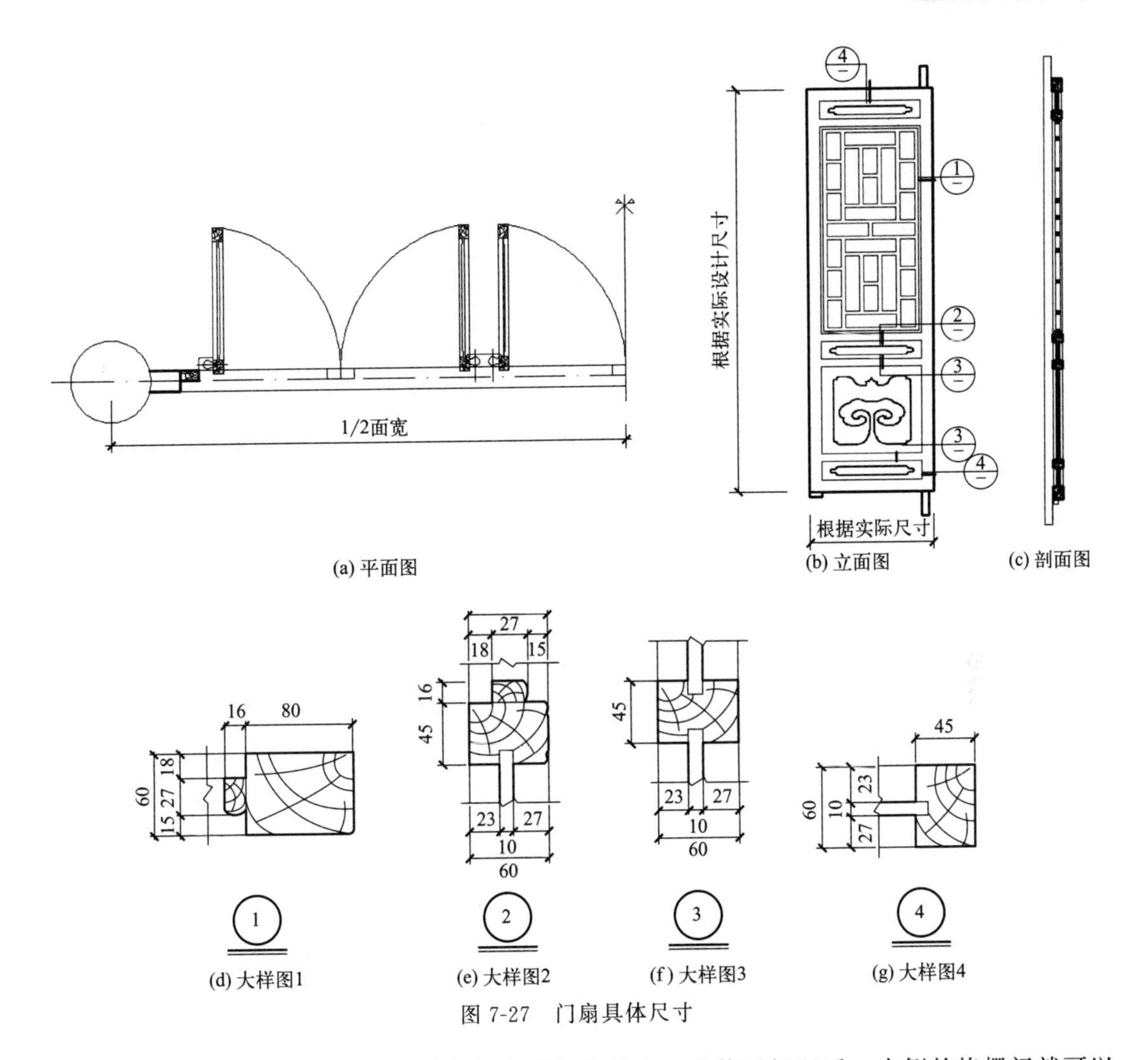

(a) 平面图　(b) 立面图　(c) 剖面图

(d) 大样图1　(e) 大样图2　(f) 大样图3　(g) 大样图4

图 7-27　门扇具体尺寸

用的下槛。风门凭鹅项碰铁或合页安装在固定位置上，安装风门以后，内侧的格栅门就可以完全打开。风门体量小，开启灵活，利于保温，冬天，在风门里面可以挂棉门帘；夏天，可将风门摘下，在外面挂起竹帘通风。摘下风门后，可利用内层的格栅分隔室内外。用于居室的风门、帘架要求有一定的装饰性，固定帘架立边的木制栓斗，上面做出雕饰，通常上刻荷花，下刻荷叶，称为荷花栓斗和荷叶墩（图 7-28）。

风门的设计与格栅门基本相同，可参照格栅门设计。风门常采用的棂条图案有步步锦、灯笼锦、豆腐块等。

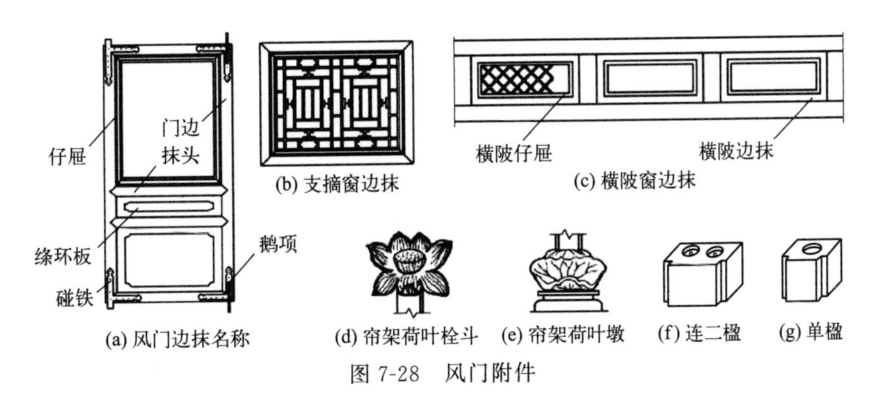

(a) 风门边抹名称　(b) 支摘窗边抹　(c) 横陂窗边抹　(d) 帘架荷叶栓斗　(e) 帘架荷叶墩　(f) 连二楹　(g) 单楹

图 7-28　风门附件

(五) 现代做法

槛框可与柱子浇筑在一起，其结构见图 7-29。框与柱节点处要按规范留锚固的结构插筋。腰枋一般还是按照传统做法使用木材或参照槛框进行设计。

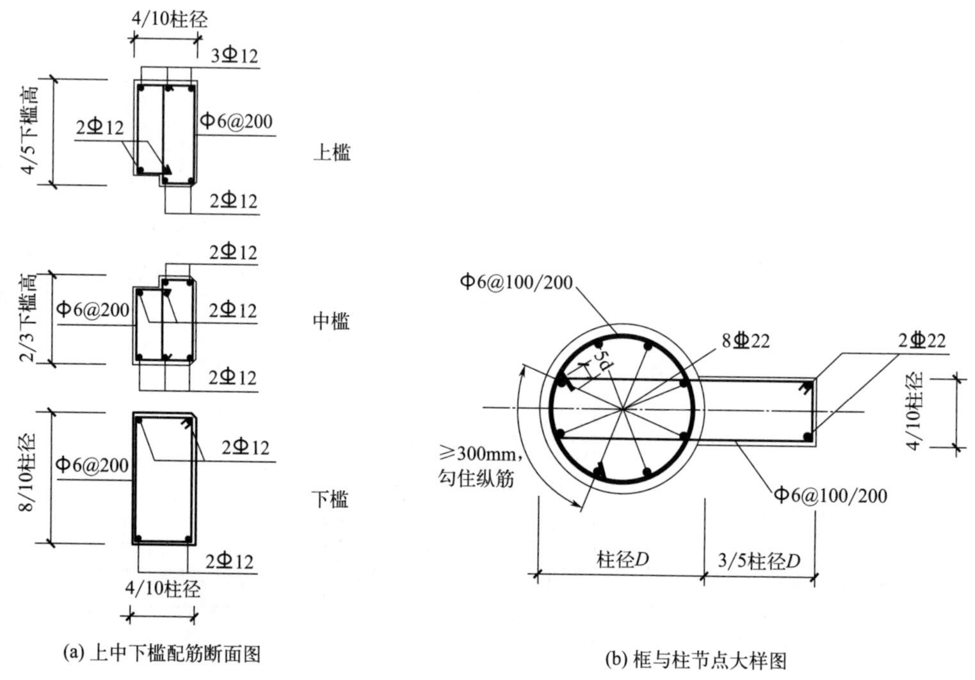

图 7-29　槛框结构图

余塞板、走马板、间框、横陂、连楹、门枕石、门簪等构件的现代做法，因为构件截面都比较小且比较薄，不易仿制，均按照传统做法用木材制作。

四、注意事项、质量检验与控制要求

1. 木装修用材的树种规格等级和质量应符合设计要求

木装修构件材质的选材标准应符合表 7-3 的规定。

表 7-3　木装修构件材质的选材标准

序号	木材缺陷	矩形材		板材	
		断面短边在100mm 以下	断面短边在100mm 以上	厚在22mm 以下	厚在22mm 以上
1	单个活节直径/mm	不大于断面短边的 1/4（不在榫卯位置）		不大于 20	不大于 30
	任何延长米活节的数量/个	≤2	≤3	≤2	≤3
2	死节	不允许	不允许贯通	不允许	不允许贯通
3	斜纹	斜率≤4%	斜率≤6%	斜率≤10%	斜率≤15%
4	腐朽	不允许	不允许	不允许	不允许
5	表面虫蛀	不允许	不允许	不允许	不允许

续表

序号	木材缺陷	矩形材		板材	
		断面短边在100mm以下	断面短边在100mm以上	厚在22mm以下	厚在22mm以上
6	裂缝	深度不大于短边的1/6		深度不大于板厚的1/4	
		长度不大于构件长的1/5		长度不大于板宽的1/4	
7	髓芯	不限	不限	不限	不限
8	含水率/%　≤	15	18	15	18

注：表中材料规格均为毛料规格。

2. 做样板

木装修工程应按设计进行足尺放样，异形构件应制作样板。

3. 选材

木装修制作应合理选材，严禁大材小用、优材劣用（本条规定了木装修过程中应本着节约用材的原则，严禁无计划用材或大材小用、优材劣用）。

4. 半成品保护

木装修的半成品、成品在搬运过程中应轻拿轻放，避免磕碰，成品运输过程中应采用铺垫、绑扎、覆盖的技术措施，防止成品磕碰及污染，绑扎固定用绳不得使用钢丝绳，成品堆置离地面不应小于500mm，堆置场地应设排水措施（木材本身为软质材料，在外力磕碰下易发生变形。为了避免木装饰材料翘曲、弯曲、开裂，要求半成品、成品在搬运过程中轻拿轻放。成品堆放要妥善保管，做好防晒、防潮、防污染工作）。

5. 防护

木装修的防腐、防潮、防白蚁、防火、防虫蛀工作应符合设计要求和现行国家标准的规定。当用胶合板替代木板用于木装修工程时，胶合板应具备抗潮性能，且不宜用于建筑外立面装修的最外层（本条规定了胶合板替代木板用于木装修工程时应具备的物理性能，且不宜用于建筑外立面装修的最外层。胶合板是一种人造板，是由木段旋切成单板或由木方刨切成薄木，再用胶黏剂胶合而成的三层或多层的板状材料，并使相邻层单板的纤维方向互相垂直胶合而成。由于破坏了木材本身的物理性能，里面起主导作用的成分是胶，故不宜用于建筑外立面装修的最外层）。

6. 检查

木装修的每道工序结束后应组织相关人员进行验收，合格后方可进行下一道工序，并做好验收记录。

① 木装修表面应平整光滑，图案准确，线条流畅自然，无缺棱、掉角、刨痕、毛刺、雀斑、锤印、胶迹（本条规定了木装修表面应符合的特征。木装修构件应结合牢固、严密，图案准确，线条流畅自然，榫卯联结一般应横向构件做榫，竖向构件做卯）。

② 木构件在允许值内的缺陷应用同一材种填补，其色泽、纹理应一致。在木装修榫卯结合部位、安装五金配件处不得有木节或填补。木装修加固金属件和五金配件的材质、规格、型号、形状应符合设计要求。

③ 传统建筑木装修如果用钢、铝、塑料材料制作时须按现行国家标准《建筑装饰装修工程质量验收标准》（GB 50210—2018）的规定执行。

7. 槛框、榻板制作与安装的质量检查

① 各类槛框制作前必须有装修分丈杆，并按丈杆进行制作。

检查方法：丈杆检查。

② 槛框制作应表面光平，无明显刨痕、戗槎和残损，线条直顺，线肩严密平整、无疵病。榻板制作应表面光平，表面无明显凹凸或裂缝。

检查方法：观察检查。

③ 槛框、榻板安装允许偏差和检验方法应符合表 7-4 的规定。

表 7-4　槛框、榻板安装允许偏差和检验方法

序号	项目		允许偏差/mm	检验方法
1	槛框里口垂直度	高 1.5m 以下	4	沿正、侧两面吊线，尺量或用 2m 弹子板测量
		高 1.5m 以上	6	
2	里口对角线长度	高 1.5m 以下	6	掐杆尺量
		高 1.5m 以上	8	
3	榻板安装平直度	通面宽 12m 以下	±4	以幢为单位拉通线，尺量
		通面宽 12m 以上	±6	
4	各间榻板安装出入平齐	通面宽 12m 以下	±5	以幢为单位拉通线，尺量
		通面宽 12m 以上	±8	

8．大门制作与安装的质量检查

① 实榻门、攒边门、撒带门、屏门等各种传统建筑大门门板粘接，均不得做平缝，必须做企口缝或龙凤榫。

检查方法：观察检查。

② 实榻门、攒边门、撒带门、屏门等各种传统建筑大门安装必须牢固，在砌体上安装严禁使用射钉固定。贴门框内侧安装的大门必须有上下和侧面的掩缝，掩缝大小按门边厚的(1/4)～(1/3)。

检查方法：观察和尺量。

③ 各类大门安装之前，必须符合质量要求，在保管、运输、搬动中无损坏变形。

检查方法：观察检查。

④ 大门制作榫卯节点榫眼应基本饱满，胶结牢固，肩角无明显不严，表面光平，无明显侧痕、戗槎和斧锯印；门钉、包叶、兽面、门钹等安装位置准确、牢固、美观，尺寸符合设计要求。

检查方法：观察和尺量。

⑤ 大门制作允许偏差和检验方法应符合表 7-5 的规定。

表 7-5　大门制作允许偏差和检验方法

序号	项目	允许偏差/mm	检验方法
1	构件截面	±2	尺量检查
2	单扇长度	±3	尺量检查
3	单扇宽度	±2	尺量检查
4	门扇的平面翘曲	2	将门扇平卧，在检查台上用楔形塞尺检查；或侧放在地上平视两门框翘曲
5	门扇的对角线长度	3	尺量检查

⑥ 实榻门、攒边门、撒带门、屏门安装允许偏差和检验方法应符合表 7-6 的规定。

表 7-6　实榻门、攒边门、撒带门、屏门安装允许偏差和检验方法

序号	项目			允许偏差/mm	检验方法
1	大门上、下皮平齐	门高在	2m 以内(含 2m)	3	尺量
			2m 以上	5	
2	大门立缝均匀	门高在	2m 以内(含 2m)	3	用楔形塞尺或尺量
			2m 以上	5	
3	屏门上、下缝均匀			2	尺量或楔形塞尺检查
4	屏门立缝均匀			2	尺量或楔形塞尺检查

注：序号 1 和序号 2 两项规定了槛框、榻板制作与安装的允许偏差和质量检验方法。

第二节　窗与其他小木作构件

外檐装修最主要的构件有两种，即门与窗，窗是其中之一。栏杆、楣子、牖窗、什锦窗等，均可属外檐装修。外檐装修位于室外，易受风吹日晒，雨水侵蚀，在用材断面、雕镂、花饰、做工等方面，都考虑到这些方面因素的影响，故较为坚固、粗壮。内檐装修，则用于室内的装修，碧纱橱、栏杆罩、落地罩、几腿罩、花罩、炕罩、太师壁、博古架、壁板、护墙板以及天花、藻井等，都属内檐装修。

一、窗与其他小木作的形式和构造

《说文解字》记载："在墙曰牖，在屋曰囱。"早在人类穴居时期，为采光和通风的需要，人们便在穴顶凿洞，谓之囱，是最早的窗。脱离穴居后，盖起房屋居住，便在墙上开窗洞，谓之牖。随着社会的发展，人们对窗的要求越来越高，窗的样式也越来越多。

(一) 形式

在中国古代窗及小木作构件被视为建筑实体的重要组成部分，窗类包括槛窗、支摘窗、直棂窗、牖窗、什锦窗、漏窗、横陂及楣子窗（景观窗）。小木作构件如挂落、雀替、坐凳等。在古人眼里，门窗有如天人之际的一道帷幕。而窗户，作为室内探知外界，外界窥觑室内的"眼睛"，在整个建筑史中成为独到的风景。

1. 槛窗

槛窗是一种形制较高级的窗，是一种格栅窗，安装于槛墙之上，窗扇上下有转轴，可以向里和向外开关。与格栅门共用的窗称为槛窗，所以槛窗常与格栅门保持统一形式，如每间用四扇或两扇，每扇由边抹花心组成，不同之处只是格栅门裙板位置用槛墙代替（图 7-30）。槛窗实际上还起到控制槛墙高矮的作用，即：裙板上皮为槛窗下皮尺寸，槛窗以下为风槛，风槛之下为榻板、槛墙。槛窗的优点是，与格栅共用时，可保持建筑物整个外貌的风

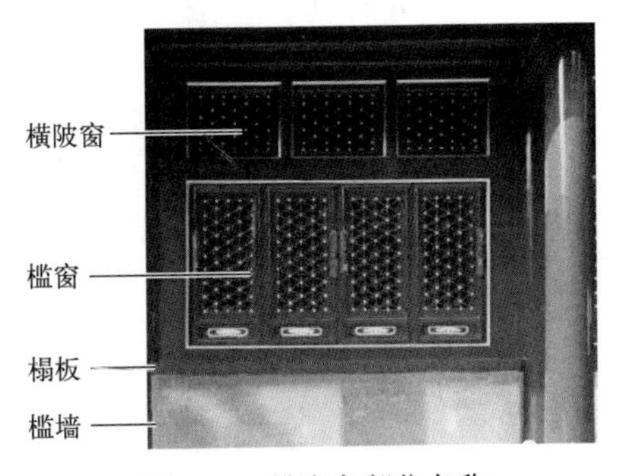

图 7-30　槛窗各部位名称

格和谐一致，但槛窗又有笨重、开关不便和实用功能差的缺点。所以这种窗多用于宫殿、坛庙、寺院等建筑，民居中是极少使用槛窗的。由于槛窗等于将隔门的裙板以下部分去掉，且建筑式样均同格栅，所以建筑图参照格栅即可。

2. 支摘窗

支摘窗是一种可以支起、摘下的窗，明、清代以来在普通民居住宅一般常使用。在檐枋之下，槛墙之上，支摘窗一般分为上下两段，其构造很自由，上部可以推开，并通过窗钩支起来；下部平时一般是固定的，夏天的时候则可以摘下来，更加利于通风。这就是支摘窗名称的由来，也是它和槛窗最大的区别。每个窗扇边抹内用棂条拼成步步锦等花纹并银嵌工字大花，其精致程度是次于槛窗中的菱花式样的（图 7-31）。支摘窗一般都分里外两层，外层糊纸，内层做纱屉，相当于现代的纱窗，既可挡蚊虫，又保证了采光、通风，还有保温作用。清代中叶以后外层逐步改用玻璃，效果更好。

至于支摘窗，民间流传一个谜语：黑垅台，白垅沟，吃白面，喝苏油。意思为窗棂是木制，使用几年后色调发黑，所以形容它如大地，称谓黑色垅台。用白纸裱糊，就成为白色垅沟，这个是写境之句。吃白面，指糊纸用的糨糊是用白色面粉做的，所以叫吃白面。喝苏油，即是窗户纸糊完之后，晒干时，将窗纸抹上苏油，防止窗纸润湿之后掉下来，所以叫喝苏油。

图 7-31　支摘窗

3. 直棂窗

直棂窗是棂条最为简单的一种窗户样式，棂条竖向排列犹如栅栏。直棂窗因具体做法不同还可细分出不同种类，除了常见的竖向直棂条形式外，封建社会后期宫殿、庙宇建筑群里有一些神库、神厨等比较次要房屋常用所谓一马三箭的窗，即窗框中纵向排列许多方形断面的直棂，但在上下侧各置横木三条，名为一马三箭，线条比较简单。实际上就是直棂窗的变形（图 7-32）。

图 7-32　直棂窗

4. 牖窗、什锦窗、漏窗（景观窗）

牖窗是窗的一种。古时称开在墙上的窗为牖。什锦窗是一种装饰性和园林气氛很浓的牖窗，窗的外形各式各样，有扇面、月洞、双环、三环、套方、梅花、玉壶、玉盏、方胜、银锭、石榴、寿桃、五角、八角等。漏窗与什锦窗相似，是一类形式较为自由的窗，但是不能开启。漏窗有沟通内外景物的作用，通过漏窗可以看到另一边的景色，似通还隔，若隐若现。漏窗发展到后来，大多内置多姿多彩的图案，本身就是优美的景点。牖窗、什锦窗、漏窗见图7-33。

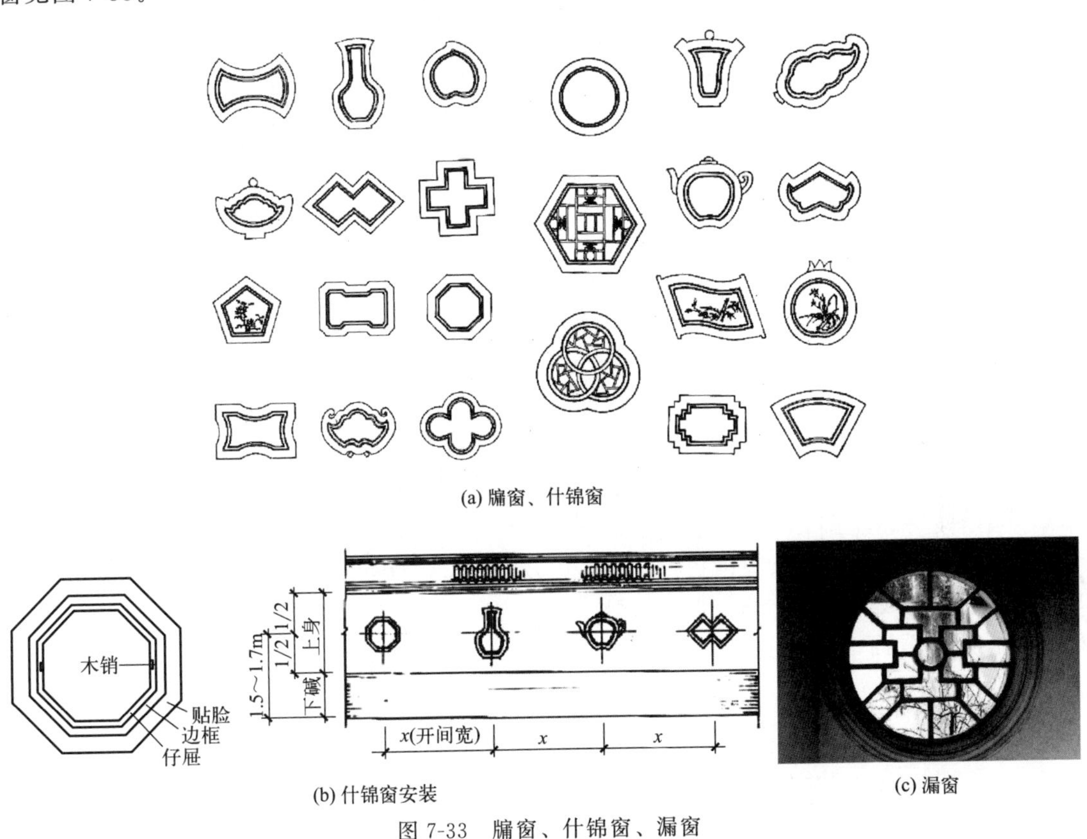

(a) 牖窗、什锦窗

(b) 什锦窗安装

(c) 漏窗

图7-33 牖窗、什锦窗、漏窗

5. 其他小木作构件

内部装饰的构件如各式屏风、挂落、花伢子、花罩、风门、格栅隔断（又称碧纱橱）可移动，可以视需要灵活调整房屋的平面布置，这是中国传统建筑装修的一大特色（图7-34）。

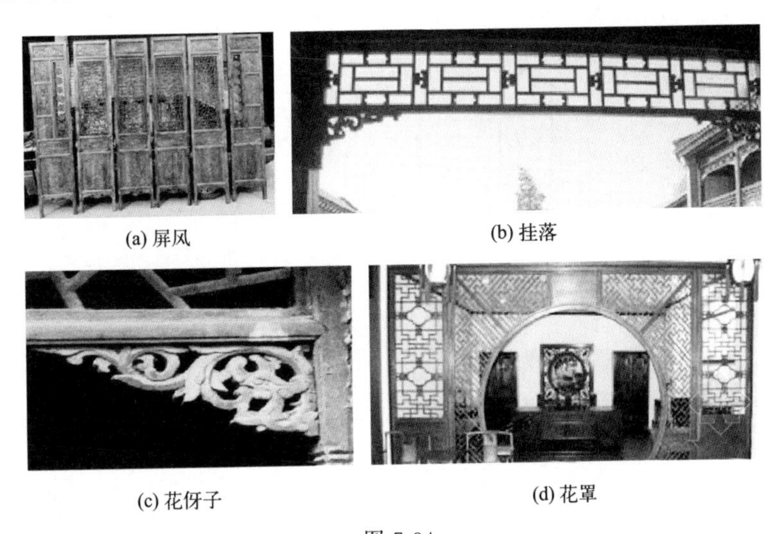

(a) 屏风

(b) 挂落

(c) 花伢子

(d) 花罩

图7-34

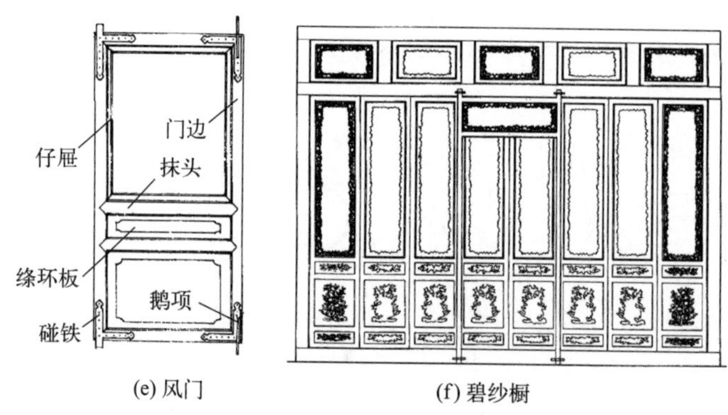

(e) 风门　　(f) 碧纱橱

图 7-34　屏风、挂落、花伢子、花罩、风门、碧纱橱

(二) 构造样式

1. 窗

窗的构造多种多样，可谓繁花似锦，它也分很多等级，制作极其复杂，其由纤细的木材断面、榫卯结构以及边抹和窗芯花格组成，凸显了它制作时的技术含量，图文样式见前述。

2. 挂落

挂落也称倒挂楣子，主要由边框、棂条以及花伢子等构件组成，楣子高（上下横边外皮尺寸）一尺至一尺半不等，临期酌定，如图 7-35 所示。边框断面为 4cm×5cm 或 4.5cm×6cm，小面为看面，大面为进深。棂条断面同一般装修棂条，为六、八分（1.8cm×2.5cm）。

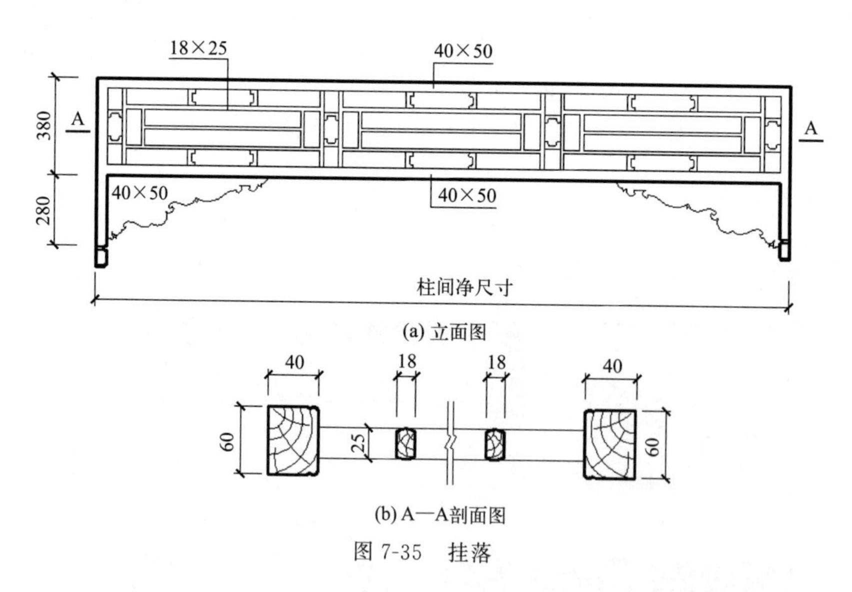

(a) 立面图

(b) A—A剖面图

图 7-35　挂落

3. 花伢子

花伢子是一种轻型雀替，是安装在楣子立边与横边交角处的装饰件，通常做双面透雕，常见的花纹图案有草龙、番草、松竹梅、牡丹、葫芦、福寿、卷草、梅竹、葵花、夔龙等，如图 7-36 所示。

一般用料厚度多在 4cm 以内，长高尺寸稍小于一般雀替。有木板雕刻型和棂条拼接型两种，都为半榫连接。

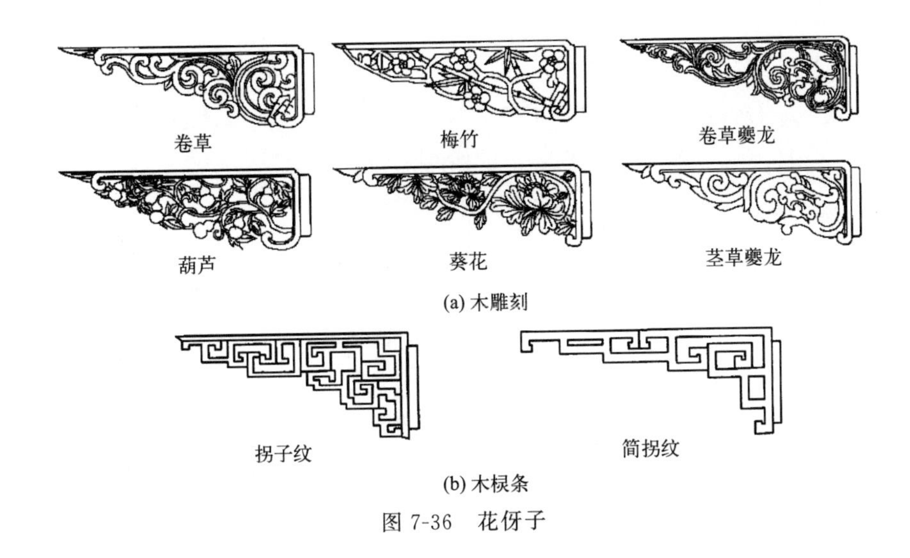

图 7-36 花伢子

4. 坐凳（坐凳楣子）

坐凳楣子安装在檐下柱间，除有丰富立面的功能外，还可供人坐下休息。楣子的棂条花格形式同一般装修，常见者有步步锦、灯笼框、冰裂纹等，主要由坐凳面、边框、棂条等构件组成，如图 7-37 所示。

坐凳楣子的尺度如下。坐凳面厚度在一寸半至二寸不等，坐凳楣子边框与棂条尺寸同倒挂楣子，坐凳楣子通高一般为 50～55cm。

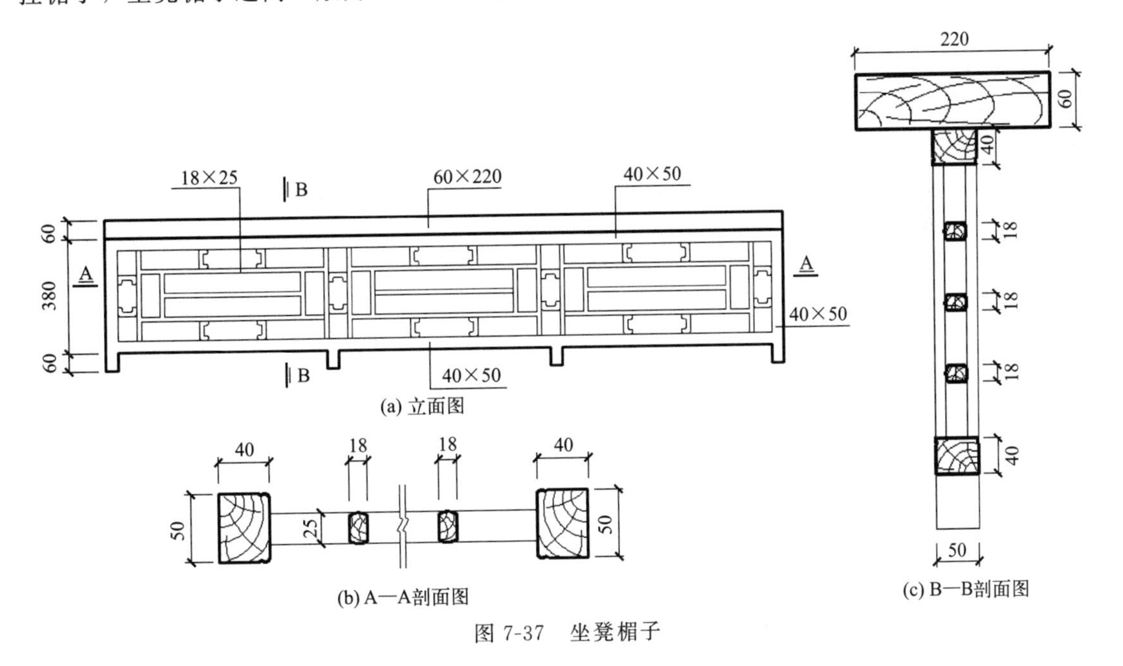

图 7-37 坐凳楣子

二、常见问题

由于装饰构件常年暴露在外，受外界侵蚀干扰，尤其这些构件的断面尺寸偏小，极易造成断裂、变形、褪色、起皮、榫卯脱榫、破损等情况（图 7-38）。

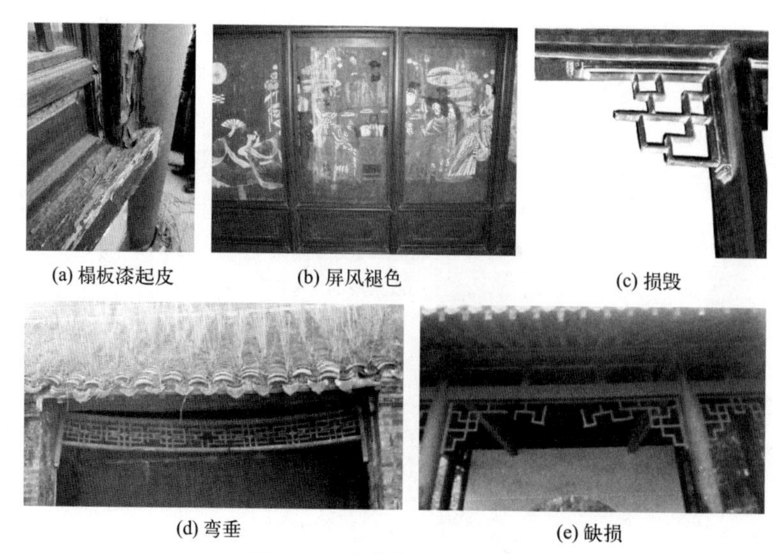
(a) 槅板漆起皮　(b) 屏风褪色　(c) 损毁

(d) 弯垂　(e) 缺损

图 7-38　小构件出现的问题

三、处理办法

（一）格栅窗

格栅窗类包括槛窗、支摘窗等。窗的处理办法大多数与门的处理办法相同，参考前节处理办法。一般维修工作中，制作与常见损毁情况及修补方法分述如下。

1. 制作

各类窗扇制作时窗扇的梃、横木、夹宕应做双夹出榫连接，榫厚宜为料厚的（1/6）～（1/5）。窗扇位于檐口廊柱位置时，应做外开窗，且窗的中夹宕以下应做外裙板，夹宕板、裙板之间采用高低缝进行拼缝，缝间采用竹销连接，竹销间距为 300～400mm。裙板上端做板头榫，与中夹宕的上端横头板面连接，裙板边缘与窗榫采用竹销连接，竹销间距 250～300mm。夹宕板四周与梃、横头采用落槽连接，槽深与板厚一致且不小于 10mm，长短开关窗的两窗之间应做高低缝，其厚度为扇梃面宽的（1/5）～（1/4）且不小于 8mm。和合窗两窗上下交接处采用高低缝，上一扇窗做盖缝，缝深为 8～10mm，窗芯四周应做边条，边条断面尺寸与窗芯一致，窗芯十字相交处应采用合巴嘴做法，深度为窗芯厚的 1/2（本条规定了窗扇制作具体要求）。

支摘窗修缮或新做可参照槛窗，只是应注意以下几点。

① 支摘窗和风门常采用的棂条图案有步步锦、灯笼锦、豆腐块等。

② 支摘窗边框具体设计尺寸为：看面一般为 1.5～2 寸（4.8～6.4cm），厚（进深）为看面的 4/5 或按槛框厚的 1/2；仔屉边框看面及厚度均为外框的 2/3；棂条断面一般为 6 分或 8 分，看面 6 分（约 1.8cm），进深 8 分（约 2.5cm）。

③ 支摘窗上常用的铁件有合页、梃钩、铁插销（用以销锁摘窗用）、护口等；风门常用的铁件为鹅项、碰铁、屈戌、海窝等。

2. 安装

窗扇、格栅安装应符合设计要求，应五金齐全，安装牢固，开启灵活。

3. 窗扇扭闪变形

由于该构件常年开关频繁，年久失修，窗扇的榫卯结构极易拔脱，致使窗整体发生扭闪变形。修理时应整扇拆落，接缝处重新灌胶粘牢，最后在窗扇背面接缝处加钉“L”形和“T”形薄铁板固定，铁板应卧入边梃内与表面齐平，用螺钉拧牢（图7-39）。

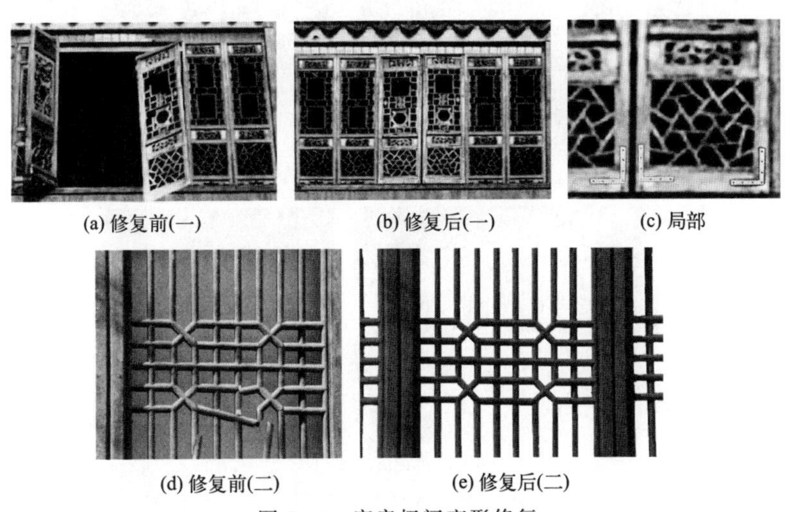

(a) 修复前(一)　(b) 修复后(一)　(c) 局部

(d) 修复前(二)　(e) 修复后(二)

图7-39　窗扇扭闪变形修复

4. 糟朽、起皮

将糟朽处进行修缮或更换，断面尺寸仿原有窗棂断面，对起皮处要进行清理，用铁刷子刷挠干净，然后做地仗或刮腻子，罩面漆按设计要求进行（图7-40）。

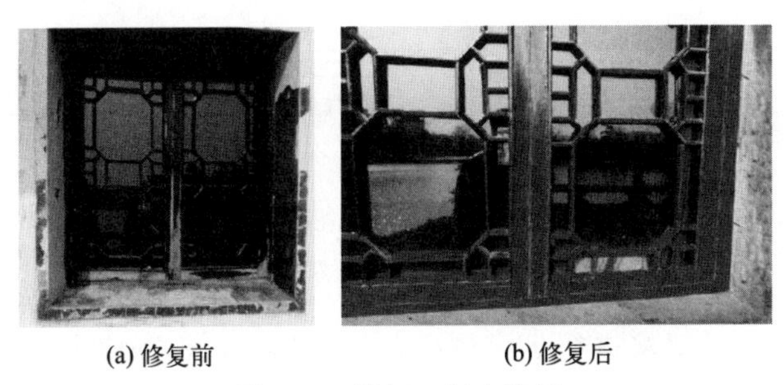

(a) 修复前　(b) 修复后

图7-40　糟朽、起皮修复

5. 边梃、抹头

劈裂糟朽、格栅心残缺等情况，均参照门的处理方法。

6. 断桥铝仿古门窗

断桥铝仿古门窗（图7-41）克服了木结构门窗封闭不严的问题，迎合了现代建筑中对门窗冷热桥的要求，从而使古建筑木结构门窗防寒保暖有了质的改变。这种门窗的建筑外观按照古式规则尺寸，材料及工艺采用现代科技手段，达到了以假乱真的效果。

（二）倒挂楣子、坐凳楣子、美人靠、木栏杆

有些小木作构件如挂落和坐凳所处的位置，多数处在半室外、屋檐下和地坪上，风吹日晒造成色彩褪色，且构件断面又很纤细，很容易损坏，所以最好是隔一段时间就要检查维修，重新油漆。

1. 倒挂楣子的制作

倒挂楣子是安装于建筑檐柱间（如民居中正房、厢房、花厅的外廊或抄手游廊）的兼有装饰和实用功能的装修。倒挂楣子安装于檐枋之下，有丰富和装点建筑立面的作用；楣子的

(a) 断桥铝仿古门

(b) 断桥铝仿古窗

图 7-41　断桥铝仿古门窗

棂条花格形式同一般装修，常见者有步步锦、灯笼框、冰裂纹等，较为讲究的做法，还有将倒挂楣子用整块木板雕刻成花罩形式的，称为花罩楣子。这种做法费时费工，但装饰效果更好，多见于私家园林中。一般在修缮过程中倒挂楣子（图 7-42）多数都整体更换，制作应符合下列规定。

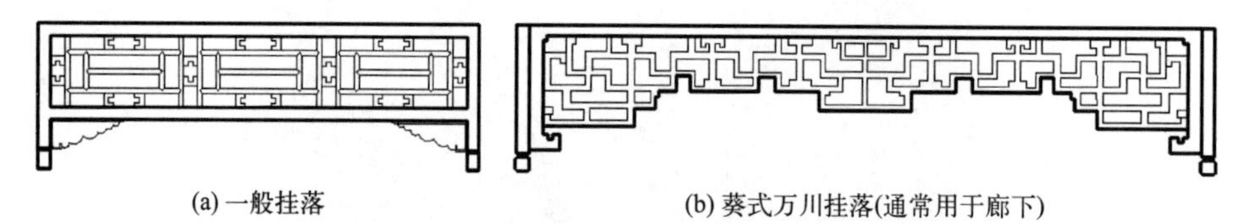

(a) 一般挂落　　(b) 葵式万川挂落(通常用于廊下)

图 7-42　倒挂楣子

① 制作时应按照设计要求进行足尺放样，无设计时，楣子高度宜为 300～400mm；框料厚度宜为 40～45mm，宽度宜为 50～60mm；棂条厚度宜为 18～20mm，宽度宜为 25～30mm。

② 挂落采用万字图案时，其分格高宽比应为（1∶1)～(1∶2)，竖向分格宜取单数，横向分格宜取双数。

③ 挂落框应采用正面合角双夹榫连接，挂落芯子十字相交应做合巴嘴，芯子的起面深度宜为看面宽度的 1/5。

④ 挂落抱柱厚度宜为柱径或柱面宽的（1/4)～(1/3)，宽度宜比外框宽 20～30mm。

2. 倒挂楣子的安装

① 倒挂楣子的安装应根据设计要求采用传统销子或钢钉与柱、枋进行连接，抱柱安装于圆柱上时要采用铁钉进行固定，铁钉钉入柱深度不少于 45mm。

② 楣子上下贯通的棂条做单直通榫头，其余做单直半透榫头，与楣子边框进行榫卯连接，楣子棂条十字相交处应做异形卡腰。

③ 挂落框安装时，与抱柱间隙宜为 2～3mm。

有些损坏不是太严重的可以局部更换，然后按油漆彩画要求恢复即可。挂落起皮褪色修复见图 7-43。

(a) 挂落修复前
(b) 挂落修复后
(c) 挂落(彩绘)修复前
(d) 挂落(彩绘)修复后

图 7-43 挂落起皮褪色修复

3. 坐凳楣子的制作

坐凳楣子安装在檐下柱间，除有丰富立面的功能外，还可供人坐下休息。装饰功能与倒挂楣子相同。

坐凳楣子的制作应符合下列规定。

① 凳面高宜为 400～500mm，凳面宽度宜同柱径，厚度宜为 30～60mm。

② 坐凳楣子的框料、棂条制作与倒挂楣子制作的相关要求相同。

4. 坐凳楣子的安装

① 坐凳楣子应在下边框料底部设腿支于地面。

② 坐凳楣子安装应牢固稳定。

5. 美人靠的制作

① 美人靠制作时必须按照设计要求进行足尺放样。

② 外框、中框、脚头采用双榫卯连接，榫头厚度宜为榫厚的 (1/6)～(1/5)，框料两头采用包头合角相交，芯料与框料采用半榫连接，榫头厚度宜为芯厚的 1/3，榫头长度宜为板厚的 1/2。

6. 美人靠的安装

① 美人靠应安装牢固稳定，配件齐全。

② 美人靠箍头下端及中间脚头应采用半榫连接，半榫厚宜为 14～16mm，榫长宜为 25～30mm。

③ 美人靠箍头上端与柱采用金属质搭钩连接，金属钩在木柱及美人靠两端高差不宜大于 250mm。

7. 木栏杆的制作

当栏杆芯子图案复杂时，在栏杆的长度、高度两个方向都不能如实反映芯子实际尺寸的栏杆或是弧形栏杆都应放足尺大样制作。足尺大样的外形和图案应符合设计要求。

木栏杆制作（图 7-44）应符合下列规定。

① 木栏杆望柱宽、厚（径）宜为 3/10 柱径或 100～150mm，高度宜为 1200～1600mm。

② 木栏杆望柱贴圆柱外侧做室内弧形抱豁，贴方柱外侧做平面抱豁，望柱里口垂直于地面。

③ 木栏杆望柱一侧剔出溜销榫槽（卯），槽（卯）长度应不少于 4/5 望柱高。

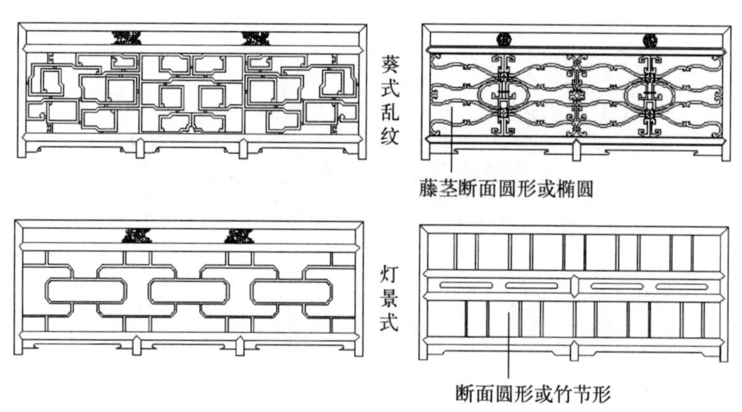

图 7-44　木栏杆制作

④ 木栏杆、扶手、下枋与望柱采用双通透榫卯连接。腰枋与望柱采用双直半透榫卯连接。

⑤ 木栏杆地栿宽度宜为望柱厚度 1.2 倍，高度宜为望柱厚度的（1/3）～（1/2），长度为柱间净尺寸。

⑥ 木栏杆腰枋、下枋宽度宜为望柱宽度的 1/2 或 50～70mm，厚度宜为宽度的 1.2～1.4 倍，长度为柱间净距。

⑦ 木栏杆花芯边抹宽度宜为 50～70mm，厚度宜为宽度的 1.2 倍。

⑧ 木栏杆框心棂条宽度宜为 30～50mm，厚度宜为宽度的 1.3～1.5 倍（本条规定了木栏杆制作的相关要求）。

木栏杆的主要功能是围护和装饰。在楼阁建筑中，上层的平座回廊是供人行走或登临远眺的地方，在檐柱间安装木栏杆，有拦挡围护、防止游人失足坠落的重要功能。建在高台上的建筑，其月台四周安装木栏杆（或石制栏板），其作用也在于此。而安装在商业建筑平台屋面边缘的朝天栏杆，则主要用作装饰。除以上两种之外，常见的还有鹅颈椅，又称靠背栏杆，既有围护作用，又可供人休息。

8. 栏杆的安装

栏杆的安装应符合下列规定：底层栏杆一端应采用两个榫与抱柱连接，另一端应采用两个硬木销与抱柱连接，其他楼层栏杆除采用底层栏杆安装方法外，还应借助工具进行拆卸。

(三) 现代做法

1. 倒挂楣子

现代处理手法是预制钢筋混凝土，C25 混凝土，一级钢筋置中放置，如图 7-45 所示。

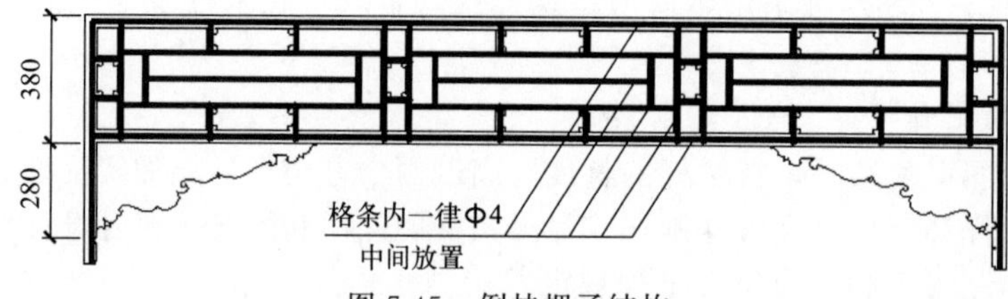

图 7-45　倒挂楣子结构

2. 坐凳楣子

采用预制钢筋混凝土，C25 混凝土，一级钢筋居中放置，坐凳板可现浇，如图 7-46 所示。

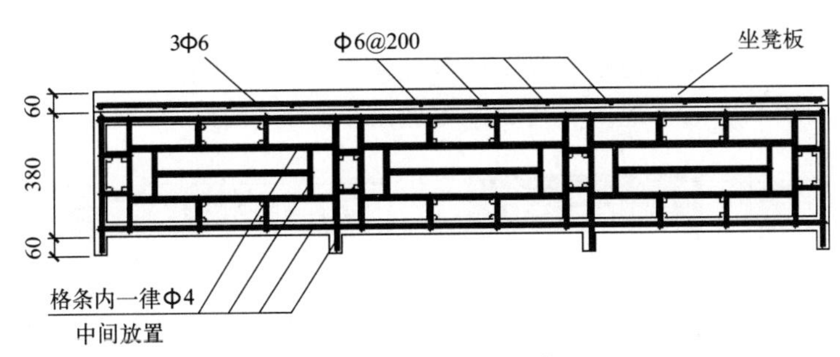

图 7-46 坐凳楣子结构

3. 花伢子

现代处理手法，同样用钢筋混凝土预制件，也可用其他材料制作，如铝合金等，尤其当廊子、亭子比较低矮时，人们近距离接触经常会造成损坏，这种做法则显得比较好。

(四) 花罩制作安装

传统建筑中花罩有落地罩、几腿罩、飞罩、栏杆罩、炕罩等。各种花罩，除炕罩外，通常都安装于居室进深方向柱间，起分间的作用，造成室内明、次、梢各间既有联系又有分隔的环境气氛。

1. 落地罩、飞罩

落地罩（图 7-47）主要用于分隔室内空间，并有很强的装饰功能，由于花罩类做工十分讲究，集各种艺术、技术于一身，成为室内重要的艺术装饰品。落地罩有不同的形式，常见有圆光罩、八角罩以及一般形式的落地罩，落地罩形式略同于栏杆罩，但无中间的立框栏杆，两侧各安装一扇格栅，格栅下置须弥墩。

制作时应以中线为准左、右对称一致，图案准确。制作及安装应符合下列规定。

① 落地罩制作尽量用一块整板，当采用两块材料拼合时，拼缝应严密，并用飞罩钉或硬木销连接，木销间距宜为 300～500mm。

② 落地罩外围与须弥座、抱柱、上槛等构件连接时，应采用半榫连接，榫厚宜为 15～20mm，宽宜为 40～50mm。

飞罩（图 7-47）制作、安装参照挂落规定。

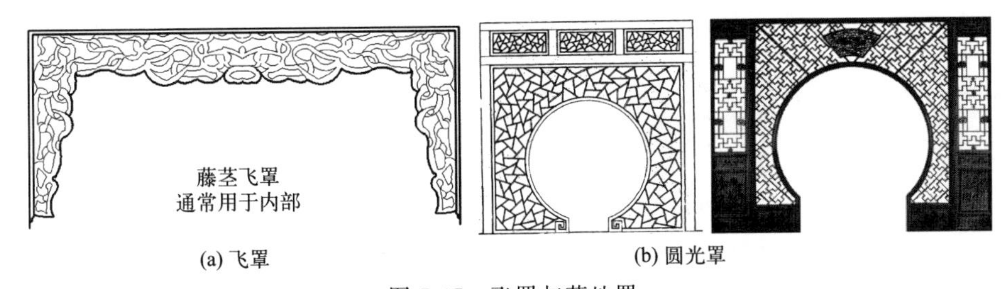

(a) 飞罩　(b) 圆光罩

图 7-47 飞罩与落地罩

2. 几腿罩

几腿罩（图 7-48）由槛框、花罩、横陂等部分组成，其特点是整组罩子仅有两条腿（抱框），腿与上槛、挂空槛组成几何形框架，两根抱框恰似几案的两条腿，安装在挂空槛下的花罩，横贯两抱框之间。挂空槛下也可只安装花伢子。几腿罩通常用于进深不太大的房间。

3. 落地花罩

形式略同几腿罩，不同之处是安置于挂空槛之下的花罩沿抱框向下延伸，落在下面的须弥墩上。这种形式较一般的落地罩和几腿罩更加豪华富丽（图 7-49）。

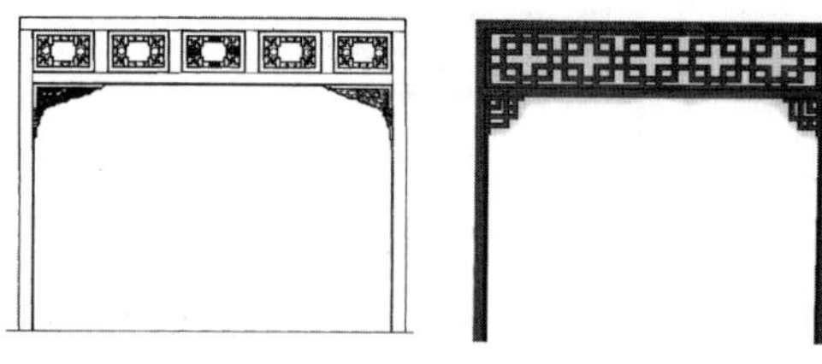

图 7-48　几腿罩

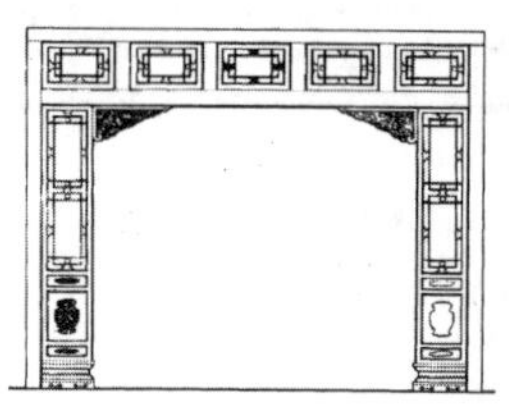

图 7-49　落地花罩

4. 栏杆罩

主要由槛框、大小花罩、横陂、栏杆等部分组成，整组罩子有四根落地的边框，两根抱框、两根立框，在立面上划分出中间为主、两边为次的三开间的形式。中间部分形式同几腿罩，两边的空间，上安花罩、下安栏杆（一般做成寻杖栏杆形式），称为栏杆罩（图 7-50）。这种花罩多用于进深较大的房间。整组罩分为三樘，可避免因跨度过大造成的空旷感觉，在两边加立框装栏杆，也便于室内其他家具陈设的放置。

5. 炕罩

又称床罩，是专门安置在床榻前面的花罩（图 7-51），形式同一般落地罩，贴床榻外皮安在面宽方向，内侧挂软帘。室内顶棚高者，床罩之上还要加顶盖，在四周做毗卢帽一类的装饰。

图 7-50　栏杆罩

图 7-51　床罩

6. 博古架

图 7-52　博古架（多宝格）

博古架是一种在室内陈列古玩珍宝的多层木架，是类似书架式的木器。架中分不同样式的许多层小格，格内陈设各种古玩、器皿，故又名为什锦格、集锦格或多宝格（图 7-52）。

博古架每层形状都不规则，前后均敞开，无板壁封挡，便于从各个位置观赏架上放置的器物。

四、注意事项、质量检验与控制要求

（一）注意事项

古建筑装饰工程不同于一般工业与民用建筑的装饰，主要是其结构构件的体量有较大差别，由于古建筑的装饰装修工程的构件比较纤细，修缮时就要特别细心，避免破坏性修复，造成不必要的损失。在修缮时要特别注意选材，尽量用旧材料或相近材质的材料，以求构件连接处的榫卯结构能很好地结合。

(二) 检验与控制

1. 窗扇、纱窗、格栅制作与安装

窗扇、纱窗、格栅制作与安装应按下列要求进行质量检查。

① 各式窗扇内花格应按样板制作，样板应符合设计要求。菱花心和花纹复杂、无规则的棂条花心（如冰裂纹、回纹、乱纹等）的制作必须放实样，套样板，按实样进行制作和组装，样板必须精确。

检查方法：观察检查。

② 边框、抹头制作榫眼应基本饱满，胶结牢固，线角无明显不严，线条直顺光洁，线脚交圈，表面光平，无明显疵病。

检查方法：观察和手摸检查。

③ 各种棂条花心、仔屜的棂条应断面尺寸相等，凹凸线或其他线条直顺，深浅一致，棂条相交处线角基本严实，棂条空当大小均匀一致，团花、卡子花位置准确对称，无明显疵病，对应棂条直顺，无明显疵病。

检查方法：观察和手扳动检查并辅以尺量。

④ 边框、抹头外框制作的允许偏差和检验方法应符合表 7-7 的规定。

表 7-7 边框、抹头外框制作的允许偏差和检验方法

序号	项目			允许偏差/mm	检验方法
1	翘曲	扇高在	1.5m 以下	3	将外框放在平台上，用楔形塞尺检查
			1.5～2.5m	4	
			2.5m 以上	5	
2	对角线长度差（窜角）		1.5m 以下	3	用杆掐量或尺量
			1.5～2.5m	5	
			2.5m 以上	7	

⑤ 格栅、槛窗、支摘窗等安装允许偏差和检验方法应符合表 7-8 的规定。

表 7-8 格栅、槛窗、支摘窗等安装允许偏差和检验方法

序号	项目			允许偏差/mm	检验方法
1	抹头平直度	扇高在	2m 以内(含 2m)	3	以间为单位拉线，尺量
			2m 以上	4	
2	水平缝均匀		2m 以内(含 2m)	3	楔形塞尺检查
			2m 以上	5	
3	立缝均匀		2m 以内(含 2m)	2	楔形塞尺检查
			2m 以上	5	

2. 倒挂楣子、坐凳楣子、飞罩、落地罩制作与安装

① 倒挂楣子、坐凳楣子安装必须牢固，严禁有松散、晃动等现象。

检查方法：观察检查和用手推动。

② 倒挂楣子、坐凳楣子的榫卯节点榫眼、胶结应基本饱满，肩角无明显不严，线脚交圈，表面光洁平整，对应棂条直顺，空当大小一致，安装牢固。

检查方法：观察或用尺量。

③ 落地罩、飞罩制作应放足尺大样，大样的各部尺寸、图案，应符合设计要求。

检查方法：观察检查。

④ 采用铁件的质量、型号、规格和连接方法等应符合设计要求。

检验方法：观察检查和检查出厂合格证。

⑤ 各类构件的榫槽应嵌合严密，胶料胶结应用胶楔加紧，胶料质量和品种必须符合现行国家标准（木结构工程施工及验收规范）的规定。

检验方法：观察和手轻扳检查。

⑥ 各式构件的制作表面应榫卯严密，表面光洁，无明显刨痕、锤印、戗槎，合角基本严密整齐。

检验方法：观察和用手摸检查。

⑦ 各式构件花饰的制作应图案正确，花格均匀，左右对称，线条基本通畅，脱卸基本方便。

检验方法：观察和脱卸检查。

⑧ 铁件五金安装应位置正确，槽深基本一致，五金齐全，规格符合要求，脱卸基本灵活。

检验方法：尺量和脱卸检查。

⑨ 各式挂落、飞罩、落地罩制作和安装的允许偏差和检验方法应符合表 7-9 的规定。

表 7-9　各式挂落、飞罩、落地罩制作和安装的允许偏差和检验方法

序号	项目	允许偏差/mm	检验方法
1	构件长度	0～2	尺量检查
2	构件宽度	±2	尺量检查
3	平面翘曲	2	将构件平卧在检查平台上用楔形塞尺检查
4	两对角线长度差	2	尺量检查
5	安装水平度	±2	用水平尺和楔形塞尺检查
6	安装垂直度	1	吊线和尺量检查
7	构件断面	2	尺量检查
8	各类芯子交接处平整度	4	用直尺和楔形塞尺检查
9	各类线条竖横交接处错位		尺量检查
10	相邻两片挂落水平平直度		拉线和尺量检查

3. 美人靠制作与安装

① 各式美人靠应按样板制作，样板及榫卯节点应符合设计要求。

检查方法：观察检查。

② 采用铁件的材质、型号、规格和连接方法等应符合设计要求。

检查方法：观察检查和检查出厂合格证。

③ 各类构件的榫槽应嵌合严密，胶料胶结应用胶楔加紧，胶料质量品种必须符合现行国家标准（木结构工程施工质量验收规范）的规定。

检查方法：观察和手轻扳检查。

④ 美人靠的榫卯节点榫卯应严实，无明显刨痕、锤印、戗槎，料面基本平整，线条基本通顺。

检查方法：观察检查。

⑤ 各式花饰的制作应图案正确，曲线自然，线条通畅，脱卸基本灵活方便。

检查方法：观察和脱卸检查。

⑥ 铁件五金安装应位置正确，槽深基本一致，五金齐全、规格符合要求，脱卸基本灵活。

检查方法：尺量和脱卸检查。

⑦ 美人靠制作安装的允许偏差和检验方法应符合表7-10的规定。

表7-10 美人靠制作安装的允许偏差和检验方法

序号	项目	允许偏差/mm	检验方法
1	美人靠制作的长度	0，−2	尺量检查
2	美人靠制作的宽度	±2	尺量检查
3	美人靠和坐槛安装的水平度	2	用水平尺和楔形塞尺检查
4	美人靠连接处缝隙	2	楔形塞尺检查
5	美人靠坐槛构件的截面	±2	尺量检查
6	各类芯子交接处平整度	1	用直尺和楔形塞尺检查
7	美人靠的弯曲弧度	2	用样板和塞尺检查
8	相邻两片水平平直度	4	拉线尺量检查

4. 木栏杆制作与安装

栏杆制作与安装工程包括各种寻杖栏杆、花栏杆、直档栏杆、楼梯栏杆的制作与安装。

① 各种木栏杆制作安装必须牢固，严禁有松散、晃动等不坚固现象。

检查方法：观察检查和用手推晃。

② 各式栏杆的制作与安装应放样，按样板制作，样板应符合设计要求。各式栏杆的榫卯节点榫眼应基本饱满，表面光平，无明显刨痕、戗槎、锤印，肩角严实，各部位尺寸准确；花栏杆棂条直顺，无明显疵病。

检查方法：观察检查。

③ 栏杆安装允许偏差和检验方法应符合表7-11的规定。

表7-11 栏杆安装允许偏差和检验方法

序号	项目	允许偏差/mm	检验方法
1	各间栏杆平直度	8	以幢为单位拉通线，尺量
2	各间栏杆进出错位	8	以幢为单位拉通线，尺量

第三节 天花、藻井的修补

一、基本构造

（一）天花

天花（图7-53）古代称为仰尘，它除了本身重量外不承担其他重量。它的结构是在每间井口枋内的空间，木框内放置密且小的木方格叫平闇；木框内放较大木格和木板，板下施彩绘或贴以有彩色图案的纸，叫平棋。

用纵横十字相交的支条搭成正方形或长方形的格子，格子上盖木板。早期建筑物，木格尺寸小，盖板在支条上，多为通板，元代以后，多在每格内用一块天花板，盖板为分散的方块，不相通连。由于支条断面小，跨度长，为了防止弯垂，每隔 2～3 根支条，在上部用一根通长的帽儿梁一根，下连支条上，用铁钩挂于附近的梁枋上。

（二）藻井

藻井（图 7-53）是高级的天花，一般用在殿堂明间的正中，如帝王御座、神佛像座之上。

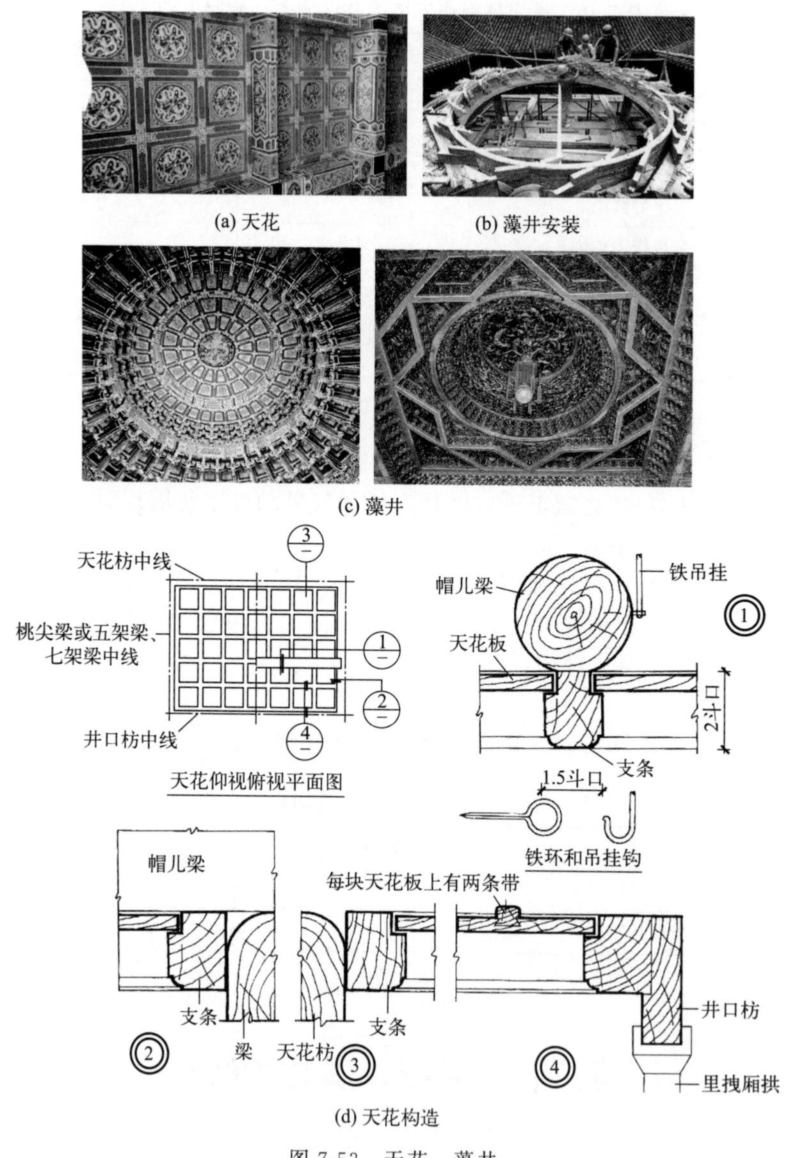

图 7-53　天花、藻井

二、常见问题

天花、藻井存在的主要问题是弯垂。此种结构，依照原来的设计理论应是相当牢固的，但实际修缮中，由于天花支条断面细小，还要刻出榫卯结构，更加削弱了构件的刚度。由于支条不是纵横全用通长木料（通长的支条数目很少），而是几种不同长度的支条接连而成，这样就使得每个交接点都会因重力有下沉趋势，再加上上面灰尘的荷载以及自重，都会引起中间弯垂，甚至折断、残损。另外，就是因帽儿梁的长度不足，两端不能搭在梁上，反而压在支条上，若铁吊挂因年久折断，帽儿梁就成了支条不应有的负担，这也是支条弯垂的一个主要原因。

三、处理办法

(一) 天花

根据以上的情况，修理天花时采用两种办法。

1. 支条处

在支条搭接处加拉扯铁板，有十字形、T形和Γ形，板宽5～7cm，厚约0.3cm，用螺钉钉牢（图7-54）。

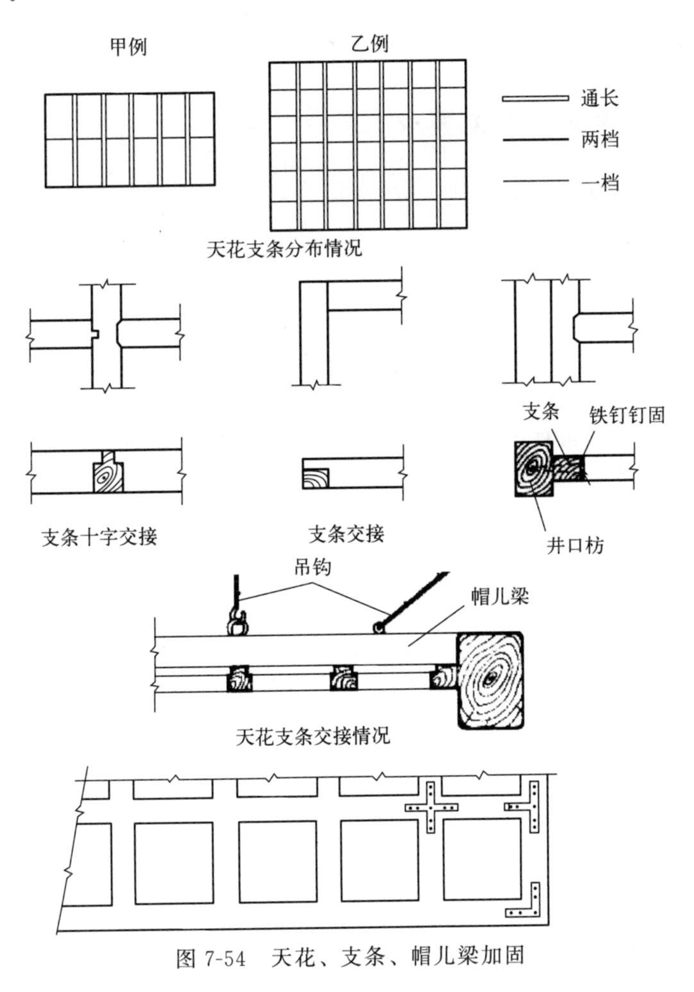

图7-54 天花、支条、帽儿梁加固

2. 帽儿梁处

增加帽儿梁的铁拉杆（图7-54）。整体天花弯垂临时加固时，可用薄铁条（木箱包装用的铁腰子）沿支条底皮钉牢，两端固定在梁上，每间纵横各2～3道。彻底修理时，应在每间天花底皮，垫木板用千斤顶起，恢复水平位置，再将糟朽或榫头劈裂不能使用的支条按原尺寸更换，最后按上述两种方法安装加固铁活。

天花板的毁坏，以劈裂、缺欠的现象较多，应用干燥木板补配。早期平闇的天花板，可重新揭起补配通长木板铺钉严密。

（二）藻井

结构简单的藻井，多不用雕饰，仅绘龙纹、花卉，复杂的在顶部装饰木雕盘龙，四周安斗栱、天宫、楼阁等装饰构件。这些构件实为木制的建筑小模型，构件小，榫卯简单，年久后常出现整体下沉、松散、构件脱落残缺。

整体松散下沉：应搭脚手架详细检查，松散轻微的，在藻井背面加拉扯铁板、铁钩等与周围梁、枋连接牢固。严重的应拆卸后重新归安，在背面加钉铁活，整体卸下时应先归安平整，在底部垫木板，用千斤顶顶平或在上面用倒链吊平，用铁钩固定在附近梁枋上。然后修配小构件，必要时也可整体卸下运至工棚内修配，最后再装回原位。

单体构件的配补：藻井内斗栱中的小斗、栱头等最易坠落，年久不易寻找，补配时用干燥木料做好外轮廓，安装时临时按位置开卯粘牢。残缺的雕龙等，无原状可寻的，一般不再修配，仅将现存部分用胶粘牢，防止继续脱落丢失。

四、注意事项、质量检验与控制要求

（一）天花、藻井制作与安装一般要求

1. 天花

① 天花四周外边缘应固定在木构架的梁、枋、桁类构件上，并且四周应在同一水平线上，当边缘交于矩形构件时，构件外露高度应为该构件断面高度的（1/2）～（3/4）；当边缘交于圆形构件时，构件外露高度应为该构件截面高的（1/3）～（1/2）。天花中间应做该天花短边长度1/200起拱。

② 天花为棋盘格时，棋盘格板厚宜为15～25mm，制作时板缝做高低缝，并用竹钉拼接，支条纵横相交，采用榫卯连接。

2. 藻井

① 藻井制作应根据设计要求进行足尺放样。当藻井为鸡笼顶时，其斗口及所有栱、昂嘴都应在顶心点放射线位置上排列。

② 当藻井为螺栓顶时，其斗口及所有的栱、昂嘴都应在以该顶点位置出发点的螺旋形线上排列；藻井内四周各构件应采用板材与吊顶空间隔开。

（二）天花、藻井的制作与安装

1. 天花

① 天花的制作必须符合设计要求或不同朝代的做法及其特点。

检验方法：观察检查或与原文物对照。

② 井口天花制作时，要求天花支条的线条直顺，表面光平，天花板拼缝严实，平整。

检验方法：观察检查。

③ 天花、藻井各部件制作应符合设计要求，其工艺较精细，要求无明显疵病，安装牢固，起拱按设计要求或按短向跨度的1/200，这样整体效果较好；吊杆牢固，数量、位置应符合设计要求。

检验方法：观察检查。

2. 藻井

藻井的制作与安装要求均可参考天花相关内容。

检验方法：观察检查。

(三) 允许偏差及检验方法

天花、藻井安装允许偏差和检验方法应符合表 7-12 的规定。

表 7-12 天花、藻井安装允许偏差和检验方法

序号	项目	允许偏差/mm	检验方法
1	井口天花安装支条直顺	8	以间为单位拉线尺量
2	井口天花支条起拱	±10	与设计要求对照,以间为单位拉线尺量
3	海墁天花起拱	±10	与设计要求对照,以间为单位拉线尺量

第四节 案例

【案例摘要与背景】

淄川区沈古村古建筑多为明清古建筑，具有浓郁的地方特色，院落式布局，具有北方较强的四合院特征（同第三章案例，本节主要叙述门窗部分）。

其中门窗部分概况及现状：为木制门窗，存在糟朽、油饰脱落的现象，部分门窗被改造为现代门窗。

【案例实施】

一、材料的选用

项目部技术人员对本工程的施工图纸的各种材料进行分类汇总，材料采购部分根据汇总的数量和质量要求进行分门别类采购，采购回的材料交给技术部鉴定。

二、古式木门窗制作安装

1. 生产操作程序和一般要求

① 木门窗生产操作程序：配料-截料-刨料-画线-凿眼、开榫-裁口-整理线角-堆放-拼装-磨光（刨光）。

② 榫要饱满，眼要方正，半榫的长度比半眼的长度短 2～3mm。拉肩不得伤榫。割角应严密、整齐割角线必须正确。线条要平直、光滑、清秀、深浅一致。刨面不得有刨痕、戗槎及毛刺。遇有活节、油节应进行挖补，挖补时要配同样的树种、同木色，花纹要近似，不得用立木塞。

2. 配料与截料

① 配料、截料要特别注意精打细算，配套下料，合理搭配，不得大材小用、长材短用、优材劣用。

② 要合理确定加工余量。宽度的加工余量，一面刨光者留 3mm，两面刨光者留 5mm，如长度在 50cm 以下的构件，加工余量可留 3～4mm。

③ 门窗框料有顺弯时，其弯度一般不应超过 4mm，有扭弯者一般不准使用。

④ 如有背面超过木料厚的 1/6 和长的 1/5，一般不准使用。

3. 画线

① 画线前应检查已刨好的木料，合格后，将木料放在画线机或画线架上，准备画线。

② 画线时要仔细看清图纸要求和样板式样，尺寸、规格必须完全一致，并先做样品，经审查合格后再正式画线。

③ 画线时应挑选木料的光面作为正面，有缺陷的放在背面，画出的榫眼薄、宽、窄尺寸必须一致。

④ 用画线刀或线勒子画线须用钝刃，避免画线过深，影响质量和美观。画好的线，最粗不宜超过 0.3mm，务求均匀、清晰。不用的线立即废除，避免混乱。

⑤ 画线的顺序一般先画外皮横线，再画分格线，最后画顺线。同时用方尺画两端头线、冒头线、棂子线等。

⑥ 门窗框无特殊要求时，可用平户平插。框子梃宽超过 80mm 时要画双夹榫，门扇梃厚度超过 60mm 时要画双头榫，60mm 以内画单榫。冒头料宽度大于 180mm 时，一般应画上下双榫。榫眼厚度一般为料厚的 (1/4)～(1/3)，中冒头大面宽度大于 100mm 者，榫头必须大进小出。门窗棂子榫头厚度为料厚的 1/3。斗榫眼深度一般不大于料断面的 1/3，冒头拉肩与榫吻合。

⑦ 门窗框边梃的宽度超过 120mm 时，背面应起凹槽，谨防卷曲。

4. 打眼、拉肩、开榫

① 打眼用凿刃应和榫的厚薄一致，凿出的眼，顺木纹两侧要平直，不得错位。

② 打通眼时，先打背面，后打正面。凿眼时，眼的一边线应凿半线，留半线。手工凿眼时，眼内两端中部宜稍微凸出，以便拼装时加楔打紧。半眼深度应一致，并比斗榫深 2～3mm。

③ 开出的榫要与眼的宽、窄、厚、薄一致，并在加楔处锯出楔子口。半榫的长度要比眼的深度短 2mm。拉肩不行伤榫。

5. 裁口、起线

① 裁口刨的刨底应平直，刨刃盖要严密，刨口不宜过大，刨刃锋利。

② 使用起线刨时宜加导板，以使线条平直，操作时应将线条一次刨完。

③ 裁口遇有节疤时，不准用斧砍，要用凿剔平，然后刨光，阴角处不整齐时要用单线刨修整。

④ 裁口、起线必须方正、平直、光滑，线条清秀，深浅一致，不得戗槎、起刺或凸凹不平。

6. 拼装

① 拼装前对部件进行检查。要求部件方正、平直、线脚整齐分明，表面光滑，尺寸、规格、式样符合设计要求，并用细刨将遗留墨线刨去刨光。

② 拼装时，下面用木棱垫平，放好各部件，榫眼对正，用斧轻轻敲击打入。

③ 所有榫头均需涂胶加楔。楔宽和榫宽相同，一般门窗框每个榫加两个楔，木楔打入前后应粘胶鳔。

④ 紧榫时应用木垫板，并注意随紧随找平，随规方。

⑤ 普通双扇门窗，刨光后应平放，刮错口（打叠）刨平后成对做记号。

⑥ 门窗框靠墙面应刷防腐油或沥青。

⑦ 拼装好的面品，应在明显处编写号码，用木棱将四角垫起，离地面 20～30cm，水平放置，并加以覆盖。

【案例结果】

工艺符合古建筑施工规范要求，内在质量与外观效果都达到各项要求，且受到建设方及专家们的一致好评。

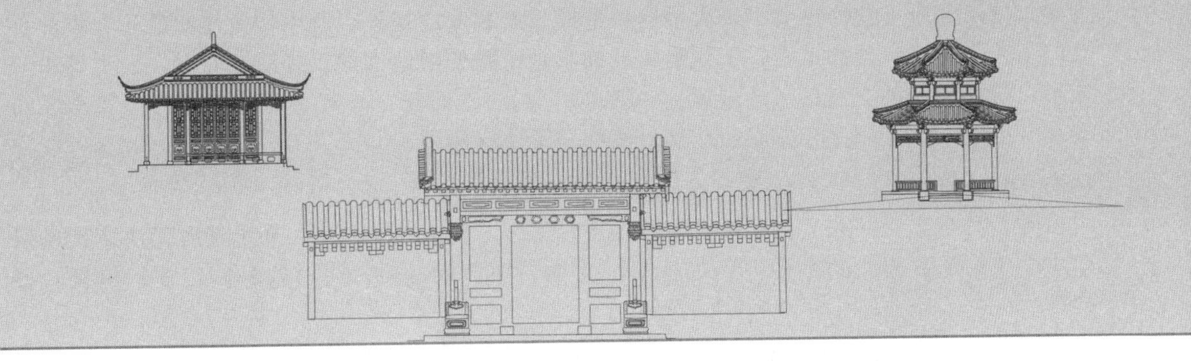

第八章　油漆、彩画的维修

中国传统建筑大都以木结构为主，包括柱、梁、枋组成的底层构架和以檩、椽等构件组成的屋架，这些构件因其长期与外界接触，表面常出现因空气污染、日晒、雨淋等多种因素的影响，造成构件不同程度的表层污损，使得这些材料劈裂、糟朽，失去应有的功能，造成整体建筑的破坏。为了避免这些现象的发生，古代匠人发明了用油漆作为木材的保护层，首要的功能应该说是为了保护木材，其次才是为了美观。它可以有效地隔绝外界不良因素的侵蚀，既达到保护构件的作用，又起到一定的装饰效果，使得古建筑的外表色彩更加绚丽多彩，美雅壮观。油漆在功能上解决了木构件的防腐、防潮问题，还解决了原始材料表面粗糙、组装装配不严密的问题，又为彩画提供了一个平整的绘图环境。

在每次古建筑修缮工作中，油漆或彩画的工作都必不可少，在全部维修工作中所占比例是相当大的，基于以上原因，此项工作就显得格外重要。

在油漆、彩画工艺中，地仗是基层，是基础，是在木构件表面做的一层垫层，然后在上面涂刷油漆或绘制彩画。

第一节　基层与地仗的处理

古建筑油漆、彩画修缮时，基层处理非常重要，基层出了问题，其上的面层均难以保存。最早的古建筑中，可能为了便于在构件上油饰彩画，将表面找平，做一层极薄的地仗，明、清代建筑中的地仗便增加了披麻、糊布等工序，具有一定的加固作用。地仗的做法由最简单的批腻子发展到比较复杂的一麻五灰等形式。

一、地仗的构成

古建筑地仗（油灰地仗的简称）是在木质结构上覆盖一种衬底，是建筑构件在油饰前对基层或表面处理的一种工艺，是防腐防潮的传统土木工程技法。地仗主要起保护木构件的作用，由于在它的表面涂刷油漆，所以它又是油漆的基层。尤其古建筑木构件多，虽然制作安装前做了干燥处理，仍然避免不了木构件顺木纹开裂、翘曲变形、表面粗糙等瑕疵。有些仿古建筑使用混凝土构件也会出现大量返碱造成漆面脱落的现象。所以，地仗就是一个非常重要的工艺了。这种做法由唐、宋代建筑油饰彩画工程的衬地逐渐发展演变而来，在明代逐渐成形，以发酵的动物血料（经过加工的猪血）、桐油、面粉、砖灰（对砖料进行加工产生的砖灰）等按一定比例混合而成。地仗分使麻和不使麻两种。

（一）使麻地仗

有一布四灰、一麻五灰、一麻一布六灰，甚至二麻六灰和二麻二布七灰等做法。其适用于古建筑中重要部位的木构件，如柱子、大梁、檩、板、枋、门窗抱框、格栅、槅板、板墙等。

（二）单批灰地仗（不使布或麻）

有靠骨灰、道半灰、二道灰、三道灰、四道灰等地仗。单批灰适用于各种木作部分地仗油漆彩画基层的操作。不使麻或布的木和水泥面层上的地仗均可用单批灰地仗。

其中做法比较多的为三道灰、四道灰。讲究的四合院木构地仗，重点构件要做到一麻五灰，其余构件大多做单批灰地仗。地仗的处理方法，在全国各地并不完全一样，一方面是各地的工匠历史传统工艺不同，另一方面和当地的气候条件有关。

二、常见问题

地仗发生问题，往往通过表层油漆或彩画表现出来。地仗常出现的问题是龟裂、破损、剥落、鼓胀、疏松等现象，究其原因主要是直接受外界环境的影响，由于风吹日晒、雨打潮湿、外力破坏以及地仗所依附的基层损毁如基层沉降、膨出、开裂而造成。通过承接的各项工程任务的经验，认真分析和比对，实际工作中还发现，工程中存在着操作工艺的差异、施工质量问题，以及使用材料等一系列不能完全满足规范要求等因素，对地仗的质量同样有影响，这些问题在某些方面与抢进度有关系，从而出现一些质量通病，如地仗的干燥程度未达到要求，提前进行油饰，导致最终油皮地仗大面积脱落等。

一麻五灰地仗，面层发生鸡爪纹和裂纹者，其主要原因是麻层以上油灰过厚造成的，故木料有缺陷者，应在使用麻以前，用灰找平、找直、找圆，应能避免这种问题。

三、处理办法

地仗出现问题，若仅地仗表层破坏，轻微的开裂及塌陷可用修补的办法处理，麻灰层尚保持完整，可仅铲除表面破坏灰层，用拌制好的地仗或腻子修补。若地仗破坏严重，局部裂缝见木基层，则必须将地仗全部铲除重做。地仗施工必须采用原材料、原工艺、原形制，以保证效果和强度。下面从拆除、配料到做法逐一进行介绍。

（一）旧地仗的砍挠拆除

1. 实测

拆除旧地仗前对每个建筑的各个部位进行探查，了解旧地仗的不同做法，以此确定砍挠操作工艺。

2. 记录备存

砍挠旧地仗前对于各种不同的棱角、框线等做好砍挠前的记录，其尺寸、形状在新做地仗时严格按原样复原。

3. 砍挠顺序

旧地仗砍挠的顺序是：由上至下，先砍挠上架，再砍挠下架柱子、槛框、槅板，最后砍挠装修的边框、仔屉和棂条。

4. 操作

旧地仗清除，应做到斩砍见木，除净挠白，用力适中，不伤木骨，砍除大部分旧地仗后，要用水喷湿，再用挠子进一步将旧地仗挠除干净。对于仔屉和棂条的砍挠方法要适当，认真仔细，进场后结合实物做出细致可行的施工操作方案。

5. 检查

旧地仗清除后由项目经理、技术负责人及专业工长共同验收后再进行新地仗的施工。

（二）地仗、腻子及油饰材料的配制

1. 地仗灰浆配制

以油满、血料、砖灰配制而成，其配比是依据腻子的用途而定的（表 8-1），配制方法主要由捉缝灰至细灰、浆灰，逐遍增加血料和砖灰，撤其力量，以防上层劲大而将下层牵起。

表 8-1　各级灰料的配比（质量比）

名称	油满	血料	填充料	备注
捉缝灰、通灰	1	1	1.5	捉缝与扫荡灰用
压麻灰	1	1.5	2.3	压麻用
中灰	1	1.8	3.2	
细灰	1	10	39	另加光油 1、水 6
头浆	1	1.2		刷开头浆粘麻用

其中填充料通常用砖灰、瓦灰，粒径规定如表 8-2 所示。

表 8-2　砖灰、瓦灰的粒径规定

种类	级配	
捉缝灰、粗灰	大籽 70%	细灰 30%
压麻灰	中籽 60%	细灰 40%
中灰	中籽 20%	细灰 80%
细灰	细灰	全部用细灰
浆灰	浆灰	全部用浆灰

注：填充料的粒度，大籽为 16 孔/寸^2；中籽为 24 孔/寸^2；细灰为 80 孔/寸^2。

2. 发血料

新鲜的猪血，用藤瓤或稻草帘用力研搓，使血块研成稀血浆，无血块血丝后再过罗去其杂质置于缸内，随后用石灰水点浆，随点随搅，至适当稠度即可，3h 后即成可使用的血料。猪血∶石灰＝100∶4（质量比）。现在工厂有发好的血料出售。

3. 油满配制

油满在地仗活中用以调配灰腻子和汁浆，用净白面粉、石灰水和灰油配制而成。配置时，把面粉陆续加入稀薄的石灰水内，以木棒用力搅拌使其成糊状，不得有面疙瘩出现，然后加入熬好的灰油调匀，即成油满（图 8-1）。

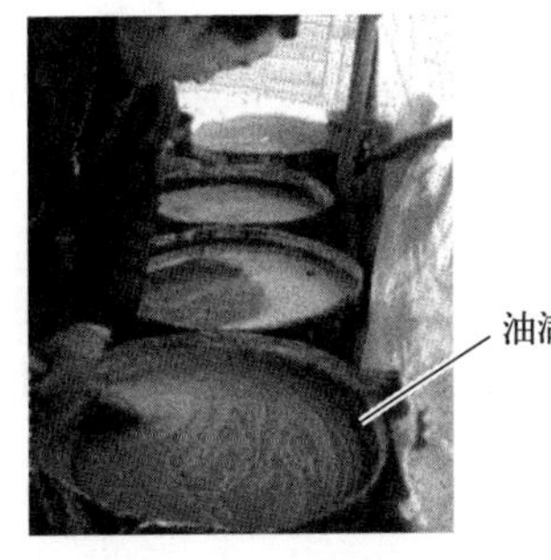

图 8-1　油满配制中

配制的油满，其比例如表 8-3 所示。可以根据情况在比

例方面进行适当调配。实践经验是选用配合比以净白面粉：石灰水：灰油＝1：1.3：1.95（表8-3中序号3）为佳，既不浪费材料，又能保证工程质量。有些地方做法，在配制油满时，加入灰油后再加血料，数量与灰油相等。油满在春秋季节可存放3～5日，如在夏冬季节需随用随做（当日用完），以免因热发腐或因冷冻硬。

表8-3 油满配比表（质量比）

序号	材料配比	净白面粉	石灰水	灰油
1	二油一水	1	1.3	2.6
2	一油一水	1	1.3	1.3
3	一个半油一水	1	1.3	1.95

4. 配制灰油

灰油在古建筑中修缮时作为调配油满使用。

灰油：用土籽和樟丹，分别放在锅内烘炒，使潮气消失，然后将此两种材料按比例兑入生桐油内，置于锅内加火煎熬，因土籽面和樟丹易沉下，需随时搅拌，油开锅时（最高温度应不超过180℃）用油勺随时轻扬放烟，待表面呈黑褐色（初为红黄色）时，即进行检验，将油滴入水中，如油珠不散，即时下沉水底，即为熬成，取出放凉后方可使用。

樟丹与土籽面的数量依季节不同有所增减，低温季节多加土籽，高温季节多加樟丹，油工有“冬加土籽面、夏加丹”之说。土籽面、樟丹材料配比（质量比）见表8-4。

表8-4 土籽、樟丹材料配比（质量比）

季节	生桐油	土籽面	樟丹
春、秋	100	7	4
夏	100	6	5
冬	100	8	3

5. 熬炼光油

光油又称熟桐油，是由生桐油经熬炼后制成的。光油是传统油饰的工艺要求材料，造价高，现今除了文物油饰修缮工程外，多采用醇酸调和漆或醇酸磁漆进行油饰，下面介绍传统熬光油工艺。

（1）第一种方法　以二成苏子油和八成生桐油，放入锅内熬炼（名为二八油）。熬到八成开时，以整齐而干透的土籽，放入勺内，颠翻浸炸（桐油100kg，土籽1kg），待土籽炸透，油内水分基本熬干，不再大量产生泡沫且油温上升至150～180℃时再倒入锅内，用搅油棒轻轻搅拌，油开锅（约250℃）后即将土籽捞出。再以微火炼之，同时以油勺扬油放烟，避免窝烟（温度不超过180℃），根据用途而定其稠度。事先准备好碗、水桶、铁板等，随时试其火候（实验方法详见下面的注意事项中），成熟后出锅。再继续扬油放烟，待其温度降至50℃时，再加入樟丹，盖好存放即可。其比例为100kg油，2.5kg樟丹粉。

（2）第二种方法　第二种方法为少量熬炼法，如果大量熬炼时，先将苏子油熬沸（名为煎坯），再以干透的土籽颠翻浸炸（每100kg油加土籽5kg），其熬炼方法与第一种方法相同。待此油滴于水中，用棍搅散，再用嘴吹之能全部粘于棍上即为熬好。此时将土籽捞净（熬炼时要扬油放烟），出锅后，再分锅熬炼（二成煎坯和八成生桐油），待开锅后即行撤火，以微火炼之，成熟后即行灭火，出锅后继续扬油放烟，待稍有温度时，再加入樟丹（100kg油加2.5kg樟丹）。土籽颗粒大小要整齐。因季节关系加土籽量不同（配合比见表8-4）（实验方法详见下面的注意事项)。

(3) 注意事项

① 熬油地点应远离建筑物和易燃品，在油锅四周以铁板或砖墙围住，上加铁板，以防雨雪落入锅内，避免油溢出锅外而引起火灾。

② 试验油稠度时，在土籽捞出后，应随时试油，扬油的人将油舀出一点，试油的人以铁板蘸油，然后将铁板投入冷水中，凉后取出铁板，震掉水珠，以手指将油收集在一起，再以手指尖粘油，看丝长短，长者油稠，短者油稀，视需要而定其稠度，一般在30mm以上油丝不断表明油已熬好。

③ 熬油时应戴手套、系围裙、穿防护袜，以防烫伤。熬油时应准备防火用具，如铁板、砂子、铁锹、湿麻袋、灭火器等，以防失火。

6. 坯油熬制

坯油是纯桐油不加任何催干料熬制而成的。它是用来与生漆配制广漆的，分为白坯油和紫坯油两种。

(1) 白坯油的熬制　称取所需的生纯桐油，倒入预先煮干的锅内，用旺火加热至140℃时，可缓熬，使油内的水分基本熬干。无水泡泛起时，继续迅速升温至250℃，其间用油勺等工具不断扬油和搅拌，用熬光油的方法试样，试其油丝和黏度感觉。当油已达到基本成熟时，再升温至280℃左右，立即起锅，倒入已准备好的容器内，随即用电扇对着热油吹风，用油勺扬油，将油烟吹净。

还可将容器放在冷水中，加速油温下降。为确保白坯油的质量，可将备用的冷熟油在油熬制好后立即掺入锅中，可采取上述措施，这样更能加快冷却。

(2) 紫坯油的熬制　将生漆的漆渣在生桐油中浸泡40天左右或更长时间，然后将漆渣取出，倒入锅内熬制，加热至270℃左右，再将浸泡过漆渣的生桐油一起熬，经试验有3～4cm油丝即成熟，冷却过滤即成紫坯油。也可将浸泡后的漆渣和桐油混合一起入锅熬炼，先是缓热，使渣和油中的水分蒸发，然后加火升温至280℃左右，取试样抽油丝，达到成熟后即起锅冷却、过滤便制成。

坯油难以自干，不能作为单独的涂料，与生漆混合后待干，如生漆的干燥性差，可在生漆中加入催干料，或在熬制坯油时，加入1.2%的土籽。

紫坯油干燥性比白坯油好，用它配制的广漆光亮透明，颜色红橙鲜艳，是施涂红木色的最佳原料。

7. 油浆

油浆主要用于汁浆。配比(体积比)是：油满∶血料∶水=1∶2∶20。有些地方的做法是，直接用油满掺以4～5倍(容积比)的清水作为油浆。

8. 配制细腻子

质量比：血料∶水∶土粉子=3∶1∶6，调成糊状，在地仗上使用。有些地方的做法是，用白土粉过细罗再兑入血料搅成粥状，材料质量比：白土粉∶血料∶水=1.4∶3∶1。

9. 靠木油各色细腻子

将面粉用温水搅成粥状，再用沸水冲成稀浆糊状，兑入白土粉，再兑入光油或灰油，如上色可预先兑入颜料。材料质量比：面粉∶白土粉∶光油或灰油=1∶1∶0.1(另加颜料)。

10. 大漆腻子

用土籽加生漆调匀(可用石膏粉或淀粉面代替土籽)，质量比为1.5∶1。

11. 油饰材料的制备(传统工艺)

(1) 洋绿、樟丹　洋绿、樟丹、淀粉出水串油，使用前须先用开水多次浇沏，除去盐、碱、硝等杂质，再用小磨磨细，待其沉淀后将浮水倒出，然后继续加入浓光油（加适当的浓光油一次，不可过多），以油棒将水捣出，使油与色料混合，再以毛巾反复将水吸出，加入光油即可使用。

（2）广红油、杂色油

① 广红油：将漂广红入锅内焙炒，使潮气出净，用罗筛之，再加适当光油调匀，以牛皮纸盖好，置阳光下曝晒，使其杂质沉淀。上层名为“油漂”，在末道油中使用最好。

② 杂色油：配制方法与广红油相同，但可不炒。

（3）黑烟子　黑烟子又名灯煤，先轻轻将黑烟子倒于罗内，上盖以软纸，放在盆内，以手轻揉之，慢慢即落入盆内，去罗后，再以软纸盖好，以白酒浇之，使酒与烟子逐渐渗透，再以开水浇沏。浮水倒出后，加浓度光油，以油棒捣之出水，用毛巾吸净，再加光油即可。

（4）金胶油　贴金用的浓光油即为金胶油，视其稠度大小，酌情加入“糊粉”（淀粉经炒后名为糊粉），以使其黏度适当。

（5）注意事项

① 洋绿是有毒的颜料，在磨制和串油时，应戴手套和口罩，饭前便后必须洗手，以防中毒。

② 金胶油以隔夜胶为佳，头一天下午打上后，第二天早晨还有黏度者，则贴上的金，光亮足，金色鲜艳。如贴不上金者为“脱滑”，必须重打。

（三）一麻五灰地仗

一麻五灰地仗是古建筑油漆基底中比较普遍的做法之一。修缮工序为：清理表层（清残、斩砍见木、撕缝、楦缝、下竹钉），然后进行汁浆，接着就是捉缝灰（一灰）、扫荡灰或称通灰（二灰）、披麻（一麻）、压麻灰（三灰）、中灰（四灰）、细灰（五灰），最后磨细钻生。

其适用于柱子、大梁、檩、板、枋、门窗抱框、格栅、槅板、板墙等。具体操作步骤如下。

1. 斩砍见木

首先把残存的旧地仗如旧麻、灰、油皮清除，然后进行砍活，用小斧子将表面砍成麻面，砍活要求小斧子的斧刃与木构件成45°～90°夹角进行操作，即斧迹应与木纹有一定夹角，不能顺木丝进行。斧迹间距约10mm为宜，斧迹深1～3mm，然后用挠子将砍成活的木件挠一遍，顺木纹轻挠，不得伤其木骨，挠掉翘起的木骨即可，最后用扫帚把散落的木骨清理干净（图8-2）。

图8-2　旧地仗斩砍见木

2. 撕缝、楦缝、下竹钉

撕缝即细微木裂缝，用铲刀将木构件撕成“V”形，使缝两侧糟朽木全见新木，便于使新做地仗的油灰浸入，以及使腻子抓得牢固（图8-3）。

楦缝：楦缝即木裂缝在4mm以上时，用干燥的木条将缝隙楦满并钉牢，且木条不应高于木构件表面，还应随形。木材有松油、糟朽处砍去，用木楦实（图8-3）。

下竹钉：为防止构件产生较宽裂缝的收缩，缝隙在5～10mm时，将灰料挤出，要下竹钉。具体做法就是在缝内用竹钉和竹片卡牢，钉距约15cm。有的竹钉、竹片一头尖扁或呈方形，下时两头用扁形，中间用尖形。钉时先下两头，后下中间，先轻后重钉实。竹钉间距以实际情况控制在100～200mm。如有下不下去的，用扁铲铲平。

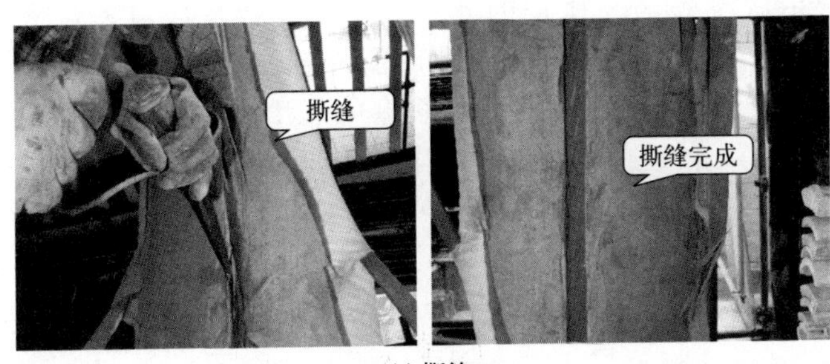

(a) 撕缝

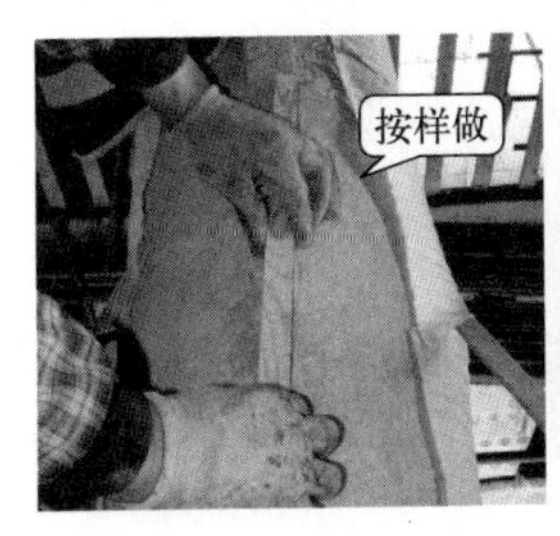

(b) 楦缝

图 8-3 撕缝和楦缝

3. 汁浆

汁浆就是刷油浆。施工时，先将构件表面进行清理，把砍挠撕缝处再细找一遍，将灰土打扫干净，再通刷油浆一遍。要重视汁浆工序，它对整个地仗的牢固程度非常重要，用棕刷在构件表面涂刷满汁，不能遗漏，特别是缝隙深处应反复涂刷，认真处理。

4. 捉缝灰

捉缝灰又称捉缝腻子，在汁浆干后进行。用笤帚把浮土打扫干净，捉缝操作时的手法要正确，用粗油灰（调配好的腻子）以铁板在构件表面刮匀，在有缝处横塞竖刮，缝内油灰必须饱满、塞实，无裂缝处仅留极薄的一层油灰（俗称靠骨灰），最后把表面顺木缝刮平收净，俗称“横挤顺刮”，捉缝灰要饱满严实，不能有蒙头灰，且要找平，同时裹柱头、柱根，找圆找方，秧角找直顺，一般灰的厚度为 2～3mm。干透以后，把捉缝腻子表面有疙瘩处用砂轮石或用铲刀修整，扫除浮土，并用湿布擦净（干透后的工作以下简称磨平、擦净）。

5. 通灰

通灰也称为扫荡灰、粗灰、上通腻子。通灰之前用磨头对捉缝灰打磨。抹灰要抹严造实，且分两层进行，使抹灰层有一定厚度，便于过板子。

过板子时，板子要有足够的长度，确保通灰平整，在保证形状的前提下，灰层厚度尽可能均匀，接头不能明显。检灰应仔细认真，对板子起止处、搭接处、漏板处的灰粒滑过明显沟痕进行修补，铁板刮过之处，不能高于总体平面。检灰后使构件达到平整，其边、角、棱完美、准确。板口用铁板打找，棱角要齐整、直顺，干后磨平擦净。通灰层厚为 2～3mm。

6. 使麻

又称粘麻、披麻。使麻前要对通灰进行打磨，然后用粘麻浆（头浆）（油满、血料质量比为 1∶1.2）进行开浆，开浆要适度，过多不利于砸轧，过少不易形成坚固的纤维层，在第二遍通腻子上，由上至下一节一节地刷，刷时要均匀，厚薄适当，再将已梳好的线麻粘上，粘麻厚度均匀、边角整齐，麻要横搭木丝，随粘随用轧子在浆浸透麻后压实，直至麻的厚度不透底腻，无麻包，且无干麻为止。

粘麻遇柱顶、柱门时要亏些（10～20mm），不粘到头。遇两构件交界处，麻丝按线角连接横粘。砸干轧要依次不断砸轧蓬松的麻丝，使其与麻浆均匀黏合密实。砸轧要先边、棱、四周，后中间大面。对个别未被浆汁浸透的部位进行潲生，使表面干麻与底浆黏合。之后进行水轧，用轧子尖或麻针将局部翻起，把多余的浆汁挤出，干麻包粘上浆料轧实。

干后，再用石片将麻线磨起麻绒，打扫干净。粘麻层厚为 1.5～2mm。这里要注意，所用的麻线，先截成长 1m 左右，待麻梳通梳软，再依照构件尺寸或将麻线截短，便于使用。

最后进行整理、检查、找补，重点为：

① 是否有窝浆之处；

② 有无虚漏之处；

③ 疙瘩是否理平；

④ 易受潮部位使麻是否留有余量；

⑤ 有无抽筋麻。

7. 磨麻

磨麻应认真仔细，一定不能忽视这道工序。用磨头进行打磨，动作短急（即短磨麻，打磨的方向与麻丝垂直，使麻表面纤维起麻绒，磨麻过程中遇有拉起的麻丝不可敷衍，要将其刮掉，保持麻层的密实度）。

8. 压麻灰

磨麻后要隔 1～2 日进行压麻灰的施工，以利于麻层进一步干燥。压麻灰施工时，将调配好的腻子灰用皮子干操入骨，再覆灰，用皮子将灰刮于麻上，并需与麻严密贴实，然后过板子，随后用铁板把板口棱角找平。如遇门窗边框有线脚时，须用竹板按规格做成模子（俗称线轧子），在灰上轧出线脚，干后磨平擦净，厚 1.5～2mm。

压麻灰的操作同通灰，拟三人一档，进行流水作业施工；压麻灰在某些部位的走向与通灰错开交叉；做柱子时，两次板口接头错开，以免出现出节现象。

9. 中灰

调制中灰：将血料去掉表层硬皮，置桶内用灰耙搅拌，加入油满调均匀，再加入砖灰搅拌均匀即可。

施工操作时严格控制灰层厚度，太厚反而影响地仗的坚固程度，灰的厚度以能将灰料添补于压麻灰子粒之间即可。特别注意铁板搭接处要与压麻灰错开。由左至右、由上至下将灰抹在压麻灰上，反复造实再附灰。过板子时，先用板子往返试过，调整灰的余缺，最后根据所需灰的厚度，调整板口角度，横推竖裹，一气呵成。板口到秧角处稍作停留，上下（左右）错动几下再推出或拉出，使秧角更加直顺。个别部位板子不易过到，可用铁板代过。捡灰时，用铁板子接余灰，不平处补灰找平。待线口处的灰略干后进行轧线，线条的宽度略比细灰线小，线条直顺，线角干净利落。

10. 细灰

细灰配制：血料去皮入桶，用灰耙搅开。加清水静放 20min，再加细灰调制。特殊部位细灰过 80 目筛，调配好后盖湿布备用。

细灰工艺要求细致，在中灰干后要进行打磨、过水布以确保灰层之间结合牢固。用合适的铁板正反刮取细灰，对于边角、秧角、棱线、柁头、椽头等处，正刮反抹，反刮正抹，将灰粘牢贴实，顺其边缘铲净余灰。细灰厚度应控制在 1.5～2mm，个别处厚度可略有增减。厚 2～3mm，干后磨平擦净。

做大面积时，先用铁板准确找出边角轮廓，然后填心，操作工艺也应三人组档进行，抹灰要使灰料与中灰密实附牢，不能有蜂窝；过板子也不能有蜂窝和划痕；捡灰做到宁可略高也不能低亏。批刮接头要平整，有线角者再以细灰轧线。

所轧线形应符合原状要求，应随地仗施工的各道灰一并进行。轧线所用的轧子各有不同。按部位名称有框线轧子、梅花轧子、窝角线轧子、云盘线轧子等；按形状有平面、斜面的，有单线双线的，有凹凸面的。工序不同，大小也不一样，有粗灰轧子、中灰轧子、细灰轧子。过去用竹板磨制，现在大多数使用铁皮轧子，现场自行制作。轧线前做好试验，并经有关人员验收同意后方可轧线。

操作时按传统工艺三人组档流水作业，抹灰、轧线、捡灰各1人，一人先抹灰料，堆成灰埂，随后一人用轧子理顺灰埂，并轧出线形，最后一人用铁板修理，把不易处理的部位找好，将虚边、野灰收刮干净，按照先左后右，先上后下的顺序进行。框线从左下开始，至右下的顺序交圈操作。

11. 磨细灰、钻生油

磨细灰时用细磨头，并辅以砂纸，同时配备铲刀，用铁板铲刀清理柱根、秧角的浮灰、落地灰并打扫干净，把表面结浆组织全部磨掉，露出内部灰迹。随后修整线角，先磨边、棱线角，后磨大面，最后磨线口。开始时粗磨，然后细磨，磨头的平面要置于细灰上，上下、左右往返连磨带蹭，磨距要短，轻轻磨去硬皮后磨距再适当加长。高低不平会有手感，低处发滑，高处发涩，从磨过的痕迹也能看出平整度。高处局部重点揉磨，用尺板横竖搭尺检查。磨圆木件时横磨竖顺。最后用200号砂纸细磨一遍。

细灰磨好后应随之钻生，用生桐油满刷一遍，称为“钻生”，以防灰层风化出现裂纹。干后用砂纸磨平擦净。钻生有两种方法：一是在磨好的细灰土上搓生油，先上后下，先秧角后大面，丝头在掌心中轻轻滚动，搓到搓匀，搓至灰皮不喝油为止；二是用油刷刷生油，1～2h后擦净浮油，待生油干燥后再进行下道工序。钻生要喝透，不能干后再找补，操作人员应认真观察，对未钻透部位进行反复、及时找补，钻透后表面的余油必须在未干之前擦净。

一麻五灰地仗部分流程见图8-4。

(a) 捉缝灰　(b) 扫荡灰　(c) 披麻　(d) 压麻灰

(e) 中灰　(f) 细灰　(g) 磨细钻生

图8-4　一麻五灰地仗部分流程

（四）一麻一布六灰

设计时参照一麻五灰，只是在压麻灰上增加一道中灰，再在中灰上面用油浆粘一层夏布。这种做法主要用在重要建筑中，如宫殿的重要部位。

（五）二麻一布七灰

材料做法与一麻五灰相同，在压麻灰上加做一道麻、一道灰，上面再糊一道夏布，做一道灰，做中灰、细灰等。它常见于清代晚期插榫包镶形式的柱子，构件劈裂较重，裂缝过多时也可采用。

（六）一布四灰

其做法步骤为：捉缝灰和扫荡灰合并（一灰，灰中不加大籽，只用小余籽灰）→糊夏布（一布）→压布灰（二灰）→中灰（三灰）→细灰（四灰）→磨细钻生。

该做法是因为经济条件的限制，所以采用糊夏布替代披麻的简易做法。

（七）大漆地仗

操作方法与麻灰地仗相似。所用各种灰皆以生漆调和，一般情况下糊夏布（麻布）1～2层或增加披麻1～2层。具体操作次序如下。

1. 撕缝

同麻灰地仗。

2. 抄生漆

以扁肘（比油栓口稍长的一种刷子）蘸原生漆顺着木纹满刷一道，干后磨平擦净。

3. 捉灰缝

以原生漆加入土籽灰（体积比为1∶1）调匀，用铁板刮匀。

4. 溜缝

以斜剪的夏布条（宽窄依缝宽），用扁肘蘸糊布漆（原生漆∶土籽灰＝3∶1，体积比），按缝糊平，用麻轧子轧实贴牢，干后磨平擦净。

5. 粗灰

以漆灰（比例同捉缝灰）用铁板或皮子满抹一遍，需衬平、刮直，干后磨平擦净。

6. 使布

用糊布漆糊夏布一层，以轧子轧实，干后磨平擦净，如遇多层糊布时，必须一层横铺、一层竖铺。所用夏布，每厘米长度内的经纬线数量为12～18根。

7. 压布灰

用皮子将漆灰涂在布上，以板子刮平、衬圆，再以铁板修补（厚约2mm），干后磨平擦净。

8. 细灰

用漆灰（土籽灰用细罗筛过），以铁板将表面找补平整，约2h后再以同样材料，用铁板、木板、皮子（大平面用木板，小平面用铁板，圆面用皮子）满上细灰一道，厚约0.2cm。接头须平整，遇有线脚，需用轧子轧出线口，干后磨平擦净。

9. 抄生漆

以扁肘刷生漆一道，随用皮子顺路或用水布擦之（可以去掉栓刷痕迹），至此，大漆地仗即为完成。

（八）四道灰地仗

四道灰地仗属于单披灰地仗，具体做法以及材料配比、操作工艺同一麻五灰，不再赘述，这里只介绍操作的大体步骤（其他与单批灰相同）。

四道灰由汁浆、捉缝灰、通灰（扫荡灰）、中灰、细灰、磨细钻生等工序组成。如需拆除重做，在前面还要有：铲除老油漆与地仗、裂缝加固处理、砍挠、撕缝、楦缝、下竹钉等工序。

上下架大木、连檐、椽望、瓦口、椽头多用四道灰。一般古建筑的木架结构构件也时常采用。

（九）三道灰

三道灰由汁浆、捉缝灰、中灰、细灰、磨细钻生等工序组成。如需拆除重做，在前面还要有：铲除老油漆与地仗、裂缝加固处理、砍挠、撕缝、楦缝等工序。

古建筑的木装修用三道灰的部位较多，如裙板、花雕、套环、斗栱、花伢子、栏杆、垂头、雀替、连檐、瓦口和室内椽望、梁枋、支条等。一般古建筑的柱子、梁枋、门窗等处也有采用。

（十）二道灰

二道灰由汁浆、提中灰、找细灰、磨细钻生等工序组成。在旧地仗绝大部分保留较好，多在构件上满做二道灰，部分地仗损坏需修补时，修补地仗以及格栅、槛窗的仔屉装修多为二道灰。

（十一）靠骨灰

由汁浆、细灰、磨细钻生等工序组成。早期古建筑中多不用厚重的地仗，仅在构件表面用细灰或细泥子通抹一遍，主要将裂缝勾抿严实，无裂缝处只是一带而过，干后磨平扫净，钻生桐油一道。一般新做的木结构，在构件表面没有较大的裂缝，整齐光滑的情况下，多采用靠骨灰。只做一道细灰的地仗做法也称为靠骨灰，主要用于雕刻、花罩、花伢子及装修仔屉等处。

（十二）找补旧地仗

有些维修工程做设计方案时，地仗做些简单找补以后就做油饰。找补的具体措施可以在设计说明中注明，也可不注明，待图纸交底时口述，因为施工单位基本上都是专业队伍。

1. 找补一麻五灰地仗

斩砍处理以后，在保留的旧地仗和要补做地仗的木件相接处，用铁板刮灰，捉缝灰和扫荡灰一次完成，找补的面积较大时要过板子，找齐以后，把粘在旧地仗油皮上的余灰刮净。在木件接头和铁箍处批麻时，先横着缝隙批一道麻，麻丝和缝垂直，再随大面麻丝横着木纹批一道麻，批麻以前要把铁箍打磨干净。在头道灰中只要中灰，不掺籽灰。配料配比为：1.5 质量份油满中加 1 质量份血料，1 质量份油浆中加 1.5 质量份中灰，其他做法与一麻五灰完全相同。

2. 找补两道灰地仗

用铲刀铲净爆皮，而后在裂缝上支一道浆，满上一道中灰，一道细灰，磨细以后使新旧地仗找平。保留的旧地仗表面上的油皮要磨掉，满钻一道生桐油，钻透以后擦净多余的生油。

（十三）残毁地仗的修补

1. 裂缝的修补

年久地仗表层碎裂，通常在重做油饰之前，用细腻子或细灰通抹一遍，缝内挤严，干后磨平擦净。裂缝较大时，先用聚醋酸乙烯乳液灌入裂缝内，两侧粘牢，再抹细灰盖缝。

2. 地仗脱皮

一麻五灰地仗，年久常出现脱皮现象，敲打有空响，有时一端断裂。空鼓处可凿孔灌注环氧树脂粘牢（质量比为E-44环氧树脂：二乙烯三胺：二甲苯＝100：10：10）。断裂处，在底面满刷环氧树脂粘牢，再用钉钉牢。局部残缺处，先将边缘砍成斜面，底面砍成麻面，按原做法补平。

（十四）现代做法

近年来，钢筋混凝土结构多应用于仿古建筑，为改进古建筑油漆地仗的材料配制方法，使用新型原材料配制新的油灰用于地仗。实践证明，它抓得牢，抗潮湿，抗酸碱，耐高温、高寒，适用于南北气候和各种结构，同时能比传统做法节约大量白面、血料、桐油，降低了工程造价，缩短了工期。改进后的地仗油灰配方如下。

1. 原材料

108胶、矿物胶、水泥、纤维素、煤油、生桐油、纱布、细砂纸、竹钉、小钉、砂轮石、线麻、夏布。

2. 原料配比说明

① 操底子油比例。生桐油20%～30%，煤油70%～80%（根据天气情况和所选木材不同调整）。

② 胶支浆配比。a. 108胶25%，水75%；b. 矿物胶按a配制后的1%。

③ 第一遍腻子比例。a. 纤维素1%，水9%，108胶90%；b. 再以a配置后的半成品为基数，加P·O 32.5号水泥150%，矿物胶按5%。

④ 第二遍腻子比例。a. 纤维素1.5%，水13.5%，108胶85%；b. 再以a配置后的半成品为基数，加水泥160%，矿物胶水5%。

⑤ 第三遍腻子比例。a. 纤维素2%，水18%，108胶80%；b. 再以a配置后的半成品为基数，加水泥浆170%，矿物胶水4%。

⑥ 第四遍腻子比例。a. 纤维素2.5%，水22.5%，108胶75%；b. 再以a配置后的半成品为基数，加水泥150%，矿物胶水4%。

⑦ 一布四腻，四遍腻子比例同上，糊布用浆的比例：a. 纤维素1.5%，水13.5%，108胶85%；b. 再以a配置后的半成品为基数，加水泥75%，矿物胶水8%。

⑧ 一麻四腻，四遍腻子比例同上，披麻用浆的比例：a. 纤维素1.5%，水13.5%，108胶85%；b. 再以a配置后的半成品为基数，加水泥75%，矿物胶8%。

3. 调配方法说明

先把纤维素放入桶内，用开水泡，随倒随搅2h，无疙瘩后，按比例倒入108胶搅匀；再放入矿物胶搅匀，放入水泥再搅拌，无疙瘩即可使用。

4. 操作规程说明

此做法是在传统基础上加以改进的，工序做法简介如下。

（1）斩砍见木　把残存旧麻、灰、油皮砍去成麻面，要横着木纹砍，斧距之间距离为7.5～10mm，深2～3mm，再用挠子挠，见白木。如砍新木件，斧迹坡度要大一些。

（2）楦活　木裂缝在4mm以上时应用木条施实钉牢，坑洼旋平，用胶粘牢，层皮活动处钉实，有松油、臭油或木有糟朽者砍去，用木掼实。

（3）撕缝　把木结构大小缝用铲刀撕成V字形，使缝两侧糟朽木全见新木，便于腻子抓得牢固，使柱顶石靠柱子处见新，称为灰、木、石三结合。

（4）下竹钉　结构裂缝在50～100mm之间的全要下竹钉，防止木材收缩。有的竹钉、竹片一头尖扁或方形，下时两头用扁形，中间用尖形；钉时先下两头，后下中间，同时先轻后重钉实。如有下不去的，用扁铲铲平，距离约为0.15m。

（5）清理　把砍、挠、撕缝、活木、雨锈再细找一次，将灰土扫净，刷生油一遍，刷时要用调配好的底油，支油浆。

（6）提缝腻子　油浆干透后，用扫帚把浮土扫净，将调配好的腻子用铁板在有缝处横塞竖刮，必须塞实，有坑洼时要补找平，上下桩头、柱根、线口找刮，找成活。

（7）上通腻子　把捉缝腻子表面有疙瘩处用砂轮石磨掉扫净，用调好的腻子、圆处、平处先用皮子干操入架骨，再覆腻子，后过板子，板口用铁板子打找，棱角要齐整，厚度以高处为准，不超过1mm。

（8）批麻　用梳好的线麻和调配好的浆，在第二遍通腻子上由上至下一节一节地刷，刷时要均匀，厚薄适当，再粘麻。粘时要横着木纹粘，随粘随用轧子压实，使浆浸透麻后压实，麻的厚度不透底腻，无麻包，直至无干麻为止（干后不磨麻）。

（9）压麻　麻干透后将调配好的腻子用皮子抹上，下操入骨，再覆腻子，后过板子，随着用铁板把板口、棱角找平，厚度以高处不超过1mm为准。

（10）轧线　老式框线是混线，传统轧子用竹子做成，现在改为铁片，形状为三停三平，用调配好的腻子在框边轧，要轧直顺，其他门窗、格栅堂花、云盘线、两柱香线、窝角线等再用不同的轧子轧。

（11）找细腻子　压麻腻子干透后，用砂轮石把浮疙瘩磨去，扫净。先把尖角、棱线口、上下柱头、柱根找齐整直顺，再把抱框、槛框、大边找成活。

（12）溜细灰　圆处把调配好的细腻子用皮子溜，先操后覆腻子，再描成活，厚度高处不超过1.5mm，然后把线口修好，再用轧子轧第二遍腻子线。

（13）磨细腻子　传统做法是用澄江泥砖磨，现改用砂轮自磨，磨到九成活后，再用细灰细砂布磨，磨断斑、磨出棱角，线路直顺整齐，扫净后操生油［生油比例（质量分数）：生油55%，煤油45%］，过2～3h后把表面浮油擦去，避免挂甲，刷时要刷到干为止。

（14）上细腻子　生油干透后用砂布磨，扫净，把调配好的细腻子圆处用皮子溜，平处用铁板刮，靠骨腻子干透后用细砂布或细砂纸磨光扫净，即可上各色油漆。做画活处不上细腻子，在生油地仗上即可做各种彩画。

① 如做糊布地仗，使用的浆同披麻浆，腻子各遍比例同上。糊布做法：先把布边用剪子剪去，再根据糊布的位置，刷上浆后粘布，用硬皮子糙，浸透后，再用麻轧子轧实，把四边擦净。四遍腻子做法同上。

② 做二麻五腻或二麻六腻，做法及材料参考本节三中（三）～（五）的相关内容。如做单披灰木结构，应平、圆、无缝，可做一道腻子。结构稍差点，做两道腻子，一般新旧结构做三道腻子均成活。遇特殊情况如木件太粗，可做四遍腻子。

③ 如做椽头、连檐、瓦口，做2～3道腻子；如做椽望、门窗、格栅、找补，做2～3道腻子，材料及做法均同上。

④ 如做花活，找刷肘腻子，使用材料同上，另加30%水。

注意做单批灰时，各遍以高处不超过0.5mm为准。

四、注意事项、质量检验与控制要求

（一）麻布地仗的质量要求

1. 一般要求

（1）材料配比　所用材料的成分、配比、熬制、调配工艺及尺寸，必须符合设计要求和有关文物建筑操作规程的规定。

（2）麻布地仗　各遍灰和麻、布之间必须粘接牢固，粘麻必须使麻的长度与木构件的长度垂直，磨麻必须断斑出绒，磨细灰必须断斑，严禁出现脱层、空鼓、干麻包、崩秧、窝浆、翘皮、裂缝等质量问题。

（3）禁用　火碱一类腐蚀性材料严禁用于脱油皮、地仗。

（4）钻生油　必须一次钻好，不得间断，严禁出现漏刷、挂甲等现象。

（5）使麻　按以下工序进行，开浆、粘麻、砸干压、潲生、水压、整理、磨麻。

（6）旧地仗清除（含新木件砍斧痕）　旧地仗斩砍见木，除净挠白，原构件不受损伤。新构件砍出斧痕，斧痕间隔、深度一致（间距15mm左右，深度3mm）。

（7）撕缝　应缝口干净、宽窄适度。

（8）木构件修整　残缺部分按原样修配整齐，10mm以上缝隙用干木材楦实，表面与构件的原平面或弧度一致，若下架柱框的缝隙为5～10mm，则下竹钉，竹钉严实，间距均匀，无松动。

（9）汁浆　木构件表面的灰尘清除干净，用树棕糊刷施涂油浆，油浆饱满，基本无遗漏。

（10）捉缝灰　缝灰饱满严实，无蒙头灰，残损变形部位初步衬形、衬平，材料品种、质量须合格。不能与扫荡两道工序合二为一，如木件低洼较大，缝大而深，应分层补灰，不宜一次找平。在遇铁活时，需先做防锈处理，铁件牢固且不得高于木件表层，根据缝大或木件的特殊性和需要，在灰中适当投放些大籽，棱籽单独调配使用，有利于保证质量。

（11）通灰（扫荡灰）　表面浮灰、粉尘清除干净，残损变形部位衬平、找圆，不得遗漏，表面平整，线角直顺。柱子过板竖向接头应位于背面，过板时尽量不要换手操作，须换手时板子应保持原状，做到换手不停板。停板会使灰的表面留有板的痕迹，造成不平整，檐檩由上向下过板。檩的上部、椽根处要刮满灰。若过板有困难，可换窄板或用其他工具代替，灰厚2～3mm，宜薄不宜厚，灰层之间黏结牢固。较低洼处分几次使灰，等灰干后再进行下道工序。

（12）使麻　应将表面浮灰、粉尘清除干净，使麻层平整，粘糊牢固，厚度一致（不少于1.5mm），不得出现干麻、空麻包，秧角基本严实，不得有窝浆、崩秧现象。

（13）压麻灰　表面浮灰、粉尘清理干净，无脱层空鼓现象，大面平整，棱线、秧角必须平、直、顺。

（14）中灰　表面浮灰、粉尘清理干净，用铁板刮使表面平整光圆，秧角干净利落，棱线宽窄一致，阴阳角整平、线路平整、各种线条直顺。所用材料质量合格，灰厚1～2mm，宜薄不宜厚，灰层之间黏结牢固。

（15）细灰　表面浮灰、粉尘清理干净，无脱层、空鼓、龟裂现象，大面平整，棱线宽度一致，阴阳角直顺，无野灰，直线平整，曲线圆润，对称一致。所用材料质量合格，灰厚2～3mm，灰宜稠不宜塘（俗称稀为塘），无缺棱掉角现象，灰层之间黏结牢固。

（16）磨细灰钻生油　细灰磨透，但不得磨穿，大面平整光滑，秧角整齐一致，柱圆棱直，表面平整，无“鸡爪纹”（龟裂），生油钻透，无挂甲，磨细时，开始磨距要短，细磨磨距要长，不能磨穿。钻生时间间隔要短。

（17）麻布地仗的表面质量　大面平整，棱线直顺，色泽均匀，无细小颗粒，无砂眼和灰尘。

2. 质量评定

麻布地仗分项工程质量检验评定应符合表8-5中的要求。

表 8-5　麻布地仗分项工程质量检验评定要求

工程名称　　　　　　　　　　　　　　　部位

<table>
<tr><td rowspan="8">保证项目</td><td colspan="13">项目</td></tr>
<tr><td>1</td><td colspan="12">所选用材料的品种、规格必须符合质量设计要求或古建筑传统操作规程和现行标准规定</td></tr>
<tr><td>2</td><td colspan="12">所用材料的配比、自制加工材料的计量、调配工艺必须符合设计要求和古建筑操作规程的规定</td></tr>
<tr><td>3</td><td colspan="12">地仗各遍灰层之间和麻布之间与基层必须黏结牢固，地仗表面严禁有脱层、空鼓、崩秧、翘皮、糊刷、挂甲、裂缝等缺陷</td></tr>
<tr><td colspan="13">质量情况</td></tr>
<tr><td>1</td><td colspan="12"></td></tr>
<tr><td>2</td><td colspan="12"></td></tr>
<tr><td>3</td><td colspan="12"></td></tr>
<tr><td rowspan="7">基本项目</td><td colspan="2" rowspan="2">项目</td><td colspan="10">质量情况</td><td rowspan="2">等级</td></tr>
<tr><td>1</td><td>2</td><td>3</td><td>4</td><td>5</td><td>6</td><td>7</td><td>8</td><td>9</td><td>10</td></tr>
<tr><td>1</td><td>表面</td><td></td><td></td><td></td><td></td><td></td><td></td><td></td><td></td><td></td><td></td><td></td></tr>
<tr><td>2</td><td>轧装饰线</td><td></td><td></td><td></td><td></td><td></td><td></td><td></td><td></td><td></td><td></td><td></td></tr>
<tr><td>3</td><td>匾额地仗堆字</td><td></td><td></td><td></td><td></td><td></td><td></td><td></td><td></td><td></td><td></td><td></td></tr>
<tr><td>4</td><td>匾额地仗刻录阳字</td><td></td><td></td><td></td><td></td><td></td><td></td><td></td><td></td><td></td><td></td><td></td></tr>
<tr><td>5</td><td></td><td></td><td></td><td></td><td></td><td></td><td></td><td></td><td></td><td></td><td></td><td></td></tr>
</table>

(二) 单披灰地仗的质量要求

1. 三道灰、四道灰

三道灰、四道灰地仗的制作及地仗所用材料成分、配比、熬制、调配工艺及尺寸必须符合设计要求或文物建筑操作规程中的有关规定。

2. 捉缝灰

需表面平整，无野灰、蒙头灰，缝内灰实饱满。

3. 通灰、中灰

应将表面浮灰、粉尘清理干净，残损部位衬平、找圆、找方，大面平整光滑，秧角干净、利落。

（1）过板的接头　应与通灰错开，不得在同一位置上，应大小板交替使用，以保证表面平整。

（2）轧线灰　应适当多放些细灰，以使线条饱满美观，也有利于细灰轧线。线宽略小于细灰线条。

4. 细灰

（1）一般细灰　易出现龟裂，俗称“鸡爪纹”，均因日晒、风吹、灰稀所致，所以灰宜稠不宜稀，并做好有效防护。

（2）轧线细灰　稠不好用，同时黏结不牢，可用血料稀释，不可用水。

（3）柱子细灰　接头不应放在正面。大木三件的细灰接头不应放在开间正中，否则会影响观感。

5. 磨细钻生

需秧角整齐，柱圆棱直，表面平整，无鸡爪纹（龟裂），生油钻透无挂甲。

6. 单披灰质量的允许偏差和检验方法

单披灰质量的允许偏差和检验方法见表 8-6。

表 8-6　单披灰质量的允许偏差和检验方法

序号	项目	允许偏差/mm	检验方法
1	平整度	1	靠尺量
2	钻生深度 5mm	1	抽检
3	线口直顺	1	靠尺量

7. 成品保护

① 地面、墙面、通道及临界工作面提前做好保护，防止交叉污染。

② 应有防雨、防风、防日晒措施，避免出现质量问题和不必要损失。

③ 防止磕碰划伤。

④ 彩画部位的地仗注意防止油漆污染。

第二节　油漆、彩画

中国古建筑油漆、彩画工艺，源于古代为了保护木结构建筑的构件免受日晒、风吹、雨淋而进行的保护和装饰。古建筑油漆、彩画是世界上独一无二的艺术，不但增加了建筑物的观赏价值，而且具有一定的实用价值，能够起到防水的作用，也作为保护层增加了建筑物的使用期限。古建筑油漆、彩画是中国民间匠人创作而成的，经过上千年的发展和完善，最终形成了一整套具有中国特色的古建筑装饰工艺形式。

一、油漆、彩画的种类

古建筑彩绘称为油漆彩绘，也叫作彩画。古建筑彩画由于历史原因产生很多分类，延至明代基本形成了“金龙彩画”和“旋子彩画”两种图案形制。到了清代，彩画制度日趋完善，形成了彩画的三大类别，即和玺彩画、旋子彩画、苏式彩画，如图 8-5 所示，这三种类别已成为区别建筑类型和等级的重要标志。

(a) 和玺彩画

(b) 旋子彩画

(c) 苏式彩画

图 8-5　三大彩画

二、常见问题

我国古建筑油漆、彩画具有悠久历史，而随着年月的推进，彩画的表面长期与外界接触，造成构件不同程度的表层污损，影响了整体建筑的质量、安全和观感，急需对其进行保护与修复。常见的问题如下。

因空气污染、日晒、雨淋等多种因素的影响，表面鲜艳的色彩常常发生褪色、变色等现象，还有污渍、水渍、油渍、鸟粪、表面积灰、干裂、起皮、脱落、质地沥粉腐朽、缺损、粗糙、断裂、塌陷以及人为记号等（图 8-6）。

(a) 起皮、脱落　(b) 褪色

(c) 浮尘

(d) 裂缝　(e) 起皮、脱漆

(f) 雨渍　(g) 裂缝

(h) 起皮、褪色

图 8-6　彩画常见问题

三、处理办法

由于风吹日晒，局部高温、裂缝、水汽渗入、施工质量及材料的优劣、长久失修造成空鼓、起甲、粉化、缺失、黄化、擦痕等，致使彩画面层漆面或彩画遭到损伤，影响观感，必须进行修缮。

一般情况下，古建筑地仗做好后，则进行油漆、彩画，单独油漆比较简单，无论是木构架各部件的油漆还是各类结构墙面的油漆，按照设计或原来色彩及工艺修复即可。根据情况也可以保持其原貌，无须修缮，只做清理保护。

由于规制的要求，彩画有了明确的等级和种类划分，因此对用色、图案、样式都有一定的限制。所以在修缮过程中，要根据所要修缮保护的对象是什么档次要求而制定修缮方案。如是仿古建筑，随着时代发展，建筑彩画也随之发展，现代建筑匠人也充分意识到了把传统建筑彩画的图案运用到仿古建筑以及现代的建筑设计中，把传统工艺与现代科技发展结合起来，从而使仿古建筑与现代建筑彩画形式变得活跃起来。如是传统建筑修缮，则还需按照传统的工艺及操作方法进行。

（一）调研

一个好的修缮方案，尤其是文物保护单位的项目，要保持原有状态，都要有拟建工程的原始资料或现场测绘资料。

如是原有彩画残破需重新绘画时，首先要做好调查，做通盘的调查与了解，任何未经调查的修复处理，都可能会导致古建筑本身保护价值减损，甚至丧失保存价值，因此要从建筑物修建历史及年代与社会背景、建筑使用人（家族）历史、历代修缮的遗迹、表现技法、使用的材料、作品保存现状等方面着手考察。

1. 制作技能

要注意彩画的制作技能，如工法、工序、工料等。

2. 外界影响

受光（日照角度与时数、光照度、紫外线强度）、温度（室内外温度、彩画层表面温度）、水（室内外湿度、雨天泼淋状况）、污染物（微粒污染物：建筑工地粉尘、氧化铁、水泥等。液体污染物：雨水、地下水、油脂、污渍等。气体污染物：NO、NO_2、SO_2、NH_3、HNO_3）、生物虫害（老鼠、犬、猫、麻雀、鸽子、壁虎、白蚁、泥蜂、胡蜂、天牛、蜘蛛、白腐菌、褐腐菌、软腐菌）及天灾（地震、水灾、台风、海啸、火山、泥石流、山崩）的影响等。

3. 记录备案

记录好“外物附着”“表面罩漆”“彩画层”“基底材”的所有损毁状况，其中：外物附着体现在彩画表面的外来物，如铁钉、灰尘、附加物、人为记号、污渍（水渍、胶渍、油渍）等；表面涂刷的漆皮，易出现空鼓、起甲、雾化、遗失、黄化、擦痕、不当涂刷等彩画颜料、桐油以及地仗等，损毁情况种类有空鼓、起甲、遗失、细裂纹、裂痕、擦痕、粉化、变色（褪色）、前人修复（补色）、皱缩、金箔损毁、续层分离等情况。基底材为彩画层下面的木质基底，主要是断裂损坏、松脱、构件遗失、裂痕、树结、锈钉腐蚀、变形、前人修复、蛀虫蛀蚀、使用磨损、木腐菌腐蚀等。

4. 制定方案

经过考察，确定了目前彩画的保存现况，得出结论，拟定有效的维护修缮处理措施和方案。

（二）木材面油漆

1. 常规做法

各部位油漆前均需进行以下处理。

（1）上细腻子　用刮板在做成的地仗上满刮一道细腻子，反复刮。腻子干后用细砂纸磨光圆、磨平。磨成活后用湿布掸净灰尘。

（2）博风　山花板刷底油一道，上二珠红面漆两道，罩光油一道。

（3）椽望　刷底油一道，上铁红面漆两道，做红绿椽望。在做绿椽时，按规范的规定留10%～13%的红椽，侧面留（1/3）～(1/2）的红椽，罩光油一道。

（4）连檐瓦口　刷底油一道，上二珠红面漆两道，罩光油一道。

（5）柱子　山花板刷底油一道，上二珠红面漆两道，罩光油一道。

（6）木材面油漆所需材料　生漆坯油、生桐油、石膏粉、松香水、银珠、氧化铁、红砂纸、血料、酚醛清漆、熟桐油、清油、调和漆、油漆溶剂油等。

2. 三道油做法

木构古建筑中的柱子、门窗、椽子、望板、博风板等多采用刷三道油的油饰做法（图 8-7）。地仗做好后，刮细腻子一道，磨细找平，用湿布擦净，然后刷光油一道（熟桐油加颜料）。干后用青粉擦之，再用细砂纸细磨，用湿布擦净，刷光油一道（熟桐油加颜料），干后磨细擦净，最后刷一道不加颜料的熟桐油。

(a) 修复前

(b) 修复后

图 8-7　油漆修复

施工时，刮细腻子应从上往下、由左向右操作，尽量减少接头。刷油时要均匀一致，垂直表面最后一次应由上往下刷，水平表面最后一次应顺光线照射的方向进行。如遇风天应搭遮护棚以防灰尘污染。常用色油的配制方法如下。

广红、洋绿、樟丹、淀粉、银珠等颜料，调配成色油时，先用开水将颜料多次浇沏，再用石磨磨细，然后加入浓光油，使油与颜料混合，同时搅拌出水，此种方法俗称“出水串油”，目的是清除颜料内的杂质。

其他杂色，一般先将颜料加火烘干，再用光油调匀，用牛皮纸盖好，在阳光下曝晒，使其杂质沉淀即可使用。黑烟子，应先过罗（将烟子放收罗内，用纸盖好轻轻揉之），筛于盆内，用纸（一般用麻纸）盖好，在纸上先浇热酒使其与烟子逐渐融合，再用沸水将烟子浇透，然后加光油，出水串油。

各种色油用料配比（质量比）如下。

红土油：桐油∶红土∶香油＝100∶100∶7.5。

柿红油：桐油∶红土∶栀子∶香油＝100∶40∶40∶10。

黑油：桐油∶烟子∶香油＝100∶85∶7.5。

附：各种刷色用料质量比如下。

楠木色：彩黄∶水胶∶白矾∶银珠∶土籽面＝4∶2∶0.2∶1∶5。

杏色：彩黄∶水胶∶白矾∶土籽面＝6∶2∶0.2∶5。

烟子色：烟子∶水胶∶白矾∶银珠∶土籽面＝2∶2∶0.2∶1∶5。

紫檀色：赭石∶烟子∶香墨∶水胶∶白矾＝8∶0.2∶0.1∶2∶0.2。

烘染大理石花纹：广花∶片红土∶烟子＝3∶10∶2。

3. 大漆

工程应在地仗做完后，经充分干燥，检查合格后才可进行（大漆即天然漆，又叫生漆、土漆、国漆。大漆与熟桐油配制而成广漆，又叫配漆、熟漆、金漆）。

（1）施工条件　工程的施工条件为温度 20～35℃、相对湿度在 80%以上。如不具备温度、湿度两个条件，应采取升温保暖和墙面挂湿草席及地面经常浇水保湿的措施，若不符合要求则不宜施工。

（2）施工工序　施涂大漆的主要工序应符合表 8-7 的规定。

表 8-7　施涂大漆的主要工序

序号	主要工序	工艺流程	中级	高级	地仗	
					中级	高级
1	底层处理	起钉子、铲除灰砂污垢等	+	+	—	—
2	地仗浆灰	地仗打磨、浆漆灰	—	—	+	+
3	第一遍打磨	磨砂纸、清扫掸净	+	+	+	+
4	满刮腻子	刮腻子	+	+	+	+
5	第二遍打磨	磨砂纸、清扫掸净	+	+	+	+
6	找补腻子	找补腻子、磨砂纸、掸净	+	+	+	+
7	操漆面	涂第一遍漆	+	+	+	+
8	第三遍打磨	磨水砂纸	+	+	+	+
9	垫光漆	涂第二遍漆	+	+	+	+
10	第四遍打磨	磨水砂纸	+	+	+	+
11	罩面漆	涂第三遍漆	+	+	+	+
12	水磨	磨水砂纸	—	+	—	+
13	退光	磨瓦灰浆	—	+	—	+
14	打蜡	打上光蜡、擦理上光	—	+	—	+

注："+"表示采用。

（3）施涂大漆材料　施涂大漆所用材料应符合下列规定。

① 地仗浆灰：漆灰地仗的浆漆灰质量配比为生漆∶细土籽灰＝1∶1。传统油灰地仗应用血料加细灰调配的浆灰，其腻子应为血料腻子。

② 地仗漆腻子：用生漆加团粉（淀粉）或加石粉，其质量配合比为生漆∶团粉＝1∶1.5。

③ 大漆品种的选用、质量、做法应符合设计要求和有关规定。

④ 大漆施工应符合下列要求。

a. 地仗干透后，用砂纸打磨平整光洁，不得漏磨，清扫干净后用水布掸净浮尘。

b. 平面用铁板、圆形面用皮子，批刮浆灰应满靠骨挂，平整光洁，无飞翘、接头和漏刮缺陷。干后用1号砂纸打磨光洁平整，用湿布掸净浮尘。

c. 底层处理时应将表面灰砂、铁锈、污垢、毛刺等缺陷铲除干净，如有钉子应起掉，使表面平整光滑。

d. 满刮腻子前掸净粉尘，应将木缝、钉眼、凹坑、缺角等严重缺陷嵌补找平，待干净后经打磨清理干净后，再满刮腻子。

e. 腻子干燥后，应用1号砂纸仔细打磨，表面光滑平整，无残余腻子。

f. 用漆刷上漆、理漆的方法同传统理顺光油，阴干后应打磨，用旧砂布或水砂纸顺木纹打磨，应磨到、磨平，不得遗漏，严禁磨透底。

g. 罩面漆：上推光漆，用牛角刮翘批漆，再用漆刷横竖理顺刷理，均匀一致。

h. 水磨时应用水砂纸蘸水打磨，应顺木纹磨，以长度适宜、刷纹平整、光滑为准，棱角轻磨，不得磨透底。

i. 若退光，应用水砂纸或团成把的头发蘸瓦灰浆细磨，不得遗漏，直至灰浆变色，手感光滑。漆膜呈现暗光时，再用手掌按住瓦灰浆，将每个局部摩擦发热出亮。

j. 打上光蜡或将川蜡薄片撒在漆面上，用洁净的细白棉布或毛巾反复擦蜡至发热，直到漆面光亮柔和、光滑平整、无挡手感为止。

4. 涂料（油饰）

（1）涂料工程的做法　等级和加工材料，成品材料的品种、质量、颜色应符合设计要求、文物工程的要求及有关规定。颜色的分色无设计和文物要求时应符合传统要求。

（2）含水率要求　基层表面涂刷油漆时，混凝土、抹灰基层含水率不得大于8%，木基层含水率不得大于12%；施涂水性涂料时，混凝土、抹灰面含水率不得大于10%。

（3）油饰工程施工气温环境　第一应满足气温要求：油饰工程的施工温度不得低于5℃，相对湿度不大于60%。第二要注意油饰工程施工过程中的气候变化：当遇有大风、雨、雾情况时，不能涂刷油饰工程。第三要保证环境要求：油饰工程的施工环境应干燥、洁净。施涂过程中或涂料干燥前应防止雨淋、尘土沾污和热空气、雾、霜侵袭及阳光曝晒。气温、环境达不到要求时，应采取相应的采暖保温封闭措施。雨季施工期间，应制定行之有效的防雨措施才可进行施工。

（4）涂料（油饰）工程使用的腻子、和易性及可塑性　应严格按配合比调制，保证腻子与基层和面层的黏结强度，干燥后应坚固，并按施涂材料的性质配套使用；底腻子、复找腻子应充分干燥后，经打磨光滑平整，除净粉尘才可涂刷底层、面层油漆和涂料。

（5）室外构件表面油饰　应使用有外用标识的油漆或有外用标识的涂料并应具有合格证书。自制颜料光油、自制外墙涂料，应使用矿物质颜料，颜料需有质密度及着色力，不得含有盐类、腐殖土及碳质等。

（6）油饰工程所用的油漆、涂料　在施涂前和施涂中，均应充分搅拌过滤，避免出现颜色不均、粗糙等缺陷。施涂后应盖纸掩护。

（7）油饰工程施涂各类油漆、涂料　须待前道油漆、涂料结膜干燥后进行（特殊材料除外）。每道油漆、涂料都应涂刷均匀，表面应与基层黏结牢固。

（8）搓刷颜料光油、罩光油、打金胶油　搓刷时极易出现超亮，如出现，用砂纸打磨干净或用稀释剂擦洗干净，重新搓油。

（9）打样板　油饰工程使用的光油和油漆类、涂料类应提前打样板，经有关人员认可后实施。其工作黏度应加以控制，施涂过程中不得任意稀释。

（10）油饰工程所用的原材料、半成品、成品材料　均应有品名、类别、颜色、规格、制作时间、储藏有效期、使用说明和产品合格证；加工材料、施涂现场调制的材料应有严格的设计做法，应进行技术交底，并按其要求及配合比调制。

（11）常规构件及椽望揩搓颜料光油施工主要工序　常规构件及椽望揩搓颜料光油施工主要工序应符合表8-8的规定。

表8-8　常规构件及椽望揩搓颜料光油施工主要工序

序号	主要工序	工艺流程	常规构件	椽望
1	磨生	砂纸打磨生油底、除净粉尘	+	+
2	攒刮腻子	找、刮浆灰，满刮血腻子	+	+
3	磨腻子	砂纸打磨，除净粉尘	+	+
4	头道油	揩搓头道油，理顺	+	+
5	找腻子	复找油性腻子	+	+

续表

序号	主要工序	工艺流程	常规构件	椽望
6	磨垫光	油膜表面满呛粉、砂纸打磨，除净粉尘	+	+
7	光二道油	揩搓光油，理顺	+	+
8	打磨	油膜表面满呛粉，细砂纸打磨，除净粉尘	+	+
9	光三道油	揩搓三道光油、理顺	+	—
		弹椽根、椽肚线，揩绿色光油，理顺	—	+
10	罩光油	满呛粉、打磨、揩搓清光油、理顺成活	+	+

注：表中“+”表示应进行的工序；“—”表示没有进行的工序。

(12) 施涂颜料光油规定

① 施涂颜料光油工序应在地仗表面充分干燥后进行。

② 刮血料腻子前应用砂纸将地仗表面打磨平整、光滑、扫清、掸净，不得遗漏（俗称磨生油）。

③ 刮血料腻子应刮严刮到，光滑平整，无明显接头、无遗漏等缺陷。

④ 头道油（垫光油）前应用砂纸把腻子打磨光滑、平整，无遗漏，无接头并除净粉尘。施涂光油（颜料光油）要求用生丝团蘸光油搓严，搓到薄厚均匀，再用牛尾栓理顺；要求栓路直顺，表面薄厚均匀，无流坠、皱纹、遗漏等缺陷；施涂朱红油、二朱油的构件部位应垫光樟丹色油。

⑤ 施涂二道光油前应复找油石膏腻子，干后呛粉，不得遗漏，然后用细旧砂纸打磨腻子和油皮表面，除净粉尘；二道光油要求揩搓到位，无遗漏；油皮表面平整，饱满，颜色均匀，栓路直顺，四边及分色处平直，整齐，无流坠、超亮、皱纹等缺陷。

⑥ 施涂三道光油应待二道油干燥后，满呛粉一遍，满磨细旧砂纸，除净粉尘或纸屑，地面泼水湿润，施涂三道油（贴金部位，此道油称扣油）应搓严搓到，用牛尾栓理顺；要求油皮表面平整、饱满、栓路直顺，颜色均匀，分色界线平直流畅、整齐，无流坠、超亮、皱纹、漏刷等缺陷；椽望揩搓分色椽肚，应先弹椽根通线及椽帮分色线；椽肚高不大于椽高（径）的 4/9。椽肚长不少于椽长的 4/5（绿椽肚的长度，文物工程另有要求时，应符合文物工程要求），其翼角通线弧度应与小连椽囊向取得一致。分色界线应规矩整齐，颜色一致，无透底、流坠、超亮、皱纹、漏刷等缺陷。

⑦ 罩光油（罩清光油）要求油皮表面平整、光亮饱满一致，无起皱流坠、超亮、漏刷现象。

(13) 常规构件及椽望涂刷成品混色油漆施工主要工序　常规构件及椽望涂刷成品混色油漆施工主要工序应符合表 8-9 的规定。

表 8-9　常规构件及椽望涂刷成品混色油漆施工主要工序

序号	主要工序	工艺流程	常规构件	椽望
1	打磨	砂纸打磨生油底、除净粉尘	+	+
2	刮腻子	局部找、刮浆灰，满刮血腻子	+	+
3	打磨	砂纸打磨，除净粉尘	+	+
4	头道底漆	除朱红油漆打底应为粉红漆外，其他为原色漆打底	+	+

续表

序号	主要工序	工艺流程	常规构件	椽望
5	腻子	复找油性腻子	+	+
6	打磨	细砂纸打磨，除净粉尘	+	+
7	二道面漆	涂刷第二道面漆，理顺	+	+
8	打磨	细砂纸轻磨，除净粉尘	+	+
9	三道面漆	涂第三道面漆，理顺	+	+
10	刷绿椽肚	弹椽根、椽肚线、涂刷绿椽肚，理顺	—	+
11	罩油	满罩光油或清漆	+	+

注：1. 表中“+”表示应进行的工序。

2. 常规构件指上下架大木、外装修等。

3. 罩油属于设计有特殊要求，设计无特殊要求可不罩油。

4. 如设计做法，椽望沥粉贴金时，沥粉应在第1道工序打磨后进行，贴金在第10道工序刷绿椽肚之后进行，其他工序相同。

(三) 徐州地方做法

徐州地区近期在棚户区改造时，结合修缮古建筑民居制定的施工维修方案见表8-10。

表8-10 徐州地区修缮古建筑民居制定的施工维修方案

序号	油饰部位	新木料面施工工序	旧木材面施工工序	备注
1	梁、枋、檩等大木构件面	(1)砍、撕缝，下竹钉 (2)底漆一遍，打磨一遍 (3)捉缝灰一遍，打磨一遍 (4)满批灰两遍，打磨两遍 (5)紧面灰一遍，打磨一遍 (6)刷色漆两遍，打磨两遍 (7)广漆三遍	(1)清除木材面老灰和所有氧化成分 (2)清除木材面锈钉和多元附着物 (3)使用脱漆剂清洗，清除原有旧漆 (4)余下工序同左(1)～(7)	
2	木柱面、古式库门、实板门面	(1)砍、撕缝，下竹钉 (2)底漆一遍，打磨一遍 (3)捉缝灰一遍，打磨一遍 (4)满批砖灰一遍，打磨一遍 (5)背麻布，切去毛头 (6)粗、中、细砖灰三遍，打磨三遍 (7)紧面灰一遍，打磨一遍 (8)刷色漆两遍，打磨两遍 (9)广漆四遍	(1)清除木材面老灰和所有氧化成分 (2)清除木材面锈钉和多元附着物 (3)使用脱漆剂清洗，清除原有旧漆 (4)余下工序同左(1)～(9)	

(四) 现代做法

1. 细腻子

(1) 基层处理　施工前应清除表面的尘土和油污（如是刚做好地仗可免此道工序），开始用砂纸打磨，要求磨光、磨平，并清理干净。

(2) 满刮腻子　刮腻子要刮到位、收干净，不应漏刮。

(3) 打磨砂纸　待腻子干透后用280号砂纸打磨平整，磨后用干布擦抹干净。再用同样的腻子满刮第二遍（同第一遍）。刮后用同种腻子将钉眼（有钉处要使钉下凹）和缺棱掉角处补刮腻子，要求饱满平整。随后用砂纸打磨，要求打磨平整，不得磨破棱角，磨光后清扫并用湿布擦净，晾干。

2. 刷漆

① 刷底漆一道。

② 刷面漆两道［颜色可根据具体情况确定，一般柱子、梁架、山花板、连檐瓦口、博风惯用二珠红色，椽望惯用铁红色，做红绿椽望的绿椽时，里面留10%～13%的红椽，侧面留（1/3）～(1/2)的红椽］。

③ 刷罩光油一道。

3. 注意事项

大面积油漆时采用喷涂的方式，薄厚均匀，不流坠；小面积油漆时采用涂刷的方式，操作时要横平竖直，刷纹通顺，不许漏刷。干后用280号砂纸打磨，并用湿布擦净晾干。以后每道清漆间隔时间约6h，干后用280～320号砂纸打磨，要求磨光、磨平并清理干净。

刷漆前要把基层处理过的成品做好保护，如涂刷前将相邻面用纸胶带粘贴，五金部分保护好，防止污染。涂刷前，将地面浮尘清扫干净。油漆未干前，派人看管，防止人为污染。油漆成活后，严禁人为破坏。

4. 混凝土及砖石结构面油漆

混凝土及砖石结构的表面要求牢固清洁、干燥，不含油脂或其他污物，如脱膜剂、灰浆等对附着力有影响的物质，否则会对油漆的附着力产生不良的影响。所以，油漆前要做好基底处理，至关重要，尤其混凝土构件表面，由于返碱、泛砂等原因，若处理不当，往往出现脱落、龟裂、起皮、褪色等弊病，造成返工浪费。按照规定，混凝土浇筑完后要经过28d养护期才能进行涂装。一般混凝土刚刚完工的时候呈现高碱性，对钢筋的保护十分有利，但是这时涂装，对于某些耐碱性差的涂料是不合适的，需要把这种碱性降低后才能涂刷油漆。如把油漆涂装在未完全干的混凝土上，混凝土内部的水分产生蒸汽压力会使油漆起泡或剥落。建议使用抗碱封闭性能好的环氧封闭漆进行封底处理，再涂装其他油漆产品。对于必须在潮湿状态下进行施工的表面（一些政府工程急需剪彩或急于使用的项目），就更应该做好封底处理，这样必然会增加工程费用。因此无论做哪种油漆，最好等混凝土构件干燥后再进行，除必须充分干燥外，还要注意无论现浇或预制，力求一次成型，表面光平，无孔洞蜂窝现象。然后用砂轮打磨基底表面，去净浆渣、浮砂，再用浓度16%～20%的硫酸锌溶液涂刷2～3遍，以清除碱性物质。

混凝土表面的多孔性决定了混凝土防护涂装的特殊性，必须采用渗透性好、耐碱性优异的封闭剂进行封闭。有些构件表面会有蜂窝麻面，一般0.3mm以下的孔洞、裂隙等缺陷在表面处理后涂封闭漆、刮腻子即可；0.3mm以上的孔洞、裂隙、蜂窝等，宜用聚合物水泥砂浆或者无溶剂型液态环氧腻子修补，最后参照地仗做法满刮腻子后，就可按设计涂刷油漆。

（1）油漆操作　见本小节“2. 刷漆”中的内容。

（2）油漆材料　木材面油漆所需材料：生漆坯油、生桐油、石膏粉、松香水、银珠、氧化铁、红砂纸、血料、酚醛清漆、熟桐油、清油、调和漆、油漆溶剂油等。

混凝土构件油漆所需材料：调和漆、生漆、坯油、油漆溶剂油、银珠、血料、石膏粉、熟桐油、清油、羧甲基纤维素、聚醋酸乙烯乳液、滑石粉等。

（五）彩画表面浮尘和污渍的处理

由于彩画年代久远，其表面一般会有较多的灰尘杂质，因此任何彩画在修缮前，首先要清除其表面的灰尘杂质。彩画浮尘的清理要在对彩画采取保护措施之前，收集准确的信息资料以及制定方案。

1. 除尘

清除工作一般会使用羊毛软刷、毛笔、吸尘器来进行，主要对彩画的梁架、内外檐、天花等重要部位进行仔细轻微的清扫，清扫一般要按照从上到下、由内及外的顺序进行，这样才能较好地达到清理效果。表层由于上述原因，导致出现表面积攒灰尘，灰尘主要来自空气中，由于重力、静电力或气流等物理现象影响，吸附于构件表面，呈灰白色粉末状，见图 8-6。操作前必须先确定油漆、彩画表面无任何起甲、粉化状况才能进行清理（图 8-8）。

图 8-8 除尘

（1）灰层浅薄 这种情况可以使用毛刷直接进行干清理。

（2）灰尘过厚 单纯用毛刷则很难清理，可配合使用清水加以清理，也可采用吸除表面灰尘的方法。如灰尘贴附得比较坚固，则可配合含有 HEPA 高效滤网的吸尘器与软毛刷进行清理。

2. 水渍

平时因屋面渗漏或檐口雨水侵蚀，造成表面水溶液过多，会在表面上形成单一型水渍（图 8-9）；还有一种是由于同时有较厚灰尘和其他污渍并存的复合水渍，有明显的潮水线，对于这种情况，要按下述污物的清理做法同时参考屋面渗漏处理方法进行处理。具体做法参看本小节“三、处理方法”介绍。

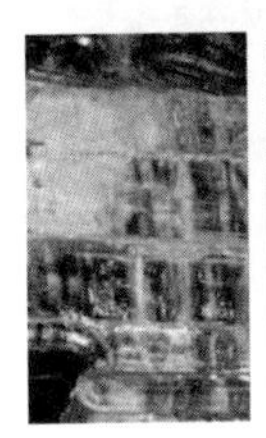
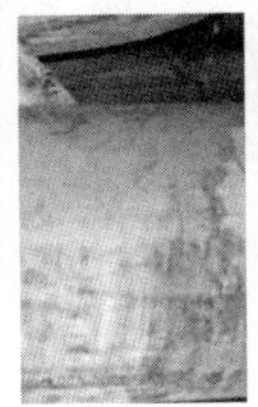
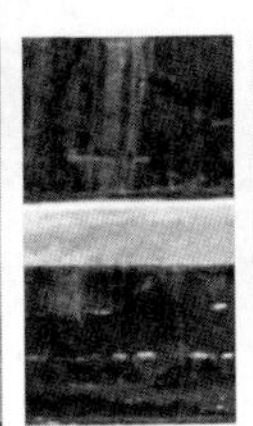

图 8-9 水渍

3. 胶、油性污渍

在装修修缮过程中，对构件基底材料进行处理时，人为施加黏结剂造成的渍痕称为胶渍。胶渍常见的有白胶、瞬间胶、AB 胶等，这些都是非人为刻意造成的。构件材料（如木质）树结渗出的油脂（有时由于屋顶防水层的焦油发生渗漏）对油漆彩画表面的污染称为油渍。这种油渍大多为明显的黑色油污，具有光泽（图 8-10），比较难处理。处理时要先做局部实验，分析胶渍和油渍的化学成分，然后选择对应的清洁剂结合上述方法进行清理和修复。

4. 附着污垢

污垢包括鸟类、壁虎、昆虫等小型动物、微生物遗留下来的排泄物、躯壳、卵鞘等（图 8-11），它们有些属于尿酸类，为白色结晶，只是微溶于水。这些粘贴在油漆彩画上的污垢单纯用清水则很难清理，遇到这种情况还要特别注意的是，要确定将被清理移除的污垢，不带有相关的历史信息或特殊意义，以免造成珍贵彩画文物损伤。清理时可用以下方式。

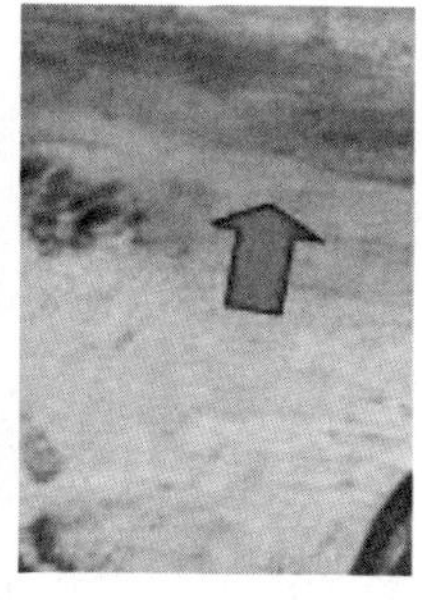
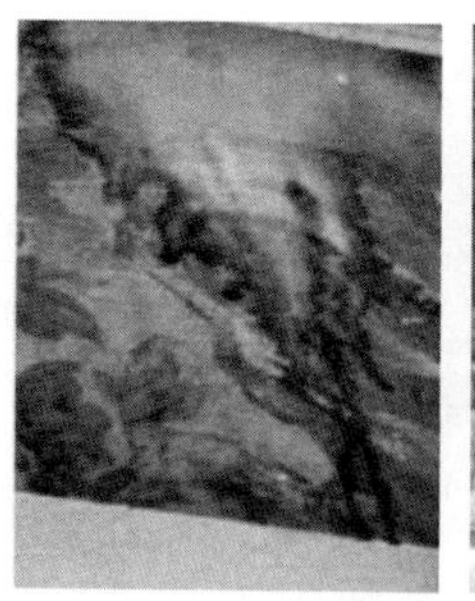

(a) 胶渍　　(b) 油渍

图 8-10　胶、油性污渍

① 用橡皮擦、化学海绵、橡胶进行擦拭。

② 用玻璃纤维笔或砂纸进行磨蚀。

③ 用手术刀、竹签或其他较硬工具进行剥离。

④ 用天然有机溶剂、酸液、碱液、缓冲溶液、界面活性剂、金属螯合剂、酵素、皂水溶液进行清理。

⑤ 用温水清理。这种污垢遇热分解，可用温水加以清理，但是，它加热时会产生高毒性的氰化氢，所以要做好防护！清理此种污物，可添加清洁溶剂进行，比较实用。有时会遇到以往维修清理时使用化学清洗剂没清除干净的残留污斑，这时就要先找比较隐蔽的地方进行实验性清理，以找出能清理原来化学物品的化学清洁剂，然后全面进行清理。

图 8-11　附着污垢

（六）彩画面沥粉损毁（图 8-12）

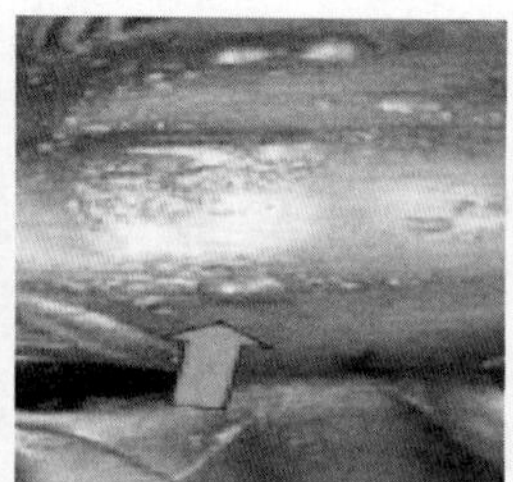

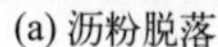
(a) 沥粉脱落　　(b) 鼓泡　　(c) 开裂

图 8-12　沥粉损毁

1. 粉料过硬

粉料过硬，或者粉料中的骨胶接近凝固，沥粉挤压困难。虽然用力挤压粉袋，但是很难出粉，时间久了表面就会粗糙并且容易断裂。这个时候可以在粉料中增加适量的化学浆糊，这样会使粉条柔软，更加有黏性。使粉料变软还有一种方法是用热水浸泡粉袋，等胶纸化开后再用手搓。

2. 粉条塌陷

粉料的材质比较差，挤出的粉条过于软，很难成形，在粉料中加入适量的老粉，粉料就会变稠。

3. 粉条断面形状

粉条断面不是半圆形，操作的时候粉管的角度不对，沥出来的粉条就会变形，正确把握粉管的角度，就可以沥出粉的形状。

4. 颜色不均匀

退晕后所用的浆不是一次配成的，或者涂刷色浆的时候由于操作不当，刷浆不够均匀，就很容易出现色差，涂刷的时候颜色要均匀。

(七) 彩画层修缮

1. 填补

在彩画修护处理中，有彩画面缺失、缺损的情况，要进行处理，称为“填补”，通过黏着剂混合体颜料调配成填补剂，或使用木材、纤维配合黏着剂将其相互黏合，填补缺失的空间，一般可分为彩画层遗失填补与基底材虫蛀填补。

常用于彩画与基底材填补的材料如下。

(1) 彩画层填补

① 用动物胶（兔胶＋碳酸钙）填补，这种方法适用于室外易受虫菌蛀蚀与水汽影响的氛围。

② 用亚克力（Plextol D498＋碳酸钙）填补，这种方法稳定，易操作，但收缩较大。

③ 用亚克力（Plextol D498＋玻璃微泡）填补，这种方法稳定，易操作，不易受气候影响。

④ 用环氧树脂（瞬间胶）填补，这种方法可快干；不可逆，无法移除胶渍。

⑤ 用环氧树脂（Epoxy＋面粉）填补，这种方法硬度高；不可逆，易发黄，无法移除胶渍。

(2) 颜料填补　指在彩画层的缺失或缺损处（填补处），使用绘画颜料进行上彩补整，让缺失处达到隐蔽效果，产生接续图案或色彩的连续性，创造作品完整性的假象，以减少观赏者受缺失处的干扰与影响，并恢复彩画图像内容的阅读性。

(3) 全色修补

① 用阿拉伯胶＋矿物颜料修补，这种方法可逆性佳，室外易受虫菌蛀蚀。

② 用亚克力乳剂＋矿物颜料修补，这种方法稳定，易操作，不易受气候影响；可逆性受限于原彩画材料。

③ 用 Paraloid B-72＋矿物颜料修补，这种方法稳定，但不易操作，不受气候影响；较脆，光泽度容易过高。

④ 用水泥漆（市售）修补，这种方法易操作，不易受气候影响；可逆性受限于原彩画材料，成分不明，耐候品质不一。

⑤ 用 Laropal A-81＋矿物颜料（低分子树脂）修补，这种方法稳定，但不易操作，不受气候影响。

⑥ 用油彩（市售）修补，这种方法易操作，不易受气候影响；可逆性受限于原彩画材料，成分不明，耐候品质不一。

⑦ 用油画颜料（亚麻仁油＋矿物颜料）修补，这种方法易操作，不易受气候影响；不可逆。

⑧ 用桐油＋矿物颜料修补，这种方法易操作，不易受气候影响；不可逆。

⑨ 用 Paraloid B-72，这种方法稳定，不会发黄；高温下易发黏，易雾化。

⑩ 用 Paraloid B-48N，这种方法稳定，较脆，调和溶剂为苯类，有毒。

⑪ 用亚克力亮光漆（市售），这种方法易操作，成分不明，耐候品质不一。

⑫ 用 Regalrez 1126（低分子量树脂），不会变黄，可调于非极性溶剂，易剥离、易雾化。

⑬ 用亮光漆（市售），便宜、易操作；易黄化，可逆性受限于原彩画材料。

⑭ 用桐油，这种方法易操作，不易受气候影响；不可逆。

2. 加固

若不准备重新大修或出于重点文物保护的需要，为保持原有状态，就可采取黏着加固修缮。

① 用动物胶（骨胶/皮胶＋木条）填补，但室外易受虫菌蛀蚀与水汽影响。

② 用亚克力［Plextol D498＋木条/纤维（纸张）］填补，这种方法稳定，易操作，不易受气候影响，但强度较低。

③ 用环氧树脂（Epoxy＋木粉/木条）填补，这种方法硬度较高；不可逆，易发黄，无法移除胶渍。

彩画层修缮前后对比见图 8-13。

(a) 修缮前

(b) 修缮后

图 8-13　彩画层修缮前后对比

（八）人为损坏复原

由于人为介入导致的损伤，如烧香拜佛等祭祀活动产生的烟雾和明火，会使油漆彩画表面变为黄色或褐色，表面失去光泽，这种称为烟害，有的甚至有烧灼痕迹，严重影响美观。还有一种是人为刻意留下的记号，有两种情况：第一种是人们在游玩时，在一些建筑上留有自己观赏过的所谓留念，如“某某到此一游”或涂鸦等；第二种是古建工匠在修复过程中为了便于施工留下的记号，这种如在隐蔽处倒不妨是一件好事，可以给后人留下年代修复鉴定的依据（图 8-14）。这种情况的处理，要清除表层的损伤，然后按照损伤程度参照前述方法进行修补或重做。

(a) 烟害　　(b) 人为记号

图 8-14　人为损坏

（九）彩画

古建筑彩画（以清式墨线小点金工艺为例，其余可参考）经过历史各个时期的发展演绎，形成了各个朝代的不同风格及规范，各个朝代的建筑彩画以唐、宋、元、明、清流传范围较广，年代越近，传世越多。在演变的同时，下一朝代承袭了上一朝代的精华，同时添加了时代的文化气息，明式彩画写生气息比较浓郁，经过时间的变迁，图案越加规范，逐渐形成了清式彩画模式。

图 8-15　清式墨线小点金

清式墨线大点金规制是：规划线为墨线，不沥粉，菱角地、栀花心、旋花心皆沥粉贴金，龙锦枋心或其他枋心。清式墨线小点金（图 8-15）的规制是：旋花心、栀花心皆沥粉贴金，所有线条皆为墨线，青绿间色，旋花不退晕，偶有朱红色为点缀，枋心为素地或绘龙纹、宋锦，斗栱为青绿退晕、黑色缘边，为中等彩画。雅伍墨规制是：全部为墨线，无沥粉，无晕，无金，青绿间色，为次等彩画。

主要材料：巴黎绿、群青、乳胶漆、乳胶、石黄、樟丹、银珠及丙烯酸、各种颜料等。

1. 施工技术准备

① 组织施工班学习相关施工图、设计说明等设计文件，并进行设计交底。

② 应确定在工程中起关键性技术作用的人员，负责起绘彩画大样谱子及材料房进行颜料和材料调制等相关技术人员的配备组织工作。

2. 材料要求

① 由专业特长技工统一负责管理、组织、操作彩画工程中所运用各种颜料和材料的加工、调制、调配、入胶、出胶、涂刷颜色标样等有关工作。

② 所运用调制颜料和材料的品种、规格、质量及调制调配方法必须符合设计要求或古建常规做法。各种颜色的色相、明度、彩度与已批准的色标样一致，各种颜料和材料用胶量适度合理。

③ 文物建筑彩画工程或一般古建筑彩画工程施工所运用的各种颜料和材料应有出厂合格证、注册商标、生产厂名、出厂日期、具体颜料和材料的性质等有关说明。

④ 包黄胶：彩画的贴金包油胶者，一般运用光油色漆或脂胶漆或酚醛漆，对其各自漆所运用的稀释剂，必须与其漆相统一。禁止乱用漆的稀释剂。

⑤ 胶结材料有：一般用水胶（指动物质皮骨胶），也可用净光油代替水胶，或用聚醋酸乙烯乳液代替水胶（仅于偏冷季节的某些特殊要求工程的砸沥粉用）。

⑥ 库金箔。

⑦ 颜料和材料有：巴黎绿（洋绿）、群青（佛青）、银朱、樟丹、石黄、炭黑（黑烟子）、铅白、钛白粉或乳胶漆、氧化铁红（红土子）、二青、二绿、三青、三绿、香色、硝红（粉红）、砂绿等。

⑧ 其他材料主要有：土粉子、大白粉、白矾、高丽纸、牛皮纸等。

⑨ 运用各种干燥粉状颜料和材料入胶调制前，要求首先捣碎并过 80 目/吋^2[1] 细罗，去除其内颗粒杂质后使用。

[1] 1 吋＝2.54cm。

运用已熬制的水胶或光油或聚醋酸乙烯乳液或油满（仅限于调制沥粉）作为胶黏剂调制各种干粉颜料和材料前，要求先过铁纱罗，去除其内皮类杂质后使用。

⑩ 偏冷季节（如早春、深秋）时施工，日气温不得低于5℃，对于未涂刷使用的已入胶颜料和材料，应有防冻措施。

⑪ 炎热季节施工，已熬制的动物质水胶极易发霉变质，为防止此问题发生，必须责成专人每天将水胶重新熬沸1～2次。

⑫ 严禁使用已变质的水胶、聚醋酸乙烯乳液调制各种颜料和材料用于彩画施工。

⑬ 对于已入水胶调制的各种颜料和材料，发现其内的水胶已有异味变质者，应立即停止使用，并应做好颜料的出胶及重新入胶的工作。

⑭ 运用光油代替水胶作胶黏剂调制各种颜料者，若其颜料颗粒较粗，须先用水调和颜料，然后用手摇小磨磨细、晾干，之后做入油出水化稀后使用。

3. 工具准备

(1) 沥粉工具　老筒子、各种不同长度不同口径的单线及双线粉尖子、装盛沥粉的皮子、切割沥粉的小刀、粉针、粉包等。

(2) 涂绘工具　大小油刷子、各种不同粗细的画刷捻子或油画笔、各种毛笔、木炭条、碳素铅笔、粉笔、橡皮、红墨水等。

(3) 装盛色器具　大、中、小缸瓦盆，中号瓷碗，油桶等。

(4) 其他工具　各种不同长度的坡棱尺、弧形尺、三角板、圆规、卷尺、线坠、半圆仪、碗落子、金夹子、80目罗、裁纸刀、砂纸等。

4. 作业条件

① 施工单位应具备从事古建筑工程或文物建筑工程的资质证书，彩画施工技术管理人员及技术工人应具备从事彩画职业技能等级的相应资质证书。

② 宜绘制具有代表性的、按比例缩绘的彩色彩画小样。

③ 进入冬期施工，必须搭建暖棚，暖棚内的昼夜气温最低必须保证在5℃。

④ 油饰彩画施工脚手架支搭已完毕，经验收符合架木支搭规范及使用要求。

⑤ 文物修复工程在清除旧油饰彩画地仗前，对所要恢复的旧彩画原样实物，已经做过认真拓描、拍照、记录、测量等工作。彩画施工用的谱子已起扎完毕，经有关技术人员审查，符合设计要求或符合文物建筑彩画的原样。

⑥ 彩画施工作业面的油地仗的生油已充分干透，经全面验收，符合彩画开工要求。

⑦ 连檐、椽望、斗栱的盖斗板、烟荷包的油漆应已刷完并干透。

5. 施工工艺

(1) 清代墨线小点金彩画的基本做法

① 大木彩画按“分三停”规则构图，设箍头（大开间加画盒子）、找头（也称藻头）、枋心。

② 梁枋大木的彩画主体框架大线，包括枋心线、箍头线、盒子线、皮条线、岔口线五大线沥粉贴金并拉晕，枋心为素枋心，或青或绿单色叠晕，或龙锦枋心及其他枋心。

③ 梁枋大木的找头部位：线条、旋眼、贴金。找头部分是旋子彩画的重点，描绘旋花，基本以一整二破为主，根据找头长短，可增加“喜相逢”“勾丝咬”及“金道冠”图案，或者如意头图案。这部分调整图案亦无定式，随意构图，增减自由。明代旋花大部分有退晕，一般为两晕，可产生柔和之感。个别简单的图案无晕。明代旋花构图的灵活之处还在于其外形不一定是圆形，也可是扁圆形，这样就为适应找头长短有了灵活变通之道。旋花构图虽保留若干写生的意匠，尚未完全规格化，但已经较为图案化。明代旋花实际有两种：一种外轮廓呈如意头形状，内附旋瓣和云头纹，形状较自由；另一种是用旋瓣组成的旋花造型，花心

四周附有六个或八个旋瓣，旋瓣多附有翻卷形“抱瓣”，或者旋瓣本身不是圆形，而是云头状，以显示自然之态。大型旋花在花心与旋瓣之间加设一层莲瓣花瓣（清代多为两层简化莲瓣）。以上两种旋花可单用，也可组合使用，并派生出多种组合图案。

④ 梁枋大木的盒子，如做素盒子则为整盒子与破盒子，同时加晕。

⑤ 柱头绘以旋子或栀花图案，柱头的箍头为上青下绿。

⑥ 平板枋做降磨云：降磨云大线沥粉贴金拉晕并按顺序排列，按建筑总体的面宽而定。

⑦ 垫板做红地，图案为卷草：卷草多运用于大式由额垫板，为红地青绿相间卷草，卷草攒退纠粉。

⑧ 压斗枋的做法：为青地拉晕素枋。

⑨ 灶火门做西番莲。

⑩ 斗栱涂青绿两色地，斗与栱之间，以金或黑白做缘道。

⑪ 椽头：做飞椽“万”字符，老椽龙眼。

（2）工艺流程　丈量→配纸→起谱子→扎谱子→磨生过水→合操→分中→拍谱子→摊找活→号色→沥粉→刷大色→抹小色→包胶→打金胶贴金→拉大黑→拘黑→做宋锦→拉晕色→拉大粉→吃小晕→攒退活→切活→拉黑绦→压黑老→做雀替→打点活。

（3）操作工艺

① 丈量：用盒尺对所要施工的椽、檩、垫、枋、柱头等部件进行实际测量并记录其名称、尺寸等。

② 配纸：即拼接谱子纸，按构件实际尺寸，取一间构件的1/2，配纸要注明具体构件和具体名称等。

③ 起谱子：即在相应的配纸上用粉笔等摊画出图案的大致轮廓线，然后用铅笔等进一步细画出标准线描图。起谱子的具体操作工艺如下。

a. 规划大线

ⓐ 定箍头宽：根据彩画规则，清代墨线小点金彩画的箍头为死箍头，宽可为10～12cm。

ⓑ 定枋心：在箍头确定后“分三停”，即沿箍头里线至谱子的另一端分叠三等份，然后在纸的另一端1/3处定枋心，定枋心前将已上下对折的纸再对折一次，使其纸的总高均为四等份，折线一直交于箍头，然后按旋子彩画线特点画枋心头，使枋心头顶至三停线，枋心棱线宽占总高的1/8，即纸对叠后高的1/4，枋心占3/4高。较大体量构件的大额枋，棱线可按此方法基本确定。

ⓒ 定枋心岔口：枋心定好后，先不要画找头部分，因这时找头画多长，是否加盒子都无法确定，岔口线两线间距离基本等于棱线宽。

ⓓ 定找头部分：由枋心至箍头之间的部分可称找头，另外视其长度是否加盒子，在构件上则为方形或长方形盒子，盒子两侧的箍头做法相同。总之，旋子彩画的找头与盒子的部位要相互兼顾，每一部分不可太长，尤其要考虑找头部分画什么内容，如一整两破、一整两破加一路、一整两破加金道冠、一整两破加两路、一整两破加勾丝咬、一整两破加喜相逢以及勾丝咬与喜相逢等旋子图案。旋子彩画中斜线角度均为60°。

b. 画岔角与素箍头

ⓐ 箍头：做素箍头，可按底色认色拉晕色。

ⓑ 盒子岔角做切活：按设计要求，如盒子岔角做切活，则青箍头配二绿色，岔角切水牙图纹；绿箍头配二青色，岔角切草形图纹。

④ 扎谱子：将牛皮纸上画好的大线与纹饰用扎谱子针扎孔。扎谱子的工艺如下。

a. 将大线按所需宽度用红墨水重新拉画，然后按红墨水两侧扎孔，孔距间隔为3mm左右。

b. 将纹饰图案按线扎孔，孔距为 1mm 左右。

⑤ 磨生过水：也称磨生油地，即用砂纸打磨钻过生桐油并已充分干透的油灰地仗表层。磨生的作用在于：一是磨去地仗表层的浮尘、生油流痕和生油挂甲等现象；二是使地仗表面形成细微的麻面，从而有利于彩画颜料与沥粉牢固地附着在地仗表面。过水，即用净水布擦拭磨过生油的施工面，使其彻底擦掉磨痕和浮尘并保持洁净，无论磨生还是过水布，都应该做到无遗漏。

⑥ 合操：用较稀释矾水加少许深色（如黑烟子或群青）调配的颜色，对已进行磨生过水的地仗面满做涂刷，使地仗面色由浅变深，以利于显示拍谱子的花纹粉迹。

⑦ 分中：在构件上标示中分线，在横向大木构件上下两端分别丈量中线并连线，此线即为该构件长向的中分线。同开间同一立面相同的各个构件的分中，如檩、垫等均以该间大额枋部件的分中线为准，向其上下方各个部件做垂直线，即为该间立面横向各构件统一的分中线。分中线是拍谱子时摆放谱子位置的依据，用以保证图案的左右对称。

⑧ 拍谱子：谱子的中线对准构件上的分中线，用粉包（土布子）对谱子均匀地拍打，将纹饰图案复制在构件上。一边拍好后将谱子翻至中线的另一边，按同样的方法拍另一半谱子。大额枋的谱子，由于有合棱，应将纸展开，合棱贴实后再拍打。小额枋的谱子，先拍打底面，拍时要将谱子两侧取齐对正，拍小额枋立面的谱子时，各线应与底面相衔接。拍柱头谱子时，由于柱头有梁头挑出，要将谱子纸的次要部位剪开，使谱子实贴于柱头上再拍打。大线拍后可套拍枋心的龙谱子以及宋锦谱子，坐斗枋降魔云的谱子，灶火门的西番莲以及檩头、柱头、椽头、肚弦、盒子等部位的谱子。

⑨ 摊找活：对不端正、不清晰的纹饰进行校正，补画遗漏的图案。

在构件上直接画出不起谱子的图案及线路，如桃尖梁、三岔头、霸王拳、宝瓶等部件。

摊找活时，纹饰如有谱子，应与谱子的纹饰相一致，无谱子部位也应按该部位的纹饰要求勾画，并应做到相同的图案对称一致。摊找活应做到线路平直，清晰准确。

⑩ 号色：按规则预先对额枋大木以及斗栱等各部位标示细部的颜色代码，用以指导彩画施工的刷色。颜色代码：一（米黄），二（蛋青），三（香色），四（硝红），五（粉紫），六（绿），七（青），八（黄），九（紫），十（黑），工（红），丹（樟丹），白（白色），金（金色）。

⑪ 沥粉。沥大粉：根据谱子线路，如箍头线、盒子线、皮条线、岔口线、枋心线均使用粗尖沥双粉，即大粉。双尖大粉宽约 1cm，视构件大小而定，双线中每条单线宽 0.4～0.5cm；沥中路粉：中路粉又称单线大粉，根据摊找的线路，如挑檐枋、老角梁、霸王拳、穿插枋头、压斗枋的下边线，雀替的卷草，以及斗与升和底部的边线与金老线均沥中路粉。沥小粉：旋子彩画的小粉量很大，有繁密纹饰的部分，这些纹饰均沥粉。小粉的口径为 2～3mm，视纹饰图案而定。

⑫ 刷大色：待沥粉干后，先将沥粉轻轻打磨，使沥粉光顺，无飞刺。刷大色时先刷绿色，后刷青色。均按色码涂刷（使用 1 或 2 号刷子）。刷大色的规则如下。

a. 额枋与檩的刷色：以明间为准，箍头为上青下绿，即檩的箍头为青色，大额枋的箍头为绿色，小额枋的箍头又为青色。次间箍头色彩对调。各部位的刷色规则为："绿箍头、绿棱、绿栀花、青箍头、青棱、青栀花"。

b. 坐斗枋的刷色：坐斗枋的降魔云刷色规则为上青下绿，即上升云刷青色，下降云刷绿色，而青云内刷绿栀花，绿云内刷青栀花。

c. 压斗枋均刷青色。

d. 柱头的刷色：柱头箍头为上青下绿色，旋子一路瓣为绿色，二路瓣为青色并间隔刷色，旋子瓣外栀花地均刷青色。

e. 由额垫板的做法：由额垫板先垫粉色油漆，待干后刷银朱漆。银朱漆干透后套刷阴阳草的三青、三绿、硝红、黄等色。

f. 挑檐枋、老角梁、霸王拳、穿插枋头均刷绿色。

g. 斗栱的刷色：斗栱的刷色包括各层檩枋的绿色与青色，以及灶火门大边的绿色和斗与桃尖梁头、昂、翘等部位的青色与绿色。斗栱刷色以柱头科为准（包括角科），其桃尖梁头、昂、翘均刷绿色，斗均刷青色并以此类推，间隔排列至每间中部，每间斗栱如为双数，则每间中部斗栱为同一颜色。

⑬ 抹小色：在由额垫板卷草内套三青色与三绿色；在坐斗枋的降魔云内的栀花，认色套云；在雀替卷草与灵芝套三青、三绿、香、粉紫等色。

⑭ 包胶：包黄胶可阻止基层对金胶油的吸收，使金胶油更加饱满，从而确保贴金质量。包胶还为打金胶和贴金标示出打金胶及贴金的准确位置（使用3～10号油笔）。包胶的部位包括：

a. 找头部位的旋眼栀花；

b. 老檐椽头的龙眼；

c. 坐斗枋的栀花；

d. 柱头的旋眼、栀花。

⑮ 打金胶贴金：在包好黄胶的地方打金胶贴金。

⑯ 拉大黑：即画不沥粉贴金的黑色直线（使用4～6号油画笔）。主要画找头旋花外的几条平行线和栀花线。

⑰ 拘黑：刷色之后各层旋子花的各个瓣连在一起，此时用较粗的黑线条重新勾画出各瓣的轮廓，即“拘黑”。同时勾栀花的花瓣，旋子彩画的找头由于头路瓣之间有沥粉的菱角地，虽然刷色使各瓣连成一片，但利用已沥粉的痕迹，仍可进行分瓣，先拘头路瓣，然后拘二路瓣与三路瓣，最后添各旋子之间的栀花（使用修理砸圆并裁口的6～8号油画笔）。

⑱ 拉晕色：在主要大线一侧或两侧，按所在的底色，即绿色或青色，用三绿色或三青色画拉晕色带（使用10或11号油画笔）。墨线小点金旋子彩画拉晕色的部位包括：

a. 箍头则靠墨线各拉一条晕色带，副箍头靠金线一侧拉另一种颜色的晕色带；

b. 皮条线两侧拉一青一绿晕色带；

c. 岔口线靠墨线拉一条晕色带；

d. 枋心线则靠墨线拉一条晕色带；

e. 压斗枋沿下部靠墨线拉一条晕色带；

f. 坐斗枋的降魔云靠墨线认色各拉一条晕色带；

g. 桃尖梁、老角梁、霸王拳、穿插枋头等均在边线一侧拉三绿色的晕色带；

h. 雀替的仰头沿墨线大边一侧认色，各拉一条晕色带。

⑲ 拉大粉：在各晕色上靠墨线一侧拉白色线条（使用裁口的3或4号油画笔），大粉一般不超过墨线的宽度。墨线小点金旋子彩画拉大粉的部位包括：

a. 箍头则靠墨线各拉一条大粉，副箍头靠墨线一侧拉一条大粉；

b. 皮条线两侧各拉一条大粉；

c. 岔口线靠墨线拉一条大粉；

d. 枋心线则靠墨线拉一条大粉；

e. 压斗枋沿下部靠墨线拉一条大粉；

f. 坐斗枋的降魔云靠墨线各拉一条大粉；

g. 桃尖梁、老角梁、霸王拳、穿插枋头等均在边线一侧拉一条大粉；

h. 雀替的仰头沿墨线大边一侧拉一条大粉。

⑳ 吃小晕：在青绿旋子上，靠旋子墨线一侧画较细的白色线（用叶筋笔或大描笔）；由额垫板的金轱辘卷草均靠金线一侧行粉；点金龙的眼白。吃小晕既起到齐金的作用，又起到增加色彩层次的作用。

㉑ 攒退活：老檐椽头与斗栱板，由额垫板的卷草等处攒退活的做法如下。

老檐龙眼的攒退：先拍谱子沥龙眼，待干后涂刷二道白色，然后龙眼包黄胶打金胶贴金。以角梁为准，第一个椽头做青色攒退，第二个椽头做绿色攒退，以后按青绿色间隔排列，至明间中心位置时，椽头如为双数可“捉对”做同一颜色。

㉒ 盒子岔角做切活：按设计要求，如盒子岔角做切活，则青箍头配二绿色，岔角切水牙图纹。绿箍头配二青色，岔角切草形图纹（使用 2 号并裁口的油画笔用墨拉直线，用大描笔切草和水牙）。

㉓ 拉黑色绦：彩画中的黑色绦主要起齐金、齐色、增强色彩层次的作用。

a. 在两个相连接构件的秧角处，如檩与压斗枋、额枋与由额垫板等相交处，用 2 或 3 号油画笔（裁口）蘸墨拉直线。

b. 角梁、霸王拳、穿插枋头、桃尖梁等构件彩画的金老与雀替的金老均于金老外侧拉黑色绦。

c. 青绿相间退晕老檐椽头的金龙眼，则在金眼外侧圈画黑色绦。

d. 在箍头晕色带之间的中线位置拉黑色绦。

e. 在金龙的眼白处点睛。

㉔ 压黑老：压黑老的作用是增加彩画层次，使图案更加整齐，格调更加沉稳；在额枋的两端与副箍头外侧，留底色（与晕色带同宽度或略宽）的一侧至秧角处压黑老。斗栱压黑老分两部分。

a. 单线画于栱、昂、翘的正面及侧面，线宽约 3mm。

b. 在各斗与升中画小斗升型黑色块，其中栱件外侧的黑线末端画“乌纱帽”形状，使老线形状与构件形状相吻合。昂件侧面压黑老，做两线交叉抹角八字线，即“剪子股”。

㉕ 做雀替。雀替的沥粉：雀替的外侧大边无沥粉，雕刻纹饰沥粉贴金，翘升和大边底面各段均沥中路粉，翘升部分的侧面在中部沥粉贴金做金老。雀替的刷色：雀替的升固定为蓝色，翘固定为绿色，荷包固定为朱红漆，其弧形的底面各段分别由青绿色间隔刷色。靠升的一段固定为绿色，各段长度逐渐加大，靠升的部分如其中两段过短，可将其合为一色。雀替的池子和大草其下部如有山石，则山石固定为蓝色。大草由青、绿香、紫等色组成，池子的灵芝固定为香色，草固定为绿色。以上各色均拉晕色与套晕和拉大粉与吃小晕。雀替花纹的平面底地为朱红漆。

㉖ 打点活：是彩画绘制工程中多项工序已完成后最后一道必不可少的重要程序，是对彩画工程最后的检查和修理。在彩画绘制过程中，由于各种原因，难免出现画错、遗漏、污染等现象，所以应对检查发现出的问题一一加以修正。其程序为：自上而下用彩画原色修理，使颜色同需修理的原色相一致。打点活工作，要认真负责，从而使绘制工作全部达到验收标准。

部分彩画工艺操作见图 8-16。

6. 技术质量要点

(1) 技术要点

① 文物建筑彩画的起谱子，应严格按照原迹拓描片并参照原迹照片套制谱子。

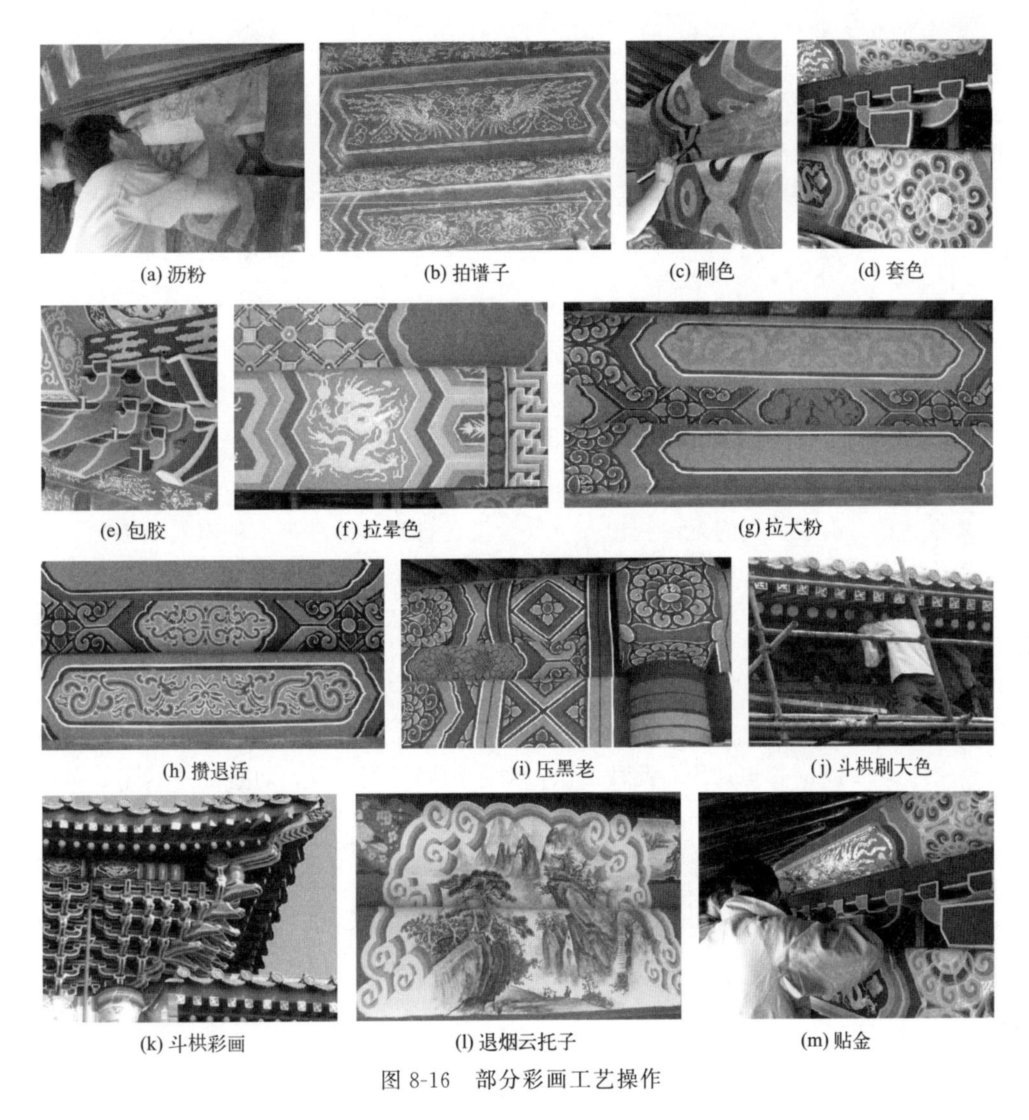
(a) 沥粉 (b) 拍谱子 (c) 刷色 (d) 套色

(e) 包胶 (f) 拉晕色 (g) 拉大粉

(h) 攒退活 (i) 压黑老 (j) 斗栱刷大色

(k) 斗栱彩画 (l) 退烟云托子 (m) 贴金

图 8-16 部分彩画工艺操作

② 分中正确无误。

③ 沥大、小粉的粉尖口径应统一。

④ 沥粉时的粉条不得偏离谱子，不得任意发挥。注意随时做到用小刀清除沥错沥坏的粉，切除多余的粉。

⑤ 沥直线粉依尺操作。

⑥ 垫光油、打金胶操作时，应做到布油均匀、刷时多顺，以防流坠起皱。

⑦ 使用光油操作，应避开恶劣天气，以防各种形式的抄油。

⑧ 认真检查金箔质量，切忌使用有煳边氧化、有砂眼的金箔用于贴金操作。

（2）质量要点

① 起扎谱子纹饰符合设计要求，符合文物建筑彩画纹饰原样。

② 沥大、小粉的粉条粗细度统一。不偏离谱子纹饰、直顺、流畅饱满，无明显接头，干燥后坚固结实。

③ 刷色颜色均匀、整齐、饱满、不透底，无明显刷痕、无流坠，不开裂爆皮，手触摸不落粉，重叠刷色不混色。

④ 贴金饱满、平整，无掺口、无虚花，光亮一致。

⑤ 拘黑符合设计要求。

⑥ 无论吃大晕、吃小晕，都应宽度适度一致，直线平正，曲线圆润自然，颜色净洁纯正、饱满，无接头、无毛刺、无落色。

⑦ 锦纹画法、做法应符合设计要求。

7. 成品保护

① 对已沥大、小粉，应防止剐蹭。

② 对刷色贴金、拘黑、拉绘大晕、吃小晕等成果应注意保护。

③ 对彩画成品，要防止拆架子时造成剐蹭损坏。

④ 应针对季节气候的变化，采取防雨、防风、防冻等相应的防护措施。

⑤ 搭、拆脚手架应注意不得碰撞额枋、檐头、角梁、斗栱等部位。

（十）彩画的封护

彩画的色彩，由于大气的温湿变化、空气污染、日晒、雨淋等多种因素的影响，鲜艳的色彩常常发生褪色、变色等现象。若经研究讨论认为做新后会影响其整体风貌以及文物保护的需要，保留原始状态时，尤其符合文物保护需要及重点保护的彩画，要经过专家论证，一般都是用一种无色、透明无光泽的物质加以必要的表面封护。

1. 桐油封护

俗称罩油。在旧彩画或新绘制的彩画上涂刷光油一道。旧彩画在刷油前，为防止颜色层年久脱胶，应先刷矾水 1～2 道加固。此种做法，对于加固碎裂地仗，防止颜色脱落、褪色有明显的效果，在有些建筑上试用，20 年以后彩画仍基本完整。但最大缺点是罩油后，整个彩画颜色变暗，且有光泽。在新绘彩画时，事先在青绿等深色内加适量的白粉，使颜色变淡，罩油后即为所需颜色的深度。但光泽仍不易去除（用青粉擦可以退光，但透明较差，效果不好）。

胶矾水的浓度为 2％～5％，胶矾配比为 1∶(1.5～2)（质量比）。制作时，胶矾应分别用水溶化后再混合在一起，不要将矾直接入于胶水内溶化。

2. 高分子材料封护

用高分子材料喷涂在彩画表面，目前观察效果很好，等待时间的考验才能最后得出结论。曾试验过的材料如下。

聚乙烯醇：用 2％～5％的聚乙烯醇水溶液，在彩画上喷涂 2～3 遍，比例逐渐加浓，干后无色、透明。

聚乙烯醇和聚醋酸乙烯乳液混合剂：喷涂 2～3 遍，材料质量比为 1.5％～2.5％聚乙烯醇∶1％聚醋酸乙烯乳液＝4∶1。

丙烯酸乳液：使用时加 2 倍的清水，在彩画表面喷涂 2～3 道。

用高分子材料进行封护时，彩画表面应先擦净，颜色有脱胶现象时，应先刷胶矾水 1～2 道加固后再进行封护。

3. 广漆保护

由生漆或熟漆加入熟桐油（但桐油必须经过煮沸去浮沫，成为纯净明油，方能调和）调制而成，棕黑色。涂刷于物体表面，能在空气中干燥结成黑色薄膜，坚韧光亮，具有耐水、耐烫、耐久等优良性能。漆膜鲜艳光亮、透明、丰满度好、耐水、耐光、耐温。

（1）生漆　含水量应在 40％以下，应多次过滤，纯净无杂质，干燥时间不得大于 30h（室温 20～25℃，相对湿度 70％左右），8h 内应指触不黏，才能符合要求。

（2）熟漆（又称退光漆）　为生漆经过日晒、火烤、电热或红外线照射等方法制成，含水率不大于4%，调制时漆温不得高于42℃，计温时间夏季不得小于40min，冬季不得小于60min。生漆加入熟桐油熬制成为广漆，温度为200～220℃，不需加入其他掺和材料。北方因天气干燥，应刷漆列，搭席棚，上面经常浇水，保持一定的湿度，俗称“大漆入窨”。退光漆使用时，共刷漆三道，第一道称为“抄漆面”，用漆刷蘸生漆，纵横涂刷均匀，干后用砂纸磨光，用湿布擦净。第二道称“垫光漆”，即刷退光漆一道，干后磨平擦净。第三道称“罩面漆”，再刷退光漆一道，横刷、斜刷及顺木纹各刷一次，薄厚要匀，不使积漆过厚。然后用细羊肝石蘸水推磨，把光泽全部磨去为止，称为“磨退”。最后“擦光”，用毡或尼龙蘸木炭屑带水摩擦（炭灰用杉木炭碾碎过罗），至擦亮为止，随后用清水洗净，再用手掌擦至照清人像为准。

4. 烫蜡保护

楠木构件的柱子、门窗、梁枋等，往往不着油饰彩画，仅在木构件表面烫蜡，保持楠木本色。

烫蜡的材料和工具：盛炭火的笼子、木刮板、白粗布、木炭［最好为硬木炭（也称钢炭，是用硬质树枝烧成的木炭）］、蜡（又称四川白蜡，是一种昆虫分泌出来的蜡质，俗称硬蜡）。

施工前，先用砂纸、锉草等将构件表面打磨平滑，用鬃刷蘸碱水（略加食盐）洗刷干净，再用清水擦洗，干燥后用细砂纸打磨一次。

烫蜡时，先把盛炭火的笼子中盛满燃烧的炭火（将炭灰吹净），一手拿蜡，一手拿盛炭火的笼子，把蜡熔化后往构件表面涂布，涂后用盛炭火的笼子烘烤，使蜡均匀地熔化散布在构件上，接着用木板刮去构件上多余的蜡质，用白粗布打磨，擦到光滑为止。现在多用电炉代替盛炭火的笼子。

如补配木料与原构件色泽不同，应先将补配木料刷色后再进行烫蜡。

（十一）传统彩画介绍

彩画修缮时一般情况是按上述方法操作，如遇到损坏严重，看不出原有彩画样式时，很难恢复，下面介绍传统彩画的构成，以供参考。

古建筑彩画主要分三大类：和玺彩画、旋子彩画以及苏式彩画。

水平方向上分为三段，各占1/3长，称为“分三停”，其分界线称为“三停线”。中间是枋心，两边是找头或找头和箍头。

古建筑彩画在构图上的区别和基本框架如图8-17所示。

在横条中间的一段称为“枋心”，邻枋心左右两段称为“找头”或“藻头”。在找头外端常做有两根竖条，称为“箍头”，箍头之间的距离，可依横向长度多少而调整，在此间安插的图案称为“盒子”。因此，整个梁枋的构图，就在枋心、找头、盒子和箍头内进行。在这些部位上构图的线条，都给予相应的名称，如枋心线、箍头线、盒子线，在找头内的叫岔口线、皮条线（或卡子线），为简单起见通称为“五大线”。

1. 和玺彩画

和玺彩画是最高等级的彩画，一般用于大式建筑中的最高级别建筑，这种彩画有以下三个特点。第一，图案以龙形为主，对主要大木的构图，均以各种姿态的龙为主要图案，或者龙凤相间，或者龙草相间。第二，沥粉贴金面大，沥粉即用胶粉状材料，通过尖嘴捏挤工具，将其沥成线条使之凸起，然后在上面贴上金箔。也就是说，和玺彩画的主要线条都具有立体感，并且金光闪闪。第三，也是最显著的区别之处，即三停线为“Σ”形，按“分三停”规则构图，设箍头、找头、枋心。凡枋心、岔口线、皮条线、圭线等造型，均采用折形斜线。

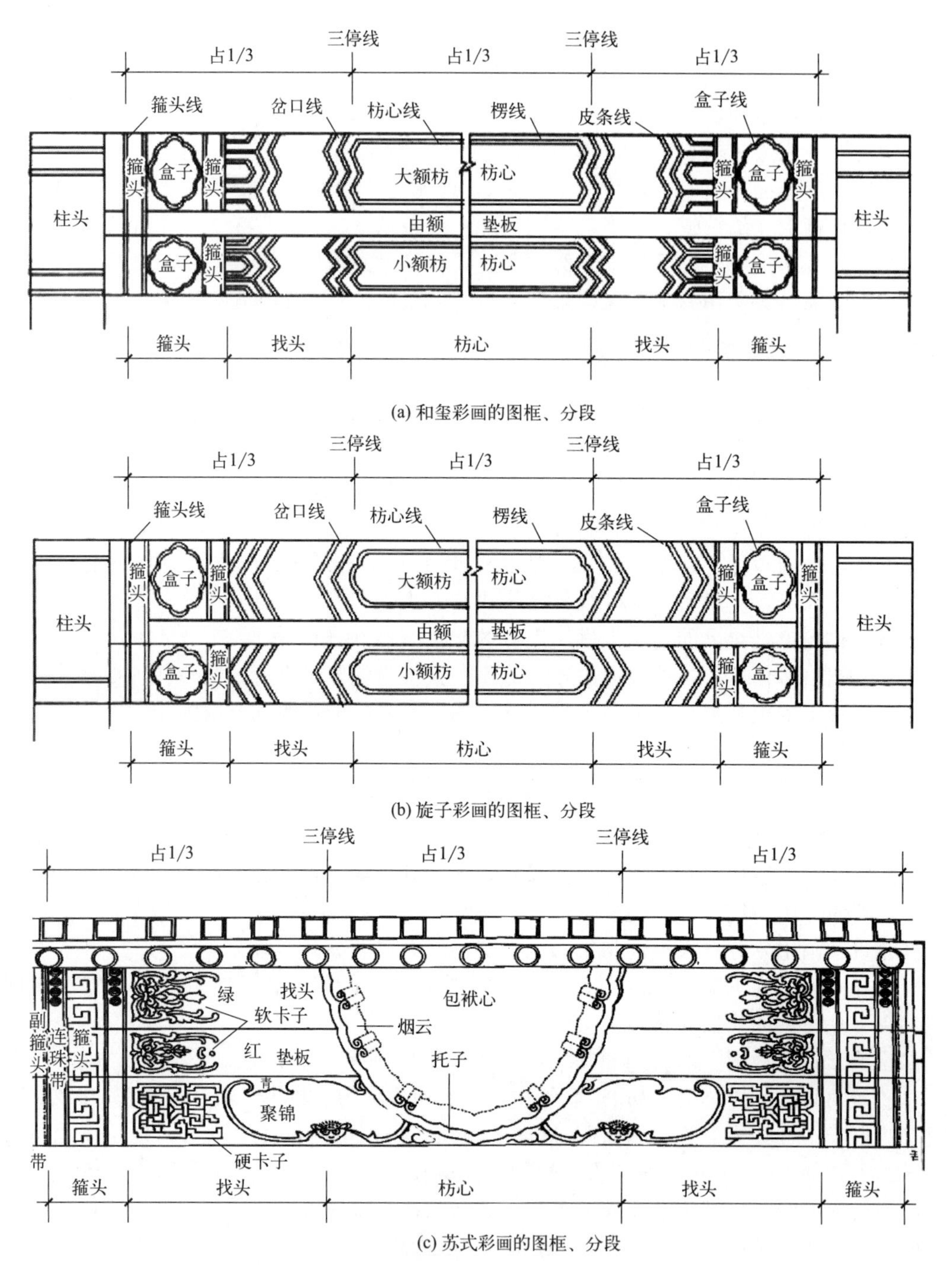

(a) 和玺彩画的图框、分段

(b) 旋子彩画的图框、分段

(c) 苏式彩画的图框、分段

图 8-17　古建筑彩画在构图上的区别和基本框架

根据内容不同可分为金龙和玺彩画、龙凤和玺彩画、龙草和玺彩画。

(1) 金龙和玺彩画　金龙和玺彩画是和玺彩画中的最高等级，所有线条均为沥粉贴金。梁枋大木中的枋心、找头、盒子及平板枋、垫板、柱头等构件全部绘龙纹。彩画界称这种彩画为“金龙和玺”或“五龙和玺”。所谓五龙和玺是指大额枋为龙，柱头为龙，檩子为龙，垫栱板为龙，平板枋为龙，龙的数量按建筑总体面宽而定，做龙时宜从两端向明间中心部位对跑，彩画灶火门宜为沥粉贴金的图案，额垫板各间宜分别做龙纹，且应左右对称。找头部位也可画西番莲或灵芝。现将它的主要图案分述如下（图 8-18）。

(a) 金龙和玺

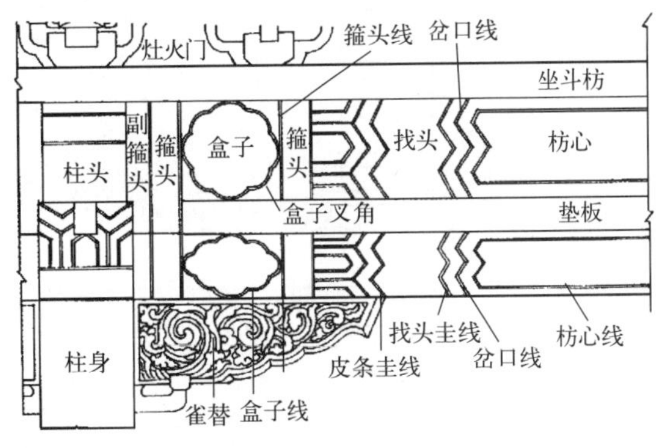

(b) 起谱图

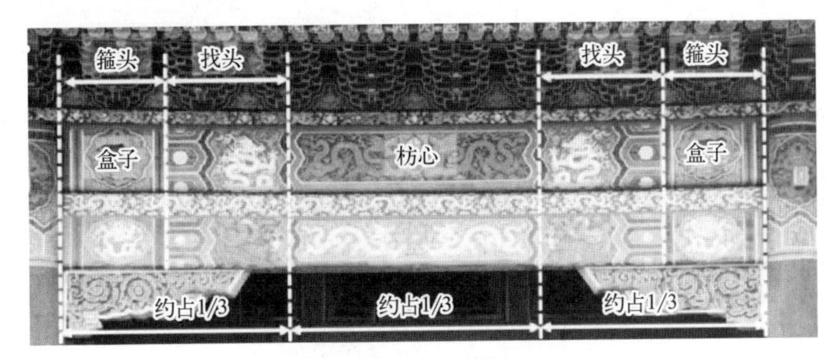

(c) 和玺彩画部位及名称

图 8-18 金龙和玺彩画图案

① 额枋内的图案。在大小额枋的枋心内，一般均画二龙戏珠（图 8-19），即两条龙中间画宝珠，在龙和宝珠的四周还加以火带图案，彩画称火焰。在枋心之中，龙的躯干、四肢之间还加有“云”图案，多为彩云与金云。彩云多为金琢墨五彩云。云的色彩可有两种或三种组合不限，但不能与枋底色相同，如枋心为绿色，云则为青、红、紫等色，而不能有绿云。金云为片金云，与彩云相比体量较小。当大额枋为青地者，则小额枋为绿地，两者应相间使用。

图 8-19 二龙戏珠

② 找头内的图案。当找头距离较长时应画升降二龙，上下找头的色地为青、绿相间；当距离较短时则青地画升龙，绿地画降龙，上下相间调换使用，将龙画在找头内，如图 8-20 所示。

③ 盒子箍头内的图案。盒子部分多画坐龙，又称团龙，一个盒子里面画一条［图 8-21(a)］。盒子内坐龙的云，在同一个建筑中，表现方法同枋心，即枋心为五彩云，则盒子也加五彩云，枋心为片金云，盒子内的云也为片金云。设计中，两端盒子中的坐龙尾部均必须朝向枋心（但是为了避免上下相邻盒子龙的姿态相同，也为了避免与找头的龙姿态相同，也有在绿色盒子内画升龙的设计）。盒子两边的箍头内画贯套（一般称它为活箍头），如图 8-21(b) 所示。盒子色地为青、绿两色相间。

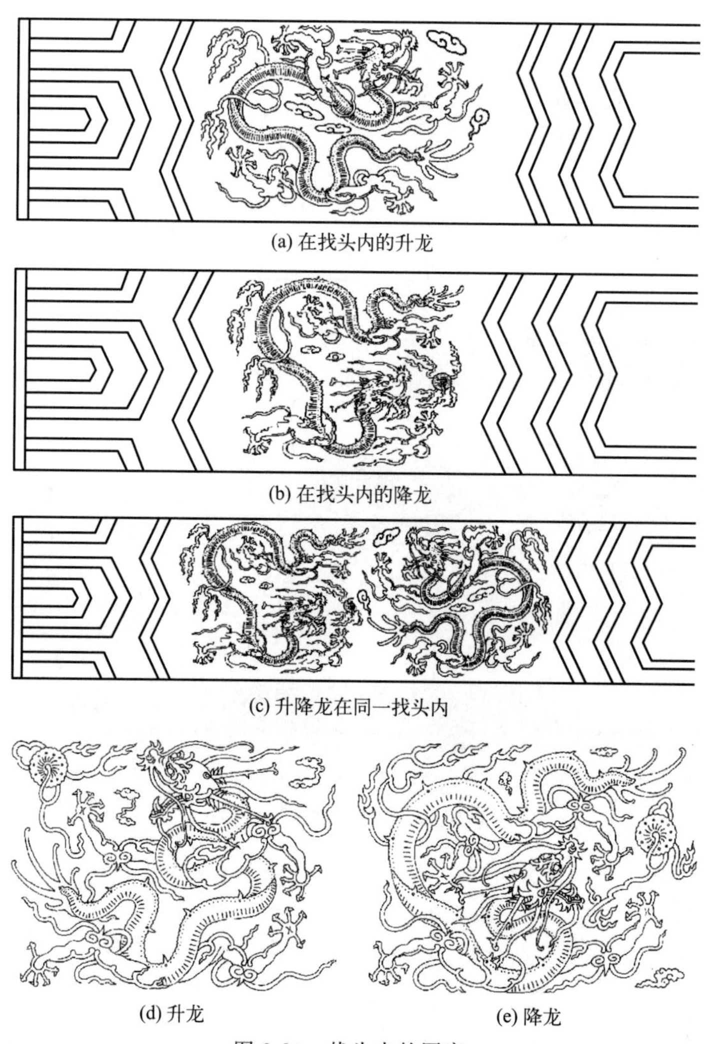

(a) 在找头内的升龙

(b) 在找头内的降龙

(c) 升降龙在同一找头内

(d) 升龙　　(e) 降龙

图 8-20　找头内的图案

(a) 盒子内的坐龙

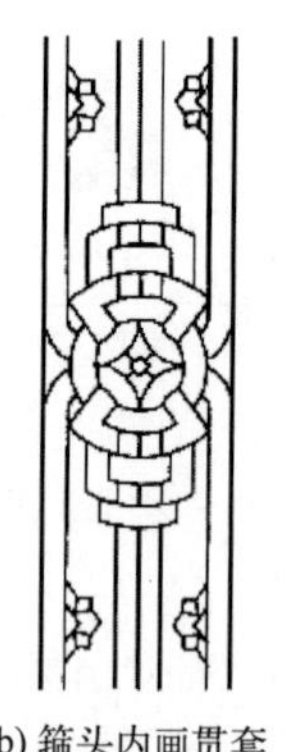

(b) 箍头内画贯套

图 8-21　盒子箍头内图案

④ 额垫板、平板枋、挑檐枋的图案。额垫板画各种姿态行龙，也可画龙凤相间，色地为朱红地。平板枋一律画行龙，由于平板枋外观在一座建筑的一面看是连通的，所以在画行龙时可以不分间，由中间向两端画，使所有的龙头都朝向中间，每个龙头前面宝珠，中间对着的龙共有一个宝珠，平板枋上的龙多不加云，但根据情况，可以全部用画云的设计，挑檐枋一般多画片金流云或工王云，如图 8-22 所示。

(2) 龙凤和玺彩画　龙凤和玺彩画是仅次于金龙和玺彩画的一个等级，它是以金龙、金凤相间，或金龙、金凤结合为主要图案的以龙纹、凤纹相匹配组合的一种和玺彩画，“三停线”规则构图，设箍头、找头、枋心、凡枋心、岔口线、皮条线、圭线光等造型，均采用折形斜线。龙凤和玺彩画应根据色彩确定各部位的纹饰，宜采用蓝（青）色画龙、绿色画

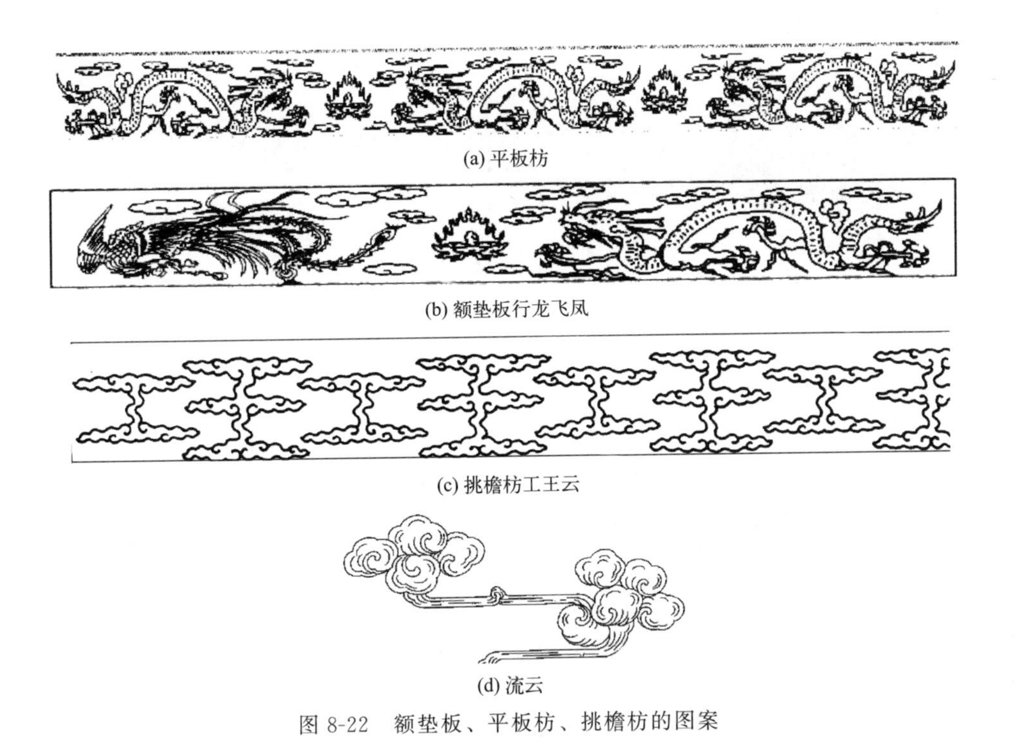

(a) 平板枋

(b) 额垫板行龙飞凤

(c) 挑檐枋工王云

(d) 流云

图 8-22　额垫板、平板枋、挑檐枋的图案

凤。在同一构件中，大额枋心画龙，小额枋心画凤。龙凤和玺彩画也可不考虑色彩的变化，只按间、按部位确定龙凤的位置，在一间各枋心中采用青绿色画龙，在找头均画凤。找头彩画画龙凤时，龙凤有升降之分，升龙升凤宜采用蓝色画在找头内，降龙降凤采用绿色画在找头内。找头彩画也可采用画西番莲和灵芝做法找头、盒子的龙凤安排也同样，青色部分画龙，绿色部分画凤。这样，由于各件、各间之间同一部位的颜色青绿互换，所以也形成龙、凤之间的相应变化，如图 8-23 所示。

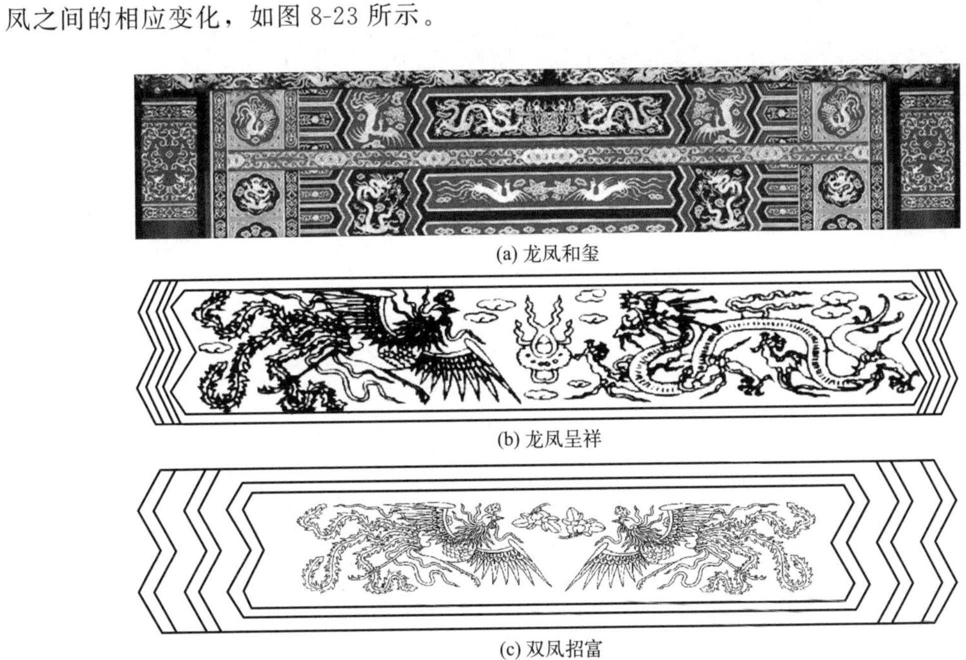

(a) 龙凤和玺

(b) 龙凤呈祥

(c) 双凤招富

图 8-23

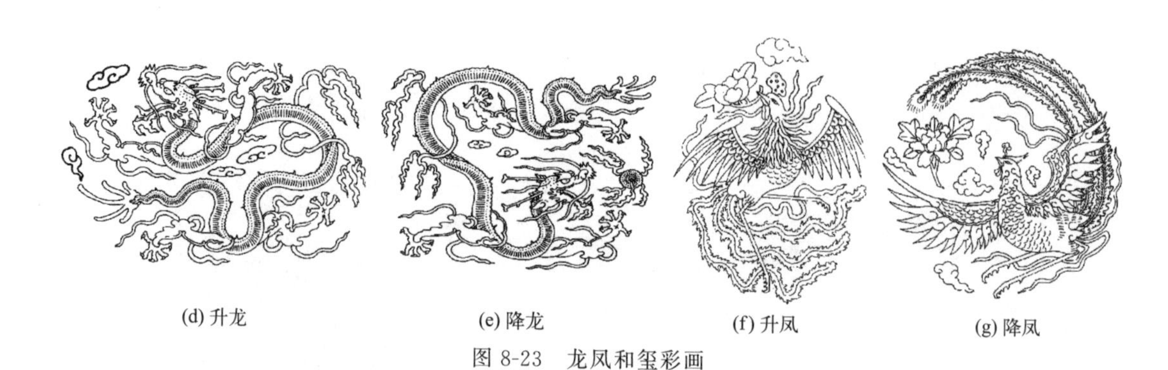

(d) 升龙　(e) 降龙　(f) 升凤　(g) 降凤

图 8-23　龙凤和玺彩画

平板枋和额垫板画一龙一凤，所有线条均为沥粉贴金，如图 8-24 所示。

图 8-24　平板枋和额垫板彩画

(3) 龙草和玺彩画　龙草和玺彩画又次于龙凤和玺一个等级，它的主要构图是：枋心、找头、盒子内，由龙和草相间构图，如当大额枋画二龙戏珠时，则小额枋画“法轮吉祥草”，参见图 8-25。在枋心、找头等部位，凡红色部分，画大草，配以法轮，所以又称法轮或轱辘草。凡绿色部分画龙，龙的周围配片金云或金琢墨五彩云。草进行多层次的退晕。应当说明的是，龙草和玺在较早时期比较复杂，以后逐渐简化。目前，平板枋、额垫板等部位的草图案都比较简单，也常不加图案。

(a) 龙草和玺

(b) 枋心画法轮吉祥草

(c) 盒内的西番莲

(d) 额垫板画轱辘草

图 8-25　龙草和玺彩画

（4）和玺彩画的箍头与岔角

① 和玺彩画的箍头有素箍头与活箍头之分。素箍头又称死箍头。活箍头又分为贯套箍头与片金箍头两种。贯套箍头内画贯套图案，贯套图案为多条不同色彩的带子编结成一定格式的花纹，增加和玺彩画的效果。贯套箍头又有软硬之分，软贯套箍头（图 8-26）为曲线图案画成，硬贯套箍头（图 8-27）为直线画成。

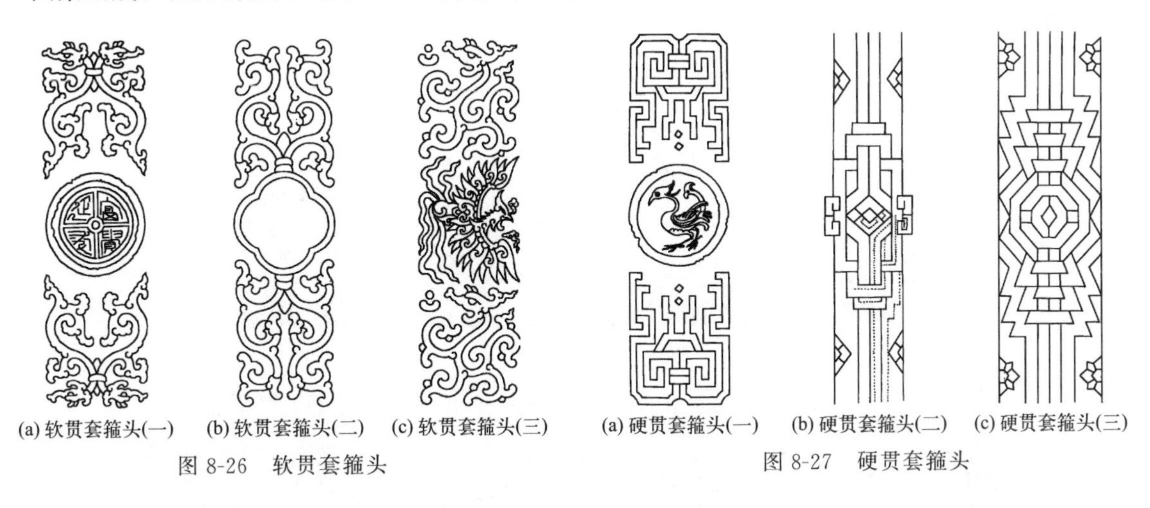

(a) 软贯套箍头(一) (b) 软贯套箍头(二) (c) 软贯套箍头(三)

图 8-26 软贯套箍头

(a) 硬贯套箍头(一) (b) 硬贯套箍头(二) (c) 硬贯套箍头(三)

图 8-27 硬贯套箍头

② 岔角（图 8-28）为活盒子（软盒子）外的 4 个呈三角形的角。一种画岔角云，云多为金琢墨画法，与枋心五彩云相同；一种画切活，切活图案如果用于青色岔角则画草，用于绿色岔角则画水牙。

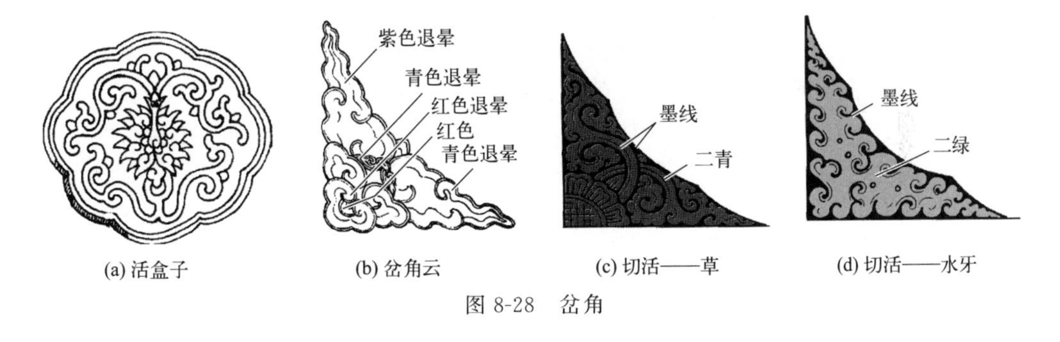

(a) 活盒子 (b) 岔角云 (c) 切活——草 (d) 切活——水牙

图 8-28 岔角

2. 旋子彩画

元代已出现“旋子彩画”，旋子彩画，又称学子、蜈蚣圈，是中国古建筑上彩画风格的一种，在等级上仅次于和玺彩画，可广泛见于宫廷、公卿府邸。旋子彩画即指带有旋转纹路的彩画，因找头绘有旋转形的旋花图案而得名。此图案称为“旋花”或“旋子”。旋子彩画可以根据不同要求做得很华贵或很素雅，这种彩画用途极广，在宫殿以下的官署、庙宇和寺庙的主、配殿以及牌楼和园林中采用。按在旋子彩画中各部位用金的多少可分为八种画法，即金琢墨石碾玉、烟琢墨石碾玉、金线大点金、墨线大点金、金线小点金、墨线小点金，以及完全不用金的雅伍墨、雄黄玉。

明、清时期旋子彩画已完全成熟，规制也基本定型，找头及箍头长的总和为梁长的 1/4，枋心为梁全长的 1/3，成为最主要的彩画形制之一。

旋子彩画主要绘制于建筑的梁和枋上。色调主要是黄色（雄黄玉）和青绿色（石碾玉）；线条用金线和墨线勾勒；旋子花心用金色填充。按照用金的多少可以分为金琢墨石碾玉（金线雄黄玉)、烟琢墨石碾玉（墨线雄黄玉)、金线大点金、墨线大点金、墨线小点金、雅伍墨六个等级，贴金多的等级高，贴金少的等级低。另外还有一种浑金的。雅伍墨是最低的一种，不点金，只用青、绿、丹、黑、白五色，线条轮廓都用墨线勾勒。

绘制在梁和枋上的彩画的画面通常分为三段，中间是枋心、两边是找头或找头和箍头，可参见前面的介绍。

从次要殿堂、宫门到群体建筑两边房屋，都用旋子彩画，分若干种。上下两层枋心，枋心画一龙纹一凤纹的称为“龙凤枋心旋子彩画”；画一龙纹一锦纹的称为“龙锦枋心”；只画一道墨线的称为“一字枋心”；什么都不画的称为“空枋心”（图 8-29)。

(a) 龙凤枋心旋子彩画

(b) 龙锦枋心(大点金)　(c) 一字枋心(一统天下)　(d) 空枋心(无字真言)

图 8-29　部分彩画样式

旋子彩画有以下几个明显的特点。

固定找头旋花：在找头内一律画旋转形的花纹，一般简称为“旋子”或“旋花”。旋子中有几个特定部位的名称，如旋眼、菱角地、宝剑头、栀花。

三停线：三停线为“∑”形，在枋心与找头之间、找头与箍头之间有明显的“∑”形分界线。

死箍头：旋子彩画的箍头，均不画图案，称为“死箍头”，设色为青地和绿地相间。

旋子花：旋子彩画的找头花纹格式为层层圆圈组成的图案，每层圆圈之中又有若干花瓣称旋子或旋花。旋子每层（又称每路）瓣的大小不同，最外一层花瓣最大，称一路瓣。整周的旋花瓣对称，由中线向两侧翻，每侧数量不等，有四个、五个、六个，大多为五个，六个以上较少。由于数量对称，整周旋花瓣为双数，即八个、十个、十二个。一路瓣之内分别为二路瓣和三路瓣，在较大体量的旋子中，有三路瓣，较小旋子则为二路瓣。第二路瓣的数量与一路瓣的数量相等，第三路瓣整周数比第一路少一瓣，为单数，如头路瓣、二路瓣每层为十个瓣，则三路瓣整周为九个瓣，如图 8-30 所示。

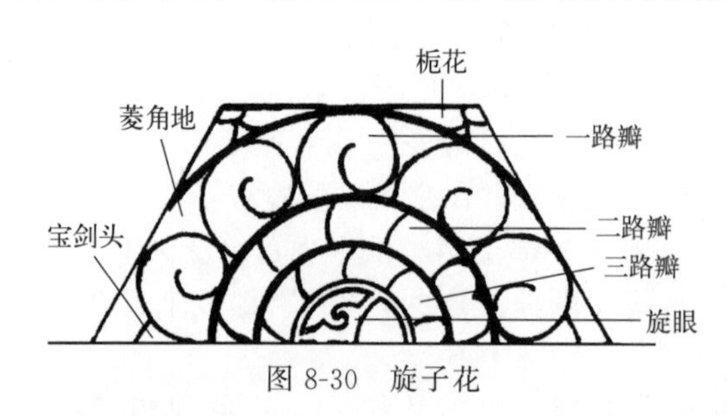

图 8-30　旋子花

旋眼——旋子花的中心有花心，称旋眼。

菱角地——一路各瓣之间形成的三角空地称菱角地。

宝剑头——对称旋花的端头的三角形称宝剑头。

栀花心——在找头中各旋子外圆之间形成的空地所画图案为栀花，栀花也叫栀花心。

旋眼、栀花心、菱角地、宝剑头的特点是区别旋子彩画等级的主要标志。

找头各种旋花组合形式：旋子在找头的构图格式中为一个整圆连接两个半圆为基本模式，彩画中称这种格式为一整两破，找头长短不同，可以一整两破为基础进行变通运用，找头长需增加旋子的内容，找头短用一整两破逐步重叠，最短可形成勾丝咬图形，之后加长分别为喜相逢、一整两破、一整两破加一路、一整四破加金道冠、一整两破加勾丝咬、一整两破加喜相逢、二整四破直至数整破图形。对于特短的构件，其找头也可画栀花或四角各画1个1/4旋子，均为旋子彩画找头的格式（图8-31）。

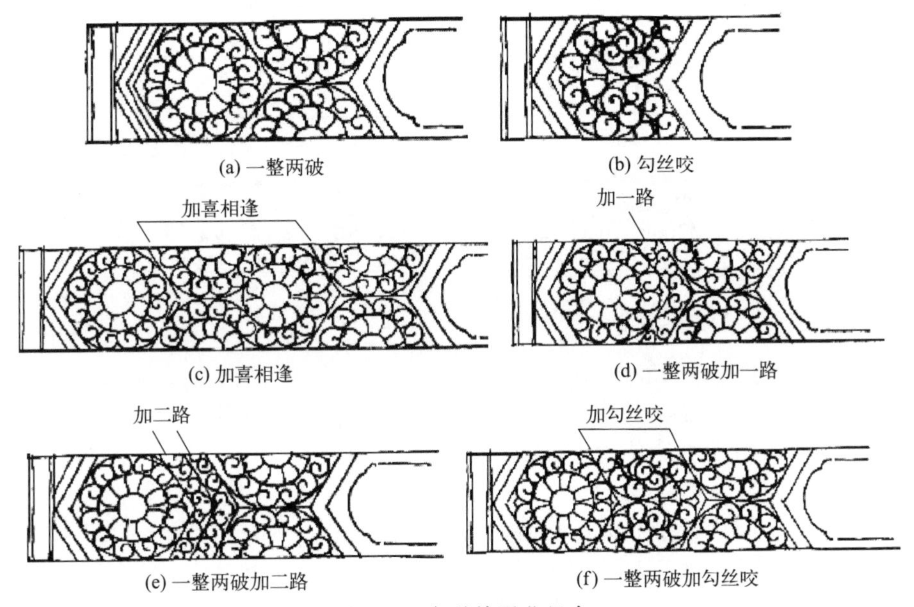

图8-31　各种旋子花组合

旋子彩画部位名称见图8-32。

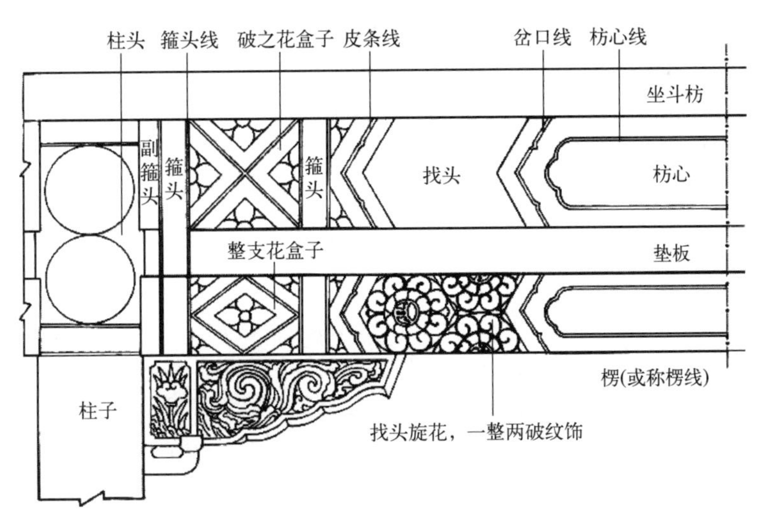

图8-32　旋子彩画部位名称

（1）金琢墨石碾玉　金琢墨石碾玉彩画是旋子彩画中的最高等级。“金琢墨”是指旋子花纹中的各种线条，使用画工很细致的金色线条；“石碾玉”是指将花纹线条做退晕处理

(即由线条金色逐渐退晕到背景色的过渡颜色)。将金色线条做退晕处理者称为“金琢墨石碾玉”。彩画按“三停线”规矩构图，五大线（枋心、岔口线、找头线、盒子、箍头）均沥粉贴金退晕。其中素盒子（即俗称的整盒子）与破盒子的大线也退晕，但活盒子不退晕。当有大小额枋时，应分别画二龙戏珠（或龙纹）和宋锦，龙为青地，锦为绿地，可相互调换。当只有一个额枋时，应优先画龙，均沥粉贴金。素盒子图案如图 8-33 所示。

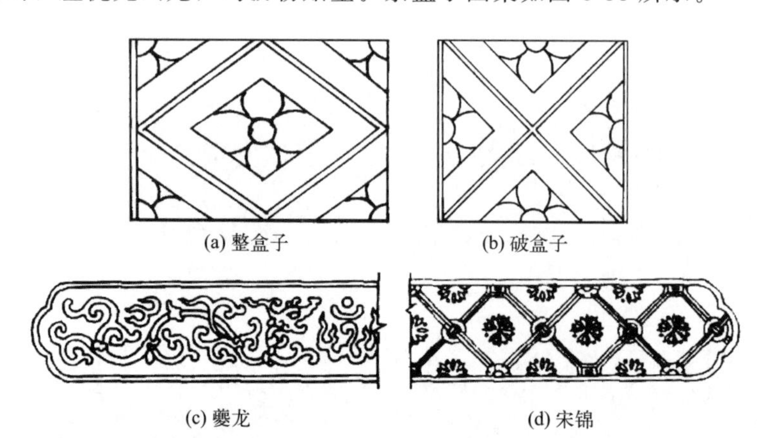

图 8-33　素盒子图案

枋心画龙、凤、西番莲、宋锦、轱辘草等。龙、凤、西番莲多为片金做法；轱辘草多为金琢墨做法。如枋心由龙和宋锦互相调换运用，青地画金龙，配绿棱，绿地改画宋锦配青棱。找头旋子花一路瓣轮廓线，均沥粉贴金退晕；旋眼、栀花心、菱角地、宝剑头也沥粉贴金；各路旋子花每个瓣均退晕；栀花瓣沥粉贴金退晕。

金琢墨石碾玉旋子彩画的盒子多使用活盒子，盒子内画片金团龙、片金凤、片金西番莲或瑞兽，内容基本与枋心保持一致。盒子青地画团龙（凤），绿地画西番莲草等图案，均为片金图案；在枋心与盒子龙（凤）的周围配片金云，盒子的岔角青箍头配二绿岔角，绿箍头配二青岔角，二绿岔角切水牙图案，青岔角切草形图案。

柱头宜绘旋子或栀花图案，盒子绘青色地坐龙，绿地绘西番莲。

平板枋上画龙凤，为一龙一凤的相间排列，也是按总面宽定，由两端向明间中间对跑或对飞。除左右两侧对称外，每边的龙凤数量也成对。向中间对跑时，龙在前，凤在后。或画行龙或飞凤，用片金的做法（金琢墨降幕云也可用，云线沥粉贴金，退晕，为两色组成，其中向上的云头为青色，向下的云头为绿色，云头之内画栀花，退晕方式同旋子，即只栀花瓣退晕，在花心与菱角地、圆珠三处贴金），较多见的是降幕云画法，如图 8-34 所示。

图 8-34　降幕云

额垫板宜画轱辘阴阳草，灶火门宜画三宝珠。

挑檐枋之上，可画流云，也可画工王云，用金琢墨做法，或使用青地素枋。额垫板在各间分别构图，画片金龙、凤或阴阳轱辘草。靠箍头一侧的草为阴草，两阴草之间为阳草，阴阳草互相间隔。旋子彩画表现的柱头部位也画旋子花，做法同枋木旋子做法（以下旋子彩画亦使用此做法）。

金琢墨石碾玉彩画极为辉煌，层次丰富，可与和玺彩画媲美。但由于该彩画用金较多，在排级上又不如和玺，故应用较少，实例不多。

旋子金琢墨石碾玉示意如图 8-35 所示。

图 8-35　旋子金琢墨石碾玉示意

（2）烟琢墨石碾玉　烟琢墨石碾玉（图 8-36）彩画是仅次于金琢墨石碾玉彩画中的一个等级，低于金琢墨石碾玉规格。较早时期这种彩画多见，“烟琢墨”是指旋子花纹线条为墨色，将墨色线条做退晕处理者称为“烟琢墨石碾玉”。现在常见的烟琢墨石碾玉彩画与早期的特点略有差别，但在找头部分的旋子花中，表达方式一样。分“三停线”构图，设箍头、找头、枋心，五大线（即指枋心线、岔角线、皮条线、箍头线、盒子线）仍为沥粉贴金，而其他图纹线条均为墨线，故称为“烟琢墨”。

图 8-36　烟琢墨石碾玉

① 五条大线沥粉贴金退晕（其中，素盒子即俗称的整盒子与破盒子的大线也退晕，但活盒子不退晕）。

② 找头部位的旋子花各圆及各路瓣用墨线画成，一路瓣、二路瓣、三路瓣及栀花瓣均同时加晕，但不贴金，只在旋眼、栀花心、菱角地、宝剑头四处贴金。

③ 枋心由龙和宋锦互相调换运用，青地画金龙，配绿棱，绿地改画宋锦配青棱。

④ 烟琢墨石碾玉彩画用活盒子。盒子内画片金团龙、片金凤、片金西番莲或瑞兽，内容基本与枋心保持一致。盒子青地画坐龙（凤），绿地画西番莲草等图案，均为片金图案；在枋心与盒子龙（凤）的周围配片金云，盒子的岔角青箍头配二绿岔角，绿箍头配二青岔角，二绿岔角切水牙图案，青岔角切草形图案。

⑤ 烟琢墨石碾彩画的平板枋画“降魔云”图案，做法同金琢墨石碾玉，不同的是栀花瓣轮廓线用墨线，并退晕。

⑥ 垫板经常运用轱辘草和小池子半个瓢两种图案，其中轱辘草多用于大式由额垫板，为红地金轱辘、攒退草或片金草。小池子多用于小式垫板之上，也可用于平板枋、挑檐枋之处和由额垫板之上。

⑦ 挑檐枋有流云图案的设计，也有素枋。

⑧ 柱头宜采用上青下绿色画旋子式栀花图案。

（3）金线大点金　金线大点金（图 8-37）是旋子彩画最常用的等级之一，在旋子彩画各等级中属中上，它的退晕、贴金和枋心盒子等部位的内容在设计上均恰到好处，是旋子彩画的代表形式。彩画按“三停线”规矩构图，设箍头、找头、枋心。

“大点金”是指旋眼、花心、尖角等突出部位点成金色，线条不做退晕处理。在此基础上，若将画中五大线做成金色者，称为“金线大点金”。

图 8-37　金线大点金

① 枋心线、箍头线、盒子线、皮条线、岔口线五大线沥粉贴金退晕，其中枋心线、岔口线，每线的一侧加一层晕色；活盒子线不加晕色；素盒子线，即十字相交破盒子线与菱形整盒子线双侧加晕；皮条线双侧加晕。

② 找头外轮廓大线，各层旋子的轮廓线，各个旋子瓣、栀花瓣以及靠箍头的栀花瓣均为墨线，不退晕；在旋眼、栀花心、菱角地、宝剑头四处沥粉贴金。

③ 盒子分活盒子与素盒子。活盒子可用青、绿两色调换，也可用青白两色调换，青盒子内画片金龙（凤），绿盒子内画片金西番莲。白盒子用在绿盒子部位，画瑞兽，这种做法在较早时期多用。素盒子，以栀花盒子为例，靠近青箍头画整盒子，靠近绿箍头的画破盒子。整盒子线内画青色，栀花为绿色，盒子线外与其相反，栀花画青色；破盒子线上下为绿色，破盒子在绿箍头之间使用。在较早时期大点金，烟琢墨石碾玉及金琢墨石碾玉彩画的盒子也有四合云如意盒子与十字别盒子的设计，近似这种整破盒子，后来分别被整栀花盒子与破栀花盒子代替，逐渐简化。栀花花纹不如前者精致，前者图样至今尚有多见。

④ 金线大点金的枋心由龙锦互相调换，同烟琢墨石碾玉形式。

⑤ 金线大点金彩画的垫板上的图案同烟琢墨石碾玉，只用半个瓢，栀花不退晕，在各菱角地和花心处贴金；小池子内多画黑叶子花、片金花纹与攒退花纹；黑叶子花画于二绿池子内；片金花纹画于红池子内；攒退花纹画于二青池子内（也可调换）。

⑥ 大式由额垫板多画轱辘草，两侧的半个轱辘（半个轱辘为阴草，向中间排列依次为阴草阳草，中间轴线上为完整的阳草）为绿色，草多为攒退草或片金作。草由青绿两色组合。

⑦ 平板枋的降魔云图案及色彩同烟琢墨石碾玉，也是云头大线沥粉贴金并认色退晕，但栀花不退晕，栀花的贴金同烟琢墨石碾玉，在花心、菱角地、圆珠三处贴金。

⑧ 挑檐枋边线沥粉贴金，青色有晕，一般不画其他花纹。

⑨ 金线大点金旋子彩画的枋心、找头、盒子等部位，在不同场合亦有不同的设计。

（4）墨线大点金　墨线大点金（图 8-38）也是常用的旋子彩画之一，多用在大式建筑之上，如城楼、配殿、庙宇的主殿以及配房等建筑上。墨线大点金为旋子彩画的中级做法，也是旋子各彩画由高级到低级的一个关键等级，很多明显的不同处理方式均由此等级开始变化，其设计做法如下。

图 8-38　墨线大点金

① 墨线大点金彩画同样按“三停线”规矩构图，设箍头、找头、枋心。除旋眼、花心、尖角等突出部位的线条为沥粉贴金外，其他一律为墨线，包括五大线及旋子花的大小轮廓线，也无一处有晕色，都做成墨色；找头部位处理同金线大点金，在旋眼、栀花心、菱角地、宝剑头四处贴金。

② 墨线大点金的枋心有两种表现方式。一种同金线大点金，枋心之内分别画龙锦，互相调换。另一种枋心内画一根黑色粗线，为一字枋心，俗称“一统天下”。较窄的枋心也可不画“一统天下”，即青色素枋心，称“普照乾坤”（图 8-39）。

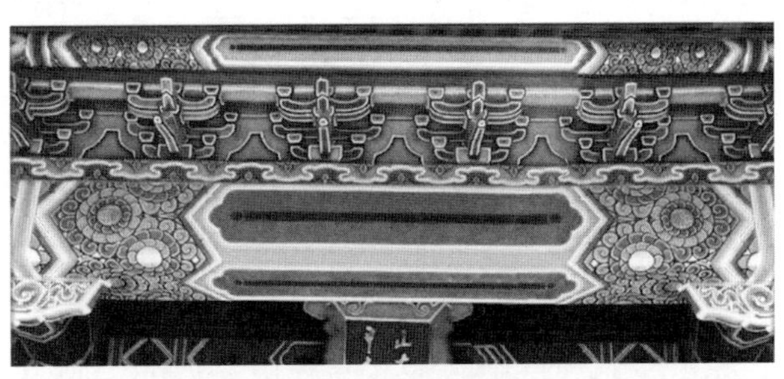

(a) 一字枋心(一统天下)

(b) 青色素枋心(普照乾坤)

图 8-39 墨线大点金的枋心有两种表现方式

墨线大点金如果枋心不贴金，其他部位贴金量又都较小，且分散，再加上没有晕色，所以整组彩画金与青绿底色的差别非常明显，如同繁星闪烁，使得彩画在宁静素雅之中又见活泼，是运用较为广泛的彩画形式。

③ 墨线大点金多用素盒子，盒子内的退晕、用金方式同找头。

④ 平板枋上画降魔云。云头线为墨线，不贴金、不退晕；栀花贴金同金线大点金，也是在花心、菱角地、圆珠三处贴金。

⑤ 小式垫板画小池子半个瓢图案，图案中无金线，只在菱角地、花心两处贴金（包括宝剑头）。大式的由额垫板有两种画法：一种画小池子半个瓢；另一种为素垫板，只涂红油漆，不画任何图案。红色垫板把大小额枋截然分开，称腰带红或腰断红。

（5）金线小点金　金线小点金彩画是金线大点金彩画的简化，在金线大点金做法基础上，减掉菱角地、宝剑头两处贴金，只保留旋眼和花心点金，其他同大点金。各大线沥粉贴金加晕，枋心内画龙锦，找头部分旋花为墨线不加晕。

（6）墨线小点金　这是用金最少的旋子彩画，多用在小式建筑上，做法如下。

① 所有线条均不沥粉贴金，枋心之中也不贴金，只在找头的旋眼与栀花心两处贴金，其他部位如盒子，也只在栀花心处贴金。整个彩画不加晕色。

② 墨线小点金的枋心有两种安排方式。一种画夔龙与黑叶子花，夔龙画在樟丹色枋心之上，构件的箍头为绿色；黑叶子花画在青箍头的枋心中，枋心为绿色。另一种做一字枋心或素枋心。

③ 垫板画小池子半个瓢，只在两个池子之间的栀花心处贴金。垫板一般三个池子，如果是绿箍头配两个樟丹池子，也画夔龙，一个二青池子画“切活”图案或二绿地画黑叶花等。如果是青箍头则画一个樟丹池子，两个二青或二绿池子。中间池子的颜色要与檐檩枋心的颜色有区别（不能为同一颜色）。

金线小点金与墨线小点金的图案仍与上述大点金相同，如图 8-40 所示。

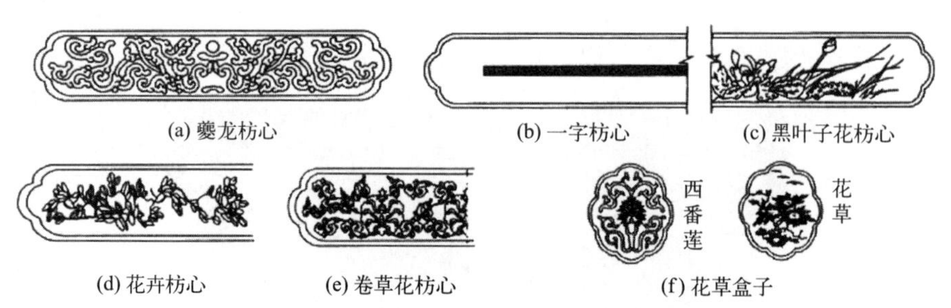

(a) 夔龙枋心　(b) 一字枋心　(c) 黑叶子花枋心

(d) 花卉枋心　(e) 卷草花枋心　(f) 花草盒子

图 8-40　金线、墨线小点金彩画的图案

（7）雅伍墨　这是完全不用金的彩画，也不得使用金龙和宋锦，以墨色和白色相配合。雅伍墨（图 8-41）是最素的旋子彩画，在大小式建筑中均有所见，用于低等的建筑装饰上，做法如下。

图 8-41　雅伍墨

① 所有线条，包括梁枋的所有大线以及各部位细小的旋子、栀花等处的轮廓线均为墨线，均不沥粉，不加晕色，不贴金。整组彩画只有青、绿、黑、白，四色画齐。

② 雅伍墨的大式由额垫板不画图案，为素红油漆。小式垫板池子半个瓢，也不贴金，小式枋心多画夔龙黑叶子花，所以池子同小点金画法。

③ 大式枋心画“一统天下”，或一字枋心与“普照乾坤”互用，其中青枋心为“普照乾坤”，绿枋心为“一统天下”。

④ 平板枋可画不贴金的“降魔云”或不贴金的栀花，也可只涂青色，边缘加黑白线条，称“满天青”。

⑤ 挑檐枋为青地素枋。

（8）雄黄玉　这是完全不用金的彩画（图 8-42），也不得使用金龙和宋锦，以黄色作底色的称为雄黄玉，这也是与雅伍墨彩画的最大区别。雄黄玉是另一种调子的旋子彩画，传统以雄黄为颜料，以防构件虫蛀，所以该彩画多见于库房、藏经阁、书房等建筑，现多用石黄配成雄黄色（石黄比雄黄浅）。其特点分底色与线条两项，色即雄黄色，无论箍头、找头、枋心均用黄色。线条，包括大线与找头的旋子、栀花花纹为浅青、深青和浅绿、深绿退晕画

图 8-42　雄黄玉

成，青绿分色的做法与旋子彩画相同，但调子和退晕层次区别于一般旋子彩画，所以在旋子彩画类中可不列为第八种。

（9）浑金旋子彩画　彩画按“分三停”规矩构图，设箍头、找头、枋心；梁枋大木枋心内宜画龙纹或一字枋心，盒子内宜画龙纹、西番莲、锦纹图案、异兽，柱头宜画旋子图案，平板枋宜画降魔云，压斗枋宜画栀花；主体框架大线、旋花轮廓线、栀花轮廓线、旋花、栀花心、宝剑头枋心纹饰、盒子纹饰、箍头纹饰等均采用沥粉贴金，且基底为金色。

3. 苏式彩画

苏式彩画一般用于园林建筑和民居，因起源于苏州故名，是以江南苏浙一带所喜爱的风景人物为题材的民间彩画，苏式彩画以轻松活泼、取材自由、色调清雅、贴近生活而独具一格，颐和园中的长廊，应是苏式彩画的样板画廊。与和玺彩画、旋子彩画的不同主要在于苏式彩画将木构架中的檩、垫、枋中心部分围合成一个半圆形，称为“包袱”，在包袱内画人物花卉、鸟兽鱼虫、亭台楼阁、山水风景等，主题内容丰富多彩，包袱两侧多画锦纹、万字、夔纹等，图案多样，变化灵活。苏式彩画依贴金量多少分有：金琢墨苏式彩画、金线苏式彩画、黄线苏式彩画等。但苏式彩画一般按构图形式进行划分，分为：包袱式彩画、枋心式彩画、海墁式彩画（海墁苏画是古代建筑装饰艺术之一，属于没有枋心和包袱的彩画，在梁、枋的箍头或卡子之间通画一些简单的花纹，海墁苏画是较低等级的彩画，多用于建筑的次要部位）。苏式彩画及各部位名称见图 8-43。

（1）包袱式苏画　包袱式苏画是将额、垫、枋，或檩、垫、枋三者作为一个大面积进行构图，用圆弧形的包袱线，作为枋心与找头的分界线，然后分别在包袱和找头内各自构图。

① 包袱。苏式彩画的构图有多种，将梁、枋横向分为三个主要段落的构图就是其中一种。但最有代表性的构图是将檩、垫、枋（小式结构）三件连起来的构图，主要特征为中间有一个半圆形的部分，称“包袱”。包袱内画各种画题，由于绘画时需将包袱涂成白色，所

(a) 包袱式苏画

(b) 枋心式苏画

图 8-43

(c) 海墁式彩画

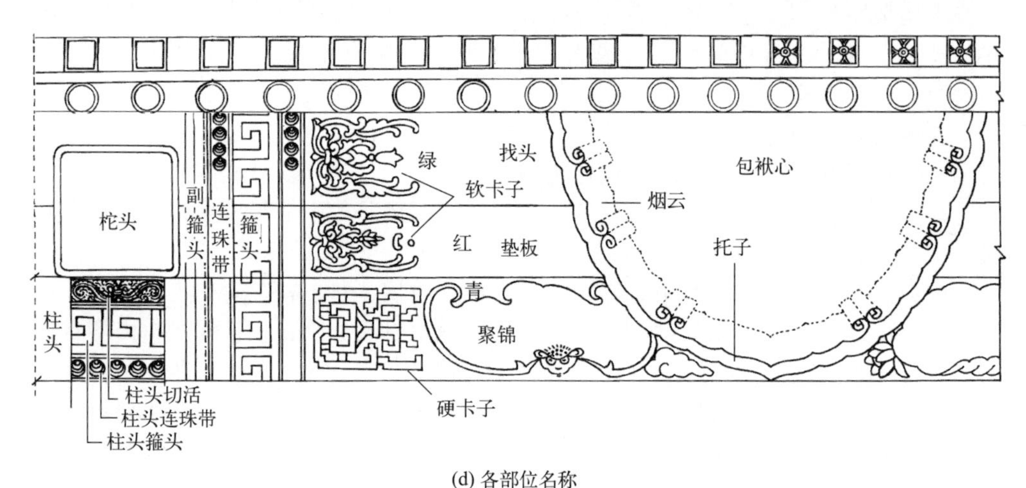

(d) 各部位名称

图 8-43　苏式彩画及各部位名称

以行业中又称这部分为“白活”。

② 烟云、托子。包袱的轮廓线称“包袱线”，由两条相顺、有一定距离的线画成，每条线均向里退晕，其里边的退晕部分称“烟云”，外层称“托子”，有时将这两部分统称烟云。烟云有软硬之分，由弧线画成的烟云称“软烟云”，由直线画成的烟云称“硬烟云”［图 8-44 (a)、(b)］；软硬烟云里的卷筒部分称“烟云筒”，另外烟云也可设计成其他式样的退晕图样，这样更富于变化。

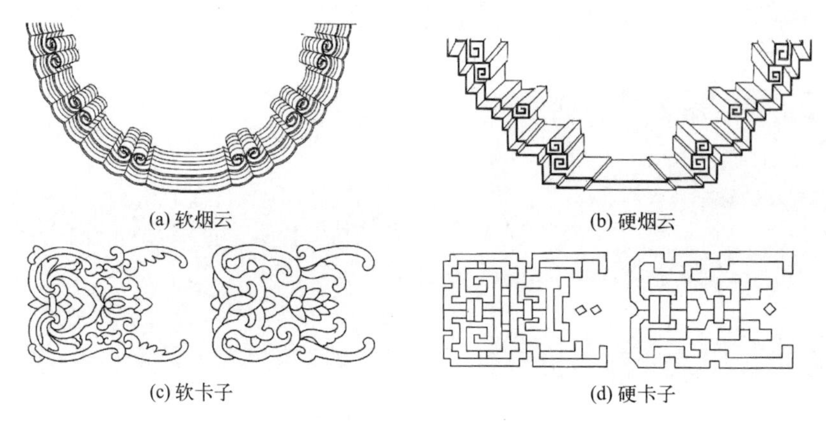

(a) 软烟云　(b) 硬烟云

(c) 软卡子　(d) 硬卡子

图 8-44　烟云、卡子

③ 卡子。苏式彩画的构图又常在包袱箍头之间有一个重要图案，靠近箍头称“卡子”，卡子也分软卡子和硬卡子，如图 8-44(c)、(d) 所示，分别由弧线与直线画成。

④ 池子、聚锦、找头花、连珠带。在卡子与包袱之间，靠近包袱的垫板上的绘画部位称“池子”，池子轮廓的退晕部分也称烟云。在枋子靠近包袱的部分，有一个小体量的绘画部位，形状不定，称“聚锦”；与聚锦对应的部分（如下枋为聚锦，则指檐檩的该部位）最普通的画题是画花，称“找头花”；箍头两侧的窄条部分称“连珠带”（不一定都画连珠），如图 8-45 所示。

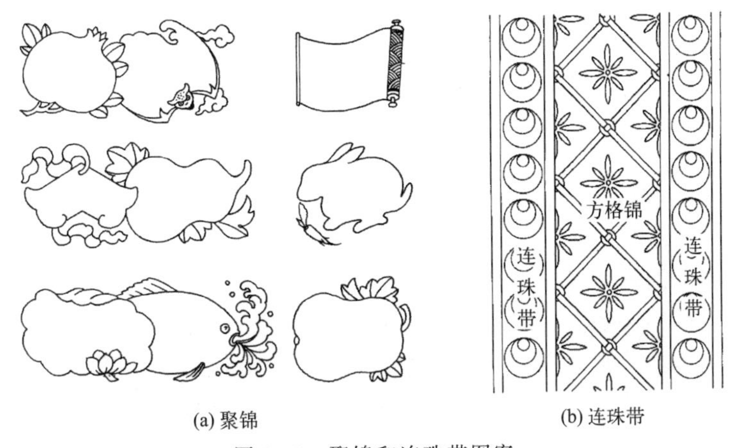

(a) 聚锦　　(b) 连珠带

图 8-45　聚锦和连珠带图案

⑤ 箍头色彩与纹样。箍头中常用的图案有回纹、万字、汉瓦、卡子、寿字、锁链、“工正王出”等。箍头也是以青绿两色为主，互相调整运用，但里面的内容变化较大，有时甚至改变其色彩，其中垫板与檩部色彩相同，下枋子箍头为另一色。箍头两侧的连珠带分黑色和白色两种，黑色上边画连珠；白色上边画方格锦（灯笼锦），又称“锦上添花”。青箍头配香色连珠带或香色方格锦，或配绿色方格锦；绿箍头配紫色连珠，紫方格锦，或配青色方格锦。

⑥ 找头、卡子、聚锦、池子、找头花。檩构件如果是青箍头，则为绿找头，配软卡子，剩余部位画黑叶子花（找头花）或瑞兽、祥禽。绿找头的两侧画题对称，包袱左侧的找头如果画黑叶子花，则右侧也画黑叶子花；左侧画祥禽瑞兽，右侧也画祥禽瑞兽。枋构件如果为绿箍头，则找头为青色，配硬卡子，靠包袱配聚锦。

其中卡子的色彩配青色找头，为青色或绿色以及青色、绿色、红色等色组合，绿色部位的卡子为紫色或青色或红、青、紫等色组合。垫板无论箍头是青还是绿，均为红色，固定配软卡子，画在红地之上。

聚锦的画题同包袱，色彩除白色外，尚有各种浅色，如蛋青、旧纸（新纸做旧的颜色，赭石色加点熟褐）、四绿（四绿是淡粉绿色，都是国画颜料中的颜色）等色。包袱两侧的聚锦内容多不相同，如左边的聚锦画山水，右边的则可画花卉，画题不对称。而池子两侧的画题则对称，一般多画会鱼。聚锦与池子也可称“白活”，因画法相同。

⑦ 掐箍头。在梁、枋的两端画箍头，两箍头之间不画彩画而涂红色，现多为氧化铁红油漆，这种做法称掐箍头。掐箍头的彩画包括箍头、副箍头、柁头、柁头帮、柱头。由于掐箍头、彩画部位少，所以选择做法要适当，一般按黄线苏画内容而定，也可略高些，甚至有时可在箍头线处贴金。箍头心内画阴阳万字或回纹，柁头多画博古，柁头帮画竹叶梅或藤萝等，柁头底色为香色、紫、石山青等不限。掐箍头是苏画中最简化的画法。

⑧ 掐箍头搭包袱。在掐箍头的基础上，中间部位加包袱，包袱两侧至箍头之间仍然涂以较大面积的红油漆，这种彩画既包括图案，又包括包袱内的绘画两部分内容，构图较充实，形式较掐箍头灵活。箍头心内多画阴阳回纹或万字，柁头同金线苏画内容，多画博古，柁头帮画藤萝或竹叶梅，底色为香色或石山青。包袱是该彩画唯一重要的部位，由于旁边没有其他图案陪衬，故十分明显突出，所选内容与画题应相对考究，如果该类彩画用于游廊，众多的画面中，至少应三种画题穿插运用，如用山水、花鸟、走兽三种画题，或山水、人物、花鸟三种画题穿插运用。多者不限。包袱线退晕层次多为5层，不宜过多，包袱线与柁头边框线，可贴金也可做黄色，依据要求的高低而定。

⑨ 柱头。柱头部分的箍头内容同大木，宽窄也一致，色彩按做法定，但在箍头的上部多加一窄条朱红（樟丹）色带，上面用黑线画较简单的花纹（切活）。

⑩ 檩、垫、枋。檩、垫、枋单体构图的排色基本同旋子彩画，只是较简化，细部段落较少，最后成为青箍头、绿找头、青棱的排列格式。枋心画白活，找头部分青找头配硬卡，绿找头配软卡子。卡子与枋心之间的内容同上，也是青找头配聚锦，绿找头配黑叶子花或其他画题。

苏式彩画在固定的格式下，也可以分成高级、中级和较简化的种类，主要是指用金多少、用金方式、退晕层次和内容的选择等，形成华丽、繁简程度不同的装饰，这些多见于细部。一般可分为金琢墨苏画、金线苏画、黄线苏画、海墁苏画等。另外，取苏式彩画的某一部分又可变成极简单的装饰方案，如掐箍头彩画或掐箍头搭包袱彩画，即提取箍头部分的图案或同时提取箍头与包袱两部分，均属苏式彩画范围。

（2）金琢墨苏画　金琢墨苏画是各种苏式彩画中最华丽的一种，主要特征为贴金部位多，色彩丰富，图案精致，退晕层次多。各具体部位做法如下。

① 箍头为金线。箍头心的图案均为贴金花纹，如金琢墨花纹或片金加金琢墨花纹，常用图案有倒里回纹、倒里万字、汉瓦卡子等。

② 包袱线沥粉贴金。包袱中的画题不限，但表现形式往往较其他等级的苏画略高一筹，比如一般包袱中画山水，同普通绘画。金琢墨苏画包袱的山水却有以金作衬底（背景）的例子，称窝金地，当然不是普遍运用，只在突出位置上表现，如用在主要建筑的明间包袱中。

③ 烟云有软硬之分，相间调换运用，其中明间用硬烟云，次间用软烟云。烟云的退晕层次为七至九层，托子的退晕层次为三至五层，多为单数。烟云与托子的色彩搭配做法为青烟云配香色托子；紫烟云配绿色托子；黑烟云配红色托子。烟云筒的数量每组多为三个，个别处也可为两个。

④ 卡子为金琢墨卡子或金琢墨加片金两种做法组合图案。由于花纹退晕层次较多，故卡子纹路的造型应相应加宽，但要仍能使底色有一定宽度，以使色彩鲜明，画题突出。

⑤ 找头花部位，但金琢墨苏画很少在绿找头上画找头花，因找头花效果单调，所以金琢墨苏画多在这个部位画活泼生动的各种祥禽瑞兽和其他设计。兽的种类与形态不拘。祥禽以仙鹤为主，配以灵芝、竹叶水仙、寿桃等，名为“灵仙祝（竹）寿”。

⑥ 聚锦。画题同包袱，但变化的聚锦轮廓（聚锦壳）周围的装饰相应精致，式样多变，为金琢墨做法。聚锦壳沥粉贴金。

⑦ 柁头边框沥粉贴金多画博古，三色格子内常做锦地，外边常加罩子，显得工整精细。柁头帮多石山青色，画灵仙竹寿或方格锦配汉瓦等图案。在柁头上也有画建筑风景的（线法画，这里的线是一种形式，一种名称的总称，不是简单的画线），但因柁头体量小，画线法效果不协调。

⑧ 池子内画金鱼。烟云也退晕。轮廓线沥粉贴金。

（3）金线苏画　金线苏画为最常用的苏式彩画，有多种用金方式，目前分为三种：第一，箍头心内为片金图案，找头为片金卡子；第二，箍头心不贴金，找头为金卡子贴金：第三，箍头心内为颜色图案不贴金，找头为颜色卡子也不贴金。但金线苏画的箍头线、包袱线、聚金壳、池子线、柁头边框线均沥粉贴金。各部位的做法如下。

① 箍头大多为贯套箍头，个别情况用素箍头。箍头心内以回纹万字为主，一般不分倒里，以一色退晕而成，仅画出立体效果，称阴阳万字。连珠带画连珠或方格锦，方格锦软硬角均可。

② 包袱内画题不限，多采用一般表现方法，很少有金琢墨苏画的“窝金地”做法。各间包袱内容调换运用，对称开间，即两个次间画题对称。包袱内的山水包括墨山水、洋山水、浅法山水、花鸟等。

③ 烟云一般多为软云，两筒、三筒均可。在重要建筑的主要部位常搭配硬烟云，烟云层次为五至七层，常用的为五层。烟云与托子的配色方法同余琢墨苏画。

④ 卡子分片金卡子与颜色卡子两种，如果箍头心为片金花纹，则卡子为片金卡子；箍头心为颜色花纹，卡子为颜色卡子，也有片金卡子，即卡子做法高于箍头。如果找头是颜色卡子，箍头心必为颜色箍头或素箍头。颜色卡子多为攒退活做法。

⑤ 找头部分画黑叶子花，瑞兽祥禽任取一种，同一座建筑物不得同时用两种画题，现一般多画黑叶子花、牡丹、菊花、月季、水仙等，内容不限。

⑥ 聚锦画题同包袱。聚锦轮廓造型可稍加“念头”（聚锦轮廓的附加花纹），念头做法同金琢墨聚锦。

⑦ 柁头多画博古。在次要部位可画柁头花。博古一般不画锦格子。柁头帮可用石山青色衬底，也可用香色衬底，画藤萝花、竹叶梅。柁头花及竹叶梅多为作染画法。

（4）黄线苏画　各部位轮廓线与花纹线均不沥粉贴金，有时只沥粉但并不贴金而作黄线，即凡金线苏画沥粉贴金的部分，一律改用黄色线条，如箍头线、枋心线、聚锦线均用黄色代替金。由于该种做法较早时期施以墨线，所以又叫墨线苏画，现多用黄线，除用金外，各部位所画内容也多简化，但墨线苏画多做枋心式设计。

① 箍头心内多画回纹或锁链锦等，回纹单色，阴阳五道退晕切角而成，锁链锦简单粗糙而少用，个别部位也可用素箍头，依设计而定。

② 包袱内画题不限，但不画工艺复杂的画题，以普通山水（墨山水或洋山水）、花鸟两种画题最多。

③ 除包袱线不沥粉贴金外，退晕同金线苏画，一般为五层，烟云为软烟云，多为两筒。

④ 卡子色彩单调，绿底色多配红卡子，青底色多配绿卡子或香色卡子，卡子多单加晕，跟头粉攒退。

⑤ 找头部分多画黑叶子花，内容与表达方式同金线苏画。

⑥ 聚锦很少加念头，多直接画一个简单的轮廓，在其中画白活。

⑦ 垫板部分可加池子，也可不加池子。如加池子，里面内容同金线苏画，可不退烟云，为单线池子。不加池子就直接在红垫板上画花，如喇叭花、葫芦叶、葡萄等。

⑧ 柁头可画博古与柁头花，也可只画柁头花，前者博古画在较显要的位置。柁帮可用拆垛画法，画竹叶梅等花纹。

（5）海墁苏画　海墁式彩画是较包袱式彩画更为自由的构图彩画，它除箍头、卡子外，在枋心和找头之间，没有任何分界线和框边，作画的面积更为宽阔，故称为“海墁”。在构图格式上与前几种苏画有很大差别，其特点为：除保留箍头外，其余部分可皆尽省略，不进行构图，两个箍头之间通画一种内容。有时靠箍头保留有卡子图案。箍头多为素箍头，并且不加连珠带。如加卡子，卡子多单加粉。在两个箍头之间的大面积部位所画内容依色彩而定，一般檩枋为两种内容互相调换，即流云与黑叶子花。流云画在青色的部位，箍头为绿箍头；黑叶子花画在绿色的部位，箍头为青箍头。流云较工整，云朵由绿、红、黄等色彩组合。黑叶子花构图灵活，章法不限，一般由中间向两侧分枝。垫板部位红色不进行固定格式的构图，多画青色拆垛法。另外，在用色上两箍头之间的檩枋部位，也可改青、绿色为紫、香色，画题不变，为较低级的表现方法。柁头青色可画拆垛花卉，柁帮香色或紫色画三青竹叶梅，多不作染。

苏式彩画运用比较灵活，上述金琢墨苏画、金线苏画、黄线苏画、海墁苏画，均在构件上满涂颜色，绘制图案和图画，其中前三种格式基本相同，海墁苏画两箍头之间不进行段落划分。各种苏画各个部位常见做法也不固定，划分不十分明显，同一做法常见于两种苏画之上，互相借用。但上述规定借用时只能以低等级的表现方式在适当场合借用高等级的表现方式；而高等级的彩画不能随便移用较低等级的表现方式，如柁头花，黄线苏画为作染画法，较精细，海墁苏画为拆垛画法较简单，海墁苏画可用作染画法，但黄线苏画一般不能用拆垛法。对构件不进行全部构图的做法为掐箍头与掐箍头搭包袱两种。

(6) 和玺加苏画　用和玺彩画的格式（段落划分线），在枋心、找头、盒子等体量较大的部位画苏画的内容，即在其中添上山水、人物、花鸟等画题，所以就没有必要考虑是什么和玺加苏画了。和玺加苏画的大线做法的贴金、退晕、色彩排列均同普通和玺，只有枋心等画画的部位改成白色或其他底色。

(7) 大点金加苏画　处理方法同和玺加苏画，即用大点金彩画的格式，沿用旋子大线、旋花找头、大点金的贴金、退晕做法（包括金线大点金与墨线大点金两种），将其中枋心、盒子中的龙、锦等内容改成山水、人物、花鸟等内容；配色做法按大点金进行，只在绘画部位涂白色，此种彩画可在园林中偶尔会使用，正规的殿宇不采用，否则会与建筑物的功能矛盾，运用时应慎重。在园林中除大点金加苏画外，尚有小点金甚至雅五墨加苏画的例子，均将其枋心、盒子部位涂成白色。但实例很少，效果不如大点金加苏画得体。

因苏式彩画的特殊性和灵活性，在等级高低体现方面，并不是绝对按上述形式排列。和玺加苏画与大点金加苏画为后期出现的彩画形式，亦不可按高低等级排列。

(8) 地方彩画　地方彩画（图 8-46）是根据国内局部地方习俗审美的一种彩画技术。多由苏式、旋子、和玺彩画演变而成。其美观程度与其他彩画效果大致一样，却体现了当地的特色习俗与审美。地方彩画的规矩性模糊，并不与其他彩画的规矩性强。

(a) 昆明地区清代、民国间彩画

(b) 藏族彩画

(c) 东北古建筑传统彩画

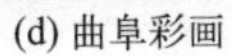

(d) 曲阜彩画

(e) 沈阳故宫彩画

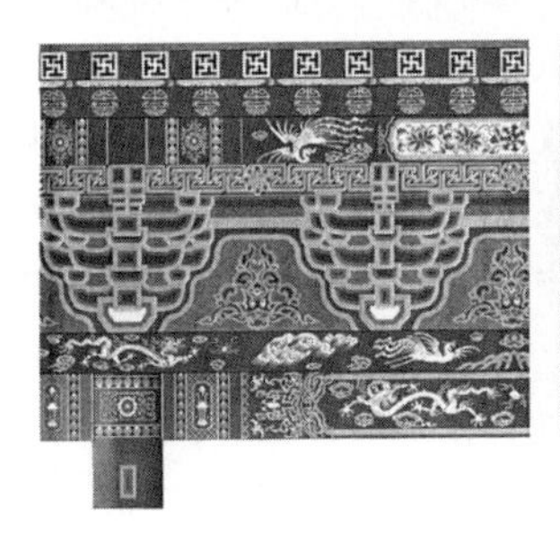

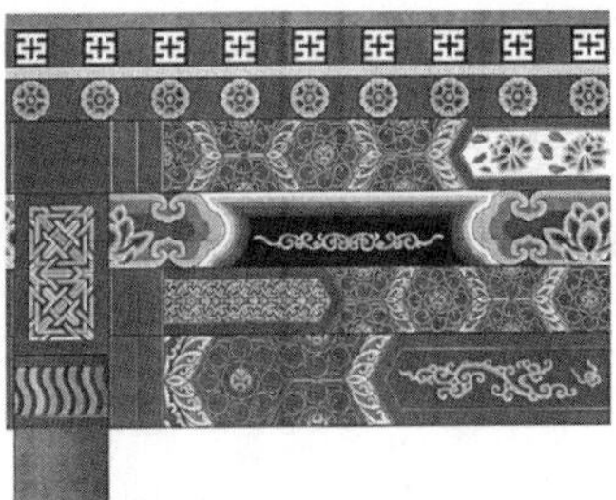

(f) 晋北彩画

(g) 五彩遍装

图 8-46　地方彩画

所谓地方彩画是指具有一定的地方特点，同时具有一定功力与底蕴的彩画。有些地方彩画具有丰富的想象力和高超的表现技巧，具有相当高的艺术水准。“地方彩画”无疑是和“官式彩画”相对而言的，更准确地说是和“京式”彩画相对而言的。此两种彩画既有很深的内在联系（如画题和表现技巧），又有各自的风格品位。地方彩画如果从形式、构图到工艺都模仿“京式”彩画，就无地方而言。官式彩画犹如京剧，地方彩画则犹如川剧、越剧、豫剧、梆子等，它们都抒发着几千年的华夏文明，只是形式与风格不同而已。

4. 斗栱彩画与椽头彩画

(1) 斗栱及其斗栱板的图案　斗栱彩画以青绿色为主，间配红油漆，青绿两色相同，凡柱头科、升、斗一律采用蓝色，栱、翘、昂一律采用绿色，平身科由柱头科向中间采用青绿两色相间，并取其对称；反之调换使用。正身栱眼与外栈横陂棱采用红油漆，垫栱板中部采用红油漆，边框刷绿色。各构件周边做线条，分金线和色线（墨线或黄线）两种，如图 8-47 中所示。

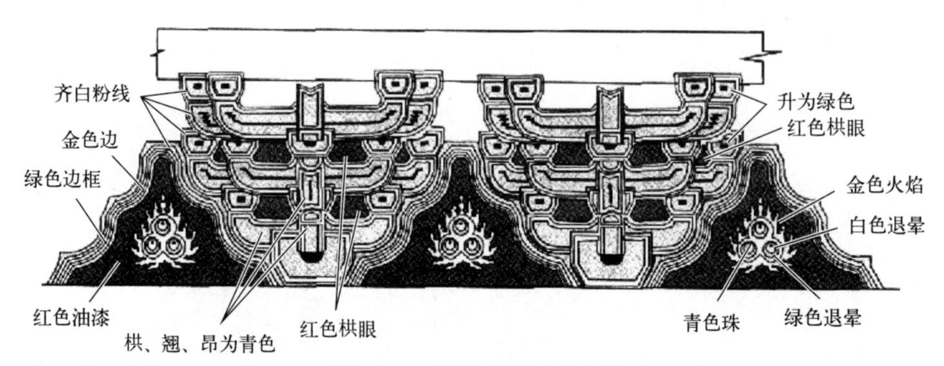

图 8-47　斗栱的设色及图案

金线斗栱与金线大点金以上彩画配合使用，色线斗栱与墨线大点金以下彩画配合使用。金琢墨斗栱彩画、边线沥粉贴金、起晕、齐白粉线，并在底色中部画墨线。金线斗栱彩画，边线贴平金、齐白粉线，不退晕。墨线斗栱彩画，用墨线或黄线勾边，齐白粉，不贴金（斗栱彩画的类型繁多，是根据北方地区实践总结提出来的，在实际的使用中应与当地传统做法相结合，遵守斗栱彩画用色构图的一般规定。同时应注意斗栱的用色，图案应与大木彩画相匹配）。

(2) 斗栱板的设色及图案　斗栱板一般固定为红地，绿色边框，内框线为金线，其他为色线。其图案多为火焰宝珠、坐龙、法轮草等，如图 8-48 所示。边框之内龙、凤、火焰为沥粉贴金，宝珠为颜料彩画也可加色线。

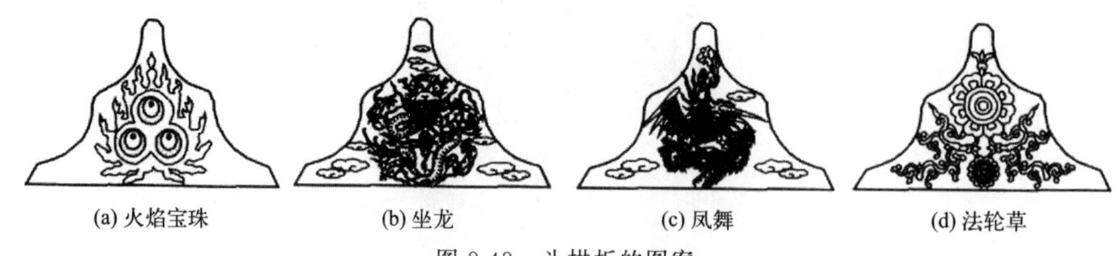

图 8-48　斗栱板的图案

(3) 椽子端头的设色及图案　椽子端头是指直椽的檐口端头和飞椽的檐口端头，简称为檐椽头和飞椽头。图 8-49 中阴影色为油漆，白色为沥粉贴金。应以青、绿色为主要色调；飞椽头的底色为绿色。老椽头应为青色。青、绿色应相间使用，当大木不作彩画只作油饰时，飞椽头应作绿色，老椽头应饰青色；当大木彩画只作卡箍头或卡箍头搭包袱时，飞椽、老椽头都应作彩画；椽头彩画与大木彩画应配合使用。飞椽头与老椽头的搭配使用应按设计要求执行。如设计无明确要求，应按传统做法执行（椽子彩画是建筑彩画不可少的一个组成部分。椽子彩画应与大彩画相配选用）。檐椽头一般为青地，图案多为寿字、龙眼、百花等；飞椽头一般为绿地，图案多为万字、栀花等，如图 8-49 所示。

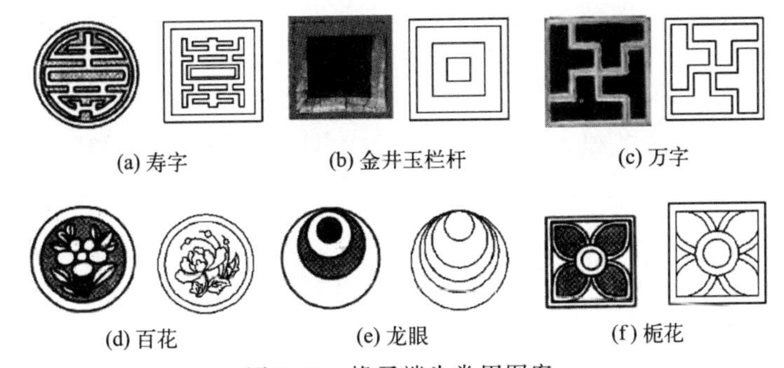

(a) 寿字　(b) 金井玉栏杆　(c) 万字

(d) 百花　(e) 龙眼　(f) 栀花

图 8-49　椽子端头常用图案

5. 天花彩画

天花彩画（图 8-50）分为“软天花”“硬天花”两类，按其画法和图饰内容的不同分为多种，如龙凤天花、坐龙天花、金线天花、金莲水草天花、烟琢墨天花、升降龙天花、团鹤天花、墨线天花等。

（1）软天花做法　应以高丽纸用糨糊粘在墙上。先将纸的上口粘上，满刷矾水一道，再粘纸的两边及下口（中心不粘）；干后，应拍谱子。施作时井口内的图案应与燕尾同时彩画，全部画完后应比好尺寸截齐，再糊天花及燕尾；全部糊好后再刷支条、井口线，最后贴金。

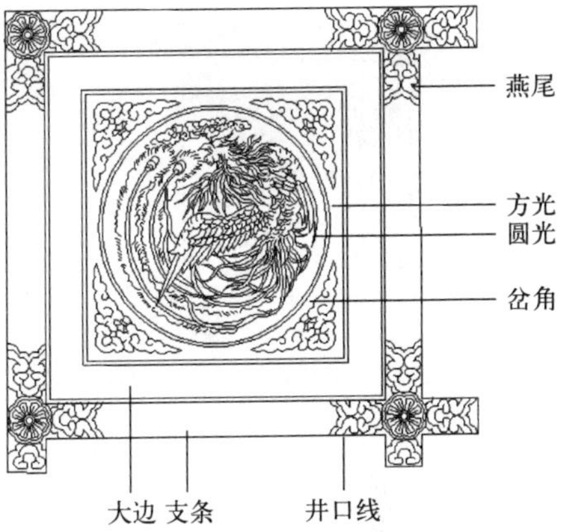

燕尾　方光　圆光　岔角　大边　支条　井口线

图 8-50　天花彩画

（2）硬天花做法　先将天花板摘下，标好号码；正殿应以南为上，东房应以西为上，西房应以东为上；号码字头应向上，以利按位就坐；地仗做好后，应磨生油、过水布、打谱子、沥粉、刷色、包黄胶、打金胶、贴金，全部彩画完再安装到原位置上。其操作程序与大木彩画同。

（3）龙凤天花彩画　应以龙和凤的形象构成天花彩画的主题；龙应画升龙，凤应画降凤；龙凤中间应绘宝珠火焰，成为龙凤戏珠形式。

（4）坐龙天花彩画　应由方鼓子线、岔角、圆鼓子线和圆鼓子龙心构成；支条十字交叉处应绘轱辘燕尾云，凡沥粉均应贴金；天花圆鼓子心内绘坐龙，其龙形应适应圆鼓子的圆形；龙的周围应伴绘云气及宝珠焰。

（5）金线天花彩画　主要线路方鼓子线、圆鼓子线均应沥粉贴金；天花支条的井口线也应沥粉贴金；其他图案应着色处理。

（6）金莲水草天花彩画　内容应以荷花、水草为主构图；花头沥粉贴金，荷叶水草用颜色作染；圆光心内，花草以外地方应用蓝、白色接天地。方圆鼓子线、支条井口线。天花燕尾、轱辘图案均贴库金，其余应为三青底色玉做卡子。凡卡子之间的其他支条面均应刷原绿色。

（7）烟琢墨天花彩画　天花纹饰填饰各种（金箔色除外）颜色；天花外部轮廓线不用其他色，应只用黑色完成天花彩画，是一种低级的天花彩画。

（8）升降龙天花彩画　圆鼓子以内应画两条龙，一条画升龙，一条画降龙；两龙中间应画宝珠火焰，或成二龙戏珠之式；应做沥粉贴金的片金做法。

（9）团鹤天花彩画　应以鹤为主构图。鹤造型应基本呈圆形，适于圆鼓子；圆鼓子空地应绘以灵芝、竹叶、寿桃，寓意“灵仙祝寿”；其他均应以“作染技法”绘完。

（10）墨线天花彩画　天花彩画图案轮廓线应全部用黑色完成；天花图案线均不贴金。

6. 天花板的设色及图案

天花图案分为井口板图案和支条图案。井口线以内的为井口板图案；井口线以外的为支条图案，如图8-51所示。

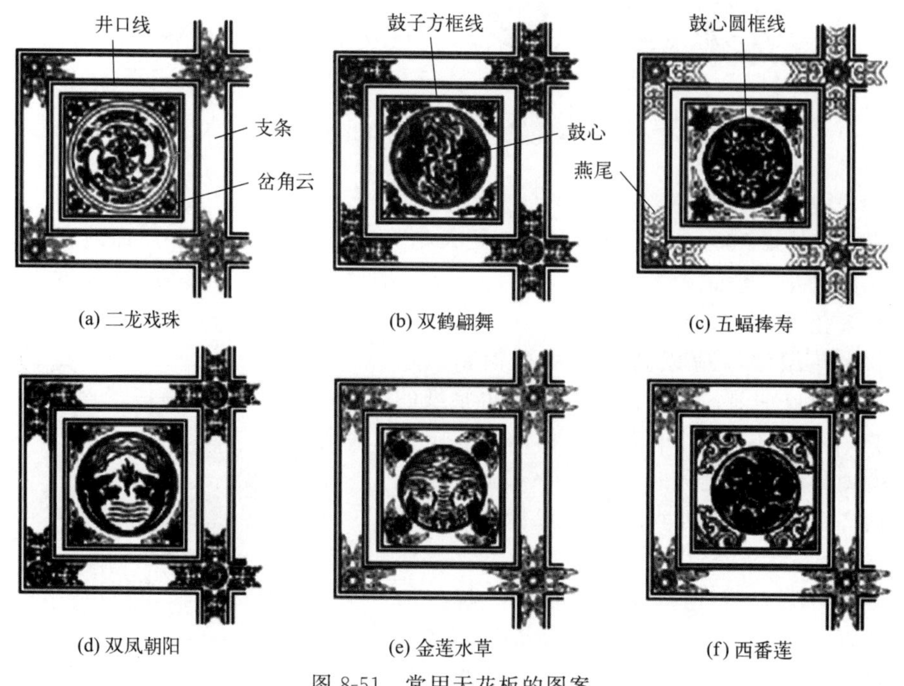

图8-51　常用天花板的图案

（1）井口板传统彩画　井口板的油漆彩画分为鼓子心和岔角云两部分。鼓子心是指井口板的中间部位图案，岔角云是指井口板四角部位的岔角花纹。

井口板的图案一般为方鼓子框线，圆鼓心。常用的圆鼓心图案有：二龙戏珠、双凤朝阳、双鹤翩舞、五蝠捧寿、西番莲、金莲水草等。

井口板的设色，外层方鼓子框线一般为方光，色地为浅绿色；里层圆鼓心框线为圆光，一般为蓝色。

井口板传统彩画分为井口板金琢墨岔角云片金鼓子心彩画；井口板金琢墨岔角云作染鼓子心彩画；井口板烟琢墨岔角云片金鼓子心彩画；井口板烟琢墨岔角云作染及攒退鼓子心彩画；井口板方、圆鼓子心金线彩画等。

① 井口板金琢墨岔角云片金鼓子心彩画，是指井口板的彩画为：金琢墨岔角云、片金鼓子心，即岔角图案和井口线为金琢墨（即很精细的沥粉贴金），鼓子内图案和鼓子框线为片金（即所有线条为沥粉贴金），其图案多为双龙、双凤。

② 井口板金琢墨岔角云作染鼓子心彩画，是指井口板的彩画为：金琢墨岔角云、作染鼓子心。其中作染鼓子心是指鼓子内图案的轮廓线为较细的沥粉贴金，细金线之内染成花草所具有的颜色，其图案多为团鹤、花草。

③ 井口板烟琢墨岔角云片金鼓子心彩画，是指岔角图案和井口线为烟琢墨（即很精细的墨线），鼓子内图案和鼓子框线为片金（即所有线条为沥粉贴金）。

④ 井口板烟琢墨岔角云作染及攒退鼓子心彩画，是指岔角图案和井口线为烟琢墨（即

很精细的墨线），鼓子内图案轮廓线为较细的沥粉贴金，细金线之内为彩色并齐白粉退晕。

⑤ 井口板方、圆鼓子心金线彩画，是指方、圆鼓子框线和鼓子心图案轮廓线为金线，其他线条为色线。

(2) 支条传统彩画　支条彩画依其位置分为燕尾图案和支条井口线。支条的传统彩画分为：支条金琢墨燕尾彩画、支条烟琢墨燕尾彩画、不贴金的支条燕尾彩画、刷支条井口线贴金、刷支条拉色井口线、天花新式金琢墨彩画等。

① 支条金琢墨燕尾彩画，是指支条燕尾图案线为金琢墨线（即沥粉贴金的线条），其他为色漆。

② 支条烟琢墨燕尾彩画，是指支条燕尾图案线为烟琢墨线（即边轮廓为很细金线），其他线条为墨色线。

③ 不贴金的支条燕尾彩画，是指支条和燕尾图案线均为墨线和色漆。

④ 刷支条井口线贴金彩画，是指对支条井口线刷色漆贴金线。

⑤ 刷支条拉色井口线彩画，是指对支条井口线刷色漆。

(3) 天花板的灯花图案　灯花是天花顶棚上，专门配合悬吊灯具的一种彩画，如图 8-52 所示。灯花分为：灯花金琢墨彩画、灯花局部贴金彩画、灯花沥粉无金彩画等。

图 8-52　灯花

① 灯花金琢墨彩画，是指灯花图案的各主要线条均为沥粉贴金。

② 灯花局部贴金彩画，是指灯花图案中的主要轮廓线或花心或点缀花纹等局部为沥粉贴金。

③ 灯花沥粉无金彩画，是指对灯花图案只做沥粉而不贴金，使线条具有凸凹感的做法。

④ 挂檐板的图案，挂檐板即封檐板，常用图案为万字不到头、博古等，如图 8-53 所示。一般为沥粉贴金。

(a) 万字不到头　　(b) 博古

图 8-53　挂檐板彩画图案

(十二) 贴金、描金

1. 施工条件

应在彩画饰金部位及油漆饰金部位的油漆、涂料、颜色、沥粉等充分干燥后，方可进行贴金、描金工程。所用的金箔、赤金箔、铜箔的材质必须符合国家相应标准，库金箔不得小于98%的含金量，苏大赤不得小于95%的含金量，赤金箔不得小于74%的含金量。

2. 贴金（铜）描金工程施工环境温度要求

贴金（铜）描金工程施工环境温度应符合下列要求。

① 贴金施工温度不得低于5℃，相对湿度不大于60%。

② 贴金工程的施工环境应干燥、洁净。

③ 贴金工程应防止雨淋，尘土沾污，冷热空气、雾、霜侵袭及阳光曝晒。温度、环境达不到要求时，应采取相应的采暖保温封闭措施。雨季施工期间，应制定行之有效的防雨措施才可进行施工。

3. 彩画贴金、油漆贴金主要工序规定

彩画贴金、油漆贴金主要工序应符合表8-11的规定。

表8-11 彩画贴金、油漆贴金主要工序

序号	主要工序	工艺流程	内墙涂料	外墙涂料
1	磨砂纸	油漆表面用水砂纸细磨，擦净粉尘。彩画表面沥粉，细砂纸轻磨，扫净粉尘	+	+
2	包黄胶	用黄胶沿施贴部位满刷一遍	+	+
3	呛粉	用包有粉状材料的布包对施贴金相邻部位呛粉一遍	+	+
4	打金胶	沿施贴部位均匀地描打金胶油一遍	–	+
5	拆金	拆金打捆(10张为一贴，10贴为一把)	+	+
6	施贴	按施贴部位纹饰的宽窄撕金、划金、夹金、粘贴金(铜)箔	+	+
7	整理	用棉花对施贴后的金表面轻按、拢金、肘金、理顺，拢净边缘飞金、成活	+	+
8	罩油	只限于赤金箔、铜箔等，用清光油或丙烯酸清漆罩油封闭一道	+	+

注：1. 表中“+”表示应进行的工序；“–”表示没有进行的工序。
2. 黄胶指与金（铜）箔相近颜色的油漆。
3. 彩画部分银朱色底贴金，也应呛粉一遍。
4. 金胶油、罩油材料不得进行稀释，但牌楼彩画罩油，一般要求无光泽，需有光泽应符合设计要求。

4. 贴金（铜）箔的具体做法规定

贴金（铜）箔的具体做法应符合下列规定。

（1）基层处理　对施贴部位及相邻部位用水砂纸蘸水打磨、擦净粉尘，施贴部位要求平整光滑、无刷痕流坠等缺陷。彩画饰金部位应在沥粉、上色工序完毕并干燥后，对沥粉条进行打磨和修整，不得出现粉条变形、断条等现象。

（2）包黄胶　应用浅黄色油漆（即调制与金或铜箔相近颜色的油漆）沿施贴部位涂刷一遍，要求表面颜色一致，漆膜饱满，薄厚均匀，无裹棱、流坠、刷纹、接头、漏刷、污染颜色等缺陷。干燥后应用细砂纸轻磨，并除净浮物。

（3）打金胶（油）　室内外作业粉尘较多的施工环境，风力较大的天气，应采取遮挡封闭措施，方可进行打金胶（油）工序。打金胶（油）严禁超亮，若出现则打磨后重新打金胶（油）；油漆饰金部位，打金胶（油）前须对贴金相邻部位进行呛粉，防止咬金造成施贴部位边缘的不整齐。打金胶（油）要求：油漆地、广漆地、油漆黄胶地应打一道金胶（油）；色胶地、乳胶漆（渗油时）地应打两道金胶（油）。其表面光亮饱满，涂层均匀一致，无裹棱、洇色、接头、串秧、皱纹、超亮、遗漏、污染、染色等缺陷。

(4) 贴金（铜）箔的准备工作　拆金（铜）箔包装、检查金（铜）箔材质（密实度、有无粘边变质)、数量等是否符合要求，然后拆金打捆（即每10贴为一把)；

(5) 施贴金（铜）箔　贴金工程的基层做法、工艺、金胶（油）的兑配、图案试样及金色分配，都应符合设计要求；贴金表面应与基层粘接牢固，光亮饱满，线路纹饰整齐、直顺，色泽一致，两色金分布界线准确，不得出现绽口、崩秧、飞金、遗漏、花等缺陷。

(6) 扣油　油漆部位贴金后，应满扣油一道，先对装饰线和纹饰齐金，直线扣油应直顺，曲线扣油应流畅，拐角处应整齐方正。

(7) 罩油　赤金箔、铜箔应罩油（丙烯酸清漆或清光油）封闭一道。库金箔可不罩油(设计有特殊要求除外)。罩油应待贴金后的金胶（油）充分干燥后进行。罩油材料不得掺入稀释剂。罩油表面应光亮，饱满，整齐，无咬花、流坠、遗漏、污染等缺陷。

四、注意事项、质量检验与控制要求

(一) 大漆及油饰涂料

1. 大漆

大漆工程应按以下要求进行质量检查。

(1) 大漆工程所选用的材料　品种、规格、质量、颜色应符合设计要求，对无合格证书的材料应抽样检验，合格才能使用。

(2) 大漆工程的施工操作程序　应符合设计要求。

(3) 大漆涂层与基层黏结应牢固　严禁有漏刷、脱皮、空鼓、裂缝等缺陷。

(4) 大漆工程的质量要求　应符合表8-12的规定。

表8-12　大漆工程的质量要求

序号	项目	中级	高级
1	流坠皱皮	大面无流坠,小面有轻微流坠,无皱皮	大面无流坠皱皮,小面明显处无流坠皱皮
2	光亮光滑	大面光亮光滑,小面有轻微缺陷	大小面光亮均匀一致
3	颜色刷纹	颜色一致,刷纹通顺轻微流坠,无皱皮	颜色一致,无明显刷纹无流坠皱皮
4	起鼓脱皮	不允许	不允许
5	砂眼划痕	大面无,小面3处以内	大面无,小面2处以内
6	新旧交接	无明显交接痕迹	无交接痕迹

2. 施涂成品混色油漆

施涂成品混色油漆应符合下列规定。

① 施涂成品混色油漆应在地仗表面充分干燥后，无顶生的情况下进行。

② 磨生油应符合本章相关的规定。

③ 刮血料腻子应符合本章相关的规定。

④ 头道油漆（垫光油）前，应用砂纸把腻子打磨光滑平整、无遗漏，并除净粉尘，施涂时要求刷严、刷到位，漆膜薄厚均匀，无流坠、漏刮等缺陷。刷朱红油漆成活的部位（连檐、瓦口、灶火门等构件）应垫光樟丹油漆或粉红色油漆。

⑤ 施涂二道油漆前，应复找油漆石膏腻子，干后用细砂纸打磨光滑平整，下架及装修等木构件或贴金（含非金箔）部位，三道油前应使用水砂纸细磨擦净。跳板、地面除净粉

尘、纸屑，地面泼水湿润；二、三道油漆要求漆膜饱满，颜色、光亮一致，光滑平整，分色直顺曲线流畅，整齐，无流坠、漏刷、皱皮、接头、刷痕等缺陷。

⑥ 椽望涂刷绿椽肚前，应先弹线；椽肚高不大于椽高（径）的 4/9，椽肚长不小于椽长的 4/5（绿椽肚的长度，文物工程另有要求时，应符合文物工程的要求），其翼角通线弧度应与小连檐囊向取得一致。椽望及其他构件的扣油，应分色规矩，直顺，整齐，漆膜饱满、光亮，颜色一致，无透底、漏刷、接头等缺陷。

⑦ 罩清漆或清光油，漆膜应光亮、饱满、光滑，无接头、刷痕、流坠、污染、漏刷等缺陷。

3. 涂料、油漆及腻子的选择

涂料、油漆及腻子的选择应符合现行国家标准。

涂料（油漆）的其他要求及腻子的选择应符合现行国家标准《建筑装饰装修工程质量验收标准》（GB 50210—2018）的规定。

（二）贴金、描金工程

贴金、描金工程应按以下要求进行质量检查。

1. 粘贴

贴金箔、铝箔、铜箔等应与金胶（油）黏结牢固，无脱层、空鼓、崩秧、裂缝等缺陷。

2. 贴金

贴金表面应色泽基本一致，光亮，不花；不得有绽口，漏贴，金胶（油）不得有流坠、皱皮等缺陷。

3. 沥线

框线和各种线贴金扣油表面应线条直顺整齐，弧线基本流畅，不得脏活。

（三）彩画工程

1. 一般规定

① 彩画工程应在基层质量验收后施工，木构件上的地仗含水率不应大于 10%，混凝土面、砂浆面上的地仗含水率不应大于 8%（彩画施工时除了对基层质量进行验收外，还要求基层充分干燥，干燥程度应经过检查达到符合规范的要求后方可进行彩画施工）。

② 彩画工程所采用材料品种、规格应符合设计要求。

③ 彩画室外施工应根据气候的变化，采取防雨、防风、防冻措施。冬季施工温度不应低于 15℃。

2. 调制材料

① 调制、使用颜料时，应做好防毒措施。

② 材料应由专业特长技工统一负责管理、组织操作彩画工程中所选用材料的加工、调制、调配、入胶、出胶、涂刷颜色标样等有关工作。

③ 彩画工程所运用调制颜色材料的品种、规格、质量及调制调配方法必须符合设计要求或传统建筑常规做法（上述两头彩画所用材料时色差较大，所以本条规定应由专业特长技工统一负责、统一管理组织，操作彩画工程所运用的各种颜材料的加工、调制、调配、入胶、出胶、涂刷色样相关工作，要求大面积施工时所用材料必须与色样相一致）。

④ 各种颜色的色相、明度、彩度必须与色标样相一致。

⑤ 垫刷浅米色油宜采用光油色、脂胶漆、酚醛漆，禁止乱用漆的稀释剂。

⑥ 胶结材料宜采用水胶、净光油、聚醋酸乙烯乳液。

⑦ 彩画工程严禁使用变质的水胶、聚醋酸乙烯乳液调制各种颜料。

3. 宋、明、清式彩画的一般规定

① 宋式彩画色彩应以石青、石绿、土黄、土红丹粉、白色为主要色调，且采用中间色，彩画纹饰应比较密集、热烈，花纹色彩应灵活（宋式彩画现存实物不多，本条规定是在仿宋式彩画的基础上提出的。宋式彩画主要做法有：五彩遍装、碾玉装、青绿叠晕棱间装、解丝结华装、杂间装、丹粉刷饰、黄土刷色等。纹饰多用石榴花、宝相花、宝牙花、太平花、牡丹花、琐纹、飞仙、飞禽等。今后应更多地发掘宋式彩画的做法，丰富宋式彩画的内容，形成宋式彩画的成套做法）。

② 明式彩画基本色应采用青、绿两种，花心可采用红色，且可在花蕊处加以施金，构图方法应将梁枋全长分成三份，且中间枋心可略大于构件长 1/3（明式彩画现有实物，比宋式彩画丰富，并有一定的发展，纹饰由密集热烈发展为较为简洁朴实，构图有了较明确的规定，施作时应注意这些特点。同时也应不断地发掘总结明式彩画的做法，形成明式彩画的成套做法）。

③ 清式彩画应以青、绿、红色为主，采用少量土黄、紫色，并应互相调换使用，构图方法应将梁枋全长分成三份，中间的 1/3 应为枋心，两端各 1/3 应为盒子、箍头、找头（清式彩画是在明式彩画基础上发展起来的，清代是彩画发展的鼎盛时期，无论是在品种、构图规则、颜色的使用都有了严格的规定。本条所提出的构图规则和颜色使用的规定，都是根据清代彩画的实际做法总结出来的，使用时应严格遵守，不得随意改变）。

第三节 断白、做旧

中国古建筑尤其是文物保护单位的修缮，经常面临一个修旧如旧的问题，既要维修，又要保持原貌。对于需要保护原样的彩画，外表如何处理，有关整体建筑的色调、观感，大体上有两种不同的观点：一种认为应该“整旧如新”，即不修则已，一修就应焕然一新，恢复原来金碧辉煌的外观；另一种认为应该“整旧如旧”，即应保持现存的色调，给人“古色古香”的印象。我们的做法是，不完全反对新做油饰彩画，但首先应在科学研究的基础上进行，一定要按照原建时该建筑物上的式样，不能随意创新。在有充分科学根据时，纹样可以恢复，但一定要做出与古建筑的“高龄”相适应的色调。可以断白，不画纹样。

一、断白、做旧的概念

（一）断白

所谓断白，就是在木构件的表面，用色油涂刷 1～2 道，掩盖原来的木料本色，主要是保护木材，同时也适当地照顾到外观。

（二）做旧

做旧，主要是针对彩画而言的。木构古建筑修理后，个别梁、柱、枋等构件更换新料，其他旧构件的油饰彩画尚基本完整。更换构件时应按原样补绘，但施工后好像旧衣服上补了新补丁。新旧色调悬殊，不相协调，这时就要求将修补的油饰彩画的色彩做得旧一些。

二、常见问题

原建时油饰彩画因年久早已不存，现存者为后代重做且残破不全，或原建时油饰彩画基本完整，新更换的构件需做油饰彩画。还有些时候，因为原状没有科学资料，现状又残缺，或虽有原状可寻，由于经济、材料等各种原因的限制，暂不恢复的。为了保护木材应采取断白做旧的办法加以处理。

三、处理办法

（一）简易做法

在调色时，青、绿、红等色内加以适量的黑烟色，刷色后旧色均匀、整洁，不同于自然陈旧的深浅不匀的状态，这是一种比较简单的做法。

（二）复杂做法

完全依照旧构件的陈旧状态，一丝不苟地进行复制，裂痕污迹等如实描绘，完工后可以达到乱真的效果。此种做法，绘画者需掌握一定的做旧技术，一般很少采用，这是一种比较复杂的办法。

（三）间绘做旧

此外在施工中，还有一种介于断白与彩画做旧两者之间的一种方法，可称为“间绘做旧”。承德普宁寺大乘阁，是一座具有六层屋檐的高阁，因二层檐早已残毁被拆卸，修理中照原样重新恢复。构件全为新制，如果全部彩画做旧要增加许多经费，在要求断白的情况下，工人采取了分色刷油、间绘花纹的方法，如下所示。

斗栱：基本色调按原制分出青绿相间，色调都带灰色。构件刷黑线的部分断续描出，个别部位显露木纹。

挑檐枋：按原制分出箍头、枋心，刷灰绿和灰青色，中间杂以色点表示花纹。

椽子：底刷灰蓝，间杂纯蓝，椽头刷蓝色。

飞椽：底刷灰绿，间杂纯绿，飞椽头刷绿色。

望板：连檐、瓦口刷暗土红色。

这样处理后，既不同于单纯的刷色断白，又比彩画做旧节约工料，在外观上基本达到与上下檐旧有彩画协调一致的效果。

（四）通刷红土

也可称作“单色断白”，此种方法不是我们的创造，历史上有些古建筑修理时，可能由于经费所限，没有能力重新彩画一新，采取了此种简易的方法。将新更换和旧有构件，包括连檐、瓦口、椽子、望板、斗栱、柱、梁、额枋、门窗等全部用土红油涂刷 1～2 道。年久后原有旧件的彩画，仍然隐约可见。比那种完全铲除旧作重新绘画的办法，对于今天研究工作来说，是值得借鉴的。由于土朱比朱红色暗一些，在观感上也保持了与古建筑时代相协调的艺术效果。

在今天施工中采用此种方法，通常是在构件安装后，通刷生桐油一遍，然后刮细腻子一道，干后刷土红色油 1～2 道（生桐油或熟桐油内加红土掺以适量的黑烟色），柱子、门窗为 2～3 道，表面用青粉擦拭退光。

（五）分色断白

考虑到古建筑物中的油饰彩画，自连檐瓦口向下直到柱子门窗原有色彩并不一致，为了达到近似原状，采用分色断白。全部新旧构件刷生桐油上细腻子，最后上色油时，连檐、瓦口、柱子、门窗用暗色红土油涂刷，干后用青粉擦拭退光。檩子、椽子、斗栱、额枋等用灰绿或灰蓝色油涂刷 1～2 道退光。

后面两种相对效果较好。

四、注意事项、质量检验与控制要求

古建筑，包括其他文物，在修补之后是否要把新修补的部分按照原样做旧，现在世界各国专家们也有两种不同的看法和两种不同的办法。一种办法是将修补的部分完全按照原来的颜色、质感、纹饰等做旧，达到“乱真”的效果。另一种办法是新修补的部分要与原来的有所区别，明确表示出它是新修补的，不要与原来的相混淆。笔者几十年来的许多维修工程中，基本上是采取按原状做旧的办法。凡是新补配的斗栱、梁枋都按对称的和相邻的部分做旧，使之协调。石刻和壁画的修补部分也是按原状做旧的，如云冈石窟第二十窟的露天大佛和龙门奉先寺阿难头像的修补部分，在做旧之后，很难分别出来了。永乐宫壁画在搬迁复原时，也将切割的缝隙予以描绘复原，看不出切割的痕迹。我们认为这种办法是好的，不然的话，如像永乐宫的壁画，在复原时仍保存着满壁切割的痕迹，那就太不雅观了。

实际上，为了体现古建筑的久远性，在修缮时，做不到修旧如旧，或故意做成新的，也能在某些方面体现出故意留有修缮的年代记忆，我们在平时修缮工作前进行勘探时经常会查看到修缮的痕迹，从而断定曾经几何时维修过，显露出修缮年代的特征，提供了古建筑发展论证的一些依据，对研究古建筑延续的历史是有帮助的。

第四节　案例

【案例摘要与背景】

淄川区沈古村古建筑多为明清古建筑，具有浓郁的地方特色，院落式布局，具有北方较强的四合院特征（同第三章案例，本节主要叙述油漆部分）。

由于年久失修及自然原因，导致梁架、门窗槛框、椽子等木构件油饰全部脱落。

【案例实施】

一、材料的选用

项目部技术人员对本工程的施工图纸的各种材料进行分类汇总，材料采购部分根据汇总的数量和质量要求进行分门别类采购，采购回的材料交给技术部鉴定。

二、油漆工程施工

1. 工具准备

备好小油桶、碗、丝头、油栓、油勺等，并要求干净、干燥、无潮气。

2. 材料准备

主要材料为桐油，备好适量颜料光油，并提前做好试验，以掌握油的性能。颜料光油属于外加工材料，必须提供试验报告。颜料须石磨研制，过120目罗。光油清亮，无杂质，勾兑好的颜料光油浓度适宜。垫光油可以稀一点，须用煤油稀释。二、三道油可稠一点，但不能虚，一遍不透底为好。每次勾兑同样颜色的油，最好没有色差，同时颜色要正。

3. 施工应具备的环境和气候条件

① 搓颜料光油，环境、气候都有影响，因每道油前都要用砂纸打磨，能去掉油皮上的

一些毛病，只要油干透后就可以搓下一道油。但罩光油往往受环境和气候条件的制约，质量很难保证，操作人员的技术水平和环境及气候因素均不能忽视。

② 风天（4级以上）、雨天、连阴天、雾天绝对不能罩光油。春秋季节柳絮、小虫、满天飞也不宜罩光油，罩光油也不会成活。即使是风和日丽的好天气，上午九点前、下午四点后，如果湿度大也不宜罩光油。这就要求根据天气情况灵活掌握、见机行事，避开不利因素，确保工程质量。

③ 施工地点也受环境气候的影响。搓油前将架子清扫一遍，搓下架时最好架子上不能有人走动。对现场地面用水喷洒，防止扬尘，造成油皮“起痱子”。

4. 操作人员的分工及构成

① 根据搓油的部位适当安排好操作工人。需要几个工人配合的，要组织协调好。安排责任心强、技术好的工人在关键位置。

② 二、三道颜料光油及罩光油，用油刷直接刷油即可。两人一档，一个人前面涂油，一个人后边顺。如果是抢时间，抓机会也可以前面一人搓，两个人顺，便于抢进度。

5. 施工操作方法

(1) 丝头的选择　丝头的大小，视搓油者手的大小而定。丝头浸满油后，半握拳能平放于掌心中即可。呈长圆状，油栓的选择，视搓油部位，大小适当选择，但油栓须有坡口，坡口的大小由栓毛的软硬而定，一般使着顺手即可。

(2) 搓连檐瓦口　丝头浸满油后，用拇指、食指、中指夹住丝头的一小部分先涂瓦口，后涂连檐。手指夹住的那部分丝头油栓，在手中转动丝头，再夹起另一小部分丝头进行涂抹，若整个丝头油不够用了，再向油桶内浸油。

(3) 搓檐头椽望　老椽和飞椽分两次进行。先搓老檐后搓飞檐，两人对脸操作，各负责椽望的一半。用同样的方法，丝头浸油后，用三根手指夹住丝头的一部分先点椽望四角，然后由椽子和望板的结合部也就是阴角处，从椽子的根部向外抹一遍，再把望板没油的地方找补到。最后搓椽子的里面和反手。两人默契配合，根据后面顺油的速度，谁多搓点谁少搓点灵活掌握。因前边的人倒着行进，不方便。后面持油栓者从里到外，从上至下反复进行调理，直到成活为止。飞檐也如此进行。

(4) 搓绿椽肚　先弹线，红椽根预留得整齐一致。搓油的先抹椽根竖横红绿色分界线，再抹椽子的红绿分界线，最后搓椽子的底部。搓油的让线操作，万一油搓出线不好收拾。顺油时，掌握横平竖直及绿椽肚的尺度。

(5) 柱搓油　按先上后下，先左后右，先分界线后大面的原则进行。

6. 注意事项

① 丝头浸油，少浸勤浸。搓油时不能用力，轻轻滚动，防止油顺臂而下，因举手操作，不可能不向下流，为此经常在桶边上蹭一蹭，免得弄脏衣服，天凉时最好戴套袖。

② 油桶用纸眼封盖好，防止风皮。每天的剩油不能倒入盛原油的大桶内，因油越使越脏，应另行存放，做垫光油使用。搓油所用工具，不能有潮气，防止油皮出现气泡和超亮。

③ 下班后或搓完油，丝头放在同样颜色的油桶内浸泡，防止丝头硬化其他工具擦拭干净备用。丝头、纸眼不能随便丢弃，因为是易燃物，应防止发生火灾。搓油和罩油的过程时刻注意画活和临界工作面，防止相互污染，造成不必要的损失。

7. 油饰质量要求

(1) 文物建筑维修　应恢复传统的搓光油的做法，改变近年来使用市场上购买的调和漆现象。

(2) 必须选择不掺加其他任何油料的纯净桐油　熬制时应按比例加入苏籽油、土籽油和佗僧等材料，应避免大量使用豆油、胡麻油等油料熬制光油。

（3）搓油　头道油薄而匀，二道油油色均匀、无漏底，三道油表面平整洁净。

（4）顺油　横蹬竖顺，薄而均匀，无漏底，栓路直顺，洁净，无肥油。

（5）光油　表面洁净，光亮美观，无任何“痱子”和栓印等现象。

【案例结果】

工艺符合古建筑施工规范要求，内在质量与外观效果都达到各项要求，且受到建设方及专家们的一致好评。

参考文献

[1] 祁英涛. 中国古代建筑的保护与维修. 北京：文物出版社，1986.
[2] 祁英涛. 怎样鉴定古建筑. 北京：文物出版社，1981.
[3] 马炳坚. 中国古建筑木作营造技术. 北京：科学出版社，1991.
[4] 刘大可. 中国古建筑瓦石营法. 北京：中国建筑工业出版社，1993.
[5] 北京土木建筑学会. 中国古建筑修缮与施工技术. 北京：中国计划出版社，2006.
[6] 杜爽. 古建筑油漆彩画. 北京：化学工业出版社，2012.
[7] 徐锡玖. 中国仿古建筑构造与设计. 北京：化学工业出版社，2017.